新曲綫 New Curves | 用心雕刻每一本……
http://site.douban.com/110283/
http://weibo.com/nccpub

用心字里行间　雕刻名著经典

发展心理学

——从生命早期到青春期

第10版·上册

[美] 黛安娜·帕帕拉　萨莉·奥尔兹　露丝·费尔德曼　著

李西营　等译

申继亮　审校

人民邮电出版社

北　京

图书在版编目（CIP）数据

发展心理学：从生命早期到青春期：第 10 版 · 上册 /（美）帕帕拉（Papalia, D.E.），奥尔兹（Olds, S.W.），费尔德曼（Feldman, R.D.）著；李西营 等译 .
—北京：人民邮电出版社，2013.9（2024.4 重印）
ISBN 978-7-115-32833-5

I. ①发… II. ①帕… ②奥… ③费… ④李… III. ①发展心理学 – 教材 IV. ① B844

中国版本图书馆 CIP 数据核字（2013）第 185463 号

Diane E. Papalia, Sally Wendkos Olds, Ruth Duskin Feldman
Human Development, 10th Edition
ISBN 0-07-313380-9

发展心理学——从生命早期到青春期（第 10 版 · 上册）

◆ 著 [美] 黛安娜 · 帕帕拉 萨莉 · 奥尔兹 露丝 · 费尔德曼
译 李西营 等
审 校 申继亮
策 划 刘 力 陆 瑜
责任编辑 赵延芹
装帧设计 陶建胜

◆ 人民邮电出版社出版发行 北京市丰台区成寿寺路 11 号
邮编 100164 电子邮件 315@ptpress.com.cn
网址 http://www.ptpress.com.cn
电话（编辑部）010-84931398 （市场部）010-84937152
三河市少明印务有限公司印刷
新华书店经销

◆ 开本：850×1092 1/16
印张：35
字数：720 千字 2013 年 9 月第 1 版 2024 年 4 月第 11 次印刷
著作权合同登记号 图字：01-2013-1013

定价：88.00 元

本书如有印装质量问题，请与本社联系 电话：(010) 84937152

内容提要

这本《发展心理学》是发展心理学领域的经典著作，第一作者黛安娜·帕帕拉是专门研究人类毕生发展的教授，在个体老化和毕生认知发展方面颇有建树。自第 1 版面世至今，其在美国市场上一直是同类书中的领导品牌，深受广大读者欢迎。

本书是《发展心理学》的上册，包括前五编，共 12 章。第一编首先概述了发展心理学研究的历史脉络，以及发展心理学研究涉及的基本概念、理论和研究方法。第二编描述了人的生命最初三年的发展，具体介绍了人类胎儿的发育过程以及危害胎儿发育的因素；婴幼儿期的生理发育、认知发展以及心理社会的发展；第三编介绍了童年早期的个体在生理发育、认知发展和心理社会发展等方面的发展状况；第四编描述了童年中期的个体在生理、认知和心理社会等方面的发展状况；第五编描述了青少年期的生理、认知和心理社会等方面的发展状况。

本书强调文化和历史对个体发展的影响，注重将理论、研究和实践相结合，集科学性、知识性和通俗性于一体，适合作为普通高校心理学专业的本科生和研究生的教科书，也适合各类师范院校的师生、从事儿童及青少年研究和教育的人员使用，还适合关注孩子成长和发展的广大家长们阅读。

（本书中部分图片由于涉及第三方版权，从第 9 次重印起进行调整替换，特此告知。）

推荐序

林崇德

在美国学者黛安娜·帕帕拉、萨莉·奥尔兹和露丝·费尔德曼合著的《发展心理学》（Human Development，第 10 版）的中译本即将出版之际，编辑恳切希望我能为该书的中译本作推荐序。2004 年，我曾为这部《发展心理学》（第 9 版）的影印本作序，时光荏苒，已近十年。

在过去的几十年里，我国的发展心理学取得了长足的发展，不仅有若干重要的发展心理学专著问世，而且有大量相关的研究报告频频发表。不过，我们必须正视，我国发展心理学的研究水平与美国、德国和英国等西方发达国家相比，还存在较大的差距。因此，有目的、有计划地学习和吸取西方发达国家在发展心理学领域的优秀成果，当是缩小这种差距的重要途径之一。引进若干有代表性的发展心理学英文原版教科书，并在国内翻译出版，自然是其中的重要组成部分。从这个意义上讲，我愿意推荐手头这本由新曲线出版咨询有限公司引进，申继亮教授组织翻译，人民邮电出版社出版的《发展心理学》。

第一作者黛安娜·帕帕拉是美国著名的发展心理学家、威斯康星大学麦迪逊分校的教授，其主要研究方向是人类毕生的认知发展。她与其他人合著了《孩子的世界》《发展心理学》及《成人发展和老化》等多部畅销教科书，其中《发展心理学》是她的代表作之一。纵观该书，我认为它具有如下特点。

首先，该书将科学理论密切结合研究实践，将基础研究和应用研究进行整合，这也是我在发展心理学研究中所一贯主张的。在本版次中，作者从历年发表的众多研究文献资料中筛选出最有助于学生理解和增长知识的前沿研究，例如凯撒家庭基金会的研究、麦克阿瑟基金研究机构针对中年发展这一主题所开展的调查等。作者运用最新的统计数据，更新了各章的研究资料，给读者完整地呈现了最新的理论和研究成果。

其次，全书强调文化和历史对发展的影响作用。纵观全书，跨文化研究贯穿始终，作者专门设计了“世界之窗”这一栏目，用以反映美国文化中的个体或群体与其他文化中的个体或群体之间的异同。从第一章就开始凸显作者对历史影响的关注，将众多发展议题置于历史背景中进行讨论。这正是这本教科书特有的优势之一。

再次，作者基于研究数据，与大家讨论分享了诸如“婴幼儿看电视是否太多了？”“给孩子讲讲恐怖主义和战争”“青少年是否应该被豁免死刑”“婚姻是否成为一种即将消逝的制度”“亚洲的老龄化现象”以及“预先指示、临终关怀”等问题，这些都是困扰我们、并与时代和我们的生活息息相关的热点问题。

正是因为以上这些特点，这本由美国著名发展心理学家黛安娜·帕帕拉等三人合著的《发展心理学》一经问世即成为该领域的翘楚，自从出版以来已经连续再版十余次。作者以生动的文字和精美的图片、新颖的结构体例、翔实的研究资料，全面准确地呈现了发展心理学领域的最新理论和科研成果，使得这本书既具有科学性，又不失可读性。该书具有重要的实际意义，读一读这本教科书，我们所关注的许多关于个体发展的问题都可以从中找到一定的答案。它已被美国500多所大学及专业院校定为教材，其中包括加州大学洛杉矶分校、西北大学、杜克大学、约翰·霍普金斯大学和华盛顿大学等，并广受赞誉。

我们也曾组织翻译过一些英文学术原著，尽管在翻译过程中始终抱以认真严谨的态度，但是过后，我们也时常发现，当初有些译处还欠妥当。学术著作翻译的困难性由此可见一斑，译者既要具备专业能力，又要具备语言功底。这本教科书是由我的学生申继亮教授牵头翻译的，翻译的主力军是他精心挑选的精干团队，最后由他统稿、审校。翻译历时两年，他们组织过多次专题讨论会，译稿经过了多次互审互校，从而确保了译稿的高质量和科学性。这本教科书作为人民邮电出版社和新曲线公司的重点图书，编辑们收到译稿后，不惜“慢工出细活”，他们审校历时一年，多次和译者沟通交流书中的存疑，从而使这本《发展心理学》的内容更加精准流畅，更具可读性。我相信读者们在阅读之后，会有颇多的收获和感悟。

林崇德

2013年8月1日

于北京师范大学发展心理研究所

译者序

申继亮

自1882年，科学儿童心理学奠基人威廉·普莱尔（W. T. Preyer）的代表作《儿童心理学》问世以来，至今已有百余年。在这百余年的历史进程中，由儿童心理学发展而来的发展心理学已成为一门独立的、系统的学科，研究对象由儿童扩展至老年，涵盖生命全程；研究视角也由单一学科演变为跨学科；反映发展心理学研究成果及进展的论著也层出不穷。

在翻译和审校过程中我们深刻体会到，摆在诸位读者面前的这本由新曲线出版咨询有限公司引进的《发展心理学》是众多发展心理学教科书中颇具代表性的作品。

《发展心理学》一书依照时间顺序依次描述了生命历程中每个阶段个体的生理、认知和社会性发展，全书共19章，分为九编。由于本书内容非常丰富，因而篇幅很长。读者捧着这样一本“厚重且有分量”的巨著阅读时实在不便，鉴于此，我们与编辑协商，根据本学科的特点和读者群，按照个体生命全程的发展阶段将本书分为上下两册：上册包括前五编，共12章，讲述了从生命开始到青少年期的生理、认知和社会性的发展情况，堪称一本完整的“儿童心理学”；下册包括后四编，共7章，讲述了从成年早期到老年期的生理、认知和社会性的发展情况，是一本关于“成年和老年的心理学”。划分并非刻意而为之，上下两册仍然是一个连续体，读者朋友们可根据自己的兴趣选择阅读。

本书第一编包括第1、2两章，概述了发展心理学研究的历史脉络，以及发展心理学研究涉及的基本概念、理论和研究方法。第二编包括第3~6章，描述了生命最初三年的发展。具体介绍了人类胎儿的发育过程，以及危害胎儿发育的因素；婴幼儿的生理、认知和心理社会的发展。第三编包括第7、8两章，描述了童年早期的生理、认知和心理社会的发展状况。这一时期儿童的生理发展相对稳定，食欲降低并出现睡眠问题，动作的精细程度和力量得到加强；思维具有自我中心性，但在一定程度上开始理解他人的观点了；自我概念和情绪理解变得更复杂了；独立、自控和自尊提高了；性别认同更明显；游戏更具想象性和社会性；开始重视和其他儿童的交往了。第四编包括第9、10两章，描述了童年中期各方面的发展状况。身体发育开始减缓，运动技能得以提高；思维的自我中心逐渐消退，开始具有逻辑性，记忆和语言能力提高；自我概念更加复杂，同伴成为生活的重要部分。第五编包括第11、12两章，描述了青少年期的发展状况。青春期的身体发育发生剧变，性发展逐渐成熟；抽象思维和科学推理能力进一步发展，但在一定程度上思维仍具有片面性；这一时期的中心任务是探索同一性，特别是性别认同；同伴团体有助于自我概念的发展，但也会助长反社会行为。第六编包括第 13、14 两章，阐述了成年早期的发展状况。个体的生理状况达到顶峰并开始缓慢下降；认知能力和道德判断更加复杂，并开始进行职业选择；人格特质和类型相对稳定，但仍会变化；个体开始建立亲密关系并选择自己的生活方式。第七编包括第 15、16 两章，介绍了成年中期的发展状况。个体的身体机能部分开始退化，女性经历更年期；一些基本的心理能力达到巅峰，有人会达到事业顶峰，有人会出现职业倦怠或换工作；个体的同一性继续发展；照顾孩子和父母的双重责任会导致出现中年危机期。第八编包括第 17、18 两章，描述了成年晚期的发展状况。尽管这一时期个体的健康状况、生理能力和各种认知能力会有所下降，但个体会通过其他方式进行补偿；个体开始退休，这为发展个人兴趣爱好及融入家庭生活创造了条件，从而促使个体去寻找生命的意义。第九编针对生命结束阶段中死亡和丧亲的相关问题进行了阐述，并引导人们如何克服死亡恐惧和应对死亡。

全书结构清晰，脉络清楚，以“三大领域和八个时期”为主线层层展开，各部分内容之间衔接紧密，浑然一体，凸显了发展心理学的学科本质。同时，在编排方式和栏目设计上充分体现了以读者为中心的特点。每章中的提纲起到了学习地图的作用，使读者对本章内容形成整体轮廓；每章以人物故事形式切入，使读者深刻体会心理学理论与实践之间的密切联系；“学习指路标”中设置的问题有助于激发读者的学习动机和问题意识，并且这些问题贯穿整个章节，不时出现在对应内容之处，以使读者达到自我检查和自我反馈的目的。此外，每章配有专门拓展课外知识的专栏，有助于读者开阔视野，学以致用。

本书的三位作者：黛安娜·帕帕拉（D. E. Papalia）是专门研究人类毕生发展的教授，特别是在个体老化和毕生认知发展方面颇有建树；而萨莉·奥尔兹（S. W. Olds）和露丝·费尔德曼（R. D. Feldman）是出色的作家和教育家，善于把深奥的专业知识科普化，并擅长通过大众媒体，例如个人演讲、电视和广播等形式，把专业知识向专业人士和非专业人士进行广泛的宣传。正是由于本书三位作者的这种优势互补，才使其特色鲜明。

本书的翻译工作主要由我的研究生合作完成。各章节的译者分别是：罗曼楠（前言），李西营（第 1、2 章），林田（第 3、4 章），张恒升（第 5 章），李西营（第 6、7 章），叶舒张（第 8、9 章），冀巧玲（第 10、11、12、13 章），翁洁（第 14 章），赵玉焕（第 15 章），余发碧、倪佳琪（第 16 章），张莉（第 17 章），张恒升（第 18、19 章），赵玉焕（专业术语表）。他们除了翻译各自负责的章节外，还进行了多次互校。李西营负责与新曲线出版咨询有限公司的编辑进行沟通。最后全书由我进行统稿、审校。

限于译者水平，翻译难免有不妥之处，敬请广大读者和各位专家批评指正。

最后，还要感谢人民邮电出版社新曲线出版咨询公司引进这本书，新曲线公司的总裁刘力亲自出面，与我商讨此书的翻译事宜。感谢赵延芹、刘丽丽编辑为本书的出版付出的辛勤劳动。

申继亮

2012 年 10 月于北京

献给那些对我们的成长产生过

重大影响的人——我们的家人、朋友和老师，

他们曾以身作则地养育过我们、

激励过我们、教导过我们，

为我们提供支持和友谊，

并一直陪伴在我们身边。

前 言

自《发展心理学》第一版面世至今，已有三十余年。这期间，发展心理学已经逐渐成为一个严谨的科学领域。与此同时，这本书也在不断“成长”。就像一个正在逐渐成熟的孩子，它在深度、广度和客观性方面不断进步的同时，还保留了其独有的“个性”——引人入胜的语言和通俗易懂的风格。这些特点使本书在这么多年来一直深受广大读者的欢迎。

本版教材的目标

在《发展心理学》之前的几个版本中，我们的团队已经对整本书进行了彻底的修订——从设计到内容，再到教学方法。在第 10 版中，我们最主要的目标是在原有的基础上修改和添加更多新素材。

前沿研究

我们对历年发表的众多文献进行筛选，从中挑选出最有助于学生理解和增长知识的前沿研究纳入本书。例如，在第 3 章中我们补充了关于多胞胎现象的增加趋势和产前环境中存在的危险因素这些最新研究结果。在第 5 章中，我们在“实战演说”专栏中呈现了凯撒家庭基金会的研究：“婴幼儿看电视是否太多了？”在第 11 章中，我们阐述了青少年脑发育的新近研究。在第 13、14 章中，我们对成人发展的描述是基于最近界定的发展阶段——成人初显期的讨论开始的。第 15 章对成年中期发展的讨论和第 16 章中的数据分析，均来自于麦克阿瑟基金研究机构就中年发展这一主题所开展的广泛调查。而在第 18、19 章中，我们呈现了一项关于老年夫妻生活改变的研究，其中包括配偶去世后的悲伤形式。

通过运用可获得的最新统计数据，我们拓展并彻底更新了各章的研究基础。我们希望做到：一方面能够完整地呈现最新的理论和研究工作；另一方面也尽量让我们的论述更精确并具有可读性。

文化和历史影响

在本版中，我们拓展了文化和历史对发展的影响。评论家赞赏我们对文化的强调，并认为这正是本书的一大特色。在本书中，跨文化研究贯穿始终，我们还专门设计了“世界之窗”这一专栏，以此反映美国文化中的个体或群体与其他社会的个体或群体之间存在的异同。例如，在第 1 章中，我们扩大了种族曲解的覆盖范围。在第 6 章中，关于儿童照料这一主题，我们讨论了少数民族或种族的特殊需求。在第 9 章中，我们考察了斯滕伯格的观点——文化和智力之间错综复杂的关系。在第 18 章中，我们在“世界之窗”专栏中探讨了亚洲社会的老龄化现象。同时，我们还新增或者加强了对某些主题的讨论，包括文化适应以及文化如何影响发展的各个方面（例如从记忆到自我概念，从婚姻和同居到平均寿命）。书中的插图部分也力图刻画出文化的多样性。

从第 1 章起，我们就强调历史。在这一章里，我们引入了“特定历史时代的人”这一概念，扩展了对发展心理学研究历史的论述，并更新了埃尔德关于生命历程的研究。在本书的其他部分，我们将诸如分娩习俗、婴儿喂养、预科型高中以及对待死亡和临终关怀等话题置于历史背景中进行讨论。很多章节开篇的焦点人物为我们在描述诸如玛丽安·安德森、玛格丽特·米德和查尔斯·达尔文的儿子多迪这些人的生命历程时提供了历史背景。

我们也始终强调发展的连续性，重视生理、认知和心理社会因素之间的相互关系，并试图将理论、研究和实际问题结合起来。

第十版概览

以下为第十版的概要，包括它的组织结构、教学特点和重要内容的变化。

组织结构

本书按照时间顺序依次描述了生命全程中每个阶段发展的各个方面。通过这种方式，学生可以快速了解关于个体发展全程的全貌。本版的 19 个章节又分为以下九编：

- 第一编概述了发展心理学的发展历史、基本概念、理论和研究方法。
- 第二编描述了生命的开始，包括遗传和环境的影响、胎儿期发育、分娩，以及婴幼儿期的生理、认知和心理社会发展。
- 第三编到第八编被划分为两大分支，其中一个分支讲述的是童年早期、童年中期、青少年期、成年早期、成年中期和成年晚期的生理及认知发展；另一分支讲述的是这些阶段的心理社会发展。

- 第九编涉及生命的结束阶段：死亡和丧亲。

在本版中，我们仍然仔细评估并改进了章节内部以及章节之间的内容结构。例如，在第 5 章中我们重组了婴儿认知方面的素材，以便更清晰地呈现皮亚杰学派和信息加工取向研究之间的联系。因为，我们坚信生命的所有部分对于成长和改变来说都是非常重要的，并且富有挑战性和充满机会。所以，我们对生命历程的各个阶段都给予了不偏不倚的描述，尽量避免厚此薄彼。

教学特点

我们在《发展心理学》中开发出的教学法受到了一致好评，对此我们非常欣慰，这些教学特点详述如下。

我们的综合学习系统是一套由各种独特元素所组成的协调一致的集合。这些元素能够共同促进主动学习。

- 学习指路标：在每一章的开始部分都有一系列问题用于强调将要学习的核心概念。当引入相关正文时，每个指路标又会再次出现。
- 学习检查站：在每章节的页边空白处都会呈现一些问题，用于帮助学生评估自己对前面所学内容的掌握程度。
- 我思我秀：在每章节的页边空白处和专栏中会呈现一些需要进行批判性思维的问题，用于鼓励学生根据文中所提供的信息来反思自己的想法。
- 小结：在每个指路标的引导下，对每章节进行小结。这些内容可以引导学生回顾这一章节并检查自己的学习情况。

焦点人物通过介绍处于相应发展阶段的一位名人或不寻常的人，以此引出该章节的内容。而在每章结尾处的“重新聚焦”则与开篇的焦点人物遥相呼应，鼓励学生运用本章所学的概念来诠释焦点人物的生活经历。

这本书每一编的开篇都富有特色，并且包括附带插图的两页材料，这些材料包含以下内容：

- 要点预览：描述各章节的重点提纲。
- 要点概括：从第二编到第九编，介绍重要的主题。
- 阅读链接：寻找焦点人物的生理、认知和心理社会发展之间的交互作用。

本书还设计了三类专栏，通过强调与主要内容相关的主题来增强对主要内容的理解。每章至少包含两类专栏，本书 19 章共有 38 个专栏。每个专栏都含有一个“课外链接”，为学生提供相关的网络链接以获取更多信息。

- “知识拓展”专栏对文中涉及的研究主题进行了深度挖掘。在第十版中，你将会发现一些新的“知识拓展”专栏：“无家可归者”（第 7 章），“婚姻是否成为一种即将消逝的制度？”（第 14 章）以及“百岁老人”（第 17 章）。
- “实战演说”专栏介绍了研究的实际应用。第十版提供了一些新的“实战演说”专栏：“摇晃婴儿综合症”（第 4 章），“给孩子讲讲恐怖主义和战争”（第 10 章），“青少年是否应该被豁免死刑？”（第 11 章）。
- “世界之窗”专栏则用于探索一种或多种文化如何看待某些问题，或者美国的少数群体如何对待或感受本章所提及的问题。新增的内容包括“和学步期儿童作斗争有必要吗？”（第 6 章）以及“亚洲的老龄化问题”（第 18 章）。

第十版的新增特点如下：

- 位于卷首及卷尾的概括性总结帮助学生“发现”个体在每个发展阶段的发展，同时也描绘出个体在各个发展领域上的毕生发展轨迹。

内容变化

在各章的重要主题上，新增或者修正、扩充、更新的内容如下：

第 1 章

- 新增了对种族曲解和特定历史时代的人的讨论。
- 对社会建构的概念进行了详述，这一概念特别适用于青少年期。
- 对社会经济地位、文化和种族对发展的影响进行了扩展性讨论。

第 2 章

- 修改了定性与定量研究方法之间差异的讨论。

第 3 章

- 新增母亲压力对胎儿的影响。
- 新增胎儿评估技术表。
- 修改了性别的决定因素、肥胖的影响因素和自闭症的讨论。
- 更新了多胞胎、唐氏综合征、产前环境的危险因素（包括父亲及外界因素的影响）、产前检查。更新了“胎儿的福利与母亲的权利”专栏。

第 4 章

- 新增实战演说专栏：“摇晃婴儿综合症”。
- 新增死胎、袋鼠式照料和婴儿期的状态调节等信息。
- 扩展了与分娩习俗有关的跨文化和历史信息。

- 更新了剖腹产、分娩中麻醉剂的使用、出生时低体重儿的后果、出生死亡率的趋势、婴儿猝死综合征（SIDS）的增加及其原因、意外死亡、婴儿营养和疫苗安全等信息。

第 5 章

- 新增量表评估。
- 新增“实战演说”专栏：“婴幼儿看电视是否太多了？”
- 更新了以下讨论：贝雷量表（第三版）、符号的发展、诱发性模仿、语言发展以及智力与社会经济地位之间的关系。

第 6 章

- 新增“世界之窗”专栏：“和学步期儿童作斗争有必要吗？”
- 新增少数民族 / 种族对儿童照料的资料。
- 更新了 NICHD 关于“托儿所对儿童的影响”的研究报告。

第 7 章

- 新增“知识拓展”专栏：“无家可归者”。
- 新增了空气污染对健康的影响的资料。
- 修改了对以下内容的讨论：社会经济地位、种族、贫穷和健康、心理理论的研究、记忆的影响因素、语言的延迟发展和补偿性的学前项目。
- 更新了对超重和营养、睡眠模式及睡眠问题的讨论。

第 8 章

- 新增文化差异对自我概念的影响的讨论。
- 修改了关于性别发展、游戏、体罚和心理攻击的讨论。

第 9 章

- 新增能力评估和教育改革的资料，比如特许学校、家庭教学和美国国会开展的“无后进生行动”。
- 修改了关于参加体育运动、考夫曼儿童成套评估测验（K-ABC-II）和由幼儿园向一年级过渡的材料。
- 更新了肥胖、过度紧张、哮喘、艾滋病等信息，更新了罗伯特·斯滕伯格的贡献，心理发育迟滞、学习缺陷和注意力缺陷 / 多动症（ADHD）。

第 10 章

- 新增“实战演说”专栏：“给孩子讲讲恐怖主义和战争”。
- 修改了关于情绪调节、贫困对教养方式的影响、不同的家庭结构、同辈群体的影响以及对儿童攻击性的讨论。
- 更新了运用药物疗法治疗情绪障碍的信息。

第 11 章

- 新增“实战演说”专栏：“青少年是否应该被豁免死刑？”
- 更新了生理活动、睡眠模式、超重和饮食障碍、药物使用和药物滥用趋势、抑郁的治疗、青少年自杀、性别与学业成就和高中辍学等相关信息。
- 把父母工作的材料从专栏移至正文。

第 12 章

- 新增青少年的小团体与大团体以及恋爱关系的内容。
- 更新了关于性取向、性态度、性行为、性风险、性传播疾病、青少年怀孕和分娩以及青少年犯罪的信息。

第 13 章

- 新增成人初显期和反思性思维的相关内容。
- 更新了关于健康统计、遗传和生活方式对健康的影响以及接受高等教育和进入职场的信息。

第 14 章

- 新增“知识拓展”专栏：“婚姻是否成为一种即将消逝的制度？”
- 重新讨论了走向成年期的途径的变化。
- 更新了斯滕伯格的爱情双重理论、性行为、已婚的和非婚的生活方式、父母身份、双赢的婚姻关系、离婚、再婚和继父母身份等内容。

第 15 章

- 更新了成年中期的意义、荷尔蒙和激素替代疗法（HRT）、男性性征、健康趋势和健康的影响因素、沙伊的西雅图纵向研究以及工作与提前退休等知识。

第 16 章

- 重新讨论了情绪化和社会幸福感。
- 更新了相关信息：中年期过渡；生活满意度和幸福感；社会关系的重要性；中年期的婚姻；同居和离婚；与青少年及成年子女之间的关系，包括旋转门症候群；与年迈父母的关系，包括护理问题。

第 17 章

- 新增“知识拓展”专栏：“百岁老人”。
- 新增认知能力、健康和死亡率之间的关系，言语与老化。
- 修改了抗老化治疗，脑的变化，感觉和心理运动功能，生活方式对健康和长寿的影响，抑郁和痴呆（包括阿尔兹海默病）。
- 更新了以下相关信息：人口老龄化，影响平均寿命的因素，为什么会老化，寿命延长的研究，健康状况和残疾，西雅图纵向研究，信息加工能力、神经系统的变化和记忆。

第 18 章

- 新增了情绪化和幸福感的相关内容。
- 拓展了“世界之窗”专栏：“亚洲的老龄化现象”。
- 修改了关于应对方式、宗教 / 灵性和幸福感、成功老化、选择优化与补偿模型、退休趋势、志愿者活动以及社会支持的重要性的讨论。
- 更新了关于老年人经济情况和生活安排的信息。

第 19 章

- 修改了以下讨论：悲伤的模式；儿童对死亡的理解；对丧偶的应对；丧子；临终问题，如预先指示、临终关怀与文化态度。
- 更新了有关自杀趋势和器官捐赠的信息。

致 谢

最后，我们向所有帮助过我们的朋友和同事们表示诚挚的谢意。特别感谢那些审阅了《发展心理学》第九版和第十版的原稿的同仁们。在这次新版的写作过程中，很多人给我们提出了宝贵的意见和建议，也在此表示特别的感谢。参与过本书审阅的人员名单如下：

Mike Arpin,
Coffeyville Community College

Renée L. Babcock,
Central Michigan University

Alan Bates,
Snead State Community College

Dan Bellack,
Trident Technical College

Deneen Brackett,
Prairie State College

Amy Carrigan,
University of St. Francis

Perle Slavik Cowen,
College of Nursing, University of Iowa

Nicole Gendler,
University of New Mexico

Arthur Gonchar,
University of La Verne

Lori Harris,
Murray State University

Jutta Heckhausen,
University of California, Irvine

Henrietta Hestick,
Baltimore County Community College

Kelly Jarvis,
University of California, Irvine

Jyotsna Kalavar,
Pennsylvania State University–New Kensington

Deborah Laible,
Southern Methodist University
Sonya Leathers,
University of Illinois at Chicago
Tammy B. Lochridge,
Itawamba Community College
Karla Miley,
Black Hawk College
Kaelin Olsen,
Utah State University
Randall Osborne,
Texas State University–San Marcos
Lori K. Perez,
California State Univeristy–Fresno
Diane Powers,
Iowa Central Community College, Catonsville
Jennifer Redlin,
Minnesota State Community and Technical College
Stephanie J. Rowley,
University of Michigan
Pamela Schuetze,
Buffalo State College
Peter Segal,
York College of the City University of New York
Jack Shilkret,
Anne Arundel Community College
Peggy Skinner,
South Plains College
J. Blake Snider,
East Tennessee State University
Mary-Ellen Sollinger,
Delaware Technical and Community College
Monique L. Ward,
University of Michigan
Kristin Webb,
Alamance Community College
Colin William,
Columbus State Community College
Lois Willoughby,
Miami-Dade College–Kendall

感谢出版商这些年来对我们的大力支持，特别感谢执行编辑 Mike Sugarman、资深策划编辑 Elsa Peterson、特约发展心理学编辑 Laura Edwards、项目主管 Rick Hecker、负责协调供给的 Sherake Comnors、研究助理 Bill Cabin 和书目助理 Patricia Klitzke。还要感谢拥有灵感和敏锐眼光的 Toni Michaels，他为我们提供了许多优秀的照片，还有为本书的版式进行精湛设计的 Srdj Savanovic。

最后，我们感谢并欢迎读者一如既往地对本书提出宝贵的意见和建议，你们的建议有助于我们继续完善《发展心理学》一书。

黛安娜·帕帕拉

萨莉·奥尔兹

露丝·弗尔德曼

简要目录

详细目录

第三编 童年早期

第四编 童年中期

第五编 青少年期

第一编

本书的第一编是一张发展心理学领域的导图。它描绘出研究者在探究"什么促使人们如此发展"这一问题时遵循的各种途径。同时，还指明了当今发展心理学专业的学生的主要学习方向，并且提出了学生如何以最佳方式获取知识的各种问题。

在第 1 章中，我们会描述发展心理学这门学科的发展历程，同时还会介绍这门学科的研究目标和一些基本概念。我们还会探讨那些让每一个体都与众不同的影响因素。

在第 2 章中，我们将介绍一些有关发展心理学的著名理论——这些理论会在后面的章节中详加讨论。我们也将阐述发展学家如何研究人的发展，他们使用什么样的研究方法以及采用什么样的道德标准开展他们的工作。

发展心理学概述

预 览

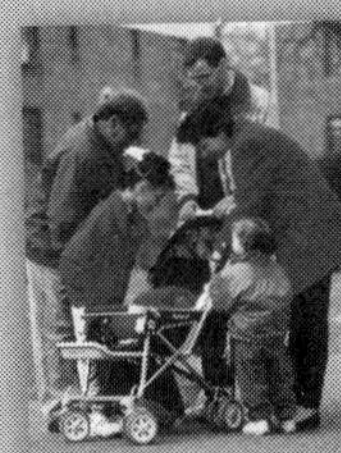

第1章

发展心理学

我们对发展心理学的了解已经从对儿童的研究拓展到对生命全程的研究。

发展学家研究人们在生理、认知和心理社会等领域的变化和稳定性。

发展会受到内在和外在因素的影响。

影响发展的重要环境因素包括家庭、社区、社会经济地位、民族/种族以及文化和历史等因素。

关键期对个体的发展会产生非常关键的影响。

第2章

理论与研究

发展心理学的理论观点在两个关键问题上存在差异：(1) 个体在发展过程中是否具有主动性；(2) 发展是连续的还是阶段性的。

发展心理学的主要理论有精神分析理论、学习理论、认知发展理论、进化论/生物社会学理论和情境理论。

发展心理学的研究方法既有定量研究又有定性研究，具体包括个案研究、人种志研究、相关研究和实验研究。

为了研究发展问题，研究者可能会追踪人们一段时间来考察他们是如何发展变化的，或者可能会比较不同年龄的个体来考察他们之间的差异。

发展心理学

第1章

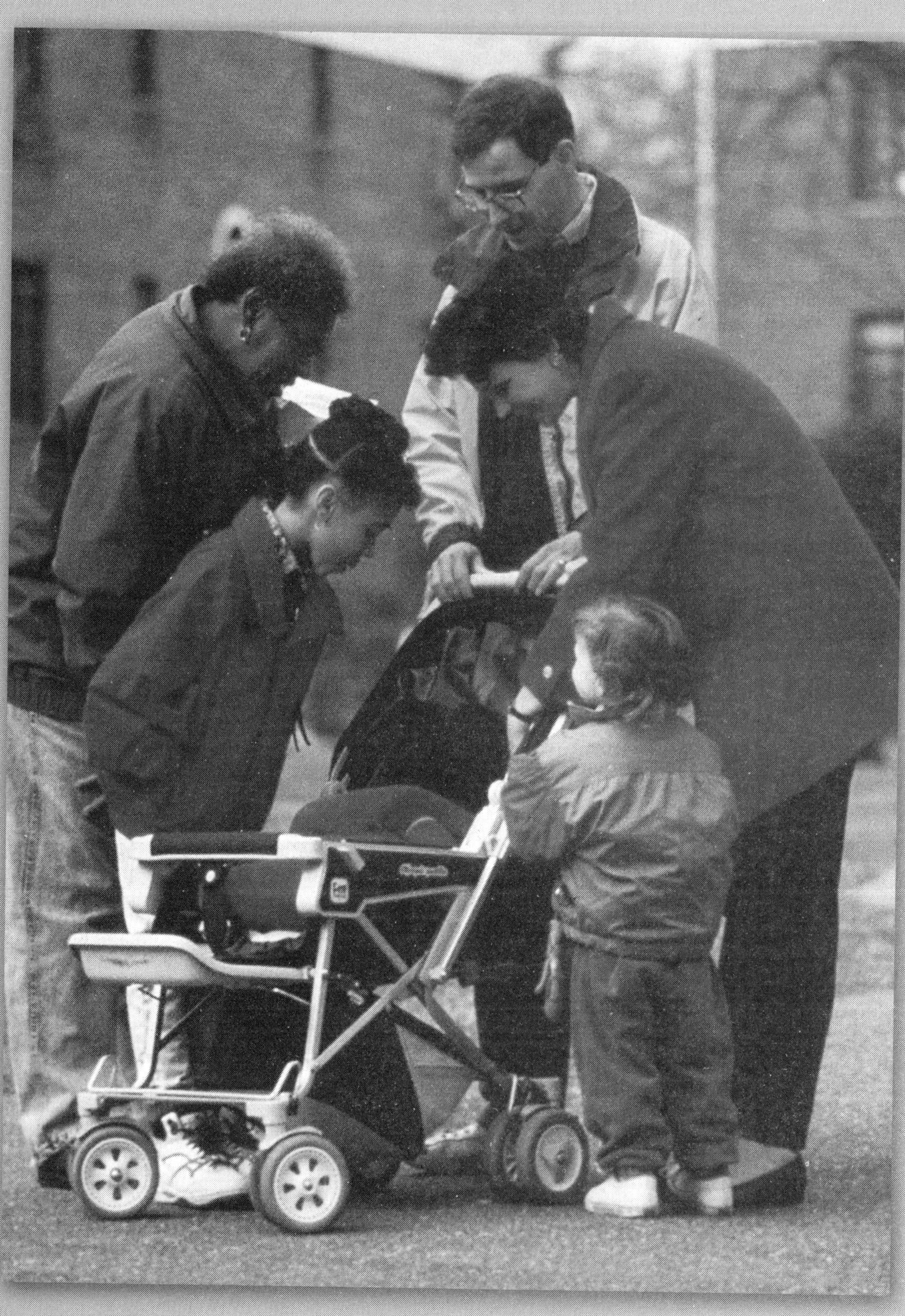

唯有变化是永恒。

——赫拉克利特的名言（公元前6世纪）

本章提纲

焦点人物

维克特——阿韦龙的野男孩

发展心理学的演变

早期方法

发展心理学成为一门科学

毕生发展研究

发展心理学的现状：一个不断发展的领域

发展心理学：基本概念

发展的过程：变化和稳定性

发展的范畴

生命全程的各个时期

影响发展的因素

遗传和环境

成熟的作用

发展的背景

常态影响和非常态影响

影响的时机：关键期或敏感期

巴尔特斯的毕生发展观

专栏1-1：知识拓展

研究生命过程：在艰难岁月中成长

专栏1-2：实战演说

是否存在语言习得的关键期？

焦点人物：维克特——阿韦龙的野男孩*

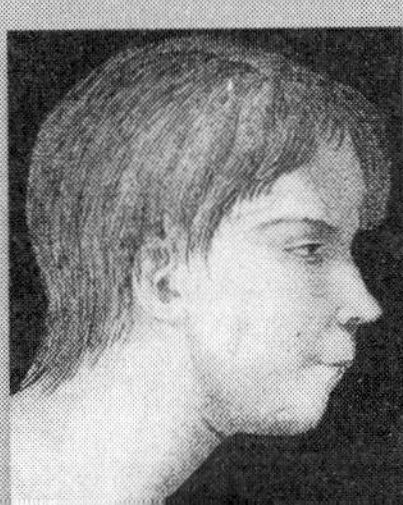

维克特

1800年1月8日，一个一丝不挂的男孩出现在法国中南部阿韦龙省圣塞尔南小镇的郊外。在之前的两年半里，人们已多次发现他的踪影。这个男孩年纪约12岁，但身高只有136厘米。他爬树，用四肢奔跑，喝溪水，吃橡树果和树根充饥。

当这个眼睛乌黑的男孩来到圣塞尔南时，他既不说话，也不对别人的话做出反应。就像一只习惯了野外生活的动物一样，他不但拒绝人们为他准备的食物，还想撕烂人们为他穿上的衣服。毫无疑问，他不是父母双亡就是被父母遗弃，但很难确定这些事情究竟发生在什么时候。

这个男孩出现在一个开明进步的社会变革期。当时，一种全新的科学观正在逐步取代形而上学的推测。哲学家探讨有关人类本性的问题，而这些问题正是发展心理学这门学科的核心问题：人类的特质、行为和思想是与生俱来的还是后天习得的，或者是两者兼有？在这些品行获得的过程中，社会交往有多重要？缺乏社会交往所造成的影响能够被克服吗？对一个在与世隔绝的环境下成长的孩子进行研究可能会为“自然观”（天生的特点）和“教养观”（教养、学校教育和其他社会影响）相互影响提供证据。

经过最初的观察后，这个被人们称为“维克特”的孩子被送往巴黎的一所聋哑儿童学校。在那里，维克特被转交给了吉恩·伊塔德（Jean-Marc-Gaspard

---

* 关于阿韦龙野男孩的信息来源于Frith（1989）和Lane（1976）。

Itard）。当时，26 岁的伊塔德正雄心勃勃地从事新兴科学——精神病学的研究。他认为与世隔绝的生活环境限制了维克特的发展，因此，他只需要掌握一些普通孩子在人类社会中获得的技能即可。

伊塔德把维克特带到自己家里，并且在接下来的五年中开始“驯化”他。伊塔德首先通过洗热水澡和干搓等手段，唤醒了维克特区分各种感觉经验的低级能力；然后，逐步训练他的情感反应、道德教育、社会行为、语言和思维。伊塔德所使用的方法都遥遥领先于他所生活的那个年代。这些方法基于模仿、条件作用和行为矫正等原理，这些原理我们将在第 2 章进行讨论。同时，他还发明了很多教学设备，而这些设备直到现在还在使用。

然而，伊塔德对维克特的教育并没有取得彻底成功。抛开存在的问题不谈，这个男孩已经取得了显著的进步。他学会了很多物体的名称，并且可以读写一些简单的句子。他还可以表达自己的意愿，服从命令，与别人交换想法。他会表达感情，尤其是对伊塔德的管家格林太太。他还会表达诸如骄傲、羞愧、懊悔以及渴望取悦别人等情绪。但是，除了能够发出一些元音和辅音之外，他一直没能学会说话。而且，他只关注自己的想法和需求，并且看起来他似乎“对充满快乐的社会生活漠不关心，而一直期待着回归到大自然中重获自由”（Lane，1976，P.160）。但是社会化后的维克特已经难以适应野外生活，因此在这项研究结束后，他一直和格林太太生活在一起，直到 1828 年他 40 岁左右时去世。

为什么维克特不能实现伊塔德对他的期望？这个男孩可能是遭受了脑损伤或者是患上了自闭症（也称为孤独症，它是一种涉及社会反应缺失的疾病），又或者是经历了残酷的早期虐待。在那个年代，伊塔德的教育方法虽然先进，但仍不足以完全教化维克特。伊塔德也逐渐意识到无法完全消除长期与世隔绝的生活所带给维克特的影响。而且他认为，尤其是对于语言学习来说，维克特的年龄可能太大了。

虽然维克特的故事未能对伊塔德所探索的问题提供明确答案，但是它仍具有重要的意义，因为它是人们最早对人的发展进行系统研究的尝试之一。自维克特之后，我们已经积累了很多关于人是如何发展的知识；但发展科学家仍然在不断探索一些基本的问题，譬如，天性和教养两者在发展过程中的相对重要性以及它们是如何一起发挥作用的。维克特的故事戏剧化地揭示了人的发展的科学研究的复杂性和艰巨性，从现在开始，你们即将了解这一切。

在本章中，我们将阐述发展心理学这门学科是如何发展的；同时，我们将展示当今这个领域取得的一些研究成果以及基本概念；我们还会探讨发展心理学所涉及的各个方面，并且说明它们之间是如何相互作用的；我们还会简要概括人生各个阶段的主要发展内容；最后，我们要看一看影响发展的因素以及这些因素产生的背景。

学习完本章后，你应该可以回答“学习指路标”中的所有问题了。为了检查你对本章“学习指路标”的掌握程度，请复习章节结尾部分的小结。“学习检查站”会贯穿整个章节并不时出现，以便检查你对所学知识的理解程度。

学习指路标

1. 什么是发展心理学？发展心理学是如何演变的？
2. 发展心理学的科学研究所要达到的四个主要目标是什么？发展心理学这门学科汲取了哪些学科的精华？其研究方法是如何变化的？
3. 发展科学家研究的内容包括哪些？
4. 发展心理学所涉及的三大领域与八大时期分别是什么？
5. 究竟是哪些因素使得每个个体与众不同？
6. 毕生发展观的六条基本原则是什么？

发展心理学的演变

> **学习指路标**
>
> 1. 什么是发展心理学？发展心理学是如何演变的？

从受精那一刻起，个体就开始经历一系列的发展过程。发展心理学或**人类发展**（human development）就是对这些过程进行科学的研究的学科。发展科学家——专门从事人类发展专业研究的人——着眼于研究个体发展全程中发生变化的各个方面，比如身高、体型以及那些相对稳定的特征，如人的性情。

作为一门正式的学科，发展心理学是一个相对较新的领域。从 19 世纪早期，即伊塔德研究维克特那时起，人们已经致力于从了解儿童发展，逐渐拓展到对生命全程的研究。

早期方法

发展心理学的科学研究先驱是婴儿传记，即某些记录儿童早期发展的日志。德国哲学家狄特里克·泰德曼（Dietrich Tiedemann，1897/1787）在 1787 年出版的一本儿童日志中记述了他对自己儿子两岁半以前的感知、动作、语言以及认知发展等方面的观察，而这些观察结果有很多只是他的推测。例如，狄特里克发现，婴儿更喜欢吮吸包裹甜食的布而不是护士的手指，于是他便推断吮吸这一动作“不是天生的本能，而是后天习得的”（Murchison & Langer，1927，p.206）。

进化论的创始人达尔文最早强调婴儿行为的发展本质是一种有序的变化过程。他认为人们可以通过研究人类早期的发展，无论从种系角度还是从个体角度，来更好地了解自身。1877 年，达尔文出版了记录儿子多迪在出生后第一年里的感觉、认知和情绪发展的笔记（见第 5 章的焦点人物）。达尔文的日志提高了“婴儿传记”的科学地位，在之后的 60 年间大约有 30 部婴儿传记相继出版（Dennis，1936）。

发展心理学成为一门科学

到 19 世纪末，西方的一些重要思潮奠定了开展发展心理学研究的基础。科学家已经破解了受精之谜。受洛克（John Locke）和卢梭（Jean-Jacques Rousseau）两位哲学家的影响（参见第 2 章），哲学家和科学家开始对“天性”和“教养”（天生的特点和后天的影响）的影响孰轻孰重这一问题展开争论，伊塔德已经在对维克特的研究工作中探讨过这一问题。细菌的发展以及免疫技术的发展使更多的婴儿免于夭折；法律保护儿童，使其避免每天长时间工作，从而让他们有更多的时间上学；同时，家长和老师更关注儿童的发展性需求，并尽力满足这些需求。心理学作为一门新兴学科告诉人们，通过了解哪些因素会对童年期的发展发挥作用，可以使他们更好地了解自己。

尽管如此，这门新学科还只是刚刚起步。直到 20 世纪早期，儿童研究的先驱霍尔出版了一本名为《青少年期》的畅销书（虽然不是科学著作）（Hall, 1904/1916），青少年期才被看成一个独立的发展阶段。同时，诸如弗洛伊德和皮亚杰等理论家的创造性著作也于 20 世纪问世（参见第 2 章）。1929 年，阿诺德·格塞尔（Arnold Gesell）在动作发展方面的研究，为继续探讨在各个年龄段的常态发展提供了实证资料。20 世纪三四十年代，在爱荷华州立大学、明尼苏达州立大学、哥伦比亚大学、伯克利大学和耶鲁大学成立的研究院培养了一大批经过专业训练的研究人员，这标志着儿童心理学正式成为一门科学。

霍尔是最早对老龄化问题产生兴趣的心理学家之一。1922 年，他在自己 78 岁时出版了《衰老：人的后半生》一书。1928 年，斯坦福大学创建了研究老化问题的首个科研机构。从 20 世纪 30 年代末期开始，沙伊、范伦特、莱文森和赫尔森等人进行的纵向研究，已开始关注成年期及老年期的智力和人格发展（我们将在《发展心理学（下册）》进行讨论）。

毕生发展研究

如今，大多数发展科学家都认为发展贯穿人的一生。所谓**毕生发展学**（life-span development）就是科学地研究人的一生发展过程的学科。

在美国，关于生命全程的研究源于对儿童的追踪研究。1921 年，推孟（Lewis M.Terman）开展了斯坦福天才儿童研究，追踪了智力超常儿童直至成年后的发展情况。20 世纪 30 年代前后，其他一些主要研究也相继开展，例如，伯克利成长与指导研究和奥克兰（青少年）成长研究等。这些研究为我们提供了很多关于长期发展的信息。在此之后，保罗·巴尔特斯（Paul B. Baltes）的毕生发展理论（将在本章最后进行讨论）为毕生发展研究提供了全面的理论框架。

学习检查站

你能否……

✓ 找出发展心理学研究过程中最关键的时期？

发展心理学的现状：一个不断发展的领域

> **学习指路标**
>
> 2. 发展心理学的研究所要达到的四个主要目标是什么？发展心理学汲取了哪些学科的精华？其研究方法是如何变化的？

发展心理学作为一门学科，它的主要目标是对人的行为进行描述、解释、预测和矫正。例如，为了描述正常儿童一般在多大时说出第一个词，或者某一年龄段的儿童应该拥有多大的词汇量，发展科学家需要观察大量不同年龄段的儿童，并为不同年龄的儿童建立行为常模或设定平均水平。接下来，发展科学家们就要解释儿童如何获得并且学会使用语言，同时，他们还试图解释为什么像维克特那样的孩子无法学会说话。这些知识可以帮助我们预测儿童以后的行为，例如，像维克特那样的孩子仍然有学会说话的可能性。最后，通过了解语言是如何发展的，我们还可以对一些行为进行矫正，就像伊塔德试图教导维克特那样。

人是非常复杂的有机体，因此，学习发展心理学的学生必须从各个学科或领域获取知识，包括心理学、精神病学、社会学、人类学、生物学、遗传学（研究遗传特征的学科）、家庭学（研究家庭关系的跨领域学科）、教育学、历史学、哲学和医学等。本书将会涵盖以上学科的研究成果。

> **我思我秀**
>
> - 我们为什么要研究发展心理学？

发展心理学这门学科仍处于不断的发展之中。当今发展学家所探寻的问题、所使用的方法以及提出的解释都远比 25 年前复杂得多，也涵盖了更多的内容（Parke, 2004）。这些变化反映出人们对该学科的深入理解，该学科是建立在以往研究的基础之上并挑战了以往的研究。同时，这些变化也反映出研究技术的进步。测量眼动、心律、血压、肌肉张力等指标的精密仪器有助于我们揭示生物机能和童年期智力之间有趣的联系。研究者通过照相机、摄像机和计算机来观察婴儿早期的面部表情，

发展心理学的研究在实际应用中可以帮助人们应对生命转折期的一些问题，例如工作或职业改变。

并且分析母婴之间是如何交流的。脑成像技术的进步使得研究者可以探查气质的奥秘，可以查明逻辑思维的来源，还可以比较一个正常老化的大脑与老年痴呆患者大脑之间的异同。

令人欣慰的是，越来越多的研究成果直接应用于儿童抚养、教育、保健和社会政策等方面（Parke，2004）。例如，通过对童年期记忆力的研究，可以判断法庭上儿童证词的可信度。同样，如果确定了哪些因素可能会导致反社会行为，那么我们就可提出建议来阻止这些行为出现。关于成年发展的研究同样有重要的现实意义，它可以帮助人们更好地处理自己或他人在生活中的变化：产后妇女如何重新投入工作；人们怎样应对工作变换或退休的问题；人们如何缓解丧偶的痛苦；绝症患者如何面对未来的生活。

学习检查站

你能否……

- ✓ 列举出发展心理学研究的四个目标？
- ✓ 列举出发展心理学研究所涉及的至少六门学科？
- ✓ 举例说明发展心理学研究的实际应用？

学习指路标

3. 发展心理学家的研究内容是什么？

发展心理学：基本概念

发展心理学家所研究的变化与稳定性体现在人的发展的各个方面，并贯穿一生。

发展的过程：变化和稳定性

发展科学家研究两类变化：量变和质变。**量变**（quantitative change）是指数量或总量上的变化，比如身高或体重的增减、词汇量的增加、攻击性行为或社会互动频率的改变等。**质变**（qualitative change）是指事物的种类、组织和结构发生了变化。质变的标志是出现新现象，而这些新现象不能简单地被归于先前功能的发展基础之上。例如，一个婴儿从不会说话到听得懂别人说话，再到可以用语言和别人交流的变化；一个人更换了职业或学会了一项新技术（如学会使用计算机）。

虽然，人们存在上面提到的各种变化，但他们在人格和行为方面总是表现出一种潜在的稳定性。例如，有大约 10%~15% 的儿童总是表现出害羞和胆怯，而另外 10%~15% 的儿童则表现为非常鲁莽和大胆。虽然各种影响因素会或多或少地改变他们的性格特点，但是这些特点总是会维持一种适度的水平。对于那些性格较为极端的儿童来说，这一点尤为明显（参见第 6 章）。一些宽泛的人格维度，比如说尽责性和开放性，似乎在成年早期就已经稳定了（参见第 14 章）。

学习检查站

你能否……

- ✓ 辨析发展心理学研究中的量变和质变，并各自举出一个实例？
- ✓ 列举出两个发展稳定性的实例？

哪些特征可能更稳定？哪些特征更容易改变，为何容易改变？这些都是发展心理学需要研究的问题。

发展的范畴

学习指路标

4. 发展心理学所涉及的三大领域与八大时期分别是什么?

变化与稳定性发生在各个范畴或者说个体发展的各个层面上。发展科学家会分别讨论生理发展、认知发展和心理社会发展。实际上，在人的一生中，各个范畴的发展是相互联系的，任何一个层面的变化都会影响到其他层面的发展。

身体和脑的发育、感觉能力、运动技能和健康状态都属于**生理发展**（physical development）的范畴，并可能会影响其他范畴的发展。例如，一个频繁感染耳疾的儿童可能比健康儿童更晚学会说话。青春期生理和激素水平的剧烈变化会影响个体自我意识的发展。同样，一些老年人的生理变化会导致他们智力下降或性格改变。

智力上的变化和稳定性，诸如学习、注意、记忆、语言、思维、推理以及创造性等构成了**认知发展**（cognitive development）。认知发展与生理、情绪和社会等因素密切相关。例如，一个人的语言能力取决于其嘴和脑的生理发展；而提前学会说话可能会对一个儿童的其他方面的发展产生积极的影响，并且使这个孩子获得自尊。记忆的发展反映了大脑中神经联结的增加或减少。如果一个人总是记不住别人的姓名（一个很常见的问题），他往往会认为自己很笨，因此，倾向于在公共场合沉默寡言。

情绪、人格和社会关系等方面的变化和稳定性共同构成了**心理社会发展**（psychosocial development），而心理社会发展又会对认知和生理发展产生影响。例如，考试焦虑会影响一个人的临场发挥；而社会支持可以帮助一个人更好地处理那些可能具有潜在消极影响的心理或生理压力。在第 18 章中，我们将会看到，已有研究发

孩子们正在观察沙盘里的蜗牛，从中可以发现以下发展领域的相互联系：感知觉、认知学习、情绪和社会互动。

现了人格与寿命之间存在某种联系。同样，生理和认知发展也会影响心理社会发展，它们会对个体的自尊产生重大影响，由此影响个体的社会接纳度和职业选择。

虽然，我们在研究时会把生理、认知和心理社会发展区分开来，然而，人是一个整体，不是各独立部分的简单组合，发展是各部分协调一致的过程。在这本教科书中，我们会着重探讨以上三方面发展之间的联系。

生命全程的各个时期

将生命全程划分为不同时期是一种**社会建构**（social construction）的过程。社会建构是指，在某一特定时期社会成员所普遍接受的对于某一事物本质的看法，也就是基于普遍认同的理解或假设而形成的观念。我们无法客观地断定在某一时刻儿童就变成了成人，或者某一时刻年轻人就变成了老年人。因此，童年期这一概念本身就是一个社会建构的概念。有证据表明，在早期，儿童通常被当成"小号"的成人来看待。不过，现在已经有人质疑这一观点（Aries，1962；Elkind，1986；Pollock，1983）。考古发现，古希腊儿童会玩粘土做的玩偶和牲畜骨头做的"骰子"。从陶器和墓碑上的记述发现，儿童也常常坐在高高的椅子上，还有些儿童乘坐羊拉的车（Mulrine，2004）。

正如我们前面提及的，直到工业社会，研究者才将青少年期这一概念作为一个特定的发展时期提出来。20 世纪早期，美国年轻人在离开学校（一般在 13 岁之前）、结婚或者开始工作、进入成人世界之前都会被看成儿童。直到 20 世纪 20 年代，为了满足工业和经济发展的需要，美国建立了全面的高中教育，同时也使得更多家庭可以为他们的孩子提供接受正规教育的机会。也就是从那个时候起，十几岁这段时期被看成是一个独特的发展阶段。而在一些前工业化社会，如奇帕维安（Chippewa）印第安族，至今仍然没有青少年期这一概念。奇帕维安人把童年仅划分为两个时期：第一个时期是从婴儿出生到学会走路；第二个时期是从学会走路到有生育能力。我们所谓的青少年期则属于他们所认为的成年期的一部分（Broude，1995）。而肯尼亚的古西人（Gusii）群体中则没有中年这一概念，这一点我们将在第 16 章进行介绍。

我思我秀

- 为什么不同社会对发展时期的划分是不同的?

本书按照西方社会普遍接受的八个时期来划分人的发展阶段。我们先描述第一个时期，也就是出生前的关键变化，然后再描述个体在婴幼儿期、童年早期、童年中期、青少年期、成年早期、成年中期和成年晚期的生理、认知和心理社会发展（参见表 1-1）。对于婴幼儿期（变化最剧烈的时期）之后的各个阶段，我们将把生理发展和认知发展合并到一章进行讨论。

表 1-1 对个体各个时期的划分不够细致，也略显武断。这一点在整个成年期显得尤为明显，因为成年期没有诸如开始上学或者性成熟这类的社会性或生理标志。人们对各个时期重大事件的处理方式存在个体差异。例如，一个幼儿可能到 1 岁半时就养成了自己如厕的习惯，而有些幼儿直到 3 岁才养成。有些人可能迫不及待地盼

表 1–1　个体发展八个阶段的典型特点

年龄阶段	生理发展	认知发展	心理社会发展
胎儿期（从受孕到出生）	通过正常方式或其他方式受精，从一开始就受遗传与环境相互作用的影响 基本身体结构和器官形成：大脑迅速发育 一生中生理发育最快速的时期，极易受到环境的影响	学习、记忆和对感官刺激的反应能力正在形成	胎儿能对母亲声音做出反应，并表现出对母亲声音的偏爱
婴幼儿期（从出生到 3 岁）	所有感知和身体系统开始不同程度地发挥作用 大脑发育逐渐复杂化，极易受环境影响 生理发育和运动技能发展迅速	出生后几周就显示出学习和记忆能力 在第二年后期发展出使用符号和问题解决的能力 言语理解及使用能力迅速发展	对父母或其他人的依恋形成 自我意识发展，从依赖向自主转变 对其他儿童的兴趣增加
童年早期（3~6 岁）	发展相对稳定；外形变得修长，比例更像成人 食欲减小，睡眠问题比较常见 利手出现；获得精细和粗略动作技能、体力增加	思维多少带有自我中心，但逐渐能够理解他人的观念 认知成熟使其对世界的认知更具逻辑性 记忆和言语能力提高；智力变得可预测 普遍具有学前经验，尤其是幼儿园经验	自我概念和情绪理解更加复杂；整体自尊得到提高 独立性、主动性和自控性提高 性别认同发展 游戏更富想象力，更复杂精巧，通常更具社会性 利他主义、攻击性和恐惧感更普遍
童年中期（6~11 岁）	发育变缓 体力和运动技能有所提高 呼吸系统的疾病经常发生，但总体健康状况好于一生中任何时期	去自我中心化，开始进行逻辑思维，但仍具体化 记忆和言语能力提高 认知的提高使得儿童从正式的学校教育中获益，但一些儿童表现出对特殊教育的需求和优势	自我概念变得更复杂，进而影响自尊 共同约束反映了父母对儿童控制方式的一种转变 同伴占据核心地位
青少年期（11~20 岁）	生理发育迅速，其他方面也发生剧烈变化 生殖系统成熟 健康威胁主要来自行为问题，例如进食障碍和药物滥用	发展出抽象思维能力和科学推理能力 在某些态度和行为上仍不成熟 接受教育主要是为上大学或职业选择做准备	寻求自我同一性，包括性别认同；重新变得自我中心主义 与父母的关系总体良好 同伴群体发挥积极或消极影响
成年早期（20~40 岁）	生理发育达到顶峰，然后开始逐渐下降 生活方式的选择影响健康	思维和道德判断更加复杂 做出教育和职业选择	人格特征和风格相对稳定，但人格仍可能受人生阶段和生活事件的影响而发生改变 做出有关亲密关系及个人生活方式的承诺 大多数人开始结婚，甚至为人父母

表 1-1 个体发展八个阶段的典型特点（续）

年龄阶段	生理发展	认知发展	心理社会发展
成年中期（40~65 岁）	感知能力、健康及体力开始缓慢衰退，但个体差异较大 女性经历绝经期	心理能力达到顶峰；专业和实际问题解决能力较高 创造性数量有所下降，但质量有所提高 有人事业成功，并获得极大权势；有人可能出现职业倦怠或转换职业	自我同一性继续发展，可能出现中年危机 照顾子女与父母的双重责任可能引发压力 子女离家后出现空巢
成年晚期（从 65 岁到生命结束）	尽管健康状况和生理能力总体下降，但大多数人健康且有活力 反应时减慢，从而影响其他方面的功能	大多数人在心理上仍然机智敏捷 尽管智力和记忆可能在某些方面有所衰退，但大多数人可以找到补偿方法	退休提供了重拾兴趣的机会 发展出更加灵活的策略来应对个人得失和即将来临的死亡 与家人、朋友的关系成为重要的支持来源 寻求生命意义成为生活的核心

望着退休，而有些人则害怕退休。

虽然存在个体差异，但发展科学家认为，为了在某一阶段获得正常发展，人们不仅需要满足那些基本的发展需要，同时还要完成该阶段的发展任务。例如，婴儿的发展取决于父母是否能满足他们的一些基本需求，比如食物、衣服和保护，同时需要父母多与他们接触，并且关爱他们。在这一过程中，婴儿会与父母或者其他照料者产生相互依恋。随着语言能力和自主运动能力的发展，幼儿变得更加独立，他们一方面声称自己独立了，另一方面却又需要父母对他们的冲动加以控制。处于童年早期的孩子有了更好的自控能力，对其他儿童更感兴趣。到了童年中期，同伴对儿童越来越重要，控制行为的角色逐渐从家长转移到伙伴。青少年期的主要目标是寻求同一性——无论是人格的、性别的还是职业的。当青少年生理发育成熟后，他们渴望脱离父母的保护，独立生活；这时，他们需要处理由此而导致的矛盾和情感冲突。

学习检查站

你能否……

- ✓ 指出发展的三个领域并举例说明它们是如何相互联系的?
- ✓ 列举出发展心理学研究的八大时期（如本书所定义的）以及每个时期的关键问题或事件?

成年初期的发展任务是确定独立的生活方式和职业方向，通常还包括建立家庭。到了成年中期，大多数人会遇到生理能力衰退的问题。与此同时，一些中年人需要面对生活中的新挑战——如投入到一个新的工作领域或者应对自己的子女成年，当然也有些人会担负起赡养老人的责任。到了成年晚期，人们一般会丧失某些能力，也需要应对丧偶的痛苦和面对自己的死亡。如果他们退休了，就不得不离开原有的社会关系网；但是他们可能会从朋友、家庭以及志愿工作那里获得更多的乐趣，同时他们也有机会重拾自己已搁置多年的兴趣。很多老年人开始重新审视自己，从而寻求生命的意义。

影响发展的因素

学习指路标

5. 究竟是哪些因素使得每个个体与众不同？

选修发展心理学的学生对于所有人均会经历的普遍性的发展过程有着浓厚的兴趣；同时，他们对某些人群以相似方式所经历的规范性或**常态**（normative）影响也感兴趣；最后他们也希望了解**个体差异**（individual differences）对个体发展过程的影响和结果。个体在很多方面都会有差异，如性别、身高、体重和体型等，在诸如健康状况、活跃水平、智力、人格特征以及情绪反应等方面也会有所不同。同时，人们的生活环境和生活方式也大相径庭，如人们所生活的家庭、社区和社会，拥有的人际关系、就读的学校类型（或者是否上学）、从事的工作以及业余时间的消遣方式等。

为什么个体的发展会彼此不同？由于发展这一概念的复杂性，以及人们无法对影响发展的各因素进行精细测量，一直以来，发展科学家们难以全面回答这个问题。然而，他们已经进行了许多研究，例如，什么是个体正常发展所必需的，人们如何应对影响他们发展的内在和外在因素，人们如何充分发挥自己的潜能等。

遗传和环境

影响发展的一部分因素来自于**遗传**（heredity），所谓遗传因素是指从亲生父母那里继承的一些先天特征或特质；其他一些影响因素则主要是由个体所处的内在或外在**环境**（environment）造成的，这里的环境是指个体从母体受孕开始所经历的所有外部世界以及通过各种经验所学到的知识技能。这两个因素对于发展的影响究竟孰轻孰重？这个问题（我们在关于阿韦龙野男孩的讨论中已经提及）曾经一度引起了激烈的争论。理论家们对于天性（遗传因素）和教养（出生前和出生后的环境影响）在发展过程中的相对重要性持有不同看法。

现在，行为遗传学领域的科学家已经找到了一些测量方法。通过这些方法，人们可以更加详细地知道，对某个群体来说，遗传和环境在某个具体特征的发展过程中所起的作用。然而，当我们考察某一特定个体时，几乎所有的研究都表明，发展是遗传和环境共同作用的结果。因此，即使智力在很大程度上取决于遗传，但是父母的激励、教育、同伴影响以及其他一些因素都可能影响到它。尽管对遗传与环境的作用孰重孰轻还存在争论，但当代的理论家和研究者已经将兴趣转向解释两者是如何共同影响人的发展的。

成熟的作用

成熟（maturation）是指生理发展和行为模式的一系列演变，这种变化为人们掌握新的技能（如走路和说话）奠定了基础。婴幼儿很多典型的变化，如前面提到的走路和说话等，似乎都与大脑和身体的成熟有密切的关系。随着儿童继续成长，经过青少年期，进入成年阶段，人们在不断适应他们所处的内在和外在环境的过程中，先天的个体差异和不同的生活经历对人们发展的影响越来越大。尽管如此，成熟仍然能够影响某些生理发展过程。

即使所有人都会经历相同的发展过程，但其发展速度和发展时机也会有所不同。因此，我们整本书都会讨论发展过程中一些重要事件所发生的平均年龄，比如，掌握第一个词、迈出第一步、月经初潮或者第一次梦遗、逻辑思维的发展以及更年期的开始。我们所说的都仅仅是这些事件发生的平均年龄。只有当个体过于偏离平均水平时，我们才会认为该个体的发展超前或滞后。

为了理解人的发展，我们需要考虑人的遗传特征，因为它给了我们每个人一个与众不同的开始。当然，我们同时也要去关注那些环境的或经验的影响因素，尤其是那些主要的环境因素，如家庭、邻里、社会经济地位、种族和文化。我们需要考虑遗传与环境是如何相互作用的，我们将在第 3 章对这一问题进行讨论。我们需要知道哪些发展主要取决于成熟，哪些发展主要受个体差异支配。我们不但要关注对某一年龄或某一历史时期的大部分人普遍产生影响的因素，也要考虑那些只影响了特定个体的因素。最后，我们还需要考察对关键时机的把握如何增强特定因素的作用。

发展的背景

如今美国的核心家庭早已不同于 150 年前的家庭，父母双方都可能外出工作。家庭比过去更小，儿童在学校度过的时间更多。

人是一种社会生物。从出生开始，人就生活在社会历史环境中。对于婴儿来说，家庭通常就是他所处的第一个环境。家庭又会受到更大范围的持续影响，这些影响一般来自于邻里、社区甚至是社会。

家庭 家庭这一概念在不同时期和不同地点有不同的含义。**核心家庭**（nuclear family）是指由两代血亲关系所组成的经济和家庭单元，它是由双亲或单亲及他们的亲生子女、领养子女或继子女组成的。历史上，双亲核心家庭一直是美国和其他西方社会中最主要的一种家庭类型，父母和子女通常会一起在农庄劳动。而如今在美国，大多数家庭都生活在城市，父母不再像过去有那么多的子女，而且父母双方可能同时外出工作。儿童的大

部分时间都会在幼儿园或学校里度过。对于离异家庭的孩子来说，他们由亲生父母的一方抚养或是轮流抚养。这类家庭中通常会有一位继父或继母，也有同父异母或同母异父的兄弟姐妹。在另一些单亲家庭中，则有父母的同居伴侣。如今，有越来越多的独生子女或无子女家庭、未婚父母和同性恋家庭（Hernandez，1997，2004；Teachman，Tedrow，& Crowder，2000；参见第 10 章）。

大家庭是一种传统的家庭形式，在亚洲、非洲和拉丁美洲比较常见，同时也存在一些由以上地区移民到美国的家庭。所谓**大家庭**（extended family）是指由很多代人，如祖父母、姨姑、叔伯、堂兄弟姐妹以及一些远房亲戚所组成的家庭形式。大家庭有许多人，他们每天与亲戚们生活在一起。成年人共同负担养活家庭和抚育子女的责任，同时，年长的儿童负责照顾年幼的弟妹。通常，这种少见的家庭由女性当家做主（Aaron，Parker，Ortega，& Calhoun，1999；Johnson et al.，2003）。如今，由于发展中国家工业化和城镇化的不断扩大，这种大家庭形式变得越来越少了（Brown，1990；Gorman，1993）；尤其是对于那些已经完成工业化和城镇化的地区来说，这种家庭形式就更少了（Peterson，1993）。与此同时，随着人口老龄化的到来，西方社会中的多代家庭联结变得越来越重要（Bengtson，2001）。

社会经济地位和邻里环境　**社会经济地位**（SES）包括收入、教育和职业三个方面。在本书中，我们将会分析很多关于社会经济地位与发展过程（如母亲与孩子的口头交流）和发展结果（如健康状态和认知表现；参考表 1-2）的研究。社会经济地位通过诸如家庭类型、家庭所处环境、营养水平、医疗卫生质量和受教育水平等因素，间接地影响人们的发展过程和发展结果。

贫穷将会阻碍儿童及其家庭成员在生理、认知和心理社会等方面的健康发展，这一点我们将会在第 10 章进行讨论。贫穷会影响家庭的居住条件、父母的情绪状态和教养方式、父母为孩子创造的生活环境，并由此对个体的发展造成间接影响。发展中的**风险因素**（risk factors）是指某些可能使消极后果出现的条件。如果存在一些风险因素（现实生活也确实如此），那么个体的正常发展就会受到威胁。但是，生活在富裕家庭的孩子也可能会遇到其他的风险（Evans, 2004）。由于面临巨大的成功压力，再加上父母忙于工作而忽视他们，在这些“低危险”的儿童中，也有相当一部分人会出现药物滥用、焦虑和抑郁等问题（Luthar & Latendresse, 2005）。

家庭所处的邻里环境能够影响儿童的发展，其中最主要的影响因素是邻居的平均收入和整体素质，即受过教育、有体面职业的人，他们能够构建社区经济基础、提供社会支持，并且能为儿童树立榜样（Black & Krishnakumar, 1998; Brooks-Gunn et al., 1997; Leventhal & brooks-Gunn, 2000）。尽管如此，仍有些人，像奥普拉・温弗瑞和美国前总统比尔・克林顿那样，虽然出生在贫困家庭，但是却取得了非凡的成就。这些事迹证明，即使个体会面临多种风险因素，但仍有人会获得很大的积极发展空间（Kim-Cohen, Moffitt, Caspi, & Taylor, 2004）。

表 1–2 贫穷对儿童的不良影响

结果	低收入家庭儿童的高危险系数
健康	
早夭	可能性为正常儿童的约 1.6 倍
早产（37 周以下）	可能性为正常儿童的约 1.8 倍
低出生体重	可能性为正常儿童的约 1.9 倍
缺乏父母照料	可能性为正常儿童的约 2.8 倍
无规律的卫生保健	可能性为正常儿童的约 2.7 倍
最近 4 个月营养不良	可能性为正常儿童的约 8.0 倍
教育	
7~8 岁时数学成绩较差	比正常儿童低 5 分
7~8 岁时阅读成绩较差	比正常儿童低 4 分
留级	可能性为正常儿童的约 2.0 倍
被学校开除	可能性为正常儿童的约 3.4 倍
在 16~24 岁期间辍学	可能性为正常儿童的约 3.5 倍
完成四年制大学	可能性为正常儿童的仅 50%

资料来源：Children's Defense Fund, 2004.

文化和种族 **文化**（culture）代表了一个社会或一个群体总体的生活方式，它包括习俗、传统、法律、知识、信仰、价值观、语言和物质产品（从劳动工具到艺术作品），此外，还包括所有在群体成员之间学习的、分享的以及传承的行为和态度。一种文化在与其他文化的接触中不断地变化。比如，当欧洲人到达美洲海岸时，他们立即从当地人那里学会了玉米种植技术。而今，计算机以及通信技术的发展加强了文化交流，例如，任何国家的人都可以通过网络下载美国音乐。

种族群体（ethnic group）是由共享其独特文化、祖先、宗教、语言以及祖籍的一群人组成。所有这些因素导致他们具有共同的特性、共同的态度、共同的信仰和价值观。种族均可追溯到一个共同的发源地，那里的文化为他们或者他们的祖先所共享，而这些文化至今仍然影响着他们的生活。种族和文化因素影响个体的发展是通过多方面来实现的，包括家庭的构成、家庭的经济和社会资源、家庭成员之间的行为方式、人们的饮食习惯、儿童的游戏内容和学习方法及在校表现、成人的职业方向，还有家庭成员感知这个世界的方式（Parke, 2004）。比如，移民到美国的儿童与美国本土的儿童相比，生活在大家庭里的几率要多 1 倍，同时，他们的母亲更有可能留在家里而不是外出工作（Hernandez, 2004; Shields & Behrman, 2004）。

美国一直是一个多种族、多民族的移民国家，它的移民来自世界各地，从欧洲到亚洲和拉丁美洲（Hernandez, 2004）。截至 2003 年，31% 的美国人是少数族群，包括非裔美国人、西班牙裔美国人、美洲印第安人、亚太裔人士。少数种族所占比例自 20 世纪 30 年代以来增长了 3 倍（U. S. Census Bureau, 1930, 2003），美国人口中 20% 以上是移民或者移民的子女（Fuligni & Witkow, 2004）。据估计，大约到 2040 年，少数种族人口将占美国人口的 50%（Hernandez，2004；参见图 1-1）。

同时，在大的种族内部也存在着较大差异。作为美国多数种族的白种人是欧洲人的后裔，由许多种族组成：德国人、比利时人、爱尔兰人、法国人和意大利人等，而所有西班牙裔的美国人包括古巴裔美国人、波多黎各人和墨西哥裔美国人，他们都有着不同的历史和文化。同样，非裔美国人、欧裔美国人、美国土著人或他们的混血后代也可能存在这种情况（Johnson et al., 2003; Sternberg, Grigorenko, & Kidd, 2005），例如，来自南部乡村的非裔美国人和来自加勒比海家族的非裔美国人有很大的区别。同样，来自日本、中国以及至今仍然沿用古老生活方式的尼泊尔山区的亚裔美国人也都有不同的文化。美国印第安人则由数百个已被确认的种族、部落、种族群和村庄的人构成（Lin & Kelsey, 2000）。

种族及种族划分：界定问题　在历史上，种族一词普遍被视为一种界限清晰的生物学概念，现在大多数学者都认为，种族是一种社会建构，它没有一个清晰统一的科

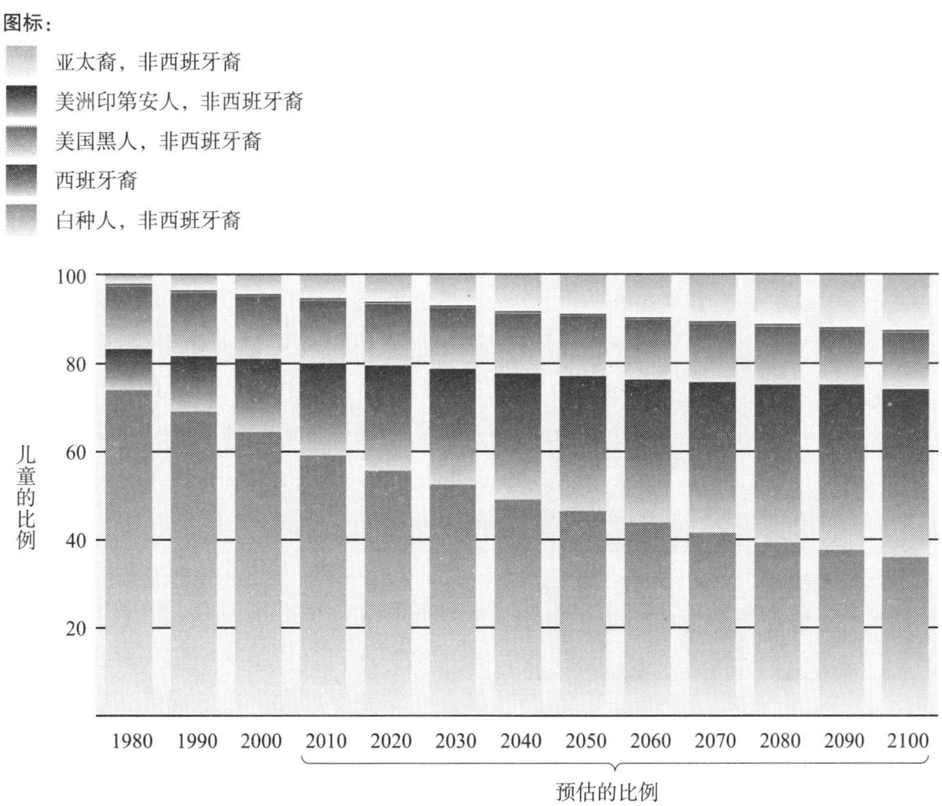

图 1–1

美国不同种族群体的儿童在过去及未来所占的百分比。

资料来源：Hernandez, 2004, p. 18, Fig. 1. Data from Population Projections Program, Population Division, U.S. Census Bureau, issued January 13, 2000.

我思我秀

- 如果你生长在另一种文化中，你可能会有哪些不同？

学定义，也不可能进行有效的测量（American Academy of Pediatrics Committee on Pediatric Research, 2000; Bonham, Warshauer-Baker, & Collins, 2005; Helms, Jernigan, & Mascher, 2005; Lin & Kelsey, 2000; Smedley & Smedley, 2005; Sternberg et al., 2005）。人类的遗传变异是一个广泛而连续的过程，而且 90% 的变异发生在*种族内部*，而不是社会所定义的种族之间（Bonham etal., 2005; Ossorio & Duster, 2005）。然而，作为一个社会范畴，种族在很多研究中仍然被视为一个重要的影响因素，因为它会使人们在社会生活的很多方面产生差异。例如，个体受到的待遇、居住的地点、工作机会、卫生保健质量，以及是否能够很好地适应社会等等（Smedley & Smedley, 2005, p. 23）。正如一个研究团队所述，“种族可能是不同待遇和经历所造成的*结果*，而不是一种造成不同结果的独立因素”（Ossorio & Duster, 2005, p.116; italics added）。

种族及其范畴不是固定不变的（Bonham et al., 2005; Sternberg et al., 2005），“而是由社会和政治力量不断塑造和再定义的”（Fishter et al., 2002, p. 1026）。由于地理上的分散、种族间的通婚和对当地不同条件的适应，种族内的特征也有了很大的异质性（Smedley & Smedley, 2005; Sternberg et al., 2005）。因此，以高尔夫球冠军泰格·伍兹为例，他的父亲是一位黑人，母亲是一位亚裔美国人。这样的人就可能会同时属于两个不同的种族，而且在不同时期，他们对自己所属种族的认同也不一样（Lin & Kelsey, 2000）。类似*黑人*或者*西班牙裔*这类词语是一种**种族曲解**（ethnic gloss），因为它们太过于概括，从而忽略了种族的文化内差异（Parke, 2004; Trimble & Dickson, in press）。

文化变异的动态性进一步使种族的特性变得模糊不清（Parke, 2004）。在美国这样的多种族国家里，虽然移民和少数种族会保留一些他们自己文化中的习惯和价值观，但是同时，他们也会学习主流的语言、习俗和态度，从而适应该国的*主流文化*（Johnson et al., 2003）。个体的文化适应速度会有所不同，有很多因素在其中发挥作用，如他们在主流文化中生活的时间、移民时的年龄、在主流社会中的待遇，以及他们期望保留自己原来文化的意愿程度（Chun, Organista, & Marin, 2002; Johnson et al., 2003）。

高尔夫冠军泰格·伍兹手捧着他在 1998 年“Johnnie Walker Classic”中赢得的奖杯，与倍感自豪的父母在一起。他是众多拥有双重或多重种族背景的美国人之一。

虽然当今的研究者比前人更加关注有关种族和文化差异的问题，但想要将这些差异真实并完整地呈现出来仍存在较大难度。在发展研究中，仍然缺乏关注少数群体的研究，并且少数群体的样本经常不具有代表性，部分原因是研究者选取参与者过于谨慎（Parke, 2004）。本书中所引用的许多研究结果只适用于某一文化中的主流群体，而其他研究也仅是对两个群体进行比较，如美国白人和非裔美国人。当研究多个群体时，通常只有一组或者两组能够产生显著差异的研究结果才被记录下来。即使是跨文化研究也不能捕捉到文化之间和文化内部的全部变异。

历史背景 发展科学家曾一度忽视历史背景，即人们所生活的某一时期。随着从儿童到成年的纵向研究的开展，研究者开始关注与时间、地点有关的特定经验如何影响个体的发展轨迹。例如，推孟的研究样本在 20 世纪 30 年代开始进入成年阶段，而那时美国正处于经济大萧条时期；奥克兰的研究样本则经历了第二次世界大战（参见专栏 1-1）；而大约在 20 世纪 50 年代，伯克利的研究样本则经历了战后的繁荣时期。每个特定时期对于儿童来说都意味着什么呢？对于青少年又意味着什么呢？对于成年人呢？对于这一问题，研究的内容不同，其答案也不同。在后面的章节我们将会讨论发展心理学研究中的另一内容，即历史背景的影响。

学习检查站
你能否……
- ✓ 解释为什么个体差异往往随年龄增长而增加？
- ✓ 举例说明家庭、邻里、社会经济地位、文化、民族或种族和历史背景对发展的影响？

常态影响和非常态影响

为了了解发展中的异同，我们需要考察时间和地点对发展的影响，既需要考察那些对许多或者大多数人都产生影响的因素，也需要考察那些只对特定个体造成影响的因素（Baltes, Reese, & Lipsitt, 1980）。

对于某个特定年龄段的人来说，按照年龄所划分的常态影响因素非常相似，一般包括成熟事件（比如青春期、更年期）和社会事件（比如接受正规教育、结婚、为人父母及退休）。我们通常可以比较清楚地预测成熟事件发生的时间范围，例如，个体不会到 35 岁才经历青春期，也不会在 12 岁就进入更年期。社会事件发生的时间更具弹性，而且对于不同时期和地点来说，其发生时间也存在差异。例如，西方工业社会中的儿童一般在五六岁时开始接受正规教育，而在一些发展中国家，儿童的入学时间会晚很多。

按照历史分类的常态影响因素都是非常重要的历史事件，如经济大萧条或第二次世界大战。对于那些正好处于某一成长时期的人来说，经历这些重大历史事件会对他们的行为和态度产生影响，我们把这些人称为**特定历史时代的人**（historical generation）。例如，在经济大萧条时期或第二次世界大战时期成年的那几代人会表现

如今，计算机已经成为影响儿童发展的一个常规历史因素，这在过去社会中并不存在。

专栏1-1

知识拓展

研究生命过程：在艰难岁月中成长

1962年，葛连·埃尔德来到加州大学伯克利分校并参加了奥克兰成长研究。这是一项有关社会和情绪发展的纵向研究，参加研究的176位参与者全部是1920年前后出生的城市青年，其中一半人来自中产阶级家庭。这些参与者在“繁荣的20年代”度过了他们的童年。而在该研究开始进行的时候，也就是20世纪30年代，美国经济大萧条开始爆发，这些参与者进入了青少年期。埃尔德发现，动荡的社会环境影响了家庭，进而影响了孩子的发展（Elder, 1974）。

当经济压力改变父母的生活时，孩子们的生活也会随之发生变化。贫困家庭的成员要重新定位他们的经济角色。父亲因失业而心事重重，并且对自己在家庭中地位的丧失感到懊恼，有时甚至会去酗酒。母亲需要外出工作，同时开始具有更大的家长权威。家长之间会更加频繁地争吵，孩子们因而可能出现更多的成长问题。

埃尔德关于经济大萧条时期儿童成长的研究表明，重大社会历史事件能够影响儿童现在和未来的发展。

尽管如此，这些痛苦经历所造成的长期影响，对男孩来说并不一定总是消极的。男孩为了摆脱生活困境而早早工作，于是他们变得更加独立，但同时他们也比女孩子更容易回避极度压抑的家庭环境，因为女孩一般都是在家里帮忙，而不是到外面工作。这些男孩在成年后不仅有很强的事业心，而且也看重家庭生活，有利于子女对他们形成信赖。

埃尔德指出，严重的经济危机对儿童产生的影响取决于儿童所处的发展阶段。奥克兰研究样本中的参与者在美国发生经济危机时已经是十多岁的孩子了，他们已经可以掌控自己的情绪、认知和经济资源。但一个在1929年出生的孩子则会完全依赖于家庭。另一方面，随着年龄的增长，奥克兰研究中那些儿童的家长们越来越难以从失业的痛苦中恢复过来。同时，由于他们的感情容易产生波动，极大地影响其家庭生活质量，以及孩子们在家中的待遇。

20世纪80年代早期，也就是在美国经济大萧条结束50年后，利率急剧上升，美国中西部地区的农业用地和农产品价格下降，迫使很多农民家庭负债累累，甚至不得不背井离乡。这样的农业危机使埃尔德有机会在乡

出一种较强的社会相互依赖感和信任感，而这种感觉在现代人的心里已经逐渐减弱了（Rogler, 2002）。诸如饥荒、核爆炸、恐怖袭击、妇女地位的改变以及电视、电脑等文化和技术发展，都会对整整一代人产生深远的影响，其影响作用随某代人所生活的时期和地点而不同。特定历史时代的人并不完全等同于同辈概念。**同辈**（cohort）是指同一年龄段的人组成的群体；而特定历史时代的人虽然包含同一年龄段的群体，但是并不是所有的同辈都属于这一群体，除非在他们生命的某个重要时期都经历了某些重大历史事件（Rogler, 2002）。

非常态影响（nonnormative）是指那些对特定个体产生重大影响的一些非凡事件。它可以是一些发生在非典型时期的典型事件，比如在十几岁结婚、早年丧父或丧母；它也可以是一些非典型事件，如天生残疾或者遭遇空难。当然，非常态影响也可以是一些令人高兴的事情，比如买彩票中大奖。人们通常会制造一些非常态生活事件，

知识拓展

村人群中再次进行他的早期研究。1989年，他和同事（Conger & Elder, 1994; Conger et al., 1993）访谈了爱荷华州的451个乡村和小镇家庭。每个家庭包括父母、一个七年级的孩子、一个比他们小4岁左右的弟弟或妹妹。研究者还用录像记录下了家庭成员之间的互动。由于那时爱荷华州几乎没有少数民族居住，因此参与本研究的家庭全部是白人家庭。

就像经济大萧条时期的研究结果一样，在经济困难的压力下，很多乡村家庭的父母产生了感情问题。意志消沉的父母之间更可能发生争吵，并且会虐待或抛弃他们的孩子。而孩子则会渐渐地丧失自信，然后变得不合群，从而导致他们的在校表现更差。这两次研究的不同之处是，在19世纪30年代的研究中，母亲不可能出现上述的家长行为模式，因为那时母亲基本上不用挣钱养家；而19世纪80年代的这次研究中，父母双方都会表现出这种行为模式（Conger & Elder, 1994; Conger et al., 1993; Elder, 1998）。

如今，这类被称为家庭过渡项目的研究仍在继续，研究者每年都会访谈参与研究的家庭成员。研究者所关心的是在青少年早期所经历的家庭危机是如何影响青少年向成年阶段过渡的。不论男孩还是女孩都会出现自我强化的循环问题。诸如经济危机、患病和在学校惹上麻烦之类的消极事件，会加强儿童的悲伤、恐惧感以及反社会行为，进而可能导致他们面临更严重的困境，比如父母离异（Kim, Conger; Elder, & Lorenz, 2003）。

就像其他有关生命过程的研究一样，埃尔德的工作为研究各个发展阶段及其与社会经济变化之间的联系提供了很好的启示。最后，该研究使我们看到，在不同的年龄阶段和不同的家庭环境中，个体先前所经历的生活困难会对其造成长期影响。

资料来源：除文中提及的其他参考文献，这段论述主要是以埃尔德1998年的研究为基础。

我思我秀？

你能回想发生在你生活的时代改变了家庭及儿童生活的一件重大文化事件吗？你又将如何研究此事件所造成的影响？

课外链接

若想获得更多关于本话题的信息，请登录http://www.sos.state.mi.us/history/museum/techstuf/depressn/teacup.html。该网站有最早刊登在《密西根历史杂志》（1982，Vol.66, No.1）上的有关美国经济大萧条的回忆录。请阅读一条口述的历史记录，并思考美国经济大萧条对叙述故事的人可能产生的影响。

从而积极参与自己的人生发展。例如，挑战新工作，或者是对跳伞这类极限运动等产生兴趣（我们将在第14章进一步讨论常态事件和非常态事件）。

影响的时机：关键期或敏感期

奥地利的动物学家康拉德·洛伦兹（Konrad Lorenz, 1957）曾做过一项非常有名的实验：他在新出生的小鸭子面前摇摇摆摆地走路，发出像大雁一样的声音，并拍打自己的双臂。这些小鸭子便像跟着母鸭学动作一样也跟着洛伦兹学起了这些动作。洛伦兹的研究表明，当刚孵化出来的小鸭子见到第一个活动的物体时，不管这个物体是否和它属于同一物种，它都会本能地学习这一物体的动作。这种现象称为**印刻**（imprinting），洛伦兹认为印刻是一种自发的行为，而且不可逆转。新生物的印刻通

学习检查站
你能否……

- ✓ 举例说明常态年龄影响、常态历史影响及非常态影响？（包括一些常态历史影响对不同代人的作用。）
- ✓ 比较关键期与敏感期，并举例说明？

动物学家康拉德·洛伦兹的研究表明，刚孵化出的小鸭子将跟随并依恋它们第一眼见到的活动物体。他将这种行为称为印刻。

常都会与母亲自然地联系在一起，一旦这一自然的活动过程被打乱了，那么，该新生物将依赖其他物体（或者不依赖任何物体）来完成这一过程，如上例中的小鸭子依靠洛伦兹完成了印刻。洛伦兹认为，印刻是早期学习倾向的表现：生物体的神经系统已经准备就绪，可以在生命早期短暂的关键期学习特定的知识。

关键期（critical period）是指一段特定的时期，在这段时期，一个特定事件的发生与否对生命的发展有着特殊的影响。关键期不是固定不变的，如果小鸭子由于饲养环境发生变化而延缓了生长速度，则可能会导致印刻关键期延长，甚至可能导致无法形成印刻。正如一些发展科学家所认为的那样，机会之窗将会永远关闭（Bruer, 2001）。

人类是否也会经历关键期？一个发生在孕期的例子证实了这一观点。我们在第 3 章将会提到，如果一位妇女在怀孕的特定时期接受 X 光照射、服用某些药物或感染某些疾病，胎儿可能会患某些疾病，但这取决于胎儿受“冲击”的性质以及受“冲击”的时期。关键期同样存在于童年早期。如果在关键期剥夺儿童的特殊经历，那么他们的生理发育可能出现永久性迟滞。比如，如果眼肌问题导致其双眼无法注视同一点，如果该问题在生命早期没有得到及时矫正，那么，该个体再也无法发展出双眼深度知觉所必需的大脑机能（Bushnell & Boudreau, 1993）。

目前，对关键期这一概念还存在着很多争议。很多方面的发展，甚至包括生物和神经领域内的发展都已经表明，某一功能存在**可塑性**（plasticity）和可改变性，因此，这或许有助于人们对敏感期的研究。处于**敏感期**（sensitive periods）的个体更倾向于对某种特定经验做出反应（Bruer, 2001）。而未来研究则需要去揭示行为的哪些方面更可能在某一特定发展时期被周围的环境所改变，而又有哪些方面在发展全程中都存在着较高的可塑性（Parke, 2004, p. 8）。我们将在专栏 1-2 中讨论关键期和敏感期这两个概念在语言发展中的应用。

巴尔特斯的毕生发展观

学习指路标

6. 毕生发展观的六条基本原则是什么?

巴尔特斯及其同事（Baltes, 1987; Baltes, Lindenberger, & Staudinger, 1998; Staudinger & Bluck, 2001）提出了毕生发展观的六条关键原则，这些原则中涵盖了本章所讨论的许多概念。这六条原则合在一起成为毕生发展研究中研究者所普遍认可的理论框架：

1. *发展贯穿一生*。发展是指在个体的一生中，为了适应自己选择或生存的环境，个体在能力上所发生的一系列变化。生命全程中的任何一个时期都会受到过去经历的影响，反过来，该时期的经历又会影响个体今后的发展。每一时期都有其独一无二的特点和价值，同时各个时期又都是同等重要的。即使人至暮年，依然可以获得情感和智力的发展。临终体验是人们试图与自己的一生达成最终的和解，即人生最后的发展。
2. *发展是获得与丧失的动态平衡*。发展是多维度、多方向的。它发生在生理、心理和社会性这三个维度的交互作用基础上，同时又在每个维度上具有不同的发展速度。发展不会仅仅沿着一个方向进行，当人们在某些方面有所获得时，他们可能同时会在其他方面丧失某些东西。无论是外形特征还是个人能力，儿童基本上只有一个发展方向——向上发展。之后，发展逐渐表现出得与失的动态平衡。在青少年期，个体的生理能力普遍提高，但同时语言学习能力会有所下降。一些能力在成年期的大部分时间都会增长，比如词汇量；而其他方面的能力则会降低，比如解决新问题的能力；有些特征可能会在中年期才得到发展，比如专业技能等。人们会通过集中精力做擅长的事情来使自己的得益最大化，并且通过学习应对和补偿措施来使损失最小化，比如人们在记忆力减退时会采取以记备忘录的方式来提醒自己。
3. *生物和文化对发展的相对影响贯穿生命全程*。发展过程同时受生物和文化因素的影响，但是两者间的平衡关系会不断改变。随着年龄的增长，生物的影响（如感觉的敏感性、肌肉强度和肌肉协调性）会越来越弱；但一些社会支持（如教育、社会关系和科技发展给老年人创造了便利的社会环境）会起到一定的补偿作用。
4. *发展涉及个体资源分配的变化*。个体可以按照很多方式“投入”他们的时间、精力、才能、金钱以及社会支持等资源。在资源分配上，个体具有不同的目标，有的是为了成长（比如学会演奏某种乐器或者提高自己的技能），有的是为了保持或恢复（比如通过练习来保持现有水平或重新恢复原来的熟练技巧），当难以保持或恢复某一水平时，人们会利用已有资源来对丧失进行调适。随着生命中可用资源总量的下降，人们在这三种不同目标上的资源分配随年龄的增长而改变。在童年期和成年早期，成长这一目标占用了大部分资源；在老年期，人们

实战演说

专栏1-2

是否存在语言习得的关键期？

1970年，人们在洛杉矶的市郊发现了一名13岁的女孩，名叫吉妮（Curtiss, 1977; Fromkin, Krashen, Curtiss, Rigler, & Rigler, 1974; Pines, 1981; Rymer, 1993）。这个女孩一直饱受父亲的虐待，12年来她一直被囚禁在家里的一个小房间里，被绑在一个便盆椅上，阻断了她与外界的一切正常交往。被发现时，这个女孩仅有60斤重，四肢无法伸直，不会咀嚼，不能控制大小便，也不会说话。她只认识自己的名字以及唯一的单词“对不起”。

此事件发生的三年前，埃里克·雷纳伯格（Eric Lenneberg, 1967, 1969）就已经指出，语言习得存在关键期。这个关键期是从婴儿早期开始一直到青春期结束。雷纳伯格认为，如果儿童在关键期内没有获得相应的言语能力，那么，要想在这之后学习语言，即便可能，也将会极其困难。

吉妮的出现为验证雷纳伯格的假说提供了一个机会。吉妮还能学会说话吗？还是现在已经为时已晚？为此，美国国立精神卫生研究所（NIMH）出资开展了一项研究，许多研究者开始照顾吉妮的生活起居，同时还为她提供强化学习和语言训练。

这项研究持续了几年之后，NIMH停止了对此研究的资助，同时，吉妮的母亲重新获得吉妮的监护权，并且阻止她与研究者接触。吉妮在这几年的表现虽然验证了存在语言习得的关键期，但也引起了一些质疑。吉妮已经学会了一些简单的单词，并且可以把它们组合成基本的符合语法规则的句子；同时她也掌握了一些基本手语。但是，她始终不能正常地使用语言，而且在大多数情况下，她所讲的话在某种程度上像混乱的电报句（Pines, 1981, p. 29）。令人遗憾的是，当她的母亲无力照顾她，将她先后送给几个充满虐待的抚养家庭后，吉妮就像以前一样彻底不会说话了。

怎样才能解释吉妮为何在一开始能取得进步，但随后却无法维持这种现象呢？13岁的吉妮所表现出的一切迹象表明，虽然，她已经接近于青少年晚期，但她仍然处于语言获得的关键期内。而她在20个月大时，即被锁进房间之前已经学过一些单词，这意味着她的语言学

这些韩国移民在成年期学习第二语言，通常比童年期学习语言更困难。

花费大部分资源来调适某些适应能力的丧失；在中年期，资源在这三个目标间的分配相对平均。

5. *发展具有可塑性*。很多能力，如记忆、力量和耐力都可以通过训练和练习得到显著提高，即使在生命的晚期仍然可以实现这一点。然而，正如伊塔德所发现的，即使是儿童的可塑性也有一定的限度。发展研究的任务之一就是，揭示在各个年龄段某些特定发展的范围究竟是多大。
6. *发展会受到历史和文化的影响*。每一个体都是在多重环境下发展的，一些发展取决于成熟与否，另一些发展则取决于时间和地点。除了来自同龄人和非常态事件的影响，人类不仅影响他们的历史进程和文化发展，同时也会被他们所处

习机制在语言习得关键期的早期可能已被激活。正是这些原因才使她后来的语言学习成为可能。另一方面，由于吉妮遭受了非常严重的虐待，并且长期被忽视，从而导致她在情绪、社会性和认知等各方面的发展严重受阻，以至于像阿韦龙的野男孩维克特那样，她也不适合作为一个用来验证语言习得关键期的案例（Curtiss, 1977）。

类似吉妮和维克特这样的个案研究表明，个体在生命早期之后再想获得言语能力是非常困难的。但是由于存在很多复杂的因素，因此，这些研究还无法对这类人能否再获得言语能力做出最终确定的回答。脑成像研究表明，即使最适合言语发展的脑区在童年早期受到了损伤，但由于其他脑区会接管相关功能，因此，个体还是可以获得基本正常的言语能力（Boatman et al., 1999; Hertz-Pannier et al., 2002; M. H. Johnson, 1998）。事实上，大脑的结构和机能在常规的言语学习过程中也在不断变化（M. H. Johnson, 1998; Neville & Bavelier, 1998）。神经科学家也已经发现，对于以美国聋哑人手势语（ASL）为第一语言的人和那些青春期之后学习这种手语并把它作为第二语言的人来说，他们在言语处理过程中的大脑活动模式存在差异（Newman, Bavelier, Corina, Jezzard, & Neville, 2002）。人们可以学习一门第二语言，无论是手语还是口语；而且即使在成年后依然可以学习，只不过成年后学习第二语言一般会比儿童早期时学习困难得多（Newport, 1991）。

由于大脑存在可塑性，因此一些研究人员更倾向于把青春期之前的几年看成是言语学习的敏感期而不是关键期（Newport, Bavelier, & Nwville, 2001; Schumann, 1997）。如果言语学习的关键期或者敏感期真的存在，那么我们又需要怎样来解释它呢？难道获得言语能力的脑机制会随着大脑的成熟而退化？由于其他认知能力都是随着大脑的成熟而提高，因此脑机制退化的说法似乎并不合理。另一种假设认为，认知成熟度的提高会阻碍年轻人或者成年人的语言学习能力。一般地，儿童每次的学习量都比较小，这样使他们能轻易消化所学的内容；而年龄大的成年人在刚开始学习一门语言时，他们往往需要一次消化很多信息，这就可能会对他们分析和理解所学的内容造成障碍（Newport, 1991）。

我思我秀

你有没有发现有关吉妮和维克特的研究中所存在的道德问题？如果研究是为了获得知识，从而导致参与研究的个体在研究过程中受到伤害，那么这种研究是否还值得我们去进行？

课外链接

若想获得更多关于本话题的信息，请登录 http://www.facstaff.bucknell.edu/rbeard/acquisition.html。该网站是由在巴克内尔大学（Bucknell University）从事语言学研究的罗伯特·贝尔德教授开发的，它介绍了影响言语习得的先天和后天的因素，也附有其他相关网站的链接。

的历史和文化环境所影响。正如我们将在本书中所讨论的，发展科学家已经发现，智力、中年女性的情绪发展和老年期的人格适应性等方面，在同一人群间也存在很大的差异。

重新聚焦

回顾本章开始部分在焦点人物中介绍过的阿韦龙的野男孩维克特。维克特的故事用什么方式例证了下面所列出的本章主题：

- 发展心理学的研究是如何变得更加科学的?
- 发展心理学各个领域之间的关系是怎样的?
- 遗传、环境和成熟对发展有多大影响?
- 历史和环境影响的重要性如何体现?
- 非常态影响和关键期或敏感期在发展中扮演什么样的角色?

现在，你已经对发展心理学这门学科的研究领域和基本概念有了初步认识，接下来，你需要关注发展心理学家所思考的一些问题，同时也要了解发展心理学家所使用的研究方法。在第 2 章中，我们会讨论一些在揭示发展是如何发生的这一问题上具有影响力的理论，同时，也将介绍一些研究者常用的研究方法。

小 结

发展心理学的演变

学习指路标 1：什么是发展心理学？发展心理学研究是如何演变的？

- 发展心理学是关于人的生命全程中变化和稳定性的科学研究领域。
- 发展心理学的科学研究始于 19 世纪的儿童研究。
- 研究者的研究兴趣逐渐扩展到成年期的发展，毕生发展成为一个研究领域。

学习指路标 2：发展心理学的研究所要达到的四种主要目标是什么？发展心理学汲取了哪些学科的精华？这门学科的研究方法是如何变化的？

- 发展心理学研究试图描述、解释、预测和修正发展。
- 选修发展心理学的学生需要从各个学科或领域获取知识，其中包括心理学、精神病学、社会学、人类学、生物学、遗传学、家庭学、教育学、历史学、哲学和医学等学科。
- 发展心理学的研究方法仍在不断更新，并充分利用各种新兴科技。
- 发展心理学的研究成果在许多领域有重要的应用价值。

发展心理学：基本概念

学习指路标 3：发展科学家的研究内容是什么？

- 发展科学家采用定性或定量方法，既研究年龄相关的生理、认知和心理社会的变化过程，也研究诸如人格这类特征的稳定性。

学习指路标 4：发展心理学所涉及的三大领域与八大时期分别是什么？

- 发展的三大领域是生理、认知和心理社会领域，三者彼此相互影响。
- 发展阶段这一概念是一种社会建构。在本书中，生命全程被划分为八大时期：胎儿期、婴幼儿期、童年早期、童年中期、青少年期、成年早期、成年中期和成年晚期。

在每个时期，人们都有特殊的发展需求和任务。

影响发展的因素

学习指路标 5：究竟是哪些因素使得每个个体与众不同?

- 发展的影响来自遗传和环境两方面。童年期的许多典型变化与成熟有关。个体差异呈现出随年龄增长而增加的趋势。
- 一些社会以核心家庭为主，另一些社会以大家庭为主。
- 社会经济地位（SES）通过家庭类型、邻里环境、营养水平、医疗条件和学校教育影响个体的发展过程和结果。最有力的邻里影响是邻里收入水平和人力资本。多重风险因素增加了消极结果的可能性。
- 重要的环境影响来自文化、种族和历史背景。大多数学者认为，种族是一个社会建构的概念。种族和文化的界限是灵活的，受到移民、通婚和少数群体的文化适应的影响。
- 影响可分为常态的（按年龄划分的或按历史划分的）和非常态的影响。
- 有证据支持存在早期发展的关键期或敏感期。

巴尔特斯的毕生发展观

学习指路标 6：巴尔特斯的毕生发展观所提出的六条原则是什么?

- 巴尔特斯的毕生发展观的原则包括以下假设：（1）发展贯穿一生；（2）发展是获得与丧失的动态平衡；（3）生物和文化的影响贯穿生命全程；（4）发展涉及个体对资源不断变化的分配；（5）发展具有可塑性；（6）发展受历史和文化的影响。

理论与研究

第2章

对科学而言，比精妙的研究方法

更重要的是对探寻真理的渴望，

不管它是何种真理。

——查尔斯·桑德斯·皮尔士，《论文集》第 5 卷

本章提纲

焦点人物

玛格丽特·米德——跨文化研究的先驱

基本理论问题

问题 1：发展是主动的还是被动的？

问题 2：发展是连续的还是阶段性的？

新近的共识

主要理论取向

观点 1：精神分析取向

观点 2：学习取向

观点 3：认知取向

观点 4：进化的 / 社会生物学的取向

观点 5：情境取向

如何将理论与研究相结合

研究方法

取样

数据收集

基本的研究设计

发展性研究设计

研究伦理

专栏 2-1：知识拓展

不成熟的适应性性价值

专栏 2-2：世界之窗

跨文化研究的目的

焦点人物：玛格丽特·米德——跨文化研究的先驱

玛格丽特·米德

玛格丽特·米德（Margaret Mead, 1901—1978）是美国著名的人类学家。20 世纪 20 年代，很少有女性愿意去偏远的、没有文字的种族聚居地进行艰苦的实地考察，但米德前往位于南太平洋的萨摩亚群岛，耗时 9 个月研究当地少女在青少年期的适应问题。她的第一本畅销书《萨摩亚人的成年》（1928 年）对“青春期叛逆不可避免”这一普遍认可的观点提出了质疑。

父母对学术的追求让米德度过了一个漂泊的童年，但这也为她一生的研究工作做好了准备。在新泽西，米德的母亲正忙于自己的社会学博士课题，带着她去访谈当代的意大利移民，而这也是玛格丽特第一次接触田野调查。她的父亲是宾夕法尼亚大学沃顿商学院的一位教授，他一直教导玛格丽特要尊重事实，同时告诉她“清晰思维的重要性”（Mead, 1972, p.40）。父亲特别强调理论与应用相结合，玛格丽特承袭了父亲的这一观点，比如，她使用其儿童理论培养自己的女儿。玛格丽特的祖母曾经是一位教师，她常带小玛格丽特去森林里收集并分析薄荷标本。米德在自己的回忆录《黑梅之冬》中写道：“虽然当时我的地理和拼写可能不过关，但是我学会了观察并记录我周围的世界”（1972，p. 47）。

玛格丽特对她的弟弟和两个妹妹的发展进行了观察，并作了大量记录。她一直好奇：为什么在同一家庭中，孩子们的行为却大相径庭？这种好奇引发了她日后的研究兴趣：同一文化中不同个体的气质差异。

玛格丽特的另一个研究焦点是文化如何定义男女两种性别角色。在她看来，自

己的母亲和祖母都是受过教育的女性，并且成功地拥有了自己的家庭、孩子以及事业，玛格丽特也希望自己能够成为这样的女性。然而，在其职业生涯发展之初，她却被当时著名的人类学家爱德华·萨丕尔泼了一盆冷水。萨丕尔告诉她，“该做的是留在家里照顾家庭和生儿育女，而不是去南太平洋群岛研究什么青少年期的女孩。”（Mead, 1972, P.11）。

米德家族的成员都认为应该尊重所有人类以及他们文化的价值，玛格丽特也受此影响，选择了人类学作为毕生的事业。玛格丽特牢记父亲的主张：唯一值得做的事情就是为知识奉献一己之力。她发现自己迫切需要将那些曾一度被孤立、因“受到现代城市文化的冲击而逐渐消失的”文化记录下来（Mead, 1972, p.137）。

玛格丽特在她的书中写道：“我去萨摩亚群岛，还有之后去过的一些其他地方，了解到更多当地人的信息。除了文化，他们在其他方面与我们非常相似。历史上会发生一些偶然事件，使这些文化和我们的文化间产生了很大差异，因此，他们的知识将会使我们更清楚地认识自己、认识我们的潜力以及我们的局限”（Mead, 1972, p.293）。如何阐明那些“潜力与局限”正是发展心理学的理论和研究所试图解决的问题。

玛格丽特·米德的生活始终如一，当她还是个小姑娘时，就记录下自己对弟弟妹妹们的观察。长大后她成为了科学家，到偏远的群岛研究那些与自己所处社会截然不同的文化。

米德的故事强调了发展心理学中的一些关键问题。首先，人的发展研究并非枯燥、抽象或者晦涩难懂，而是关注真实生活的本质。

其次，跨文化取向可以揭示哪些行为模式是所有文化共有的（如果存在的话），哪些不是。发展心理学中的大量研究都是在西方发达社会中进行的，并且以中产阶级白人作为研究对象。然而，米德和她的同事力图去扩展发展心理学的研究范围。如今，发展科学家们都认可米德及其同事所做的尝试。

再次，虽然科学的目标是通过客观公正的调查得出可被验证的结论，但是对于人类行为的观察毕竟是由研究者来完成的，而这些研究者自身的生活背景、价值观以及经验可能会影响他们的研究和解释。就像米德的女儿，人类学家玛丽·凯瑟琳·贝特森（Mary Catherine Bateson, 1984）在回应针对米德早期在萨摩亚群岛的工作方法的批评（参见第 12 章）时提到的，科学观察者就像是一面透镜，会把自己所观察到的现象进行一定程度的曲解。这就是为什么科学家们需要让别人来验证其研究结果的原因所在。为了让研究工作更加客观，研究者必须细致入微地考察各个方面，必须思考他们的研究是建立在何种假设之上，以及他们是如何获得最终结论的。在考虑研究结果时，牢记这些可能导致偏差的因素十分重要。

最后，理论和研究是同一事物的正反面。当米德反思自己的经历、观察别人的行为时，她会尝试提出一些解释或理论；而这些解释和理论需要通过后续的研究工作来进一步验证。由于理论和研究的联系非常紧密，我们会将发展心理学这门学科

学习指路标

1. 理论服务的目的是什么?
2. 发展科学家存在较大分歧的两个基本理论问题是什么?
3. 发展心理学的五种理论取向是什么？每种取向中的代表性理论都有哪些?
4. 发展科学家用什么方法研究人的发展，每种方法各有哪些优缺点?
5. 发展心理学的研究会涉及哪些道德问题?

的主要理论以及所使用的研究方法相结合，在本章中进行概括性的介绍。

在本章的第一部分，我们会介绍发展心理学中的一些主要问题和理论观点，这些问题和理论是许多研究的基础。接下来，我们会关注研究者是如何收集和评估资料的。因此，随着你对本书的深入学习，你将会更好地判断某些研究结果和结论是否站得住脚。

学习完本章后，你应该可以回答“学习指路标”中的所有问题了。为了检查你对本章“学习指路标”的掌握程度，请复习章节结尾部分的小结。“学习检查站”会贯穿整个章节并不时出现，以便检查你对所学知识的理解程度。

基本理论问题

学习指路标

1. 理论服务的目的是什么?

发展科学家提出了很多理论用来解释人的发展。每种**理论**（theory）都是由一系列有逻辑关系的概念和论述组成的，它的目的旨在描述或解释人的发展，同时预测在某些特定条件下个体会表现出何种行为。理论并非是一种猜测，它是一种把研究中获得的数据和信息整合起来的方法，同时也是提出假设的源泉。所谓**假设**（hypotheses），就是能在进一步的研究中加以验证的解释和预测。

所有理论都是动态的，它们通过整合新的研究成果而臻于完善。有时，研究可能会支持某一假设并验证基于这一假设所得出的基本理论。在另一些情况下，比如，米德的研究挑战了青春期叛逆的不可避免性，当这种情况发生时，科学家们为了解释那些意外数据必须修改自己的理论。研究结果除了具有现实意义外，通常还会提出一些问题以及假设以待验证。

理论家以什么方式来解释人的发展，取决于他们对以下两个基本问题的看法:（1）个体在其发展过程中是主动的还是被动的？（2）发展是连续性的还是阶段性的？关于第三个问题，遗传与环境哪一个对发展的影响更大，该问题已经在第 1 章中简要介绍过，我们将在第 3 章对其进行全面的讨论。

学习指路标

2. 发展科学家存在较大分歧的两个基本理论问题是什么？

问题 1：发展是主动的还是被动的？

个体在自身的发展过程中是主动的还是被动的？对于这一问题的争论要追溯到 18 世纪。英国哲学家约翰·洛克认为，每个刚出生的孩子都是一块“白板”，外部世界将在这块白板上留下痕迹。与此相反，法国哲学家让·雅各·卢梭认为，儿童出生时是“高贵的野蛮人”，他们在受到社会污染之前将会朝着积极的、自然的方向发展自己。现在我们知道，这两种观点都过于简单化了。儿童不仅拥有自己的内部驱力和需求，这会影响他们的发展；同时他们还是一种社会性动物，因此他们不可能在孤立的环境中获得最理想的发展。

洛克和卢梭在哲学上的争论导致出现了两种对立的发展模型或观点：机械论和有机论。由洛克的观点发展而来的**机械论发展模型**（mechanistic model）认为，人就像机器一样，只能对来自外部环境的刺激做出反应（Pepper, 1942, 1961）。如果我们了解了人类“机器”是怎样组装的，了解了对这台机器产生作用的外部和内部力量，那么我们就可以预测这个人的行为。机械论的研究致力于找出促使人们做出某些行为的因素，并将这些因素剥离出来。例如，为了解释为什么某些大学生会过度饮酒这一问题，持机械观的理论家可能会从外部环境的影响来解释，如广告的影响、是否有酗酒的朋友等。

卢梭是**有机论发展模型**（organismic model）的先驱。有机论者把人看成主动的、不断成长的有机体，他们会在行动中设定自己的发展（Pepper, 1942, 1961）。他们主动发起行为，而不仅仅是做出反应。寻求变化的驱力来源于个体内部。虽然外部环境的影响会加快或减慢发展的速度，但是它并不是引起发展的主要原因。人的行为是一个有机整体，仅仅把行为分解为对环境刺激的简单反应是无法对其进行预测的。持有机论的理论家在探寻某些学生过度饮酒的原因时，很可能会考虑这些学生所融入的环境，更喜欢与什么类型的人接触，他们偏爱选择的朋友是派对狂热者，还是学习痴迷者。

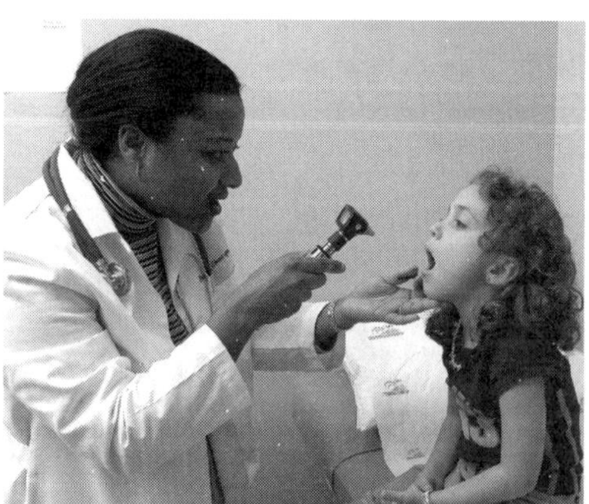

当今社会中女医生日益增多，这是因为她们自身的内部动机还是社会环境的影响？机械论者和有机论者可能会给出不同的答案。

问题 2：发展是连续的还是阶段性的？

机械论和有机论在第二个问题上也存在分歧：发展是连续的，还是阶段性的？

持机械论的理论家将发展看成是连续的过程，就像是爬斜坡。机械论认为，发展通常是由相同的过程所支配，因此可以通过后来的行为推测早期的行为。机械论者关注发展的量变，例如，比起人们做出什么类型的反应，他们更关心某种反应所发生的频率。

持有机论的理论家则强调发展中的质变（Looft, 1973）。他们认为发展就像上楼梯一样，由一系列不同的阶段组成。在每一个阶段中，人们要面对不同的问题，并发展不同的能力。任何一个阶段都是在前一阶段的基础上所建立的，同时又为下一阶段的发展做好准备。

新近的共识

随着发展心理学的不断演变，机械论和有机论的模型也在各种因素的影响下发生着变化（Parke, Ornstein, Rieser, & Zahn-Waxler, 1994）。弗洛伊德、埃里克森和皮亚杰等人在内的大部分心理学家都赞同有机论或者阶段论观点。20 世纪 60 年代，在华生的行为主义基础上发展起来的学习理论逐渐兴盛起来。随着它的流行，机械论开始获得更多支持（所有的这些理论我们都将在后面进行讨论）。如今的许多理论和研究关注行为的生物基础，研究者不再试图去揭示宽泛的发展阶段，而是去探究哪些具体行为表现出连续性，哪些行为又缺乏连续性，以及每种行为背后的发展过程。

在主动发展与被动发展的问题上，很多发展科学家都持一种更加折中的观点。如今，人们已达成广泛的共识：影响是相互的，即人类改变世界的同时，世界也在改变着人类。拥有乐观气质的新生儿往往能从成人那里获得积极的反馈，这种反馈反过来强化其相信自己的微笑可以得到奖励，继而会笑得更多。一位善于给下属提供建设性意见和情感支持的管理者可能会激发员工产生更大的生产力；反过来，生产力的提高可能会鼓励其继续采用这样的管理方式。

学习检查站
你能否……

- ✓ 解释理论、假设和研究之间的关系？
- ✓ 陈述发展心理学中的两个基本问题？
- ✓ 比较发展的机械论模型和有机论模型？

主要理论取向

学习指路标

3. 发展心理学的 5 种理论取向是什么？各有哪些代表性理论？

虽然在一些基本问题上达成了很多共识，但是很多研究者都是从不同的理论角度来看待人的发展。一般来说，研究者根据这些不同取向提出自己的理论，每一种取向都强调不一样的发展历程。这些取向可能会影响研究者所提出的问题、所使用的方法以及解释数据的方式。因此，为了更好地理解和评价一项研究，了解该研究所基于的理论取向是至关重要的。

表 2-1 中列出了五种最主要的理论取向，很多有影响力的理论和研究都是建立在这五种取向的基础上。这些理论取向是：（1）精神分析取向（主要关注人的潜意识中的情感和需要）；（2）学习取向（研究可以直接观察的行为）；（3）认知取向（分析思维的过程）；（4）进化的 / 社会生物学的取向（关注行为的进化论和生物基础）；

表 2-1　发展心理学的五种理论取向

理论取向	代表性理论	基本原则
精神分析取向	弗洛伊德的性心理理论	行为受控于强有力的无意识驱力。
	埃里克森的社会心理理论	人格受到社会影响，且通过解决一系列危机得到发展。
学习取向	行为主义或传统学习理论（巴甫洛夫，斯金纳，华生）	个体是反应者；环境控制行为。
	社会学习（社会认知）理论（班杜拉）	儿童在社会环境中通过观察和模仿进行学习；儿童是学习的主动发起者。
认知取向	皮亚杰的认知阶段理论	从婴儿到青少年之间的思维发生质变。儿童是发展的主动发起者。
	维果斯基的社会文化理论	社会互动是认知发展的核心。
	信息加工理论	人类是符号加工者。
进化的 / 社会生物学的取向	鲍尔比的依恋理论	人类具有生存的适应机制；强调关键期或敏感期；行为的进化和生物基础以及学习的准备状态是很重要的。
情境取向	布朗芬布伦纳的生物生态学理论	发展是通过个体与从微观到宏观的五层连锁环境系统的交互作用而获得的。

维也纳心理学家弗洛伊德独创性地提出了影响深远、也颇具争议的儿童性心理发展理论，该理论的基础是他的一些成年病人对自己童年期的回忆。弗洛伊德的女儿安娜追随父亲，建立了自己的人格发展理论。

（5）情境取向（强调历史、社会以及文化等环境因素对发展的影响）。下面我们对这些取向的假设、核心观点以及方法做概括性的介绍，同时我们还会介绍每种理论取向中具有代表性的理论家，整本书中会不断地提到他们。

观点 1：精神分析取向

弗洛伊德（Sigmund Freud, 1856—1939）是维也纳的一位内科医生，他所开创的**精神分析理论**（psychoanalytic perspective）认为，潜意识中的驱力通过激发人的行为来塑造人的发展。弗洛伊德所创立的精神分析最早是用于治疗精神病的一种疗法。通过向患者询问一些预先设计好的问题，能够唤醒患者长期埋藏的记忆，让患者了解自己潜意识中的情感冲突。包括埃里克森在内的一些理论家和学者扩展和修正了弗洛伊德的理论。

弗洛伊德：性心理的发展　弗洛伊德（Freud, 1953; 1964a, 1964b）认为，个体生来具有生物性驱力，为了能够在社会中生存，必须重新引导这些驱力。他提出了一种假说，即人格是由三部分组成的：本我、自我和超我。本我遵循快乐原则，它寻求需要和欲望上的即刻满足，新生儿受本我的控制。当需

采用技术	阶段取向	因果强调	个体的主动性或被动性
临床观察	是	通过后来经验修正先天因素	被动
临床观察	是	先天因素和后天经验的交互作用	主动
严密科学的实验程序	否	后天经验	被动
严密科学的实验程序	否	通过先天因素修正后天经验	有主动有被动
访谈法和观察法	是	先天因素和后天经验的交互作用	主动
跨文化研究；观察儿童与更有能力的个体的互动	否	后天经验	主动
实验室研究；生理反应的技术监测	否	先天因素和后天经验的交互作用	有主动有被动
自然观察和实验室观察法	否	先天因素和后天经验的交互作用	有主动有被动
自然观察法和分析法	否	先天因素和后天经验的交互作用	主动

要没有得到立刻满足，例如婴儿不得不等一会儿才能有奶吃时，他们开始意识到自己被外部世界所忽略。代表着理性的*自我*是从 1 岁开始逐渐发展起来的，它遵循*现实原则*。自我的功能是运用现实手段来满足本我的需要，并能让超我接受。*超我*大约在五六岁时得以发展，包括良心，它将社会所认可的“应该”与“不应该”内化到儿童的价值观中。超我对个体有很高的要求，如果儿童没有达到它的要求，就会体会到负罪感和焦虑。自我位于本我与超我之间，负责调解由本我的冲动和超我的要求所造成的冲突。

弗洛伊德指出，在童年期，人格是由本我的先天欲望和文明生活的现实要求相互冲突而形成的。这些冲突一直体现在**性心理发展**（psychosexual development）的五个阶段中（参见表 2-2）。在这五个顺序固定的阶段，个体的性快感在身体的不同部位转移。从嘴转移到肛门，再到生殖器。在每一个阶段，作为产生满意（或挫折）情绪主要来源的行为也在不断发生变化，从喂养到排便，再到性行为。

弗洛伊德认为前三个阶段，即生命的最初几年，对人格的发展至关重要。他提出，如果儿童在这几个阶段中满足过度或缺乏满足，他们都会出现*固着*（fixation），所谓固着指的是一种阻滞，它能够影响成人人格的发展。在*口唇期*，喂养是性快感的主要来源，如果婴儿的需求在此期间未能获得满足，那么，他们长大后可能会有咬指甲、吸烟等嗜好，或者发展出尖酸刻薄的人格特点。在*肛门期*，性快感的主要来源转移到肠部，若对幼儿进行太过严苛的如厕训练，他们可能会固着在这一时期。这类人可能会过分洁癖、极端循规蹈矩，或者强烈排斥杂乱无章。

根据弗洛伊德的观点，在童年早期的*性器期*，儿童的性心理发展过程中会发生关键事件。男孩产生恋母情结，女孩则产生恋父情结，同时他们还将同性别父母视为情敌，并产生攻击冲动。弗洛伊德称这一现象为*俄狄浦斯情结*（Oedipus complex）和*厄勒克特拉情结*（Electra complex）。最后，儿童会通过对同性别父母的认同来解决由这些情结所产生的强烈焦虑，然后进入一段相对平稳的时期——*潜伏期*。在潜伏期，儿童开始社会化，他们发展各种技能，并且开始了解自己以及身处的社会。最后一个阶段，即*生殖期*，贯穿整个成年期。在潜伏期一直被压抑的性冲动此时会通过社会认可的方式重新浮出水面，个体与自己家庭之外的成员建立异性关系。

弗洛伊德的理论具有历史性的贡献，许多核心观点也得到了研究证实。然而，他的另一些理论观点缺乏支持证据（Emde, 1992；Westen, 1998）或者难以验证。弗洛伊德使我们认识到潜意识、情绪以及动机的重要性；认识到童年经历在人格形成过程中的作用；懂得了情绪反应，尤其是对父母的情绪反应的矛盾性；了解了个体早期关系影响其日后交往的途径。同时，弗洛伊德也让我们知道，出生时个体就具有性本能。如今，虽然很多精神分析学家都反对他过分强调性本能和攻击本能的观点，但他的精神分析方法对当代的精神分析疗法产生了深远的影响。

我们需要牢记弗洛伊德理论产生的历史背景和社会环境。他通过分析自己所治疗的精神病患者，而非正常儿童，构建了自己关于正常儿童发展的理论。并且这些病人都是来自中上层社会的成人，大多数是女性。弗洛伊德强调早期情绪经验的作用，但是他没考虑到人格的其他影响因素，如社会和文化因素，而这些因素正是弗洛伊德学说的继承者所强调的，其中以埃里克森的理论最为著名。

埃里克森：心理社会发展 埃里克森（Erik Erikson, 1902—1994）生于德国，是一位著名的精神分析学家。埃里克森最初是弗洛伊德维也纳学术圈中的重要一员，他对弗洛伊德的理论进行了修改和扩充，主要强调社会性对人格发展的影响。同时，埃里克森也是生命全程观的先驱。相对于弗洛伊德强调童年早期经历对人格产生重要影响的观点，埃里克森始终坚信自我的发展贯穿一生。

精神分析学家艾里克·埃里克森偏离了弗洛伊德的理论，强调社会性对人格的影响。

埃里克森的**心理社会发展**（psychosocial development）理论覆盖了毕生发展的八个阶段（Erikson, Erikson, & Kivnick, 1950, 1982, 1986，参见表2-2），我们将在相应的章节对这八个阶段逐一进行讨论。每个阶段都有一个主要的心理社会任务，埃里克森将其称为人格“危机”。每个特定阶段的发展任务非常重要，任务解决与否决定了个体后续的发展是否顺利。这些发展任务会随着个体的成熟逐一出现，为了保证自我意识健康发展，人们必须妥善地解决这些问题（埃里克森后来放弃了“危机”说，取而代之以“冲突”

表 2–2　各理论的发展阶段

性心理阶段（弗洛伊德）	心理社会阶段（埃里克森）	认知阶段（皮亚杰）
口唇期（出生到 12~18 个月）。婴儿的主要快感来源是嘴部活动（吮吸和喂食）	基本信任对基本不信任（出生到 12~18 个月）。儿童获得世界是否安全的感受。美德：希望	感知运动阶段（出生到 2 岁）。婴儿通过感知和运动逐渐能够组织与环境有关的行为
肛门期（12~18 个月到 3 岁）。儿童通过控制排便满足性本能。快感区域是肛门，排便训练是该阶段的重要活动	自主对羞愧和怀疑（12~18 个月到 3 岁）。儿童获得独立和自主之间的平衡，以此克服羞愧和怀疑。美德：意志	前运算阶段（2~7 岁）。儿童发展出表征系统，开始用符号表示人、地点和事件。语言和想象游戏是该阶段的重要表现。思维仍缺乏逻辑性
性器期（3~6 岁）。儿童开始依恋异性父母，随后认同同性父母。超我开始发展，快感区域转移到生殖器	主动对内疚（3~6 岁）。当儿童尝试新活动时获得主动感，以此克服内疚感。美德：目的	
潜伏期（6 岁到青春期）。相对平稳安静的时期	勤奋对自卑（6 岁到青春期）。儿童学习文化知识或感到无能。美德：胜任力	具体运算阶段（7~11 岁）。儿童能富有逻辑地解决当前现实问题，但是仍无法进行抽象思维
生殖期（青春期到成年）。性器期的性冲突重新出现，可发展为成熟的成人性行为	同一性对同一性混乱（青春期到成年早期）。青少年反复思考“我是谁”，以确定自我同一性或感受到同一性混乱。美德：守信	形式运算阶段（11 岁到成年期）。能够进行抽象思维，能够处理假设情境和考虑到各种可能性
	亲密对孤独（成年早期）。寻求建立对他人的承诺；如果不成功，可能感到孤独和专注自我。美德：爱	
	繁殖对停滞（成年中期）。成熟的成年人承担起繁殖和指导下一代的任务，否则会感到个体停滞。美德：关怀	
	自我整合对绝望（成年晚期）。接纳自己的人生，接纳死亡；否则感到绝望。美德：智慧	

注：所有年龄都是近似值。

或者“竞争趋势”）。

每一阶段都要求人们在积极发展趋势和与之对立的消极发展趋势之间达成平衡。在各阶段中，积极因素应当占据主要位置，同时也必须具备一定程度的消极因素。比如，婴儿期的关键主题是基本信任对不信任。在这一阶段，个体需要对周围的世界以及其中的人建立信任感，否则就会产生不信任感。然而，他们也需要一定程度的不信任感用来保护自己远离危险。成功度过每个阶段都会发展出某一特定的美德

学习检查站
你能否……

- ✓ 指出精神分析取向主要关注什么?
- ✓ 列举弗洛伊德理论中心理发展的五个阶段和人格的三种成分?
- ✓ 辨析埃里克森的理论与弗洛伊德的理论的不同之处?

或优势，如在婴儿期，这一美德就是希望。

埃里克森强调社会和文化因素对发展的作用，重视青少年期以后的发展，这已经超越了弗洛伊德的理论。但是，与弗洛伊德理论中的某些概念一样，埃里克森理论中的一些概念也无法被验证。

观点 2：学习取向

学习理论（learning perspective）认为，学习是指在经验和对环境适应的基础上行为所产生的持久变化，该理论坚信发展是学习的产物。学习理论家试图发现控制外部行为变化的客观规律。他们将发展视为一种连续的过程（不是阶段性的），并且强调这一过程中的量变。

学习理论家使发展心理学的研究变得更加科学。他们的术语都很精确，他们的理论可以在实验室里反复被验证。有两种重要的学习理论，分别是行为主义和社会学习理论。

学习理论 1：行为主义 行为主义是一种机械论，它将可以观察到的行为描述成对经验的可预期的反应。行为主义者认为，个体终生都在学习，学习方式和其他生物相同，这种方式就是对他们能够体验到快乐、痛苦或者威胁的环境做出反应。行为主义者试图找出那些能够决定特定行为是否会重复出现的事件。

行为主义的研究主要关注联结式学习，即在两个刺激间建立一种心理联结。联结式学习分为两类：经典条件作用和操作性条件作用。

经典条件作用 俄国生理学家巴甫洛夫（Ivan Pavlov, 1849—1936）设计了一系列实验。在实验中，狗学会了对喂食期间的铃声分泌唾液。他在这些实验基础上提出了**经典条件作用**（classical conditioning）这一概念。在经典条件作用中，对先前刺激（食物）的自然反应（分泌唾液），通过先前刺激与新刺激间的联结反复出现，从而转移到新刺激（响铃）上。

美国行为主义学家华生（John B. Watson，1878—1958）将刺激—反应理论应用于儿童，他声称能随意塑造自己选出的儿童。在一项旨在验证经典条件作用的著名研究中（Watson & Rayner, 1920），华生让 11 个月大的婴儿小阿尔伯特对白色毛绒玩具产生恐惧。最初，小阿尔伯特并不害怕毛茸茸的白鼠，当阿尔伯特即将接触到毛茸茸的小白鼠时，研究者就播放巨大的噪音。小阿尔伯特被噪音吓哭了。华生报告，在噪音和白鼠搭配重复出现数次后，每当看到白鼠时，小阿尔伯特都会吓哭。尽管现在看来，这项实验违反了道德伦理原则，但它证实，通过条件反射作用，婴儿可以对原本不害怕的东西产生恐惧。

我思我秀

- 在一项采用经典条件作用的实验中，你认为能采取什么措施来保护参与者的权利?

经典条件作用是学习的一种自然模式，它不需要外界的干预。通过学习哪些事件会不断联结出现，当出现某一事件后，儿童可以对即将发生的事情产生预期，这种知识会使他们的世界更加有序和可预测。

操作性条件作用 婴儿特雷尔安静地躺在自己的小床上，在他偶然微笑时，正巧他妈妈走到小床边逗他玩，并且随后爸爸也过来了。随着这样的过程多次重复，特雷尔就会知道：他的行为（微笑）可以产生他想要的结果（父母的关爱），以后他为了获得父母的关注就会保持他的微笑。从此，“笑”这种最初的偶然行为变成了一种条件反射。

因为个体是通过他们“操作”环境所产生的结果来进行学习的，所以这种学习被称为**操作性条件作用**（operant conditioning）。同经典条件作用一样，操作性条件作用也属于联结式学习，但是这类学习是在行为和结果之间建立联结的；同时，与经典条件作用不同，操作性条件作用中的学习是个体的自发行为，比如特雷尔的微笑。

虽然美国心理学家斯金纳（B. F. Skinner，1904—1990）最初是通过对老鼠和鸽子的研究总结出了操作性条件作用的法则，但是，他坚信这些法则也适用于人类。他发现，如果生物的某种行为可以获得它所期待的结果，那么该行为出现的频率就会增加；相反，如果一种行为使该生物受到惩罚，那么该行为就会被抑制。心理学家将某一行为得到加强，其再次出现的可能性增加这一过程称为**强化**（reinforcement）。在小特雷尔的例子中，父母的关注强化了他的微笑。某一行为被削弱，并且再次出现的可能性减小的过程则被称为**惩罚**（punishment）。如果当特雷尔微笑时，父母冲他皱眉，那么他可能就不会再微笑了。某结果对个体起到强化还是惩罚的作用取决于行为者本身，对一个人的强化对于另一个人来说可能就是惩罚。比如，对于一个喜欢独处的孩子来说，让他（她）待在自己房间里更像是强化，而非惩罚。

强化可以是正面的，也可以是负面的。所谓*正强化*是指提供一种奖励，比如食物、金钱、赞扬或者与婴儿一起玩；*负强化*是指去除个体不喜欢的东西（比如厌恶事件），例如给婴儿换尿布。有时负强化和惩罚容易混淆，但事实上，这两个概念是不同的。惩罚是指通过*提供*一种令人厌恶的事件（比如打孩子屁股或把违法者送进监狱）或者*撤销*一种积极的事件（比如不允许年轻人用家里的车）从而达到*抑制*某种行为的目的；而负强化则是指通过*移除*或者*避免*某种令人讨厌的事件而*鼓励*某一行为再次出现。例如，一个司机由于放弃拥挤大路选择小巷，如果此举导致他的行程更短，那么他下次做出这一行为的可能性就会增加。

紧随行为之后的强化最有效。如果一种行为不再受到强化，它就会逐渐恢复到最初的基础（基线）水平，即*消退*（extinguished）。如果在之后的一段时间内，如在特雷尔微笑时没有人再逗他了，虽然他还会笑，但是笑的频率将远远低于持续被强化的情况。

行为塑造，又称行为疗法，是一种用来逐渐消除问题行为或培养良好行为的方法，它是一种操作性条件作用。这种方法对有心理、情感或进食障碍的人尤为有效。然而，

惩罚可以表现为语言批评或体罚。根据斯金纳的操作性条件作用，图中这位父亲对女儿的批评能减小女儿再犯错的可能性。

斯金纳的理论在应用方面有其局限，因为该理论仅关注发展的普遍规律，并没有充分考虑到行为的个体差异（Parke, 2004）。

学习理论 2：社会学习（社会认知）理论

美国心理学家班杜拉（Albert Bandura，1925—）提出了**社会学习理论**（social learning theory）。相比行为主义者将环境视为发展的主要动力，社会学习理论家认为，发展的动力来自个体自身（Bandura, 1977, 1989）。

经典的社会学习理论认为，人们主要是通过观察和模仿来学习适当的社会行为。这一过程被称为模仿或**观察学习**（observational learning）。人们通过模仿榜样，如父母或体育明星的行为，从而启动或提高自己的学习。榜样模仿在各类学习中都起到重要作用，如儿童学习言语、应对攻击行为、培养道德感，以及学会符合性别行为的模式。成人往往通过观察和模仿教练、老师和同事来进行学习。即使一个人没有模仿观察到的行为，观察学习同样也可以发生。

个体对特定行为以及榜样的模仿取决于其所在的文化欣赏哪一种价值。例如，如果卡洛斯所在的学校里只有女教师，他可能会因为觉得她们缺乏男子气概而不去模仿。然而，如果碰到了一位他喜欢的男教师，那么，他对教师作为榜样的看法可能会改变。

1989 年，班杜拉在社会学习理论的基础上提出社会认知理论。这一变化反映了他开始强调认知过程是发展的核心。认知过程是指人们在工作中，通过观察榜样从而学会很多行为，进而在头脑中将这些行为整合成复杂的新模式。例如，丽塔模仿老师脚尖点地的舞步，但随后她又观察了比她跳得好的同学卡门的舞步。这样她将自己所观察到的行为整合成新的模式，最终形成属于自己的舞蹈风格。

儿童通过接受别人的反馈，逐渐形成自己的行为判断标准，并且对自己所要模仿的榜样更具选择性。他们也开始培养自己的**自我效能感**（self-efficacy），即认为自己能够成功的信心。

学习检查站
你能否……
- ✓ 指出学习取向的主要内容及优缺点？
- ✓ 区分经典条件作用和操作性条件作用？
- ✓ 区分正强化、负强化和惩罚？
- ✓ 比较行为主义和社会学习（社会认知）理论？

观点 3：认知取向

认知理论（cognitive perspective）关注思维过程以及反映这些过程的行为。认知理论深受有机论和机械论的影响，包括皮亚杰的认知发展阶段理论、维果斯基的社会文化理论、信息加工理论和新皮亚杰主义，其中新皮亚杰主义整合了信息加工理论和皮亚杰理论的某些成分。

瑞士心理学家皮亚杰通过观察及访谈法研究儿童的认知发展，向儿童询问各种情境性问题，以此发现他们的心智是如何工作的。

皮亚杰的认知发展阶段理论　我们所知道的有关儿童思维是如何发生的大部分知识均源自瑞士理论学家皮亚杰（Jean Piaget，1896—1980）的研究工作。因为强调心理过程，皮亚杰的**认知发展阶段理论**（cognitive-stage theory）被视为当今"认知革命"的先驱。皮亚杰既是生物学家又是哲学家，他从有机论的角度将认知发展视为儿童试图理解并改造世界的产物。

皮亚杰的临床法将观察和灵活提问结合在一起，为了弄清儿童是如何思考的，他会根据儿童的回答进一步提问。通过这种方法，他发现，4 岁的儿童会认为将同样的硬币或小花摆成一排比堆成一堆时数量更多。通过对自己的孩子以及其他儿童的观察，皮亚杰提出了一套完整的认知发展理论。

皮亚杰认为，认知发展始于一种与生俱来的适应外界环境的能力。儿童通过抓握奶瓶、鹅卵石或探索一个房间的边界，形成对自己周围环境的精确描述，同时也发展出更好的能力来应对周围世界。

皮亚杰将儿童的认知发展过程划分为四个阶段，这四个阶段是每个人都会经历的，并且每一阶段都与其他阶段有质的差异（参见表 2-2，我们将在下一章详细介绍）。在每一阶段，儿童都会发展出一种新的思维方式。从婴儿到青少年，他们的思维方式从简单的感知运动逐步发展成为抽象逻辑思维。每一阶段的认知发展都是通过组织、适应和平衡这三个相互关联的过程实现的。

组织（organization）是指创造越来越复杂认知结构的趋势：整合越来越准确的现实表象的知识系统或思维方式。被皮亚杰称为**图式**（schemes）的认知结构都是一些有组织的行为模式。人们在特定条件下使用这些图式进行思维和采取行动。随着儿童获得更多的信息，他们的图式变得越来越复杂。例如，最初婴儿只具备一个简单的吸吮图式，但很快他就会发展出各种不同的吸吮图式，如吸吮乳头、吸吮奶瓶或者吸吮拇指等。

适应（adaptation）是皮亚杰为了说明儿童如何根据已有知识经验处理新经验而提出的一个术语。适应是通过两种互补的过程实现的：（1）**同化**（assimilation），是指将新经验纳入已有的认知结构中；（2）**顺应**（accommodation），指调整已有的认知结构来适应新经验。

平衡（equilibration）是通过同化向顺应转换所实现的对稳定平衡的持续需求。

当儿童不能使用现有的认知结构处理新经验时，就处于经验失衡的状态。此时，他们就会通过整合新经验来组织新的心理模式，进而使心理状态恢复到更加和谐的平衡状态。一个母乳喂养或奶瓶喂养的婴儿刚开始用带吸管的杯子喝奶时，会表现出同化，即用已有图式处理情境中的新问题。当这个婴儿发现通过吸管喝奶与吃母乳和吸奶嘴时所需要的舌头以及嘴部动作有所不同时，她就会通过调整已有的图式来顺应环境。这时她已经调整了自己原有的吸吮图式来处理新经验，即如何用吸管从杯子中喝奶。因此，同化和顺应协同作用，从而达到一种平衡状态。纵观人的一生，人们寻求平衡状态的这一需要是认知发展背后的原动力。

皮亚杰的理论为我们提供了许多信息和惊人的发现。例如，有谁会想过，大多数 7 岁以下的儿童在看到一堆粘土变成一个粘土球时，其数量是不变的？或者有谁会相信，一个婴儿会认为离开自己视野的人可能就不存在了？皮亚杰告诉我们，儿童的思维并不是成人思维的缩微版。了解儿童如何思考可以帮助父母和老师理解并且教导他们。皮亚杰的理论为人们对不同年龄段的儿童抱有不同的期望提供了一种基准，同时，也帮助教育工作者设计出不同的课程以适合各种发展水平的儿童。

然而，正如我们在之后的章节中提到的，皮亚杰在一定程度上低估了婴幼儿的能力。一些同时代的心理学家质疑他关于各个发展阶段截然不同的观点，他们通过一些证据指出，认知发展是渐进的、连续的过程（Flavell, 1992）。20 世纪 60 年代后期的一些研究挑战了皮亚杰“思维是单一、普遍的过程，最后发展为形式思维”这一观点。与之相反，儿童的认知过程与特定的内容（他们正在思考什么）关系密切，同时也与问题背景和信息类型紧密相连。另外，文化在这一过程中也起着非常重要的作用（Case & Okamoto, 1996）。对成人思维的研究显示，皮亚杰“将形式逻辑思维视为认知发展的最高水平”这一看法也太过狭隘。因为它无法解释个体在解决实际问题、条件模糊问题及两难问题时所拥有的更为成熟的认知能力。

俄国心理学家维果斯基认为，儿童通过社会互动进行学习。

维果斯基的社会文化理论 俄国心理学家维果斯基（Lev Semenovich Vygotsky，1896—1934）致力于研究影响儿童认知发展的社会和文化因素。同皮亚杰的理论一样，维果斯基的**社会文化理论**（sociocultural theory）也强调儿童与周围环境的积极互动。但是，皮亚杰把认知仅仅描述为理解和解释外部世界的信息，而维果斯基则将认知发展视为一个合作的过程。他指出，儿童是通过社会互动进行学习的，认知技能的获得只是他们社会活动的一部分，共同活动帮助儿童内化思维和行为的社会模式，并习得社会习俗。

根据维果斯基的观点，一个孩子在能够掌握并且内化所学内容之前，成人和优秀的同龄人必须指导和管理该儿童的学习。之后指导和监控学习的责任会逐渐转移到儿童自己身上。例如，成人在教某儿童漂浮在水面时，最初需要在水中托住这个儿童，然后教该儿童放松身体到水平位置，最后逐渐松开手。

维果斯基的理论对于教育和认知测验具有重要的指导意义。关注儿童学习潜能的测验与评估儿童已掌握知识的标准智力测验不同，前者为后者提供了有效的补充，许多儿童受益于维果斯基所谓的专家指导。

信息加工取向 **信息加工取向**（information-processing approach）试图通过分析感知和信息处理的过程来解释认知发展。信息加工取向并非指某种具体的理论，而是可以支持大量理论与研究的框架结构。

某些信息加工理论家将人脑比喻为电脑：感觉印象是输入，行为是输出。然而，这中间究竟发生了什么？大脑是如何利用对一张陌生面孔的感知觉信息来进行面孔再认的？信息加工理论家会推测刺激与反应之间的"过程"。例如，他们会要求参与者回忆一系列单词，并记录该人的表现。然后，他们会让该参与者反复识记这些单词后再进行回忆。研究者会考察个体在这两次任务表现中的差异。通过类似研究，信息加工研究者提出了一些计算机模型或流程图，并用它们来分析人们在收集、储存、提取以及使用信息的过程中所涉及的特定步骤。

尽管信息加工理论家采取了相对"被动"的计算机模型来理解人的思维，但是这一理论与皮亚杰理论存在相似之处：都承认人的主动性。然而，该理论与皮亚杰的观点也存在差异，信息加工理论家并不认为发展是分阶段的，而是将发展视为一个连续的过程。他们记录与年龄相关的认知变化，比如思维加工的速度、复杂度、效率的提高程度，以及记忆内容的类型和数量的增加。在本章后面即将探讨的脑成像研究为信息加工模型的一些重要观点提供了实证支持，比如通过脑成像研究，人们相信，确实存在不同的生理结构来处理有意识记忆或无意识记忆（Schacter, 1999; Yingling, 2001）。

信息加工取向具有实践意义。它使研究者通过考察婴儿感知觉和加工的效率来预测其未来的智力情况；它可以通过让儿童了解自己的心理过程及思维策略，从而使家长和老师能够更好地辅导儿童学习。心理学家利用认知加工模型来检验、诊断和处理各种学习问题（R. M. Thomas, 1996; Williams, 2001）。

新皮亚杰主义 从 20 世纪 80 年代起，一些发展心理学家试图将皮亚杰理论中的一些元素与信息加工取向进行整合，以此回应对皮亚杰理论的批判。新皮亚杰主义者不再仅仅描述单一的、普遍的逻辑心理操作系统，转而关注具体的概念、策略和技能，比如数概念、"多与少"这类对比概念。他们认为，儿童通过不断提高信息加工效率来获得认知发展。由于强调加工效率，新皮亚杰主义有助于解释认知能力的个体差异和各认知领域的不均衡发展。

学习检查站

你能否……

- ✓ 比较皮亚杰的理论与经典学习理论的理论假设及研究方法？
- ✓ 根据皮亚杰的理论，列举出引起认知发展且相互关联的三个过程，并各自举例说明？
- ✓ 阐述维果斯基的理论与皮亚杰理论的区别？
- ✓ 阐述维果斯基的理论如何运用于教学和测验中？
- ✓ 阐述信息加工研究的内容，以及这些研究的三种应用途径？
- ✓ 举例说明新皮亚杰主义是如何对皮亚杰理论和信息加工取向进行整合的？

观点 4：进化的 / 社会生物学的取向

由威尔逊（E. O. Wilson, 1975）提出的**进化的 / 社会生物学的理论**（evolutionary/

专栏2-1

知识拓展

不成熟的适应性价值

与其他动物甚至是灵长类动物相比，人类需要更长的时间才能发育成熟。大约在 8 岁时，黑猩猩的生殖系统就已经成熟了；大约在 4 岁时，恒河猴的生殖系统发育成熟；狐猴则只需要 2 年左右的时间。与此相比，当今工业社会的人类至少到十几岁时生理才能发育成熟。通常，认知和心理社会方面的成熟还需要更长的时间。

从达尔文的进化论来看，不成熟期的延长是物种生存和保持健康所必须的。与其他动物相比，人类更多地依靠他们的才智来生存。人类社会和文化纷繁复杂，儿童需要学习很多东西才能“知道窍门和内情”。延长的童年期恰好为成年期的发展做好必要的准备。

从进化论来看，儿童的不成熟期延长使人类能够更好地发展适应技能。重要的一条途径是假装游戏。图中的小女孩正在扮演玩具小熊的“医生”，这有助于其发展想象力，并体验社会角色。

不成熟的某些方面直接满足适应性目的。例如，诸如寻找乳头这类初级反射是为了保护新生儿，一旦新生儿不再需要它们了，这些反射就会消失。虽然在出生前人类大脑发展迅速，但是与其他灵长类动物出生时的大脑发育程度相比，出生时人类的大脑发育不够完善。如果胎儿的大脑发育到了成人大脑的尺寸，那么其头部就会因为太大而无法通过产道。人类大脑在整个童年期都在持续发育，最终在语言和思维等方面远远超过类人猿。

人类大脑较慢的发育速度给了它更大的灵活性或可塑性，这是因为不是所有的联系在生命早期就被“硬性固定”。有理论家已经将这种可塑性称为“人类物种的最佳适应性优势”（Bjorklund, 1997, p.157）。

不成熟期的延长使得儿童在婴儿期和童年期将更多的时间用于游戏。皮亚杰认为，认知发展在很大程度上是通过游戏来实现的。通过游戏，儿童还能发展运动机能以及各种社会角色。游戏最重要的作用是培养儿童富

sociobiological perspective）关注人类社会行为的进化论和生物学基础。该理论认为，当前行为的功能并不仅仅是为了促进种系生存。受达尔文进化论的影响，持社会生物学观点的研究者利用人类学、生态学、遗传学、生物习性学和进化心理学等学科的研究成果，解释个体和种系的适应价值和生存价值的行为。

根据达尔文的观点，所有动物都是通过“适者生存”和“自然选择”的过程发展起来的。如果个体拥有更好适应生存环境的特质，就能生存；而不具有适应性特征的个体就会被淘汰。通过繁衍，适应性特征被选择保留下来（传给后代），那些不适应环境的特征就会逐渐消失。

习性学（ethology）是一门研究各物种特有的适应性行为的学科。习性学家认为，对于每一物种来说，某些先天的行为是不断进化的结果，从而使它们有更大的几率生存下来。例如，松鼠在秋天储存坚果和蜘蛛织网等。奥地利的习性学家洛伦兹通过研究印刻行为，发现刚出生的小鸭子会本能地跟随母亲（参见第 1 章）。通过在自

知识拓展

有创造性的想象力和好奇心。

对动物的研究表明，早期感知觉和运动功能的不成熟会保护婴儿避免受到过度刺激。通过对他们需要处理信息的总量进行限制，初级的感觉和运动能力帮助婴儿了解他们周围的世界，并且使他们把焦点放在与生存有关的重要方面，比如进食和对母亲的依恋。他们有限的记忆力会简化语音加工，从而促进早期的语言学习。

幼儿不成熟的思维同样具有适应性价值。例如，皮亚杰发现了幼儿是自我中心的，他们倾向于站在自己的立场上考虑事情。事实上，这种自我中心倾向有助于儿童学习。在一项研究中（Ratner & Foley, 1997），参与者是一群5岁儿童，要求实验组的儿童和成人互相轮流在娃娃房中布置家具；在控制组中，成人已经布置好了一半的家具，然后要求儿童布置剩下的部分。游戏结束后，分别对这些儿童进行询问，结果发现，与成年人轮流布置家具的儿童能够回忆起更多的任务内容，同时，他们也能更好地重复这些内容。这可能是因为儿童持有一种“我做的！”的偏见，使他不用区分自己的行为和其他人的行为，从而有助于回忆起更多内容。幼儿往往会不切实际地高估自己的能力，相信自己比实际做得更好。这种不成熟的自我判断可以降低他们对失败的恐惧，从而鼓励他们尝试新事物。

总而言之，进化论和某些研究都表明，不成熟并不等同于发育不良。婴儿期和童年期的这些特点得以维持，是因为它们需要与这一特定发展时期的任务相适应。

资料来源：Bjorklund, 1997; Bjorklund & Pellegrini, 2000, 2002.

我思我秀

你能想到其他有关不成熟的适应性价值的例子吗？你认为在哪些方面不成熟可能是适应不良？

课外链接

若想获得更多关于本话题的信息，请登录 http://www.brazeltoninstitute.com。这是哈佛医学院布雷泽尔顿研究院的网站。通过“The Brazelton Scale: What Is It?”这个链接可以进一步了解该量表。该量表可以显示不成熟的人类新生儿如何适应外部世界。该网站也会提供一些我们将在第4章讨论的布雷泽尔顿量表的预先信息。

然情况下对动物的观察，习性学家想要确认哪些行为是在动物世界中普遍存在的，哪些行为是某些种群所特有的或是经过该种群的文化再塑过的。英国心理学家鲍尔比将习性学的原理应用到发展心理学领域。他将婴儿对照料者的依恋视为促进种族生存而进化出来的行为。

进化心理学（evolutionary psychology）用达尔文的理论来解释个体行为。根据这一理论，人们不但会为个人的生存而奋斗，而且也会为家族的繁衍而努力。这种奋斗结果是解决问题的发展机制。比如在怀孕期间，孕妇突然对某些特定食物感到厌恶，这种现象可能是母亲为了保护脆弱的胎儿远离有毒物质而发展出来的一种机制。只不过这些机制并不像在动物界中发现的先天机能那样普遍或者必然（Bjorklund & Pellegrini, 2000, 2002）。进化论发展心理学家希望能够区分适合于各年龄段的行为（参见专栏2-1）。例如，婴儿需要待在母亲身边，而对儿童来说，独立探索外部世界就变得非常重要。

学习检查站

你能否……

- ✓ 阐述进化的/社会生物学取向的主要内容，并解释达尔文的进化论是如何成为这一观点的理论基础的？
- ✓ 区分习性学家和进化论心理学家各自的研究主题？

观点 5：情境取向

情境理论（contextual perspective）认为，只有将发展置于其所处的社会背景中才能被更好地理解。情境学家认为，个体不是与环境相互作用的独立实体，而是属于环境不可分割的一部分。我们在认知取向部分介绍过的维果斯基的社会文化理论也可归为情境取向。

美国心理学家尤里·布朗芬布伦纳（Urie Bronfenbrenner, 1917—2005）提出的**生物生态学理论**（bioecological theory, 1979, 1986, 1994; Bronfenbrenner & Morris, 1998）描述了影响个体发展的相互作用的系统。每一个生物有机体都是在特定的生态系统中发展的，这些环境支持或抑制有机体的成长。就像我们在了解一条鱼或者一棵树的发展历程之前，需要先了解海洋或森林生态环境一样，想要了解人类是如何发展的，我们就需要先知道人类生存的生态环境。

根据布朗芬布伦纳的观点，发展中的个体与当前环境之间存在有规律的、主动的双向交互作用，当这种互动过程变得越来越复杂时，就产生了发展。而且，这一互动过程受到更宽泛的间接环境的影响，个体甚至意识不到这种影响。想要了解这些互动过程，我们就必须去研究发展过程背后的多重环境。首先，我们需要考察家庭、学校、职场以及邻里；其次，再同周围的社会机构联系起来，比如教育系统或交通系统；再次，考虑影响家庭和学校的宽泛的文化和历史模式以及个体生命中的其他所有事情。布朗芬布伦纳的理论通过强调相互作用的一系列嵌套环境对个体发展的影响，为理解各种现象的互动过程提供了新视角，如反社会行为和学业成就。

布朗芬布伦纳提出了五个环境系统，从最私密的到最一般的环境分别是：*微观系统、中观系统、外在系统、宏观系统和时序系统*。其中，前四个系统就像层层嵌套的中空圆柱体一样，将发展的个体包围在中间。而第五个系统时序系统则为这个模型加上了时间维度。图 2-1 向我们展示了这个嵌套圆柱体的横截面图。值得注意的是，模型中各个系统之间的界限并不是固定不变的。尽管为了更好地说明它们对发展造成的影响，我们将其划分为不同的等级，但实际上，这些系统对人的发展存在连续的交互作用。

微观系统（microsystem）是指在某种环境（如家庭、学校、职场和邻里环境等）下关于行为、角色和人际关系的模式。每天，这些环境对个体发挥直接影响。微观系统包括与个人直接相关的社会关系，也包括双向的交互过程。通过研究微观系统，不但可以清楚地了解婴儿是如何影响父母的情绪和态度的，还可以了解到父母的情绪和态度又是如何影响婴儿发展的。微观系统既可以揭示老板对待员工的方式如何影响员工的生产力，也可以揭示员工的生产力水平如何影响老板对待员工的方式。外围更远的影响，如社会制度和文化价值观等，都是通过微观系统来间接影响个体发展的。

中观系统（mesosystem）是指影响个体的两个或更多微观系统之间的相互作用。

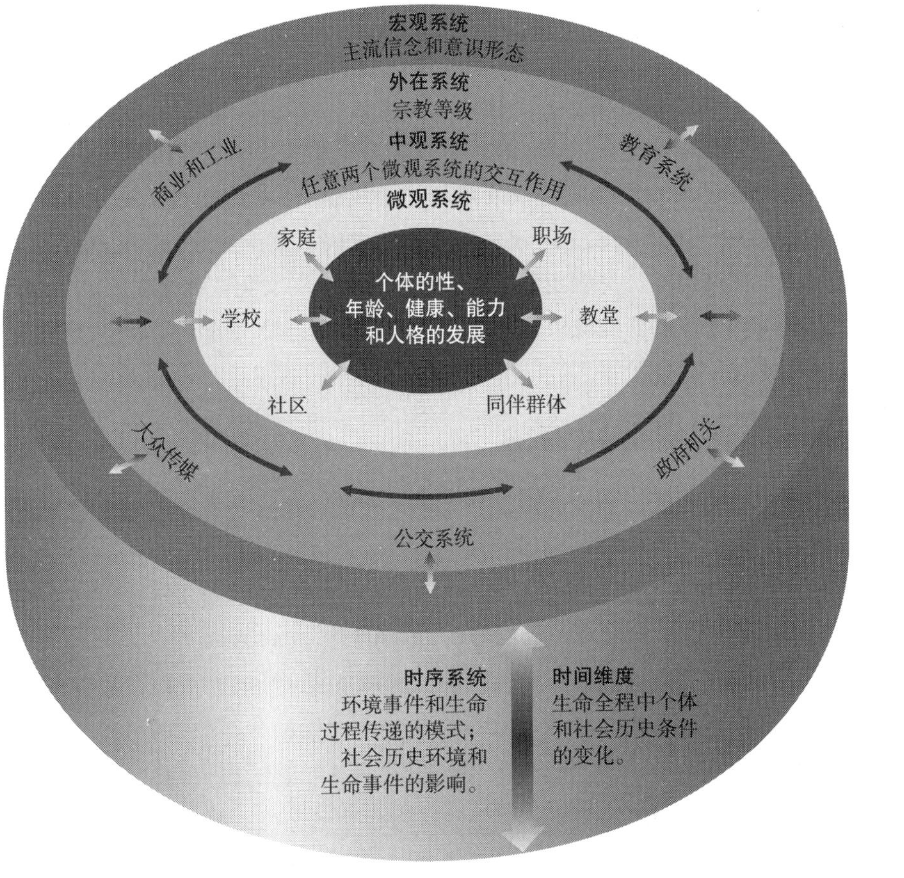

图 2–1

布朗芬布伦纳的生物生态学理论。同心圆显示了影响个体发展的环境因素，分四个层次，从最私密的环境（最里层的圆）到最宽泛的环境——这四个系统都处于时序系统中。

资料来源：Adapted from Cole & Cole, 1989.

它包括家庭与学校之间的联系，比如家长会，也包括家庭和同伴群体之间的联系。通过对中观系统的考察，我们意识到，个体的行为方式在不同环境中存在差异。例如，一个在家里能够顺利完成作业的儿童，却无法在课堂上回答有关作业的问题。一个在朋友圈中非常外向合群的儿童，在家时却以自我为中心，对其他事情漠不关心。

外在系统（exosystem）同中观系统一样，也是由两种及以上相互关联的环境组成，但它不同于中观系统。在外在系统中，至少有一种环境不是个体直接参与的，比如儿童父母的工作环境或社会关系网。因此，这层系统对个体发展的影响是间接的，例如，某公司通过提供吸奶器及储奶设备来鼓励女性员工对孩子进行母乳喂养，那么，孩子就能间接受惠。

宏观系统（macrosystem）包括所有的文化模式，就像玛格丽特·米德所研究的：某种文化或亚文化的主流价值观、信仰、习俗以及经济和社会体系。这些因素通过各种方式渗透到个体日常生活当中。无论个体生活在核心家庭还是大家庭中，他都会受到文化宏观系统的强烈影响。

时序系统（chronosystem）代表了个体世界的稳定或变化程度。它包括家庭结构、居住环境或父母就业情况的变化，还包括战争、经济危机和移民潮等重大事件。家庭模式的变化，例如，西方工业化社会中母亲就业率持续增长以及发展中国家大家庭模式的不断减少，都是时序系统的组成要素。

学习检查站

你能否……

✓ 陈述情境取向的主要假设？

✓ 区分布朗芬布伦纳理论中环境影响因素的五个系统？

根据布朗芬布伦纳的观点，个体不仅是发展的结果，也是发展的塑造者。个体通过生理特征、心理特征、天赋、技能、缺陷和气质等影响自己的发展。

情境理论的主要贡献是它强调发展的社会成分。它研究的焦点已经从单一个体转向更大的相互作用体：亲子之间、兄弟姐妹之间、整个家庭、邻里关系以及更大的社会制度。情境理论还提醒我们，只是来自针对某一文化或该文化中某一群体（如美国中产阶级白人）的研究成果，不能直接推广到其他社会或文化群体之中。

如何将理论和研究相结合

我思我秀

- 哪一种理论观点最能解释下列情况：（a）母亲教孩子学会说“请”；（b）教师愿意鼓励批判性思维；（c）研究者研究兄弟姐妹间的模仿行为。

不存在所有人都认可的发展理论，也不存在能够解释所有发展问题的万能理论。如今，已不再有像弗洛伊德和皮亚杰所提出的被广泛接受的“宏大理论”。现在的研究趋势是，提出那些旨在解释具体研究结果的“微型理论”，如贫穷如何影响家庭关系、老龄化如何影响社会交往等。本书会在恰当时机讨论这些理论。

正如在本章开头所提到的，发展心理学的理论源于研究，并通过研究得到验证。虽然绝大多数研究者走折中路线，从各种理论中汲取精华，但研究问题和研究方法仍然可以反映出研究者的理论倾向。在探讨儿童是非观的研究中，行为主义者可能会考察家长对儿童行为的反馈方式：哪些行为会受到惩罚，哪些行为又会受到奖励；社会学习理论家则会关注儿童对故事或电影中道德榜样的模仿；信息加工研究者可能通过任务分析儿童究竟采取了哪些步骤来决定道德选择的范围，并最终选择哪一种道德。

认识到理论与研究密不可分之后，下面，我们来看看发展心理学的研究方法。

学习指路标

4. 发展心理学家采用什么方法研究人的发展，每种方法各有哪些优缺点？

研究方法

进行一项科学研究之前，需要先解决两个关键问题：如何选择参与者以及如何收集数据。通常，解决这两个问题的方法依据研究者所要回答的问题而定，这些问题会影响研究设计。

发展心理学的研究通常包括定量研究和定性研究这两种传统方法。**定量研究**（quantitative research）主要处理客观测量的数据。例如，使用定量研究来考察患者在手术前的恐惧和焦虑程度，研究者就会通过标准化测验、生理指标测量或统计分析来进行研究。**定性研究**（qualitative research，也译作“质性研究”）主要是对非数字化的数据进行解释，如患者的主观经验、情感或信念等方面的特性。采用定性研究的心理学家可能会考察患者在手术前如何描述自己的情绪（Morse & Field, 1995）。例如，玛格丽特·米德研究生活在南太平洋岛屿上的女孩如何描述她们的青春期体验。

定量研究以**科学方法**（scientific method）为基础，科学方法通常是任一领域科学调查的特征。定量研究通常包括以下步骤：（1）以某一理论或前人的研究为基础，确定想要研究的问题；（2）形成假设，并进行研究加以验证；（3）收集数据；（4）分析数据，并确定所得结果是否支持原假设；（5）形成一些尝试性的推断；（6）发表研究结果，便于其他研究者核查、学习、重复验证和拓展该研究结果。

虽然，绝大多数发展心理学家都接受过定量研究的培训，但是，如今越来越多的研究者强调定性研究的必要性（Parke, 2004）。定性研究具有开放性和探索性。它不是从前人的研究中产生假设，而是通过收集并分析数据来推测将会出现什么样的假设。虽然定性研究并不能得出可推广的普遍性结论，但它却是考察个体态度和行为的重要手段。

选择定量研究还是定性研究取决于研究问题、研究者的专业技术、理论取向以及研究环境等。定量研究通常是在实验室中通过控制实验条件而进行的，定性研究则是在日常自然环境中进行的，并侧重那些我们所知甚少的课题。

通常，定性研究的结果为定量研究指明了方向。比如，接受手术的患者对于自己的经历及感受的描述，可能启发人们采取某些方法来降低术前压力，并且研究者又可以对这种术前减压方式的效果进行验证和比较（Morse & Field, 1995）。对于研究群体所收集到的口头报告数据，可以用计算机来进行数据分析（Parke, 2004）。

学习检查站

你能否……

✓ 比较定量研究和定性研究，并举例说明？

✓ 总结科学方法的六个步骤，并说明这些步骤为何重要？

取　样

为了确保研究结果具有普遍性，而不是仅适用于特定的参与者群体，定量研究者需要对参加实验的参与者加以控制。因为，通常研究一个总体（研究所关注的全部群体）耗资巨大且耗时，所以研究者会在所研究的总体中选取一个较小的群体作为**样本**（sample）。研究者所选取的样本应该能代表目标总体，也就是说，样本所能表现出来的特征应该和总体的情况一致。否则，研究结果就无法被普遍推广或者应用到全部目标人群中。为了判断研究结果在多大程度上能够被推广，研究者需要对样本中的参与者特征和总体特征进行比较。

通常，研究者会通过随机抽样的方式来解决样本代表性的问题。所谓随机抽样就是指总体中的每个人被选中的概率是相同的。如果我们想研究一种教学程序的效果，随机选择样本的一种方法是将所有参与儿童的名字都放到一个大碗中，混合以后按照要求抽取一定数量的名字。一个随机样本，尤其是一个大随机样本，可以很好地代表总体水平。但是，在某个大总体中获得一个随机样本通常比较困难。因此，很多研究是通过方便的或易获得的样本来进行取样。例如，选择在某个特定医院出生的儿童或某个疗养院里的病人，这类研究的结果可能并不适用于总体。

在定性研究中，样本通常比较小，并且不需要随机取样。在这类研究中，研究者会按照参与者是否有能力描述特定经验来选取参与者。如参与者能否准确表达接受某种手术时的感受。

数据收集

数据收集的主要方法（参见表 2-3）包括：(1) 自我报告（参与者的口头报告）；(2) 在自然条件或实验室条件下对参与者进行观察；(3) 对参与者的行为或表现进行测量。在任何研究设计中，研究者可能会选用一种或多种技术来收集数据。在很大程度上，定性研究依赖于自然条件下的访谈和观察，定量研究则更多地选用有客观标准的方法。当今趋势是，将自我报告法、观察法与更加客观的测量法结合起来。

自我报告：日记、访谈和问卷　在自我报告方法中最简单的形式是*日记*或日志。例如，要求参与者记录下他们每天都吃了些什么，或者他们什么时候会感到沮丧等。在对幼儿的研究中，通常采用*父母的自我报告法*——日记、日志、访谈或者问卷，而且一般与其他方法结合起来使用，如录像和录音等。父母可能会将他们与婴儿游戏的场面记录下来并放给研究者看，同时要求研究者对婴儿的反应做出解释。

在面对面*访谈*或电话*访谈*中，研究者会对态度、看法或行为等方面提出一些问题。在*结构性访谈*中，研究者会按照已预设好的一系列问题来访谈参与者。在定性研究中使用较多的*开放式访谈*则更具灵活性：访谈员可以调整问题的顺序和内容，也可以根据参与者的回答进行追问。为了获得更多数据和尊重个人隐私，研究者会选择*问卷调查法*，向参与者发放已打印好的问卷，参与者填写完毕后收回问卷。

通过对大样本的问卷调查，研究者可以粗略了解参与者已有的态度和行为。然而，

表 2-3　数据收集方法的主要特点

类　型	主要特征	优　点	缺　点
自我报告法：日记、访谈、问卷	询问参与者生活的各个方面；询问可能高度结构化，也可能更为灵活	提供个体生活各方面的信息；能获取关于参与者态度或观点的一手信息	数据可能不够精确或者存在社会赞许效应；如何提问或由谁提问可能会影响回答
自然观察法	观察自然情境中实际发生的行为，且不进行操纵	能详细描述行为；不会因为非自然情境而歪曲行为	缺乏控制；存在观察者偏差
实验室观察法	在实验室中观察参与者，且不操纵参与者的行为	能提供详细描述；由于在相同的控制条件下观察参与者，因此可排除自然观察中的干扰因素	存在观察者偏差；由于控制情境而具有一定的人为性
行为测量法	测量参与者的行为、技能、知识、能力或身体反应	能客观地提供测量信息，避免主观歪曲	无法测量态度或其他非行为现象；结果可能受外来无关因素的影响

愿意参加访谈或填写问卷的人不一定能代表总体。而且，完全依赖自我报告法并非明智之举，因为人们在回答问题时可能并未考虑清楚自己的所感所想，甚至根本不知道自己的感受和想法；有些人会忘记重要事件发生的确切时间和真实情况；另外一些人则会因社会赞许而有意或无意地歪曲他们的回答。

如何提出一个问题以及由谁来提出问题都可能会影响被调查者的答案。当考察一些危险行为或不为社会所接受的行为时，例如性习惯和药物滥用，相比于纸笔测验，参与者在回答计算机呈现问卷时的反应会更真实（Turner et al., 1998）。

自然观察和实验室观察　观察法有两种形式：*自然观察*和*实验室观察*。在**自然观察**（naturalistic observation）中，研究者在日常生活情境中观察参与者，他们并不试图改变参与者的行为或环境，只是将他们所看到的情况记录下来。在**实验室观察**（laboratory observation）中，研究者在某一控制环境如实验室中，观察和记录参与者的行为。通过观察所有参与者在相同控制条件下的表现，研究者可以明确那些不可归因于环境的行为差异。

两种观察法都可以为研究者提供有价值的行为描述，但是各有其局限性。首先，尽管观察者会对观察结果进行解释，但是这两种方法都无法得出因果性解释。其次，观察者在场也会影响被观察者的行为。当人们知道他们被观察时，其行为就会与平时有所不同。再次，观察结果中可能存在*观察者偏见*，即研究者倾向于按照符合预期假设的方式来解释数据，或者研究者强调某些方面而忽略其他方面。

20 世纪 60 年代，为了实现更加严格的控制，实验室观察法得到普遍应用。如今，便携式摄像机和计算机等技术设备能够让研究者对行为的每一细微变化进行分析，如配偶之间的互动过程（Gottman & Notarius, 2000）。这些技术设备使自然观察法更

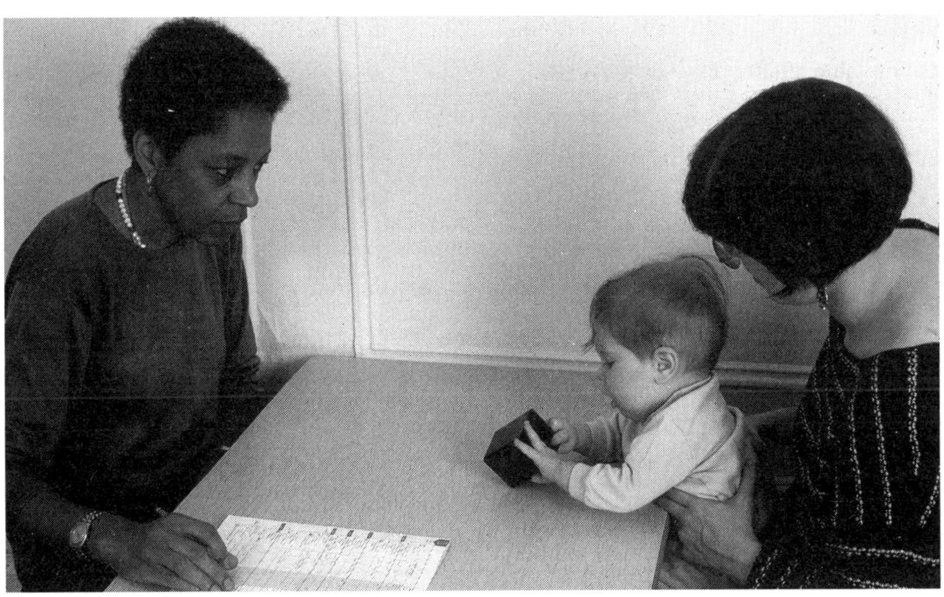

儿童在实验室观察和自然观察中的行为表现可能一致，也可能不一致。例如，在家或在学校里的观察都能够提供有价值的信息。

加精确和客观。

行为和表现的测量 许多研究者使用更为客观的方法来测量行为和表现，并作为自我报告法和观察法的替代或补充。测验以及其他行为和神经心理测量，包括机械装置和电子仪器，可用于评估能力、技巧、知识、天赋或生理反应，如心率或脑活动。虽然这些测量方式不再像自我报告或个人观察那么主观，但诸如疲劳、自信等因素仍会影响测量结果。

纸笔测验（如智力测验）可用于比较参与者间的表现。只有当这类测验具备了良好的*效度*（即测验确实测量到了想要测量的能力）和*信度*（即多次测验结果都是一致的）时，该测验才被认为是有意义的和有效的（有关智力测验的效度目前还存在一些争议，我们将在第 9 章进行讨论）。为了避免偏差，测验必须*标准化*，即通过同样的方法和标准对所有参加测验的人进行施测、评分和解释。

当测量某一特质（如智力）时，很重要的一点是精确定义所测量的特质，以便其他研究者能够理解并评价该测验。为了实现这一目的，研究者需要使用**操作定义**（operational definition）——仅依据用于引致或测量某一现象的操作或程序的措辞来阐述的定义。例如，智力可以被定义为在包含逻辑关系、记忆和词汇识别在内的测验中取得某一分数的能力。一些人可能不赞同这个定义，但是不能说它不够清楚。

从心理学的发展历史来看，过去的理论家和研究者都是抛开脑的生理结构来研究认知过程。如今，像核磁共振成像（MRI）和正电子发射断层成像（PET）等一些精密的成像仪器使人们能够观察脑的活动，同时**认知神经科学**（cognitive neuroscience）这一新领域，将我们对认知功能的理解和脑内部的活动机制联系了起来（Gazzaniga, 2000; Humphreys, 2002; Posner & DiGirolamo, 2000）。*发展认知神经科学*关注的是，随着大脑和外界环境的相互作用，认知是如何发展的（Johnson, 1999, 2001），为什么某些儿童无法正常发展，以及成年后认知能力还会发生什么变化等问题（Posner & DiGirolamo, 2000）。这一新兴学科的分支更加清楚地解释了智力是一般的还是特殊的、什么因素影响了入学准备（Byrnes & Fox, 1998），以及记忆错误是如何发生的（Schacter, 1999）等问题。

*社会认知神经科学*是一门新兴的交叉学科，它从认知神经科学、社会心理学和信息加工理论中汲取精华，并且将脑、思想和行为联系在一起。社会认知神经科学通过采用脑成像技术和对脑损伤者的研究，探讨神经通路如何控制记忆和注意等行为过程，以及它们又如何进一步影响人们的态度和情感。同时，这门学科还研究精神分裂症、焦虑障碍、恐惧症和学习障碍等所涉及的脑活动机制（Azar, 2002a; Ochsner & Lieberman, 2001）。

学习检查站

你能否……

- ✓ 解释随机取样的目的以及如何实现随机取样？
- ✓ 比较各种数据收集方法的优缺点？
- ✓ 解释脑研究对于理解认知加工过程和社会行为及态度有何贡献？

基本的研究设计

研究设计是指为进行一项科学研究所做的计划：研究要回答什么问题、怎样选择参与者、如何收集并解释数据，以及如何得出有效的结论。在发展研究中常用的四种基本设计分别是个案研究、人种志研究、相关研究和实验法。每种设计都有优缺点，各适用于特定的研究问题（参见表 2-4）。

个案研究 **个案研究**（case study）是指对某一个体的研究，例如 13 岁的女孩吉妮，被囚禁在房间中并且一直没有学习说话（参见第 1 章，专栏 1-2）。一些理论，如弗洛伊德的理论，就是从观察和解释患者行为的临床个案研究中产生的。个案研究也会使用行为或神经心理学的测量、传记、自传或纪录片等方法。

个案研究所提供的信息既实用又有深度；它可以追溯行为的来源，也可以检验治疗效果，还可以为进一步的研究指明方向。个案研究的另一个优点是灵活性：针对研究过程中出现的问题，研究者可以自由地选择解释的角度和方法。然而，个案研究也有一些不足。例如，在对吉妮的研究中，我们获得了大量有关这个女孩的发展信息，却不知道如何将这些信息应用到其他儿童身上。而且，因为无法验证结论，个案研究也不能对行为做出确定解释。即使严重匮乏的生活环境导致吉妮丧失语言能力这一结论看似合理，但是我们不可能预知，如果她在正常环境下长大，她的语言能力会有怎样的发展。

人种志研究 **人种志研究**（ethnographic study）试图描述那些构成社会生活方式的人际关系、习俗、信仰、科技、艺术及传统的模式。人种志研究可以是定性的，也可以是定量的，或两者相结合。这种研究经常使用的一种方法是**参与观察**（participant observation）。参与观察是自然观察法的一种形式，研究者需要到自己想要观察的社

表 2-4 基本的研究设计

类 型	主要特征	优 点	缺 点
个案研究	单一个体的深度研究	灵活；能提供个体行为及发展的细节；能产生假设	难以推广到其他人；结果不是直接可测的；无法确定因果关系
人种志研究	某一文化或亚文化的深入研究	在理论和研究上能避免文化偏差；能检验发展现象的普遍性	易产生观察者偏差
相关研究	试图发现变量间的正向或负向关系	能预测一个变量随另一变量的变化；能够提出因果关系的假设	无法确定因果关系
实验研究	在实验者操纵的控制程序中，自变量引起了因变量的变化；在实验室或者现场进行	能建立因果关系；受研究者控制，并能为其他研究者所重复；实验室研究的控制程度最大	结果难以推广到实验室以外的情境中

会或群体中生活一段时间，就像玛格丽特·米德那样（1928，1930，1935），这种研究通常需要持续很长时间。

由于采用人种志研究的学者参与到自己所观察的事件或社会中，因此，这种研究结果很容易受到研究者偏见的影响。人种志研究有其优点，它可以克服理论和研究中的文化偏见（参见专栏 2-2）。人种志研究证实了西方文化中得出的研究结论不具有普遍适应性。

相关研究 **相关研究**（correlational study）试图寻找变量之间的相关或统计关系，涉及的变量通常是一些因人而异的现象或根据研究目的可以进行改变的现象。相关研究可以通过方向（正或负）和大小（程度）来表示。正相关的两个变量会同增同减，就像我们在第 10 章中将要提到的，研究表明，暴力电视节目和攻击性之间存在正相关或直接相关，即观看暴力电视节目多的儿童比看暴力节目少的儿童更容易打架。如果两个变量中，一个增加时另一个却减少，这两个变量间就存在负相关。研究表明，受教育程度与由阿尔兹海默病引发老年痴呆症（智力退化）的患病风险之间存在负相关。换句话说，一个人受教育越少，越容易患老年痴呆症（Katzman，1993）。

相关关系通过数字来表示，它的取值范围从 –1.0（完全负相关）到 +1.0（完全正相关）。完全相关是很少见的。相关系数越接近 +1.0 或 –1.0，说明相关程度越强，无论是正相关或负相关。如果某相关系数为 0，这意味着变量之间没有关系。

相关关系使我们能够依据一个变量来预测另一个变量。基于观看暴力电视节目和攻击行为之间存在正相关，我们可以预测，观看暴力节目的儿童比没有看此类节目的儿童更可能参与打架。两个变量间相关系数越大，就越能够通过一个变量预测另一个变量。

尽管高相关表明变量之间可能存在因果关系，但这仅是假设，还需进行详细的检验来证明。我们不能因为观看暴力电视节目与攻击行为之间存在正相关就确定观看暴力节目导致了攻击行为。它们之间的因果关系可能通过其他形式体现：攻击行为导致儿童观看更多的暴力节目，或者存在第三个变量：可能是天生的攻击性气质或暴力环境导致儿童既喜欢看暴力电视节目又表现出攻击性。同样，我们也不能断言教育可以预防痴呆症，可能是其他的变量，例如社会经济地位同时解释了低教育程度和高痴呆症患病率。唯一可以确定两个变量间因果关系的方法是实验法，在研究人类个体时，这种方法常常因为实际操作或伦理道德等原因难以实现。

实验研究 **实验**（experiment）是一套严格控制的程序，在这一过程中，研究者通过操纵变量来观察一个变量是如何影响另一个变量的。科学实验需要满足一个条件，即其他研究者能够重复该实验：选取不同的参与者，通过相同的程序重复原实验，以检验原实验的结果和结论。

分组和变量 实施实验最常见的方式是将参与者分成两组。**实验组**（experimental

跨文化研究的目的

如果让美国儿童大卫看一张缺少嘴巴的人脸图片，并让他指出缺少什么细节时，他会回答“嘴巴”；但是，如果问来自以色列的亚洲移民儿童阿里，他会认为这张图片缺少“身体”。因为在其所处的文化中，艺术从不仅仅把“头”作为一幅完整的作品来展现,所以阿里会认为，此图片缺少“身体”比仅仅缺少“一个像嘴巴这样简单的细节”更为突出（Anastasi, 1988, p.360）。

通过考察来自不同文化的儿童，研究者可以了解到人类发展在哪些方面是一致的（即人类先天固有的），哪些方面具有文化特性。例如，所有地方的儿童都按照同样的顺序学说话，从咕咕作声和牙牙学语到说出单词，然后学会使用简单的词组。各种文化的词汇不同，但是全世界的儿童却都能用这些不同的词汇组合出结构相似的句子。这些研究结果表明，人类学习语言的能力是普遍的，天生的。

另一方面，文化对儿童早期的动作发展具有惊人的影响力。在非洲，父母经常让婴儿保持坐姿，同时训练孩子的脚，使其具有更大的弹跳性。这些训练使得非洲婴儿比美国婴儿更早学会走路（Rogoff & Morelli, 1989）。儿童所处的社会环境也会影响其所学的技能。在美国，儿童学习阅读、写作，并且越来越多的儿童学习使用计算机。而在尼泊尔的乡村，儿童学习如何放养水牛和如何识别山路。

进行跨文化研究的一个重要原因是，它有助于发现西方传统理论和研究中存在的偏见，这些偏见属于文化影响的产物。许多儿童发展研究都聚焦于西方工业社会，许多人把这些社会中典型的发展界定为常模或标准行为。如果用这个“标准”衡量其他文化中的发展过程，往往就会产生狭隘错误的发展观，从而让人们将其他种族或文化群体中儿童的发展视为不正常（Rogoff & Morelli, 1989）。

我们在理解文化差异时存在障碍，特别是对那些少数亚文化而言。就像我们在开始的例子中介绍的大卫和阿里一样，一个问题或任务对于不同文化群体而言可能具有不同的内涵。有时这种障碍是语言方面的。一项研究考察了墨西哥契亚帕斯州兹纳坎塔镇（Zinacanta）儿童对亲戚关系的理解程度（Greenfield & Childs, 1978）。由于研究者知道，兹纳坎塔人有专门的词汇来区分年长的和年幼的兄弟姐妹，所以没有使用“你有多少个兄弟？”（在美国他们可能会这样问）这样的问法，而是改问“你哥哥叫什么名字？”在跨文化研究中使用相同的问题，可能会掩盖、而非揭示文化之间的异同（Parke, 2004）。

对不同种族和文化群体进行研究的结果可能会受研究者自身种族的影响。例如，在一项关于非裔美国人母女关系的研究中，与非裔的美国研究者相比，欧裔的美国研究者可能会看到更多的冲突和限制（Gonzales, Cauce, & Mason, 1996）。

在本书中，我们会讨论很多基于西方社会研究所提出的著名理论——涉及性别角色、抽象思维、道德推理以及人的发展的许多其他方面，在用这些理论来考察其他文化中的个体时，这些理论或许就站不住脚了。整本书中，我们始终坚持研究各种文化以及亚文化中的儿童，而不仅仅局限于美国的主流文化，希望以此说明发展与社会及文化是多么息息相关，同时，我们还拓展了对许多环境中正常发展的理解。当然，我们也需要始终谨记跨文化比较的种种陷阱。

我思我秀

你能否想出某个令人尴尬的场景？由于你不熟悉某人的文化背景，而对其做出了错误的假设？

课外链接

若想获得更多关于本话题的信息，请登录 http://zzyx.ucsc.edu/Psych/psych.html。这是加州大学圣塔克鲁兹分校心理学系的网站。选择“*Faculty*”链接，查阅发展心理学的跨文化研究者：芭芭拉·罗高福（Barbara Rogoff）、大卫·哈灵顿（David Harrington）、罗纳德·撒普（Ronald Tharp）和史蒂芬·赖特（Stephen Wright）。

group）中的参与者将会接受实验操纵或处理，这是研究者真正要研究的变量。然后，对实验处理的效果进行一次或多次测量，从而发现由于实验处理引起的可能变化。**控制组**（control group）中的参与者与实验组中的参与者相似，但是他们不接受实验处理，或者接受与实验组不同的处理。实验可以同时包括多个实验组和控制组。如果研究者想比较不同处理（比如两种不同的教学方法），那么所有参与者就应该被分到不同的处理组，每个处理组接受该研究中的一种处理。

一项研究想要考察对话式阅读（一种给婴幼儿读书的特殊方法）对幼儿语言能力和词汇量的影响（Whitehurst et al., 1988）。研究者比较了两组来自中产阶级家庭的幼儿，年龄从 21 个月到 35 个月。在实验组中，父母采用新大声朗读法（处理），就是鼓励幼儿主动参与到阅读活动中来，并根据他们的年龄频繁地给予反馈。在控制组，父母只是像往常一样，简单地大声朗读。一个月后，实验组幼儿的语言能力发展要高于控制组幼儿八个半月，而词汇量发展则高了六个月；九个月后，实验组幼儿的语言发展仍然领先于控制组六个月。据此可认定新阅方法提高了幼儿的语言能力和词汇量。

在该实验中，阅读方式是自变量，儿童的语言能力和词汇量是因变量。**自变量**（independent variable）由实验者直接操纵，**因变量**（dependent variable）是操纵自变量的结果。换言之，因变量依赖于自变量。在实验中，研究者通过操纵自变量来观察自变量的变化将如何影响因变量。

随机分配 如果实验结果发现实验组和对照组的表现存在显著差异，我们如何确定这种差异是由自变量引起的？也就是说，实验结果是否有效？例如，在阅读实验中，我们如何确定是阅读方式而不是其他因素（如智力）导致两组之间语言能力的差异呢？控制此类无关因素影响的最好方法就是随机分配（random assignment）。所谓随机分配是指每个参与者进入到不同实验条件中的概率是相等的（随机分配与随机抽样不同，后者决定谁将被选入研究样本）。

如果实验的样本量足够大，并且参与者是随机分配的，除了研究想要考察的差异，诸如年龄、性别、种族、智力和经济地位等其他无关因素的差异由于随机分配而均匀分布。也就是说，除了需要考察的变量，各组在其他因素上的初始状态都尽可能一致。否则，各组间已有的差异可能会混淆或者污染实验结果，由此得出的任何结论都将值得质疑。为了防止对实验结果的混淆，在整个实验过程中，除了自变量以外，研究者必须确保其他因素都保持恒定。比如，前面所提到的关于“对话式阅读效果”的研究中，实验组和控制组的父母每天为孩子朗读的时间是相同的。如果实验参与者是被随机分配到各处理组的，而且除了自变量以外的其他变量都得到了严格控制，那么，研究者能够确定变量间是否可以建立因果关系——即两组间的语言能力差异是由于阅读方法造成的，而不是其他原因所致。

当然，对于我们想研究的一些变量，如年龄、性别、种族 / 民族这类个体变量来说，随机分配是不可能实现的。因为我们无法强制限定个体的年龄、性别及种族。当对这些变量进行研究时，例如，在某种特定能力上男孩是否强于女孩，研究者可以通过随机选择参与者，并且尽量确定他们在可能导致研究产生差异的其他方面保持一致或恒定，以此增强结论的有效性。

由于种族（就像在第 1 章提到的）还没有一个普遍可接受的定义，所以一些研究者认为，种族不应该在心理学研究中被用作自变量。如果要想考察种族间的智力差异，研究者可以选择更有意义的潜在变量来代替种族类型，如社会经济地位和应试能力（Helms, Jernigan, & Mascher, 2005）。

实验室实验、田野实验和自然实验　在实验室条件下，对变量进行严格控制后才能建立因果关系。在实验室实验中，参与者所经历的条件都是由研究者操纵的。研究者记录下参与者对这些条件的反应，然后将这些记录与参与者自身在不同条件下的反应，或者是其他参与者的行为进行比较。

然而，不是所有实验都适合在实验室中进行。田野实验（field experiments，也译作“现场实验”），是在日常生活环境中进行控制的一种研究，比如在家庭或学校中。前面提到的考察家长阅读方式的实验就是田野实验。

实验室实验和田野实验有两个重要区别：首先是研究者对实验的控制程度；其次是研究成果在多大程度上可推广到研究环境以外。实验室实验可以被控制得更加严格，因此它更容易被重复验证；但是，实验结果难以推广到真实生活中。因为实验室环境具有人为性，参与者的表现会不同于平时生活中的表现。因此，即使在实验室中一些儿童由于观看了暴力节目，从而在这种环境下变得更具攻击性，我们也不能肯定在家里观看暴力节目的儿童会比没有看或少看暴力节目的儿童表现出更多的攻击性。

当出于实际操作和伦理道德等因素的考虑而不能使用实验室实验来研究某些特定问题时，可以采用自然实验。自然实验也是比较若干组人，但参与者“分配”并非随机，而是按照参与者的生活环境分为不同组别。如一组是处于饥荒或艾滋病或天生缺陷或教育条件较好，另一组则缺乏这一条件。尽管也被称为实验，但由于不能满足变量的操控和参与者的随机分配等条件，因此，自然实验实际上属于相关研究。

在贫困的印第安人居住地，从赌场获得额外收入能够促进他们心理健康的改善吗？我们无法给出确定答案，因为这是一项自然实验。

在一项自然实验中，研究者想要考察在北卡罗莱纳州印第安人居住地开设一家赌场，使当地部落成员的收入提高后会带

> **学习检查站**
> **你能否……**
> ✓ 比较个案研究、人种志研究、相关研究和实验研究的价值和不足?
> ✓ 解释为什么只有控制后的实验才能确定因果关系?
> ✓ 区分实验室实验、田野实验和自然实验，并说明各种方法最适用于什么类型的研究?

来什么结果（Costello, Compton, Keeler, & Angold, 2003）。研究发现，与家庭收入不变的儿童相比，家庭收入增加的儿童，其行为障碍有所下降。但是这只是一项相关研究，并不能证明家庭收入的增加可以提高儿童的心理健康水平。

与其他研究设计相比，实验法有两个重要的优点：实验法可以建立因果关系，并且可以被重复验证。然而，实验法的人为性太强，而且关注的问题过窄。因此，现在很多研究者都较少采用实验室实验，或者采用一系列更宽泛的研究方法对其进行补充。

发展性研究设计

发展研究中最常用的两种研究策略是*纵向研究*和*横断研究*（参见图 2-2）。纵向研究揭示了随着年龄的增长，某些变量是如何改变或保持不变的；横断研究则表明了不同年龄组之间的异同。由于这两种研究都有缺点，因此，研究者提出了*序列设计*。

***纵向研究、横断研究和序列研究*　横断研究**（cross-sectional study）是指在同一时间对不同年龄段的人进行研究。在一项横断研究中，研究者分别向三岁、四岁、六岁和七岁的儿童提出“看上去在沉思的女人正在做什么”这一问题。研究者发现，随着年龄的增长，认识到思考是一种心理活动的儿童人数明显增加（J. H. Flavell, Green, & Flavell, 1995）。这一结果支持了随着年龄的增长，儿童对心理过程的理解也有所提高这一假设。然而，我们还不能肯定地得出这一结论。因为我们无法确定七岁组儿童在他们三岁时对心理活动的了解是否与现在三岁组儿童的水平一样。唯一能够考察是否是由年龄引起变化的方法是对一个或一组特定的人群进行纵向研究。

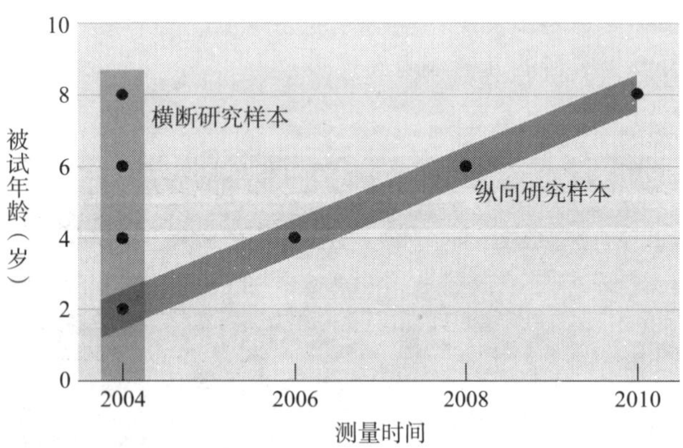

图 2–2

发展研究设计。在这一横断研究中，研究者于 2004 年分别对两岁、四岁、六岁和八岁儿童进行测量，获取了与年龄相关的某些变量数据。在纵向研究中，选择 2004 年进行了第一次测量的两岁年龄组，追踪测量该年龄组在四岁、六岁和八岁时的结果，获取与年龄相关的某些变量的数据。（注：图中的圆点表明测量的时间。）

在**纵向研究**（longitudinal study）中，研究者多次研究同一个或同一群儿童，有时会持续数年。他们可能测量一特性，比如词汇量、身高或攻击性，或者对发展的某些方面进行考察，以揭示它们之间的关系。在第 1 章中提到的奥克兰（青少年）成长研究，最初是评估个体从青春期前到高中毕业期间的社会性和情绪的发展，最后发展成纵向研究，许多参与者一直被追踪到老年期。该研究发现，那些在十几岁时表现出自信、理性承诺和可信任特征的参与者，通常在青少年期和成年早期都能做出更好的选择，这些选择会给他们带来更好的机遇（如奖学金、好工作和好配偶等）。而能力较差的青少年常常过早地做出糟糕的决定，并由此导致了他们后来生活状况窘迫（Clausen, 1993）。

横断研究和纵向研究各有利弊（参见表 2-5）。横断研究的优点是快速、经济，能快速地获得大量数据。同时，因为每个参与者都只被评估一次，因此不会出现耗损（参与者中途退出或死亡）和重复测量等问题。横断研究的缺陷是，由于研究只关注每组的平均水平，因而会掩盖个体差异。并且，横断研究主要的问题在于，它的结果会受到代际差异的影响，代际差异是指出生在不同时期的人具有不同的经历，例如，出生在互联网问世前和问世后的人（参见第 1 章）。有时，横断研究的结果看似可以为发展变化提供信息，但这些信息容易产生误导。尽管由于横断研究更容易实施，在发展领域内仍占据优势，但是纵向研究，尤其是短期纵向研究的比例正在不断增加（Parke et al., 1994）。

重复考察同一批人的纵向研究可以追踪个体模式的连续性和变化模式。然而，对某一群体的研究可能无法应用到其他群体中（像奥克兰成长研究一样，对出生于 19 世纪 20 年代的儿童的研究结果并不适用于 90 年代出生的儿童）。纵向研究比横断研究通常需要耗费更多的时间和金钱。另外，这种研究通常很难长期追踪、记录一个较大的群体，并且在研究项目内部出现调整的情况下，研究很难继续进行。同时，纵向研究普遍遇到的问题是参与者耗损，如在研究期间，参与者可能会去世、搬家或者主动退出。纵向研究也可能存在偏差。那些一直留在研究中的参与者通常拥有高于平均水平的智力和社会经济地位。重复测量会影响研究结果，由于参与者熟悉了测验的程序，他们可能会在后期的测验中表现得更好。

当前的研究趋势是，在政府或大型研究机构的支持下，开展大规模、多维度的纵向研究，这些研究能够在广泛的领域内追踪某一特定人群。例如，在美国卫生和公共服务部以及其他政府部门的支持下，计划进行为期 21 年的全美儿童研究（2004 年）。该研究预期对 100 000 名美国儿童从胎儿期开始进行追踪研究，直到他们成年。这项研究有一定的前瞻性，涉及那些虽然到了生育孩子的年龄但还未打算要孩子的

学习检查站

你能否……

✓ 列举出纵向研究、横断研究和序列研究的优缺点？

表 2-5　纵向研究、横断研究和序列研究的利弊

研究类型	程　序	优　点	缺　点
纵向研究	不同时间收集同一个体或群体的数据	能揭示年龄相关变化或连续性；避免了年龄与同辈效应的混淆	耗费时间和资金；存在抽样误差、样本流失、重复测验效应；结果可能仅适用于同辈群体或研究的样本
横断研究	同一时间收集不同年龄的个体或群体的数据	能揭示不同年龄群体之间的相似性与差异性；经济，省时；不存在参与者流失或重复测量效应的问题	无法证明年龄效应；掩盖个体差异；可能受到同辈效应的混淆
序列研究	把横断研究和纵向研究结合起来收集数据	避免了横断研究和纵向研究各自的缺点	需要更多的时间和精力；数据分析较复杂

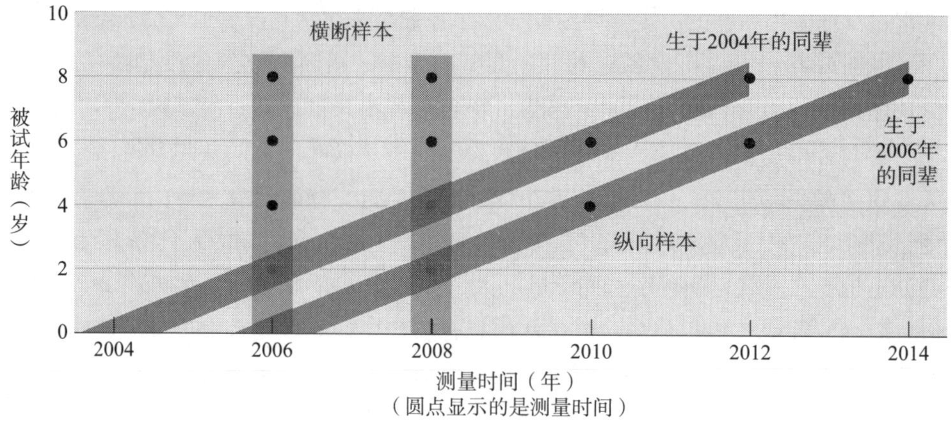

图 2–3
序列研究设计。两个连续的横断样本，分别是两岁、四岁、六岁和八岁的儿童，一个从 2006 年开始施测，一个从 2008 年开始施测。然后同时对两组参与者进行纵向研究。

夫妻。通过对类似家庭进行追踪，研究者希望能够测查出生理因素和环境因素是如何交互影响儿童健康的。

由横断研究和（或）纵向研究组成的更加复杂的**序列研究**（sequential study），克服了纵向研究和横断研究的不足（参见表 2-5）。研究者可以对一组横断样本间隔几次进行多次评估（即序列评估），从而发现每一年龄组的成员是如何变化的。这种设计方法使研究者将与年龄有关的变化从同辈效应中分离出来 。另一种序列设计是由一系列纵向研究组成的，每组研究虽然同时进行，但是起始时间有先有后。这种设计允许研究者比较发展过程中的个体差异。横断研究和纵向研究的结合(如图 2-3 所示）比单独使用横断研究或纵向研究能更加完整地对发展进行描绘。序列研究的主要缺点是费时费力，设计非常复杂。序列设计需要大量参与者，收集和分析大量数据需要持续数年，而且其研究结果和结论的解释也高度复杂。

学习指路标

5. 发展心理学研究中可能出现哪些伦理问题?

研究伦理

那些可能会给参与者带来伤害的研究应该进行吗？如何平衡研究收益与参与者精神、情感或身体伤害的风险？

对“小阿尔伯特”的研究（本章提及过）以及其他一些早期研究的反对使得现在的研究伦理标准更加严格。在各个学院、大学以及其他研究机构中都有一些由美国联邦政府授权的委员会，从伦理角度对研究申请进行审查。美国心理学会（2002 年）和美国儿童发展研究协会（1996 年）的指导方针包括以下几条：参与者拥有知情同意权，研究要避免欺骗，保护参与者免于伤害或丧失尊严，保守参与者的隐私和机密信息，参与者有权在任何时候拒绝或退出实验，研究者有责任对没有预期到的任何影响进行干预等。

在处理道德两难问题时，研究者做决定时要遵循以下三条原则：（1）善待，研究者有责任将参与者的潜在受益最大化，同时将可能造成的伤害最小化；（2）尊重，研究者尊重参与者的自主权，同时对那些不能自己做出决定的参与者提供保护；(3) 公正，研究者应该考察不同的群组，还需要对实验可能对各群组产生的任何特殊影响保持敏感。在评估风险和收益时，研究者应该考虑到儿童的发展需求（Thompson, 1990）。同时，还要对文化和价值观等保持敏感（Fisher et al., 2002）。

让我们来进一步了解一些可能产生伦理问题的具体事项。

知情同意权 若参与者自愿参加研究，就具有不可剥夺的给予同意的权利、充分了解研究的潜在风险和利益的权利。美国国家生物医学和行为研究中人类被试保护委员会（1978 年）建议，对七岁以上的儿童进行研究时，必须获取本人同意。只有当研究对儿童直接有益时，例如使用一种新的实验药物，研究者才能够驳回儿童的拒绝。

我思我秀

- 应该采取哪些步骤来保护儿童和其他志愿者免于研究伤害？

然而，一些伦理学家认为，年幼儿童不能做出有意义并且自主的承诺，因为他们不能完全理解研究内容。他们仅仅能够表示赞同，即同意参加研究。因此，当研究涉及 18 岁以下儿童时，通常采取的程序是获取儿童的父母或法律监护人的同意，有时也需要寻求校方的同意。

某些研究可能需要考察那些特别脆弱的参与者。例如，有研究想要探寻阿尔兹海默病的致病原因和治疗方法。这类研究对象的精神状态可能导致他们无法充分、甚至是部分地了解研究内容。如果一个人在同意参加研究之后又忘记自己同意过，研究者该怎么办呢？从安全角度考虑，当前的办法是询问患者和其照料者双方的意愿。

避免欺骗 如果在研究性质、目的或程序等方面对参与者存在欺骗行为，那么还能保证知情同意吗？设想一下，如果研究者告知一群参与者，研究是对一种新游戏进行测试，但实际上考察的是这些参与者在面对成功或失败时的反应。该实验如果不包含欺骗是无法进行的。这类实验能够为我们提供非常重要的知识和信息，但是它是以牺牲参与者对他们所要参与活动的知情权为代价的。

研究伦理规定，只有内容信息涉及研究核心问题时，才可以不公开这些信息；同时，研究者应当避免使用各种可能导致参与者疼痛、焦虑或受伤的方法。在研究结束后，应该向参与者说明情况，以让他们了解研究的真正目的以及之前必须隐瞒实情的原因；最后还需要确认这样做是否让参与者受到伤害。

保密权和隐私权 不是所有的伦理问题都有明确的答案，对于某些问题的处理取决于研究者的考量和判断。在这个灰色地带里，研究的问题通常不得不涉及参与者的隐私，因而，必须对通过访谈或问卷调查所获得的个人信息进行保密。

学习检查站

你能否……

- ✓ 指出发展心理学研究的三条基本伦理原则？
- ✓ 讨论研究参与者有哪三项权利吗？

在研究过程中，如果研究者发现一个人可能有学习障碍或者其他可治疗的心理疾病时，他们该怎么做呢？在公开信息可能会污染研究结果的情况下，研究者该不该将这些信息告诉参与者、家长、监护人或推荐给服务机构呢？研究者必须谨慎做出决定，因为公布不确定信息可能会对儿童产生有害的误导。另一方面，研究者应该了解并告知参与者，他们有责任报告他们发现的任何非法行为，例如虐待或忽视。

重新聚焦

回顾本章开始部分在焦点人物中介绍过的玛格丽特·米德的故事：

- 你认为在遗传和环境对发展相对影响的问题上，米德可能持何种立场？
- 米德应该属于本章介绍的五种理论取向中的哪一种？
- 她用到了本章中介绍的哪些研究方法？由于她采用田野研究，而不是实验室研究，这样做有什么优点和缺点呢？
- 像米德所做的这种跨文化研究会涉及哪些伦理问题？

这些介绍性的章节仅仅是发展心理学研究的一个起点。尽管我们已经尽可能涵盖最重要的和最新的信息，但是发展学家仍然在坚持不懈地挖掘更多的知识。当你阅读本书时，你一定会提出自己的问题。虽然，现在你可能刚刚开始学习和研究发展心理学，不过，通过不断思考这些问题，或许将来你可以通过自己的研究来回答这些问题，并为这一领域做出贡献。

小　结

基本理论问题

学习指路标 1：理论服务的目的是什么？

- 理论用于组织和解释数据，并产生能够通过研究加以检验的假设。

学习指路标 2：发展理论家在哪两个基本理论问题上存在分歧？

- 发展理论在两个基本问题上存在分歧：发展是主动的还是被动的，发展是连续性的还是阶段性的。
- 一些理论家对发展持机械论，另一些持有机论。

理论取向

学习指路标 3：发展心理学的五大理论取向是什么，每种取向各自有哪些代表性理论？

- 精神分析理论将无意识的情绪驱动或冲突看成是发展的动力。代表理论是弗洛伊德的理论和埃里克森的理论。
- 学习理论将发展看成是基于经验的学习的结果。代表理论是华生和斯金纳的行为主义以及班杜拉的社会学习（社会认知）理论。
- 认知理论关注认知过程。代表理论有皮亚杰的认知发展阶段理论、维果斯基的社会文化理论以及信息加工理论。
- 以威尔逊为代表人物的进化的/社会生物学的取向关注行为的适应性或生存价值。代表理论是鲍尔比的依恋理论。
- 情境理论关注处于社会背景中的个体。代表理论有布朗芬布伦纳的生物生态学理论。

研究方法

学习指路标 4：发展科学家采用什么方法研究人的发展，每种研究方法各自有哪些优缺点？

- 研究可以是定量的也可以定性的，或者包含两者。
- 定量研究使用科学的研究方法，获得可靠的结论。
- 研究样本的随机选择可以确保研究结果的推广性。
- 数据收集的三种形式分别是自我报告法、观察法和行为表现测量法。
- 发展研究中基本的定性研究包括个案研究和人种志研究。跨文化研究能够揭示发展的某些特定方面是普遍存在的，还是受文化影响的。
- 两种常用的定量研究是相关研究和实验研究。只有实验研究能够建立确定的因果关系。
- 实验必须严格控制以确保研究结果是有效的和可重复的；随机分配参与者可确保研究效度。
- 实验室实验是最易控制和重复的，但田野实验的结果更具推广性。在真实实验难以实现或违反道德规范时，自然实验更合适。
- 用以研究年龄相关发展的两种常用设计是纵向研究和横断研究。横断研究用于比较不同年龄组，纵向研究描述同一个体或群体的连续性或变化性。序列设计可以克服这两种研究设计的缺点。

学习指路标 5：在发展心理学的研究中可能出现哪些伦理问题？

- 研究者试图在善待、尊重和公正原则的基础上解决研究伦理问题。
- 研究中的伦理问题包括参与者的知情同意权、避免欺骗、不受伤害、保护尊严和隐私保密等。

第二编

从受孕那一刻起直至死亡，个体经历了复杂的发展过程。我们在人生的最初阶段所发生的变化比起今后将要经历的变化会更加广泛和迅速。因为人是一个整体，发展的各个方面都是相互联系的，甚至在子宫中也不例外。第3章将介绍胎儿发育，第4章介绍婴幼儿的生理发展，第5章介绍婴幼儿的认知发展，第6章介绍婴幼儿的心理社会发展。通过这几章的学习，我们将会了解到，从生命开始那一刻起，这些方面的发展是如何相互联系在一起的。

阅读链接

- 出生前后大脑飞速发育，这为认知和情绪发展提供了可能性。胎儿耳朵和大脑的充分发育，使得他们能够听见来自外界的声音；出生后似乎保持了对这些声音的记忆。
- 婴儿最初的微笑源自中枢神经系统的活动，这仅仅反映了一种令其愉快的心理社会的状态，如睡醒后和吃饱后的满足感。当能够意识到照看者的温暖怀抱并能认出熟悉的面孔时，婴儿的微笑变得更具情绪性和社会性。
- 婴儿通过身体活动来学习。当他们能够扔掉玩具、撩起水花和玩沙子时，他们认识到自己的身体能改变他们的世界；此后，他们的自我感觉开始蓬勃发展。
- 因为还不具备发音结构和运动协调能力来形成声音，所以婴儿还不会讲话。肢体语言经常伴随婴儿的意图先于语言产生。语言的获得促进了婴儿的认知理解和社会性交流的发展。

生命的开始

预览

第3章

孕育新生命

- 受孕过程。
- 怀孕初期：遗传与环境的交互作用。
- 基本身体结构和器官的形成。
- 脑的飞速发展期。
- 生命全程中生理发育最快速的时期。
- 最易受到环境的影响。
- 开始出现学习、记忆能力及对感觉刺激做出反应。
- 胎儿对母亲的声音做出反应并产生偏爱。

第4章

婴幼儿期的生理发展

- 分娩方式和地点是可以选择的，而且可以监测整个分娩过程。
- 新生儿一出生就需要评估即时的健康、发育情况及所有可能的分娩并发症。
- 出生后，婴儿所有感官和身体系统就开始不同程度地运行。
- 大脑发育极其复杂而且极易受到环境影响。
- 生理发育及动作技能的发展非常迅速。

第5章

婴幼儿期的认知发展

- 在生命最初几周，开始出现学习与记忆能力。
- 在第二年末，婴儿发展出使用符号及问题解决能力。
- 言语理解和言语运用能力快速发展。

第6章

婴幼儿期的心理社会发展

- 形成父母依恋及其他形式的依恋。
- 自我意识得到发展。
- 从依赖到自主的转变。
- 对其他儿童的兴趣增加。

孕育新生命

第3章

如果我是一个有魔法的妈妈，

看到你一点点地生长，

如果我可以神奇地透过隆起的腹部

看到里面的生命，你正在慢慢成熟……

——安妮·塞克斯顿（美国著名女诗人），1966 年

焦点人物：亚伯·多里斯——胎儿酒精综合症

亚伯·多里斯

胎儿酒精综合症（FAS）是指母亲因在妊娠期间酗酒对胎儿所造成的永久性出生缺陷，它是造成儿童心理发育迟滞的主要原因之一。虽然这种疾病已经被发现了几个世纪，但是有关 FAS 的真实情况并没有得到广泛报道或科学研究。1971 年，作家迈克尔·多里斯领养了一名三岁的苏族（北美印第安人的一族）男孩，他的母亲是一个酒鬼。1989 年，多里斯在他的著作《断带》中讲述了究竟是什么原因导致这个养子发育迟滞。

男孩名叫亚伯（在那本书中被称为“亚当”），是一名七个多月的早产儿，出生时体重很轻，在被送到领养家庭之前遭到长年虐待且营养不良。其生母在 35 岁时死于酒精中毒，生父在一个小巷子里被人殴打致死。亚伯的体格比其他同龄人要弱，没有经历过如厕训练，他只会说大约 20 个单词。虽然亚伯被诊断为轻微的发育迟缓，但是多里斯相信，只要为他提供一种积极的环境，最终亚伯应该能够正常发展。

遗憾的是，亚伯始终发育迟缓。四岁时他还裹着尿布，体重也只有 12.2 千克；他记不住其他小朋友的名字；头围非常小，肢体活动水平较高；他还不时备受癫痫病折磨。

随着年龄的增长，亚伯在学习数学、颜色识别和系鞋带等很多方面都遇到困难。在入学之前，他被贴上了“学习障碍”的标签。他的智商始终维持在 65 分左右。幸运的是，一年级时他遇到了一位充满爱心的老师。在老师的帮助下，亚伯学会了阅读和写作，但是他的理解速度仍然很慢。1983 年，小学毕业时他“仍然不会加减运算和数钱，也不能每次都正确辨认出他所居住的城市、州和国家”（Dorris,

本章提纲

1989, pp.127–128)。

直到那时，迈克尔·多里斯才恍然大悟问题的根源是什么。多里斯是达特茅斯学院专门从事美洲土著人研究的副教授，他研究过那些导致美洲印第安人酗酒的社会文化压力。1982 年，也就是亚伯从小学毕业的前一年，迈克尔参观了南达科他州的一家治疗中心，该中心专门治疗有药物依赖问题的青少年。在那里，他惊讶地发现了三个就像是亚伯的“孪生兄弟”的男孩 (Dorris, 1989, p.137)。他们的外表和行为都与亚伯非常相似。

在亚伯不断成长的过程中，胎儿酒精综合症也已于 19 世纪 70 年代被确认了。一旦酒精从孕妇身体进入到胎儿的血液中，就会汇聚到一起并且在血液中存留很长时间，从而对胎儿的大脑及其他器官造成损害。这种损害无法治愈。正如一位医学专家所写，“对于胎儿来说，酒精的伤害可能会持续一辈子” (Enloe, 1980, p.15)。

同样，FAS 也给患者家庭带来了毁灭性的影响。最初，多里斯一直试图让亚伯重新恢复正常。后来，他由于了解到亚伯在子宫里时就受到了不可逆的伤害而不得不妥协。长年非正常的生活状态导致迈克尔·多里斯和作家路易斯·厄德里奇的婚姻出现问题，并最终离婚，它也是造成 1997 年 52 岁的迈克尔·多里斯自杀的原因之一。根据厄德里奇的描述，多里斯长期处于极度抑郁的状态，而身为父亲所需要面对的苦难可能加重了他的抑郁 (L. Erdrich, personal communication, March 1, 2000)。

至于亚伯·多里斯，20 岁时他参加了一个职业训练项目，并且带着他收集的毛绒玩具、纸娃娃、报纸漫画、家庭照片以及过去的生日贺卡来到了新的监护家庭。在他 23 岁时，也就是多里斯自杀身亡的五年前，他被一辆汽车撞死了 (Lyman，1997)。

亚伯·多里斯的故事就像一个警钟：准父母对自己所创造的新生命负有很大责任。首先，这些责任来自于他们所提供的遗传天赋；其次，来自于环境影响——从母亲的体内环境开始。环境因素除了会影响母体，还会对父亲提供的精子产生影响。人们所处的社会文化环境也可能会影响孕妇在产前所获得的照料质量。

在这一章里，我们将介绍怀孕是怎样发生的，遗传机制是如何发挥作用的，以及在子宫内外生物遗传和环境影响是如何发生交互作用的。我们将描述胎儿的发育过程，并分析影响这一过程的因素，最后报告这一过程的监测及干预方式。

学习完本章后，你应该可以回答“学习指路标”中的所有问题了。为了检查你对本章“学习指路标”的掌握程度，请复习章节结尾部分的小结。“学习检查站”会贯穿整个章节并不时出现，以便检查你对所学知识的理解程度。

1. 受精通常是怎样发生的?
2. 什么因素导致了多胞胎?
3. 遗传因素如何决定性别，如何传递正常及异常性状?
4. 发展科学家是如何研究遗传和环境的相互影响的? 遗传和环境如何共同发挥作用?
5. 在生理健康、智力和人格等方面，遗传和环境分别起什么作用?
6. 胎儿发育被划分为哪三个阶段? 每个阶段中会发生什么?
7. 哪些环境因素会影响胎儿的发育?
8. 评估胎儿健康的技术有哪些? 为什么产前检查非常重要?

学习指路标

孕育新生命

17 世纪至 18 世纪期间，生物学的两个学派之间发生了一场激烈的论战。精原论者（因男性的精子被认为是一种微生物而得名）声称，精子的头部含有完全成型的“小人”，它们时刻准备进入子宫，并开始成长。然而，卵原论者受英国医学家威廉·哈维的启发，持一种截然相反、但同样荒谬的观点：女性的卵巢里有极小并已经成型的“小人”，当遇到男性精子时，这些小人被激活开始成长。直到 18 世纪末，德国解剖学家沃尔夫证明了胚胎并不是在父母某一方的体内预先形成的，父母双方对于新生命的形成有同等重要的贡献。

学习指路标

1. 受精通常是怎样发生的?

受精是怎样发生的?

受精（fertilization），或者说受孕，是指精子和卵细胞（男性和女性的配子或性细胞）结合在一起形成一个独立的细胞的过程。这个新形成的细胞被称为**受精卵**（zygote），随后通过细胞分裂不断复制，直到产生出所有细胞，从而变成一个胎儿。但是受孕并不像听起来这样简单。只有彼此独立的诸多事件同时发生，才可能成功受孕。同时，就像我们在本章后面要提到的，并不是所有的怀孕过程最后都能实现顺利生产。

刚出生时，每个女孩的两个卵巢里约有 200 万个不成熟的卵细胞，所有卵细胞都在卵泡里。对老鼠的研究发现，成年期雌鼠卵巢里的干细胞不断发育成新的卵细胞。由此推断成年女性或许也是如此（Johnson, Canning, Kaneko, Pru, & Tilly, 2004）。在一个性成熟的女性体内，排卵活动，即成熟的卵泡破裂并且释放其中的卵细胞，大约每 28 天进行一次，一直持续到更年期。通过绒毛细胞（或称为纤毛）的摆动作用，

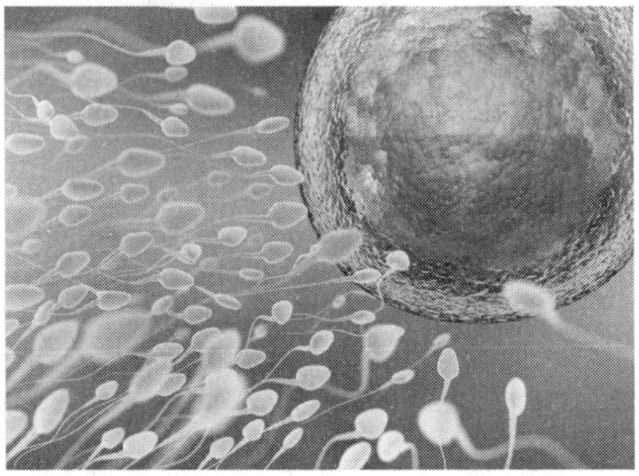

当精子与卵细胞结合成一个受精卵时，受精就发生了。通过色彩增强的扫描电子显微镜（SEM）可以发现，精子依附在一个卵细胞表面的绒毛上。精子依靠尾部摆动游向子宫颈，再进入输卵管。只有少量精子可以遇到卵细胞。圆形的精子头释放出一种酶，这种酶能够帮助精子穿越卵膜，使卵细胞受精。只有一个精子能够刺透卵细胞；随后，卵细胞外部立刻形成受精膜，阻止其他精子进入。

卵细胞沿着输卵管游动，最后到达子宫。受精过程通常发生在卵细胞通过输卵管的这两三天。

在成年男性的睾丸（男性生殖腺）里，每天会产生数亿个精子，并且在性高潮时随着精液被射出。进入阴道后，精子就试图游动着穿过宫颈（子宫的开口处）到达输卵管。不过只有一小部分精子可以游到如此远的位置。最终，精子和卵细胞相遇，意味着新生命的开始。

如果精子是在排卵当日或之前 5 天进入阴道，那么受精的可能性极大（Wilcox, Weinberg, & Baird, 1995）。如果没有成功受精，被排出的卵细胞以及女性体内的所有精子都会死亡。精子会被女性体内的白细胞吸收，而卵细胞会离开子宫，通过阴道排出体外。（第 13 章将会介绍人工受孕技术，这种技术常用于夫妻一方或双方均不能生育的情况。）

什么因素导致了多胞胎？

学习指路标

2. 什么因素导致了多胞胎？

多胞胎可通过两种途径产生。最常见的一种途径是，在很短的时间内母体释放了两个卵细胞（有时候是一个未受精的卵细胞分裂成了两个），随后这两个卵细胞都受精。由此产生的胎儿是**双卵双胞胎**（dizygotic twins），常被称为*异卵双胞胎*。第二种途径是一个受精卵分裂成两个。通过这种细胞分裂产生的胎儿是**单卵双胞胎**（monozygotic twins），常被称为*同卵双胞胎*。至于三胞胎、四胞胎和其他多胞胎，也可以通过以上某种途径实现。当然，也可能是这两种方式共同起作用。

单卵双胞胎拥有相同的遗传结构和性别，但也会因为他们在生产前后的经历有所不同，导致他们在某些方面存在差异。他们的**气质**（temperament）（或性格，即对周围情境的应对和反应方式）也可能不同。在某些生理特征上，比如毛漩、齿形和用手习惯等，他们就像是对方的镜像；一个人是左利手，另外一个就是右利手。双卵双胞胎通常是由不同的卵子和精子结合所产生的，因此，他们的遗传构成不一定比其他的兄弟姐妹更一致；同时他们的性别可能相同，也可能不同。

学习检查站

你能否……

- ✓ 解释受精通常是如何以及何时发生的？
- ✓ 区分双卵双胞胎和单卵双胞胎，它们各自是如何产生的？
- ✓ 解释什么原因导致了美国出现多胞胎增长的趋势？

近年来，美国多胞胎的出生率飞速增长。从 1980 年到 2002 年间，双胞胎的出生率增加了 65%，在每 1 000 名新生儿中，双胞胎的个数从 19 对增加到 31 对（大约占全部新生儿的 3%）。在 1990 年到 1998 年间，每年三胞胎及多胞胎的出生率增长了 13%（Martin, Kochanek, Strobino, Guyer, & MacDorman, 2005）。多胞胎的增加与下列两个因素有关：（1）晚育的趋势，（2）越来越多的人使用促进排卵的药物，同时更多的人，尤其是大龄女性，采用诸如人工授精这样的辅助生殖技术（Martin et al., 2005）。

多胞胎的激增受到了专家的广泛关注，因为这种出生模式伴随着一定的风险：

妊娠并发症、早产、低出生体重、婴儿残疾或夭折等。基于这些考虑，1997 年到 2001 年间，三个及以上胚胎的人工繁殖率有所降低；同时三胞胎和多胞胎的出生率也略微下降（Jain, Missmer, & Hornstein, 2004; Martin et al., 2003; Martin et al., 2005; Wright, Schieve, Reynolds, & Jeng, 2003）。

遗传机制

学习指路标

3. 遗传因素如何决定性别，如何传递正常和异常性状？

遗传学是一门研究遗传的学科，即从亲生父母那里继承来的会影响发展的先天因素。当卵细胞和精子结合时，它们就赋予这个即将诞生的婴儿一组基因结构，这组基因结构将会影响该婴儿的一系列特征：从眼睛、头发的颜色到健康状况、智力和人格。

遗传密码

遗传的基础是一种称为**脱氧核糖核酸**（deoxyribonucleic acid，DNA）的化学物质。DNA 的双螺旋结构就像一段长长的螺旋阶梯，而阶梯的台阶是由一对对被称为碱基的化学物质组成的（参见图 3-1）。碱基包括腺嘌呤（A）、胸腺嘧啶（T）、胞核嘧啶（C）和鸟嘌呤（G）。它们就像**遗传密码**（genetic code）的“字母”，需要通过细胞机制来“读取”。

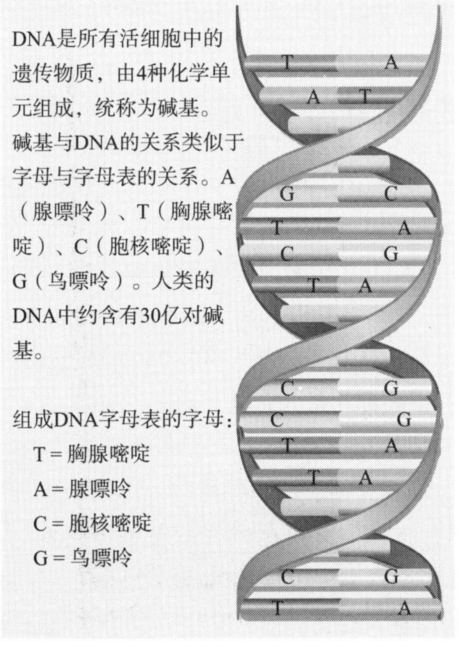

图 3–1

DNA：遗传密码

资料来源：Ritter, 1999.

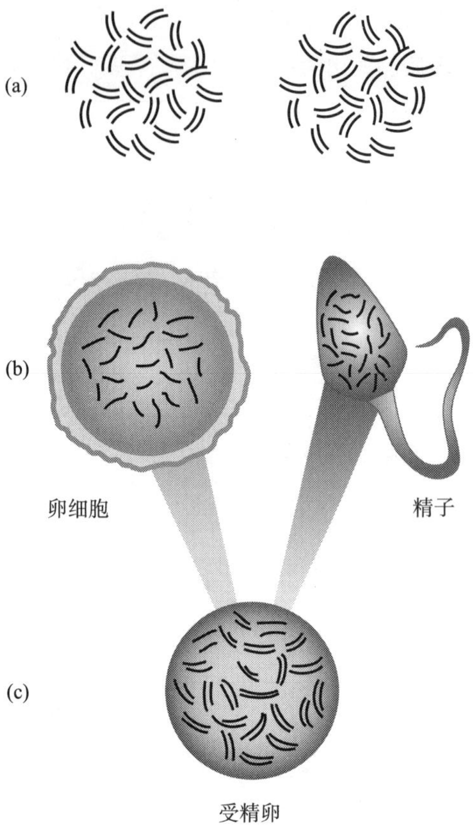

图 3–2

受精卵的遗传结构。(a) 男性与女性的体细胞含有 23 对染色体，染色体上带有遗传信息的基本单位——基因。(b) 每个生殖细胞（卵细胞和精子）仅有 23 条单一染色体，因为在形成生殖细胞时，体细胞进行减数分裂，染色体总数减半。(c) 受精时，精子的 23 条染色体融入卵子的 23 条染色体，由此产生了含有 46 条，即 23 对染色体的受精卵。

带有遗传信息的 DNA 片段称为**基因**（genes），而**染色体**（chromosomes）则是 DNA 的载体。每个基因在它的染色体上都有确定的位置，并且包含了数以千计的碱基。基因中碱基的序列显示了细胞如何制造出各种带有特定功能的蛋白质。

正常人体内，除生殖细胞（精子和卵细胞）外，每个细胞都有 23 对染色体，共 46 条。生殖细胞通过减数分裂，最终只含有 23 条染色体——从每对染色体中取一条。因此，精子和卵细胞在受孕过程中相互融合，产生一个含有 46 条染色体的受精卵：23 条来自父亲，另外 23 条来自母亲（参见图 3-2）。

受孕后，该受精卵具备了能够发育成一个婴儿所需要的全部生物信息。非生殖细胞通过有丝分裂，母细胞的染色体经过复制（实质为 DNA 的复制），精确地平均分配到两个子细胞中，使子细胞含有与母细胞相同的遗传信息。因此，每次细胞分裂都会产生一个与母细胞具有相同遗传信息的复制体。发育正常的情况下，每一个细胞（生殖细胞除外）都一直拥有 46 条染色体，这与最初受精卵里的染色体数目一致。随着细胞的分裂，它们开始分化成专门用于实现各种复杂机体功能的细胞，从而能够让胎儿成长和发育。

当环境需要基因提供相关信息时，基因就开始发挥作用。基因可以促进身体和大脑发育，它通常由孕妇及胎儿的荷尔蒙水平来调节，而荷尔蒙的水平则可能受到营养状况和压力等环境因素的影响。可见，从一开始，遗传和环境就是相互联系的。

性别由什么决定?

在尼泊尔的许多农村中有一种常见现象，如果妻子一直没有生下男孩，丈夫就会再娶一位妻子。在一些男权社会中，女人没有生儿子可以成为离婚的理由。但具有讽刺意义的是，生男生女恰恰是由父亲的精子决定的。

在受孕的那一刻，分别来自精子和卵细胞的 23 条染色体共同组成了 23 对染色体。其中的 22 对与性别无关，被称为**常染色体**（autosomes）。第 23 对染色体，即**性染色体**（sex chromosomes）决定婴儿的性别，一条来自母亲，另一条来自父亲。

性染色体有两种：X 染色体或 Y 染色体。每个卵细胞的性染色体都是一条 X 染色体，但是精子中可能含有一条 X 染色体或一条 Y 染色体。Y 染色体中包含有雄性的性别决定基因，被称为 SRY 基因。当卵细胞（X）和一个携带 X 染色体的精子完成受精时，形成的受精卵是 XX 型，也就是说，这个受精卵的遗传性别是女性。当卵细胞（X）和一个携带 Y 染色体的精子完成受精时，形成的受精卵则是 XY 型，遗传性别为男性（参见图 3-3）。

最初，胚胎的生殖系统还未开始发育，因而无法区分胎儿是男性还是女性。大约在怀孕 6~8 周以后，男性胚胎通常开始分泌男性荷尔蒙——睾丸激素。随后，遗传性别为男性的胚胎会接触到稳定的、高浓度的睾丸激素，导致男性性器官开始发育。然而，这一过程并非必然。对老鼠的研究发现，荷尔蒙必须首先向 SRY 基因发送信号，随后 SRY 基因会引起细胞分裂并形成睾丸。如果 SRY 基因没有接收这一信号，遗传性别为雄性的老鼠将会长出雌性生殖器官，而不是雄性的（Hughes, 2004; Meeks, Weiss, & Jameson, 2003; Nef et al., 2003）。同样的机制也可能适用于人类男性。与此相反，女性生殖系统的发育则受到 *Wnt-4* 信号分子的控制，若这种分子发生变异，就会使一个遗传性别为女性的胎儿“男性化”（Biason-Lauber, Konrad, Navratil, & Schoenle, 2004; Hughes, 2004; Vainio, Heikkiia, Kispert, Chin, & McMahon, 1999）。可见，性别分化是一个极为复杂的过程，并不是简单地由遗传决定。

父亲拥有一条 X 染色体和一条 Y 染色体。母亲拥有两条 X 染色体。男孩遗传了母亲的一条 X 染色体和父亲的一条 Y 染色体，女孩分别遗传了母亲和父亲的 X 染色体。

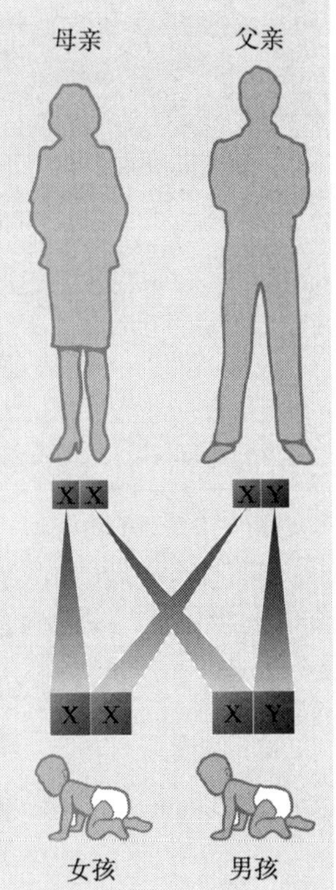

图 3–3

性别决定。所有胎儿都从母亲身上遗传了一条 X 染色体，其性别是由胎儿从父亲身上遗传的 X 或 Y 染色体决定的。

由于女性有两条 X 染色体而男性只有一条，这使得更多的并发症出现在女性身上。一直以来，研究者一直认为由女性的两条 X 染色体中的一条所“复制”的基因不具有作用或者说是“关闭的”。然而，现在研究者对 X 染色体进行排序后发现，在额外的那条 X 染色体上，只有 75% 的基因没有活性；大约 15% 的基因仍然起作用；还有 10% 的基因在一部分女性身上是活跃的，而在另一部分女性身上则没有活性（Carrel & Willard, 2005）。这种基因活性水平的差异既有助于我们解释一般特质方面的个体差异，也有助于了解与 X 染色体有关的异常特征，我们会在本章后面的部分讨论这部分内容。

学习检查站

你能否……

- ✓ 阐述 DNA 的结构及其在遗传特性中的作用?
- ✓ 区分减数分裂和有丝分裂?
- ✓ 解释为什么通常是精子决定婴儿的性别，并讨论可能的复杂因素?

遗传传递的模式

19 世纪 60 年代，奥地利的修道士格雷戈·孟德尔通过将黄色豌豆与绿色豌豆杂交，建立了我们所熟知的遗传模式的基础。杂交出来的豌豆只能结出黄色豌豆，孟德尔认为，与绿色相比，黄色是显性的。然而，当他用杂交出来的黄色豌豆与最初的两种豌豆再进行杂交时，结果发现，最新的杂交品种中只有 75% 的豌豆结出了黄色豌豆，而剩下的 25% 则结出绿色豌豆。这个结果表明，某种遗传特征（该研究中是指绿色）可以是隐性的，即它被生物体携带，但并未表现出来。

现在，我们所发现的人类基因图谱比孟德尔想象的要复杂得多，人类的大部分性状都是在某个范围内连续变化的（例如人的肤色从浅到黑）。除了纵向卷舌能力，很难再找到某个特征仅仅是通过人类的显性遗传得来的。接下来，我们介绍几种不同的遗传形式。

显性和隐性遗传 你能卷舌吗？如果你可以就说明你遗传了这项能力的显性性状。如果你父母可以卷舌但你不能，这说明你遗传了隐性性状。这两种遗传类型是怎样产生的呢？

那些控制某一性状并使其表现出不同状态（如能卷舌和不能卷舌）的基因被称为**等位基因**（alleles）。每个人都从父母那里分别获得了特定性状的一个基因，组成一对等位基因。对于某一性状来说，当两个等位基因相同时，个体是**纯合的**（homozygous）；当两个等位基因不同时，个体是**杂合的**（heterozygous）。对于**显性遗传**（dominant inheritance）来说，当个体在某个性状上是杂合的时，显性的等位基因控制着该遗传特征。换句话说，当后代获得的两个等位基因不同时，只有显性的基因能够得到表现。**隐性遗传**（recessive inheritance）是指表现出隐性性状，只有当一个人分别从父母那里各获得一个隐性的等位基因时，隐性遗传才可能发生。

如果你分别从父母那里继承了一个能够卷舌的等位基因（参见图 3-4），你在卷舌这一性状上就是纯合的，你也可以卷舌。如果母亲遗传给你的等位基因具有卷舌能力，而父亲遗传给你的等位基因不具有这种能力，那么你就是杂合的。因为具备该能力是显性的（D），不具备该能力是隐性的（d），因此，你同样可以卷舌。但是，

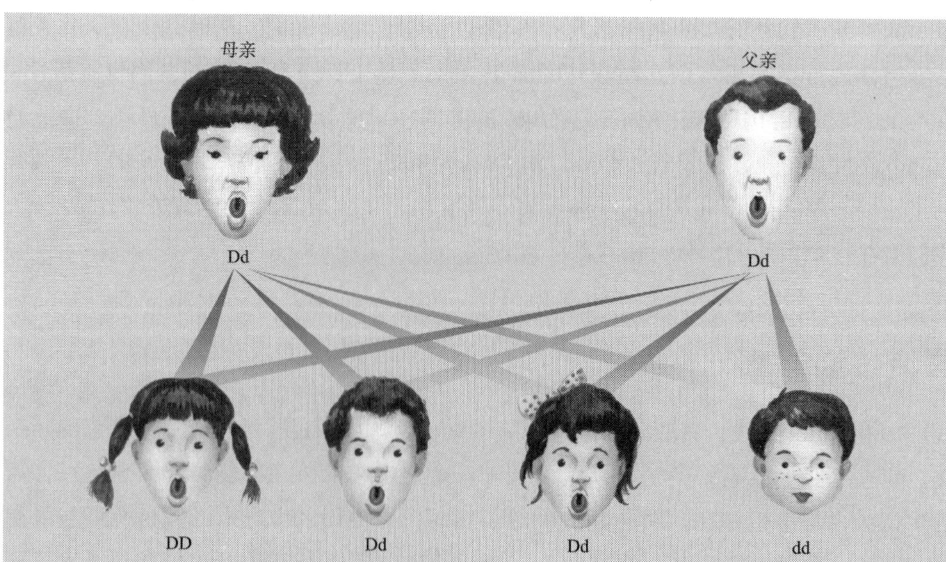

图 3–4
显性遗传和隐性遗传。对于显性遗传来说，可观察的相同表现型（如图，能够纵向卷舌）可能是由纯合或杂合的基因型导致的（DD 和 Dd）；而表现出隐性性状的表现型（如不能卷舌）必然是纯合的基因型（dd）。

如果父母双方遗传给你的等位基因都是隐性的，你就不会卷舌。

人类大部分性状都是**多基因遗传**（polygenic inheritance）的结果，即若干基因共同作用的结果。肤色这一性状是由三条不同染色体上的三组及以上的基因控制的。这些基因共同作用以产生不同量的褐色素，从而出现了深浅不一的肤色。智力有可能受到 50 组或者更多基因的影响。尽管有 1 000 多种罕见基因能够独立决定某些异常性状，但是，目前尚未发现任何一个基因能独立解释复杂日常行为中的个体差异。相反，这些行为可能是受多种基因共同影响的。此外，将遗传因素和环境因素结合起来的**多因素传递**（multifactorial transmission）在大部分性状的表现中都具有重要作用。

纵向卷舌能力通常是通过简单显性传递遗传得来的。但大部分正常性状受多个基因和环境因素的共同影响。

基因型和表现型：多因素传递　如果你能够卷舌，这种能力是你的一种**表现型**（phenotype），即能够让你的**基因型**（genotype）或基础遗传结构显示出可观察的性状。除同卵双生子外，没有任何两人的基因型会相同。表现型是基因型和所有相关环境影响共同作用的结果。基因型和表现型之间的差异可以帮助我们解释为什么克隆体（某一个体的遗传复制品）与本体、或者两个同卵双胞胎之间不可能完全相同。

如图 3-4 所示，相同的表现型性状可能来自不同的基因型：要么是由两个显性等位基因所构成的纯合子，要么是由一个显性等位基因和一个隐性等位基因所构成的杂合子。如果你在卷舌这一性状上是杂合的，并且和一个在该性状上也是杂合的伴侣生下四个孩子，那么，从统计学概率来讲，其中一个孩子是拥有该能力的纯合子，另一个孩子是不具有该能力的纯合子，剩下的两个孩子会是杂合子。所以，在你的四个孩子中，三个人将有卷舌的表现型（他们能够卷舌），但是这种能力来自两种不同的基因型模式（纯合的和杂合的）。

卷舌这一性状具有很强的遗传基础；但是对于大多数性状来说，经验会改变它们的基因型表现。假设斯蒂芬遗传了音乐才能，如果他选修了音乐课，并且经常练习，那么他的表现会让家人感到高兴。如果他的家人喜欢并鼓励他演奏古典音乐，那么他可能会演奏巴赫序曲；如果他在伙伴的影响下喜欢上流行音乐，那么他最终可能会成立一个摇滚乐队。但是，如果从幼儿期开始就没有人激发和鼓励他学习音乐，并且他没有学过任何一种乐器，也没有参加过任何声乐培训，那么，他携带的音乐才能的基因型可能不会在表现型中表现出来（或者可能只表现出一小部分）。一些生理性状（包括身高和体重）以及绝大多数的心理特质（如智力和人格，当然也包括音乐才能）属于多因素传递的结果。无论是在出生前还是出生后，当遗传倾向与环境因素发生交互作用时就会产生一些障碍（一个正常基因发生了异常变异）。我们将在第 9 章谈到的注意力缺陷多动障碍（ADHD）就是由多因素传递导致的一种行为障碍（Price, Simonoff, Waldman, Asherson, & Plomin, 2001）。

学习检查站

你能否……

✓ 阐述显性遗传和隐性遗传是如何进行的？为什么大部分正常性状并非是单一显性或单一隐性遗传的结果？

在本章的后面，我们将会详细地探讨环境因素与遗传天赋如何共同对个体的发展产生影响。

基因和染色体异常

患有严重先天缺陷的胎儿在出生时，或出生后不久，甚至在幼儿期、童年期，其死亡率都很高。虽然大部分先天疾病是罕见的（参见表 3-1），但 2003 年，美国的初步调查结果显示，这些先天疾病是当年婴儿死亡的主要原因，在出生第一年夭折的婴儿中，有 20% 是先天性疾病患者（Hoyert, Kung, & Smith, 2005）。大多数的严重缺陷会涉及循环系统或中枢神经系统。

并不是所有的异常基因和染色体都能在出生时被发现。泰—萨克斯病（一种致命的中枢神经系统退化疾病，一度在犹太系东欧人中流行）和镰刀型细胞贫血症（一种常见于非裔美国人群中的血液疾病）的症状至少要在婴儿出生六个月以后才能表现出来；囊肿性纤维症（一种在肺部和消化道中堆积过多粘液所造成的疾病，在北欧血统的儿童中比较常见）的症状直到儿童四岁时才会出现；青光眼（一种眼压异常升高导致的眼疾）和亨廷顿舞蹈症（一种遗传性神经持续退行性疾病）的症状甚至到个体中年时才会显露出来。

通过研究遗传缺陷和疾病，我们能够清楚了解显性遗传、隐性遗传、变异以及伴性遗传的作用，下面我们将逐一进行讨论。

由显性或隐性遗传传递的缺陷 与那些携带异常性状的基因相比，正常基因通常是显性的；有时携带异常性状的基因也是显性的。如果父母中一方有一个显性的异常基因和一个隐性的正常基因，而另一方有两个隐性的正常基因，那么，他们的每一个孩子都有 50% 的概率遗传到异常的显性基因。目前，已知的由显性遗传传递的疾病有 1 800 种，而软骨发育不全症（侏儒症的一种）和亨廷顿舞蹈症就是其中的两种。

只有当孩子从父母那里获得的都是隐性基因时，隐性缺陷才会表现出来。有一些疾病是隐性遗传的，比如泰—萨克斯病和镰刀型细胞贫血症，其中镰刀型细胞贫血症会妨碍血液中的氧气输送。这些疾病常见于特定的种族群体，他们通过近亲交配（族内通婚）将这些隐性性状一代代传递下去（参见表 3-2）。

与通过显性遗传的疾病相比，通过隐性遗传的疾病更可能在生命早期产生致命伤害。如果由显性遗传的疾病在生育年龄之前被消除，那么该疾病就不会再传给下一代，并且会迅速消失。而隐性遗传的疾病由于没有表现出缺陷症状，携带者就可能结婚生子，将致病基因传递下去。

有些性状仅仅是部分显性或者部分隐性。在**不完全显性遗传**（incomplete dominance）中，某一性状并没有得到完全表现。例如，虽然携带镰刀型红细胞基因和正常等位基因的人并不会患镰刀型细胞贫血病，但是会表现出这种疾病的某些特

表 3–1　先天性缺陷

问题	疾病特征	易感群体	治疗方法
α1 抗胰蛋白酶缺乏	可能导致婴幼儿肝硬化、中年期的肺气肿和肺部退行性疾病	1000 个白人新生儿中有 1 个	无
α 地中海贫血	严重贫血降低了血液输送氧气的能力；几乎所有患病胎儿都会胎死腹中或出生后夭折	多见于马来西亚、非洲和东南亚家族	频繁输血
β 地中海贫血（库利氏贫血）	严重贫血导致虚弱、疲劳和易生病；通常在青春期或成年早期有致命危险	多见于地中海家族	频繁输血
囊肿性纤维化	黏液分泌过多而阻塞肺部和消化系统；儿童无法正常成长，通常活不到 30 岁；白人最常见的致命性遗传疾病	2000 个白人新生儿中有 1 个	日常物理治疗有助于稀释黏液；抗生素有助于减少肺部感染；酶有助于消化；基因治疗（处于实验阶段）
杜氏肌肉营养不良	常见于男性的肌无力致死性疾病；通常有轻度的智力发育迟滞；通常在成年早期由于呼吸衰竭而死亡	3000~5000 个男性新生儿中有 1 个	无
血友病	常见于男性；大量出血；严重类型会导致成年期的致残性关节炎	10000 个有血友病史的家族中有 1 个人	频繁输入带有凝血因子的血液
神经管缺陷：无脑畸形	无脑组织；胎儿通常会死胎或刚出生就夭折	1000 个人中有 1 个	无
脊柱裂	脊椎管闭合不全导致肌无力或瘫痪、膀胱或肠道失控；常伴有脑积水，大脑中脑髓液过多而导致智力发育迟滞	1000 个人中有 1 个	通过手术闭合椎管避免进一步损伤；在大脑安置分流器，排出过多脑髓液，预防智力迟滞
苯丙酮尿症（PKU）	代谢功能障碍导致智力发育迟滞	15000 个新生儿中有 1 个	出生后几周就开始特殊的饮食治疗能够预防患儿智力发育迟滞
多囊性肾病	婴儿型：肾脏增大导致呼吸问题和充血性心力衰竭 成人型：肾脏疼痛、肾结石和高血压导致慢性肾衰竭	1000 个人中有 1 个	肾移植
镰刀型细胞贫血症	变形、脆弱的红细胞阻塞血管，导致身体组织缺氧；症状包括严重疼痛、发育不良、感染、下肢皮肤溃疡、胆结石、易感染肺炎和中风	500 个非裔美国人中有 1 个	止痛药，输血预防中风，抗生素预防感染
泰—萨克斯病	大脑和神经细胞的退行性疾病，患儿通常 5 岁前夭折	历史上多见于东欧犹太人	无

资料来源：Adapted from AAP Committee on Genetics, 1996; NIH Consensus Development Panel, 2001; Tisdale, 1988, pp. 68–69.

表 3-2 各种族的遗传疾病发生概率

种族	发生几率（%）	疾病类型
非裔美国人	8.3	镰刀型细胞贫血症基因携带者
	7	成年时患不耐乳症
非裔美国男性	10	在服用磺胺药或其他药物后会患有溶血性贫血的遗传倾向
非裔美国女性	2	在服用磺胺药或其他药物后会患有溶血性贫血的遗传倾向
白种人	4	囊肿性纤维化基因携带者
	1.25	苯丙酮尿症基因携带者
犹太人（德系）	1	家族性自主神经异常基因携带者
意大利裔或希腊裔美国人	10	β 地中海贫血基因携带者
美国人或犹太人（西班牙系）	2.22	患家族性地中海热
布尔人（南非白人）	0.31	患卟啉症
亚洲人	（几乎）100	成年后患不耐乳症

资料来源：Milunsky, 1992, p.122.

征，如在高海拔地区呼吸短促。

由伴性遗传传递的缺陷 在**伴性遗传**（sex-linked inheritance）过程中（参见图 3-5）某些性状由性染色体上的基因所控制，因此，它会对男孩和女孩造成不同的影响。红绿色盲就属于伴性遗传疾病。此外，血友病也属于伴性遗传，患者受伤后流血不止，不能像正常人的血液一样自行凝结。

伴性遗传的隐性致病基因多存在于母亲的 X 染色体上，但母亲本身不受影响，仅仅是携带者；虽然母亲不会患病，但是会把致病基因遗传给孩子。伴性遗传的疾病通常只出现在男孩身上；因为对于女孩来说，她有两条 X 染色体，从父亲那里继承来的 X 染色体的显性正常基因，能压制住从母亲那里继承来的致病隐性基因。但男孩从父亲那里继承的 Y 染色体上的显性基因无法抗衡从母亲身上遗传的 X 染色体上的隐性致病基因，因此更容易患病。

在某些情况下，女性也会遗传一些伴性遗传疾病。例如，一个女孩的父亲是血友病患者，而母亲恰好是这种病的携带者，那么这个女孩就有 50% 的概率同时遗传父母双方的身上异常的 X 染色体，从而遗传该疾病。

突变 有些疾病是由基因突变或染色体异常造成的。**突变**（mutations）是指遗传物质发生永久性变异。突变有可能是自发的，也可能是由环境中的危险因素引发的，如辐射。据估算，人类的每一代人平均每个人至少会经历 1.6 次有害的突变。最终，在进化过程中通过**自然选择**（natural selection），受变异影响的个体无法繁衍和生存，从而将这些变异从人类的基因组中消除（Crow, 1999; Eyre-Walker & Keightley, 1999;

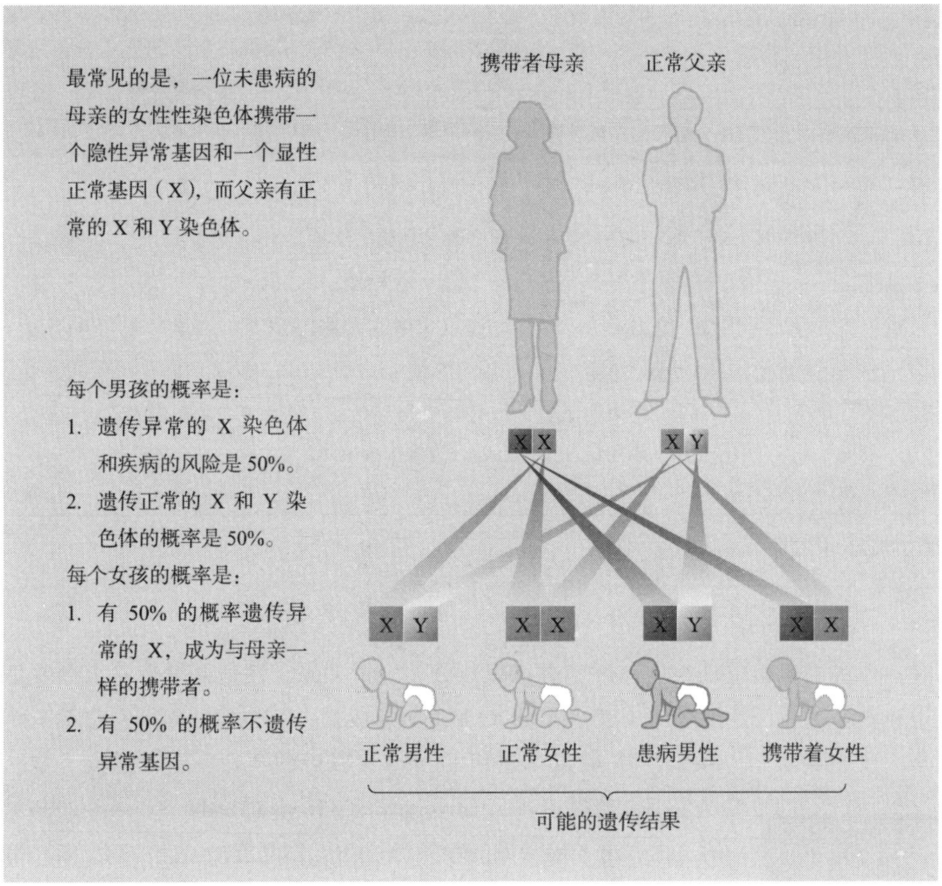

图 3–5
伴性遗传。

Keightley & Eyre-Walker, 2001)。

基因组（遗传）印记　基因组印记，又称遗传印记，是指某些特定基因遗传性状的差异性表达取决于该性状是遗传自父亲还是母亲。有些遗传性状只在母源染色体上表达，而有些则只在父源染色体上表达。如果遗传印记被破坏，就可能造成婴儿成长及发育异常（Hitchins & Moore, 2002）。

基因组印记或许可以解释，为什么父亲为糖尿病患者但母亲不是时，孩子却可能患有糖尿病；为什么母亲为哮喘患者而父亲不是时，孩子可能会患哮喘（Day, 1993）。印记问题同样也可以解释，与从母亲那里遗传了亨廷顿舞蹈症的儿童相比，从父亲那里遗传此病的儿童为何更容易在童年早期就表现出症状（Sapienza, 1990）；为什么从母亲那里获得某一等位基因的儿童会比从父亲那里获得此基因的儿童更容易患孤独症（Ingram et al., 2000）。

学习检查站
你能否……
✓ 解释先天缺陷传递中的显性遗传、隐性遗传、不完全显性、伴性遗传、突变和基因组印记？

染色体异常　细胞分裂出现错误会导致染色体增多或丢失，由此造成染色体异常。

表 3-3 性染色体功能失调

类型 / 名称	特 征*	发生率	治疗方法
XYY	男性；身材较高；智商，尤其是语言能力一般较低	每 1000 名男婴中有 1 例	无特殊疗法
XXX（三个 X）	女性；外表正常，月经不调，学习障碍，智力迟钝	每 1000 名女婴中有 1 例	特殊教育
XXY（克兰费尔特）	男性；不育，第二性征发育不全，睾丸过小，学习障碍	每 1000 名男婴中有 1 例	激素疗法，特殊教育
XO（特纳）	女性;身材矮小,有蹼颈,空间能力差,无月经,不育,性器官和第二性征发育不全	每 1500~2500 名女婴中有 1 例	激素疗法，特殊教育
脆性 X	轻度至重度弱智；症状包括语言和运动能力发育迟缓，存在语言缺陷，有多动倾向，男性表现较为严重；最常见的遗传性智力迟钝	每 1200 个男婴中有 1 例；每 2000 个女婴中有 1 例	必要的教育或行为疗法

* 注：并不是每个患者都表现出所有特征。

有时，有些错误会出现在生殖细胞进行减数分裂时。如先天性睾丸发育不全症就是由于患者多了一条性染色体（表达式是 XXY）所造成的，而先天性卵巢发育不全症则是由于患者缺少一条染色体（XO）造成的。35 岁以后的孕妇所生下的孩子容易出现减数分裂错误（University of Virginia Health System, 2004）。表 3-3 列出了最常见的性染色体功能失调特征。

这个男孩表现出唐氏综合征的主要特征：内眼角的皮肤有皱褶并向下倾斜。尽管唐氏综合征是智力发育迟滞的主要原因，但是患有这种染色体异常疾病的儿童仍可以过上丰富多彩的生活。

细胞分裂过程中的常染色体也会发生异常（University of Virginia Health System, 2004）。最常见的是**唐氏综合征**（Down syndrome），在中度至高度严重的心理发育迟滞人数中，这一人群约占 40%（Pennington, Moon, Edgin, Stedron, & Nadel, 2003）。这种病又叫 21- 三体综合征，因为它通常是由第 21 号染色体多出一条或者第 21 号染色体的一部分转移到其他染色体上所导致的。此疾病最明显的体征是内眼角的皮肤有皱褶并向下倾斜。

大约每 600 个婴儿中有 1 个在出生时患有唐氏综合征。其中 94% 的患儿，其父母是正常的（Pennington et al., 2003）。高龄产妇的风险最大；如果孕妇的年龄小于 35 岁，这种病更可能是由遗传造成的。在 95% 的案例中，多余的那条染色体来自于母亲的卵细胞（Antonarakis & Down Syndrome Collaborative Group, 1991），剩余 5% 的案例可能与父亲有关。

出生时，这些婴儿的大脑看似正常，但是脑容量在成年早期开始萎缩，尤其是海马区，这会导致认知功能出现障碍（Pennington et al., 2003）。目前，对唐氏综合征儿童的预后工作卓有成效。很多患者成年后生活在小型福利院里，并且生活能够自理，他们能够胜任结构化的工作。超过 70% 的唐氏综合征患者活到了 60 多岁，但也有许多因素增加了他们早逝的风险，比如白血病、癌症、阿尔兹海默症以及心血管疾病等（Hayes & Batshaw, 1993; Hill et al., 2003）。

遗传咨询和遗传检测

遗传咨询（genetic counseling）可以帮助准父母们评估其所孕育的胎儿患有遗传疾病或染色体缺陷的可能性。那些已经有一个异常儿童、有家族遗传病史、自己已患有或疑似患有遗传疾病，或者来自于高患病率种族的父母，都可以通过遗传咨询获得关于他们孕育的胎儿患病可能性方面的信息。

遗传学家为先天缺陷的预防做出了巨大贡献。例如，自从很多犹太夫妇被检测出带有泰—萨克斯病的致病基因之后，经过努力，这种疾病在这一种族已经几乎消除了（Kolata, 2003）。同样，遗传学家通过对地中海国家的适龄生育妇女进行筛查和提供咨询，使这些地区地中海贫血症（参见表 3-1）患儿的出生率显著降低，并且帮助人们更加理解了如何降低成为携带者的风险（Cao, Saba, Galanello, & Rosatelli, 1997）。

遗传咨询师会考察来访者的家族病史，还会对准父母及其现有子女进行生理检查，可能还需要采集血液、皮肤、尿液或者指纹等进行实验室研究。咨询师会对染色体进行分析和拍照，并将照片放大，然后根据染色体组型图像中染色体的大小和结构进行排列。这张图像可以用来寻找异常的染色体，还可以显示一个看似正常的人是否会将带有缺陷的基因遗传给子代（参见图 3-6）。咨询师会帮助来访者了解某

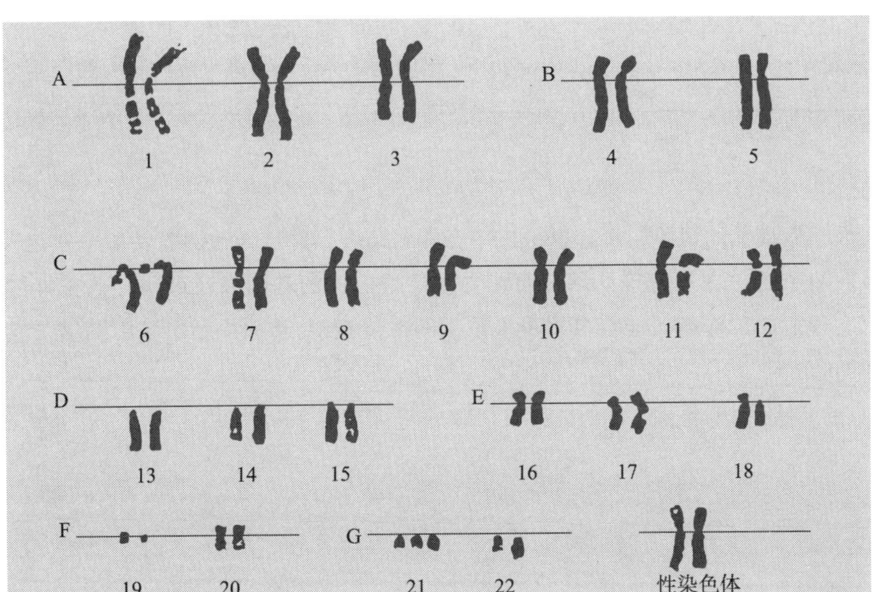

图 3–6

染色体组型是描述细胞分裂中染色体各自分离、按一定特征排列起来的图像。图中所示为唐氏综合征患者的染色体组型，因为在第 21 对染色体上有 3 条染色体而非通常的两条。由于第 23 对性染色体是由两条 X 染色体组成，所以我们可知这是一名女性患者。

资料来源：Babu & Hirschhorn, 1992; March of Dimes, 1987.

专栏3-1

实战演说

遗传检测和基因工程

人体内全部基因的总和构成了人类基因组，它大约包含20 000~25 000个基因。目前，科学家已经完成了人类基因组图谱的绘制工作（International Human Genome Sequencing Consortium, 2004），得到了许多有趣的发现。比如，研究者发现，约有300个人类基因也可以在老鼠体内找到相对应的基因（Wade, 2001），而且人类和黑猩猩的基因组之间相似程度接近99%（Clark et al., 2003）。

人类基因组草图的绘制工作让我们能够确定具体性状和行为是由哪些特定基因控制的，并了解这些性状发展演变的过程（Parke, 2004）。基因组学（genomics）是一门研究各种基因功能及其交互作用的新兴学科，它可以将遗传信息应用于实际治疗，这对遗传医学具有重大意义（McKusick, 2001; Patenaude, Guttmacher, & Collins, 2002）。目前，这一领域的研究方向从寻找特定基因逐渐转向理解基因是如何影响行为（行为基因组学），科学家将能够确定哪些基因可以导致、激发或增加特定疾病的易感性（Plomin & Crabbe, 2000），从而可以对风险性群体进行排查（Khoury, McCabe, & McCabe, 2003）。

从基因组学研究中获得的信息能够提高我们预测、预防、控制、治疗和治愈疾病的能力，甚至可以精确到对某一特定人群要采用哪种特定的治疗方法（McGuffin et al., 2001; McKusick, 2001; Patenaude et al., 2002; Rutter, 2002; Subramanian, Adams, Venter, & Broder, 2001）。如今，通过对新生儿的基因排查可以有效识别并治疗那些患有诸如镰刀型细胞贫血病或苯丙酮酸尿症的孩子，从而拯救了大量新生命，并且预防了患儿心理发育迟滞（Holtzman, Murphy, Watson, & Barr, 1997; Khoury et al., 2003）。对乳腺癌的基因排查可以确定88%的高危个体，这明显高于利用风险因素所诊断出的比例（Pharaoh et al., 2002）。遗传信息能够帮助人们决定是否生小孩以及和谁生小孩，同时它还能帮助那些有家族病史的个体预知可能发生的最糟糕结果（Post, 1994; Wiggins et al., 1992）。

基因治疗（gene therapy，修复或者替换异常基因）曾经被视为造福全人类的伟大工程，但随着人们发现它存在一些弊端，其光环也逐渐消失。2000年，法国研究者对三个1~11个月大且患有严重综合免疫缺陷的婴儿进行了治疗，研究者抽取婴儿的骨髓细胞，改变其细胞的基因，再将细胞注射回婴儿体内。一年后，这些患儿依然保持健康（Cavazanna-Calvo et al., 2000）。但是，后来这三个孩子都患上了白血病，并且其中一个孩子已经病逝。这使得美国药物顾问小组不得不考虑暂停三个最主要的记忆治疗试验。1999年，宾夕法尼亚大学发生了另一起由于基因治疗致死的案例（Harris, 2005）。

遗传检测本身涉及一些伦理和政治问题，例如，个人隐私以及如何公平地利用遗传信息等（Clayton, 2003; Jeffords & Daschle, 2001; Patenaude et al., 2002）。虽然，医学数据通常被视为机密，但医生几乎不可能完全遵守保密原则。法庭即使知道会侵犯个人隐私，但也会允许患者的血亲索取可能会影响他们自身健康的遗传信息（Clayton, 2003）。

另一个主要问题是，遗传决定论（genetic determinism）错误地认为，携带某一致病基因的个体必

学习检查站

你能否……

- ✓ 区分染色体疾病发生的三种方式？
- ✓ 解释遗传咨询的目的？

种疾病在数学概率上的风险，解释这一概率意味着什么，并且为他们提供备选方案。

现在，研究者正在迅速确认那些可能导致严重疾病的基因以及那些影响正常性状的基因。他们的工作有可能会带来更大范围的遗传检测，从而揭示出基因图谱（参见专栏3-1）。

然会患此病。根据此观点，所有遗传检测都仅仅是评估某人患病的可能性。大多数疾病都涉及非常复杂的基因组合，或者在一定程度上受到生活方式或者其他环境因素的影响（Clayton, 2003; Plomin & Rutter, 1998; Rutter, 2002）。即使检测可能并不精确或不可信，并且被检测出存在患病风险的人最终不一定会患病，但还是出现了以遗传信息为依据的工作和保险歧视（Clayton, 2003; Khoury et al., 2003; Lapham, Kozma, & Weiss, 1996）。虽然美国联邦政府和某些州的反歧视法为遗传病患者提供了法律上的保护，但这些法规缺乏一致性和全面性（Clayton, 2003）。同时，我们还需要制定一些有关研究中保密原则的政策（Jeffords & Daschle, 2001）。

遗传检测带来的心理冲击也是应引起关注的主要问题（Patenaude et al., 2002）。预测并不是万无一失的；一个错误的阳性结果可能会导致个体不必要的焦虑，同时一个错误的阴性结果可能会让患者掉以轻心。假如一种遗传疾病是无法治愈的，该怎么办？让患者知道自己携带某种特定的致病基因，但目前的医学对这种疾病又无能为力，这样做的价值何在？已经有专家组提出抗议，反对针对那些目前无法治愈的疾病进行遗传检测（Institute of Medicine［IOM］, 1993）。

此外，还有人关注对儿童的检测。一个孩子应该为了惠及其同胞兄弟姐妹或者其他人而接受检测吗？当一个孩子知道自己将在 20 年、30 年或者 50 年后有可能患有某种疾病时，这会对其产生怎样的影响？美国儿科学会生物伦理学分会（2001 年）反对针对儿童无法在童年期治疗的疾病进行遗传检测。

有人提出，遗传检测未来可用于劝服那些携带“不良”基因的人绝育或者怀有携带“错误”基因结构胎儿的人流产，这种现象不禁让人心寒（Plomin & Rutter, 1998）。基因治疗也存在滥用的可能性。该技术应该用于为矮个子儿童增高或让胖孩子变瘦吗？如果基因工程的目的从治疗或矫正缺陷转向美容功能，这或许将是一场灾难（Anderson, 1998），它将导致在某一社会中，有些父母可以花钱使其子女拥有“最好”的基因，而其他父母则无能为力（Rifkin, 1998）。

在未来的 15 年内，遗传检测“毫无疑问会让医疗实践工作发生革命性的变化”（Anderson, 1998, p.30）。如今，我们还不清楚这些变化是否会利大于弊。

我思我秀？

你想确定自己是否携带肺癌或阿尔兹海默症的致病基因吗？你愿意让你的孩子接受这类基因检测吗？

课外链接

若想获得更多关于本话题的信息，请登录 http://www.ornl.gov/hgmis/resource/medicine.html。这是人类基因组计划的网站。这里提供关于疾病诊断和预测、疾病干预、遗传咨询以及一些伦理、法律和社会方面问题的信息。

天性和教养：遗传和环境的影响

我们在第 1、2 章讨论过，遗传和环境的相对重要性对于早期心理学家和普通大众来说，都是一个存在争议的重要问题。如今，答案已经日益明晰：虽然某些罕见的生理缺陷完全是由遗传造成的，但大部分正常性状的表现，如智力和人格的表现型，都是由一系列复杂的遗传和环境因素共同控制的。接下来，我们看看科学家是如何研究并解释遗传和环境各自的影响，以及两者是如何共同发挥作用的。

学习指路标

4. 发展科学家如何研究遗传和环境的相对影响？遗传和环境如何共同发挥作用？

对遗传和环境的研究

有关遗传和环境的研究通常是定量的，它试图去测量遗传和环境因素对具体特质有多大的影响。这正是**行为遗传学**（behavioral genetics）的传统目标。

测量遗传力 **遗传力**（heritability）是指在特定人群中，一种性状在某一特定时期内在多大程度上是由遗传因素决定的。遗传力并非指遗传和环境对某一群体或个体的相对影响程度；实际上，我们难以将两者的影响分离开来。遗传力也不能告诉我们特征的发展过程及可被调节的程度。它仅仅是一个统计范围,用来代表在特定群体中，基因在多大程度上造成了某一特征的个体差异（Sternberg, Griorenko, & Kidd, 2005）。

遗传力一般通过比例来表示，数值的范围从 0.0 到 1.0；数值越大，说明某个特征的遗传力越大，当数值为 1.0 时，说明特征所表现出来的差异全部是由基因造成的。由于无法直接测量遗传力，因此，行为遗传学家主要采用三种相关研究：家庭、领养和双生子研究。这类研究的基本假设是：在遗传方面，直系亲属比远亲更为相似；同卵双生子比异卵双生子更为相似；领养儿童与其血亲的相似性高于他们与领养家庭的相似性。因此，如果遗传因素会对某一特征造成重大影响，那么在这一特征上，亲兄弟姐妹之间要比表兄弟姐妹之间更为相似；同卵双生子比异卵双生子应该更相似；领养儿童与亲生父母的相似性高于其与养父母的相似性。同样的道理，如果某种共享环境会对某一特征产生重要影响，那么，在相同家庭环境下成长的人要比在不同家庭环境下成长的人更相似。

我思我秀

- 你在哪些方面更像母亲，在哪些方面更像父亲？你与兄弟姐妹之间有何异同？你认为哪些差异主要源自遗传，哪些源自环境？你能发现两者共同影响的方面吗？

在家庭研究中，研究者会测量血亲之间共享某些特征的程度，还会考察家庭关系的亲密度是否与他们的相似度有关。如果相关关系比较强，研究者就可以推测是遗传发挥了主要作用。但是，家庭研究无法排除环境的影响。仅靠一项家庭研究也无法告诉我们，肥胖父母生下的孩子也过度肥胖究竟是由于遗传作用还是他们相似的饮食结构所导致的。基于这些考虑，研究者还会进行领养研究，这种研究可以将遗传影响从共享环境影响中分离出来。

领养研究考察的是领养儿童与领养家庭成员之间的相似性，同时还考察领养儿童与他们血亲家庭成员的相似性。当领养儿童在某一特征上（如肥胖）与他们的亲生父母以及亲兄弟姐妹们更相似时，我们就将这种影响归为遗传造成的；当与领养家庭的成员更为相似时，我们则将这种影响归结为环境的影响。

双生子研究将同卵双生子和同性别的异卵双生子进行比较（考察同性别双胞胎是为了避免性别差异所造成的干扰）。同卵双生子的平均遗传相似性是异卵双生子的 2 倍，而异卵双生子的遗传相似性并不高于亲兄弟姐妹。当同卵双生子比异卵双生子更为**一致**（concordant）（即在统计上表现出相同特征的倾向更明显），那我们就更多地归因于遗传影响。一致率的取值范围在 0.0 到 1.0 之间，用于估计同一个样本中双胞胎在某一特征上的一致能性。

研究者寻找一出生就被分开的同卵双生子，试图研究基因对人格的影响。图中这对双胞胎出生后被不同家庭领养，31 岁时才重聚，两人都成为消防员。这究竟是巧合还是反映了遗传的影响？

当同卵双生子比异卵双生子在某一特征上表现出更高的一致性时，可以通过领养研究进一步考察遗传影响。人们研究了童年期就被分开抚养的同卵双生子，结果发现，他们之间具有很强的相似性。双生子研究和领养研究都发现，许多正常特征和异常特征都具有中等程度的遗传基础（McGuffin et al., 2001）。

有人批评行为遗传学，认为它的前提假设和研究方法都趋向于放大遗传的重要性，而缩小环境影响的重要性。同时，依据不同的数据来源，现有的研究结果也存在较大的分歧。例如，相比领养研究，双生子研究更高估计了遗传的作用。批评者认为，这种较大的差异意味着“无法得出严格的结论来说明哪个因素对发展发挥更大作用”（Collins, Maccoby, Steinberg, Hetherington, & Bornstein, 2000, p.221）。

行为遗传学家们承认，遗传的影响，尤其是对行为特性的影响并非必然。即使某一特征受遗传因素的影响很大，但环境也可能起 50% 的重要作用（Rutter, 2002）。实际上，有时环境干预能够克服遗传所“决定”的疾病。例如，对先天患有苯丙酮酸尿症的儿童来说，出生后就开始进行特殊的饮食治疗可以防止其心理发育迟滞（Plomin & Defries, 1999；参见表 3-1）。

学习检查站

你能否……

✓ 阐述行为遗传学研究的潜在假设，如何应用家庭、双生子和领养研究？

✓ 引述对行为遗传学的批评？

遗传和环境如何共同发挥作用

如今，许多发展学家已经意识到，在研究遗传和环境问题时采用单一的定量方法过于简单化（Collins et al., 2000）。他们认为，这两股力量从根本上是交织在一起的（Parke, 2004）。他们不再认为遗传和环境会直接作用于个体，而是将两者看成复杂发展系统的组成部分（Gottlieb, 1991）。从受孕开始，在整个人类生命过程中，体质因素（与生理和心理结构有关的因素）和社会、经济、文化因素相结合，共同塑造个体的成长。这些条件及其引起的经验越有利，人们获得最佳发展的可能性就越大（Horowitz, 2000）。

下面，我们讨论遗传和环境共同发挥作用的几种方式。

反应范围和定型化 随着遗传和环境条件的不断变化，许多特征也会在一定范围内发生变化。*反应范围*和*定型化*这两个概念可以帮助我们更好地了解这些现象是如何发生的。

反应范围（reaction range）是指某一遗传性状可能的表现范围。例如，身体高矮主要取决于由遗传决定的生理过程；即便如此，身体高矮还依赖于环境提供的机遇和限制以及个体自身的行为。在营养条件得到极大改善的社会中，当代人的身高可能会超越上一代人。虽然继承了父母的基因，但是通过摄取更多的营养物质，后代得到了更好的发展。然而，即使社会可以为几代人都提供高水平的饮食条件，孩子的身高也可能与父母的身高差不多。人类的身高最终会受遗传限制，我们不会看到0.3米高的人，也没有见过3米高的人。

遗传可以影响反应范围的大小。例如，与一个先天智力严重智障的儿童相比，一个先天智力轻度智障的儿童能够对环境做出更好的反应。同样，相比一般智力的儿童，一个高智商的儿童能够从丰富的家庭和学校环境中获益更多（参见图3-7）。

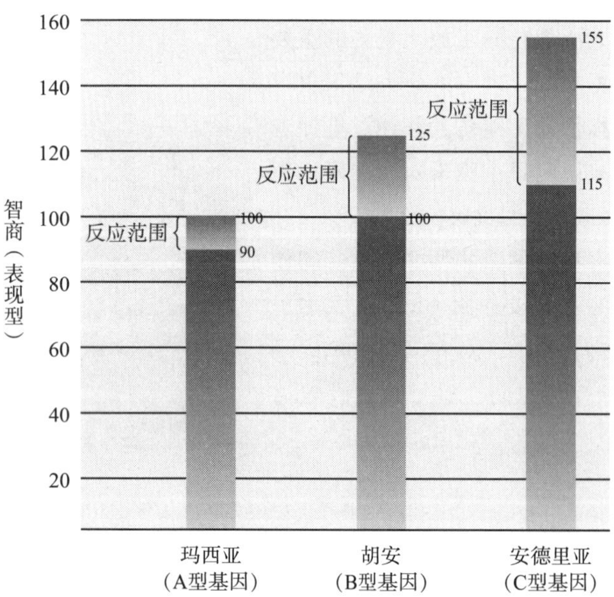

图 3–7

智力与反应范围。智力基因型不同的儿童，在经历贫乏环境（柱状图的下半部分）或丰富环境（整个柱状）时，会表现出不同的反应范围。

发展系统模型的支持者更倾向于探讨*反应标准*而非反应范围。虽然，他们承认遗传因素确实设置了一些限制，但是，他们认为由于发展是非常复杂的，所以这些限制是不可知的，它们的作用也是不可预测的（Gottlieb, 1991）。

定型化（canalization）象征性地阐释了遗传如何限制某些性状的发展范围。一场暴风雨过后，路上的雨水总要流到一些地方。如果路面上有一些坑，那么雨水就会填满这些坑。然而，如果路边有排水渠，那么这些雨水就会沿着排水渠流走。同样，人类的某些性状在很大程度上是由基因控制的，比如眼睛的颜色，这些性状被认为是高度定型迹化的，即环境因素几乎没有机会发挥作用。

某些行为也会沿着由基因规定的轨迹发展；只有环境发生巨变才能改变轨迹。与成熟高度相关的那些行为似乎只要儿童准备好就会出现。正常儿童的动作发展都是在特定的年龄按照典型的顺序进行的：从爬到走，最后会跑。但是，发展并不完全是定型化的，经验可以影响发展的速度和时机。认知和人格更容易受经验的影响，如儿童的家庭、学校以及他们遇到的人。在语言发展方面，儿童必须在其神经机制和肌肉成熟度达到特定水平时才可能说话。无论婴儿的家庭环境多么丰富，6个月大的婴儿不可能说出句子。然而，环境在语言发展中也发挥了重要作用。如果父母对婴儿最初发出的声音做出回应并鼓励他们说话，那么，与最初发声受到忽略的婴儿相比，这些婴儿能更早学会说话。

最近，发展科学家已承认，常见的或典型的经验能为个体发展开辟道路（Gottlieb, 1991）。例如，那些只听过母语中特定语音的儿童，将很快失去感知其他语言中语音特征的能力（参见第5章）。在本书中，你将会发现许多社会经济地位、邻里环境和受教育机会能够有力地塑造发展结果的例子，从语言发展的速度和复杂程度，一直到过早性行为和反社会行为出现的可能性。

基因型—环境交互作用 **基因型—环境交互作用**（genotype-environment interaction）通常是指相似的环境条件对存在遗传差异的个体的影响。例如，虽然大家都会接触到花粉和灰尘，但只有遗传了易患病倾向的个体才更有可能出现过敏反应。交互作用也可以以另一种方式发生，由于家庭环境不同，基因相似的儿童会有不同的发展差异（Collins et al., 2000）。就像我们在第6章将要讨论的，由于父母对待他们的处理方式不同，一个出生时气质类型是“困难型”的儿童，在某个家庭中可能会产生适应性问题，而在另一个家庭中可能会茁壮成长。

基因型—环境相关 有时，遗传和环境两者对个体的影响是一致的，即环境特质反映或者强化了遗传差异。这称为**基因型—环境相关**（genotype-environment correlation），或称为基因型—环境共变。它通过三种方式来强化遗传性状的表现（Bergeman & Plomin, 1989; Scarr, 1992; Scarr & McCartney, 1983）：

- 被动性相关：家长不仅为儿童提供了表现某一性状的基因，而且还提供了鼓励这一性状发展的支持性环境。比如，喜爱音乐的父母可能为孩子创造一种从小对音乐耳濡目染的家庭环境，常常参加音乐培训课程或音乐表演活动。如果孩子遗传了父母的音乐天赋，那么这个孩子的乐感反映了遗传和环境的共同影响。这种相

音乐能力是由父母传递给儿童的一种重要特性，受到遗传和环境的共同影响。图中的父亲正在和女儿一起弹吉他，这或许是由于女儿表现出对音乐的兴趣和天赋。反之，与父亲一起弹吉他的愉悦经历可能强化了小女孩喜欢音乐的先天倾向。

关系类型就是被动相关，因为孩子并没有控制它。这种方式最适合于年幼的儿童，父母不但是其遗传物质的来源，也能极大地影响他们的早期经验。

- *反应式或唤起式相关*：具有不同遗传特质的儿童会引发父母的不同反应。例如，对表现出音乐兴趣及天赋的孩子，即使是对音乐不感兴趣的家长也可能会特意对孩子的音乐天赋进行培养。反之，如果孩子没有表现出音乐兴趣和才能，家长可能不会专门培养孩子的音乐天赋。父母的这种反应也会强化孩子已有的音乐遗传倾向。
- *主动相关*：随着儿童的成长，他们拥有更多的自主权去选择行为和环境，他们会主动选择或者创造与他们遗传倾向相一致的经验。拥有音乐天赋的儿童可能会结交喜爱音乐的朋友，会参加音乐课程，如果条件允许的话还会去听音乐会。腼腆的儿童比外向的儿童更喜爱独自玩耍。这种选择与自己基因型相匹配环境的倾向称为**匹配选择**（niche-picking），它有助于解释为什么从小就被分开抚养的同卵双生子通常拥有相似的生活方式。

什么造成了兄弟姐妹间的差异？非共享环境 虽然同一家庭的孩子在外表上惊人相似，但是在智力、尤其是人格方面，这些兄弟姐妹间可能会存在很大差异。这可能是由遗传或气质的差异所致，这些差异导致儿童对相似的家庭环境做出不同反应。在看到满屋子的图书或拼图时，高智商儿童可能比智商低下的儿童更加兴奋。这一例子正好体现了基因型—环境交互作用。某个孩子可能比其他孩子更容易受到不和睦家庭关系的影响（Rutter, 2002）。另外，行为遗传学的研究结果表明，许多影响发展的经验对同一家庭的不同孩子会产生不同的影响（McGuffin et al., 2001; Plomin & Daniels, 1987; Plomin & DeFries，1999）。

非共享环境影响（nonshared environmental effects）反映了同一家庭中的每个孩子成长所具有的独特环境。同一家庭中的孩子拥有共享的环境，但同时他们也有自己特有的经验，即使是双胞胎也不例外。实际上，父母和兄弟姐妹会有差别地对待每个孩子。一些特定事件，如生病和交通事故以及家庭之外的经验（例如与老师和同伴们相处的经历）会影响某一个孩子，但并不影响其他孩子。事实上，一些行为遗传学家认为，遗传能够解释兄弟姐妹之间大部分的相似性，非共享环境能够解释他们之间大部分的差异性（McClearn et al., 1997; Plomin, 1996; Plomin & Daniels, 1987; Plomin & DeFries, 1999; Plomin, Owen, & McGuffin, 1994）。然而，对研究方法的质疑和其他实证研究提出了更为温和的结论，即非共享环境影响的效果并没有超越共享环境；相反，两者之间似乎存在一种动态平衡关系（Rutter, 2002）。

基因型—环境相关可能在非共享环境中扮演重要角色。儿童间的遗传差异会引起父母和兄弟姐妹对其做出不同反应，从而用不同方式对待他们。遗传基因可能会影响他们如何感知和回应别人以什么方式对待他们，以及那种对待方式所带来的后果。儿童也会通过选择做什么、和谁做，从而塑造自己的环境。同时，他们的遗传结构也会影响他们的选择。一个遗传了艺术天赋的儿童可能会花大量时间去独自创作“杰作”，而遗传了运动天赋的孩子可能正在和别人一起踢球。因此，这些儿童不仅发展的才能（比如绘画和足球）不同，他们的社会生活也会不同。随着儿童不断成长以及家庭之外的经验不断增加，这些差异会日益增大（Bergeman & Plomin, 1989; Bouchard, 1994; Plomin, 1990, 1996; Plomin et al., 1994; Scarr, 1992; Scarr & McCartney, 1983）。

天性—教养之争仍然悬而未决，如今，我们意识到这个问题比以前想象得要复杂得多。许多研究设计都能够帮助我们更好地理解哪些因素会影响个体发展。

学习检查站

你能否……

- ✓ 解释并举例说明反应范围、定型化、基因型—环境交互作用以及基因型—环境相关？
- ✓ 列举影响非共享环境的三类因素？
- ✓ 列举强调教养的三类研究？

受遗传和环境影响的性状

请牢记遗传和环境影响的复杂性，下面，我们看一看两者在某些性状产生过程中的作用。

学习指路标

5. 在身体健康、智力和人格等方面，遗传和环境具有什么作用？

肥胖/超重 个体在儿童期的体重指数（又称 BMI，即体重与身高的比值）高于 95% 以上的同龄同性别人群，或成年期时的 BMI 值大于 30 则可以定义为**肥胖**（obesity，有时称为*超重*）。另一种评价指标是身体脂肪含量百分比：男性脂肪含量达到 25% 以上，女性脂肪含量达到 30% 以上。肥胖是一种由许多因素导致的疾病，双生子研究、领养研究以及其他研究表明，40%~70% 的患病风险源自遗传（Chen et al., 2004）。大约 250 个基因或染色体区域与肥胖有关（Pérusse, Chagnon, Weisnagel, & Bouchard, 1999）。10 号染色体上的一个关键基因控制着个体的食欲，这一基因异常能够引发饥饿和暴食（Boutin et al., 2003）。许多年前，一项关于心脏病风险因素的研究已经发现，某些特定基因和体重有关（Chen et al., 2004）。

在特定的种族、社会或家庭中，食物的种类、数量以及所鼓励的运动量都能增加或减少个体超重的可能性。肥胖成为西方国家的一种流行病，这似乎是遗传易感性与过度饮食及缺乏运动之间交互作用的结果（Leibel, 1997；参见第 7、9、11 和 13 章）。

我思我秀

- 如果超重是家族问题，源于遗传或生活方式，那么连自己的体重都无法控制的父母如何能帮助自己的孩子？

智力和学业成就 虽然研究者尚未确认哪些特定的基因决定智力（Sternberg et al., 2005），但是遗传似乎能够对一般智力（通过智力测验测得的）和特定能力产生强烈的影响（McClearn et al., 1997; Petrill et al., 2004; Plomin et al., 1994; Plomin & DeFries, 1999）。尽管如此，经验也有重要意义：丰富或贫乏的环境会影响先天能力的发展和表现程度（Neisser et al., 1996; 参见图 3-7）。

遗传影响智力的实证支持来自于领养研究和双生子研究。与养父母和领养家庭里的兄弟姐妹们相比，被领养儿童的智力通常与亲生父母的智力更为接近。而且，在智力方面，同卵双生子比异卵双生子更为相似。在小学学业成就测验和美国国家

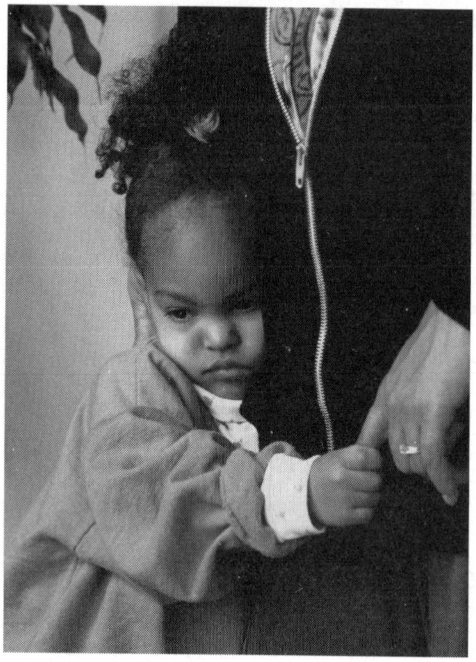

这个两岁半的小女孩依偎着母亲，这可能“仅仅是一个阶段”，但更可能是她与生俱来的害羞气质，参见第 6 章的研究。

优秀高中生奖学金考试中也存在类似结果。大量研究发现，空间能力的遗传力大约是 50%，这意味着遗传差异可以解释群体成员间一半的差异性。语言表达能力和空间能力密切相关，这表明智力的各成分之间存在遗传联系（Petrill et al., 2004; Plomin & DeFries, 1999）。

此外，遗传因素的影响是认知表现出稳定性的主要原因，随着年龄的增长，遗传的影响力也不断增加。共享的家庭环境似乎对幼儿具有决定性影响，但是对青少年几乎没有影响，青少年更倾向于通过主动选择与他们的遗传能力和兴趣相符合的环境来恰当定位自己（Bouchard, 2004; Petrill et al., 2004）。另一方面，非共享环境能够影响人的一生，而且是造成认知表现改变的主要原因（Petrill et al., 2004）。

人　格　科学家们已经识别出某些与特定人格特质相联系的基因，例如，可能会引发抑郁和焦虑的神经机制（参见第 14 章，Lesch et al., 1996）。人格特质的遗传力大约为 40%~50%。同时，很少有证据表明共享环境会对人格特质产生影响（Bouchard, 2004）。

气质（将在第 6 章具体讨论）在很大程度上是与生俱来的，尽管它可能会受到特殊经验或者父母教养方式的影响，但仍会长期保持一致（A. Thomas & Chess, 1984; A. Thomas, Chess, & Birch, 1968）。兄弟姐妹，包括双胞胎和非双胞胎，他们之间的气质很相似，但是父母认为他们之间的差异比实际差异要大（Saudino, Wertz, Gagne, & Chawla, 2004）。一项研究考察了 100 对 7 岁大的兄弟姐妹（其中一半是领养的，另一半是亲生的），结果发现，在活动性、社交性和情绪方面，遗传的作用更为显著（Schmitz, Saudino, Plomin, Fulker, & DeFries, 1996）。

我思我秀

- 既然遗传力的测量只针对总体而非个体，那么研究诸如肥胖、智力或害羞这类特质是更多受遗传还是环境的影响，又有什么实际的意义呢？

精神病理学　有证据表明，遗传对精神分裂症、自闭症、酒精依赖和抑郁症等疾病有重要影响。这些病症普遍存在于整个家族，而且同卵双生子比异卵双生子表现出更大的一致性。然而，遗传因素还不足以产生这些疾病，遗传倾向需要通过环境因素来激发。例如，研究发现，在 1 号染色体上的一段或若干段基因有可能与酒精依赖和抑郁症中的一种或两种存在联系，这主要取决于环境因素（Nurnberger et al., 2001）。（我们将在后面的章节介绍酒精依赖和抑郁症）。

精神分裂症（schizophrenia）的特征是患者与现实失去了联系，会表现出幻觉和妄想等症状。这种疾病具有极强的遗传成分（Berry, Jobanputra, & Pal, 2003; Tuulio-Henriksson et al., 2002; Vaswani & Kapur, 2001）。患者的兄弟姐妹和子孙后代患此病的风险比普通人群高 10 倍。双生子和领养研究也表明，这种高风险主要来自共享的基因而非共享的环境。据估计，精神分裂症的遗传力在 63%~85% 之间（McGuffin,

Owen, & Farmer, 1995）。

同卵双生子患精神分裂症的风险也并非完全一致，所以致病原因不可以完全归因于遗传。一项大规模的对照研究考察了 30~38 岁的同辈群体，结果发现，在妊娠期的前三个月中，在母体内感染过流行性感冒的个体患精神分裂症及相关疾病的风险提高了 7 倍（Brown, Begg, et al., 2004）。

父亲的生育年龄过大也是导致精神分裂症的一个危险因素。对耶路撒冷和丹麦的大样本研究表明，当父亲的生育年龄超过 50 岁时，孩子患精神分裂症的风险将大大增加（Byrne, Agerbo, Ewald, Eaton, & Mortenson, 2003; Malaspina et al., 2001）。一项研究考察了 1924 年到 1993 年间出生于芬兰赫尔辛基的 7 086 名参与者，结果表明，在胎儿期如果胎儿营养不良可能会增加个体患精神分裂症的风险（Wahlbeck, Forsen, Osmond, Barker, & Eriksson, 2001）。

通过解剖已逝精神分裂症患者的大脑，研究者发现，这种疾病可能是由于缺少一种叫*洛丝蛋白*的化学物质而引起的。在大脑发育过程中，洛丝蛋白帮助神经元进行准确定位和排列（Impagnatiello et al., 1998）。个体携带洛丝蛋白的缺陷基因可能会导致神经细胞错位，由此会造成精神分裂症的遗传易感性。

自闭症（autism）是一种严重的脑功能障碍，主要特征是患者缺乏正常的社会互动，沟通能力和想象力受损，活动和兴趣范围极其有限。这种疾病通常发生在三岁之前，在患者一生中病情不断变化（AAP Committee on Children with Disabilities, 2001; National Institute of Neurological Disorders and Stroke, 1999; Rapin, 1997; Rodier, 2000）。自闭症是由脑的异常发育所造成的，其先期表现是：出生时头围较小，而在随后的一年内头围突然快速增大（Courchesne, Carper, & Akshoomoff, 2003）。每 5 个自闭症患儿中有 4 个是男孩（Yeargin-Allsopp et al., 2003）。

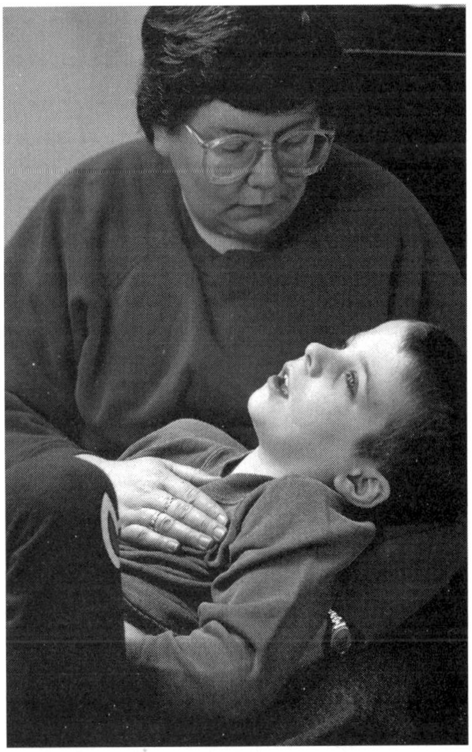

患有自闭症的儿童通常会避免目光接触；但这些儿童能够通过行为治疗学会基本的社交技能。

自闭症是*自闭症谱系障碍*（ASDs）中的一种，其程度从中度到重度。目前，这种疾病比过去更为普遍。估计每 1000 名儿童中就有 6 人患有某种类型的自闭症（Yeargin-Allsopp et al., 2003）。在自闭症谱系障碍中，最常见的是*亚斯伯格综合症*，每 500 名儿童中就可能有 1 人患有此病。患有自闭症谱系障碍的学龄前儿童主要关注个别的信息点，而不是关注全景。他们在语言能力和*联合注意*方面存在缺陷。所谓联合注意是指个体追随另一个体的注意，从而使得两个个体（通常是大人和小孩）同时注意同一物体的过程。患者在联合注意方面的缺陷可能是由其*心理理论*发展迟缓所造成的。心理理论是指个体对自己和他人心理过程的觉察（Morgan, Mayberry, & Durkin, 2003; 参见第 7 章）。

自闭症是一种家族疾病，有很强的遗传基础（Bailey, Le Couteur, Gottesman, & Bolton, 1995; Constantino, 2003; National Institute of Neurological Disorders and Stroke, 1999; Ramoz et al., 2004; Rodier, 2000; Szatmari, 1999; Trottier, Srivastava, & Walker, 1999）。自闭症患儿的其他家庭成员也可能表现出轻微的自闭症症状，只是没有达到ASDs的诊断标准（Constantino, 2003）。同卵双生子的患病几率大于异卵双生子。不同的症状和严重程度或许与特定基因有关（Bespalova & Buxbaum, 2003; Cook et al., 1997; Ingram et al., 2000; Ramoz et al., 2004; Rodier, 2000; Szatmari, 1999）。

环境因素可能会激发自闭症的遗传易感性，例如，接触到特定病毒或者化学物质（National Institute of Neurological Disorders and Stroke, 1999; Rodier, 2000; Trottier et al., 1999）。一些特定的妊娠并发症，例如子宫出血和阴道感染也可能与自闭症的高发生率相联系（Juul-Dam, Townsend & Courchesne, 2001）。生育年龄过大、第一胎、先兆性胎儿流产、硬膜外麻醉、人工引产和剖腹产都可能增加自闭症的发病风险（Glasson et al., 2004）。在妊娠期的第24周到第28周期间，严重的压迫可能会导致发育中的胎儿大脑变形（Beversdorf et al., 2001）。从20世纪70年代中期开始，自闭症普遍流行（Newschaffer, Falb, & Gurney, 2005），这一趋势主要是由于自闭症的诊断标准变宽，同时，人们对这种疾病更加了解造成的（Gernsbacher, Dawson, & Goldsmith, 2005）。有观点认为，这一趋势与使用麻疹—流行性腮腺炎—风疹疫苗有关，这一说法尚未得到证实（AAP Committee on Children with Disabilities, 2001; Fombonne, 2001, 2003; Madsen et al., 2003）。

一些理论家认为，自闭症是由于脑内联结失败所造成的。一项脑成像研究发现，与正常成人相比，患有自闭症的成人在完成简单的字母表记忆任务时使用了不同的脑区。自闭症患者更倾向于使用右侧大脑而非左侧大脑，右侧大脑通常负责视觉信息加工，而左侧大脑负责言语信息加工。由此推测，自闭症患者记忆的是字母形状而非字母名称。同时，他们大脑额部的活动更弱。大脑额部与更高级的思维活动有关，而大脑后部主要负责处理感知到的细节信息（Just, Cherkassky, Keller, & Minshew, 2004）。

学习检查站

你能否……

- ✓ 评价遗传和环境因素影响肥胖、智力和气质的实证支持？
- ✓ 列举并描述受遗传因素强烈影响的心理障碍？

现在，人们尚未掌握治愈自闭症的方法。但是，我们可以通过一些方法使患者的病情得到改善，有时还可能带来实质性的改善。通过训练，一些自闭症儿童能够学会说话、阅读和写作。行为疗法可以帮助他们学习一些基本的社会技能，如集中注意力、持续的眼神接触以及自己穿衣吃饭（AAP Committee on Children with Disabilities, 2001）。然而，仅有约2%的自闭症儿童能够独立生活，大多数患者都需要一定程度的终身照料。亚斯伯格综合症患者的情况通常会好一些（“Autism—Part II,” 2001）。

胎儿发育

按照中国传统的计龄方法，虚岁是从个体受孕的那一天计算的，而不是从个体出生的日期算起。这种中国习俗意识到了妊娠期的重要性。所谓妊娠期是指从受孕到出生这段时间，大约 9 个月（或 266 天）。科学家也是从受孕的那一刻开始计算胎龄的。

在这一部分，我们将追踪妊娠期，或者说胎儿发育的过程。我们会讨论影响胎儿发育的环境因素，评价检测胎儿发育是否正常的各种技术，并解释产前检查的重要性。

胎儿发育的各个阶段

学习指路标

6. 胎儿发育被划分为哪三个阶段？每个阶段会发生什么？

受精卵如何转变成一个具有特定形态和结构的生物体？研究者认为，这种转变是由脊椎动物（包括人类）的一组可识别的基因引起的。这些基因能够产生一种称为成形素的分子，受精后成形素开始发挥作用，塑造出手臂、手、手指、椎骨、肋骨、脑和其他的身体器官（Echeland et al., 1993; Krauss, Concordet, & Ingham, 1993; Riddle, Johnson, Laufer & Tabin, 1993）。

胎儿的发育分为三个阶段：胚芽期、胚胎期和胎儿期（表 3-4 逐月描述了这些阶段）。在妊娠期的这三个阶段中，最初由单细胞的合子逐渐发育成胚胎，最后成为胎儿。出生前后的发展都遵循头尾原则和近远原则。

头尾原则（cephalocaudal principle，源自拉丁语，意思是从“头”到“尾”）指从上到下的发展顺序，即从头颈到躯干，再到下肢。胚胎的头部、脑和眼睛是最早发育的，其他部位发育相对迟缓，因此这时胚胎头部会显得过大而不成比例。怀孕两个月时，胎儿头部的长度是身体长度的一半；到出生时，胎儿头部的长度是身体长度的 1/4，此时，这个比例看上去仍然不够协调。**近远原则**（proximodistal principle，源自拉丁语，意思是由“近”及“远”）指胎儿的发展过程是从中心到外周，即胚胎头部和躯干的发育早于四肢，手脚的发育早于手指和脚趾。

胚芽期（受精至第 2 周）　受精后的两周是**胚芽期**（germinal stage），受精卵不断分裂、分化，进入子宫并在子宫内膜上着床（见图 3-8），这标志着正式怀孕。

受精 36 个小时以内，受精卵开始进入快速分裂和复制阶段，又称为有丝分裂。大约受精后 72 个小时，受精卵分裂成 16 个细胞，进而分裂成 32 个。1 天后，受精卵增加到 64 个细胞。分裂继续进行，直到原始的单细胞变成 8 000 亿个、甚至更多的特定细胞，这些特定细胞最终形成人类的身体，这一过程在出生后仍会继续。

不断分裂的同时，受精卵沿着输卵管向子宫方向移动。这一过程大约需要 3~4 天。它的外形由最初的细胞球变成了充满液体的球体，即胚泡。胚泡在子宫内游走一两天，

表 3–4 胎儿发育

月份	描述
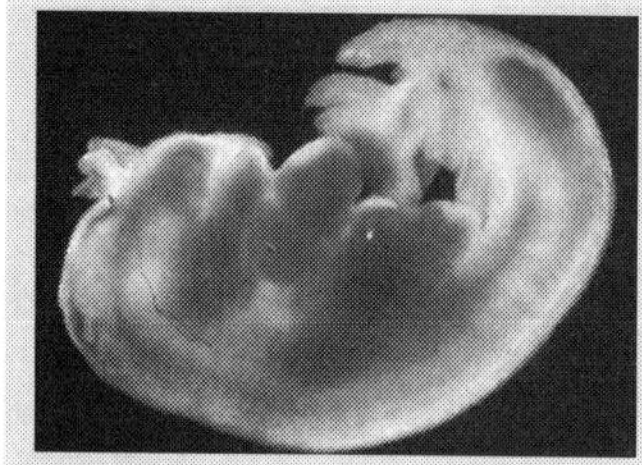 第 1 个月	其他任何时期的发展速度都比不上妊娠期第一个月的发展速度；胚胎与受精卵相比，体积已增大了 10 000 倍。截至第一个月，胚胎长度约为 12.7 毫米。血液通过细微的静脉和动脉循环。形成了非常小的心脏，每分钟跳 65 次。已经发育出脑、肾脏、肝脏和消化道。与母亲联系的生命线——脐带开始起作用。在显微镜下，可以看到头部的突起，最终形成眼睛、耳朵、嘴和鼻子。该阶段性别还无法查明
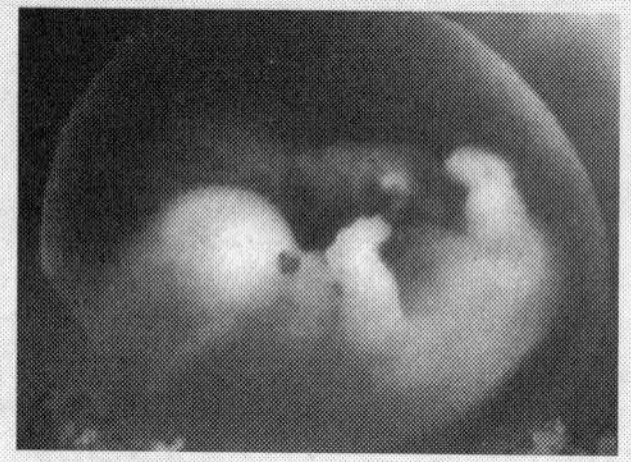 第 7 周	到第二个月月末，胚胎长约 2.5 厘米，重约 8.5 克。头部是整个身体长度的一半。面部轮廓逐渐清晰，发展出舌头和牙齿的芽体。上肢出现手、手指；下肢出现膝部、踝部和脚趾。胚胎由一层薄薄的皮肤覆盖，可以形成手印和脚印。骨细胞在第 8 周出现。大脑能调节器官系统的功能。性发育开始；心跳稳定。胃部分泌出消化液；肝脏开始制造血细胞。肾脏将血液中的尿酸排出。敏感的皮肤能对触觉刺激进行反应
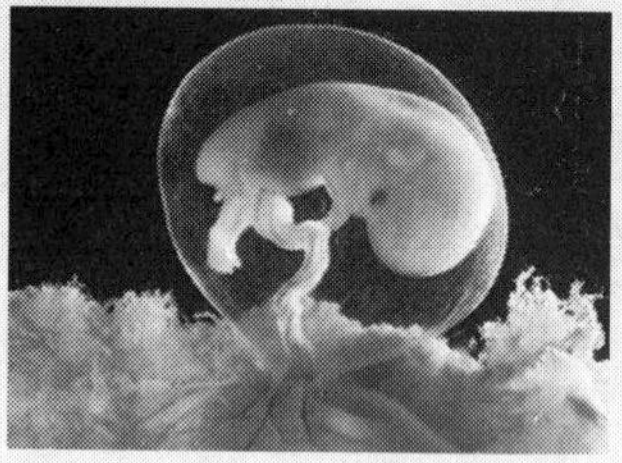 第 3 个月	到第三个月月末，胚胎重约 28 克，长 7.6 厘米。发育出手指甲、脚指甲、眼皮（仍紧闭）、声带、嘴唇和突起的鼻子。头仍然较大，占整个身体的三分之一，前额较高。可以查明性别。器官系统开始运行，胎儿可以呼吸、吞咽和排泄。肋骨和椎骨转变为软骨。胎儿能够做出一些特定反应：踢腿、移动拇指和头；嘴能开合及吞咽。触摸眼睑，胎儿会眯着眼睛；触摸手掌，胎儿会微微握拳；触摸嘴唇，胎儿会吮吸；触摸脚底，胎儿脚趾会张开。这些反射会持续到出生，直到出生一个月后消失
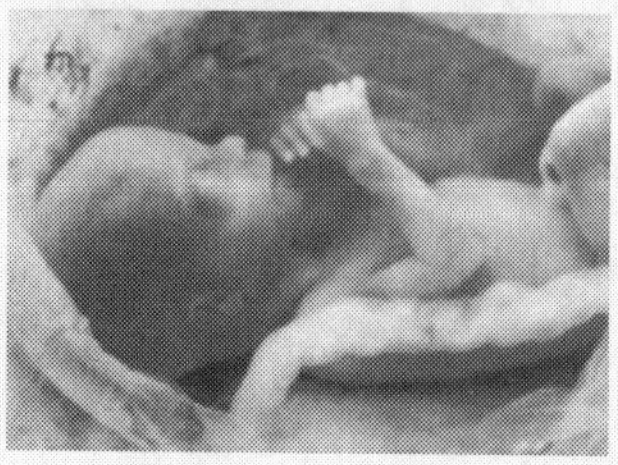 第 4 个月	胎儿身体发育追上头部，头部仅为身体总长的四分之一，这一比例维持到出生。胎儿长约 20~25 厘米，重约 170 克。脐带和胎儿等长，并随着胎儿一起生长。胎盘发育完全。母亲能感受到胎儿的踢动，即*胎动初感*，有些社会和宗教组织认为这是人类生命的开始。由于肌肉逐渐发育，出现在第三个月的反射活动更加活跃
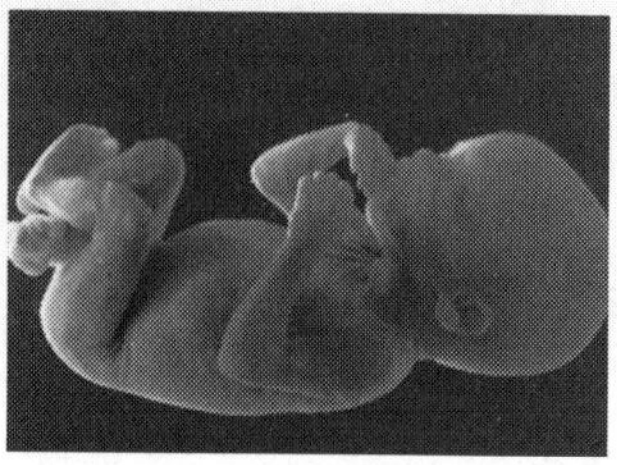 第 5 个月	胎儿重约 340~453 克，长约 30 厘米；开始表现出个体人格特征。在子宫中有最喜欢的位置，即表现出明确的睡眠—觉醒姿势（“躺卧”），更加主动地踢腿、伸展、蠕动甚至打嗝。此时若将耳朵贴到母亲的腹部，可以听到胎儿的心跳。汗腺和皮脂腺开始发挥作用。呼吸系统还不足以维持胎儿在子宫外的生存，此时早产的婴儿通常无法存活。眉毛、睫毛和头发上毛发开始生长，胎毛覆盖胎儿的身体

月份	描述
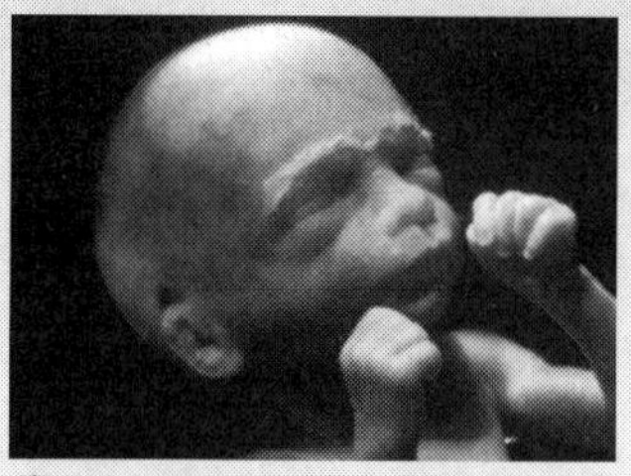 第 6 个月	胎儿的生长速度减慢——到第 6 个月末，胎儿长约 35 厘米，重约 566 克。皮下出现脂肪垫；眼睛能够完全开合，看向所有方向。胎儿能够听，紧攥拳头。胎儿在第 6 个月初早产的存活机会仍很小，因为呼吸器官尚未发育成熟。但是在第 6 个月末出生的婴儿，先进的医疗技术可提高其存活机会
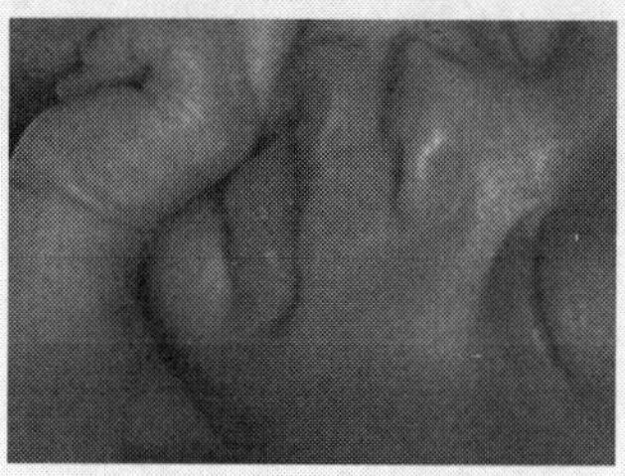 第 7 个月	到第 7 个月末，胎儿长约 40 厘米，重约 1 366~2 267 克；反射模式发育完全。胎儿会哭泣、呼吸、吞咽和吮吸拇指。此时胎毛可能消失，也可能持续到出生。头发继续生长。此时早产的婴儿至少需要重约 1 587 克，而且得到精心的医疗护理，才有可能健康存活。早产儿可能需要送进婴儿保育箱，直到婴儿达到 2 267 克重
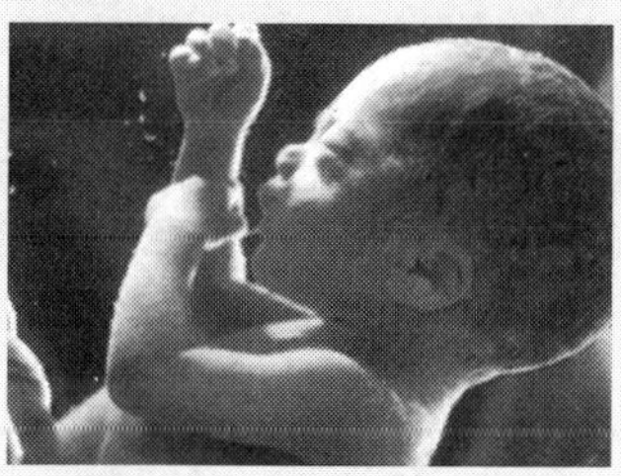 第 8 个月	第 8 个月的胎儿长约 45~50 厘米，重约 2267~3175 克。母体内的活动区域变得狭窄，因此胎儿活动受到限制。皮下脂肪增多，覆盖了胎儿的全身，这些脂肪有助于新生儿适应子宫外的气温变化
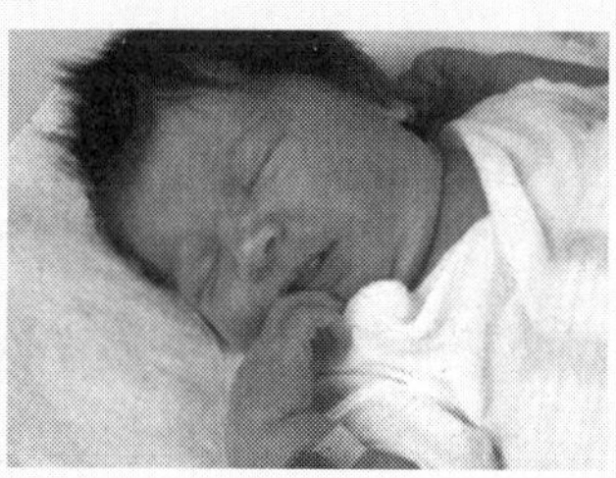 第 9 个月	出生前一周，胎儿停止生长，重约 3 400 克，长约 50.8 厘米，通常男孩略重于及长于女孩。皮下脂肪层继续增多，器官系统更加有效地发挥功能，心跳加快，更多的废物通过脐带排出。皮肤的红色开始褪去。出生时，胎儿已经在子宫里待了约 266 天，但是由于大部分医生将母亲最后一次月经期作为怀孕开始，因此胎龄通常是 280 天

注：即使是生命早期，也存在个体差异。这些数值和描述代表平均水平。

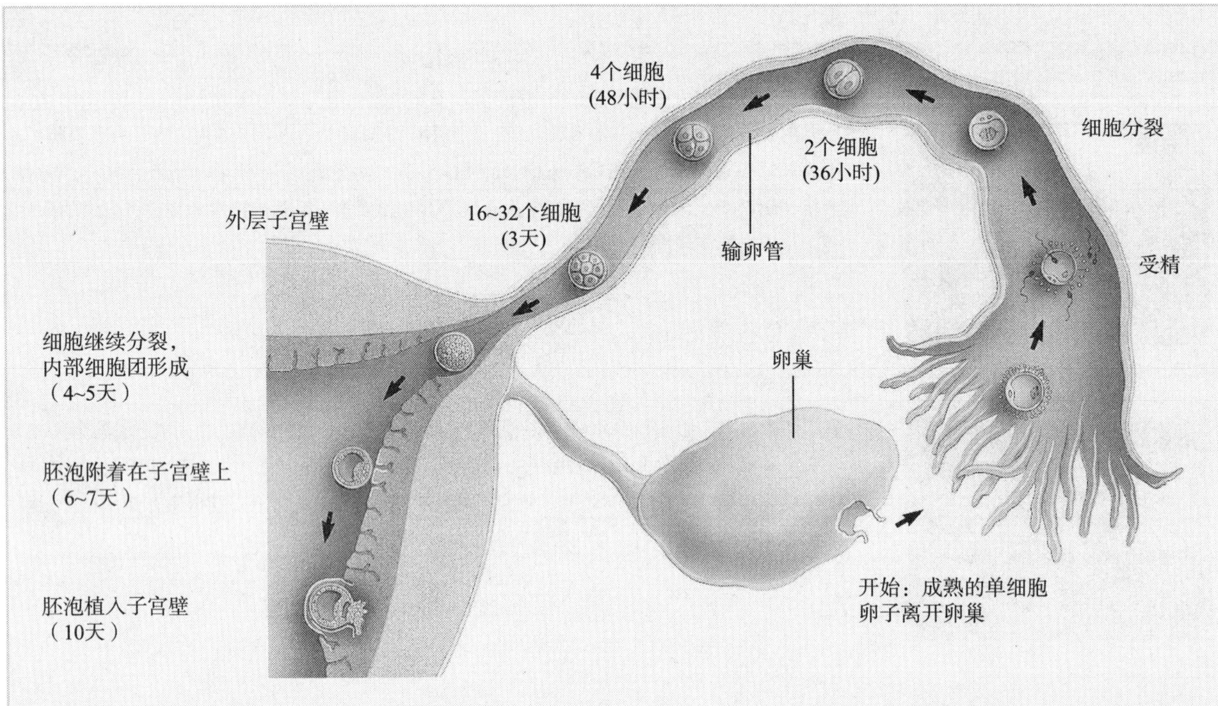

图 3–8

人类胚胎的早期发展。如图所示，卵细胞离开卵巢，进入输卵管成功受精；然后受精卵一边不断进行细胞分裂，一边向子宫移动。最后形成胚泡，植入到子宫内壁成为胚胎。胚胎将继续发育，直到出生。

在找到合适位置后植入子宫内壁，这一过程就称为着床。仅有 10%~20% 的受精卵可以成功着床，发育成胚胎。

在着床之前，由于细胞已经开始分化，胚泡边缘的一些细胞聚集到一侧，形成一个比较厚的细胞块，即*胚盘*。胚盘将会分化为三层：上胚层，即*外胚层*，将会分化成表皮、指甲、毛发、牙齿、感觉器官以及包括大脑和脊髓在内的神经系统。下胚层，即*内胚层*，将会分化成消化系统、肝脏、胰腺、唾液腺和呼吸系统。中间的一层，即*中胚层*，将分化成为真皮、肌肉、骨骼以及排泄和循环系统。

胚泡的其他部分将会发展成为胚胎提供营养和保护的各种器官：*羊膜腔*或*羊膜囊*，它的外层是*羊膜*和*绒毛膜*、*胎盘*和*脐带*（见图 3-9）。羊膜囊是一个内部充满液体的薄膜，它将发育中的胎儿包裹在里面，为胎儿提供保护以及活动空间。*胎盘*中既有母体组织，也有胚胎组织。它通过脐带与胚胎连接在一起。营养物质通过母体血液输送到胚胎血管，随后通过脐带传送给胚胎。反过来，胚胎产生的垃圾会通过脐带内的胚胎血管输送到胎盘，再通过母亲的血管被清除掉。母亲和胚胎的循环系统并非直接相连而是独立存在的，所有物质都是通过血管壁进行传递，从而实现物质交换。同时，胎盘有助于增强胎儿的免疫力，以抵抗各种内部传染疾病。胎盘还

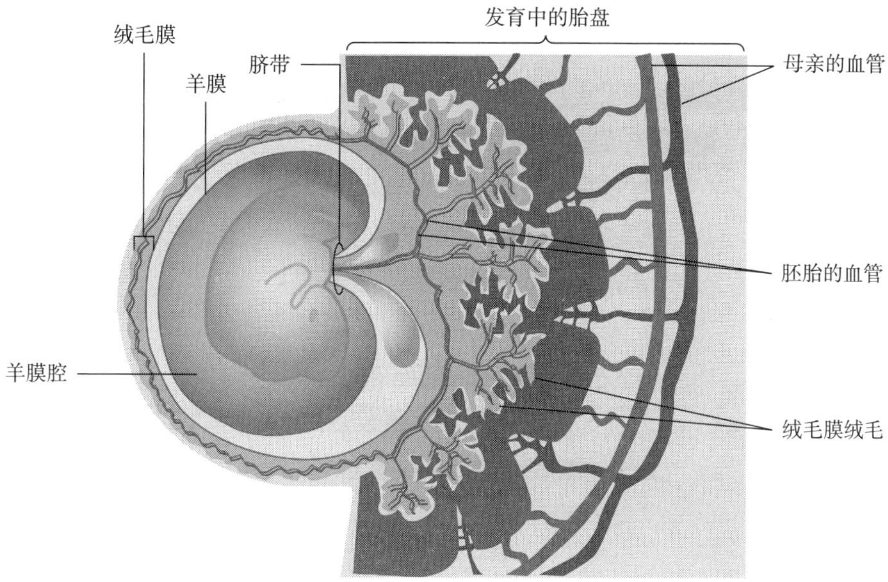

图 3–9
胚胎发育（妊娠期约第 6 周）。整个发育过程中，胚胎都被包裹在可扩张的羊膜腔中，里面的羊水能够缓冲外部震动对胎儿发育的影响。脐带中的胚胎血管将血液输入或输出胚胎。胎盘内层的绒毛膜绒毛将代谢废物从胚胎血液中输出，并将养料和氧气输送到胚胎血管中，这些绒毛可以阻止母体和胚胎的血液混合到一起。

会产生多种维持妊娠的激素，为母亲的乳腺分泌乳汁做好准备，并最终刺激宫缩将胎儿排出母体。

胚胎期（第 2~8 周） 胚胎期是怀孕的第二个阶段，持续时间是从第 2 周到第 8 周。在这一阶段，各种器官以及身体的一些主要系统——呼吸系统、消化系统和神经系统——迅速发展。该阶段是机体发育的关键期（参见第 1 章），因为这一时期的胎儿最为脆弱，对母体致畸因素的易感性最强（见图 3-10）。如果发育中的某一有机系统或组织在这一时期受到干扰可能会造成严重缺陷，相对来说，怀孕后期不会出现太严重的缺陷。

有严重缺陷的胚胎通常存活不过妊娠期的头三个月。**自发性流产**（spontaneous abortion），俗称*流产*，通常是指无法在子宫外存活的胚胎或胎儿通过阴道被排出体外。大约 50% 的妊娠最终会流产，其中仅有 15% 的流产发生在已确认怀孕的人群中，而绝大多数自发性流产发生时，孕妇都不知道自己已经怀孕（American College of Obsetricians and Gynecologists, 2001; Wilcox et al., 1988）。大部分流产是由异常怀孕引起的，主要涉及染色体异常（Hogge, 2003）。吸烟、饮酒和药物滥用也会增加流产的风险（American College of Obsetricians and Gynecologists, 2000a）。

男性胎儿比女性胎儿出现自发性流产或死胎（出生时死亡）的可能性更大。虽然 Y 染色体比 X 染色体要小，但携带 Y 染色体的精子更有活力，从而增加怀男孩的几率，怀男孩和怀女孩的比率大约是 125:100，但是男孩和女孩的实际出生比率是 105:100。出生后，男婴比女婴更脆弱，更容易在生命早期夭折，并且在各个年龄段，男性都比女性更易患各种疾病。因此，美国男性与女性的比例是 96：100（Martin,

学习检查站
你能否……

- ✓ 阐述生理发展的两大原则，并用此来举例说明胎儿期的发展？
- ✓ 阐述受精卵如何发育为胚胎，并解释为什么先天缺陷和流产通常发生在胚胎期？

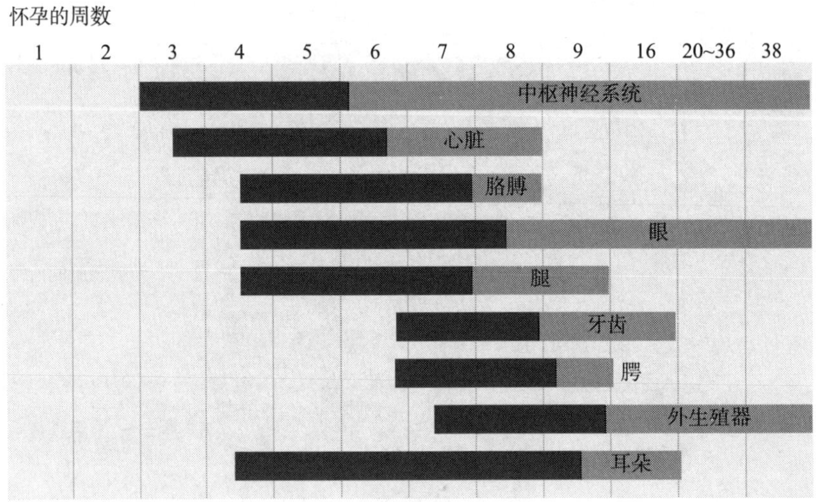

图 3–10
出生缺陷的发生时间。妊娠期最初三个月是胎儿身体相关部位和器官发育最迅速的关键期（黑色阴影区域），也是最易受到损害的时期。

资料来源：J. E. Brody, 1995; data from March of Dimes.
注：时间间隔并不均等。

Hamilton et al., 2002; USDHHS，1996a）。

胎儿期（第 8 周到出生） 大约在第 8 周，胚胎中骨细胞的出现标志着进入妊娠期的最后阶段——**胎儿期**（fetal stage）。在这一阶段，胎儿经历一个迅速生长期：身体长度大约是前一阶段的 20 倍，同时，各种器官和身体系统也变得更加复杂。直到快出生时，手指甲、脚趾甲和眼睑等才得以最终发育完全。

胎儿在子宫内并不是被动的。他们会呼吸、踢腿、转动、蜷缩、翻身、瞥视、吞咽、握拳、打嗝以及吮吸大拇指。富有弹性的子宫壁膜和充满羊水的羊膜腔膜会起保护和缓冲作用。

科学家可以采用**超声波**（ultrasound）观测胎儿，这是一种用高频声波探测胎儿外形和活动的技术手段。还有一些仪器可以监控胎儿的心率、活动水平的变化、睡眠与觉醒的状态以及心脏反应。一项研究监测了妊娠期内的胎儿从 20 周直到他们足月出生的发育情况（妊娠期的终结）。研究发现，胎儿的心率越来越慢，且越来越不稳定。这很有可能反映了母亲怀孕压力的增加对胎儿产生了影响，也说明心脏对刺激的反应要大于其他器官。研究还发现，胎儿的活动更少了，但活动强度增加了。这可能是因为随着胎儿的不断生长，活动空间更加狭窄从而增加了胎儿活动的难度，也可能是由胎儿的神经系统逐渐成熟导致的（DiPietro, Hodgson, Costigan, Hilton, & Johnson, 1996）。

从第 28 周到第 32 周，胎儿各方面的发育都会经历一次明显的“飞跃”，这或许可以解释为什么这一时期的早产儿比前一阶段出生的早产儿存活率更高，而且更可能健康成长（DiPietro et al., 1996）。通过观察两种不同文化（美国巴尔迪摩和秘鲁利马）中的“飞跃”发展现象，研究者发现，不同文化中的胎儿在神经发育的许多方面存在普遍性，但是发育进程存在明显的文化差异。利马胎儿的发育落后于巴尔

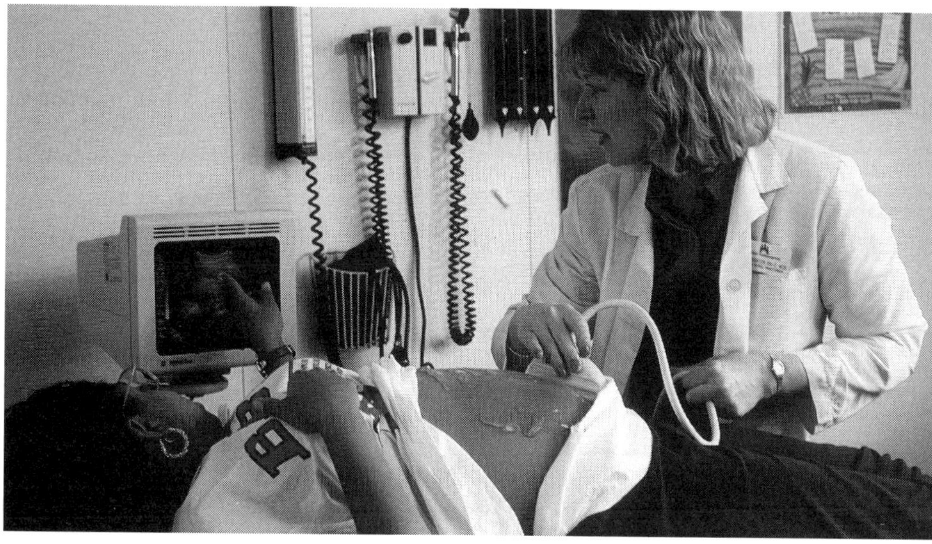

超声波。图中的孕妇正在进行超声波检查，这一诊断技术可以呈现胎儿在子宫中的即时图像。用高频声波探测母亲的腹部，从而观察到胎儿的外形和活动。超声波技术广泛应用于监测胎儿发育和任何可能的异常。

迪摩胎儿的发育。这种差异可能与母体的营养状况有关（DiPietro et al., 2004）。

胎儿的运动和活动水平具有明显的个体差异，而且心跳的规律和速度也不一样。这一时期，男性胎儿比女性胎儿更加活跃，活动强度也更高。这一倾向在一定程度上是先天固有的（DiPietro et al., 1996）。

大约从第 12 周开始，胎儿会吞咽羊水。羊水中包含从母体血液循环系统进入胎儿血液循环系统的物质。这些物质可能会刺激胎儿正在萌生的味觉和嗅觉，还可以促进其呼吸和消化系统的发育（Mennella & Beauchamp, 1996a; Ronca & Alberts, 1995; Smotherman & Robinson, 1995, 1996）。成熟的味觉细胞大约出现在妊娠期的第 14 周。嗅觉系统也是在出生前就已发育良好（Bartoshuk & Beauchamp, 1994; Mennella & Beauchamp, 1996a）。

胎儿会对母亲的声音、心跳和身体的震动做出反应，这表示他们已经形成听觉和触觉。对声音和震动的反应性始于妊娠期的第 26 周，之后反应水平不断提高，并且在 32 周左右达到稳定状态（Kisilevsky, Muir, & Low, 1992）。

胎儿能够进行学习和记忆。在一项实验中，向刚出生三天的婴儿分别播放三段录音，其中一段录音是母亲在妊娠期的最后六周里给他们朗读过的故事，同时分别呈现相对应的奶嘴，结果发现，他们会更多地吮吸与母亲曾朗读过的故事同时出现的那个奶嘴。显然，这些婴儿能够识别出他们曾在子宫里听过的声音模式。在控制组，由于孕妇没有在胎儿出生前朗读故事，所以这些胎儿对三段录音做出的反应不存在差异（DeCasper & Fifer, 1980; Decasper & Spence, 1986; Fifer & Moon, 1995; Lecanuet, Granier-Deferre, & Busnel, 1995; Moon, Cooper, & Fifer, 1993）。类似的实验发现，出生 2~4 天的新生儿更偏爱出生前听过的音乐和演讲。与其他女性的声音相比，他们更偏爱母亲的声音；与男性的声音相比，他们更偏爱女性的声音；与母亲讲其他语言的声音相比，他们更偏爱母亲说母语的声音。

我们如何确定这些偏好在胎儿出生前就已经产生了？当 60 个胎儿听到一位女性的朗读声音时，如果这个声音是妈妈的，那么他们的心率会加快，如果是陌生人的声音，他们的心率则会降低（Kisilevsky et al., 2003）。在另一项研究中，新生儿要选择吮吸两个奶嘴，一个伴随着母亲的真实录音出现，另一个伴随着母亲"处理后"的录音出现，处理后的声音听起来就像是他们在子宫里听到的那样。这些新生儿更多地吸吮那个伴随着"处理后"声音出现的奶嘴，这表明胎儿对出生前听过的声音产生了偏好（Fifer & Moon, 1995; Moon & Fifer, 1990）。

学习检查站
你能否……
- ✓ 列举胎儿期发生的各种变化？
- ✓ 描述关于胎儿活动、感官发展及记忆的研究发现？

环境的影响：母亲的因素

学习指路标
7. 哪些环境因素会影响胎儿发育？

由于胎儿的产前环境就是母亲的身体，因而，能影响母亲健康的因素都可能改变胎儿的生长环境，进而影响其成长。在过去的三四十年中，母婴死亡率不断下降，母亲和胎儿之间的依恋也逐渐增强。科技的发展让母亲在怀孕早期就能够看到胎儿的影像，这会促使她们去尝试有利于胎儿的行为，如合理膳食、戒酒和不乱服药（Salisbury, Law, LaGasse, & Lester, 2003）。

环境中的风险因素对所有儿童并非都具有相同的危险性。某些因素可能会导致一些婴儿**畸形**（teratogenic，出生时身体缺陷），而对其他婴儿的影响却很小，甚至根本没有影响。接触风险因素的时机、数量、持续时间及与其他致畸因素的交互作用都可能导致这种差异，有时，易感性取决于胎儿或母亲的基因。例如，有一种特殊的生长基因，即转化生长因子 α。如果胎儿携带这种基因，且母亲在妊娠期又吸烟，那么，他们会比其他胎儿患唇腭裂的几率高 6 倍（Hwang et al., 1995）。

营养和母亲的体重　通常，孕妇每天比常人多需 300~500 卡的热量和更多的蛋白质。如果孕妇的体重比之前体重增加了 23 斤以上，那么她生出体重过轻婴儿的可能性就较小。理想的体重增加依赖于个体因素，比如怀孕前的体重和身高（Martin, Hamilton et al., 2002）。

胎儿期母亲营养不良会造成广泛的负面影响。在非洲西部冈比亚的农村，由于庄稼欠收经常出现"饥荒"季，与出生在其他时候的人相比，"饥荒"季出生的人死于成年早期的可能性增加了 10 倍（Moore et al., 1997）。荷兰曾对那些母亲在怀孕时经历了战时饥荒的新兵进行精神病学检测，结果发现，在妊娠期前六个月，孕妇发生严重营养不良会影响胎儿的脑发育，这会增加胎儿 18 岁后出现反社会人格障碍的风险（Neugebauer, Hoek, & Susser, 1999）。前面我们已提及过，有研究发现，胎儿期出现营养不良与精神分裂症相关（Wahlbeck et al., 2001）。

在墨西哥进行的一项大规模研究考察了 347 个社区的低收入家庭，结果发现，如果母亲在妊娠期和哺乳期的营养丰富，那么，婴儿会长得更快，更少患贫血一类的疾病（Rivera, Sotres-Alvarez, Habicht, Shamah, & Villalpando, 2004）。但是，如果某些特定的维生素（包括维生素 A、B_6、C、D 和 K）过量，反而会对胎儿产生有害影响。如果孕妇在妊娠期最后三个月出现碘缺乏症，就会导致婴儿患呆小症，这种疾病会导致婴儿出现严重的神经异常或甲状腺问题。

近几年，我们才认识到在孕妇膳食中，叶酸（一种维生素 B）具有至关重要的作用。科学家早已发现，中国无脑儿和脊柱裂婴儿的出生率在全世界是较高的，但直到 20 世纪 80 年代，研究者才发现这一事实与婴儿受孕时机有关。中国的夫妻通常在每年的一月或二月结婚，并且计划尽快怀孕生子。这就意味着中国孕妇的妊娠期通常始于冬天，在冬季，农村妇女很少吃到新鲜的水果和蔬菜，而这些恰好是叶酸的重要来源。

在医学确定了缺乏叶酸是无脑儿和脊柱裂婴儿产生的重要原因以后，中国制定了许多计划来帮助准妈妈们补充叶酸，最终大大降低了这些疾病的流行范围（Berry et al., 1999）。从 1998 年起，美国强制规定谷类产品必须添加叶酸，因此，相关疾病的发生率下降了 19%（Honein, Paulozzi, Mathews, Erickson, & Wong, 2001）。由于在怀孕的最初几周，孕妇缺少叶酸会对胎儿造成严重影响，因此，适孕年龄的女性在怀孕之前就需补充叶酸，也可以通过食用大量的新鲜蔬菜和水果来摄取这种维生素（AAP Committee on Genetics, 1999; Mills & England, 2001）。此外，在怀孕前一年，母亲吃越多的水果、蔬菜和富含蛋白质的食物，孩子患白血病的风险就越低，白血病是美国儿童最常见的疾病之一（Jensen et al., 2004）。

身体活动和工作压力 对于健康孕妇来说，适度锻炼不会对胎儿造成危害（Committee on Obstetric Practice, 2002; Riemann & Kanstrup Hansen, 2000）。孕妇有规律的锻炼能够防止便秘，增强呼吸功能、循环功能、肌肉张力和皮肤弹性，这些都有助于孕期胎儿的舒适性和最后顺产（Committee on Obstetric Practice, 2002）。通常在妊娠期，孕妇的工作不能涉及危险的因素，因为高早产风险与紧张的工作氛围、职业疲劳以及长时间的工作压力有关系（Luke et al., 1995）。

美国妇产科学院（1994 年）指出，低风险孕妇进行体育锻炼要量力而行。若想维持母婴健康和顺产优生，孕妇需要进行适度的锻炼，但不能剧烈运动，尤其不能让自己的心率超过 150。在每次运动结束时，应该慢慢放缓节奏，不应该突然停止。

适度锻炼让孕妇感觉更舒适，分娩更快、更安全。对于锻炼的运动量，低风险孕妇要量力而行。

药物摄入 准妈妈摄入的所有物质都会通过一定途径进入子宫。药物就像氧气、二氧化碳和水一样，能够穿过胎盘对胎儿产生影响。妊娠期的最初几个月是胎儿发育最迅速的时期，也是最容易受影响的时期。

在搞清妊娠期用药会对胎儿造成哪些影响之前，我们先来看看药物的影响；然后考察酒精、尼古丁和咖啡因的负作用；最后，再关注一些违禁药品的影响，如大麻、鸦片和可卡因。

我思我秀

- 反应停能有效治疗许多疾病，例如口腔溃疡、脑癌等。但后来发现，它是出生缺陷的致畸因素，从而被禁。虽然该药物对于孕妇来说具有风险，但是否应该禁止其用于治疗？如果可以使用，应该采取哪些安全措施？

药 物 20 世纪 60 年代早期，一种名为撒利多胺（反应停）的镇定剂被禁止使用，因为，人们发现这种药物导致了大约 12 000 名婴儿出现四肢发育畸形或残缺、严重的面部畸形及器官缺陷等问题。在现代医学史上，撒利多胺镇定剂造成的这一巨大灾难，让医学专家和普通大众对妊娠期用药的潜在风险持更加谨慎的态度。现在，近 30 种药物已被证明，即使是临床推荐剂量也会导致胎儿畸形，其中包括四环系抗菌素、巴比妥酸盐*、鸦片类制剂以及其他一些中枢神经系统镇静剂，己烯雌酚和含有雄性激素的一些激素，甲氨喋呤等一些抗肿瘤药，用于治疗严重的粉刺痤疮的异维甲酸、阿司匹林和其他一些非甾体抗炎药。在妊娠期的最后三个月应该避免使用这些抗炎药（Koren, Pastuszak, & Ito, 1998）。对来自不同地区的八个健康维护组织所提供的数据进行分析发现，约 40% 的妇女在妊娠期所接受的药物治疗没有建立在确保胎儿安全的基础上。此外，还有 10% 的孕妇使用了已确认对胎儿具有明显不良影响的药物（Andrade et al., 2004）。

如果孕妇在妊娠期服用了百忧解之类的抗抑郁药物，胎儿就会表现出颤抖、嗜睡、行走步态异常和易惊醒等症状，这些都是其神经行为活动受到干扰的表现（Zeskind & Stephens, 2004）。一些用于控制严重精神障碍的安定药会对胎儿产生严重的负面影响，他们出生后可能表现出戒断症状。因此，专家建议随着预产期的临近，服用这类药物的孕妇逐渐减少并最终停止使用。如果必须服药，应该把剂量尽量控制在最低水平（美国儿科学会药物委员会，2000）。美国儿科学会药物委员会（1994 年）建议，孕妇或正在进行母乳喂养的女性不要使用任何药物，除非这些药对于她们以及孩子来说是必要的。在没有医生指导的情况下，孕妇不应该擅自服用非处方药（Koren et al., 1998）。

酒精 在美国，每 1000 名新生儿中就有 5 名婴儿像亚伯·多里斯那样，患有**胎儿酒精综合症**（FAS）。患者会表现出一系列症状，如发育迟缓、面部和肢体畸形以及中枢神经系统疾病等。目前，这种症状的影响范围在不断扩大。中枢神经系统存在的这种相关缺陷，在婴幼儿期表现为对刺激的反应性更小，反应时更长；在童年期表现为注意广度不足、注意力分散、坐立不安、多动、学习障碍、记忆缺陷以及情绪障碍等（Sokol, Delaney-Black, & Nordstrom, 2003）。

据估计，在新生儿中，胎儿酒精综合症和其他与酒精有关的轻度疾病（此类疾病都属于*胎儿酒精谱系障碍*，FASD）的发病率约为 1%。在美国，胎儿出生前受到酒精影响是导致其心理发育迟滞最常见的原因，同时也是造成先天缺陷的一种主要可控因素（Sokol et al., 2003）。而且，它也是人们在成年早期出现嗜酒问题的一种风险因素（Baer, Sampson, Barr, Connor, & Streissguth, 2003）。然而，在美国约有 10%

---

* 译者注：早期安眠药的主要成分。

的孕妇报告曾在妊娠期饮酒，其中 2% 的孕妇有酗酒或频繁饮酒行为。在达到适孕年龄且没有采取避孕措施的妇女中，超过一半的人报告存在饮酒行为（Tsai & Floyd, 2004）。

即使是社交性的少量饮酒也会对胎儿造成危害（Sokol et al., 2003）。而且，随着母亲饮酒量的增多，对胎儿的危害程度也会越严重。在妊娠期，孕妇中度或重度饮酒可能会破坏胎儿的神经功能，从而进一步影响母婴早期的社会互动，母婴的早期互动对婴儿的情绪发展极其重要（Nugent, Lester, Greene, Wieczorek-Deering, & Mahony, 1996）。一项纵向研究从某城市大学的医院妇产科收集了 501 名女性的信息，结果发现，如果母亲在妊娠期少量饮酒，她们的孩子通常会在六七岁时表现出攻击性。中度或重度饮酒的孕妇所生的孩子是问题儿童或者犯罪儿童的可能性更大（Sood et al., 2001）。由于无法确定妊娠期的安全饮酒量，因此，女性从考虑要孩子那一刻开始，直到婴儿断奶前最好都不要饮酒（AAP Committee on Substance Abuse and Committee on Children with Disabilities, 1993; Sokol et al., 2003）。

由于母亲妊娠期饮酒，这个四岁的儿童一出生就患有胎儿酒精综合症。

胎儿酒精综合症造成的某些问题在胎儿出生后会逐渐消失，但有的问题会一直持续，比如行为问题、学习问题及多动症。就像亚伯・多里斯的经历一样，即使改善这些儿童的活动环境并加强对他们的教育，也不能促进他们的认知发展（Kerns, Don, Mateer, & Streissguth, 1997; Spohr, Willms, & Steinhausen, 1993; Streissguth et al., 1991; Stromland & Hellstrom, 1996）。如果可以尽早确诊并且提供稳定舒适的环境，那么，他们产生行为或心理健康问题的可能性就会减少（Streissguth et al., 2004）。

尼古丁 吸烟的孕妇生下低体重婴儿（出生时体重低于约 2.4 千克）的概率是不吸烟孕妇的 1.5 倍。即使孕妇每天的吸烟量较少（每天少于 5 支香烟），也与生出低体重婴儿的高风险有关（Martin et al., 2002; Shankaran et al., 2004; Ventura, Hamilton, Mathews, & Chandra, 2003）。在发达国家，已确认孕妇吸烟是造成婴儿出生体重过低的最重要的因素（DiFranza, Aligne, & Weitzman, 2004）。从 1989 年起，美国吸烟孕妇的比例逐渐下降。2003 年的报告显示，吸烟孕妇的比例为 11%（Martin et al., 2005）。

孕妇在妊娠期吸烟，还会增加胎儿流产、发育迟缓、死胎、头围过小、婴儿夭折、幼儿早期疝气以及长期的呼吸道疾病、神经疾病、认知和行为问题方面的风险（American Academy of Pediatrics Committee on Substance Abuse, 2001; DiFranza et al., 2004; Martin et al., 2002; Shankaran et al., 2004; Sondergaard, Henriksen, Obel, & Wisborg, 2001）。对烟龄为 10 年以上、每天至少吸 10 支香烟，并且在妊娠期未戒烟的孕妇进行羊水检查，发现胎儿羊水细胞存在染色体不稳定和染色体异常等问题；

检查不吸烟孕妇的羊水，则未发现这种现象（de la Chica, Ribas, Giraldo, Egozcue, & Fuster, 2005）。

在另一项对照研究中，与不吸烟的孕妇相比，吸烟孕妇（没有使用任何药物且每月喝酒次数不超过 3 次）所生的孩子表现出更加明显的神经毒性（如过度兴奋和应激）（Law et al., 2003）。如果婴儿在出生前曾吸过二手烟，并且在出生后最初两年家庭的社会经济条件困难，如住房条件不达标、营养不良以及缺衣少食等，那么，二手烟对其认知发展的影响会更加严重（Rauh et al., 2004）。

妊娠期吸烟的女性通常会在产后继续吸烟。而产前吸烟和产后吸烟对后代产生的影响是不同的（DiFranza et al., 2004）。一项研究将 500 名刚出生 48 小时的新生儿安排到无烟的妇产科病房，即这些新生儿出生后没有接触过香烟，从而将吸烟对胎儿的产前影响和产后影响进行了分离。结果发现，与那些母亲不吸烟的新生儿相比，母亲妊娠期吸烟的新生儿的体重更轻、身长更短、呼吸功能也更差（Stick, Burton, Gurrin, Sly, & LeSouëf, 1996）。

妊娠期吸烟对学龄期儿童产生的影响与妊娠期饮酒的影响相似：此类儿童会出现注意广度差、多动、焦虑、学习和行为问题、感知运动和语言问题、低智商、年级排名差以及神经性问题等（Landesman-Dwyer & Emanuel, 1979; Milberger, Biederman, Faraone, Chen, & Jones, 1996; Naeye & Peter, 1984; Olds Henderson, & Tatelbaum, 1994a, 1994b; Streissguth et al., 1984; Thapar et al., 2003; Wakschlag et al., 1997; Weitzman, Gortmaker, & Sobol, 1992; Wright et al., 1983）。一项纵向研究对一批参与者进行了为期 10 年的追踪，参与者的母亲都报告在妊娠期曾频繁吸烟。结果发现，与那些母亲在妊娠期没有吸烟的同龄人相比，对于男孩来说，他们在青少年期之前就出现行为障碍的风险高 4 倍；对于女孩来说，她们在青少年期产生药物依赖的风险高 5 倍（Weissman, Warner, Wickramaratne, & Kandel, 1999）。

咖啡因 孕妇从咖啡、茶、可乐或巧克力中摄取的咖啡因会对胎儿造成影响吗？通常这些物质是不会产生影响的（Leviton & Cowan, 2002）。显然，咖啡因不是一个致畸因素（Christian & Brent, 2001; Hinds, West, Knight, & Harland, 1996）。一项对照研究考察了 1 205 位母亲及其新生儿，结果发现，参与者报告的咖啡因使用情况与婴儿的低出生体重、早产或发育迟缓等无关（Santos, Victora, Huttly, & Carvalhal, 1998）。然而，如果孕妇在妊娠期每天饮用四杯以上的咖啡，那么，其后代在幼儿期的猝死风险将明显提高（Ford et al., 1998）。对使用咖啡因和自然流产之间关系进行研究，得出的结果并不一致（Cnattingius et al., 2000; Dlugosz et al., 1996; Infante-Rivard, Fernández, Gauthier, David, & Rivard, 1993; Klebanoff, Levine, DerSimonian, Clemens, & Wilkins, 1999; Mills et al., 1993; Signorello et al., 2001）。

大麻和可卡因 关于孕妇使用大麻的研究较少（Fried & Smith, 2001），并且得出的结果也不一致（Dreher, Nugent, & Hudgins, 1994）。通常，研究者将这些不一致归结于其他因素的影响，比如自我报告法的信度或参与者在使用大麻的同时还在使用其他物质（Fried & Smith, 2001）。但有些研究表明，大量使用大麻会造成婴儿出生后存在先天缺陷、出生体重低、类似戒断的症状（如过度哭泣和颤抖）等问题，同时，还可能增加出现注意障碍和学习问题的风险（Fried, Watkinson, & Willan, 1984; March of Dimes Birth Defects Foundation, 2004b）。在两项纵向研究中，一项研究的研究对象主要来自低风险、中产阶级的美国白人家庭，另一项研究的研究对象主要来自高风险、低社会经济地位的美国非裔家庭。研究发现，妊娠期使用大麻与婴儿的注意受损、易冲动以及三岁后的视觉或感知觉技能存在困难等问题相关。这表明大麻可能会影响大脑额叶的功能（Fried & Smith, 2001）。另一项研究对 34 名新生儿的脐带血样本进行分析，研究发现，如果孕妇吸食大麻（没有吸烟或使用鸦片和可卡因），其孩子发生细胞癌变的几率更大（Ammenheuser, Berenson, Babiak, Singleton, & Whorton, 1998）。

妊娠期使用可卡因会导致胎儿自然流产、生长迟缓、早产、出生体重低、头围小、出生缺陷以及神经发育受损等问题（Bunikowski et al., 1998; Chiriboga, Brust, Bateman, & Hauser, 1999; Macmillan et al., 2001; March of Dimes Birth Defects Foundation, 2004a; Scher, Richardson, & Day, 2000; Shankaran et al., 2004）。一些研究发现，受到可卡因影响的新生儿表现出强烈的戒断症状和睡眠障碍（O'Brien & Jeffery, 2002; Wagner, Katikaneni, Cox, & Ryan, 1998）。"可卡婴"问题受到了人们的特别关注，美国一些州甚至专门立法，禁止准妈妈吸食可卡因（参见专栏 3-2）。

最近有研究发现，婴儿出现生理、运动、认知、情绪以及行为障碍与他们出生前是否受可卡因影响没有特定联系，并且其他风险因素也难以解释这些障碍，比如出生体重低、接触烟草、酒精、大麻或生活环境恶劣（Frank, Augustyn, Knight, Pell, & Zuckerman, 2001; Messinger et al., 2004; Singer et al., 2004）。一项研究发现，与那些出生前在母体内接触过可卡因、且出生后被亲身母亲抛弃的两岁儿童相比，那些同样在出生前接触过可卡因、但仍和生母一起生活的同龄儿童拥有更好的家庭环境，其发展测验的得分也更高（Brown, Bakeman, Coles, Platzman, & Lynch, 2004）。

学习检查站

你能否……

- ✓ 总结关于孕妇的饮食和身体活动的建议？
- ✓ 陈述孕妇使用药物、酒精、烟草、咖啡因、大麻、镇定剂及可卡因对胎儿发展造成的短期和长期影响？

艾滋病 **获得性免疫缺陷综合征**（acquired immune deficiency syndrome，AIDS）是由人类免疫缺陷病毒（HIV）造成的一种疾病。HIV 可以破坏人类的免疫系统功能。如果准妈妈的血液中含有这种病毒，那么，它会通过胎盘进入婴儿的血液中。胎儿出生后，HIV 也能够通过母乳喂养传染给婴儿。每年，全世界范围内大约有 60 万儿童感染艾滋病，其中绝大部分是通过母婴传播的（UNAIDS, 2000）。感染 HIV 的孕妇生下的孩子通常头围较小，并且神经发育迟缓（Macmillan et al., 2001）。

从 1994 年起，美国新生儿感染艾滋病的比例逐年下降，这主要得益于对孕妇及新生儿进行的例行检测和治疗（NCHS, 2004），以及预防、检查和治疗婴幼儿感染艾滋病的医学技术得到了极大提高。例如，在产前使用叠氮胸苷（以前被称为"齐多

专栏3-2

知识拓展

胎儿的福利与母亲的权力

南卡罗来纳州的一所医院对使用疑似非法药物的孕妇进行尿检，并将结果呈报警方。最终，警察逮捕了10名女性，其中有的甚至刚刚生完孩子。她们抗议，尿液检测涉及未取得她们同意就进行的非法检测内容（Greenhouse, 2000a）。2001年3月，美国最高法院废除了医院的药物检测政策（Harris & Paltrow, 2003）。

在南卡罗来纳州的另一个案例中，一位年轻的孕妇由于胎死腹中而被指控谋杀，因为尸检发现胎儿体内存在可卡因。该女子被判入狱12年。南卡罗来纳州最高法院支持这一判决，美国最高法院也驳回该女子的上诉请求（Drug Policy Alliance, 2004）。

这些案例的争端在于保护胎儿安全和确保母亲隐私权或自主权之间的冲突。美国法律要求，孕妇所从事的活动必须确保胎儿健康，如果违犯，则可以拘留或惩罚孕妇，这看似合理。但是，母亲也有个人自由，难道为了保护一个未出生的生命，就要牺牲母亲的公民权利吗？

类似的问题包括人工流产选择权问题，目前，对此仍存在争论，无法达成一致。但是，上面提及的例子引发我们从另一个角度思考这些问题。如果一位孕妇一直持续做出会对胎儿造成伤害的行为、并拒绝流产坚持将孩子生下来，或者她拒绝接受医生建议，不做会对胎儿有益的检测或治疗，那么社会能够或应该做些什么呢？

摄入有害物质　女性是否有权故意摄入酒精或者其他会对胎儿造成永久损伤的有害物质呢？从胎儿角度出发的支持者认为，即使对其他成年人来说可能是合法的行为，但对孕妇来说应该是违法的。还有一些专家则认为，监禁滥用药物的孕妇并不奏效，甚至会适得其反。他们认为，存在饮酒和吸毒问题的准妈妈需要教育和治疗，而不是起诉她们（Drug Policy Alliance, 2004; Marwick, 1997, 1998）。

从1985年起，来自美国35个州的240名女性因为在妊娠期内非法用药和饮酒而被起诉。虽然，目前没有哪个州的立法机构明确规定此类行为是非法行为（Harris & Paltrow, 2003; Nelson & Marshall, 1998），但这些女性都是因危害或虐待儿童、向未成年人提供非法药物、谋杀或者过失杀人这类宽泛的罪名被起诉。除南卡罗来纳州以外，其他所有州的法院都不同意扩充现有的法律以维护胎儿权力。只有在南卡罗来纳州将妊娠期吸毒定为犯罪行为（Harris & Paltrow, 2003）。

具有侵犯性的医学措施　2004年1月，盐湖城的梅丽莎·安·罗兰德被控谋杀自己刚出生的双胞胎中的一个婴儿而被起诉。罗兰德在分娩过程中拒绝了医生提出进行剖腹产手术的紧急建议，最后导致双胞胎的其中一个不幸夭折。在她的体内检测出可卡因和酒精，出生后幸

夫定”或简称为AZT）和其他的抗逆转录病毒药物可大大减少HIV病毒的传染风险（Peter et al., 2003; Watts, 2002）。从1992年到1997年，在美国，叠氮胸苷用于治疗艾滋病已十分普及，通过母婴感染艾滋病的婴儿人数下降了2/3。可见，及时的药物治疗可以阻断艾滋病的母婴传播途径（Lindegren et al., 1999）。剖腹产分娩可以避免阴道分娩中的胎膜破裂以及外阴侧切导致婴儿接触母亲血液的机会，从而有效降低母婴间感染的风险，尤其是对于那些没有接受抗逆转录病毒治疗的女性来说更是如此。另外，对于已感染者而言，建议使用其他方式替代母乳喂养（Watts, 2002）。

母亲的其他疾病　准父母双方都应该预防传染病，如伤风、流感、尿道或阴道感染、接触性传播的疾病。如果孕妇感染了某种病毒，应快速接受治疗。孕妇还应该进行甲状腺缺陷筛查，因为这种疾病会影响孩子将来的认知功能（Haddow et al., 1999）。

如果孕妇在妊娠早期感染了风疹，很可能引起婴儿出现失聪和心脏缺陷等问题。20世纪60年代，研究者成功研制出风疹疫苗，这使得欧洲和美国的女性妊娠期感染

知识拓展

存下来的女婴被人领养。罗兰德曾经有过心理健康问题、并同意接受药物治疗，她也承认自己犯罪，最终她以危害儿童罪从轻判处，缓期 18 个月执行（Associated Press, 2004b; Johnson, 2004）。

一些医疗措施会对产妇造成伤害，例如手术分娩或者子宫内胎儿输血等。当医生告诉产妇这些措施对产儿健康非常重要时，产妇就应该被迫服从并接受这种侵犯性的措施吗？抵制现代医疗护理的产妇应该被拘押吗？那些倡导应该尊重未出世孩子权力的人会认同这些观点，但支持女性权利的人却认为，这种举措反映出人们只将女性视为生育工具，而并非拥有自己权利的个体（Greenhouse, 2000b）。另外，对孕妇进行强制性的医疗措施可能导致产生不良的医患关系。如果不遵循医嘱会带来强制手术、监禁或犯罪指控，那么产妇可能会拒绝就医，从而剥夺了胎儿所必需的产前检查（Nelson & Marshall, 1998）。

法院坚信“无论是胎儿权利还是国家利益都不能取代母亲作为医疗最终决定者的权利”（Harris & Paltrow, 2003, p.1698）。但是，2004 年 3 月，美国国会针对一起孕妇杀害自己未出生儿子的臭名昭著的谋杀案做出回应，将伤害或杀害未出生胎儿的行为定为犯罪（Reuters, 2004b）。如果这条法律没有被法院驳回，那么，这将是美国联邦法律史上第一次明确规定胎儿的生命权独立于母亲权利的规定，并会在涉及胎儿福利和母亲权利相冲突的案件中产生影响。

我思我秀

- 社会为保护未出生胎儿的权利，对服用有害物质或者拒绝接受治疗的孕妇采取强制性措施合法吗？
- 那些拒绝戒酒或接受治疗的孕妇应该被一直监禁，直到她们分娩吗？如果一个母亲总是生出患胎儿酒精综合症的孩子，那么她是否应该被强制绝育？
- 造酒公司在产品上没有明确标识“孕妇忌用”的警告，这些公司是否也要受到处罚？
- 对于吸烟、吸食可卡因或其他潜在有害物质，你的态度也一样吗？

课外链接

若想获得更多关于本话题的信息，请登录 http://www.nofas.org。你可以找到更多有关胎儿酒精综合症和胎儿酒精效应的信息，其中包括美国统计数据和联系方式。此外，还有时事报道、支持性团体、视频资料和信息包等资源。

风疹的儿率明显下降。目前，婴幼儿会普遍接种风疹疫苗。然而，在某些尚未普及疫苗接种的发展中国家，风疹仍然是一种非常棘手的疾病（Plotkin, Katz, & Cordero, 1999）。

如果患糖尿病的孕妇在妊娠期后六个月的代谢调节得不到严格控制，可能会对胎儿的神经发展和认知能力产生长期影响（Rizzo, Metzger, Dooley, & Cho, 1997）。对孕妇进行糖尿病筛查，并精心控制患糖尿病孕妇的饮食，这会有效降低风险（Kjos & Buchanan, 1999）。糖尿病患者在怀孕之前的三个月和怀孕最初的三个月补充多种维生素，可以降低孩子出现先天缺陷的风险（Correa, Botto, Lin, Mulinare, & Erickson, 2003）。

一种叫作*弓形虫病*的传染病，是由牛、羊、猪体内或猫的肠道内的一种寄生虫引起的疾病。这种疾病通常不会表现出明显的症状，或者表现出与普通感冒相似的症状。然而，对于孕妇，尤其是在妊娠期最后六个月的孕妇来说，这种传染病会导致胎儿出现脑损伤、视力损伤甚至失明、癫痫、流产、死胎以及婴儿夭折等问题。感染弓形虫病的孕妇所生的孩子，在出生时 90% 可能表现得很正常，但是其中一半以上的儿童会在日后表现出诸如眼疾、失聪或学习障碍等问题。为防止感染，准妈妈应该避免食用生的或未完全煮熟的肉，在触碰生肉之后之即洗手并清洗放置生肉的工具，彻底清洗瓜果蔬菜或者削皮后食用，不接触猫及其粪便。对于养猫的孕妇来说，应该对猫筛查该疾病，不要给猫喂食生肉，最好让其他人打扫猫砂盆（March of Dimes, 2002），或者自己戴上手套打扫（Kravetz & Federman, 2002）。

母亲的压力 雌性动物在妊娠期的压力会增加后代出现各种精神障碍的风险（Dingfelder, 2004; Huizink, Mulder, & Buitelaar, 2004），针对人类进行的有限研究中也得出了类似的结论（Gitau, Cameron, Fisk, & Glover, 1998; Sjostrom, Valentin, Thelin, & Marsal, 1997）。一项研究发现，如果女性的配偶或孩子死亡，或因患有癌症或心脏病而住院，那么她们更可能生出畸形的后代，如唇腭裂和心脏畸形等（Hansen, Lou, & Olsen, 2000）。

一项发展性评估发现，妊娠期孕妇自我报告的焦虑水平与孩子 8 个月时的注意障碍有关（Huizink, Robles de Medina, Mulder, Visser, & Buitelaar, 2002），还与学龄前儿童的消极情绪和行为障碍有关（Martin, Noyes, Wisenbaker, & Huttunen, 2000; O'Connor, Heron, Golding, Beveridge, & Glover, 2002）。其他研究发现，准妈妈的压力知觉与子女的活动水平相关（DiPietro, Hilton, Hawkins, Costigan, & Pressman, 2002），母亲的压力与胎儿运动和心律同步性存在联系（DiPietro, Hodgson, Costigan, Hilton, & Johnson, 1996）。

母亲的适度焦虑对胎儿来说并非坏事；事实上，妊娠期有适度的压力可以促进胎儿脑组织的形成。一项研究考察了 100 名孕妇的压力状况，然后在两年后对她们的子女进行随访研究。结果发现，妊娠期表现出适度焦虑的母亲，她们的孩子在运动和心理发展测验上的得分更高（DiPietro, 2004）。

母亲的年龄 2005 年 1 月 17 日，在罗马尼亚的首都布加勒斯特的 Giulesti 妇产医院，66 岁的阿德里安娜·伊利斯库通过人工授精怀孕，打破了高龄产妇的世界纪录。她所怀的双胞胎中的一个胎死腹中。

自 1980 年以来，年龄在 30~50 岁之间，甚至 50 岁以上美国孕妇的比例从 19% 上升到 38%（Martin et al., 2005），这充分体现了社会文化变革所带来的影响。晚育会对母亲和婴儿产生何种影响？ 35 岁以上的孕妇更可能由于糖尿病、高血压或大出血而引起并发症。尽管晚育对胎儿健康带来的风险并不高于早育的风险，但晚育出现流产和死胎的几率更高，并且胎儿也更可能出现早产、发育迟缓、其他分娩并发症以及出生缺陷，如唐氏综合征。如今，由于对高龄产妇进行大规模胎儿缺陷筛检，已经很少出现畸形儿（Berkowitz, Skovron, Lapinski, & Berkowitz, 1990; P.Brown, 1993; Cunningham & Leveno, 1995）。

40 岁及以上的孕妇手术分娩的风险有所提高（Gilbert, Nesbitt, & Danielsen, 1999）。与年轻孕妇相比，50 岁以上的孕妇生出体型过小儿、早产儿或者死胎的几率提高了 2~3 倍（Salihu, Shumpert, Slay, Kirby, & Alexander, 2003）。

虽然多胞胎比单胞胎更具风险，但是在生双胞胎和三胞胎时，高龄产妇和年轻产妇的表现差不多，甚至比后者做得更好，除非高龄产妇的社会经济地位较低。许多社会经济地位较高的大龄女性通过辅助生殖技术怀上多胞胎，并且她们往往能得到更为密切的监护（Zhang, Meikle, Grainger, & Trumble, 2002）。

青少年期的少女孕妇也可能生出早产儿或低体重儿，这可能是因为正处于生长发育阶段的少女妈妈吸收了胎儿所必需的许多营养物质（Fraser, Brockert, & Ward, 1995）。这些新生儿出现残疾或健康问题，甚至是出生后第一个月内夭折的风险都非常高。我们将在第 17 章更深入地探讨青少年怀孕的危险问题。

这位孕妇正在一个闹市区的露天市场上购买水果和蔬菜，她或许还未意识到交通带来的空气污染对胎儿的危害。

外部环境的危害　空气污染、化学制品、辐射、极端的热气和湿气以及现代生活中的其他危害都会影响胎儿发育。对纽约市的 265 名母亲及其新生儿的血液样本研究发现，母亲和婴儿的 DNA 受损主要是由燃烧污染造成的。尽管胎盘的保护作用能将污染量减少 10 倍，但胎儿仍会受到这些污染物的影响（Perera, Tang, et al., 2004）。孕妇接触用于制造半导体晶片的某些化学物质，其流产的风险增加了 2 倍（Markott, 1992），经常接触 DDT（一种杀虫剂）的孕妇更可能出现早产（Longnecker, Klebanoff, Zhou, & Brock, 2001）。毒死蜱和二嗪农这两种常见的杀虫剂会抑制胎儿发育。幸运的是，目前纽约市禁止家庭使用这些杀虫剂。与禁令实施前出生的婴儿相比，禁令后出生的婴儿，其身高和体重都有所增加，而且他们脐带血中的杀虫剂含量明显减少（Whyatt et al., in press）。

在垃圾填埋场附近生活的孕妇更可能生出具有各种出生缺陷的孩子。英国一项研究报告声称，如果住宅处于有害垃圾站约 3000 米范围内，孩子出现非遗传性出生缺陷的风险会增加 33%（Vrijheld et al., 2002）。儿童期癌症与母亲在妊娠期饮用受化学物质污染的地下水（Boyles, 2002）、接触尾气排放及生活在工业石油加工厂附近有关（Knox, 2005）。

人们日常接触到的有机汞主要来源于鱼类，有机汞会损害胎儿的大脑发育。如果母亲的日常饮食中含有多种海洋鱼类，那么母乳喂养的婴儿可能会接触到有机汞。如今，还需要更多的研究去确定，究竟在多大程度上接触汞是安全的（Davidson, Myers, & Weiss, 2004）。

辐射可以造成胎儿基因突变。胎儿出生前接触辐射（例如孕妇接受 X 光照射）

能够导致其出现发育障碍、出生缺陷、脑功能异常或者将来患癌症等问题。这种影响的严重程度取决于胎儿接触辐射的数量及时机，妊娠期第 15 周以前接触辐射的危害最大（CDC, undated）。经常接受牙科 X 光扫描的孕妇生出低体重婴儿的风险增加了 3 倍（Hujoel, Bollen, Noonan, & del Aguila, 2004）。

我思我秀

- 由于可卡因、大麻、烟草和其他物质会导致男性精子遗传异常，那么是否应该强制一个处于生育年龄的男性戒除这些物质？应该如何实施这一禁令？

环境的影响：父亲的因素

如果男性常常接触铅、强烈辐射、大麻、香烟、杀虫剂、己烯雌酚或酒精，那么其精子可能会出现异常或者精子活性下降（Swan et al., 2003）。英国核能加工厂的男性员工，其后代出生时死亡的风险很高（Parker, Pearce, Dickinson, Aitkin, & Craft, 1999）。如果父亲在生育之前一年内接受过 X 光检查，或者工作中会接触高浓度的铅，那么其后代在胎儿期会发育缓慢，出生体重也比较低（Lin, Hwang, Marshall, & Marion, 1998; Shea, Little, & the ALSPAC Study Team, 1997）。一项研究调查了新加坡四年内出生的大约 238 000 名新生儿，结果发现，与母亲的职业相比，胎儿出生缺陷与父亲职业的联系更强，尤其是那些从事机械操做和装配工作的父亲（Chia et al., 2004）。

同样，男性吸食可卡因也会导致孩子产生出生缺陷。可卡因可能会依附在精子上，并在受精过程中进入受精卵，从而影响胎儿。铅和汞这些毒素可能也会以同样的方式“搭便车”（Yazigi, Odem, & Polakoski, 1991）。

经常吸烟的男性更可能将异常基因遗传给后代（美国儿科学会药物委员会，2001）。孕妇长期暴露在丈夫的二手烟中与婴儿的出生体重低、呼吸系统感染、猝死以及童年期或成年期癌症等问题存在一定关联（Ji et al., 1997; D. H. Rubin, Krasilnikoff, Leventhal, Weile, & Berget, 1986; Sandler, Everson, Wilcox, & Browder, 1985; Wakefield, Reid, Roberts, Mullins, & Gillies, 1998）。一项研究发现，即使孕妇不吸烟，但其丈夫吸烟且城市空气受到污染，她们所生出的孩子，体重比其他儿童轻 7%，头围比其他儿童小 3%（Perera, Rauh, et al., 2004）。

学习检查站

你能否……

- ✓ 总结母亲的疾病和压力、高龄分娩、接触化学制品和辐射对胎儿的危害？
- ✓ 指出父亲通过环境因素导致婴儿出生缺陷的三种方式？

父亲的高生育年龄也是导致孩子出现出生缺陷的一个重要原因（Crow, 1993, 1995）。父亲的高生育年龄（通常接近 40 岁）可能会增加后代患罕见疾病的风险，如马凡氏综合征 * 和侏儒症（G. Evans, 1976）。大约 5% 的唐氏综合征患儿和许多精神分裂症患儿是由于父亲生育年龄过大导致的（Antonarakis & Down Syndrome Collaborative Group, 1991）。

学习指路标

8. 什么技术可以评估胎儿的健康？为什么说产前检查非常重要？

监测胎儿的发育

准父母可以决定什么时候怀孕，但怀孕期间所发生的大部分事情是他们所无法

* 译者注：该疾病表现为头部和四肢畸形。

表 3–5 产前评估技术

技术	描述	用途和优点	风险提示
超声波（声波图） 超声胚胎学	用高频声波探测母亲的腹部，获得胎儿在子宫内的图像 超声胚胎学采用高频的阴道探测器和数字成像加工技术获取胚胎在子宫中的图像	检测胎儿的发育、活动、位置和形状，评估羊水量，判断妊娠期，查明多胎妊娠 探测胎儿主要的结构异常或死亡 指导羊膜穿刺和绒膜绒毛取样 诊断伴性障碍 超声胚胎学能够探测胚胎阶段的异常缺陷	风险未知；通常作为常规检测 用于胎儿的性别扫描
胚胎镜检查 胎儿镜检查	用很细的观测镜经母体腹壁穿刺，观察胚胎和胎儿 主要用于诊断非染色体遗传障碍	能够指导胎儿的输血和骨髓移植	胚胎镜检查仍处于研究阶段 比其他产前检测技术的风险要高
羊膜穿刺术	在超声波指导下抽取羊水并进行分析 主要用于获取胎儿细胞以便检测	可检查染色体疾病和特定的遗传缺陷或多因素缺陷，准确率达 99% 通常 35 岁以上的高龄孕妇需要做这项检查；夫妻一方是泰—萨克斯病或镰状细胞性贫血携带者、有唐氏综合征、脊柱裂或肌肉营养不良等家族病史的需要进行检测 能诊断伴性障碍	通常妊娠期第 15 周以后进行该项检查 得到结果通常需要 1~2 周 流产或伤害到胎儿的风险微乎其微（0.5%~1%）；早期羊膜穿刺（妊娠期第 11~13 周）风险较大，不推荐做。 可用于胎儿的性别扫描
绒膜绒毛取样（CVS）	从胎盘中吸取绒膜绒毛组织进行分析	用于出生缺陷和疾病的早期诊断 10~12 周之间的妊娠期可以进行检查；一周内就可获得准确结果	妊娠期第 10 周之前都不应该进行这项检查 研究显示该技术的流产风险大于羊膜穿刺，约为 1%~4% 的风险
胚胎着床前遗传学诊断	在体外受精之后，从胚泡中抽取样本细胞进行分析	能避免遗传缺陷或家族患病倾向的传递；不会将有缺陷的胚胎植入子宫	风险未知
脐带取样（脐带穿刺术，或胎儿抽血）	在超声波指导下，将细针插入脐带血管	可直接检查胎儿的 DNA，包括血液疾病和传染病的诊断，以及输血等疗法	有 1%~2% 的孕妇流产；有增加脐带流血和胎儿宫内窒息的风险
产妇血液检验	抽取孕妇血液用于甲胎蛋白检测	用于探测大脑或脐带的形成（无脑或脊柱裂）；也能预测唐氏综合征和其他染色体异常疾病 可探测低出生体重或流产的风险	风险未知，但可能出现误诊 需要超声波或羊膜穿刺来进一步确定可能的疾病

资料来源：Chodirker et al., 2001; Cicero, Curcio, Papageorghiou, Sonek, & Nicolaides, 2001; Cuniff & Committee on Genetics, 2004; Kurjak, Kupesic, Matijevic, Kos, & Marton, 1999; Verlinsky et al., 2002.

控制的。如今，科学家已经发明了一系列技术来评估胎儿期胎儿的发育情况和健康状态，甚至可以通过干预手段及时纠正异常情况（见表 3-5）。

产前检查之所以重要，其中一个原因是通过产前检查可筛查出需要治疗的缺陷和疾病。产前检查涉及教育服务、社会服务和营养服务三大方面，高质量的产前检查能够预防死胎、母婴死亡及其他分娩相关并发症。通过产前检查，第一次怀孕的孕妇可以获取有关妊娠、分娩和婴儿照料方面的知识。产前检查还可以帮助贫困孕妇接受到她们所需要的其他服务，还可以让她们的孩子在出生后得到良好的医疗护理（Shiono & Behrman, 1995）。

我思我秀

- 你可以想出哪些方法来鼓励更多的孕妇进行早期产前检查？

在美国，产前检查虽然很常见，但普及率仍不及欧洲一些国家，而且缺少统一的国家标准和财政保障。从 1970 年起，孕妇接受产前检查（在妊娠期的前 3 个月）的比例已经从 68% 上升到 84%。截至 2003 年，准妈妈直到产前三个月才进行产检或从未进行产检的比例仅为 3.5%（Hamilton et al., 2004; Martin et al., 2005; NCHS, 2004）。

虽然，孕妇接受产前检查的比例提高了，但同时低出生体重婴儿以及早产儿的比例也增多了（Kogan et al., 1998; Hamilton, Martin, & Sutton, 2004; Martin et al., 2003）。原因是什么呢？其中一个原因是多胞胎出生率增加（Martin et al., 2003）。为了保证安全，怀双胞胎的孕妇一般都通过诱导产或剖腹产提前分娩。全面的产前检查可以发现胎儿必须即刻分娩的问题，例如双胞胎中的一个或者两个都停止发育。这能够帮助我们解释美国政府在 1981 年到 1997 年间进行双生子研究中发现的一种趋势，孕妇接受产前检查以及出现早产的比例都有所上升，然而，接受过全面产检的孕妇所生双胞胎的死亡率却有所下降（Kogan et al., 2000）。

第二个原因可能是产前检查还未在不同群体中得以普及。虽然越来越多的孕妇会进行产前检查，但是，在那些尚未普及产生检查的群体中，如未成年孕妇、未婚孕妇、受教育程度低的孕妇以及一些少数种族孕妇产下低出生体重婴儿的风险非常高，且她们很少接受产前检查（Martin et al., 2003; National Center for Health Statistics, 1994a, 1998, 2001, 2004; U.S. Department of Health and Human Services, 1996a）。2002 年，尽管约 89% 的美国白人孕妇在妊娠期的前三个月接受过产前检查，亚裔美国人和太平洋岛屿原住居民中这一比例也达到 85%，但是仅有 76% 的非裔美国人、77% 的西班牙裔美国人以及 70% 的北美印第安人和阿拉斯加土著人接受过产前检查（NCHS, 2004）。（图 3-11 显示了各种族在孕晚期接受产前检查或未接受产前检查的百分比。）与此对应的是胎儿死亡率的种族差异。虽然 1990 年到 2000 年间，各种族的胎儿死亡率都明显下降；但是 2000 年在非西班牙裔黑人中，每 1000 名胎儿中有 12.1 例死胎现象，几乎是其他人群的 2 倍（其他人群仅为 6.6 例）（Barfield & Martin, 2004）。

学习检查站

你能否……

- ✓ 描述检测胎儿缺陷或疾病的七种技术？
- ✓ 阐述高质量产前检查的重要性以及如何改善产前检查？

仅仅增加产前护理的数量并不能解决护理内容的问题（Misra & Guyer, 1998）。美国的大部分产前检查项目只注重主要并发症的筛查，并不能解决婴儿低出生体重

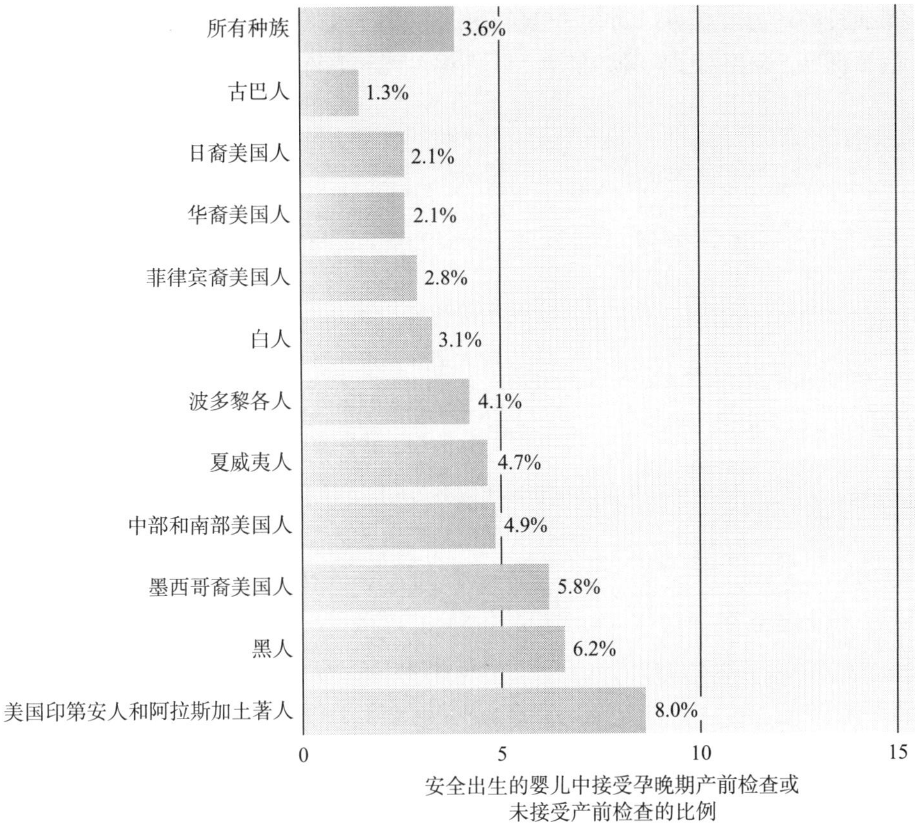

图 3–11
2002 年，不同种族的美国孕妇在怀孕后期才接受产前检查或未接受产前检查的比例。怀孕后期产前检查开始于妊娠期最后三个月。

资料来源：Martin et al., 2003.

问题。某些研究机构建议，应该重新构建产前检查体系，增加对怀孕初期的检查，减少对怀孕末期的关注。实际上，检查应该在怀孕前就进行。例如，孕前咨询可以让更多计划怀孕的女性了解到从饮食中摄取足量叶酸的重要性，让她们弄清楚自己是否免疫风疹。此外，还需要为贫困女性及少数种族女性提供更多的产前检查机会（Shiono & Behrman, 1995）。

重新聚焦

回顾本章在焦点人物中介绍过的亚伯・多里斯患胎儿酒精综合症的故事：

- 亚伯・多里斯的案例提示我们产前环境在儿童发展中具有什么作用?
- 最初，迈克尔・多里斯相信，如果亚伯能生活在积极的领养环境中，他应该可以“赶上同龄的孩子”。但为何最终并没能实现?
- 亚伯的故事能够用“反应范围”“定型化”和“关键期”等概念来解释吗? 如果能，它是如何体现这些概念的?
- 如果一对夫妻准备领养一个孩子，但对孩子的产前情况一无所知，那么，哪些咨询信息可以帮助他们?

高质量的产前检查可以为每一位胎儿提供尽可能好的机会，让他们以最佳状态来到这个世界，来面对子宫外的挑战。我们将在接下来的三章中探讨这些挑战。

小 结

孕育新生命

学习指路标 1：受精通常是如何发生的？

- 受精是卵细胞与精子相结合的过程，结合后产生单细胞受精卵，单细胞受精卵进而通过细胞分裂产生新细胞。

学习指路标 2：什么因素导致了多胞胎？

- 双胞胎是通过两个卵细胞（或一个卵细胞分裂成两个）受精或一个受精卵分裂成两个而产生的。多胞胎也是通过以上两种途径之一或两者结合产生的。
- 双卵（异卵）双胞胎的基因结构不同，性别也可能不同；单卵（同卵）双胞胎拥有相同的基因结构。但由于生产前后的经历有所差异，同卵双胞胎在气质及其他方面也会不尽相同。

遗传机制

学习指路标 3：遗传因素如何决定性别，如何传递正常及异常性状？

- 遗传的基本单元是基因，而基因是由脱氧核糖核酸（DNA）构成的。DNA 所携带的生物化学信息或遗传密码控制着细胞结构和功能的发展。每个基因在染色体上都有确定的位置。
- 在受孕的那一刻，每个正常人类会从母亲和父亲身上分别遗传 23 条染色体，然后共同组成 23 对染色体——22 对常染色体和 1 对性染色体。女性从父母双方那里继承的都是 X 染色体；男性则从父亲那里继承了一条 Y 染色体。
- 最简单的遗传传递模式是显性遗传和隐性遗传。当一对等位基因相同时，个体在这一性状上是纯合的；当一对等位基因不同时，个体在这一性状上是杂合的。
- 人类的大部分正常性状都是多基因或多因素传递的结果。除了同卵双胞胎外，每个孩子都遗传了一个独一无二的基因型。显性遗传和多因素传递能够解释个体的表现型不一定会表现出潜在的基因型的现象。
- 出生缺陷和疾病可能是由显性遗传、隐性遗传或伴性遗传基因突变或基因组印记导致的。染色体异常也会引起出生缺陷。
- 通过遗传咨询，准父母可以了解到自己所生育的孩子带有某种特定缺陷的可能性。
- 遗传检测的风险与益处并存。

天性和教养：遗传与环境的影响

学习指路标 4：发展科学家是如何研究遗传和环境的相对影响力的？遗传和环境如何共同发挥作用？

- 反应范围、定型化、基因型—环境交互作用、基因型—环境相关和匹配选择等概念描述了遗传和环境共同作用的方式。
- 在智力和人格方面，兄弟姐妹间异大于同。一些行为遗传学家认为，遗传可以解释绝大部分的相似性，非共享环境影响可以解释差异性。然而，批评者认为，基于研究方法的原因，这些研究低估了父母的作用和发展系统的复杂性。

学习指路标 5：在生理健康、智力和人格等方面，遗传和环境具有什么作用？

- 肥胖、长寿、智力和气质既受遗传影响，也受环境影响。
- 精神分裂症和自闭症是具有极高遗传性的精神病理疾病，但也会受到环境的影响。

胎儿发育

学习指路标 6：胎儿发育被划分为哪三个阶段？每个阶段中都会发生什么？

- 胎儿发育主要包括三个阶段：胚芽期、胚胎期和胎儿期。
- 出生前后的生长发育都遵循头尾原则和近远原则。
- 有严重缺陷的胚胎通常在妊娠期的最初三个月出现自发性流产。
- 随着生长，胎儿动得更少，但更有活力。胎儿吞咽羊水可以刺激胎儿的味觉和嗅觉发展。胎儿似乎还可以听到外界的声音，能够学习和记忆，并进行感觉分辨。

学习指路标 7：哪些环境因素会影响胎儿发育？

- 发育中的有机体会受到产前环境的极大影响。出生缺陷的发生率取决于环境事件发生的时机和强度，以及环境与遗传因素的相互作用。
- 重要的环境影响包括母亲的营养状况、身体活动、对烟草、酒精或其他药物的依赖、母体的疾病或传染病、压力、年龄以及外部环境的危险因素，如化学制品和辐射。这些外部环境也可能对父亲的精子产生不良影响。

学习指路标 8：评估胎儿健康的技术有哪些？为什么产前检查非常重要？

- 超声波、羊膜穿刺术、绒膜绒毛取样、胎儿镜检查、胚胎着床前遗传学诊断、脐带取样和产妇血液检验等技术可用于评估胎儿是否处于正常发育中。
- 高质量的产前检查对胎儿发育至关重要。它能够探测到胎儿是否有缺陷或疾病，能够降低母婴死亡、低出生体重及其他相关并发症的几率。

婴幼儿期的生理发展

第4章

对于生命的最初三年，我们几乎毫无记忆。
在试图进入幼儿的世界时，我们犹如一个陌生人，
早已遗忘了当初的风景和乡音。

——塞尔玛·弗拉贝格，《孩子，妈妈知道你的心理》，1959

本章提纲

焦点人物：海伦·凯勒和感官世界 *

海伦·凯勒

作家海伦·凯勒（1880—1968）曾经写道，“我们永远不会失去我们曾享受过的一切，落日、沐浴在月光中的山脉、时而澎湃时而平静的大海。我们欣赏这些景色，深爱它们的美，并铭记于心。我们所深爱的一切都将成为我们的一部分”（Keller, 1929, p. 2）。

这段引文非常有名，也令人心酸。海伦·凯勒 19 个月大时，一场不明原因的高烧导致她丧失了听力，随后视力也明显退化；此后她就再也没有见过落日、山脉、月亮、海洋或任何事物。

海伦·凯勒出生在位于亚拉巴马州塔斯喀姆比亚镇的一个庄园里。她出生时是一个正常、健康的婴儿，活泼、可爱、发育良好，视力极佳。但是患病后，她变得面无表情、反应迟钝。在 1 岁时，她开始学习走路；但生病以后，她总是拽着母亲的衣角，坐在她的膝盖上，不停地摸她的脸。患病前她已开始学讲话，她学的第一个词是“water”（水），生病后她仍然不停地说“Wah-Wah”；除此以外，别无其他。

海伦的父母非常担心，先带她去做矿物 spa，随后带她去看专科医生，但仍然没有治愈的希望。就在其心理和生理都将进入一个蓬勃发展阶段的时候，通往海伦感官世界的大门“砰”地一声关闭了，不过并非完全关闭。在丧失了两种感觉的情况下，海伦更多地借助其他三种感官进行学习，尤其是嗅觉和触觉。后来，海伦说

* 有关海伦·凯勒的信息来自 Keller（1903/1905，1920，1929，2003）、Herrmann（1999）、Lash（1980）和 Ozick（2003）。

自己能够通过分辨人身上散发出来的气味是乙醚或木头味来区分医生和木匠。她通过不停活动的指尖去描绘“蝴蝶翅膀轻微的震颤……轻柔的紫罗兰花瓣……轮廓分明的面孔和结实有力的四肢，马脖子那流畅的拱形和马鼻子柔软的触感”（Keller, 1920, pp.6–7）。海伦保留下来的对光明世界的记忆帮助她感知现在永无止境的黑夜，以及如何在黑夜中找到自我。

海伦意识到自己与众不同，但是，最初她并不清楚自己究竟是谁。她后来写道：“我生活在一个未知的世界中……我不知道我过去知道的、经历的、从事的或者是渴望的（任何事情）”（1920, p.113）。有时候，当家人聊天时，她会站在中间，触摸他们的嘴唇，然后发疯似地活动自己的嘴唇，却发不出任何声音。她通过狂暴的、悲恸的怒火来排解自己的挫败感；她乱踢乱叫直到精疲力竭。

出于同情，父母会纵容海伦乖戾的脾气，但最终失望压倒了希望，他们为她请了一位年轻的女老师安妮·沙利文。沙利文有轻微的视觉障碍，曾在盲校就读。到凯勒家后，沙利文发现6岁的海伦“野蛮、任性且具有破坏性”（Lash, 1980, p.348）。第一次和新老师见面，她就敲掉了沙利文的一颗门牙。有一次，在学会了如何使用钥匙以后，她将母亲反锁在储藏室。还有一次，她弄翻了妹妹的摇篮。也曾因为学不会老师在她的掌心拼写的“娃娃”（doll）这个词，而感到挫败，她将玩具娃娃摔在地上，并且用力撕裂它。

然而，就在同一天，海伦取得了她在语言方面的第一次突破。当她和老师在花园里散步时，她们走到水笼头旁边喝水。沙利文把海伦的手放在喷嘴下面，同时在她另一只手上反复拼写“w–a–t–e–r”。“我静静地站着，”海伦日后写道，“我的全部注意力都集中在她手指的移动上。突然，我感觉到一种朦胧的意识，这种感觉曾经被我遗忘了，能够再次想起使我非常兴奋。同时，我也开始了解到一些语言的奥秘。我知道‘w–a–t–e–r’是流淌在我手心上的这种奇妙的、凉爽的东西。这个生动的单词唤醒了我的灵魂，给了我光明、希望、快乐和自由”（Keller, 1905, p.35）。

安妮·沙利文让这个任性的小女孩变得乖巧懂事，并且将她带入语言和思想的光明世界。这是一个耳熟能详并且催人奋进的故事，这个故事也为我们打开了一扇了解婴儿感官世界的窗口：感觉非常重要，它与其他方面的发展紧密相连。假如海伦·凯勒没有丧失视觉和听觉，或者她天生失聪或失明，或两者兼有，那么毫无疑问，她的生理、认知和心理发展将会迥然不同。

海伦·凯勒是一个名人，出生在自己家中，几乎所有的美国总统也都是在自己家中出生。如今，虽然绝大多数美国人都选择在医院进行生产，然而，选择在家里分娩的这种趋势又重新出现，并且不断扩大。在发展中国家，在家分娩仍然是一种普遍的分娩方式。

在本章，我们会描述婴儿是怎样来到这个世界的，新生儿的长相如何，他们身体的各个系统是如何工作的。我们会探讨保障其生命和健康的方法，也会探讨感知觉与婴儿不断成熟的运动机能是如何紧密联系的，如何促使婴儿的大脑飞速发展。

学习指路标

1. 分娩的文化习俗有哪些？发达国家中的分娩方式是如何变化的？
2. 分娩是如何开始的？在分娩的三个阶段中分别会发生什么？
3. 目前，还有哪些可供选择的分娩方法？
4. 新生儿如何适应子宫外的生活？
5. 如何判断婴儿是否健康并且正常成长？
6. 新生儿睡眠、清醒和活动的模式是如何变化的？
7. 哪些分娩并发症会危及新生儿？长期来看，这些并发症又会给婴儿带来什么影响？
8. 我们如何提高婴儿的存活率及其健康水平？
9. 影响身体和大脑发育的因素有哪些？
10. 感觉发展始于何时？
11. 早期动作发展的里程碑是什么，它会受哪些因素的影响？

最后，我们会介绍婴儿是如何变成一个忙碌、活泼的幼童的，以及父母和其他照料者如何促进儿童健康成长和发展。

学习完本章后，你应该可以回答“学习指路标”中的所有问题了。为了检查你对本章“学习指路标”的掌握程度，请复习章节结尾部分的小结。“学习检查站”会贯穿整个章节并不时出现，以便检查你对所学知识的理解程度。

分娩和文化：分娩方式的变化

学习指路标

1. 分娩的文化习俗有哪些？发达国家的分娩方式是如何变化的？

与分娩有关的各种习俗会反映各种文化的信仰、价值观和资源。生活在尤卡坦半岛的玛雅孕妇会在睡觉的吊床上分娩，孩子的父亲和接生婆一起守护旁边。为了躲避“恶鬼”，产妇和新生儿会在一周内足不出户（Jordan, 1993）。与此相反，东非的恩戈尼人不允许男人陪户。在泰国的农村，产妇通常在产后几小时内就恢复正常活动了（Broude, 1995; Gardiner & Kosmitzki, 2005）。

20 世纪以前，欧洲和美国的分娩都是女性的一种社会仪式。* 产妇被女性亲属和邻居包围着，裹一个被单坐在自己的床上或者躺在马厩里。如果愿意，她还可以四处走动或者蹲在分娩凳上，准爸爸不准在场。直到 15 世纪，才有医生陪护在产妇身

* 这部分讨论主要以Eccles（1982）、Fontanel和d’Harcourt（1997）、Gelis（1991）以及Scholten（1985）的文章为基础。

旁，负责检查是否出现并发症，但这仅限于那些家庭富裕的产妇。

当时，负责整个分娩过程的接生婆未经过正规培训，她只提供“建议、按摩、药剂、冲洗和护身符”（Fontanel & d’Harcourt, 1997, p.28）。婴儿出生后，接生婆会剪断新生儿的脐带，并把脐带打结，然后清洗并检查新生儿的各种反射和关节。其他女性帮助产妇清洗、穿衣、换干净的床单，并且准备食物以便产妇恢复体力。几个小时或几天后，农村的产妇就需要到田间劳作，只有富裕家庭的产妇能多休息一段时间。

在那个年代，分娩对母亲和婴儿来说都意味着“一场生死考验”（Fontanel & d’Harcourt, 1997, p.34）。在17~18世纪的法国，产妇在分娩过程中或者在产后短时间内死亡的几率是10%；同时，数以千计的新生儿出生时是死胎。25%的婴儿在出生后的第一年夭折。

19世纪初产科学的发展和20世纪初妇产医院的进步，均为分娩带来了革命性变化。1900年，也就是海伦·凯勒出生后20年，美国只有5%的产妇选择到医院分娩。到1920年，美国各城市在医院分娩的孕妇比率达到65%（Scholten, 1985）。在欧洲也出现了相似的趋势。目前，美国约99%的婴儿是在医院出生的，而且91%的分娩过程有内科医生参与（Martin et al., 2003）。

在过去的50年里，怀孕和分娩的危险大幅降低，这在很大程度上是因为随时可获得抗生素、输血、安全麻醉技术、分娩药物和更高的医学卫生条件。此外，产前检查和护理质量的改善也使孕妇更容易产下健康的婴儿。

然而，也有人认为，分娩的“医学化”让我们在社会和情感方面付出了代价（Fontanel & d’Harcourt, 1997）。如今在发达国家，越来越多的产妇（虽然为数不多）选择更具亲密感和私人性的家庭分娩方式，希望在家人的陪护下生产。通常，在家分娩都会由一位取得资格认证的助产士协助，为家人提供医学建议和帮助。产妇需要与内科医生和家附近的医院共同制定产前计划，确保在分娩过程中出现意外时，能够得到他们的帮助。像家一样舒适温暖的独立分娩中心为产妇提供了另一种选择。研究显示，家庭分娩和分娩中心分娩这两种方式与有专业人士参与、低风险的医院分娩一样安全，同时花费更少（Anderson & Anderson, 1999; Durand, 1992; Guyer, Strobino, Ventura, & Singh, 1995; Korte & Scaer, 1984）。

医院也正在探寻“人性化”分娩服务方法。分娩可以在像家一样的产房中进行。那里灯光柔和，父亲或丈夫会像“教练”一样陪在产妇身边，亲朋好友可以在产后前来探望。同时，育婴政策允许婴儿大部分时间或者全部时间都待在母亲身边，以方便母亲按需喂养，而不是按照强制性的时刻表哺乳。“随着分娩经验的去医学化，一些医院和分娩中心正在创设或重设一种既能提供医疗支持，又能够提供温情和安全的环境”（Fontanel & d’Harcourt, 1997, p.57）。

学习检查站

你能否……

- ✓ 指出在发达国家中分娩方式发生的两次变化？
- ✓ 列举怀孕和分娩风险降低的原因？
- ✓ 衡量各种分娩环境和护理人员的相对优势？

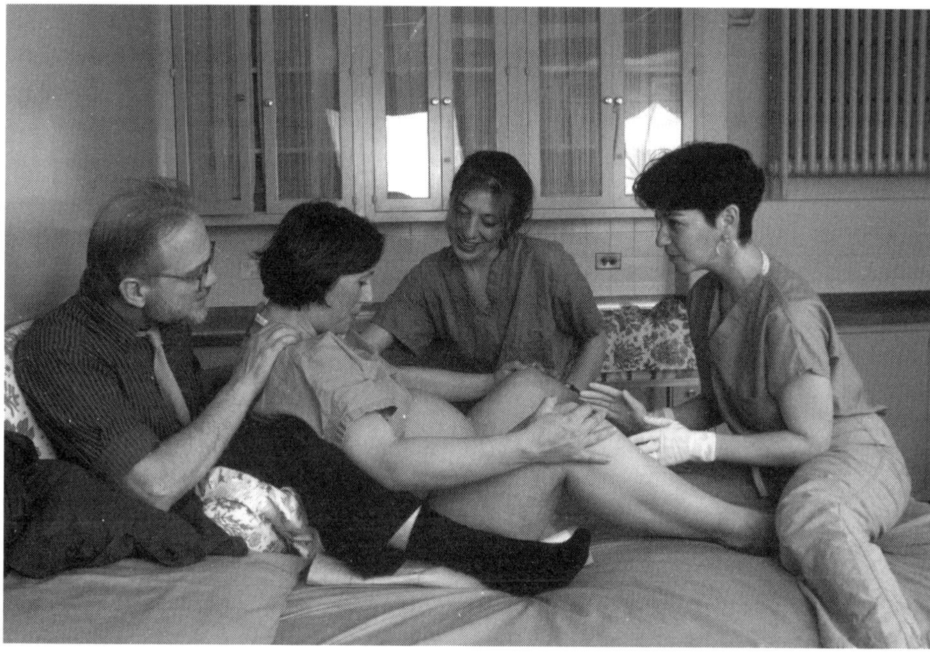

在一些医院，孕妇能在具备所有医疗资源的家庭式分娩室中进行生产。这里有医生和护士的陪伴，还有准爸爸抚摸孕妇的后背并给予支持。

分娩过程

学习指路标

2. 分娩是如何开始的？在分娩的三个阶段中分别会发生什么？

生产是对生孩子这一过程特别贴切的描述，对于母亲和婴儿来说，这都是一件苦差事。生产过程中子宫、宫颈和其他器官会发生一系列的变化，我们把这一过程称为**分娩**（parturition）。分娩通常开始于最终生产的前两个星期，表现为孕妇的雌性激素水平突然提高，刺激子宫收缩，同时宫颈柔韧性增强。宫缩通常发生在受孕后的第 266 天。随着子宫不断收紧，胎儿逐渐被排出子宫。在孕期的最后几个月，孕妇可能会经历与之类似的“假”宫缩，但是她们会识别出哪些宫缩代表“真的”要生了，因为这些宫缩更有规律，强度更大。

分娩阶段

分娩会经历三个相互交叉的阶段（见图 4-1）。第一阶段，也是历时最长的阶段，通常会持续 12 个小时左右。对第一胎的产妇来说，这一阶段持续时间可能会更长。再次分娩时第一阶段会逐渐变短。在这一阶段，有规律并且不断加速的宫缩会使宫颈膨胀或变宽。

第二阶段通常会持续一个多小时。在这期间，宫缩力度加强，并且变得更加连续。胎儿的头部开始穿过宫颈进入阴道，这标志着第二阶段正式开始，直到胎儿降生结束。

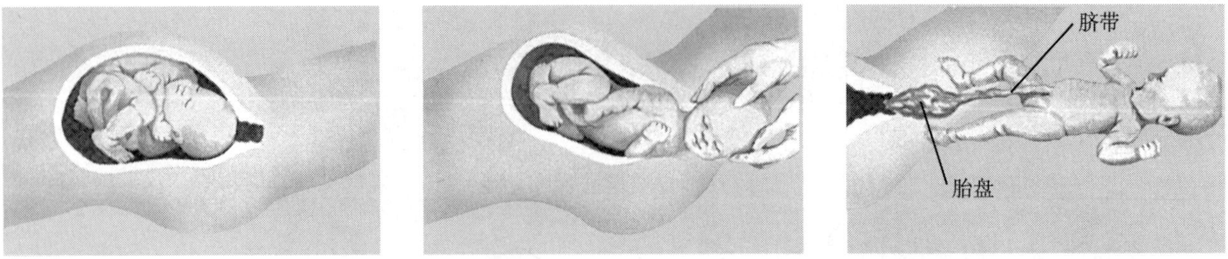

(a) 第一阶段 (b) 第二阶段 (c) 第三阶段

图 4–1

分娩的 3 个阶段。（a）在分娩的第一阶段，越来越强烈的子宫收缩促进宫颈扩大，最终导致子宫打开；（b）第二阶段，婴儿的头部进入阴道，从产道产出；（c）第三阶段，从母体中排出胎盘和脐带，然后脐带被剪断。

资料来源：Lagercrantz & Slotkin, 1986.

如果这一阶段持续的时间超过两个小时，表示胎儿需要外力帮助。这时，医生可能会借助产钳或真空吸引术将胎儿从母体内拉出来（Curtin & Park, 1999）。在这一阶段的尾声，胎儿出生了，但仍然通过脐带和母体内的胎盘连在一起。这时必须要将脐带剪断并扎紧。第三阶段通常会持续 5~30 分钟。在这一阶段，胎盘和剩余的脐带会被清除出母体之外。

分娩方法

选择分娩方式首先要考虑母婴安全，其次要考虑母亲是否舒适。

> **学习指路标**
> 3. 目前，还有哪些分娩方法可供选择?

阴道分娩和剖腹产 我们前面提及过，比较常见的分娩方式是阴道分娩。**剖腹产**（cesarean delivery）是一种借助手术进行分娩的方式，医生在产妇的腹壁切开一个口，从子宫中取出婴儿。根据原始数据显示，仅 2003 年，就有 27.6% 的美国产妇选择了这种分娩方式，比 1996 年增长了 31%，创历史最高纪录（Martin et al., 2005）。20 世纪 90 年代，虽然欧洲的剖腹产使用率也提高了，但从世界范围来看，美国的剖腹产使用率最高（International Cesarean Awareness Network, 2003; Sachs et al., 1999）。

通常，在分娩过程过慢、母亲阴道出血、胎儿产出困难、胎儿臀位（脚在前）或横位（横卧在子宫里）、胎儿头部过大而无法通过产道的情况下，产妇通常会选择剖腹产手术。当胎儿过大、头胎、高龄产妇或产妇之前有过剖腹产史时，更可能选择手术分娩。因此，剖腹产使用率的增加在一定程度上反映了产妇生育头胎时年龄增大、新生儿平均体重增加以及晚育的趋势。此外，还有人认为，越来越多的医生在产妇分娩过程中使用人工引产和**胎心电子监护**（electronic fetal monitoring）来监测胎儿的心跳，以确定胎儿何时需要帮助，同时，医生也担心因医疗事故被起诉；另一方面，产妇也害怕难产。这些都可以解释为什么剖腹产使用率会不断上升（Guyer et al., 1999; Martin et al., 2003, 2005; Parrish, Holt, Easterling, Connell, & LeGerfo, 1994; Sachs, Kobelin, Castro, & Frigoletto, 1999）。

随着剖腹产使用率的迅速增长，从 1996 年起，有剖腹产手术史的孕妇选择阴道分娩（VBAC）的比例已经下降了 63%，因为人们逐渐了解了其中的危险（Martin et al., 2005）。在 313 328 位早期有剖腹产手术史的产妇中，与仍采用剖腹产的孕妇相比，选择自然分娩造成婴儿在分娩过程中死亡的几率高 11 倍（Smith, Pell, Cameron, & Dobbie, 2002）。将 17 898 位有剖腹产史但采用自然分娩的美国孕妇同 15 801 位重复采用剖腹产的美国产妇进行对比，结果发现，前者比后者更可能（虽然风险仍然较低）出现子宫破裂和婴儿脑损伤等问题（Landon et al., 2004）。

药物分娩和非药物分娩 19 世纪中期，英格兰女王维多利亚在生第八个孩子时使用了镇静剂，成为历史上第一位在分娩过程中睡着的产妇。随着越来越多的人选择在医院分娩，使用乙醚或氯仿进行麻醉变得很普遍（Fontanel & d'Harcourt, 1997）。

如今，即使是在剖腹产手术中，医生也很少使用会导致产妇失去意识的全面麻醉。通常，如果产妇愿意或者需要，医生会为其实施局部麻醉：在整个分娩过程，产妇还能保持清醒，能够参与到整个分娩过程中，能够在产后立刻照顾新生儿。局部麻醉会阻断那些将疼痛感传递到大脑的神经通路。目前，产妇也可以接受令人放松的镇痛剂（止疼药）来减轻分娩时的痛感。

所有药物都会通过胎盘进入到胎儿的血液和身体组织中，从而给胎儿带来潜在的危险。人们不断探索分娩的其他方法，将药物使用的剂量降到最低，以便于父母能最大化地参与到分娩过程中。英国内科医生格兰特利·迪克–里德博士在 1914 年指出，在分娩过程中出现的疼痛主要是由恐惧造成的。为了消除产妇恐惧，他主张使用**自然分娩**（natural childbirth），该方法教会产妇关于生殖的生理学知识、如何保持身体健康和呼吸吐纳、如何在分娩过程中放松。到 20 世纪中期，费尔南德·拉马泽博士通过**有准备的分娩**（prepared childbirth）法让准妈妈们在产前有所准备。该技术用产妇对宫缩自发的或习得的生理反应取代了她们对疼痛和恐惧的原有反应。

自然分娩法的支持者认为，使用药物会给胎儿带来危险，还剥夺了母亲充分体验生命转折以及创造新生命这一过程的权力。然而，随着药物分娩技术的进步，许多产妇倾向于选择能减轻痛苦的分娩方式。如今，约 60% 的产妇在分娩时接受局部（硬脑膜外或蛛网膜下腔与硬脑膜外联合）麻醉。这种混合疗法能够立即减轻产妇的疼痛，让她们能够四处走动，并全程参与到分娩过程中。另外，该方法不会增加胎儿出现不良医疗结果的风险（Eltzschig et al., 2003）。一项对 750 位产妇进行的随机实验发现，在分娩开始阶段就要求并接受了硬脑膜外注射的产妇，其分娩持续时间更短，也没有比那些较晚时候接受镇痛药的产妇发生更高的剖腹产风险（Wong et al., 2005）。

我思我秀

- 如果你或你的伴侣计划生一个孩子，并且想顺利生产，你们会选择（a）医院、分娩中心还是在家分娩，（b）医生还是助产士的陪护，（c）药物还是非药物分娩？请给出你的理由。
- 如果你是一位男士，配偶分娩时你会在场吗？
- 如果你是一位女士，你分娩时希望你的配偶在场吗？

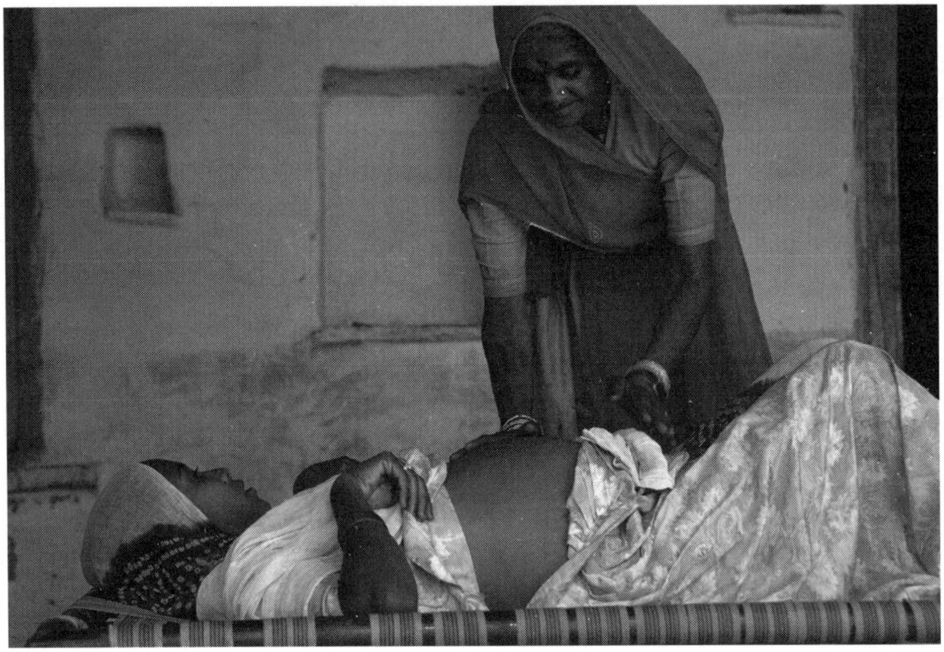

在印度的拉贾斯坦邦，就像其他的传统社会一样，助产士或有经验的帮助者在生产全程都陪伴在孕妇身边，以提供情感支持。研究发现，有助产士陪伴的产妇，生产过程更短、更容易。

学习检查站

你能否……

- ✓ 描述阴道分娩的三个阶段？
- ✓ 讨论剖腹产的用途和缺点？
- ✓ 比较药物分娩、自然分娩和有准备的分娩？

当决定是否要为一位产妇麻醉时，不应该只考虑止痛效果。产妇对于分娩经历的满意度更取决于在整个过程中她参与制定决策的程度、与专业护理人员的关系以及她对分娩的预期。

社会文化态度和习俗也会对分娩过程发挥作用（Eltzschig et al., 2003）。在很多传统文化中，孕妇分娩都有助产士参与。这些人经验丰富，能够为产妇提供感情支持，还会全程陪伴在产妇身旁。11 项随机控制研究发现，与没有助产士陪同的产妇相比，有助产士陪同的产妇分娩持续时间更短，较少使用麻醉，较少使用产钳和剖腹产手术（Klaus & Kennell, 1997）。

学习指路标

4. 新生儿如何适应子宫外的生活？

新生儿

胎儿出生后的前四周，即为**新生儿期**（neonatal period），这是一段过渡期，新生儿从在子宫内完全由母亲保护的状态变成一个独立存在的个体，他们的生理特点是什么，又是如何为这一重要过渡做好准备的？

新生儿的体征和外貌

在美国，**新生儿**（neonate）的平均体长约为 50.8 厘米，平均体重约重 3.4 千克。95% 的足月儿出生时体重在 2.5 千克 ~4.5 千克之间，身高在 45.7 厘米 ~55.9 厘米之间。

男孩通常比女孩更高更重。头胎婴儿的出生体重通常会比非头胎的婴儿体重轻。在出生后的几天内，新生儿会因为液体流失而减轻 10% 的体重。五天后，他们的体重开始增长，并且在 10~14 天后恢复到刚出生时的体重水平。

新生儿有一些显著的特点：都有一个大脑袋（占体长的 1/4）和向后缩的下巴（这样使喂奶变得更加容易）。最初，为了能够顺利通过母亲的骨盆，新生儿的头型可能会比较长，并且有些怪异，因为婴儿的头骨较软还没有接合。事实上，在婴儿出生后 18 个月内头骨都不会完全接合。在头部，那些骨头还没有连在一起的区域会被一层坚固的薄膜覆盖着，这些区域非常柔软，通常被称为囟门。

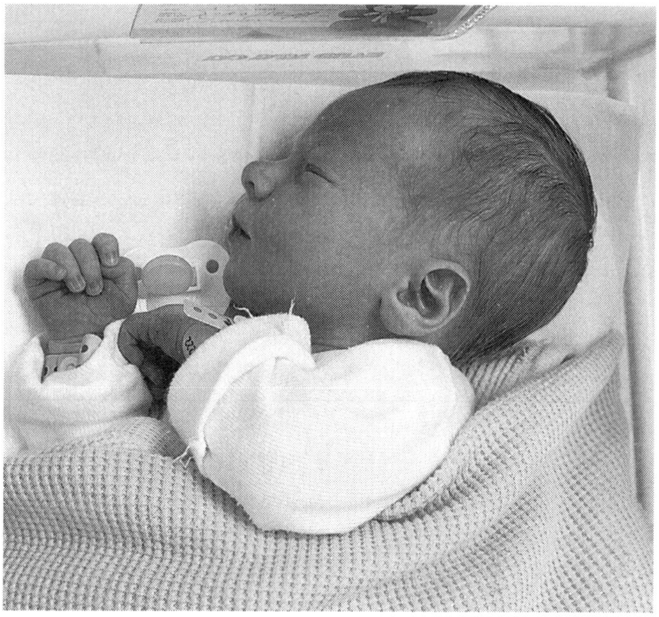

这个刚出生 1 天的男婴头部在穿过产道时被拉长。新生儿出生时头部发生的这种变化是由于头骨较软还没有完全接合所致。

很多新生儿的表皮都略带粉红色，他们的皮肤非常薄，刚好覆盖住毛细血管。在最初的几天里，有些新生儿身体上会有很多毛，这是因为他们身上的胎毛（出生前就有的一种绒毛）还没有褪净。所有新生儿都覆盖胎垢（胎脂），这是一种用于防止胎儿感染疾病的油性物质，出生几天后逐渐变干。

身体系统

出生前，胎儿的血液循环、呼吸、营养供给、排泄和温度控制都是通过母体完成的。出生后，新生儿的所有系统和功能都必须由自己完成。大部分过渡工作都发生在出生后最初的 4~6 小时内（Ferber & Makhoul, 2004）。

胎儿与母亲有各自独立的循环系统和心跳。胎儿的血液是通过脐带来传送的，“用过的”血液从脐带输出胎盘，新鲜的血液会不断补充进来。新生儿的血液循环完全是在自己的身体内部完成的，他们最初的心跳很快且无规律，血压也不稳定，这种状况会一直持续到出生后的第十天。

胎儿通过脐带获得氧气，也通过脐带将二氧化碳排出体外。新生儿比出生前需要更多的氧气，并且出生后他们必须依靠自己来吸取氧气。大部分新生儿一出生就开始呼吸。如果出生后 5 分钟内还未开始呼吸，他们就有可能因为**缺氧症**（anoxia，缺少氧气）而造成永久性脑损伤。因为婴儿的肺泡数量只有成年人的十分之一，所以他们（尤其是那些早产儿）容易出现呼吸问题。

在子宫里，胎儿依靠脐带从母亲身体中吸取营养物质，并且将自身的废物通过脐带排出。出生后，新生儿会本能地吸食乳汁，同时他们的肠胃会分泌消化液来消化食物。在最初的几天里，新生儿会分泌胎便，这是一种在肠道内形成的、粘稠的、墨绿色的废物。婴儿在几个月内都无法自主控制括约肌，当肠道和膀胱充满时，括约肌会自动打开。

学习检查站
你能否……
✓ 描述新生儿的正常大小和外貌，并列举出最初几天发生的变化？
✓ 比较胎儿和新生儿的四种身体系统？
✓ 比较出生后新生儿很快出现的两种危险疾病？

出生后 3~4 天，约有一半婴儿（在早产儿中，这一比例会更高）会出现**新生儿黄疸**（neonatal jaundice）：他们的皮肤和眼球发黄。这种黄疸是由于肝脏发育不成熟所导致。通常，这种情况并不严重，不需要治疗，也不会产生长期的影响。然而，在美国，因为健康的新生儿通常在出生 48 小时之内就出院回家，所以这种黄疸可能因未被注意到而引起并发症（AAP Committee on Quality Improvement, 2002）。如果黄疸比较严重，且未得到及时的监控和治疗，很可能会造成婴儿脑损伤。

胎儿期最后两个月内形成的脂肪层可以帮助健康足月的新生儿在气温变化的情况下保持体温恒定。在气温下降时，新生儿也会通过增加活动来维持体温。

学习指路标
5. 如何判断新生儿是否健康并且正常成长？

医学和行为评估

出生后的几分钟、几小时和几天，对于新生儿的发展来说非常关键。尽早了解新生儿是否存在任何问题或需要特殊护理至关重要。

阿普加量表 在出生后的第一分钟，大多数新生儿都会接受*阿普加量表*（Apgar Scale）（参见表 4-1）的测评，并且在 5 分钟后再接受一次。这个量表的名字源于它的发明者——维珍尼亚·阿普加（Virginia Apgar, 1953）博士，Apgar 也是五个分测验首字母的组合：*外观*（*a*ppearance，测肤色）、*脉搏*（*p*ulse，测心率）、*面部表情*（*g*rimace，测反射能力）、*活动*（*a*ctivity，测肌肉张力）、*呼吸*（*r*espiration，测呼吸情况）。在每项测试上分别用 0 分、1 分或 2 分对新生儿进行评估，总分最高可达 10 分。在出生后五分钟的测评中，总分为 7~10 分的婴儿（98.6% 的美国婴儿达到这一水平）是状况较好或特别好的（Martin et al., 2003）。7 分以下表明新生儿需要帮助才能呼吸；4 分以下则意味着需要对新生儿立即采取救护治疗。如果治疗成功，并且新生儿的测评得分在 10 分钟内达到 4 分以上，这也许不会对婴儿造成长期损伤（AAP Committee on Fetus and Newborn and American College of Obstetricians and Gynecologists Committee on Obstetric Practice, 1996）。总体来讲，阿普加量表的得分能够可靠地预测新生儿最初一个月的存活情况（Casey, McIntire, & Leveno, 2001）。

评估神经状况：布氏量表 在高危情况下，父母、卫生保健者和研究人员可以采用**布氏新生儿行为评价量表**（the Brazelton Neonatal Behavioral Assessment Scale, NBAS）来评估新生儿对自然环境和社会环境的反应，识别新生儿神经功能中可能存在的问题，并预测其未来发展。该测验以设计者贝利·布拉泽顿博士的名字命名（Berry Brazelton, 1973, 1984; Brazelton & Nugent, 1995），适合于新生儿到 2 个月大的婴儿。

它通过测量诸如活动水平和把手放到嘴边等能力来评估新生儿的*运动组织*；可以评估新生儿的*反射活动*以及*状态变化*，例如应激性、兴奋性和由躁动状态渐渐安静下来的能力；也可以通过考查新生儿的一般警觉程度和对视听刺激做出的反应来评估他们的*注意和互动能力*；还可以检测新生儿*中枢神经系统*的不稳定性，例如颤抖和肤色变化。这一测试根据婴儿的最佳表现进行评分，施测大约需要 30 分钟。更新版"新生儿行为观察系统"（NBO）（Nugent, Keefer, O'Brien, Johnson, & Blanchard, 2005）是专门为在医院、诊所和家庭中的新生儿提供临床护理而设计的。

新生儿医学疾病筛查　那些遗传了苯丙酮酸尿症（PKU）（参见表 3-1）的婴儿必须在最初的 3~6 周内接受特定的食疗，否则会出现心理发育迟滞（Natinal Institutes of Health［NIH］Consensus Development Panel, 2001）。婴儿出生后立刻进行筛查通常都能够发现这些可治愈的疾病。

截至目前，对所有新生儿进行罕见的遗传性疾病筛查，如 PKU（每 15 000 名新生儿中有 1 人患病）、半乳糖血症（每 60 000~80 000 名新生儿中有 1 人患病）甚至是更加罕见的疾病都非常昂贵。然而，从数千名新生儿中检测出 1 例患病儿所花费用要比护理 1 名心理发育迟滞的人一辈子所花费用少得多。如今，人们可以使用串联质谱法，用一份血液标本来检测 20 余种疾病。随着这种检测方法的出现，美国大约一半的州扩展了强制筛查的范围。新英格兰的一些州针对新生儿所做的一项研究发现，与通过临床诊断识别出的婴儿相比，通过筛查识别出的婴儿出现发育迟滞的情况较少，需要住院治疗也较少。然而，这些测试又可能产生假阳性结果，即在新生儿没有问题时，测试结果显示新生儿存在问题。这可能会引起家长不必要的焦虑以及一些价格不菲却又不必要的治疗（Waisbren et al., 2003）。

学习检查站
你能否……
✓ 讨论阿普加量表、布氏量表和新生儿医学疾病筛查的主要作用？

表 4–1　阿普加量表

特征*	0	1	2
外貌（肤色）	泛青、苍白	身体呈粉红、四肢发青	通体粉红
脉搏（心率）	无	慢（低于 100）	快（多于 100）
面部表情（反射敏感性）	无反应	面部扭曲	咳嗽、打喷嚏、啼哭
活动（肌肉弹性）	松软无力	虚弱、不活跃	强劲、动作活跃
呼吸状况（呼吸）	无	无规律、缓慢	良好、大声啼哭

* 每个特征从无到有，按 0 分、1 分和 2 分进行评分；最高总分是 10 分。

资料来源：V. Apgar, 1953.

学习指路标

6. 新生儿睡眠、清醒和活动的模式是如何变化的?

觉醒状态

婴儿有一个“内部生物钟”用来调节他们日常的吃饭、睡眠、排便，甚至是情绪。这些觉醒、睡眠和活动的周期控制着婴儿的**觉醒状态**（state of arousal）或警醒程度（见表 4-2），这些周期似乎是天生且独特的。觉醒状态的变化与许多脑区相关联，所有身体系统的功能都会随之发生改变（Ingersoll & Thoman, 1999）。

每天，大部分新生儿有 75% 的时间（约 18 个小时）用来睡觉，无论白天还是夜晚，他们通常会每隔三四个小时就醒一次，吃点东西（Ferber & Makhoul, 2004; Hoban, 2004）。新生儿通常是在安静睡眠（常态的）和动态睡眠（非常态的）之间不断切换。动态睡眠相当于快速眼动睡眠（REM），这是成年人做梦时才出现的一种睡眠形式。动态睡眠每隔 1 小时都会有规律地出现，并且占新生儿睡眠总时间的 50%。在儿童 3 岁时，动态睡眠会下降到每天睡眠总时间的 30% 以下，并且在个体的一生中随着年龄的增长会持续下降（Hoban, 2004）。

学习检查站

你能否……

✓ 解释唤醒状态是如何反映婴儿的神经状况的，并讨论新生儿状态的变化?

✓ 阐述睡眠方式是如何变化的以及文化因素如何影响这些方式?

从第一个月开始，婴儿夜间睡眠的时间逐渐延长，同时白天清醒的时间越来越多，所需的睡眠总量减少。有些婴儿从第 3 个月起就能睡一整夜觉了。到 6 个月大时，婴儿通常在晚上可以连续睡 6 个小时，但是夜间短暂的觉醒也是正常的，甚至在婴儿晚期和学步期也会出现此现象。两岁的幼儿通常每天会睡 13 个小时，其中包括每天下午的小憩（Hoban, 2004）。

在不同文化中婴儿的睡眠节律和时刻表存在差异。在密克罗尼西亚特鲁克人和加拿大海尔人中，婴儿和儿童没有常规的睡眠时刻表，只要觉得累了他们就可以睡觉。

表 4-2 婴儿的唤醒状态

状态	眼睛	呼吸	活动	反应
有规律的睡眠	合眼不动	慢而均匀	无，除了一般情况下的突然惊厥	不会被轻微刺激唤醒
不规律的睡眠	闭眼 偶尔会快速眼动	不均匀	肌肉扭曲，但无主要活动	有声音或光线能导致睡眠中婴儿微笑或皱眉
瞌睡	时闭时睁	不均匀	稍活跃	微笑、惊厥、吮吸或对刺激做出反应
安静觉醒状态	睁眼	均匀	安静，会在观察四周时转头、伸展四肢和身体	对环境产生兴趣，主动搜索四周的人或事
清醒状态的活动和哭啼	睁眼	不均匀	非常活跃	外部刺激（例如饥饿、寒冷、疼痛、受约束或被放下）能引起更多活动，或许从轻轻啜泣变为嚎啕大哭或踢腿，或者从始至终都在不协调地翻来覆去和哭闹

资料来源：摘自 Prechtl & Beintema, 1964; P. H. Wolff, 1966。

同样他们也没有专门用于睡觉的房间。生活在肯尼亚的古西族人，婴儿会在照料者的臂膀和后背上睡觉。在很多文化中，婴儿会与父母同床（参见专栏 4-1），而且这种方式可能会延续到童年早期。有些美国父母为了保证婴儿的夜间睡眠，会为他们安排晚间喂食时间。在肯尼亚的农村，母亲会根据婴儿需要随时给他们哺乳，4 个月大的婴儿一觉只连续睡 4 个小时（Broude, 1995）。

存活和健康

学习指路标

7. 哪些分娩并发症会危及新生儿？从长远来看，这些并发症又会给婴儿带来什么影响？

绝大多数新生儿都是正常健康的，但也有例外。分娩时哪些并发症会给婴儿造成伤害？有多少婴儿在婴儿期就夭折了，是因为什么而夭折的？可以采取哪些措施有效预防童年期患病？我们如何确保婴儿能够健康地存活、成长和发展？

分娩并发症及其后果

在产程较长且分娩过程比较困难时，一些产妇经常会说"一定是个男孩"。这句老话还是挺有道理的：生男孩比生女孩更容易产生并发症，部分原因是男婴比女婴的个头大（Bekedam, Engelsbel, Mol, Buitendijk, & van der Pal-de Bruin, 2002; Eogan, Geary, O'Connell, & Keane, 2003）。

大部分胎儿都能健康出生，但也有胎儿会在分娩过程中受伤。有些胎儿因在子宫内的时间过长或过短、出生时太小，会出现一些并发症，在出生时或出生后不久就夭折了。我们来了解一下这些潜在的分娩并发症，并讨论如何避免或治愈这些疾病，以便最大限度地让胎儿健康出生。

产　伤　每 1 000 名新生儿中大约有 2 名会出现**产伤**（birth trauma），即出生时造成的损害（Wegman, 1994）。产伤的原因包括缺氧、疾病或感染以及物理损伤。有时，产伤会导致婴儿永久性大脑损伤、智力迟滞、行为问题，甚至死亡。

胎儿电子监护主要用于发现任何可能导致脑损伤的供氧不足问题。2002 年，美国安全出生的胎儿中有 85.2% 采用了这一措施（Martin et al., 2003）。胎儿电子监护能够在高分娩风险的情况下提供有价值的信息，如胎儿体型过小或者可能存在危险时。然而，在妊娠期使用这种监护也存在一定风险。这种监护非常昂贵；它会限制母亲在分娩过程中的动作；最重要的是，它报告出"假阳性"的几率非常高，即在胎儿健康安全的情况下报告胎儿存在问题。这类警告可能会导致医生给产妇实施更具危险性的剖腹产而非自然分娩（Nelson, Dambrosia, Ting, & Grether, 1996）。

睡眠习惯

在不同文化中，新生儿的睡眠习惯大相径庭。在很多社会中，婴儿出生后的前几年通常会和母亲睡在同一个房间，而且经常会同床睡，这样做是为了方便夜间护理（Broude, 1995; Hoban, 2004）。在美国的中产阶段家庭里，婴儿通常拥有自己的床或房间；但在一些老城区的低收入家庭里，婴儿和父母同床的情况很普遍（Brenner et al., 2003）。事实上，在近半数的美国家庭中，年幼的孩子会和父母同床睡（Hoban, 2004）。

通过访谈发现，美国中产阶级家庭的父母和危地马拉农村玛雅人家庭的母亲在解释婴儿的睡眠安排时体现了他们的育儿观（Morelli, Rogoff, Opperheim, & Goldsmish, 1992）。将婴儿在最初的3~6个月间放在同一房间、但不同床睡的美国父母表示，他们和孩子分开睡是为了让孩子独立自主、不依赖别人。玛雅母亲直到分娩下一个孩子时，婴幼儿才会和家里其他人一起睡或者与母亲分床睡。玛雅母亲很重视亲密的亲子关系，当她们听说有人让婴儿单独睡一个房间时感到非常震惊。

有些研究者发现，母婴同床对婴儿的健康是有好处的。一个研究小组通过监控母亲和3个月大的婴儿的睡眠方式发现，同床睡的母婴会在夜里叫醒对方。研究人员认为，这样可以防止婴儿睡眠过深或者时间过长，也可以避免婴儿出现致命的长时间呼吸暂停（McKenna & Mosko, 1993）。

母婴同床还有利于母乳喂养。同婴儿一起睡觉的母亲在夜间哺乳的时间比独自睡觉的母亲多3倍（McKenna, Mosko, & Riochard, 1997）。母婴通过相互依偎感受着对方微妙的身体信号。母亲可以更快、更容易地对婴儿因饥饿而出现的抽泣做出回应，而不是等到婴儿的哭声大到在隔壁房间才能听到时再做反应。

然而，在某些情况下，例如父母睡的是软床或母亲有吸烟或服药的习惯，母婴同床可能会增加出现婴儿猝死综合症的风险（American Academy of Pediatrics Task Force on Infant Positioning and SIDS, 1997; Hauck et al., 2003; Malloy, 2004）。母婴同床还有可能出现成人夜里翻身压到婴儿的情况。对1994~1997年间圣路易斯地区因婴儿猝死综合症导致婴儿死亡的调查发现，被调查案例中近一半（47.1%）的案例发生在母婴同睡的床上（Kemp et al., 2000）。一项对美国俄亥俄州的克利夫兰发生的84例SIDS案例进行调查发现，母婴同床与婴儿更早死亡相关，尤其是母亲比较肥胖时（Carroll-Pankhurst & Mortimer, 2001）。

成人用床的设计无法达到婴儿用床的安全标准（NICHD, 1997, updated 2000; Scheers et al., 2003）。在日本，母婴通常会同床睡，但日本SIDS的发生率是世界上最低的国家（Hoffman & Hillman, 1992）。这可能是因为日本家庭一般都会在地板上铺一层薄垫子睡觉，这同其他一些习惯于母婴同床的发展中国家一样。

社会价值观会影响父母的态度和行为。在本书中，我们将会看到很多由文化所决定的态度和行为对儿童产生影响的类似情况。

我思我秀

从初步的医学证据来看，母婴同床可能会导致SIDS。是否应该建议有母婴同床习惯的母亲不要再这样做了？

课外链接

若想获得更多关于本话题的信息，请登录 http://www.zerotothree.org/0-3_1198.htm 。这是一篇关于0~3岁婴幼儿的文章，探讨了“与婴儿睡眠有关的、不断发展的复杂问题”。

胎儿过度成熟　近 7% 的孕妇在预产期或孕期超过 42 周时仍未分娩（Martin et al., 2003）。这种情况可能导致出现**胎儿过度成熟**（postmature）的风险。过度成熟的胎儿体型可能瘦长、脆弱；他们在子宫内继续成长但却无法获得足够的血液供给，胎盘因老化而导致供氧量下降；婴儿尺寸变大也会使分娩更加困难；过度成熟的胎儿还可能会出现脑损伤，甚至死亡等问题。有时医生会使用药物催产或者实施剖腹产来解决这些问题。

低出生体重　2003 年，美国有 7.9% 的新生儿是**低体重儿**（low birth weight baby），出生时体重低于 2 500 克，这一比例达到了美国近 30 年来的最高水平。极低体重儿出生时体重不超过 1 500 克，占新生儿总人数的 1.4%。低出生体重仅次于先天缺陷，是导致婴儿死亡的第二大原因（Martin, et al., 2005），因此，预防和治疗低体重儿能够明显提高婴儿出生后第一年的存活率。

与世界上其他国家相比，美国在救治低体重儿方面更为成功，但是美国低体重儿的出生率却高于欧洲、亚洲以及中东等地区的 21 个国家（UNICEF, 2002）。从 1990 年起，美国低体重儿不断增多，很大程度上是由多胞胎出生率增加所致（Martin et a., 2005）。

低体重儿通常是因早产或是小于胎龄所致。妊娠期不足 37 周就出生的胎儿被称为**早产（未成熟）儿**［preterm (premature) infants］，他们的体型和胎龄可能相符，也可能不符。2003 年，12.3% 的婴儿是早产儿，比 1990 年增加了约 16%（Martin et al., 2005）。**小于胎龄儿**（small-for-gestational-age infants）可能是早产儿，也可能不是，体重低于 90% 的同胎龄婴儿。他们体形较小，主要是由出生前营养不良而导致发育迟缓。

50% 左右的早产儿会伴有子宫感染，这并非是分娩时使用抗生素所出现的反应。导致这类感染的其他原因有母亲或胎儿的压力、胎盘出血以及子宫延伸过长，这些情况常见于怀多胞胎的孕妇。现已证明，对有早产倾向的孕妇提供产前检查、营养干预、居家监控子宫活动以及对药物、卧床休息和水合作用进行指导等措施并不能阻止早产情况的发生（Goldenberg & Rouse, 1998; Lockwood, 2002）。当前，效疗较好的一种治疗药物是*己酸羟孕酮*或 *17P* 的孕酮激素。一项在 13 个主要医学研究中心进行的、为期两年半的追踪研究发现，有过早产经历的孕妇使用 17P 的孕酮激素，可以将其再次早产的几率降低约 1/3（Meis et al., 2003）。

哪种人更可能生出低体重儿？　产妇生育低体重儿的因素包括：（1）人口学和社会经济因素，比如非裔美国人、孕妇年龄小于 17 岁或者大于 40 岁、贫穷、未婚、受教育水平低；（2）孕前的体质因素，如之前未生过孩子或生育超过 4 个孩子、身高过矮或者体重过轻、曾经生过低体重儿或多次流产、孕妇本身是低体重儿、生殖系统或泌尿系统异常以及慢性高血压；（3）产前的行为和环境因素，例如营养不良、

这个不到 17 岁的女孩在孕期吸烟，具备两个生出低体重儿的危险因素。

产前检查不足、吸烟、酗酒或服用其他药物以及生活在压力、高海拔或含有有毒物质的环境中；(4) 怀孕期的健康状况，例如阴道出血、感染、高血压或低血压、贫血以及体重增加过少（Arias, MacDorman, Strobino, & Guyer, 2003; S. S. Brown, 1985; Chomitz, Cheung, & Lieberman, 1995; Nathanielsz, 1995; Shiono & Behrman, 1995; Wegman, 1992; Zhu, Rolfs, Nangle, & Horan, 1999）。最安全的怀孕间隔期是 18~23 个月（Zhu et al., 1999）。

非裔美国人群中低体重儿的比例（13.4%）是美国白人和西班牙裔人群的两倍多，这也是导致非裔美国婴儿高死亡率的主要原因之一（Martin et al., 2005; 见表 4-3）。研究发现，非裔美国孕妇较高的低体重儿出生率和早产风险，似乎和该人群的社会经济地位没有关系，而是因为这一人群有较高的压力水平和较多的阴道感染情况。非洲或加勒比海的黑人孕妇所生育的婴儿并不存在这类高风险（David & Collins, 1997）。

即刻治疗及其后果 对于体型过小的婴儿来说，最令人担忧的问题是他们在婴儿期夭折。因为他们的免疫系统未充分发育好，所以特别容易感染病毒，导致生长缓慢或发育停滞（Stoll et al., 2004）。母乳喂养可以防止他们感染病毒（AAP Section on Breastfeeding, 2005; Furman, Taylor, Minich, & Hack, 2003）。同时，这些婴儿的神经系统发育还不成熟，不具备维持生存的基本功能，例如吮吸，因而需要接受静脉营养注射。因为没有足够的脂肪保护或产生热量，所以他们难以维持正常体温。呼吸窘迫综合征是低体重儿的一种常发病。早产儿的

表 4-3 出生体重、死亡率和种族（2003 年）

	低出生体重率（%）（低于 2500 克）	超低出生体重率（%）（低于 1500 克）	婴儿死亡率*（每 1000 个）	新生儿死亡率**（每 1000 个）	出生后死亡率***（每 1000 个）
黑人婴儿（非西班牙裔）	13.4	3.1	13.9	9.3	4.6
白人婴儿（非西班牙裔）	6.9	1.2	5.8	3.9	1.9
西班牙裔婴儿	6.5	1.2	5.6	3.8	1.8

注：在出生后第一年，黑人婴儿比白人婴儿或西班牙裔婴儿更易死于出生缺陷或疾病、婴儿猝死综合症、呼吸窘迫综合征、妊娠期相关疾病、低出生体重以及分娩并发症。

* 出生后 1 年内死亡。** 出生后 4 周内死亡。*** 出生后 4 周至 11 个月内死亡。

资料来源：martin et al., 2005.

阿普加得分较低则表明他们有较高的危险并且需要重症监护（Weinberger et al., 2000）。

低体重儿被放置在保育箱（一种抗菌、能调节温度的婴儿床）中，通过软管喂食。为了克服保育箱中的感觉刺激匮乏，医疗工作者和家长需要给予小婴儿特殊护理。通过布氏量表的测量显示，温柔的按摩有助于促进婴儿发育、增加体重、促进身体活动、提高警觉功能和行为组织的发展（T. M. Field, 1986, 1998b; T.Field, Hernandez-Reif, & Freedman, 2004; Schanberg & Field, 1987），还有利于缩短住院时间（T. Field, Hernandez-Reif, & Freedman, 2004; Standley, 1998）。

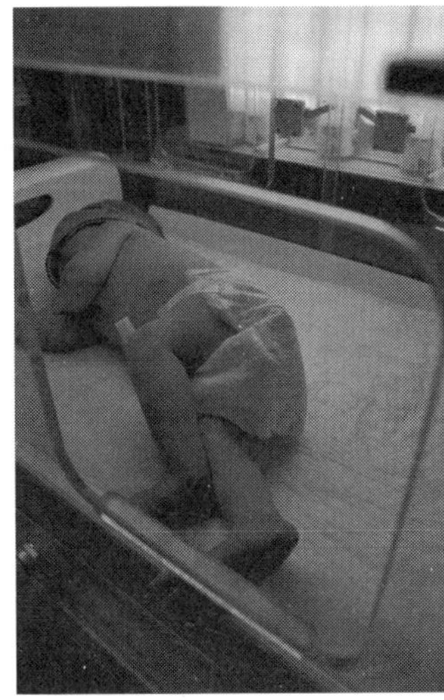

无菌、可控制温度的婴儿床，又称早产婴儿保育箱。早产儿躺在保育箱里，医生或家长通过箱上的洞口可以检查、抚摸婴儿。频繁的身体接触有助于早产儿健康生长。

与同龄的足月儿相比，早产儿发育不平衡。他们警觉性高且容易失眠，每段静态睡眠的时间更长，动态睡眠中会表现出更多的快速眼动睡眠。另一方面，他们的睡眠时间比较零碎，在睡眠和清醒之间的转换更多（Ingersoll & Thoman, 1999）。"袋鼠式护理"是将出生后的婴儿脸朝下放在母亲乳房中间持续一小时，这种安慰性的母婴接触可以帮助早产婴儿和足月儿逐渐适应外部世界中的各种感官刺激，降低婴儿中枢神经系统的压力，并有利于婴儿自主管理其睡眠和活动（Ferber & Makhoul, 2004）。

许多早产儿缺少表面活性剂，这是肺部表面的一种重要物质，可以防止肺泡萎陷。早产儿的呼吸不规律，甚至完全停止。为高风险的早产儿提供表面活性剂能够大大提高他们的存活率（Corbet et al., 1995; Goldenberg & Rouse, 1998; Horbar et al., 1993; Stoelhorst et al., 2005）。当前，体重在 1 000 克至 1 500 克的超低体重儿的存活率超过 90%，体重在 500 克至 999 克的极低体重儿的存活率超过 70%（Msall, 2004）。然而，存活率的增加导致这些婴儿出现呼吸道问题（Stoelhorst et al., 2005）和神经发育缺陷（Hack, Friedman, & Fanaroff, 1996; Msall, 2004; Stoll et al., 2004）的几率也随这增加了。

长期后果　即使低体重儿在最危险的几天内能够存活下来，我们仍然需要关注他们的未来。早产儿和小于胎龄儿患成人型糖尿病的风险会更高（Hofman et al., 2004; Sperling, 2004）。小于胎龄儿患心血管疾病的风险更高（Sperling, 2004）。

在极低体重儿中，认知缺陷，尤其是记忆和加工速度缺陷在其 5 个月大时就开始显现，并且持续到童年期（Rose & Feldman, 2000; Rose, Feldman, & Jankowski, 2002）。对极低体重儿进行的一项纵向研究发现，存活下来的婴儿比同龄的足月儿长得小，且更可能出现认知、教育以及行为问题（Anderson, Doyle, and the Victorian Infant Collaborative Study Group, 2003; Saigal, Stoskopf, Streiner, & Burrows, 2001）。同样，和足月儿相比，胎龄不足 26 周的早产儿在 6 岁时更可能表现出神经功能和认知功能缺陷（Marlow, Wolke, Bracewell, & Samara for the EPICure Study Group, 2005）。

婴儿出生时体重越低，到 10 岁时，他们在智力和学业成就测验中的成绩也会越低，也越可能需要特殊教育或留级（Saigal, Hoult, Streiner, Stoskopf, & Rosenbaum, 2000）。出生时体重极低的人与出生时体重正常的人相比，到成年时更有可能出现大脑异常、感觉神经缺陷、高血压、低智商以及低学业成就等问题（Fearon et al., 2004; Greene, 2002; Hack et al., 2002; Hardy, Kuh, Langenberg, & Wadsworth, 2003）。

我思我秀

- 从长远来看，对于超低体重儿的医疗护理，究竟应该投入多少社会资源来救治这些婴儿？

在一项对296名婴儿进行的纵向研究中，参与者的平均出生体重刚好达到908克，被认为有边缘的智力迟滞问题。研究结果发现，在童年早期，他们中的大多数人都表现出认知水平的提高，在8岁左右，其智力达到正常水平。生活在双亲家庭中的孩子，那些母亲接受过高等教育、未遭遇过重大脑损伤以及不需要特别帮助的儿童表现得最好（Ment et al., 2003）。出生体重并不是后遗症的唯一决定性因素，环境因素也会产生影响。我们将在后面章节中继续探讨该问题。

学习检查站

你能否……

- ✓ 解释产伤和胎儿过熟的危险，并讨论胎儿电子监护的用途和价值？
- ✓ 讨论低体重儿的风险因素、治疗和结果？
- ✓ 解释美国死胎率降低的原因？

死　胎 死胎是出生和死亡这两种对立状态同时上演的悲剧。胎龄超过23~24周的胎儿可以勉强在子宫外存活，在这一时间点之后死亡的胎儿称为死胎。有时，胎儿的死亡在出生前就被诊断出来，但也有例外情况，如在分娩过程中才发现胎儿死亡。

产期死亡（胎儿在出生过程中或出生后24小时内死亡的现象）中有一半以上是死胎。在瑞典和美国，每1 000名新生儿中，有3~4名是死胎（Surkan, Stephansson, Dickman, & Cnattingius, 2004）。虽然造成死胎的原因至今尚不清楚，但胎儿发育受限是主要原因。相对于他们的胎龄，很多死胎都显得更小，这表明子宫内营养不良。如果一位母亲的第一个孩子小于胎龄，那么她在第二次怀孕时出现死胎和早产儿的风险会很高（Surkan et al., 2004）。

在过去的20年间，美国孕妇在孕晚期出现死胎的数量明显下降，这主要归功于胎儿电子监护、超声波以及其他防护措施的使用，这些技术能及时发现是否存在先兆子痫（一种中毒状态）或者胎儿生长受限等危险，并及时对认定存在问题的胎儿实施提前分娩（Goldenberg & Rouse, 1998）。

支持性环境能够克服分娩并发症的影响吗？

克服妊娠并发症所造成的早期缺陷主要依赖于两个相互关联的因素：家庭的社会经济环境和早期环境的质量（Aylward, Pfeiffer, Wright, & Verhulst, 1989; McGauhey, Starfield, Alexander, & Ensminget, 1991; Ross, Lipper, & Auld, 1991）。婴儿健康与发展项目和考艾岛项目这两项重要研究表明，良好的条件可以使婴儿获得积极的发展。

婴儿健康与发展项目 婴儿健康与发展项目（IHDP，1990）大大提高了来自不同家庭环境的低体重儿的认知发展，尤其是那些家境贫寒以及母亲未接受过高等教育的婴儿（Brooks-Gunn, 2003）。该研究追踪了985名早产的低体重儿，大多数来自处境不利的家庭。从这些婴儿出生时开始研究，到他们三岁时结束。1/3出生时体重较

重（但仍属于低体重儿）的婴儿和较轻的婴儿被随机分配到干预组，他们的父母接受家访、咨询服务、有关孩子健康与发展状况的信息以及儿童游戏和活动方面的培训，一年后，这些婴儿参加了带有教学性质的日托班。

当该项目结束时，与出生体重类似、只接受了儿科随访的控制组儿童相比，干预组中的三岁儿童，无论是出生体重较轻还是较重的，在认知和社会性方面表现更好，也表现出更少的智力发育迟滞和行为问题（Brooks-Gunn, Klebanov, Liaw, & Spiker, 1993）。然而到五岁时，干预组中出生体重较轻儿童的认知优势已经消失（Brook-Gunn et al., 1994）；到八岁时，干预组中出生体重较重儿童的平均智商也仅比对应控制组中的儿童高 4 分，并且，两组的智商得分和词汇量均显著低于平均水平（McCarton et al., 1997; McCormick, McCarton, Brooks-Gunn, Belt, & Gross, 1998）。想让干预效果更持久，也许在儿童 3 岁后需要继续进行干预（Blair, 2002）。

对整个 IHDP 样本进行的深入研究主要强调家庭生活事件的重要性。那些报告在孩子 6~12 个月间自己体验过压力性事件，如疾病、丧友或丧亲、搬家或更换工作的母亲，其孩子在 3 岁时从干预中获得认知方面的收益会较少（Klebanov, Brooks-Gunn, & McCormick, 2001）。相比家庭条件更好的儿童，那些很少获得父母关注和照料的儿童，其体型可能更小，在认知测验中的表现也会较差（Kelleher et al., 1993; McCormick et al., 1998）。认知表现保持较高水平的儿童，其母亲的认知水平也较高，并且敏感、富于启发性。那些拥有超过一项危险因素（例如产前健康状况很差、母亲未接受过咨询、受教育程度不高或不够敏感）的儿童表现最差（Liaw & Brooks-Gunn, 1993）。

考艾岛研究　在长达半个世纪的时间内，艾米·威纳（Emmy E. Werner）与由儿科医师、心理学家、公共卫生工作者和社会工作者组成的小组对 1955 年在夏威夷的考艾岛出生的 698 名儿童进行追踪研究，从胎儿期一直持续到成年中期（1987, 1995; Werner & Smith, 2001）。研究者访谈准妈妈，监护她们的怀孕情况，并在她们的孩子 1 岁、2 岁和 10 岁时回访她们。研究者观察儿童在家里的表现，并且在小学和高中时进行能力、成就和人格测验，同时从老师那里获得这些儿童的发展报告。这些儿童进入成年期后还会定期接受访谈。

艾米·威纳及其同事对风险儿童的研究发现，由于这些风险儿童具有复原力，三分之一的人后来成为自信、成功的成年人。这些儿童能够积极主动地解决问题，擅于从痛苦经历中发现积极面，他们能引起他人的主动反应，持有一种憧憬美好生活的乐观心态。

对于曾经受到低出生体重或者其他妊娠并发症困扰的儿童来说，只有当长期生活在贫穷环境中时，他们的生理和心理发展才会受到严重影响。除了在儿童早期受到的损伤非常严重、并需要送到专门的机构寄养的儿童外，那些生活在富足稳定环境中的儿童通常会有良好的表现（E. E. Werner, 1985, 1987）。与那些分娩顺利、但家庭中缺乏智力鼓励或情感支持的儿童相比，他们更少产生语言、知觉、情绪和学习方面的问题（E. E. Werner, 1989; E. E. Werner et al., 1968）。那些出生时遇到问题且在日后经历压力事件的儿童，其健康状况最差，发展速度最迟缓（E. E. Werner, 1987）。

最值得注意的是某些能避免压力伤害的儿童的复原力。即使这些儿童经受过来自多方面的压力。如出生时有妊娠并发症，后来又面临长期贫穷、家庭紊乱、父母离异或父母有精神疾病等问题时，很多儿童也能够健康成长且不会受到伤害。在两岁时被查明有 4 种以上危险因素的 276 名儿童中，2/3 的人在 10 岁存在严重的学习和行为问题，或在 18 岁时早孕、犯罪或有情绪困扰。然而到 30 岁时，1/3 的高危儿童已经变成"有能力、自信并富有同理心的成年人"（E. E. Werner, 1995, p.82）。在研究者可以获得追踪数据的所有参与者中，有一半左右的人成功地度过了 30 岁和 40 岁的转型期，并且女性比男性适应得更好（E. Werner & Smith, 2001）。

学习检查站
你能否……
- ✓ 讨论家庭环境和干预项目在克服低出生体重和其他分娩并发症的不良影响上的有效性？
- ✓ 列举出考艾岛研究中已确认的三种保护性因素？

保护性因素（protective factors）能够降低早期压力对个体造成的影响，具体可以分为三类：（1）个人特征，例如精力、社交能力和智力；（2）至少与一名有支持力的家庭成员之间情感联结紧密；（3）在学校、单位或者宗教相关场所获得奖励，进而获得个体生命的意义感和掌控感（E. E. Werner, 1987）。虽然在童年期，家庭环境会对个体产生最重要的影响，但进入成年期后，个体自身的素质会产生更大的影响（E. E. Werner, 1995）。

这些研究都强调需要结合周围环境来考察儿童的发展。它们揭示了生物因素和环境因素是如何相互影响使复原成为可能，即使是那些有严重妊娠并发症的儿童。（具有复原力的儿童的特点将在第 14 章进行探讨。）

学习指路标

8. 我们怎样能提高婴幼儿的存活率及健康水平？

降低婴儿的死亡率

虽然大部分婴幼儿不会遇到海伦·凯勒那样的可怕经历，但是婴儿期仍然是一段充满危险的时期。有多少婴儿是在他们出生后第一年就夭折的？原因又是什么？可以采取什么措施预防童年期的危险性疾病以及衰竭性疾病？我们如何确保婴幼儿正常地生活、成长和发展？

婴儿死亡率的趋势 2000 年，全世界大约有 800 万婴儿（约占总出生人口的 1/20）在出生后的第一年内夭折（Population Reference Bureau, 2005; UNICEF, 2002），其中 390 万死于于新生儿期（Black, Morris, & Bryce, 2003）。在许多发展中国家，婴儿夭折的现象更普遍。在安哥拉，每 1 000 名新生儿中有 193.8 名会在第一年夭折，而且，有些婴儿在出生时的预期寿命只有 37 岁（U.S. Census Bureau, 2003b）。大多数婴儿死亡都是由贫穷、母亲健康状况不佳、营养不良、感染和落后的医疗卫生条件综合作用的结果，这种死亡是可以预防的（UNICEF, 2003）。

在美国，**婴儿死亡率**（infant mortality rate），即出生后一年内死亡的婴儿比例，在近 40 年来一直稳步下降，2002 年有小幅度上升，从 0.68% 增至 0.7%。这一现象是由近年来多胞胎出生率上升以及超低体重儿数量增多导致（Martin et al., 2005）。

一半以上的婴儿死亡案例发生在婴儿出生后的第一周，2/3 的案例发生在新生儿期（Kochanek & Smith, 2004; Kochanek, Murphy, Anderson, & Scott, 2004）。在婴儿期最可能死亡的是男婴、早产儿、低体重儿、多胞胎婴儿，以及母亲怀孕时未成年或者大于 40 岁、低于高中学历、未婚、在妊娠期吸烟、较少或推迟接受产前检查的婴儿（Arias, MacDorman, Strobino, & Guyer, 2003; Mathews, Menacker, & MacDorman, 2003）。

在美国，出生缺陷（先天性缺陷）是导致婴儿死亡的最主要原因。紧随其后的是与早产和低出生体重相关的疾病、婴儿猝死综合症（SIDS）、母亲的妊娠并发症以及胎盘、脐带和薄膜等并发症。由这五种原因导致婴儿死亡的人数占婴儿死亡总人数的一半以上（Martin et al., 2005）。

自 1990 年以来，即使有更多的婴儿因为出生时体重过轻而面临危险，但美国的婴儿死亡率不断下降。这种进步很大程度上得益于 SIDS 的预防（在下一部分讨论），呼吸系统疾病的有效治疗以及对体型极小婴儿的医疗护理技术的进步（Arias et al., 2003）。另一个重要的原因是，很多城市关闭制造业工厂，空气污染程度明显降低（Greenstone & Chay, 2003）。尽管如此，由于低体重儿很普遍，因此，与其他一些发达国家或地区相比，美国婴儿仍更可能在出生后第一年内夭折（Arias et al., 2003; U.S. Census Bureau, 2003b; 见图 4-2）。

婴儿死亡率的种族/民族差异 在美国，虽然各个种族和民族的婴儿死亡率都有所下降，但是不同种族和民族之间仍然存在较大差异（Hesso& Fuentes, 2005）。非西班牙裔黑人婴儿在第一年的死亡率是西班牙裔黑人和白人婴儿死亡率的 2.5 倍（Martin et

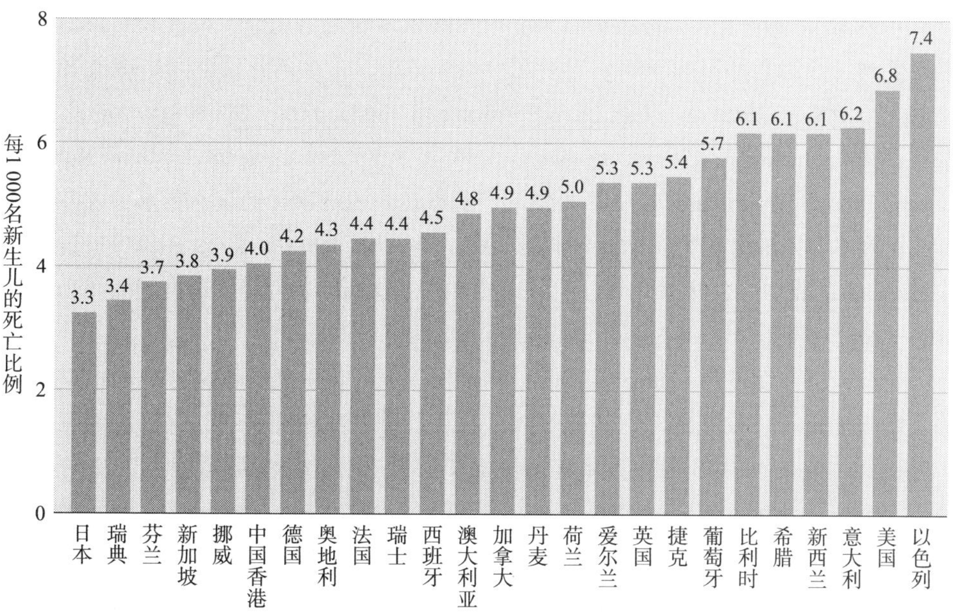

图 4-2
2003 年发达国家或地区的婴儿死亡率。美国的婴儿死亡率高于其他 19 个国家或地区，主要是因为非裔美国婴儿的死亡率极高。最近几年，大部分国家或地区的情况（包括美国）已经得到极大改善。

资料来源：U.S. Census Bureau, 2003.

al., 2005; 见表 4-3），这在很大程度上是因为低体重儿和婴儿猝死综合症在非裔美国人中更为普遍（Kochanek & Smith, 2004; Kochanek et al., 2004）。美国印第安人和阿拉斯加土著人的婴儿死亡率是白人婴儿死亡率的近 2 倍，这主要是由于婴儿猝死综合症和胎儿酒精综合症导致（American Public Health Association, 2004）。

群体内差异经常会被忽视。西班牙裔婴儿的死亡率略低于非西班牙裔白人婴儿，但是高于该群体内的波多黎各婴儿*。从整体上看，亚裔美国婴儿的死亡率是最低的，但是太平洋岛屿婴儿死亡的风险比美国白人婴儿高 31%（American Public Health Association, 2004; Mathews et al., 2003）。

少数种族在获得卫生保健的可能性以及质量等方面存在种族或民族差异（Flores, Olsen, & Tomany-Korman, 2005），这有助于解释婴儿死亡率的种族或民族差异，但是，行为因素也可能起一定作用。肥胖、吸烟和饮酒是导致不良妊娠结果的原因。非裔美国人的肥胖比例最高，美国印第安人和阿拉斯加土著人的吸烟和酗酒情况更严重。美国白人准妈妈接受产前检查的比例为 85%，而美国印第安人和阿拉斯加土著人的这一比例不足 69%（American Public Health Association, 2004）。由于影响婴儿死亡率的原因和危险因素在各种族群体之间有所差异，因此，要想进一步降低婴儿的死亡率，就需要针对某一特定种族特有的因素做出努力（Hesso & Fuentes, 2005）。

婴儿猝死综合症 **婴儿猝死综合症**（sudden infant death syndrome，SIDS），有时也称为“*摇篮死*”，是指婴儿在出生后第一年内突然死亡。即使是进行了彻底的调查研究，甚至包括解剖，该死亡原因目前仍不清楚。SIDS 是婴儿在新生儿期之后死亡的主要原因（NCHS, 2003），常见于美国印第安人和非裔美国人的婴儿中（Mathews et al., 2003）。

SIDS 是许多因素共同作用的结果。潜在的生理缺陷会让婴儿在发展的关键期更容易受到特定因素的影响，例如生活在吸烟环境中、出生前常接触咖啡因或者趴着睡觉（AAP Task Force on Infant Sleep Position and Sudden Infant Death Syndrome, 2000; Cutz, Perrin, Hackman, & Czegledy-Nagy, 1996; R. P. Ford et al., 1998; Kadhim, Kahn, & Sebire, 2003）。在怀孕的第 3~6 个月期间，如果母亲血液中甲胎蛋白的水平较高，就可能出现不明原因的死胎或 SIDS 的征兆（Smith et al., 2004）。SIDS 还具有遗传因素（Ackeman et al., 2001; Weese-Mayer et al., 2003），这有助于解释非裔美国婴儿为何是 SIDS 的高发群体（Weese-Mayer et al., 2004）。

如今，已经发现的一条重要线索是患者脑干中的化学感受器或神经末梢存在缺陷，脑干能接收或发送信息以调控呼吸、心跳、体温和唤醒水平。这些缺陷可能始于胚胎期，它们会在婴儿趴着睡觉且呼出了大量二氧化碳时导致婴儿无法转头或难以醒来（AAP Task Force, 2000; Kinney et al., 1995; Panigrahy et al., 2000; Waters,

* 译者注：大部分属于西班牙后裔。

Gonzalez, Jean, Morielli, & Brouillette, 1996）。通常，即使是健康婴儿趴着睡觉也会抑制吞咽反射，这种反射可以通过咽下鼻液和消化液来保证空气流通以防止窒息（Jeffery, Megevand, & Page, 1999）。

现有研究表明，SIDS 和俯卧睡姿之间存在相关。但是，婴儿侧卧睡眠也很不安全，因为婴儿以侧卧姿势入睡，很可能会在睡觉过程中翻身，改为俯卧睡姿（AAP Task Force, 2000）。当人们遵从建议让婴儿仰卧睡眠以后，从 1992 年到 2001 年间，美国的 SIDS 发生率降低了 50%（Malloy, 2004），有些国家 SIDS 的发生率下降了 70%（Dwyer, Ponsonby, Blizzard, Newman, & Cochrane, 1995; C. E. Hunt, 1996; Skadberg et al., 1998; Willinger, Hoffman, & Hartford, 1994)。然而，这种下降趋势的部分原因是人们试图对 SIDS 进行更加清晰的界定，从而使一些原来被界定为 SIDS 的案例现在归为其他疾病（Hoyert et al., 2005; Kochanek & Smith, 2004; Malloy, 2004）。

医生建议婴儿不要睡在表面柔软的物体上，如枕头、被子或者羊毛皮，也不要在睡觉时盖过于宽松的东西，尤其是当他们趴着睡时，因为这可能会增加婴儿过热或再呼吸（指婴儿吸入自己呼出的废物）的危险（AAP Task Force, 2000; Hauck et al., 2003）。当婴儿睡在成人床、沙发、椅子或者其他不是专门为婴儿设计的物体上时，他们发生 SIDS 的危险就会增加 20 倍（Scheer, Rutherford, & Kemp, 2003）。母乳喂奶和橡胶奶嘴喂奶与 SIDS 存在低相关（Hauck et al., 2003）。

仰卧睡眠会导致一些需要上肢力量的动作出现短暂的发展迟缓，例如翻身、坐、爬行和站立等，但这些动作能够在正常年龄范围内发展起来（Davis, Moon, Sachs, & Ottolini, 1998），到 18 个月大时，这些发展差异会消失。婴儿在醒着或者有人照看时，保持一定时间的俯卧非常必要，这有利于他们发展肩部力量（AAP Task Force, 2000）。

受伤致死　在美国，意外伤害是导致婴儿死亡的第七大原因，同时，仅次于 SIDS 和天生缺陷，成为导致婴儿在出生后四周内死亡的第三大原因（Kochanek & Smith, 2004; Anderson, 2002）。黑人婴儿死于意外伤害的数量是白人婴儿的 2.5 倍，黑人婴儿成为谋杀受害者的数量是白人婴儿的 3 倍（Tomashek, Hsia, & Iyasu, 2003）。

婴儿在家中经常会意外受伤。在美国安大略省金斯敦进行的一项研究调查了 990 名前来急诊的婴儿，大部分婴儿是摔伤的（61.1%），这一比例远远高于其他受伤原因，如误服有害物质（6.6%）、烧伤（5.7%）等（Pickett, Streight, Simpson, & Brison, 2003）。

实际上，有些报告为意外受伤的情况，可能是因为照料者对婴儿哭闹厌烦而故意对其造成的伤害（参见专栏 4-2）。

实战演说

专栏4-2

摇晃婴儿综合症

我们常会见到这样的情况：一个6周到4个月大的婴儿，被父母或者照料者带到急诊室。这个婴儿可能会表现出一系列症状，例如嗜睡、颤抖、呕吐，甚至出现癫痫、痉挛、麻木或者昏迷，也可能表现为无法吸吮或吞咽、发出声响，或者是一直盯着一个物体看。然而，在婴儿身上却找不到任何受伤的迹象，并且婴儿的父母或者照料者也很迷惑，表示不知道孩子是如何变成这样的，或者只是声称孩子不小心摔了一下。更进一步的检查可能会发现一些类似受虐所导致的瘀青，医生采用放射性扫描（CT 扫描或采用磁共振成像技术）发现，婴儿的脑部和视网膜上有出血，这些可能是由于婴儿被粗鲁地过度摇晃所导致的（AAP Committee on Child Abuse and Neglect, 2001; National Center on Shaken Baby Syndrome, 2000）。

摇晃婴儿综合症（SBS）作为一种虐待形式（参见第6章），常见于两岁以下的儿童，通常会导致严重的、不可逆转的脑创伤。因为这种情况经常会被误诊和低估，因此它真实的发生率不得而知（AAP Committee on Child Abuse and Neglect, 2001; King, MacKay, Sirnick, & The Canadian Shaken Baby Study Group, 2003），但是据估计，仅在美国，这一事件每年就会发生600~1400例。这些婴儿通常在之前都有被虐待的经历，约20%的人会在受虐待的几天内死去。幸存下来的人可能会伴有各方面的残疾和障碍，如行为障碍、神经损伤、智力迟滞、脑性麻痹、瘫痪或者失明，也可能会变成植物人（Conway, 1998; King et al., 2003; National Center on Shaken Baby Syndrome, 2000）。

为什么成人会对无助的婴儿实施如此伤害？如果一个照料者无力应对压力或者对婴儿的行为抱有不切实际的期待，那么他（她）就可能会失去控制，并向哭闹的婴儿施暴，不顾一切地想使孩子安静下来。如果受到伤害的婴儿变得嗜睡或者失去知觉，那么照料者可能就会认为施暴是“有效的”，并且会在孩子再次哭泣时采用同样的方法；或者照料者可能会把失去知觉的婴儿放在床上，希望婴儿能够恢复。这样做会导致婴儿错过早期的最佳治疗时机（AAP Committee on Child Abuse and Neglect, 2001; National Center on Shaken Baby Syndrome, 2000）。

成年人应该清楚，婴儿的哭闹属于正常现象，并不是表示他们的照料技巧有问题，同时也要明白，施暴永远是“无效”的。（美国摇晃婴儿综合症中心就是他们可以寻求帮助的一个资源，888-273-0071。）父母还需要明白，婴儿进行一些适合其年龄的肢体运动是不会对他们造成伤害的（National Center on Shaken Baby Syndrome, 2000）。

我思我秀

- 为什么摇晃婴儿综合症会被频繁地误诊和低估？
- 采取什么措施能够提升公众对这一问题的了解？

课外链接

想获得更多关于这一话题的信息，请登录http://aboutshakenbaby.com。这是由佛罗里达癫痫协会资助的网站，提供了很多有关SBS的信息，列出了该疾病的症状和危险信号，并且给出了一些预防办法（包括安抚哭闹婴儿的方法），同时还会呈现授课视频。

我思我秀

- 父母是否有权拒绝给自己的孩子接种疫苗？如果没有，如何迫使他们接受？

增强免疫，促进健康

过去为人们所熟知某些致命的儿童疾病，如麻疹、百日咳和小儿麻痹症（脊髓灰质炎）等现在普遍都能进行有效预防了。这主要归功于提高自身免疫力的疫苗的发展。然而，还有很多儿童仍无法获得足够的预防。

在发展中国家，五岁以下儿童死亡的案例中有18%是死于疫苗可预防的疾病（Wegman, 1999）。一项为期五年的麻疹倡议项目希望通过提升2亿儿童的免疫力来挽救他们的生命。目前，这一倡议主要关注非洲地区。从 1990 年到 2000 年间，此类大型活动惠及世界上 80% 的 1 岁以下婴儿，并且使拉丁美洲儿童因麻疹致死的数量降低为零。然而，在其他 18 个国家（其中 14 个是非洲国家）中，只有不足一半的婴儿接种了该疫苗（UNICEF Press Centre, 2002）。

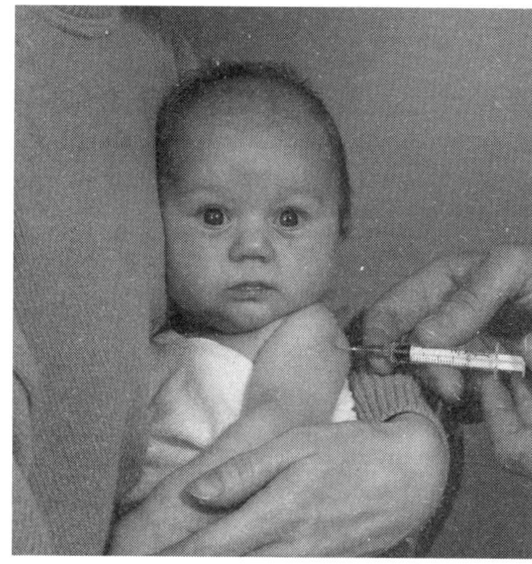

由于美国的婴儿普遍接种疫苗，传染病发病率陡然下降。但是，仍有许多婴儿，尤其是低收入地区的婴儿没有接种所有必需的疫苗或延迟接种。在发展中国家，每 5 个幼儿中有一个死于疫苗可预防的疾病。

自 1993 年起，美国发起了一项全国范围内的免疫计划，疫苗可预防的传染病的发病率已经下降了约 95%（AAP Committee on Infectious Diseases, 2000）。同时，免疫率一直保持在较高水平。2003 年，79.4% 的 16~35 个月的婴儿完成了一系列童年期疫苗的接种。尽管如此，还有很多儿童，特别是那些居住在城市贫民区的儿童，仍会遗漏至少一种疫苗的接种（Centers for Disease Control and Prevention [CDC], 2004），同时，75% 左右的婴儿至少有一种疫苗会延迟接种几个月（Luman et al., 2005）。1996 年到 2001 年间，美国白人儿童和黑人儿童以及西班牙裔儿童之间的免疫水平差距变大了（Chu, Barker, & Smith, 2004）。

有些父母会担心某些特定疫苗的负作用，尤其是白百破三联疫苗（DPT）、麻疹、流行性腮腺炎和风疹三联疫苗（MMR），认为它们会导致婴儿患自闭症或者其他神经发育障碍，因此犹豫要不要给自己的孩子接种疫苗。这种顾虑很大程度上是基于对硫柳汞的担心，这种防腐剂含有汞，并且在不含硫柳汞的疫苗开发出来之前得到广泛使用。然而，在美国和英国开展的多项研究中均未发现可信的证据来证实疫苗与自闭症或者其他神经发育障碍之间存在因果关系（Andrew et al., 2004; DeStefano, Bhasin, Thompson, Yeargin-Allsopp, & Boyle, 2004; Heron, Golding, and the ALSPAC Study Team, 2004; Mitka, 2004; Parker, Schwartz, Todd, & Pickering, 2004）。有些父母也会担心孩子接种的疫苗过多而导致他们的免疫系统无法应对病毒。（如今，两岁前的儿童通常会接种 11 种疫苗，需要打 20 多针。）事实恰好相反，接种多种疫苗可以增强免疫系统，使其能够对抗多种细菌和病毒，从而减少相应的感染（Offit et al., 2002）。

学习检查站

你能否……

- ✓ 总结婴儿死亡率的趋势，并解释为什么黑人婴儿的存活率低于白人婴儿？
- ✓ 讨论婴儿猝死综合症和婴儿摇晃综合症的危险因素和预防措施？
- ✓ 解释所有婴儿和学前儿童接种免疫疫苗的重要性？

早期的生理发展

值得庆幸的是，绝大部分婴儿都能够成功存活、正常发展和健康成长。他们会遵循什么发展规律呢？通常，婴儿的身体和大脑是如何发育的？婴儿对营养和睡眠的需求会如何变化？他们的感觉和运动功能会如何发展？

学习指路标

9. 哪些因素会影响婴儿身体和大脑的发育？

发展的基本规律

与胎儿期一样，婴儿的生长发育也遵循*头尾原则*和*近远原则*。

根据*头尾原则*，发展是从上到下进行的。因为婴儿的大脑在出生前发育迅速，所以新生儿的头部会显得有些不合比例。随着儿童的身高增加和躯体发育，头部所占比例会逐渐减小（见图 4-3）。感官和运动技能的发展也遵循同样的原则：在学会使用身体下肢之前，婴儿先学会使用身体的上半部分。他们先学会注视物体，然后才能控制躯体，在学会爬行和行走之前，他们早已学会用双手做很多事情了。

根据*近远原则*（由内向外），婴儿的成长和运动发展都遵循从身体中心向外周发育的定律。还在子宫中时，胎儿脑和躯干的发育就先于胳膊和腿，其次是手和脚的发育，最后出现手指和脚趾。从婴儿期到童年早期，胳膊和腿的发育始终快于手和脚的发育。与之相似，婴儿首先发展运用上臂和大腿（这些部位更接近于身体中心）的技能，然后才是使用前臂和小腿的技能，随后是手和脚，最后是手指和脚趾。

身体发育

儿童在出生后最初三年的发育比之后的任何时期都要快，尤其是在刚出生后的几个月间。5 个月大的时候，婴儿的平均体重已经增加了 1 倍，达到约 7.3 千克。到 1 岁时，体重将会是出生时的 3 倍，达到约 10.4 千克。这一增长速度在出生后第二

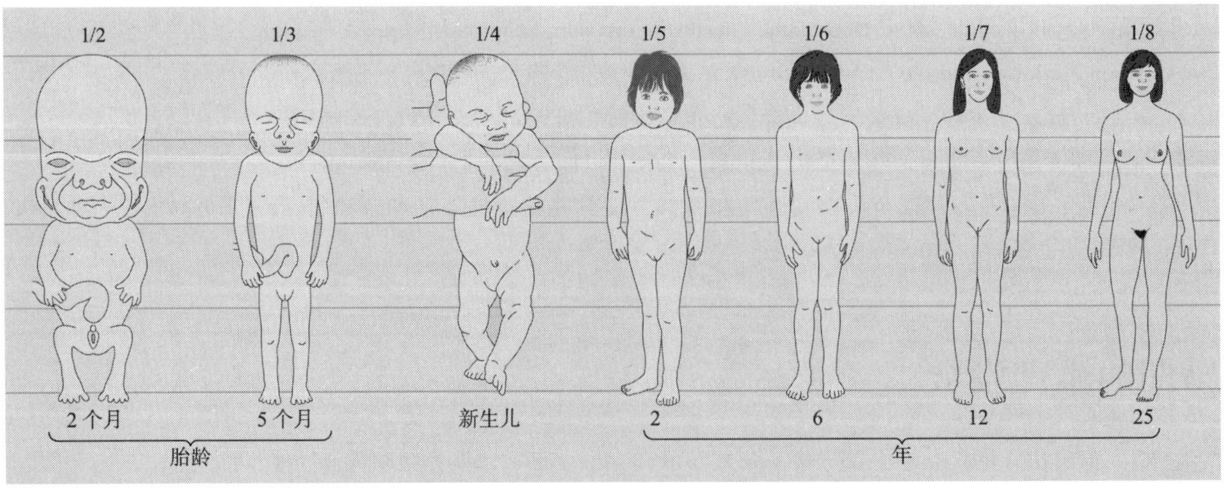

图 4–3

发育期间的身体比例变化。最显著的变化是，与身体其他部位相比，头变得更小。图中分数显示了在不同时期头部占整个身体长度的比例。躯体所占比例一直比较稳定（从脖子到胯部）。腿部所占比例的渐增和头部所占比例的渐减几乎是相当的。

年和第三年间将会逐渐减慢（见图 4-4）。通常，男孩的体重在两岁时会增加约 2.3 千克，在三岁时增加约 1.6 千克，体重将达到约 14.3 千克。男孩的身高在出生后第一年通常会增加约 25.4 厘米，两岁时会增加约 12.7 厘米，三岁时会增加约 7.6 厘米，身高将达到约 94 厘米。女孩与男孩的成长趋势相似，只不过在数量上略低于男孩。到三岁时，女孩平均体重比男孩轻约 0.45 千克，身高比男孩矮约 1.3 厘米（Kuczmarski et al., 2000）。当然，如图 4-4 所示，个体之间的生长速率差异很大。随着婴儿的成长，婴儿的体型和各部分比例也在发生变化；与看起来胖嘟嘟的一岁大的婴儿相比，三岁的幼儿通常看起来会更苗条修长。

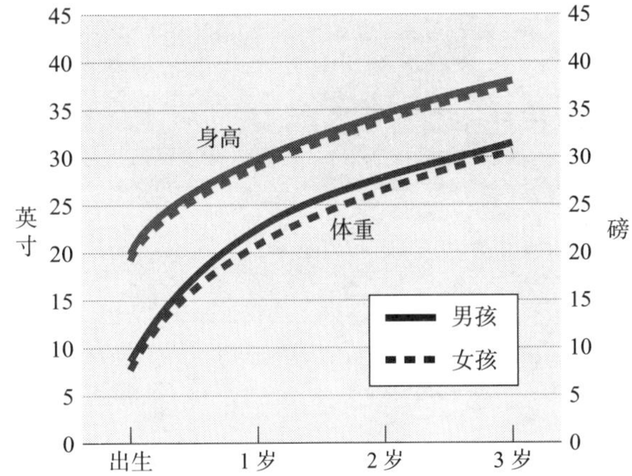

图 4-4

婴儿期和学步期儿童的身高及体重发展情况。在出生后的最初几个月，婴儿的身高和体重都迅速发展。到三岁时发育逐渐减缓。男童通常略高于及重于女童。注：图中曲线显示的是各性别 50% 的百分位数。

资料来源：Kuczmarski et al., 2001.

婴儿通常在三四个月大时开始长牙。从这时起，他们会把拿在手里的所有东西都放进嘴里。然而，他们的第一颗牙通常要在 5~9 个月大，甚至更晚的时候才会真正长出来。一岁时，婴儿一般会有 6~8 颗牙。三岁时，全部的 20 颗乳牙都会长出来，儿童便可以咀嚼任何想吃的食物了。

婴儿的遗传基因会对他们的高矮胖瘦产生非常大的影响。这种遗传因素会同诸如营养水平和居住条件等各种环境因素共同发挥作用。例如，日裔美国婴儿会高于且重于同龄的日本本土婴儿，这可能是由饮食差异所致（Broude, 1995）。如今，在很多发达国家中，与上个世纪的儿童相比，现在的儿童长得更高，更容易性早熟。原因包括营养水平的提高、卫生和医疗保健条件的改善以及童工数量的下降等。

学习检查站

你能否……

✓ 总结出生后前三年身体发育和变化的典型模式？

✓ 指出影响发育的因素？

营 养

适当的营养对婴儿的健康成长至关重要。在出生后最初的三年里，婴幼儿喂养需要不断变化。

母乳喂养还是使用奶瓶喂养？ 喂养婴儿既是一种生理活动，又是一种情感行为。与母亲身体亲密接触获取的温暖可以增强母婴之间的情感联结。这种联结既可以通过母亲哺乳获得，也可以通过父母都能使用的奶瓶喂奶以及其他照料行为建立。亲子关系的质量以及父母所提供的关爱和搂抱，其重要性并不亚于喂养方法。

但是从营养学角度来讲，母乳通常是婴儿的最佳食物。唯一可以充当替代品的是一种加铁配方奶粉，它以牛奶或者大豆蛋白为基础，并且补充了多种维生素和矿物质。美国儿科学会母乳喂养分会（American academy of pediatrics section on Breastfeeding,

母乳被称为“最健康的食物”，母乳喂养能为婴儿提供许多生理的、认知的和情绪的益处。

2005）建议，最好有六个月的母乳喂养期。如果不能实现直接的母乳喂养，也应该把母乳挤出来喂养婴儿。婴儿一出生母亲就应该立刻进行哺乳，哺乳期应该持续一年，如果母亲和婴儿愿意，还可以持续更长时间。1 岁以内断奶的婴儿应该立刻食用加铁配方奶粉。1 岁以后，婴儿可以改喝牛奶。

母乳喂养对健康的益处显而易见（AAP Section on Breastfeeding, 2005）。通过母乳喂养可以预防或免疫的疾病包括婴儿腹泻、呼吸道感染（如肺炎和支气管炎）、中耳炎（中耳感染）以及葡萄球菌、细菌和泌尿系统感染（AAP Work Group on Breastfeeding, 1997; Black, Morris, & Bryce, 2003; A. S. Cunningham et al., 1991; Dewey, Heinig, & Nommsen-Rivers, 1995; J. Newman, 1995; Scariati，Grummer-Strawn, & Fein, 1997）。母乳喂养还会降低婴儿猝死综合症的发生率（AAP Section on Breastfeeding, 2005）和婴儿死亡率（出生后 28 天到一年之内死亡）（Chen & Rogan, 2004）。使用奶瓶喂养的婴儿可以通过食用富含核苷酸的奶粉来提高对某些疾病（流行性感冒、白喉和痢疾）的抵抗力，因为核苷酸可以刺激婴儿的免疫系统。但是从整体上来看，还是母乳喂养六个月以上的婴儿，其抵抗力更强（Pickering et al., 1998）。

母乳喂养对婴儿的视敏度（Makrides, Neumann, Simmer, Pater, & Gibson, 1995）、神经发育（Lanting, Fidler, Huisman, Touwen, & Boersma, 1994）、胆固醇水平（Singhal, Cole, Fewtrell, & Lucas, 2004）以及长期的心血管健康（Owen, Whincup, Odoki, Gilg, & Cook, 2002）都有好处。母乳还能够预防肥胖症、哮喘、淋巴瘤、白血病以及霍奇金病等疾病（AAP Section on Breastfeeding, 2005），并且这种预防作用甚至可以持续到成年早期（Mortensen, Michaelson, Sanders, & Reinisch, 2002）。在一项临床随机研究中，研究者将母乳中含有的两种脂肪酸添加进婴儿奶粉中，在婴儿长到 18 个月大时发现，与没有喝这种配方奶粉的婴儿相比，喝这种配方奶粉的婴儿在认知测验上的得分更高（Birch, Garfield, Hoffman, Uauy, & Birch, 2000）。

1971 年，美国仅有 25% 的母亲会进行母乳喂养（Ryan, 1997）。然而，随着人们逐渐认识到母乳喂养的好处，这一比率得到了极大提高。一项全美范围内的随机调查显示，2002 年，超过 2/3（71.4%）的美国婴儿是通过母乳喂养的（这一比例达到历史最高水平）。然而，只有 35% 的婴儿在六个月大时仍然接受母乳喂养，仅有 13% 的婴儿完全依靠母乳喂养。到 1 岁时，仍然食用母乳的婴儿只占 16%（Li, Daling, Maurice, Barker, & Grummer-Strawn, 2005）。在世界范围内，只有一半左右的婴儿曾接受过母乳喂养（UNICEF, 2002）。

自 1991 年起，在联合国发起的鼓励医疗机构支持母乳喂养的倡议下，全世界范围内有 16 000 家医院和妇产中心成为“爱婴医院”。这些医疗机构为新妈妈们提供母婴同室的条件，告知她们母乳喂养的重要性，帮助她们在分娩后一小时内就开始哺乳，向她们展示如何保持乳汁分泌，鼓励她们按需哺乳。除非有医疗需要，一般只给婴儿喂母乳，建立长期的母乳喂养支持小组。这一计划实施以后，在波士顿医疗中心，母乳喂养比例有了明显提高（Philipp et al., 2001）。在法国的一项研究中，与对照组的母亲相比，分娩后两周内由于母乳喂养问题而咨询过专科医生的母亲更可能让婴儿在出生后的 4 周内只喝母乳。她们认为母乳喂养更容易，也更愿意把哺乳期延长（Labarere et al., 2005）。

在选择母乳喂养的美国人群中，增长势头最显著的是那些原本很少选择母乳喂养的人群：黑人女性、未成年少女、贫穷的妇女、职业女性以及未接受过高等教育的女性，但是其中很多人并不会持续进行母乳喂养。在工作和学习中，为哺乳母亲提供更弹性化的工作时间以及私密的哺乳空间，加大宣传母乳喂养的优势，并且提供吸奶器等设备都会促使在这些人群中母乳喂养比例的增加（Ryan et al., 2002; Taveras et al., 2003）。

我思我秀

- “在身体允许的条件下，每位母亲都应该母乳喂养。”你是否赞同这种观点？请阐述理由。

哺乳期的母亲应该像孕妇一样，格外注意自己的饮食。如果母亲感染了艾滋病或其他传染病、患有未经治疗的开放性肺结核、接受了大量辐射或者服用了任何不利于婴儿的药物，建议她们不要再继续进行母乳喂养（AAP Section on Breastfeeding, 2005）。感染艾滋病的母亲如果选择母乳喂养，那么可能会将病毒传播给婴儿（The Breastfeeding and HIV International Transmission Study Group, 2004）。

不满 3 岁的儿童有一位过度肥胖的母亲（或父亲），无论其自身体重是多少，他很可能会成长为一个过度肥胖的成人。

营　养　儿科专家建议，出生半年后的婴儿就可以逐渐食用一些含铁丰富的固体食物，通常是从谷物开始，婴儿也可以喝一些果汁（AAP Section on Breastfeeding, 2005）。实际上，很多父母都没有采纳这些建议。根据对 3 000 名美国婴幼儿父母和照料者的随机电话访谈发现，29% 的婴儿在出生 4 个月以后就开始吃固体食物了，17% 的婴儿在半岁以前开始喝果汁，20% 的婴儿在 1 岁之前开始喝牛奶。而且，与儿童和成年人一样，婴幼儿也会吃过多不健康的食物。在 7~24 个月之间，儿童的平均食物摄入量比标准日常需求量多 20%~30%。在这些儿童中，1/3 的人不吃水果和蔬菜，相当部分人经常食用热狗、香肠、熏肉、甜点或糖果、咸味小吃、炸薯条、含糖的果汁和汽水（Fox, Pac, Devaney, & Jankowski, 2004）。

在世界范围内的许多低收入群体中，婴儿早期营养不良是普遍现象。成功活过五岁的营养不良儿童通常会表现出发育迟缓，终生受健康和机能不良等问题的困扰。在墨西哥，一项由政府资助的针对 347 个贫困乡村社区进行的大规模营养方案追踪研究得到了令人振奋的结果。家庭接受了营养学教育、卫生保健经济援助以及营养补品的婴儿比未获得资助的控制组的婴儿发展得更好，患贫血症的风险更低（Rivera, Sotres-Alvarez, Habicht, Shamah, & Villalpando, 2004）。

在婴儿期，肥胖通常不是什么大问题。最能预测超重婴儿是否会出现成年肥胖症的两个因素是父母是否肥胖和儿童的年龄。三岁以前，父母的体重比儿童自己的体重更能预测儿童成年后是否会产生肥胖问题。父母中有一位肥胖，那么孩子成年后肥胖的几率就会增加 3 倍；如果父母均肥胖，那么孩子成年后出现肥胖的几率会增加 10 倍（AAP Committee on Nutrition, 2003）。一项对 70 名婴儿进行的追踪研究（从三个月大开始，直到六岁）发现，儿童两岁时，与母亲不超重的儿童相比，母亲超重的儿童在体重和身体构成方面几乎没有差异。四岁以后，那些母亲超重的儿童的体重更重；到 6 岁时，这些儿童体内的脂肪含量会更多（Berkowitz, Stallings, Maislin, & Stunkard, 2005）。因此，对于那些父母中有一人或两人均肥胖的儿童来说，可能需要在他们一两岁时就考虑采取一些预防肥胖的措施。

学习检查站
你能否……

- ✓ 总结关于早期喂养的儿科建议，以及对牛奶、固体食物和果汁的介绍？
- ✓ 列举导致儿童以后过度肥胖的因素？

脑与反射活动

是什么让一出生的婴儿就能对乳头做出反应？是什么告诉他们吸吮能够控制乳汁摄入？这些都是由脑和脊髓组成的**中枢神经系统**（central nervous system）（一条贯穿脊柱的神经束）和不断发育且延伸到身体每个部分的外周神经系统的功能。通过外周神经系统，感觉信息被传递到脑，脑发出的动作指令再传递到全身的感觉器官。

脑的塑造 脑在出生前以及童年期的发育为个体未来的生理、认知和情绪发展奠定了基础。通过利用脑成像技术，研究者能够更清晰地了解脑是如何发育的（Behrman, 1992; Casaer, 1993; Gabbard, 1996）。*

成人的脑重约为 1.6 千克，刚出生时，婴儿的脑重大约是这一重量的 25%。三岁时，脑重会达到成人脑重的 90%。六岁时，儿童的脑重已经和成人基本相同了，但是特定脑区还会继续发育，一直持续到成年期。脑的发育有赖于合理的营养，其中包括蛋白质、铁、碘、锌、维生素 A、维生素 B_6 以及叶酸等营养物质（Rao & Georgieff, 2000）。脑的发育是不连续的，不同脑区在不同时间的发育速度也不相同。**脑的发育加速期**（brain growth spurts）是指脑快速生长发育的时期，在这些时期内个体的认知行为也会发生相应的变化（Fischer & Rose, 1994, 1995）。

从受孕两周后开始，脑逐渐从一个空心管发育成大量的球形细胞（见图 4-5）。

* 除非另作说明，这一部分的论述主要是基于Gabbard（1996）的文章。

到胎儿出生时，脊髓和脑干（主要负责最基本的生理功能，如呼吸、心率、体温以及醒睡周期）开始迅速发育。小脑（负责维持平衡和保持动作协调）在出生后的第一年发育得最快（Casaer, 1993）。

大脑是整个脑中最大的一部分，分为左右两个半球，各自具有特定的功能。两个半球的分工称为**单侧化优势**（lateralization）。其中，左半球主要负责语言和逻辑思维，右半球主要负责视觉空间功能，如搜索地图和画画。随年龄的增长，语言的单侧化优势愈发明显，在 25~35 岁间达到顶峰（Szaflarski, Holland, Schmithorst, & Weber-Byars, 2004）。两个半球之间的联结组织称为胼胝体，其作用是连接两个大脑半球，以共享信息及整合指令。在童年期胼胝体迅速发展，到 10 岁时达到成人水平。

大脑的每个半球都分为四个脑叶或部分，分别是枕叶、颞叶、顶叶和前额叶，各自执行不同的功能（见图 4-6），发育速度也各不相同。负责视觉和听觉的大脑皮层（大脑表面）区域在婴儿 6 个月大时就会发育成熟。负责心理联想、记忆和产生精细动作的前额叶在之后数年内都在不断发育。

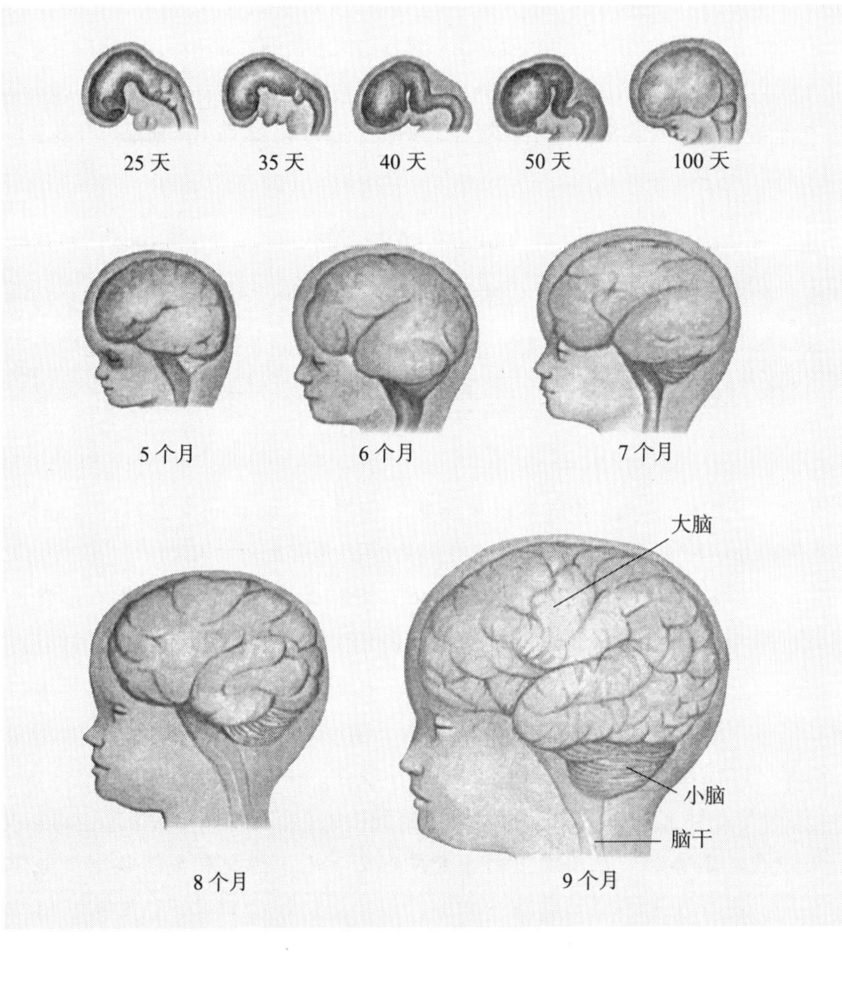

图 4–5

胎儿的脑从怀孕 25 天后开始发育。脑干最先发育，它能控制基本生物功能，如呼吸。随着脑的发育，前部逐渐增大，形成大脑（图上大的褶皱群）。大脑由一种灰色的外层结构所覆盖，这一特定区域具有特定功能，例如感知和运动。大部分区域是“自由的”，用于更高级的认知活动，例如思维、记忆和问题解决。脑干和大脑皮层以下的其他结构控制反射行为和其他低级功能。小脑在出生后第一年迅速发育，主要负责维持平衡和协调动作。

资料来源：Casaer, 1993; Restak, 1984.

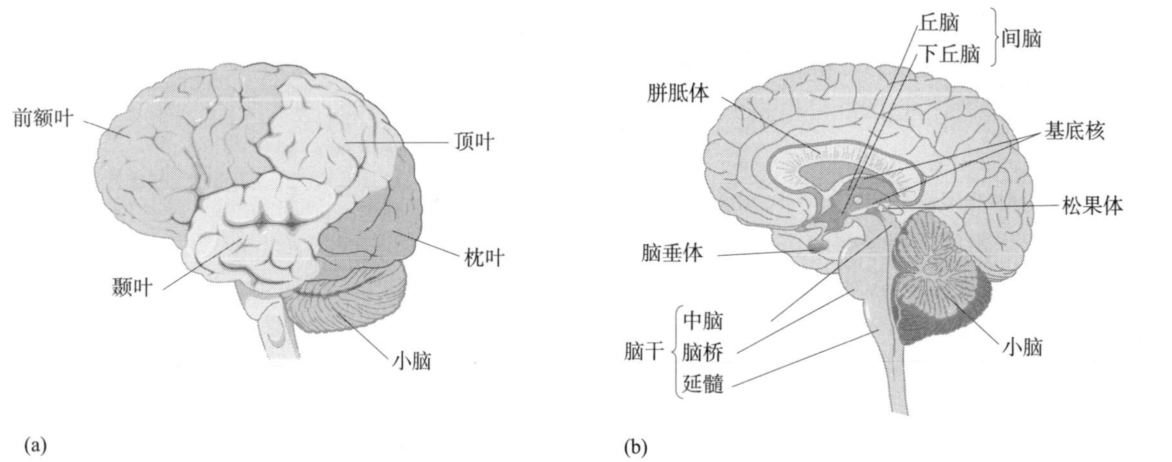

图 4–6

脑区的侧切面。脑主要包括三部分：脑干、小脑及其上方的大脑。脑干作为脊髓部分的延伸，是出生时就已发育较为完整的脑区之一。它的功能主要是维持个体生命，例如呼吸、循环和反射行为。小脑最初控制躯体平衡和肌肉张力；随个体发育开始协调感知和运动。大脑几乎占据了神经系统总重量的 70%，负责处理思维、记忆、语言、情绪、感知输入和随意运动控制。（a）*左侧脑的外视图*：大脑分为两大半球，每个半球均包含四个部分或脑叶：*枕叶*，负责加工视觉信息；*颞叶*，负责处理听觉和言语信息；*顶叶*，负责接收触觉信息、空间信息加工以及促进眼手协调；*前额叶*，在出生后第一年逐步发育，负责高级认知功能，如言语和推理。大脑皮层由覆盖在大脑表面的灰质构成，是思维加工过程和心理活动的中心。（b）*大脑右半球内视图（切除左半球）*：许多重要结构处于大脑内部深处——丘脑、海马（未显示）及基底核主要在出生后发育，负责控制基本的躯体活动和功能。

脑的突然生长始于妊娠期最后三个月，并会持续到 4 岁左右。这一时期是神经功能发育的重要时期。微笑、牙牙学语、爬行、走路和说话等所有在婴幼儿期出现的感知、运动和认知发展的主要转折点都是在脑发育，尤其是大脑皮层的快速发育基础上，才可能实现。

脑细胞 脑细胞主要包括*神经元和神经胶质细胞*。**神经元**（neurons）也称神经细胞，用于发送和接收信息。*神经胶质细胞*主要起支持和保护神经元的作用。

最初，神经元都是一些带有细胞核的细胞体，细胞体的细胞核是由带有遗传信息的脱氧核糖核酸（DNA）组成。这些初级的细胞随后迁移到脑的各部分，并且生长出*轴突*和*树突*，树突经多次分支而变细，形如树枝状。轴突将信号传送给其他神经元，而树突则接受由轴突发送出来的信息。这一过程是通过*突触*完成的。突触是一些微小的间隙可以借助*神经递质*进行化学传导。最终，一个神经元可能会有 5 000 至 100 000 个突触与身体上的感受器、肌肉以及其他中枢神经系统中的神经元相连。

在妊娠期的最后 2 个半月以及出生后 6 个月到 2 年内，树突和突触联结会成倍增加（见图 4-7），这有助于解释脑重量的增加，也能促进新的知觉、认知和运动能

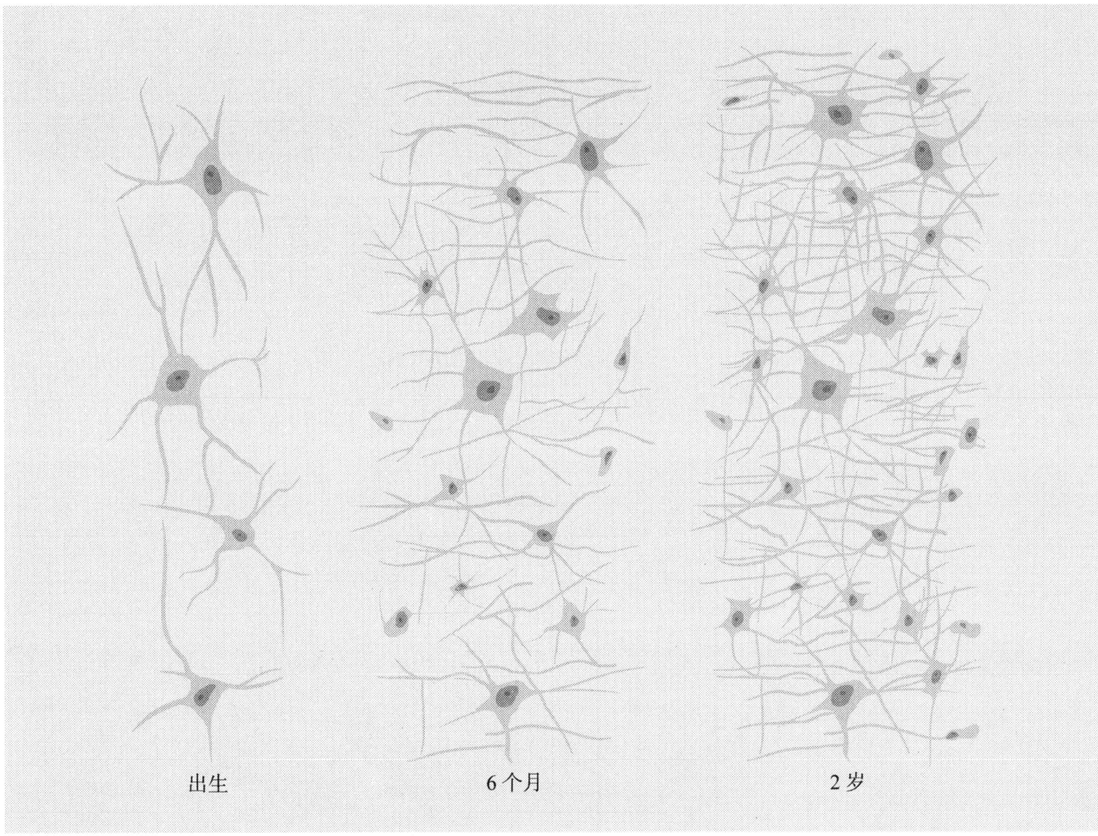

图 4–7

神经联结在婴儿出生后前两年的发育。大脑密度和重量的迅速增长主要是由于树突、神经细胞体以及连接神经细胞的突触开始形成。神经联结网络的加速发育是对环境刺激做出的反应，并为所有发展领域的迅速发展提供可能性。

资料来源：Conel, 1959. Reprinted by permission from The Postnatal Development of the Human Cerebral Cortex, Vol X. I-VIII by Jesse LeRoy Conel, Cambridge, Mass.: Harvard University Press, Copyright © 1939, 1975 by the President and Fellows of Harvard College.

力的出现。妊娠期第 20 周以后，大脑皮层中绝大部分负责复杂高级功能的神经元基本就位了，在随后的 12 周内，神经结构也已完全确定了。但是，只有在婴儿出生后，这些细胞才会开始形成联结并传递信息。

随着数量不断增加，神经元迁移到指定位置并建立联结，同时会经历整合和分化这两个互补的过程。通过**整合**（integration），神经元控制各种肌肉组织来协调活动。通过**分化**（differentiation），每个神经元都会发育出特定的结构和功能。

最初，脑会生长出多余的神经元和突触。那些未被使用或者不具备功能的神经元和突触会逐渐消亡。**细胞死亡**（cell death）或“修剪”多余细胞的过程始于胎儿

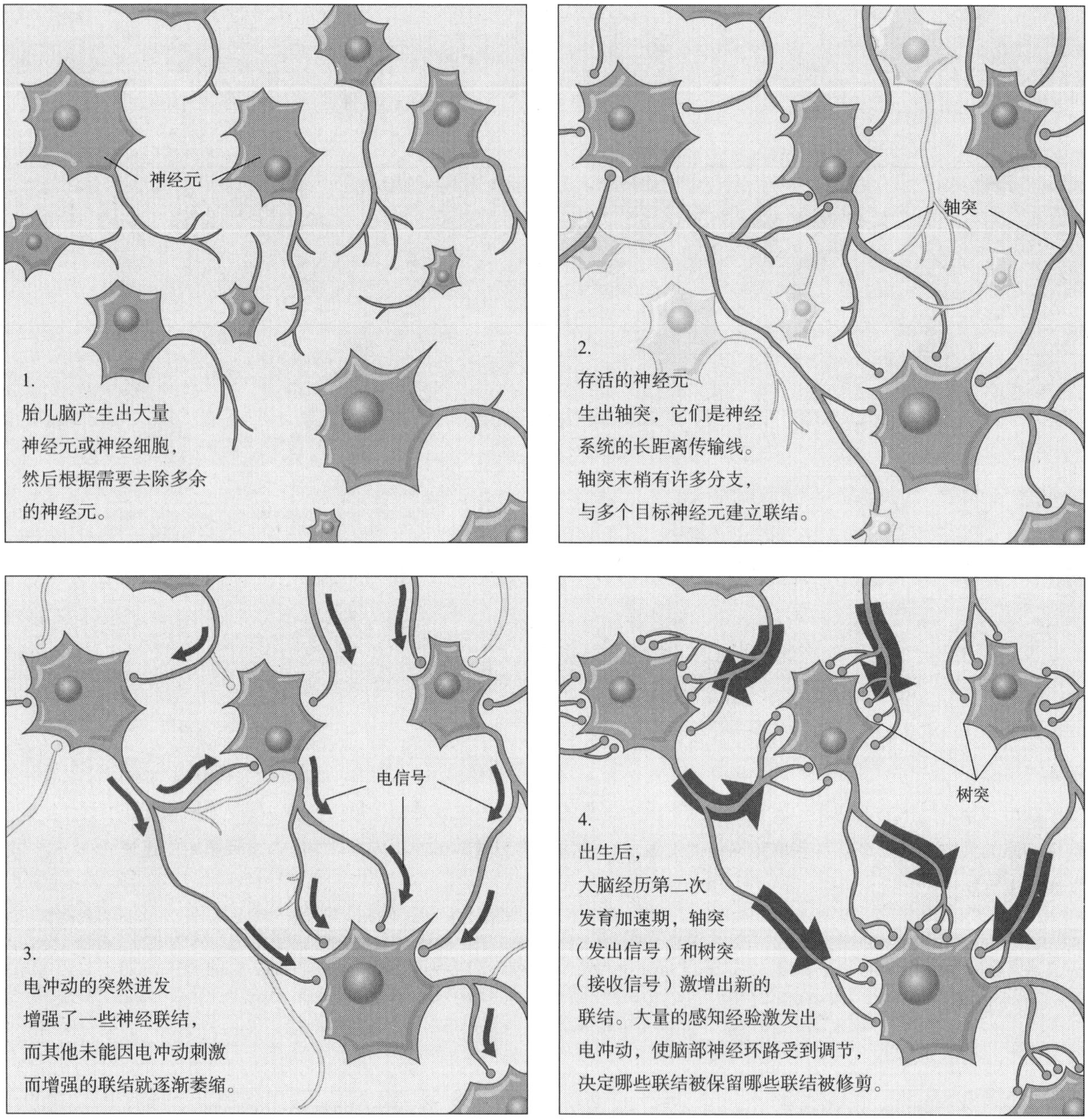

图 4–8

脑神经通路：出生前后神经联结的发育。

资料来源：Nash, 1997, p. 51. From "Fertile Lands" by J.M. Nash, TIME, 2/3/97. © 1997 *TIME* Inc. reprinted by permission.

期，并且一直持续到出生以后（见图 4-8）。这一过程有助于形成高效率的神经系统。突触的数量在 2 岁时达到顶峰，而数量减少会一直持续到青少年期。在一些神经元逐渐消失的同时会产生新细胞，甚至在成年期也会形成新的神经元（Eriksson et al., 1998; Gould, Reeves, Graziano, & Gross, 1999）。皮质细胞间的联结在成年期也会继续增加，以产生更灵活、更高级的运动和认知功能。

髓鞘化　神经传导的有效性在很大程度上取决于神经胶质细胞。这些细胞通过一种脂肪物质即髓磷脂包裹着神经通路。**髓鞘化**（myelination）代表着功能成熟，能够让信号传递得更快、更顺畅。

某些脑区从妊娠中期开始出现髓鞘化，另一些脑区的髓鞘化开始的较晚，一直持续到成年期。触觉是最早发育的感觉，与它有关的神经通路在出生时就已经髓鞘化了。视觉通路的髓鞘化从出生后开始，一直持续到出生后第 5 个月。听觉通路的髓鞘化开始于妊娠期的第 5 个月，直到儿童 4 岁时才完成。负责注意和记忆的大脑皮层直到成年早期才完成髓鞘化。位于颞叶内侧的海马主要负责记忆，其髓鞘化过程会一直持续到 70 岁（Benes, Turtle, Khan, & Farol, 1994）。

出生前，脊髓中感觉和运动神经通路的髓鞘化会导致早期反射活动的出现。而出生后，大脑皮层中的感觉和运动神经通路的髓鞘化可能是这些反射活动消失的原因。

早期反射　当遇到强光时，你会不自主地闭眼，这种与生俱来的对刺激的自动反应称为**反射行为**（reflex behaviors）。反射行为由低级的脑中枢控制，这些中枢还负责其他的无意识过程，如呼吸和心跳。这部分脑区在出生时已充分髓鞘化。反射行为在促进中枢神经系统和肌肉组织早期发展方面具有重要作用。

据估计，人类婴儿有 27 种主要的反射行为。其中，大部分反射在出生时或者出生后不久就会表现出来（Gabbard, 1996; 见表 4-4）。*原始反射*，如吮吸反射、觅食反射和莫罗反射（对惊吓和下坠做出的一种反应）等，都与生存和安全等本能需要有关，还能加强个体与照料者之间的联结。有些原始反射可能是在人类进化过程中保留下来的，例如抓握反射，这种反射能够让小猴子抓住母猴身上的毛发。

在婴儿出生后的 2~4 个月间，高级的脑中枢变得活跃起来，婴儿开始出现*体位反射*，即对姿势和平衡变化做出的反应。例如，当把婴儿的头向下时，降落伞反射会让他们伸出胳膊，这是一种减弱下降趋势的本能反应。*运动反射*，例如行走反射和游泳反射，就像是有意运动，只有在无意识反射行为消失之后才会出现。

在出生后的后半年内大部分早期反射逐渐消失。一些具有保护性功能的反射，如眨眼、哈欠、咳嗽、作呕、喷嚏、颤抖和瞳孔反射（瞳孔在黑暗环境下扩大）等会保留下来。那些不再需要的反射适时消失，这表明大脑皮层的运动神经通路已经逐渐髓鞘化，可以产生随意行为了。因此，我们可以通过观察婴儿是否存在特定反

学习检查站
你能否……

✓ 描述早期脑发育的重要特征？

✓ 解释反射行为的功能，为什么一些反射行为会在出生后几个月逐渐消失？

表 4-4 人类早期的反射行为

反 射	刺 激	婴儿行为	出现的典型年龄	消失的典型年龄
莫罗反射	婴儿突然下落或听到巨大声响	张开腿、手臂、手指，背呈弓形，头部后仰	妊娠期第 7 个月	出生后第 3 个月
达尔文反射（抓握反射）	触摸婴儿的手掌	紧握拳头；如果婴儿的拳头握紧一根棍棒，可以提起棍棒使婴儿站立起来	妊娠期第 7 个月	出生后第 4 个月
紧张性颈反射	婴儿仰卧	将头转向一边，呈现“击剑”姿势，一侧张开手臂和腿，另一侧弯曲	妊娠期第 7 个月	出生后第 5 个月
巴布金反射	同时触摸婴儿两侧手掌	张嘴、闭眼、紧张性颈反射，头部倾斜	出生时	出生后第 3 个月
巴宾斯基反射	触摸婴儿足底	张开脚趾，脚蜷曲	出生时	出生后第 4 个月
觅食反射	用手指或乳头轻触婴儿的面颊或下唇	转头、张嘴，开始吮吸	出生时	出生后第 9 个月
行走反射	托住新生儿的腋下让其赤脚接触平面	做迈步动作状，看起来像动作协调的行走	出生后第 1 个月	出生后第 4 个月
游泳反射	将婴儿面朝下放入水中	进行四肢协调的游泳运动	出生后第 1 个月	出生后第 4 个月

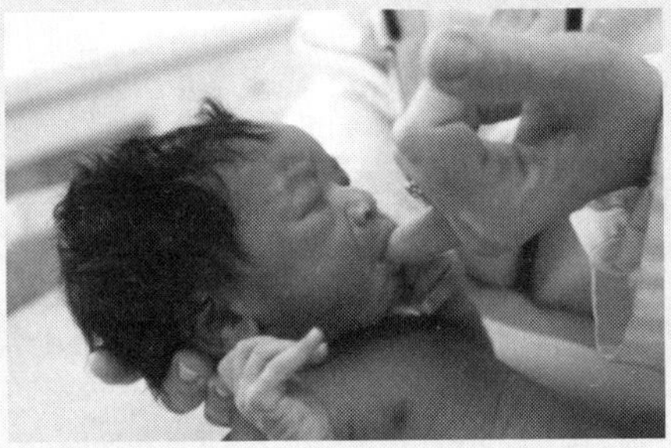
觅食反射

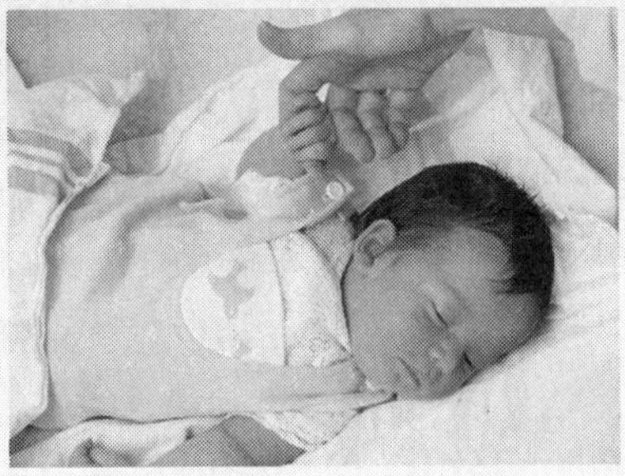
达尔文反射

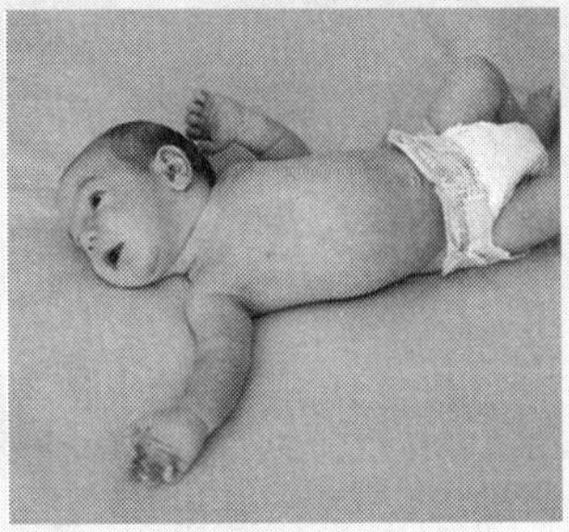
紧张性颈反射

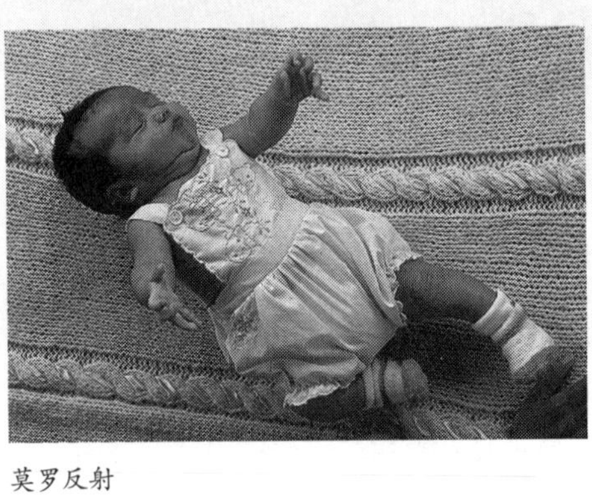
莫罗反射

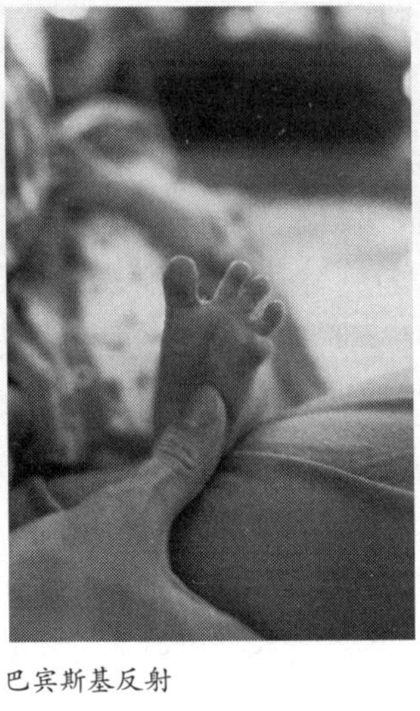
巴宾斯基反射

行走反射

射来判断其神经发育状况。

塑造脑：经验的作用 直到 20 世纪中叶，科学家们才发现脑的发育并不是完全由基因决定的，也不是无法改变的。虽然在出生前，脑的发育在很大程度上由遗传决定；但是基于大量动物研究，如今的科学家认为，在出生后，尤其是在大脑皮层迅速发育的最初几个月里，是经验“塑造了”脑。脑的这种可变性或可延展性被称为**可塑性**（plasticity）。一部分早期的突触联结是通过感觉刺激建立的，这些突触会改善和巩固脑的遗传设计“线路”。所以，早期经验对中枢神经系统学习和存储信息的能力会产生持久的影响（J. E. Black, 1998; Chugani, 1998; Pally, 1997）。有些研究者认为，智力方面的个体差异可能是因为神经可塑性——大脑在经验反应过程中产生神经联结的能力——的个体差异所致（Garlick, 2003）。

形成时期的大脑特别脆弱。我们知道，在婴儿出生前后，如果母亲服用危险药物、接触环境中的有毒物质或面临压力，都能够威胁到婴儿脑的生长发育；而营养不良则能够阻碍婴儿认知的正常发展（Rose, 1994; Thompson, 2001）。早期的感觉匮乏也会对脑产生影响（J. E. Black, 1998）。在一项经典的实验中，给一部分小猫佩戴一种只能看到垂直线的护目镜，另一部分小猫佩戴只能看到水平线的护目镜。结果发现，当这些小猫长大后，那些佩带垂直线护目镜的猫无法看到水平线，并且会撞上它们面前的水平木板，那些佩带水平线护目镜的猫看不到竖立的柱子（Hirsch & Spinelli, 1970）。然而，对成年猫进行相同的实验操作，却未发现相同的现象。显然，小猫视觉皮层上的神经元变得只会对它们所见方向的线条做出反应。因此，如果在生命早期某些皮质联结没有建立，而随后又没有采取进一步的干预措施，这些回路则可能会永久性“关闭”（Bruer, 2001）。这就是安妮·沙利文给海伦·凯勒提供感觉和认知刺激促进其发展的重要原因所在。

有时，经验的修正可以弥补过去感觉匮乏对脑发育造成的影响（J. E. Black, 1998）。神经元因对环境刺激不断做出反应，导致其大小和形状不断发生变化，因而，脑的可塑性持续一生（M. C. Diamond, 1988; Pally, 1997; Rutter, 2002）。这些发现激励人们努力刺激早产儿（Als et al., 2004）和唐氏综合症患儿的脑部发育，帮助脑损伤患者恢复脑功能，并取得了成功。

伦理道德不允许对人类婴儿进行严格控制的实验研究，以验证剥夺环境对他们造成的影响。然而，在罗马尼亚孤儿院里，数千名婴幼儿一直生活在过度拥挤的环境中，这为研究者提供了自然实验的机会（Ames, 1997）。1989 年 12 月，在尼古拉·齐奥塞斯库下台以后，人们发现了大量饥饿、情绪消极的弃婴。在每天的大部分时间，他们都静静地躺在小床上，看不到任何东西，很少和其他孩子或照料者接触、进行交谈，甚至噪音。大部分 2~3 岁的孩子都不能走路或说话，稍大一些的孩子毫无目的地玩耍。通过正电子发射断层成像（PET）技术对他们的脑部进行扫描，研究者发现其颞叶的激活水平极低。颞叶部分主要负责情绪管理以及接收听觉输入信号。

这些孤儿中不少孩子被加拿大一些家庭领养。在刚被领养时，所有孩子在动作、语言或心理社会等方面都发育迟滞，其中大约八成儿童的各方面表现均落后于平均水平。三年后，与留在罗马尼亚照料机构的儿童相比，许多被领养的儿童表现出明显的进步。然而，1/3 的被领养儿童（通常是那些待在孤儿院里时间最久的儿童）仍然存在非常严重的发展迟滞问题（Ames, 1997; Morison, Ames, & Chisholm, 1995）。

儿童被领养时的年龄也是造成结果存在差异的因素。在四岁半的儿童中，那些在孤儿院里生活时间超过 8 个月、并且在两岁时被加拿大家庭领养的儿童具有平均水平的智力和言语理解能力。但是，孤儿院儿童作为一个整体，其发展水平既比不上加拿大出生的非领养儿童，也不及那些在四个月大之前就被领养以及从未在孤儿院生活过的罗马尼亚儿童（Morison & Ellwood, 2000）。到学龄前期，与那些在加拿大出生的儿童以及很早就被领养的罗马尼亚儿童相比，那些在孤儿院生活的儿童在社会技能方面表现得更差，并且表现出更多的社交问题（Thompson, 2001）。到八岁半时，PET 扫描显示，这些儿童在某些脑区的激活程度表现出连续的活跃不足（Chugani et al., 2001）。

我思我秀

- 现在我们已了解到婴儿的大脑具有高度可塑性，那么我们如何保证每个婴儿都可以得到适宜的刺激环境？

同样，在 111 名两岁前被英国家庭领养的罗马尼亚儿童中，那些半岁前就被领养的儿童，四岁时的生理发育已经基本正常，同时在认知功能方面恢复良好。但在平均的认知水平上，与半岁以后才被领养的罗马尼亚儿童相比，85% 的半岁前被英国家庭领养的儿童表现得更好（Rutter & the English and Romanian Adoptees［ERA］Study Team, 1998）。虽然，被领养的罗马尼亚儿童作为一个整体，在六岁时各方面发展已经得到明显恢复，但有些儿童仍表现出明显的认知缺陷和社交困难（Rutter, O'Connor, & the English and Romanian Adoptees［ERA］Study Team, 2004）。显然，需要尽早给予环境刺激才能充分克服极端匮乏环境给婴儿发展所造成的影响。

学习检查站

你能否……

✓ 讨论早期经验如何对大脑发育及发展产生消极或积极影响？请举例说明。

早期的感知能力

学习指路标

10. 感觉发展始于何时？

发育中的脑可以让新生儿充分感受到他们所触、所见、所嗅、所尝及所听的世界，他们的各种感知功能在出生后最初几个月里飞速地发展。

触觉和痛觉 触觉是胎儿最先获得的感觉。觅食反射（见表 4-4）的早期迹象在受孕两个月后就会出现。到妊娠期第 32 周，胎儿身体的各个部位都能感觉到触碰（Haith, 1986）。

过去，因为医生误认为新生儿感觉不到疼痛或者痛感一瞬即逝，所以在给新生儿实施手术时通常不使用麻药。而事实上，即使是刚出生的婴儿也会感觉到疼痛。在随后的几年内，他们对疼痛越来越敏感。美国儿科学会和加拿大儿科学会认为（2000 年），长时间或者严重的疼痛会对新生儿造成永久性伤害，缓解疼痛对婴儿至关重要。

嗅觉和味觉　婴儿的嗅觉和味觉在母体内也开始发展了。准妈妈所吃食物的气味和味道会通过羊水传递给胎儿（Mennella & Beauchamp, 1996b）。

胎儿会在子宫内以及出生后的头几天就习得了令其愉悦的气味偏好，而且这些气味通过母乳进行传递，从而进一步强化这种习得过程（Bartoshuk & Beauchamp, 1994）。与其他产妇的乳垫气味相比，刚出生 6 天且吃母乳的婴儿更喜欢母亲乳垫的气味，但是刚出生 2 天的新生儿不具备这种偏好。这表示，婴儿需要一些时间来记住母亲的气味（Macfarlane, 1975）。

婴儿在很大程度上对特定味道的偏爱是与生俱来的（Bartoshuk & Beauchamp, 1994）。比起酸味和苦味，新生儿更加偏爱甜味（Haith, 1986）。带甜味的水可以安抚哭闹的婴儿，并对足月儿和早产儿都有效。这说明这种安抚效果的机制在妊娠期足月之前就已发挥作用了（B. A. Smith & Blass, 1996）。天生好吃甜食可有助于婴儿适应子宫外的生活，因为母乳很甜（Harris, 1997）。婴儿拒绝苦味食物可能是出于另一种生存机制，因为很多苦味物质都是有毒的（Bartoshuk & Beauchamp, 1994）。

婴幼儿期所形成的味道偏爱会持续到儿童早期。在一项研究中，一些在婴儿期食用不同奶粉的儿童，在四五岁时对食物的偏爱也不同（Mennella & Beauchamp, 2002）。

听　力　听力在出生前也开始发展了。我们在第 3 章谈到，婴儿在出生三天后就可以对在子宫内听过的故事和未听过的故事做出不同的反应，能够区分母亲的声音和陌生人的声音，相比外语，更喜欢母语（DeCasper & Fifer, 1980; DeCasper & Spence, 1986; C. Moon, Cooper, & Fifer, 1993）。婴儿能识别在子宫内听到的声音和语言，这会奠定母子关系的基础。

听觉辨别力在出生以后快速发展。刚出生 3 天的婴儿就可以区分刚听到的和之前听过的声音（L. R. Brody, Zelazo, & Chaika, 1984）。到 1 个月大时，婴儿能够区分“嗒”和“啪”这类相似的声音（Eimas, Siqueland, Jusczyk, & Vigorito, 1971）。

听力是语言发展的关键因素，我们应尽早发现婴儿的听力损伤。新生儿中每 1 000 人中会有 1~3 人出现失聪现象。如果未被及时发现，可能会导致婴儿发育迟滞（Gaffney et al., 2003）。火奴鲁鲁（檀香山）地区五年间筛查了 10 372 名婴儿出生后 3 天时的听力，并对存在听力问题的婴儿在半岁以前安装助听器和进行听力治疗，从而帮助他们实现正常的言语和语言发展（Mason & Herrmann, 1998）。

视　力　视觉是婴儿出生时发育水平最低的一种感觉。新生儿的眼睛比成年人的眼睛小，他们的视网膜结构不完整，视神经也未充分发育。新生儿眼睛的最佳注视距离大约是 30 厘米，通常这恰好是一个人抱着婴儿时，其脸部与婴儿的距离。这可能是一种促进母婴联结的适应性措施。

婴儿在遇到强光时会眨眼。他们的外周视觉范围非常狭窄，出生后 2~10 周的婴

学习检查站
你能否……
✓ 举例说明触觉、嗅觉、味觉的早期发展，并描述母乳喂养对后两种感觉的影响?
✓ 阐述新生儿的听觉辨别力与胎儿的听力有何联系?
✓ 列举新生儿视力在哪三个方面发育不完全?

儿的外周视觉会扩大1倍（E. Tronick, 1972）。追踪移动目标的能力和颜色感知能力在婴儿出生后第一个月迅速发展（Haith, 1986）。4个月大的婴儿能够区分红色、绿色、蓝色和黄色（M. Bornstein, Kessen, & Weiskopf, 1976; Teller & Bornstein, 1987）。

婴儿出生时的视敏度大约是20/400，随后迅速发展，到8个月大时可以达到20/20（Kellman & Arterberry, 1998; Kellerman & Banks, 1998）。（这一水平意味着一个人在6米远外可以看到标准视力表上指定的字母。）双眼视觉利用双眼聚焦，能够知觉深度和距离，这类视觉通常在出生后四五个月以后才会开始发展（Bushnell & Boudreau, 1993）。视力的早期筛查至关重要，它能够检测出任何可能有损于视觉的问题（AAP Committee on Practice and Ambulatory Medicine and Section on Ophthalmology, 1996, 2002）。

动作发展

学习指路标
11. 早期动作发展的里程碑是什么，它会受哪些因素的影响?

像抓握、爬行和行走这类简单的动作，不用刻意教给婴儿。他们只需一定的活动空间和想做什么就做什么的自由。当中枢神经系统、肌肉和骨骼足够成熟，并且周围的环境能够提供给他们合适的机会去展现和练习，婴儿就会以惊人的速度掌握新的动作技能。

动作发展的里程碑 一系列里程碑标志着婴儿动作的发展水平：技能的发展是一个有系统有步骤的过程，每一种刚掌握的新技能都会为婴儿掌握下一种新技能做好准备。婴儿最初能够掌握一些简单技能，随后将这些技能组合成为越来越复杂的**动作**

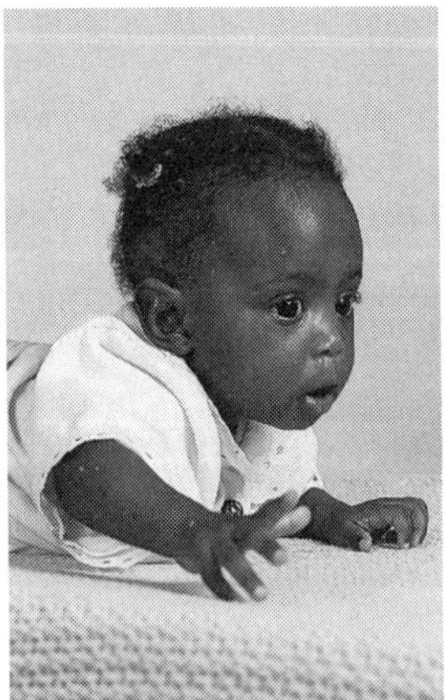

俯卧时能抬起头并坚持一会、能在地板上爬行追毛茸茸的小猫尾巴以及能够推一辆装满积木的小推车走动都是早期运动发展过程中的里程碑。

表 4-5 动作发展的里程碑

技能	50%	90%
翻身	3.2 个月大	5.4 个月大
抓握玩具	3.3 个月大	3.9 个月大
独立坐着	5.9 个月大	6.8 个月大
扶着站立	7.2 个月大	8.5 个月大
指尖抓捏	8.2 个月大	10.2 个月大
独自站稳	11.5 个月大	13.7 个月大
行走良好	12.3 个月大	14.9 个月大
搭积木	14.8 个月大	20.6 个月大
爬楼梯	16.6 个月大	21.6 个月大
跳跃	23.8 个月大	2.4 岁大
画圆	3.4 岁大	4 岁大

注：表中显示了 50% 和 90% 的婴儿掌握该项动作技能的年龄常模，参考丹佛训练手册 II。

资料来源：Adapted from Frankenburg et al., 1992.

系统（systems of action），它可以让婴儿所做的动作范围更大、更加精细，同时更有效地控制周围的环境。例如在发展精确抓握这一动作过程中，婴儿最初会尝试用整只手捡起物体，如一把抓住物体。慢慢地，婴儿掌握了指尖抓捏的技能，即用拇指尖和食指尖夹住物体，这样可以拿起更为细小的物体。在学习走路的过程中，婴儿首先要学会控制手臂、腿及脚的独立运动，然后将这些动作组合，从而迈出重要的“第一步”。

丹佛发展筛选测验（Denver Developmental Screening Test）用于考察 1 个月到 6 岁儿童的发展过程，从而发现那些发展异常的儿童（Frankenburg, Dodds, Fandal, Kazuk, & Cohrs, 1975）。该测验可以测量**粗略动作技能**（gross motor skills，那些使用大肌肉的动作），例如翻滚和抓球，也可以测量**精细动作技能**（fine motor skills，那些使用小肌肉的动作），例如抓握拨浪鼓和临摹一个圆形。它还可以用来评估语言发展（例如了解单词的定义）、人格以及社会性发展的情况（例如自发性微笑以及独立穿衣）。该测验的最新版本丹佛 II 发展筛查量表（Frankenburg et al., 1992）包括了重新修订的标准（见表 4-5）。

当我们谈及“一般”婴儿都能够做什么时，我们参考的是丹佛量表中 50% 的标准。事实上，这一标准涵盖了很大的范围：大约一半的婴儿会在特定年龄之前掌握这些技能，而另一半婴儿要晚一些。同样，丹佛量表的标准是根据西方人群制定的，因此，它不一定适用于评价其他文化中儿童的发展。

接下来，我们要阐述头部控制、手部控制和移动这三个方面的一般发展状况，请注意这些发展是如何遵循我们之前所介绍过的头尾原则（从头到脚）和近远原则（从内部向外部）的。还需要注意的是，虽然男婴比女婴体型更大且更好动，但是在动作发展上并不存在性别差异（Mondschein, Adolph, & Tamis-LeMonda, 2000）。

头部控制 出生后，大部分婴儿在仰卧时都能将头从一侧转到另一侧。在俯卧情况下，很多婴儿都能够通过抬头来翻身。在出生后的2~3个月内，他们的头会越抬越高，有时会高到让他们失去平衡。到4个月大时，几乎所有的婴儿都能够在抱着或坐着时挺直脑袋。

手的控制 婴儿出生时就具备抓握反射。如果用手指碰一下婴儿的手掌，他们的小手就会紧紧攥住你的手指。大约3个半月大时，大部分婴儿都能够抓住中等大小的物体，比如拨浪鼓，但此时他们还无法拿住小物体。接下来，他们会用一只手拿物体，并且把物体从一只手换到另一只手。之后他们能够抓握小物体（但是不能捡起来）。在7~11个月大时，婴儿的双手会变得协调起来，并且完全能够通过指尖抓握拾起豌豆这类小物体。到15个月大时，婴儿一般都能用两块积木搭出一座小塔。3岁零几个月的幼儿通常可以画出一个像样的圆。

移动 出生3个月以后，婴儿就会开始有意识地翻身了（在这之前的翻滚都是偶然的）：最初是从前向后翻身，之后会从后向前翻。一般情况下，6个月大的婴儿能在没有支撑的情况下坐着，2个半月之后，他们就可以在没有辅助的情况下呈现出一个漂亮的坐姿。

在6~10个月大时，大部分婴儿会自己爬着到处转了。这种自我位移的实现对婴儿的认知和心理社会方面的发展具有惊人的作用（Bertenthal & Campos, 1987; Bertenthal, Campos, & Barrett, 1984; Bertenthal, Campos, & Kermoian, 1994; J. Campos, Bertenthal, & Benson, 1980）。会爬行的婴儿对物体在哪里、物体有多大、物体是否能移动以及物体看上去是什么样子等问题更加感兴趣。爬行有助于婴儿形成距离判断和深度感知。随着活动空间的不断扩大，他们开始会听到诸如“回来！”“别摸！”之类的警告，随后会被大人抱起来并放到安全的方向继续爬。他们会在下次被一些不允许触摸的物体吸引过去时，想起类似的警告。通过观察照料者，他们学会判断某一情境是安全的还是危险的，这种技能被称为社会参照（Hertenstein & Campos, 2004; 见第6章）。

一般来说，7个月大的婴儿依靠大人搀扶或者扶着其他东西能够站立。11个半月大时，大部分婴儿能够独自站立。通常，婴儿在1岁时能够独自站得很稳了。

所有这些发展最终会引发婴儿动作发展中最主要的成就——学会走路。人类开始走路的时间比其他物种晚，这是因为婴儿的大脑袋和小短腿让他们很难保持平衡。在婴儿能够独自站立前的几个月中，他们就能扶着家具“四处走动”。大约11个半月大时，大部分婴儿会在没有帮助的情况下迈出第一步。通常，1岁生日后不久，婴儿都能够走得比较好，达到了学步儿水平。

许多美国家长都让孩子使用婴儿学步车，认学这样做可以让婴儿更快学会走路。事实上，婴儿学步车可能会限制婴儿的探索，会限制他们的动作发展，从而让婴儿的动作技能发展变得迟缓（Siegel & Burton, 1999）。而且，婴儿学步车还会带来危险，因此，美国儿科学会提议禁止生产和销售这类学步车（AAP Committee on Injury and Poison Prevention, 2001b）。2004 年，加拿大成为世界上第一个禁止婴儿学步车销售、广告宣传和进口的国家（Reuters, 2004a）。

两岁时，幼儿开始一阶一阶地爬楼梯。他们会先迈一只脚，然后迈另一只脚，站在一个台阶上。迈下一阶台阶时，互换两只脚的顺序。幼儿在晚些时候才能学会下楼梯。两岁的幼儿开始学习跑和跳。到三岁半时，大部分儿童能够单脚站立并保持短暂的平衡，同时也会单脚跳了。

动作是如何发展的：在环境中逐步成熟 传统观点认为，上面所呈现的动作发展顺序是由遗传决定的，在很大程度上是由不断发育成熟的脑所控制的一系列自动的、预设的步骤。现在，很多发展学家认为这一观点过于简单。取而代之的是埃瑟・泰伦的观点，她认为动作发展是婴儿和环境相互作用的连续过程（Esther Thelen, 1995）。

泰伦提出了行走反射的概念：让新生儿呈现直立位，并且脚接触平面，他们会做出类似迈步的动作（见表 4-4）。在婴儿四个月大时，这一反射通常会消失。直到一岁左右，当婴儿有条件开始学走路时，这一动作才会重现。对于这种变化，传统观点的解释是皮质控制转移的结果，年龄稍大点的婴儿可随意行走这项新技能实际上反映了脑部的发育。但是，泰伦观察到新生儿类似迈步的动作同样会在他们躺着或踢腿时出现。那么，为什么迈步动作会消失一段时间后重新出现，而踢腿动作却一直存在呢？泰伦认为，这是因为婴儿的腿在出生后的几个月里会变粗变重，但其强壮程度却不足以支撑腿部的重量（Thelen & Fisher, 1982, 1983）。事实上，当把丧失行走反射的婴儿放在温水中时，水可以帮助他们支撑双腿，类似迈步的动作就会重现。这说明婴儿迈步的能力并没有变化，只是生理和环境条件会鼓励或抑制该动作。

泰伦认为，仅仅从个体成熟的角度无法解释她所观察到的这一现象。婴儿和周围的环境组成了一个相互联系的系统，发展取决于个体和环境之间的相互作用。其中起作用的一个因素是婴儿做一些事情的动机（例如说话、拾起玩具或走到房间的另一侧）。婴儿的生理特点以及他们所处的具体环境中的位置（例如躺在婴儿床里或者被人扶着站在池子里）会为他们提供机会或制造困难，从而影响他们实现某些目标的可能性和方式。通过尝试各种行为从而保留下来最有效的行为，婴儿最终会找到解决办法。发育中的脑在这一过程中并不是唯一发挥作用的因素，它只是众多影响因素中的一个。

泰伦认为，正常的婴儿会按照相同的顺序发展出相同的技能，这是因为他们是

我思我秀

- 在婴儿自己发展出行走能力之前，尝试教会他们行走的做法是否可取？

以近乎相同的方式出生、面对相似的生理挑战、有相同的需求。最后，他们会发现，在大多数情况下行走比爬行更有效。泰伦的假设，即这一发现源于婴儿在特定环境下的特定经验，或许能够帮助我们解释为什么某些婴儿比其他婴儿更早学会走路。

动作发展和知觉 婴儿早期动作的发展是其生理和认知相互影响的完美例证。感知觉帮助婴儿能够认识自己以及周围的环境，帮助他们判断如何更好地适应环境。运动经验以及对身体变化的觉知能够帮助婴儿改善和修正自己的认识，即自己如果按特定方式行动可能会产生什么后果。在脑的发育过程中，知觉和行动的双向联系也建立起来。这种双向联系为婴儿提供了很多关于自己以及周围世界的有用信息（Adoplh & Eppler, 2002）。

出生后，婴儿的感觉和运动已经能够协调一致（Bertenthal & Clifton, 1998）。4~5个月大的婴儿会开始伸手去抓东西，到5个半月大时，婴儿能够移运或转转物体（Wentworth, Benson, & Haith, 2000）。皮亚杰和某些研究者一致认为，伸手抓住物体依靠**视觉引导**（visual guidance），即利用眼睛去引导手（或身体其他部位）的动作。已有研究发现，四五个月大的婴儿还能够利用其他感觉线索伸手拿东西。他们能够根据拨浪鼓的声音来确定其大概方位。在黑暗中，即使看不见自己的手，他们也能拿到发光物体（Clifton, Muir, Ashmead, & Clarkson, 1993）。甚至他们能够仅仅依靠对物体位置的记忆去拿物体（McCarty, Clifton, Ashmead, Lee, & Goubet, 2001）。5~7个月大的婴儿能够在黑暗中抓到移动的发光物体。要想做到这一点，婴儿既需要知道自己手的运动情况，也需要清楚物体的运动轨迹和速度，进而提前预测手与物体的接触点（Robin, Berthier, & Clifton, 1996）。

母亲张开双臂想尽办法诱导婴儿爬过视崖的分界线，但这个婴儿依然不为所动。这说明，她能够知觉深度，并且想避免掉下这个视觉上的“悬崖”。

深度知觉（depth perception），即感知三维空间中的物体及其平面取决于物体在视网膜成像的线索。这些线索不仅包括双眼协调，还包括动作控制（Bushnell & Boudreau, 1993）。运动线索来自被观察的物体和观察者的运动，或者是两者的共同运动。为了确定物体是否在运动，婴儿可能会将自己的头保持不动，婴儿在3个月大时就具备这种能力了。

在5~7个月大时，当婴儿能够伸手抓住物体以后，他们的**触觉感知**（haptic perception）开始发展。这种能力让婴儿不仅能通过简单地观察物体，而且能够通过触摸它们来获取信息。婴儿能够通过触觉感知对诸如相对大小、纹理和色差一类的信息做出反应（Bushnell & Boudreau, 1993）。

埃莉诺·吉布森和詹姆斯·吉布森的生态理论　1961 年，理查德·沃克和埃莉诺·吉布森做了一项经典实验，他们搭建了一个**视崖**（visual cliff），即在一个棋盘状图案的平面桌子上铺一张塑胶玻璃板，从而在桌子的中央制造出一种视觉落差的错觉。研究者将 6 个月大的婴儿放在桌子上，他们有深度知觉吗？研究发现，婴儿能够分清“视崖边缘”和“悬崖”：他们会在“视崖边缘”自由爬行，有意回避“悬崖”，甚至当母亲在“悬崖”一边招手时，也是如此。

婴儿如何确定是否能成功穿越“悬崖”？根据埃莉诺·吉布森和詹姆斯·吉布森提出的**知觉生态理论**（ecological theory of perception）（E. J. Gibson, 1969; J. J. Gibson, 1979; Gibson & Pick, 2000），婴儿快速估量了自身正在变化的身体特点或能力（如上臂和腿部的长度、耐力、平衡性和强度）与正在变化的环境特点的**可供性**（affordance）或相称性。对可供性的了解能够帮助婴儿在一个特定的环境中随机应变，以决定什么能做，什么不能做（Adolph, 2000; Adolph & Eppler, 2002）。（地面是不是不平整，无法在上面行走？如果我想试试，能保持平衡吗？）吉布森夫妇认为，知觉的习得是伴随婴儿在不同环境中辨别感觉刺激的能力的提高来实现的。正是这种能力，让婴幼儿能够识别各种可供性，从而成功解决问题。

运动动力的发展依赖于个体对可供性敏感程度的提高，这也是个体知觉和行为综合发展的结果（Adolph & Eppler, 2002）。随着经验的增加，婴儿能够更好地评估周围的活动环境，并且对自己的行动进行相应的调整（Adolph, 2000; Adolph et al., 2003; Adolph & Eppler, 2002）。在视崖实验中，与刚学会爬行的婴儿相比，已经爬行过一段时间的婴儿更有可能躲开“悬崖”。相似的，随着爬行经验的增加，面对坡度越来越陡的下坡，婴儿能够更加准确地做出判断，采取更加有效的行动。他们似乎并不是通过对高度或者坠落的恐惧，抑或试误来进行学习的。显然，他们从经验中学到的是，在自己不失去平衡的情况下，究竟能爬多远（Adolph & Eppler, 2002）。

这种学习很灵活，但又有特定的体位。当只能坐着时，婴儿知道他们伸手能拿到多远距离的物体，当开始爬行时，他们必须重新获得这种知识（Adolph, 2000; Adolph & Eppler, 2002）。同样，虽然会爬的婴儿掌握了上下坡的知识，但是当他们开始学走路时，必须新重学习上下坡的知识（Adolph, 1997; Adolph & Eppler, 2002）。

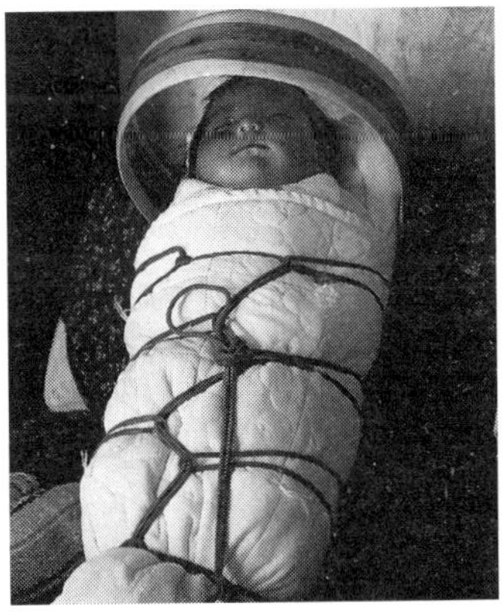

一些研究者发现，墨西哥尤卡坦半岛的婴儿由于出生后就待在襁褓中，其动作技能的发展要晚于美国的婴儿。但是，图中这个纳瓦霍人（美国最大的印第安部落）的婴儿也同样被裹在襁褓中，但他们与美国的婴儿几乎同时学会走路，这显示了遗传因素的影响。

文化对动作发展的影响　虽然动作发展遵循的顺序具有普遍性，但是其发展的速度与某些特定的环境因素有关。在某种文化下看似正常的发展速度，在另一种文化下可能就未必如此。

与欧美国家的婴儿相比，非洲地区的婴儿通常更早学会坐立、行走和跑。例如在乌干达，婴儿通常在 10 个月大时就学会了走路，而美国的婴儿要到 12 个月大时才会走路，法国的婴儿要到 15 个月大时才会走路（Gardiner & Kosmitzki, 2005）。亚洲的婴儿似乎要更晚些时候才能学会这些技能。在某种程度上，这些差异可能与种族间的气质差异有关（H. Kaplan & Dove, 1987; 见第 6 章），或者也反映了不同文化在抚养孩子方法方面的差异（Gardiner & Kosmitzki, 2005）。

有些文化会积极地鼓励儿童发展动作技能。在许多非洲和西印度文化中，婴儿的动作发展水平通常比较超前，成人会采用一些特殊的“训练程式”，如弹跳和跨步练习，来提高婴儿肌肉的强度（Hopkins & Westra, 1988）。一项研究发现，牙买加婴儿的母亲每天都会用这种方法训练自己的孩子，与未接受过这类特殊训练的英国婴儿相比，这些婴儿能更早学会坐立、爬行和走路（Hopkins & Westra, 1990）。

另一方面，某些文化并不鼓励婴儿过早地发展动作。位于巴拉圭东部的阿契族儿童在 18~20 个月大时才开始学习走路（H. Kaplan & Dove, 1987）。在阿契族部落，当婴儿四处爬行时，母亲总是把他们抱回来放在自己的膝盖上。当地的母亲总是严格地监控孩子，保护他们在游牧生活中远离各种危险。然而，到了 8~10 岁时，阿契族的儿童要学会爬高树、砍树枝，并参加一些能够增强其动作技能的游戏（H. Kaplan & Dove, 1987）。所以，正常的发展不需要遵循相同的进度，也可以取得相同的结果。

学习检查站

你能否……

- ✓ 根据丹佛发展筛选测验的标准，描绘婴儿的头部控制、手的控制和移动的典型发展轨迹？
- ✓ 讨论成熟、知觉发展和文化因素如何与早期的动作发展相联系？

重新聚焦

回顾本章开始部分在焦点人物中提到的有关海伦·凯勒的故事：

- 凯勒的故事告诉我们，在身体健康、感知能力、认知功能和心理社会发展之间存在什么联系？
- 认知神经科学家会如何解释在凯勒丧失了听觉和视觉之后，她的嗅觉和触觉却变得更加敏感这一现象？
- 哪种假说能够解释为何凯勒的语言发展出现倒退，但是动作发展却没有？
- 海伦所患的那场“奇怪的发烧”在今天还会造成如此大的伤害吗？为什么？

到了幼儿能跑能跳，并且能够通过更加精细协调的动作来玩玩具的时候，他们与本章开始部分所描述的新生儿就大不一样了。与此同时，他们在认知方面发生的变化也同样明显。我们将在第 5 章详细地讨论这一主题。

小　结

分娩和文化：分娩方式是如何演变的

学习指路标 1：分娩的文化习俗有哪些？发达国家的分娩方式是如何变化的？

- 在 20 世纪以前，欧洲和美国的分娩方式与发展中国家现在的分娩方式没有太大差异。作为女性的一项社会仪式，分娩是在助产士的陪护下在家里进行的。在这一过程中，几乎不采取缓解疼痛的措施，母婴都具有较高的风险性。
- 产科学的发展使得分娩趋于专业化。在医院分娩有医生陪同。医药学的发展大大提高了分娩的安全性。
- 如今，由助产士陪同的在家分娩方式和在分娩中心分娩逐渐成为曾经选择在医院生产的低风险孕妇的另一种选择。

分娩过程

学习指路标 2：分娩是如何开始的？在分娩的三个阶段中分别会发生什么？

- 正式分娩通常发生于分娩准备期之后。
- 分娩过程包括三个阶段：宫颈扩张，婴儿降生，清理脐带和胎盘。

学习指路标 3：目前，还有哪些分娩方法可供选择？

- 在美国，超过 1/4 的分娩采用了剖腹产。
- 胎心电子监控能够探测出胎儿危险的信号，尤其是高危分娩。
- 自然或有准备的分娩能够将止痛药物的使用最小化，父母参与分娩的主动性最大化。现代硬脑膜外注射能有效减轻疼痛，而且用药剂量比过去更低。
- 助产士的陪伴能够为产妇提供身体和感情上的支持。

新生儿

学习指路标 4：新生儿如何适应子宫外的生活？

- 新生儿期是婴儿从子宫内生活到子宫外生活的过渡时期。在最初的几天，新生儿体重会降低，然后会开始增长；胎毛（出生前的毛发）脱落，起保护作用的胎脂变干，头骨上囟门（柔弱区域）在出生后的 18 个月内闭合。
- 出生时，婴儿的循环系统、呼吸系统、肠胃系统及体温调节系统开始独立于母体。如果新生儿出生后 5 分钟内还未开始呼吸，可能会造成脑损伤。
- 新生儿有强烈的吮吸反射，并从肠道分泌出胎便。他们通常会由于肝脏发育不成熟而患上新生儿黄疸。

学习指路标 5：如何判断婴儿是否健康并且正常成长？

- 在出生 1 分钟和 5 分钟后对新生儿进行阿普加量表测评，可以评估婴儿适应子宫外环境的情况。在高风险情形下，布氏新生儿行为评价量表能够评估新生儿对环境的反应，并预测其未来发展。
- 新生儿筛查是为了检测特定的罕见疾病，如 PKU 或先天的甲状腺机能减退等。

学习指路标 6：新生儿睡眠、清醒和活动的模式是如何变化的？

- 新生儿的觉醒状态是由清醒、睡眠和活动的周期性循环所控制的。睡眠占据了新生儿大部分时间，但睡眠时间会逐渐减少。6 个月大时，婴儿主要在晚上睡觉。
- 文化习俗影响睡眠模式。

存活和健康

学习指路标 7：哪些分娩并发症会危及新生儿？从长远来看，这些并发症又会给婴儿带来什么影响？

- 只有少数婴儿会受到产伤的长期影响。其他分娩并发症包括胎儿过度成熟、低出生体重和死胎。
- 低体重儿或者早产或者小于胎龄。低出生体重是导致新生儿死亡的主要原因，并且会造成长期的生理和认知问题。极低体重儿的未来堪忧。

学习指路标 8：我们如何提高婴儿的存活率及其健康水平？

- 出生后的支持性环境和其他保护性因素能够有效改善分娩并发症带来的不良后果。
- 尽管美国的婴儿死亡率已经降低了，但是对于非裔美国婴儿来说，死亡率仍然较高。出生缺陷是婴儿期死亡的最主要原因之一；对于黑人婴儿来说，低出生体重也是最主要的死亡原因。
- 婴儿猝死综合症（SIDS）是美国婴儿死亡的第三大原因。主要的风险因素包括母亲妊娠期频繁吸烟、使用咖啡因以及婴儿以俯卧的姿势睡觉。
- 意外伤害是导致美国婴儿出生后第一个月内死亡的第三大原因。
- 摇晃婴儿综合症（SBS）作为一种经常被误诊且受到低估的虐待形式，常见于2岁以下的儿童中，它通常会导致严重的、不可逆转的脑创伤。
- 随着疫苗接种率的提高，疫苗可预防的疾病的发生率也大大降低；但仍有许多婴幼儿未能得到充分的接种及保护。

早期的生理发展

学习指路标 9：哪些因素影响婴儿的身体和大脑发育？

- 正常的身体发育和感知运动发展都是遵循头尾原则和近远原则。
- 婴儿的身体在出生后第一年内迅速发育。在出生后的前三年内，婴儿的身体虽然快速发展，但发展速度逐渐减慢。
- 母乳喂养有利于婴儿的健康，有益于婴儿感知和认知的发展，在出生后的前6个月应该只喂养母乳。
- 肥胖的婴儿长大后不一定肥胖，除非他们的父母一方或双方也肥胖。
- 中枢神经系统控制感觉运动机能，单侧化优势有助于大脑半球功能的特异化。
- 出生前后的几个月，随着神经元迁移到指定位置、形成突触联结并经历整合和分化的过程，脑飞速发育。细胞死亡和髓鞘化提高了神经系统的有效性。
- 原始反射、运动反射和姿势反射等反射行为是神经发育状况的指示。大部分早期反射会在第一年内随着皮层控制能力的发展而逐渐消失。
- 在脑快速发育的早期，环境和经验对脑发育具有积极或消极的影响。

学习指路标 10：感觉发展始于何时？

- 感觉能力从出生的那一刻起，甚至在子宫中时就已经出现了，并在出生后第一个月内快速发展。年幼婴儿已经能区分不同的刺激。
- 触觉是一种最先发展并成熟的感觉。新生儿对疼痛非常敏感。嗅觉、味觉和听觉也是从胎儿在子宫中时就开始发展的。
- 视觉是出生时发展水平最低的一种感觉。外周视觉、颜色知觉、视敏度、双眼视力和追踪移动物体的能力也在出生后几个月内发展起来。

学习指路标 11：早期动作发展的里程碑是什么，它会受哪些因素的影响？

- 动作技能的发展遵循一定的顺序，它主要依赖于成熟，但情境、经验和动机等也会起一定作用。简单的动作技能逐渐整合成复杂的动作系统。
- 自我位移引起发展各个方面的改变。
- 知觉与动作发展紧密相连。深度知觉和触觉感知在出生后6个月时开始发展。
- 根据埃莉诺和詹姆斯的生态知觉理论，可供性意识能够帮助婴儿和学步儿确定他们跨越某一区域的能力。
- 文化因素可能影响早期动作发展的速度。

婴幼儿期的认知发展

第5章

此当吾梦，吾乃何人？

有婴嚎啕，于夜之央；

有婴嚎啕，觅夜之光，

嚎啕仅止，无以言陈。

——摘自阿尔弗雷德·坦尼森勋爵士的备忘录，第 54 篇

本章提纲

焦点人物

多迪·达尔文——博物学家的儿子

认知发展研究：传统的方法

行为主义的方法：学习的基本机制

心理测量学的方法：发展性测验与智力测验

皮亚杰理论的方法：感知运动阶段

认知发展研究：新近的方法

信息加工的方法：知觉与表征

认知神经科学的方法：大脑的认知结构

社会情境的方法：在与照看者的互动中学习

语言发展

早期语言发展的顺序

早期语言的特征

语言习得的经典理论：先天与后天之争

早期语言发展的影响因素

读写能力的准备：大声朗读

专栏 5-1：世界之窗

藏猫猫游戏

专栏 5-2：实战演说

婴幼儿看电视是否太多了？

焦点人物：多迪·达尔文——博物学家的儿子

达尔文与多迪

1839 年 12 月 27 日，30 岁的博物学家查尔斯·达尔文的第一个孩子出生了。孩子名叫威廉·达尔文，大家亲切地叫他多迪。从那天起，这位自豪的父亲便开始给儿子写观察日记。20 年后，他发表了《物种起源》一书，阐述了以自然选择为基础的进化论。1877 年出版的这些日记*，第一次引起了科学界对婴儿行为发展本质的关注。

哪些能力是婴儿与生俱来的？他们如何了解他们的世界？如何首先通过手势，然后通过语言与他人交流？这些都是达尔文当时试图探寻的问题，这些问题至今仍是认知发展研究的核心问题。

达尔文敏锐地观察到，生理和心理活动协调一致能帮助其适应这个世界。正如达尔文在小多迪 4 个月大时写下的观察日记：

> （他）把我的手指抓到嘴边，像往常一样，因为自己的手挡住了嘴，无法把我的手指放进去；于是他把自己的手从嘴边拿开，然后把我的手指放进嘴里。这并不是巧合，而是一种推理。（Diary, p.12；引自 Keegan & Gruber, 1985, p. 135）

在达尔文的日记中，我们能够看到，多迪不但通过与父亲的手指互动，还通过与许多其他物体互动发展出新的认知技能。日记中描绘了许多栩栩如生的片段，在这些片段中，多迪获得的发展并不是突发性的或跳跃式的，而是通过把新经验与原

* 资料源自Keegan and Gruber（1985）对达尔文日记的分析。

有行为模式整合起来实现的。在达尔文以及后来的皮亚杰看来，发展不是新知识在旧知识基础上的简单堆砌，而是涉及心理结构的实质性转变。

当多迪 4 个半月大时，看到了镜子中的父亲和自己。达尔文记录道，孩子“似乎很惊讶，为什么我的声音从后面传来，而人却在前面”（Diary, p.18；引自 Keegan & Gruber, 1985, p.135）。两个月后，多迪显然已经明白了其中的奥秘。现在，当父亲站在他身后冲着镜子做鬼脸时，孩子“意识到镜子里的映像不是真的，然后会转过身去看”（Diary, pp.21–22；引自 Keegan & Gruber, 1985, pp.135–136）。

最初，孩子的这种新的理解力并不会被泛化到其他反射性物体上。两周后，多迪似乎对窗户里父亲的映像感到迷惑。然而，到 9 个月大时，多迪明白了“蜡烛照射出的手影也需要从后面看，这与看镜子中影像的方式是一样的”（Diary, p.23；引自 Keegan & Gruber, 1985, p.136）。他对镜像的认知从身后的物体扩展到眼前的影子，再扩展到另外一种二维图像中。

达尔文对记录儿子与人交流能力的发展过程特别感兴趣。他认为，语言习得是一种自然的过程，与早期通过肢体表达情感类似。通过哭与笑、面部表情、愉悦和痛苦的叫声，多迪在学会说话之前，便已经能够与父母很好地交流。他说出的有意义的第一句话是“啊！”，这正是当他在镜子中看到映像时发出来的声音。

在160 多年前，达尔文在婴儿的认知能力普遍被低估的年代做出了这些观察。我们现在知道，正如达尔文从对多迪的观察中做出的推论一样，正常的健康婴儿天生就具有学习与记忆的能力，并拥有习得和运用语言的能力。他们通过不断发展的感觉和认知能力来控制自己的行为与外部世界。

在本章中，我们将探讨三种有关婴幼儿认知能力的经典理论：行为主义、心理测量学和皮亚杰理论。接下来会探讨三种新兴的理论：信息加工理论、认知神经理论和社会情境理论。我们还将探讨语言的产生及早期发展。

学习完本章后，你应该可以回答“学习指路标”中的所有问题了。为了检查你对本章“学习指路标”的掌握程度，请复习章节结尾部分的小结。“学习检查站”会贯穿整个章节并不时出现，以便检查你对所学知识的理解程度。

学习指路标

1. 婴幼儿如何学习？他们的记忆能保持多久？
2. 婴幼儿的智力能被测量吗？如何提高他们的智力？
3. 皮亚杰是如何解释早期认知发展的？他的理论站得住脚吗？
4. 如何测量婴儿的信息加工能力？信息加工能力与智力有何关系？
5. 婴幼儿是从何时开始思考物理世界的各种特性的？
6. 脑科学研究能揭示多少有关认知能力发展的奥秘？
7. 与成人互动如何促进婴幼儿的认知能力发展？
8. 婴幼儿的语言是如何发展的？
9. 哪些因素影响婴幼儿的言语发展过程？

认知发展研究：传统的方法

婴幼儿是如何进行学习、思考和解决问题的？这些认知活动始于何时？记忆是从何时开始发展的？如何发展？是不是有些孩子更聪明一些？这些问题均属于*认知发展*的研究范围。许多研究者采用了以下三种方法中的一种对上述问题进行研究。

- **行为主义的方法**（behaviorist approach）研究*学习的基本机制*，研究经验如何引起行为的变化。
- **心理测量学的方法**（psychometric approach）力求通过能表现或预测认知能力的各种能力测验来测量认知能力的*量化差异*。
- **皮亚杰理论的方法**（Piagetian approach）寻求认知功能的*质性*变化或不同的发展阶段，研究思维如何组织活动、如何适应环境。

上述三种方法同后面我们将提到的三种新近方法——信息加工法、认知神经科学法和社会情境法——都有助于我们理解认知发展。

行为主义的方法：学习的基本机制

学习指路标

1. 婴幼儿如何学习？他们的记忆能保持多久？

婴幼儿天生就拥有一些能力，他们能通过视觉、听觉、嗅觉、味觉和触觉等感官进行学习，并记住学过的东西。学习理论家将个体成熟视为边缘化的因素，其主要的兴趣还是学习机制。首先，我们来看看行为主义者研究的两种学习过程（在第2章中曾提及）：*经典条件作用*和*操作性条件作用*。然后，我们会介绍习惯化这一因素，

印度训蛇者的儿子正投入地与父亲所训练的一条蛇玩耍，这说明对蛇的恐惧是一种习得的反应。儿童可以通过不愉快或惊恐的经验，学会对动物产生恐惧。如同第 2 章提到的，华生和雷纳对“小阿尔伯特”进行的经典研究所得结论一样。

它是信息加工研究者所研究的一种学习模式。

经典条件作用和操作性条件作用 安娜的父亲希望用胶片捕捉到安娜的每一个有纪念意义的瞬间，于是把她的笑容、匍匐爬行的姿势和其他引人注意的成长瞬间都拍成照片。每当相机闪光之后，安娜都会眨眼。在安娜 11 个月大时，一天晚上，父亲把照相机放到了她眼前，在相机闪光之前，安娜就眨了眼睛。她已经学会把相机和闪光联系起来，因此，相机的单独出现也引发了她的眨眼反射。

安娜对相机的眨眼就是**经典条件作用**（classical conditioning）的一个例子。经典条件作用是指，个体学会对原来不能引起反应的刺激（如上述例子中的相机）产生了反射性或非随意的反应（如上述例子中的眨眼）。经典条件作用使婴儿通过刺激之间的规律性关联（如上例中的相机和闪光），能够在事件发生之前对其进行预测。如果没有持续性的刺激关联，经典条件作用形成的学习会减弱并消退。也就是说，如果安娜以后多次看到没有闪光的相机，她会最终停止眨眼。

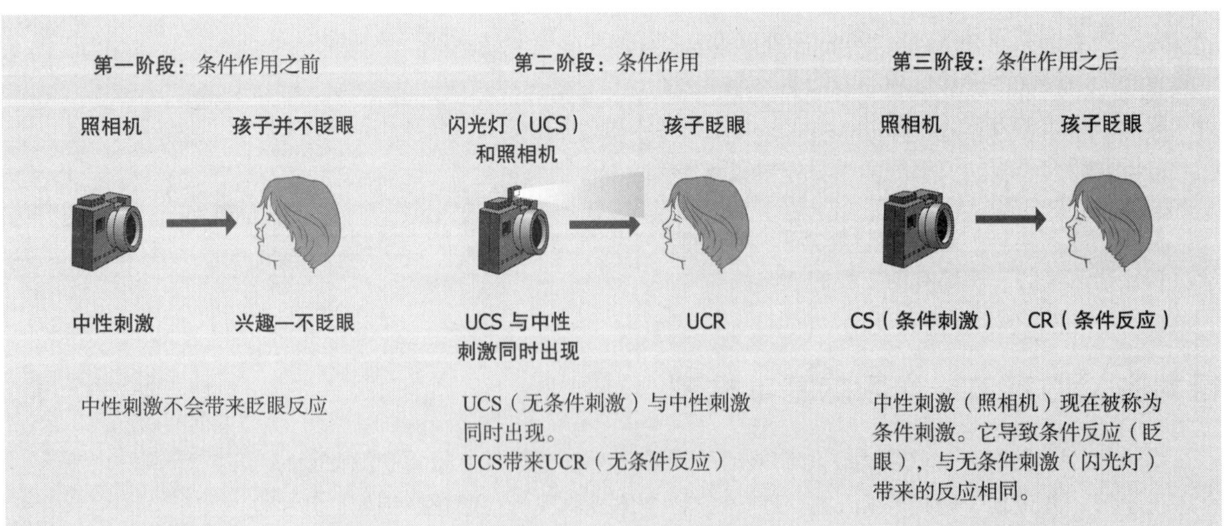

图 5–1

经典条件作用的 3 个步骤。

在经典条件作用中，学习者是被动的，只是吸收知识，机械地对刺激物产生自动化的反应。相反，在**操作性条件作用**（operant conditioning）中，学习者为适应环境而主动发起行为（或称“操作”），如婴儿认识到微笑能带来爱的关注。婴儿可以为了产生某种特定效果（父母的爱）而对环境中的刺激做出某种反应（看到父母时微笑）。研究者通常会使用操作性条件作用来研究其他一些现象，如记忆。

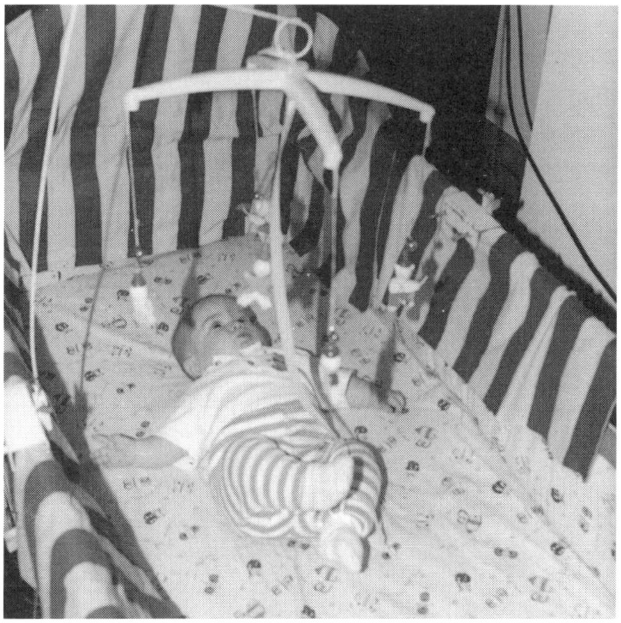

2~6 个月大的婴儿在两天甚至两周以后，依然记得可以通过踢腿牵动床铃；他们一看到床铃便使劲踢腿。

婴儿的记忆　你能回想起两岁之前发生的事情吗？答案是不可以。不能回忆出早期事件的现象被称为婴儿期遗忘症。皮亚杰（1969 年）和其他研究者对此提供了一种解释：早期事件不能被储存在记忆中，是由于大脑发育不成熟所致。相反，弗洛伊德认为，早期事件能够被储存，只是由于它们会带来情感上的不安而被压抑。还有一些研究者认为，婴儿在学会谈论事件之前，是无法将事件储存在记忆当中的（Nelson, 1992）。

现在，使用操作性条件作用所做的研究表明，对与年龄相称的非言语任务来说，婴儿的记忆过程与年龄稍大的儿童，甚至成人之间不存在根本的差异，只是他们的记忆保留时间更短些而已。研究还发现，如果婴儿能够周期性地接触最初的学习环境，那么，他们会在数天甚至数周后重复习得的行为。

卡罗林·科利尔和同事做了一系列实验，训练婴儿通过踢脚来牵动系在脚踝上的风动饰物。2~6 个月大的婴儿在几天甚至几周后重新见到风动饰物时，依然表现出踢脚反应，即使该饰物并没有系在他们的脚踝上。这说明风动饰物引发了婴儿对其初始经验的记忆（Rovee-Collier, 1996, 1999）。另外一项类似任务，年龄稍大的婴幼儿尝试通过按压杠杆从而启动火车模型沿着轨道行驶。条件作用的保留时间会随着年龄的增长而变化，如 2 个月大的婴儿可保持 2 天，18 个月大的婴儿则能保持 13 周（Hartshorn, et al., 1998; Rovee-Collier, 1996, 1999; 见图 5-2）。

年幼婴儿对某一行为的记忆常局限于原始刺激。2~6 个月大的婴儿只会对他们之前见过的风动饰物或者火车模型做出反应。然而，对 9~12 个月大的婴儿来说，在反应形成的 2 周之内，他们会对不同的火车模型“尝试”按压杠杆（Rovee-Collier, 1999）。

当记忆减弱时，熟悉的情境能够唤醒记忆。当 3 个月大、9 个月大和 12 个月大的婴儿被转移到与最初训练环境不同的环境中时，刚开始他们能够对玩具火车做出

图 5–2
不同年龄段的婴儿能够记住风动饰物或模型火车的时间。不论任务如何，记忆的保持时间随年龄的增长而增加。

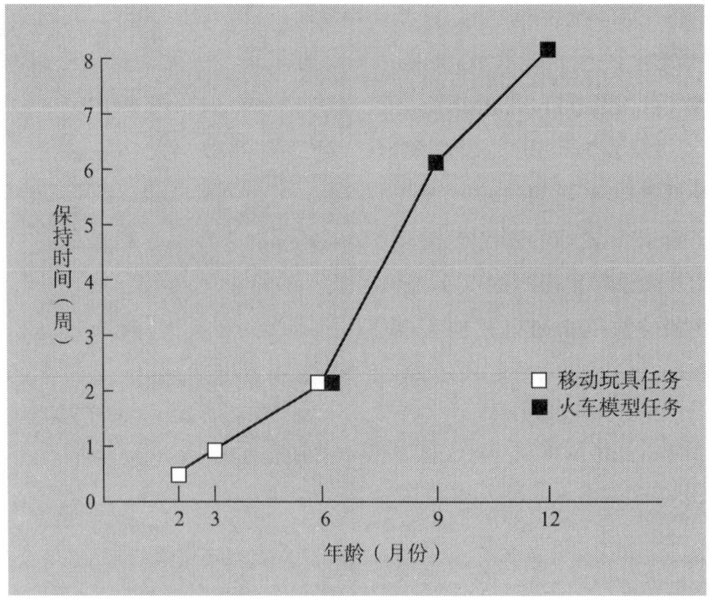

反应，但经过长时间的间隔后，便无法做到这一点。周期性地让婴儿接触形成反应的原始刺激，能够让婴儿的记忆从早期一直维持到 1.5~2 岁（Rovee-Collier, 1999）。

如果婴幼儿能够进行记忆，为什么他们的早期记忆却无法保持？有研究者认为，只有在 18~24 个月时，婴幼儿形成自我认知以后（见第 6 章），才能够把记忆作为个人的经验事件进行保存（Howe, 2003）。本章的后续部分将会探讨大脑研究及其对长期记忆发展的贡献。

学习指路标

2. 婴幼儿的智力能被测量吗？如何提高他们的智力？

心理测量学的方法：发展性测验与智力测验

当 4 个月大的多迪发现，要把父亲的手指放到自己的嘴中，得先把自己的手指从嘴边拿开，这时他表现出**智力行为**（intelligent behavior）。虽然对智力的定义在学术界没有达成科学的共识（Sternberg et al., 2005），但是大多数学者都认为，智力行为具有*适应性*和*目标导向性*：引导人们适应环境和生活状况。人们通常认为智力可以让人们获取记忆和运用知识，理解抽象概念和相互关系，解决日常生活中的问题。

心理测量学的目标是从量化的角度对影响智力（如理解与归因等能力）的因素进行测量，并通过测量的结果预测个体未来的表现（如学习成绩）。**IQ（智商）测验**（intelligence quotient, IQ）由一系列问题和任务组成，通过与其他被测者的测试表现进行比较，能够反映某个体在各项能力上的高低水平。

对于学龄儿童而言，智力测验的分数能够相当准确和可靠地预测其学业成绩。

对婴幼儿的测量则属于另一种情况。因为婴幼儿不能告诉我们，他们知道什么或如何想的。测量婴幼儿智力最有效的方法是评价他们能做些什么。但是，如果他们没有去抓响铃玩具，我们很难推断是因为他们不知道如何去抓，还是不喜欢去抓，又或者意识不到大人希望他们做什么，或者只是对它不感兴趣而已。

学习检查站

你能否……

- ✓ 比较行为主义的方法、心理测量学的方法以及皮亚杰理论的方法对认知发展研究的目标？
- ✓ 列举发生在婴幼儿身上的经典条件作用和操作性条件作用的例子？
- ✓ 总结对操作性条件作用的哪些研究揭示了婴儿的记忆？
- ✓ 说出为什么有时要对婴幼儿进行发展性测试？能否描述其中一种广泛使用的发展性测试？

针对婴幼儿的发展性测验　尽管我们确实无法测量婴幼儿的智力，但是测量其认知发展*却是*可行的。如果父母担心自己的孩子与其他同龄的孩子之间存在发展差异，发展性测验可以向他们确保孩子的发展是正常的，或者让他们对孩子存在的问题有所警觉。发展性测验把某个婴幼儿在一系列任务上的表现与常模进行比较，观察其在某特定年龄段上与大多数婴幼儿有何差别。

贝雷婴幼儿发展量表（Bayley Scales of Infant and Toddler Development）可用于测量从 1 个月至 3 岁半儿童的发展状况（Bayley, 1969, 1993, 2005）。2000 年，贝雷量表第三版在美国联邦人口普查中抽取了 1 700 名儿童进行了常模修订。量表测量了婴幼儿在五方面的发展能力，这五方面分别是*认知*、*语言*、*动机*、*社会情绪*和*适应性行为*，从而帮助父母和相关专业人员为婴幼儿制订合适的发展计划。量表还包括一个附加的*行为评价量表*，该量表由施测人员根据婴幼儿的照料者所提供的信息填写完成。每个量表单独计分，得分与常模进行比较的离均差，称为“*发展商数*”（DQs）。发展商数在探查婴幼儿早期情绪困扰、感觉缺失、神经和环境缺陷方面非常有用。

对早期家庭环境影响的测评　智力曾一度被认为是与生俱来的，不可改变。现在我们发现，智力会同时受到先天遗传和后天经验的影响。早期家庭环境对智力有何种影响？运用**家庭环境观察测评系统**（Home Observation for Measurement of the Environment, HOME），受过训练的施测者可以对婴幼儿家中的氛围和资源进行观察，并对核查表上的项目进行评分（R. H. Bradley, 1989; Caldwell & Bradley, 1984）。

家庭环境观察测评系统（HOME）对称赞孩子的家长和解答孩子问题的家长均给予正向评分。

父母的回应性是家庭环境观察测评系统测量的重要因素。如果父母在施测期间对婴幼儿做出爱抚和亲吻举动，对学龄前儿童主动称赞表扬，并对他们提出的问题耐心解答，家庭环境观察测评系统就会给出加分。一项追踪研究发现，在孩子半岁时，父母的回应性与他们 13 岁时的智力、成就测验成绩和教师评价的在校行为之间呈正相关（Bradley, Corwyn, Burchinal, McAdoo, & Coll, 2001）。

该系统也会涉及诸如家中的藏书量、是否有促进概念发展的玩具、父母对儿童游戏的投入程度等方面。一项利用该系统对 29 264 名欧裔、非裔和西班牙裔美国儿童的家庭环境的分析表明，能激发学习的家庭环境与儿童的成就分数、语言能力、动机及社会性发展均呈稳定的正相关（Bradley, Corwyn, Burchinal et al., 2001）。

当然，该测评系统中的一些题项并不适用于非西方国家的家庭（Bradley, Corwyn, McAdoo, & Coll, 2001）。并且，以 HOME 系统和相关发现为基础，我们并不能确定父母的回应性和丰富的家庭环境是否可真正提高儿童的智力水平。我们能确定的是，这些因素都与智商存在相关。聪明的、教育水平高的父母更可能为孩子提供一种积极的、激励性的家庭环境；同时，由于孩子继承了他们的基因，因此，孩子的发展也有可能会受基因的影响（这是一个基因—环境被动关系的例子，在第 3 章中曾被提及）。

我思我秀

- 根据文中列出的早期家庭环境的六个方面，你能否给出实际的建议，帮助婴幼儿做好上学的准备?

还有研究表明，早期家庭环境中有六种因素可促进婴幼儿的认知和心理社会发展，并帮助孩子做好入学准备。它们是（1）鼓励探索环境；（2）对基础认知和社会技能，诸如识物、排序、分类、对比等的指导；（3）对新成就的庆祝；（4）对实践和扩展技能的指导；（5）防止不恰当的惩罚和取笑，防止对探索未知事物或尝试新技能时的无心之失的盲目指责；（6）对语言以及其他形式的交流刺激的促进。在早期成长中，这六方面的持续刺激可能是大脑正常发育必不可少的条件（C. T. Ramey & S. L. Ramey, 1998a, 1998b; S. L. Ramey & C. T. Ramey, 1992）。（表 5-1 列出了帮助婴幼儿发展认知能力的针对性建议。）

早期干预 在《残疾人教育法》中，**早期干预**（early intervention）被定义为一种系统的服务流程，为有需要的家庭提供针对婴幼儿及学龄前儿童发展的治疗服务或教育服务。两项随机分配的控制研究揭示了早期干预的效果（C. T. Ramey & S. L. Ramey, 1998b）。

CARE 计划（Wasik, Ramey, Bryant, & Sparling, 1990）和初学者计划（C. T. Ramey & Campbell, 1991）总共包括 174 名来自北卡罗来纳州处境不利家庭的婴幼儿。在每项计划中，刚出生六周的实验对象会一直被干预直到上幼儿园，其中实验组的孩子参加同伴学习，这是在一所高校的儿童发展中心进行的全日制儿童教育项目。该项目师生比率低，通过学习游戏来促进婴幼儿的认知、语言、感知运动和社交技能。控制组的孩子接受同样的儿科、社会工作和家访服务，但不参与同伴学习项目。

在这两项计划中，接受早期干预的实验组儿童在 18 个月时的发展性测验成绩均高于控制组儿童。到 3 岁时，初学者计划中的实验组儿童的平均智商达到了 101，而 CARE 计划中的实验组儿童的智商达到了 105，等于或高于普通人的平均水平。与此形成对比的是，控制组儿童的平均水平分别为 84 和 93（C. T. Ramey & S. L. Ramey, 1998b）。

正如很多干预研究中经常面临的问题一样，这些早期干预的成果并没有完全保持下来。参与研究的儿童的智商在 3~8 岁期间一直下降，特别是那些家庭处境最为

表 5-1 能力培养

根据运用 HOME 量表进行的哈佛学前儿童项目的研究结果以及神经学研究和其他研究的发现，我们从中归纳出促进婴幼儿认知发展的指导建议：

1. 在婴儿出生的几个月中，提供感觉刺激，但注意避免过度刺激和容易造成分心的噪音。
2. 当婴幼儿逐渐长大，创造一种能促进学习的环境，如摆放书籍、有趣的小玩具（不一定十分昂贵），并提供可玩耍的空间。
3. 对婴幼儿的行为积极回应。这有助于他们建立信任感，觉得世界是友好的，同时有助于他们建立对生活的控制感。
4. 给婴幼儿提供控制变化的能力，如向其提供可以摇动、捏塑或移动的玩具。帮助他们发现转动门把手可以开门，按开关可以开灯，打开水龙头可以流出洗澡用的水等。
5. 给婴幼儿探索的自由。白天勿将其限制在婴儿床、弹跳座椅或者狭小的空间里，只给予短暂的玩耍时间。要让婴幼儿去探索周围的环境。
6. 与婴幼儿交谈。婴幼儿不会通过听录音机或电视节目习得语言，他们需要与成年人不断地进行交流。
7. 在与婴幼儿交谈或玩耍时，跟随他们进入其感兴趣的任何话题，而不要把他们的注意力转向其他事物。
8. 给婴幼儿提供学习基本技能的机会，如识物、比较、物体分类（如按大小或颜色）、排序和观察行动等。
9. 为习得的新技能鼓掌庆祝，并帮助婴幼儿练习和拓展。在孩子附近观察，不要回来徘徊。
10. 从小就用柔和、关怀的语气对婴幼儿朗读。朗读的声音要大，多讲故事，以发展婴幼儿的前语言能力。
11. 尽量少使用惩罚。不要对婴幼儿正常的尝试错误式的探索行为进行惩罚或嘲弄。

资料来源：R. R. Bradley & Caldwell, 1982; R. R. Bradley, Caldwell, & Rock, 1988; R. H. Bradley et al., 1989; C. T. Ramey & Ramey, 1998a, 1998b; S. L. Ramey & Ramey, 1992; Staso, quoted in Blakeslee, 1997; J. H. Stevens &Bakeman, 1985; B. L. White, 1971; B. L. White, Kaban, &Attanucci, 1979.

不利的儿童。不过，实验组儿童的成绩比控制组儿童的更高、更稳定（Burchinal et al., 1997）。从干预结束到参与者进入成年期，无论实验组还是控制组的参与者的智商和数学成绩均持续下降至美国常模水平以下，尽管阅读成绩依然低于平均水平，但相对稳定。然而，在初学者计划中的实验组的儿童在各项测试中的成绩始终高于控制组的儿童，并且更少出现留级现象（Campbell, Pungello, Miller-Johnson, Burchinal, & Ramey, 2001; C. T. Ramey et al., 2000）

上述研究以及其他类似研究发现，早期教育干预能保护儿童免受环境中的不利因素的影响（Brooks-Gunn, 2003）。最有效的早期干预应该：（1）尽早开始，并一直持续到学龄前；（2）需要大量的时间投入（需要占据一天中的许多小时，占据每周、每月、每年的许多天）；（3）直接提供教育经验，而不仅仅是对父母的简易训练；（4）包含健康咨询、家庭咨询及社会服务；（5）适应个体差异和不同需求。正如在北卡罗来纳州进行的两项干预计划一样，如果没有足够的后续环境支持，干预效果会逐渐减弱（Brooks-Gunn, 2003; C. T. Ramey & S. L. Ramey, 1996, 1998a）。

学习检查站

你能否……

- ✓ 根据家庭环境观察测评系统指出影响智力的早期家庭环境？为什么这些影响很难被测查？
- ✓ 指出早期家庭环境中影响一般认知发展的六种因素的特点？
- ✓ 总结有关早期干预的研究结果？

早期开端计划（Early Head Start）是一项由美国联邦政府资助的、针对低收入家庭的干预计划，我们会在第 7 章提及。

学习指路标

3. 皮亚杰是如何解释早期认知发展的？他的理论站得住脚吗？

皮亚杰理论的方法：感知运动阶段

皮亚杰提出的认知发展的四个阶段中，第一个阶段便是**感知运动阶段**（sensorimotor stage）。在这一阶段中（从出生到大约 2 岁），婴幼儿通过发展中的感知觉和身体活动来认识自己和世界。婴儿从一个只会简单反射和随机行为的个体，变成了有行动目标的幼儿。例如，从达尔文的日记里我们可以看到，小多迪从只会本能地吮吸父亲的手指，慢慢地发展到有目的地探寻镜子和镜像的秘密。

感知运动阶段的亚阶段 感知运动阶段包含六个亚阶段（见表 5-2），随着从一个阶段发展到另一阶段，婴幼儿的**图式**（schemes）发展得越来越精细，图式是指行为的组织模式。在前五个阶段中，婴幼儿学会把刺激与已有的感觉相调节，根据环境来组织他们的活动。他们通过组织、适应和平衡来完成上述活动，如第 2 章中所述。在第六个亚阶段中，婴幼儿从尝试错误的学习发展到运用符号和概念来解决简单问题。

这种早期的认知发展是通过**循环反应**（circular reaction）来实现的。在循环反应中，婴幼儿学会重复那些能带来快乐或趣味的偶发事件。开始时，某次偶然行为让婴儿产生了愉悦感，促使他们想重复体验。重复行为再次带来了乐趣，并激发再一次的重复（见表 5-3）。原来那种偶发的行为逐渐巩固成为一种新的图式。

在第一个亚阶段（出生到大约 1 个月），新生儿开始练习如何控制先天反射能力，即便这些反射的一般刺激物没有出现，他们也会产生反射行为。例如，新生儿的嘴唇接触到物体时便会发生吮吸反射。不过他们很快便学会，即使嘴唇未被触碰，他们也会去寻找母亲的乳头，也会在不饿的时候经常地做出吮吸动作。这些新行为反映了婴儿如何修正与扩展其关于吮吸的图式。

在第二个亚阶段（大约 1~4 个月），婴儿学会重复一种偶发的、愉悦的身体感受（如图 5-3a 所示的吮吸大拇指）。同时，他们也开始将感觉范围拓展到听觉，表现出协调不同通道的感觉信息（视觉和听觉）的能力。

到第三个亚阶段（大约 4~8 个月），婴儿产生了操控物体并识别其特征的新兴趣。他们的重复活动有了意向性，意在获得超出自己身体范围的结果，而不仅仅是像在第二个亚阶段中那样出于自身感受。例如，这一阶段的婴儿会为了听拨浪鼓的声音而不断地摇晃它，或者（如图 5-3b 所示）在看到一张友善的面孔时，发出咕咕的叫声希望把它留在眼前。

之后，婴儿便到了第四个亚阶段（大约 8~12 个月），这时的婴幼儿能够通过总结过去的经验来解决新问题。他们会爬向想要的东西，并抓住它，或者推开障碍物（例

表 5-2 皮亚杰认知发展理论中感知运动阶段的六个亚阶段

亚阶段	年 龄	描 述	行 为
1. 运用反射	出生到 1 个月	婴儿练习天生的反射能力，学会在一定程度上进行控制。他们不会整合自己的感觉信息，不会抓握眼前看到的物品	当妈妈将乳头放在多里嘴边时，她便开始吮吸
2. 初级循环反应	1~4 个月	婴儿重复那些偶然让他们感到愉悦的动作（如吮吸拇指）。活动更多集中于婴儿对身体而非行为对环境的影响。第一次形成习得性适应行为，如用不同的方式吮吸不同的物品。开始协调感觉信息，开始抓握物品	习惯于母乳喂养的迪伦在用奶瓶喝奶时会调整对奶嘴的吮吸方式
3. 次级循环反应	4~8 个月	婴儿开始对环境更加感兴趣，会重复一些带来有趣结果的动作（如摇拨浪鼓），并延长有趣行为的时间。动作具有意向性，但并非目标导向	亚历桑德罗把荞麦饼干一片一片地从高脚椅托盘的边缘推下，一次只推一片，每当饼干掉向地板时，他会仔细观察
4. 次级图式的协调	8~12 个月	随着婴儿协调先前学到的图式（如看到并抓住一个瓶子）和运用先前学到的行为来达到目的（如爬到房间中并拿到想要的玩具），他们的行为更有目的性（意向性）。能够预期事件发生	安妮卡按下儿童音韵图书底部的按钮，然后图书开始播放“一闪一闪小星星”。她反复地按下同一个按钮，但对其他按钮不感兴趣
5. 三级循环反应	12~18 个月	幼儿表现出好奇心，喜欢探索。有目的地改变行为来观察结果（如摇晃不同的拨浪鼓来听声音）。积极探索周围的世界，观察物品、事件或情境中的新奇之处。尝试新行为，运用试误法来解决问题	当比约恩的姐姐将他最喜欢的硬纸板书放到婴儿床边时，他伸手去拿那本书。第一次尝试失败了，因为书太宽。很快，比约恩把书转到侧面，并抱住它，对丁自己的成功感到高兴
6. 心理整合	18~24 个月	由于幼儿能够在大脑表征事物，他们对问题的解决不再局限于尝试错误。符号思维让幼儿开始思考事件，并预期结果，而不总是诉诸于亲自行动。开始表现出洞察力，可以使用符号，如手势和词语，会伪装	珍妮正在玩积木，在插积木以前，她会仔细寻找合适的位置，然后把积木放到对应形状的孔里

注释：在皮亚杰的感知运动阶段中，其认知发展迅速，婴幼儿通过感官和身体运动来认识周围的世界。我们应该注意他们在问题解决和协调感觉信息上面的进步。所有的年龄都是近似的。

如其他人的手）。他们尝试、修正并调整以往的图式，如爬、推、抓，最终形成有效的新图式。这一阶段标志着复杂的意向性行为的发展。

在第五个亚阶段（大约 12~18 个月）中，幼儿会改变一种行为来获取相似的效果。例如，蹒跚学步的幼儿会用手捏橡皮鸭玩具，看看它会不会像用脚踩时一样发出声音（如图 5-3c 所示）。此时幼儿第一次表现出解决问题的创造力。他们通过试误法来

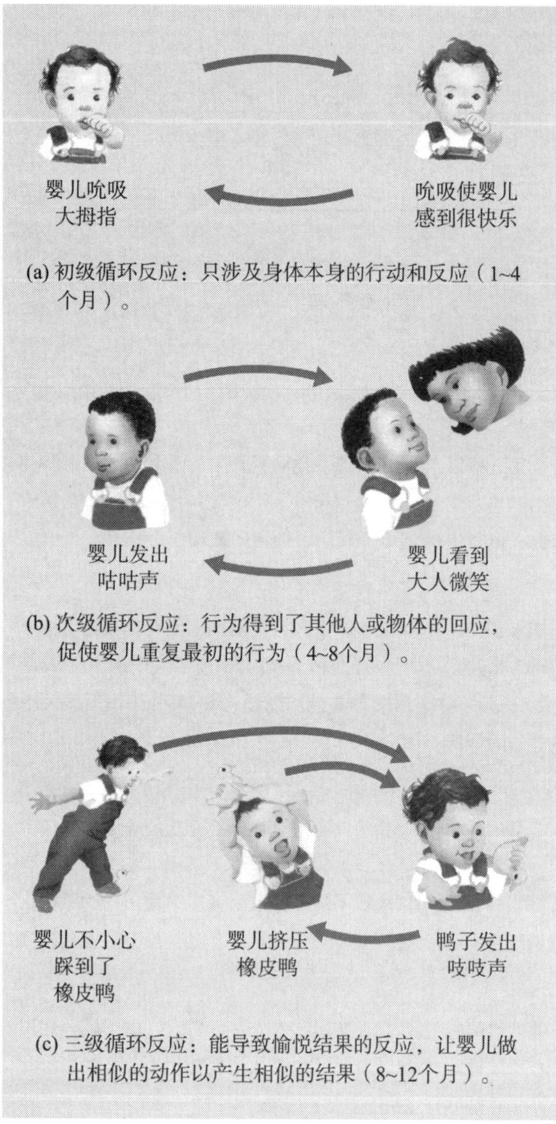

图 5–3

初级循环、次级循环和三级循环反应。

寻找达成目标的最好方法。

第六个亚阶段（大约 18~24 个月）是向前运算阶段的过渡期。学步儿逐渐发展出**表征能力**（representational ability），表征能力是一种通过词语、数字和心理图像等抽象符号在记忆中对物体和事件进行心理表征的能力。这种能力把幼儿从直接经验中解放出来。他们学会伪装，并且他们的表征能力提高了其伪装行为的复杂程度（Bornstein, Haynes, O'Reilly, & Painter, 1996）。他们能够在行动前进行思考，而不再需要费力地通过尝试错误来解决问题。皮亚杰的女儿卢西娜想要打开一个半开的火柴盒以便拿到里面的表链，这时她表现出了表征能力，张大了自己的嘴巴来表征打开火柴盒的想法（Piaget, 1936/1952）。

在这六个亚阶段中，婴幼儿发展了思维和记忆能力，掌握了有关物理世界的某些知识，特别是有关物体和空间关系的知识。在皮亚杰研究的基础上，后人发现，他的一些观察结果确实符合婴幼儿某些方面的发展，但是婴幼儿的其他一些能力，包括表征能力，发展得可能比皮亚杰所认为的更早一些（表 5-3 比较了皮亚杰与新近研究在一些能力上的结论，可供参考）。

模仿能力的发展是否早于皮亚杰所认为的时间？ 皮亚杰认为，**不可见模仿**（invisible imitation），即用婴儿自己不能看见的身体部分进行模仿，如嘴巴动作的模仿，在婴儿 9 个月大时才开始发展，之后是**可见模仿**（visible imitation），即用婴儿能够看见的身体部分进行模仿，如手部动作的模仿。然而，安德鲁·梅尔佐夫和基思·穆尔（Andrew Meltzoff, M. Keith Moore, 1983, 1989）进行的一系列研究发现，72 小时的新生儿便能表现出模仿成人张嘴伸舌头、晃动头部等行为。

但是，一项回顾梅尔佐夫和穆尔的工作、并试图重复其结果的研究发现，只有一种模仿行为具有一致性的证据，即吐舌头（Anisfeld，1996），并且这种模仿行为在孩子两个月大时又消失了。即便是早期的模仿行为也似乎不应该仅局限于一种动作，因此，一些研究者认为，吐舌头可能是婴儿与母亲进行沟通的早期尝试，或者仅仅是被成人的舌头所激发的一种简单的探索行为（Bjorklund, 1997; S. S. Jones, 1996）。关于不可见模仿开始发展的年龄依然存在疑问，尚待进一步研究确定。

表 5-3　感知运动阶段的关键发展领域

概念或技能	皮亚杰的观点	新近研究的发现
客体永久性	从第三个亚阶段开始发展，一直延续到第六个亚阶段。处于第四个亚阶段（8~12 个月）中的婴儿会犯“A 非 B”的错误	小至 3 个半月大的婴儿（第二个亚阶段）就表现出客体永久性，不过对研究结果的解释仍然有争议。“A 非 B”的错误则依然要到第二年甚至更大时才会出现
空间知识	客体概念和空间知识的发展与自行运动、视觉协调和运动信息有关	研究支持了皮亚杰对空间关系的判断、对自我中心消退发生时间的描述。运动发展有关的知识则不很清楚
因果关系	在 4~6 个月与 1 岁之间缓慢发展；首先基于婴儿自身行为作用下的发现，其后涉及外力作用下的发现	一些证据表明，婴儿早期便能意识到物理世界中特定因果事件；但对一般意义上的因果关系的理解则发展得更晚些
数	依赖于在第六个亚阶段（18~24 个月）中开始发展的符号使用能力	小至 5 个月大的婴儿可以认出并在头脑中运用较小数字；但对这一发现的解释仍然有争议
分类	依赖于在第六个亚阶段（18~24 个月）中发展出的表征思维能力	小至 3 个月大的婴儿似乎能认出知觉性的类别；而 7 个月大的儿童能从功能上进行分类
模仿	约 9 个月大时出现不可见模仿，在第六个亚阶段（18~24 个月）中出现大脑表征以后延迟模仿才开始出现	与之对立的研究发现，新生儿出现了面部表情的不可见模仿，6 周大时出现了延迟模仿。对复杂活动的延迟模仿似乎早在婴儿 6 个月大时便表现出来

皮亚杰还认为，1 岁半以下的婴儿不能对之前曾见过的行为进行**延迟模仿**（deferred imitation），因为那时他们尚未形成大脑表征。然而，因为婴幼儿不能很好地谈论记住的事物，所以皮亚杰可能低估了他们的表征能力。仅 6 周大的婴儿，已经能够模仿成人做出的表情动作。24 小时后，当成人再次出现在婴儿面前，且未做出任何表情，此时婴儿依然能够模仿成人之前的表情动作。这说明，很小的婴儿已经能够在头脑中形成对事物的表征（Meltzoff & Moore, 1994, 1998）。婴儿对新异刺激或简单事件的延迟模仿也许始于 6~9 个月之间（Meltzoff & Moore, 1998; Bauer, 2002）。因此，延迟模仿的研究结果与操作性条件反射的发现一致（Rovee-Collier, 1999）；经过一段时间的间隔后，婴儿似乎仍然能够保持记忆。

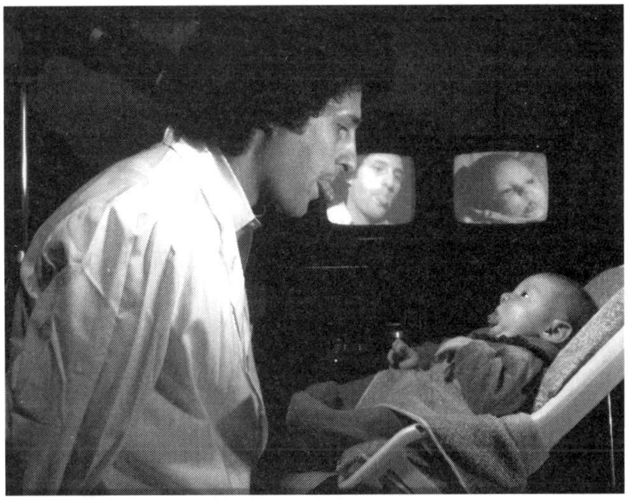

这个婴儿是在模仿研究者伸出舌头吗？梅尔佐夫的研究表明，小至 2 周的婴儿也能够做出不可见的模仿。不过其他研究者发现，只有最小的婴儿能够做出这样的反应，这说明，伸舌头的动作也许仅仅是一种探索性行为。

在一项**诱导模仿**（elicited imitation）实验中，研究者引导婴幼儿模仿一系列曾见过、但未做过的动作。研究者初次演示时会给出简单的言语解释（Bauer, 1996, 2002; Bauer, Wenner, Dropik, &Wewerka, 2000; Bauer, Wiebe, Carver, Waters, & Nelson, 2003）。一个月后，在没有进一步的演示或解释的情况下，42%~45% 的 9 个月大的婴儿能够模仿包含两个步骤的简单程序动作，例如将玩具车沿着垂直坡道落下，再用一支小竿推动玩具车让它滚到轨道终点并打开一盏灯（Bauer, 2002; Bauer et al., 2003）。一项研究通过扫描婴儿在间隔一周后再次观看相同动作过程的照片时的大脑，有效地预测了他们在该任务上的个体差异。结果表明，那些不能正确按图片顺序完成此任务的婴儿，其记忆痕迹较浅，这表明他们无法把事件储存在长时记忆中（Bauer et al., 2003）。

诱导模仿在幼儿 2 岁时更加稳定：近 80% 的 13~20 个月大的幼儿能够把一年以前发生的、不熟悉的多步骤动作重复出来（如把铜铃串在一起组成一个摇铃）。一些早期练习有助于恢复婴幼儿的记忆，特别是在原有的一些条件被新条件所替代时（Hayne, Barr, & Herbert, 2003）。对于婴幼儿的长时记忆，有四种影响因素：（1）重复序列事件的次数；（2）婴幼儿是否亲自操作过，还是仅仅简单观察过；（3）婴幼儿是否得到语言提示；（4）事件序列的逻辑顺序是否合理（Bauer, et al., 2000）。

客体认知及空间认知的发展 客体概念，即客体拥有自己独立的存在、特征和空间位置的观念，对形成客观世界是一个现实和有序的存在这一认识来说非常重要。客体概念也是婴幼儿知觉到自己独立于客体和其他人而存在的基础。这对认识一个充满了客体与事件的世界来说是非常重要的。小达尔文努力去理解镜像的存在和位置，便是其客体概念发展的体现。

这个孩子似乎表现出了客体永久性的概念，因为他在寻找着消失的物体。对于客体永久性始于何时，依然存在争论。

客体永久性何时发生？ **客体永久性**（object permanence）是客体概念的一个组成部分，它是指个体能认识到物体或他人即使不在视线中时依然存在。从“藏猫猫”的游戏中可看出此概念在不同文化中的发展（见专栏 5-1）。

皮亚杰认为，婴儿通过观察自己动作的结果发展出客体概念，换句话说，是通过自身的视觉和运动信息来发展的。同样，通过观察这些信息，皮亚杰发现客体永久性在感知运动阶段是逐步发展的。最初，婴儿并不具备这一概念。在第三个亚阶段，即婴儿 4~8 个月大时，他们会寻找自己丢弃的东西，不过如果东西未能找到，他们则不会再继续寻找，好像东西就此不存在了一样。在第四个亚阶段，即婴儿 8~12 个月大时，如果一

藏猫猫游戏

在南非的农村，一位班图族的母亲用双手遮住自己的眼睛对9个月大的儿子微笑着，然后问道“Uphi?”（妈妈在哪里？）3秒以后，这位母亲说，“这儿！”然后重新露出眼睛，逗孩子开心。在东京，一位日本母亲也会与12个月大的女儿玩同样的游戏，女儿也表现出相同的愉悦反应。在美国康涅狄格州的郊区，一个15个月大的男孩看到2个月未见的祖父时，用自己的衣服遮住了眼睛，正如祖父前一次来看他时所做的一样。

藏猫猫游戏存在于不同的文化中*，并且游戏程序相似（Fernald & O'Neil, 1993）。在所有玩这种游戏的文化当中，母亲或其他抚养者的重新出现都会让孩子感到愉悦。通常，这时还会伴有夸张的手势和声音。因为成人极具吸引力的表情和声音，特别是这时他们往往会使用高声调，婴儿从这种游戏中获得的快乐就更加强烈了。

这种游戏有几个重要目的。精神分析学家认为，它有助于婴儿在母亲离开时控制焦虑情绪。认知心理学家将其视为婴儿了解客体永久性概念发展的有效方式。它还能起到社交规范的作用，帮助婴儿学习控制谈话的技巧，如轮流说话。它还能帮助婴儿练习集中注意力，而集中注意力是学习的前提之一。

随着婴儿预测未来事件的认知能力的发展，这种游戏又有了新的意义。在3~5个月大时，婴儿在成人的脸进入视线和移出视线时所表现出的笑容表明，婴儿正在发展出对即将发生的事件进行预测的能力。在5~8个月大时，当成人声音出现时，婴儿就会通过视线和微笑表现出对成人即将出现的期望。到1岁时，婴儿不再仅仅是游戏的观察者，还会主动地参与游戏，在游戏中与成人积极互动。这时轮到成人来对婴儿的身体线索和声音线索做出反应，如果成人表现出不想玩这种游戏的意愿，婴儿会不断地发出这些线索。

为了帮助婴儿学习藏猫猫或者其他游戏，父母经常使用道具（见第2章）。在蒙特利尔大学进行的一项为期18个月的追踪研究中，把25位母亲利用娃娃作为道具与孩子玩藏猫猫的游戏进行录像（Rome-Flanders, Cronk, & Gourde, 1995）。道具的数量和类型随着婴儿年龄的增长和技能的提高而发生变化。母亲通常需要设法吸引一个6个月大孩子的注意，以便开始游戏，但随着时间的推移，这种行为变得越来越少。在孩子6个月大时，过程示范（示范藏猫猫游戏并鼓励孩子模仿）很常见，但在孩子12个月大时便明显减少，但直接的语言指导会增多（如“盖住那个娃娃”），因为婴儿对口头语言有了更多的理解。

世界范围内都在玩藏猫猫游戏，它有助于婴儿克服父母分离焦虑，发展认知概念，如客体永久性。

间接的语言指导（如“娃娃在哪儿？”）用于把婴儿的注意力引向下一个环节，并被一直使用下去。强化作用（对婴儿的表现表示满意，例如在婴儿盖住娃娃时说“藏猫猫”）从9个月开始便持续存在。道具的总量在24个月大时显著下降，因为此时大多数幼儿已经完全掌握了整个游戏。

* 注释：此报告中的文化包括马来西亚、希腊、印度、伊朗、俄罗斯、巴西、印度尼西亚、韩国和南非。

我思我秀

你是否经常同孩子玩藏猫猫游戏？如果是，你是否注意到随着年龄的增长，他们的参与方式发生了什么改变？改变是否与本专栏描述的一致？

课外链接

若想了解有关此话题的更多信息，请登录 http://www.zerotothree.org/dynamic.html。这是由 Steve Harvey 博士在《0到3岁》杂志上发表的一篇文章，《互动游戏疗法：婴幼儿家庭治疗艺术全集》（Dynamic Play Therapy: Integrated Expressive Arts Approach to the Family Treatment of Infants and Toddlers）。

件东西被藏起来了，他们会到第一次看到它的地方去寻找。在第五个亚阶段，即婴儿 12~18 个月大时，他们不再犯类似的错误，会到东西消失的地方去寻找，但不会搜索除此以外的地方。在第六个亚阶段，即幼儿 18~24 个月大时，他们的客体永久性概念已经得到充分的发展，此时的幼儿已经会去寻找一件眼前看不到的东西。

新近的研究表明，由于测量方法的局限，皮亚杰可能低估了年龄较小的婴儿对客体永久性概念的掌握情况。婴儿可能只是无法独立完成一项包含两个步骤或需要两手协调的动作，诸如通过移开靠垫或打开盒子来获取物品。通过 1~3 个月的探索、操作和学习，经过多次尝试，婴儿在半岁到一岁之间便可以成功找到物品（Bojczyk & Corbettta, 2004）。

进一步说，如果使用与婴儿年龄更相符的程序来测试客体永久性，例如仅用光暗效果隐藏物品，婴儿只通过一种动作就能重新找到物体，那么，处于第三个亚阶段的婴儿（4~8 个月）便能出色地完成这项任务。在一项研究中，让 6 个半月大的婴儿观看一个小球沿着分岔的轨道落下，当小球落到每个落地点时，分别会发出不同的声音。如果把灯关掉然后重复试验，婴儿们仅仅根据声音就能找到小球所在的正确位置（Goubet& Clifton, 1998）。这说明，婴儿已经知道小球在黑暗中是依然存在的，并且知道它去了哪里。

这种研究方法仅利用婴儿的视觉，不需要其他任何复杂的动作，因此能用该方法考察年龄很小的婴儿。在本章的下一节，我们也将讨论到最近一些有争议性的研究，这些研究采用信息加工的方法，结果发现，3~4 个月大的婴儿不仅拥有客体永久性概念，还能够理解因果关系和分类概念，具备了基本的数字概念，了解了支配物理世界的其他规律。

符号发展、图片理解能力以及空间思维 皮亚杰认为，表征思维的发展使孩子对物体与空间关系的判断更为准确。表示这一发展水平的一种能力是图画理解能力，即理解图片中物体本质的能力（De Loache, Pierroutsakos, & Uttal, 2003）。

在美国和非洲科特迪瓦*开展的一些研究发现，婴儿会用手去探索图画，就像画中的东西是真的一样，他们会感觉、摩擦、拍打、抓取它们，甚至尝试把画中的物体拿出来。这种尝试在婴儿 15 个月大时便消失了，而不是到 19 个月大时。根据皮亚杰的理论，婴儿 19 个月大时表征思维才产生，此时婴儿才会指着图片说出物体的名称（如对着熊的图片说“熊”，对着电话的图片说“电话”），才会理解图片是其他事物的一种表征。其实，即使 18 个月大的幼儿，已能将一幅上下颠倒的图片与一幅左右颠倒的图片看出是同一个物体（DeLoache et al., 2003; DeLoache, Pierroutsakos, Uttal, Rosengren, & Gottlieb, 1998）。

根据**双重表征理论**（dual representation hypothesis），个体的图画理解能力发展缓

---

* 译者注：西非的一个国家。

慢，因为婴儿难以同时对图画（或者其他表征现实事物的符号）及其所对应的对象进行心理表征（DeLoache et al., 2003）。尽管2岁的幼儿能够运用表征思维引导他们来找到图画中所展示的物体的位置（Suddendorf, 2003），但是他们很难通过模型来找到对应物体。显然，他们认为模型就是物体本身，而不是物体的表征（DeLoache, 2000）。在一项实验中，告诉2岁半的幼儿房子被“缩小机”压缩成一个小模型，相比告诉他们“小房子”与“大房子”一样时，他们能更容易在房子模型中找到玩具。根据双重表征理论，后一种任务的难点在于，要求幼儿同时表征符号（小房子）和符号所代表的物体（大房子）。若通过“缩小机”告诉孩子们房子和“房子模型”是同一事物时，他们便不需要这种双重操作。在3岁大的幼儿身上，是不存在这种问题的（DeLoache, Miller, &Rosengren, 1997）。

尽管幼儿会花很多时间看电视，但是他们一开始并不能意识到所看到的东西只是对现实的表征。在一系列实验中，2岁和2岁半的幼儿通过视频监控器看到一名成人把一件物品藏在了隔壁的屋子里。有人把他们带到隔壁的屋子，2岁半的幼儿能很容易地找出该物品，而2岁的幼儿则无法做到。如果让2岁的幼儿透过窗户看到物品的藏放过程，他们就能够找到该物品（Troseth & DeLoache, 1998）。显然，2岁幼儿缺乏的是对屏幕图像的表征理解。在后续的实验中，2岁的幼儿在家中的视频里看到自己生活的“现场直播”：父母在视频里告诉他们，他们从视频中看到的事情都是真实发生的。经过2周的训练，这些幼儿就能够通过观看视频找到被藏的物品了（Troseth, 2003）。

双重表征理论具有实际意义。它告诉幼儿教师，不要假设幼儿能够理解老师用具体物品来代表的抽象概念，如用尺寸不同的积木块来表现数目之间的关系。

对皮亚杰感知运动阶段理论的评价 根据皮亚杰的理论，从简单的反射行为到思维的产生，这段发展之路是漫长的。在长达一年半的时间里，婴幼儿只能从自己的感知和运动当中学习，直到第二年的后期，他们才开始具有概念思维的萌芽。现在，正如我们所看到的，使用简单任务和现代工具所进行的研究表明，皮亚杰所指出的婴幼儿早期认知能力的局限性，可能只是婴幼儿未成熟的语言技能和运动技能的反映。

在某些方面，婴幼儿的认知能力超出了皮亚杰的假设。这并不意味着婴儿一来到这个世界其心智就已经形成。如皮亚杰所观察到的，婴儿在真正具备认知能力之前，会表现出一些不成熟的认识能力。我们能够通过婴儿在寻找物品过程中出现错误等现象来认识这一点。然而，皮亚杰过于强调运动经验是认知发展的第一个“引擎”。实际上，相比婴儿的运动能力，婴儿的知觉能力要发展得更早，目前的研究方法能让研究者观察和推断这些知觉能力。知觉与认知之间的关系是当今研究的主要领域，我们将在下一节中对此进行讨论。

我思我秀

- 皮亚杰对达尔文日记中对儿子的早期认知发展的描述会有怎样的评论？
- 基于皮亚杰及其后续研究者的观察，你认为在设计或改进婴幼儿玩具时，需要注意哪些因素？

学习检查站

你能否……

✓ 总结在感知运动阶段的六个亚阶段中的主要发展情况？

✓ 解释初级循环反应、次级循环反应和三级循环反应是如何工作的？

✓ 阐述为什么表征能力的发展非常重要？

✓ 总结皮亚杰对客体永久性和空间知识的观点？

✓ 解释皮亚杰为何低估了婴幼儿的一些认知能力？并总结新近研究说明了什么？

认知发展研究：新近的方法

在过去的数十年中，研究者运用三种新近方法来增进我们对婴幼儿认知发展的理解。

- **信息加工的方法**（information-processing approach）关注知觉、学习、记忆和问题解决的过程。它试图发现个体从接触信息到运用信息这一过程中，是如何处理信息的。
- **认知神经科学的方法**（cognitive neuroscience approach）研究中枢神经系统的“硬件设备”。它试图指出特定的认知模块所对应的脑结构。
- **社会情境的方法**（social-contextual approach）研究环境因素，特别是父母和其他抚养者在儿童学习过程中所起的作用。

学习指路标

4. 如何测量婴儿的信息加工能力？信息加工能力与将来的智力发展有何关系？

信息加工的方法：知觉与表征

如同心理测量学的方法一样，信息加工理论也关注智力行为的个体差异；然而，它不同于心理测量学方法的是，信息加工法的目标是描述个体获取、储存信息和解决问题时所涉及的思维过程，而不仅仅是从被解决的问题或问题的答案中推断思维功能的差异。

信息加工研究运用新的方法来检验认知发展过程。例如，研究者分析复杂任务中的独立部分（如皮亚杰的物体搜寻任务），指出任务的每一部分所需要的能力，以及儿童在哪个年龄段能够发展出这种能力。同时，信息加工研究者也通过测量婴幼儿关注的对象和关注的时间来做出推断。

习惯化 大约 6 周大的时候，斯特凡安静地躺在靠近窗边的婴儿床上，吮吸着安抚奶嘴。那天阴天，突然间，太阳从云层中穿出，并把一小束阳光洒在了婴儿床边。斯特凡停止吮吸奶嘴，凝视着光与影的交织。然后，他又望向别处，重新开始了吮吸。

我们不知道斯特凡看到光束时在想什么，不过，我们能够从他的吮吸行为和观看行为上测量其注意的开始时间与停止时间。许多信息加工的研究是基于**习惯化**（habituation）来考察婴幼儿的。习惯化是一种学习过程，它通过不断重复地呈现刺激（如光束）来减少婴幼儿对该刺激的注意。换句话说，对事物熟悉程度的增加能导致兴趣的丧失。当婴幼儿发生习惯化时，他们把新奇的东西变为熟悉的，把未知的东西变为已知的。

研究者对新生儿重复呈现一种刺激（通常是一种听觉或视觉刺激），然后测量其心跳、吮吸反射、眼动及大脑活动等反应。一个正在吮吸的婴儿，通常会在新异刺激第一次出现时停止吮吸，把注意力转向新刺激（像斯特凡那样），直到刺激消失时才重新吮吸。同样的声音或图像一遍又一遍重复出现以后，它们便失去了新异性，

这个孩子能够分辨出 Raggedy Ann 和 Raggedy Andy* 之间的区别吗？研究者先让婴儿习惯于 Ann 或 Andy（当婴儿重新吮吸奶嘴时说明其已经习惯了），然后呈现另一张娃娃的图片，如果婴儿停止吮吸，则说明其识别出了两者之间的差异。

不能再让婴儿停止吮吸了。婴儿继续吮吸，表明他们对该刺激已经习惯化了。然而，当一种新的声音或图像出现时，会继续吸引婴儿的注意，让其停止吮吸。这种对新刺激的重新反应被称为**去习惯化**（dishabituation）。

研究者通过测量婴儿面对熟悉刺激时习惯化所用的时间、面对新异刺激时注意力恢复的时间以及其注视新刺激与旧刺激的时间，来估计婴儿的信息加工能力。习惯化的效率与认知发展的一些成熟标志相关联，这些标志包括对复杂物体的偏好、对环境的快速探索、喜欢复杂的游戏、问题的快速解决以及图画配对能力等。实际上，正如我们将会看到的一样，习惯化的速度和其他的一些认知加工能力是儿童智力发展的强有力的预测因素（Bornstein &Sigman, 1986; Colombo, 1993; McCall & Carriger, 1993）。

视觉和听觉获取能力　婴儿看不同图像的时间可用来测量其**视觉偏好**（visual preference），视觉偏好取决于视觉分辨能力。出生两天的婴儿就喜欢曲线多于直线，喜欢复杂图形多于简单图形，喜欢三维物体多于二维物体，喜欢面孔图片（即有脸部结构的图片）多于其他图片，喜欢新图像多于熟悉图像（Fantz, 1963, 1964, 1965; Fantz, Fagen, & Miranda, 1975; Fant& Nevis, 1967; Turati, Simion, Milani, & Umilta, 2002）。这种喜欢新事物的倾向被称为*新异偏好*。

可以通过向婴儿展示相邻的一新一旧两种刺激来测量婴儿的**视觉认知记忆**（visual

* 编者注：西方最受欢迎的玩具之一，两种诞生于美国的玩偶娃娃。

recognition memory）。如果婴儿注视新刺激的时间更长，则证明婴儿认识旧刺激。视觉认知记忆依赖于眼前信息与脑中已有信息的比较，换句话说，依赖于形成和参照心理表征的能力（P. R. Zelazo, Kearsley, & Stack, 1995）。

与皮亚杰的研究相悖，关于习惯化和新异偏好的研究表明，婴儿刚出生时或出生不久便拥有了基本的表征能力，并且这种能力很快变得十分有效。信息加工效率的个体差异反映了婴儿形成与参照心理表征的速度不同。当向婴儿同时呈现两种图像时，相比转移速度慢的婴儿，能够快速把注意力从一种图像上转移到另一种图像上的婴儿拥有更好的认知记忆能力和更强的新异偏好（Jankowski, Rose, & Feldman, 2001; Rose, Feldman, & Jankowski, 2001）。

同样，有关听觉辨别研究也以注意力偏好为基础。这些研究发现，新生儿可以分辨听过与未听过的声音。在一项研究中，出生仅 1 天的新生儿仍然可以记得他们曾经在 24 小时之前听过某种声音，当他们再次听到这种声音时，表现出更少的转头听声的倾向，甚至表现出转头离开这种声音的倾向（Swain, Zelazo, & Clifton, 2003）。实际上，正如我们在第 3 章和第 4 章中所提到的，新生儿甚至在子宫中时就拥有对声音的记忆。

皮亚杰认为，各种感官之间在初生时是没有联系的，只能通过后天的经验逐渐整合。如果真是这样，那么这种整合几乎是在婴儿刚初生时便开始了。新生儿会注视发出声音的物品，这表明他们能够把听觉和视觉联系起来。**跨通道迁移**（cross-modal transfer）是一种更复杂的能力，能够用一种感觉通道所获取的信息来指导另一种感觉通道。正如人们能通过触摸熟悉物品的位置穿过黑暗的屋子，或者闭着眼睛触摸物品后睁开眼也能把其辨认出来。在一项研究中，1 个月大的婴儿能把通过吮吸（触觉）所获得的信息转移给视觉。当婴儿看到研究者两只手中分别放着一个硬的物体（硬橡胶做的圆筒）和一个软的物体（湿海绵）时，他们会对刚吮吸过的物体注视更长的时间（Gibson & Walker, 1984）。运用跨通道迁移来判断物体的其他特征的能力，如形状，会在数月以后发展（Maurer, Stager, & Mondloch, 1999）。到 5~7 个月大时，婴儿能够把踢脚的动作与该动作的视觉图像联结起来（Schmuckler & Fairhall, 2001）。

研究者也对婴幼儿注意力的发展进行了研究（Colombo, 2001）。在第 8~10 周这段时间，婴儿对新异刺激的注视时间不断变长。在 2~9 个月间，婴儿对新异刺激的注视时间会不断减少，因为他们学会了更有效地扫视物体和转移注意。1 岁左右，婴儿自发的和任务取向的持续性注意变得更多，对新异刺激的注视时间稳定不变或逐渐延长（Colombo, 2002; Colombo et al., 2004）。可以训练 5 个月大的婴儿，使其注意力更为集中，并因此提高他们的信息加工能力（Jankowski et al., 2001）。联合注意，或者说联合知觉探索的能力对于社会交往、语言习得和理解他人的心理状态至关重要，这种能力在婴儿出生后第 12 个月时开始发展，此时，婴儿能够追随成人所注视的同一方向（Brooks & Meltzoff, 2002）。婴幼儿看电视（见专栏 5-2）会妨碍其注意力的发展。在一项全美抽样的追踪研究中，婴幼儿在 1~3 岁时看电视越多，7

婴幼儿看电视是否太多了？

六个月大的珍妮斜靠在软绵绵的小座椅上，正在看《小小爱因斯坦》的DVD。当屏幕上出现欢快的画面时，她兴奋不已，拍着手开怀大笑。珍妮从5周大的时候便开始看《小小爱因斯坦》的录像了。

根据凯撒家庭基金资助的对全美1 000位学龄前儿童父母进行的随机电话调查结果，珍妮这种情况并非早熟，而是普遍现象。调查结果显示，一天中，59%的2岁以下的幼儿会看电视，42%会看视频或DVD，5%会使用电脑，还有3%会玩视频游戏。这些孩子平均每天花费在屏幕前的时间为2小时50分钟，是其读书时间的2倍多（如下图）。

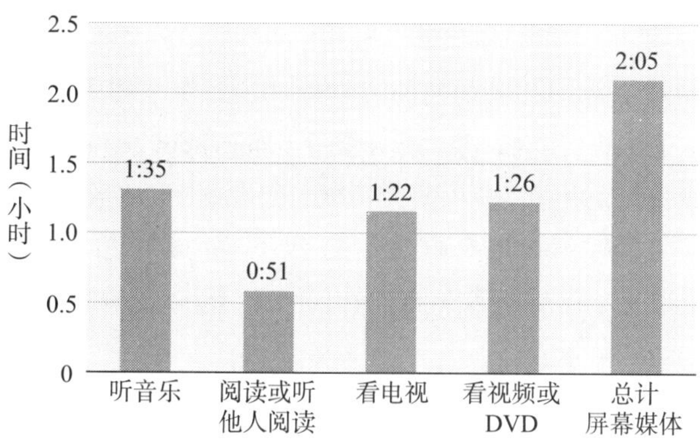

图为母亲所报告的2岁以下幼儿每天花在媒体和其他活动上的平均时间。注：这些数据只包含了参与到这些活动当中的幼儿。

资料来源：Redeout et al., 2003.

从20世纪90年代末开始，面向婴幼儿的多媒体视频便铺天盖地而来：面向12个月大的幼儿的电视节目，9个月大的婴儿已利用专门的键盘摇杆玩电脑游戏，针对1~18个月大的婴幼儿的教育录像带和DVD（购买书本、卡片、玩具等所附赠的）。

根据凯撒家庭基金资助的调查结果发现，2岁以下的婴幼儿中，74%的人会看电视，26%的婴幼儿在卧室中有电视机。小于3岁的幼儿中有66%的人自己能够打开电视，52%的人能使用遥控器换台，还有30%的人自己能播放录像带或DVD。

如果家中的电视经常开着，那么婴儿更可能在1岁之前便开始看电视。看电视上瘾的婴幼儿更倾向于每天会看电视、且看电视的时间更长，而听父母读书的时间会更少。他们在6岁之前还不能学会阅读。

所有的上述行为违背了美国儿科学会公共教育委员会（American Academy of Pediatrics Committee on Public Education, 2001）的建议：鼓励2岁以下的婴幼儿远离电视，参与更多有助于大脑发育的交往活动，如说话、玩游戏、唱歌、与父母一起阅读等。由凯撒家庭基金资助的调查研究发现，大多数父母相信媒体具有教育功能，认为自己的孩子会更多地模仿有益的行为，如分享与帮助等，而不是攻击性行为。那些重视并亲自展示积极行为的父母更多地引导婴幼儿去观看描写这些行为的故事、电影和电视节目（Singer & Singer, 1998）。

每天过多地看电视会如何影响婴幼儿的发展，这一问题还需要更进一步的研究。研究者需要解答以下问题：多媒体经常出现在孩子的生活中是否会影响其身体协调性和语言的发展；与媒体接触的时间是否会占用户外玩耍、阅读以及与成人交流的时间；婴幼儿是否会养成久坐不动的生活习惯；视频和电脑游戏是否对婴幼儿的视觉和空间技能有所帮助，抑或会带来眼睛疲劳及工效学上的危险因素；不同类型的媒体如何影响婴幼儿的认知发展以及注意广度；观看非教育类节目内容会对婴幼儿造成何种程度的影响。

资料来源：如无特别注明，本专栏的内容基于Rideout, Vandewater, & Wartella, 2003.

我思我秀

孩子多大时，你会允许其观看电视和录像带，或玩电脑游戏？你对这些活动有什么限制？

课外链接

若想了解有关此话题的更多信息，请登录http://www.kff.org/entmedia102803nr.cfm。查阅本专栏引用的凯撒家庭基金会出具的调查报告。

岁时出现注意力问题的可能性越大（Christakis, Zimmerman, DiGiuseppe, & McCarty, 2004）。

加工速度在婴儿出生后第一年迅速发展，并在随后的两年里继续发展，因此，幼儿能够更容易从已加工过的信息中区分新信息（P. R. Zelazo et al., 1995）。早产儿或低体重儿的加工速度比足月儿更低（Rose & Feldman, 2000; Rose, Feldman, & Jankowski, 2002）。

信息加工能力是智力的预测因素 由于婴儿的发展性测验分数与长大后的智力水平存在低相关，许多心理学家认为，婴儿的认知功能与幼儿及成人的认知功能不同，换句话说，认知发展不具有连续性。皮亚杰也持这一观点。然而，当研究者测试婴幼儿的信息加工方式时，智力发展的某些方面则表现出连续性（McCall & Carriger, 1993）。从出生后便能有效地获取并理解感觉信息的婴儿在之后的智力测验中分数也会较高。

许多追踪研究发现，在半岁到一岁之间，婴幼儿的习惯化和注意恢复能力能有效地预测童年期的智力。视觉认知记忆也具有类似的预测作用（Bornstein & Sigman, 1986; Colombo, 1993; McCall & Carriger, 1993）。一项研究发现，婴儿 7 个月时的视觉认知记忆与 1 岁时的跨通道迁移能力能够预测儿童 11 岁时的智力，并且与此时的信息加工速度和记忆力有中等程度的相关（10 年后相关依然存在！）（Rose & Feldman, 1995, 1997）。

视觉反应时和视觉预期可以通过视觉期待范式来进行研究。在这种研究设计中，一系列由电脑产生的图片会短暂地出现在婴儿视域的左边或右边，相同的图片序列会重复多遍。研究者对婴儿的眼动情况进行测量，考察他们将注意力转移到图片刚消失的地方（反应时）或转移到下一幅图片将出现的地方（预期）的速度。这种测量方法能够考察出婴幼儿的注意力、加工速度以及通过经验形成期望的倾向。在一项追踪研究中，婴儿 3 个半月时的视觉反应时和视觉预期与其 4 岁时的智力存在相关（Dougherty & Haith, 1997）。在八九个月大时，婴儿的反应时和预期似乎有所增强（Reznich, Chawarska, & Betts, 2000）。

总而言之，越来越多的证据表明，婴幼儿用来加工感觉信息的能力与智力测验所测量出的认知能力存在相关。然而，我们在解释这些研究结果时仍需谨慎。许多类似的研究使用的都是小样本。同时，婴儿的习惯化和认知记忆与其童年期智力之间也只存在中等程度的相关，并不高于父母的教育程度、社会经济地位和婴儿其他的行为（如初次说话）与智力之间的相关。另外，基于信息加工测量的预测也没有把环境因素的影响考虑在内（Colombo & Janowsky, 1998; Laucht, Esser, & Schmidt, 1994; McCall & Carriger, 1993）。例如，在婴儿期母亲的积极回应起着重要作用，会影响到早期的注意力和童年期的认知能力之间的关系（Bornstein & Tamis-LeMonda, 1994），甚至到 18 岁时，这种早期回应性的影响仍不容忽视（Sigman, Cohen, &

学习检查站

你能否……

- ✓ 总结研究认知发展的三种新近方法？
- ✓ 解释习惯化是如何测量婴儿认知过程的效率的？
- ✓ 指出早期的几种能够影响智力的知觉和加工能力的因素？

Beckwith, 1997)。

信息加工与皮亚杰所提出的儿童能力的发展 正如我们在前面章节中提到的，新的研究证据表明，皮亚杰认为在感知运动阶段末期发展起来的一些能力的发展时间实际上更早一些。有关婴幼儿视觉加工的研究为发展科学家考察认知能力发展的时间进程打开了一扇窗户，如因果、分类、客体永久性及数量的发展，所有这些发展都依赖于大脑表征的形成（参见表 5-3）。

学习指路标

5. 婴幼儿是何时开始思考物理世界的各种特性的?

因果关系 *因果关系*是指一个事件引起另一事件发生的规律，理解此关系很重要，它有助于“个体预测并控制自己的世界”（L. B. Cohen, Rundell, Spellman, & Cashon, 1999）。皮亚杰认为，因果关系的概念在婴儿出生后第一年中缓慢地发展。在4~6 个月间，即婴儿能抓取东西时，他们开始意识到自己能对环境产生影响。因此，皮亚杰说，意识到个人意图的力量是因果关系植根的土壤。然而，根据皮亚杰的理论，婴儿并不知道原因要先于结果，在接近 1 岁时，婴儿才会意识到自身以外的一些力量能够促使事情发生。

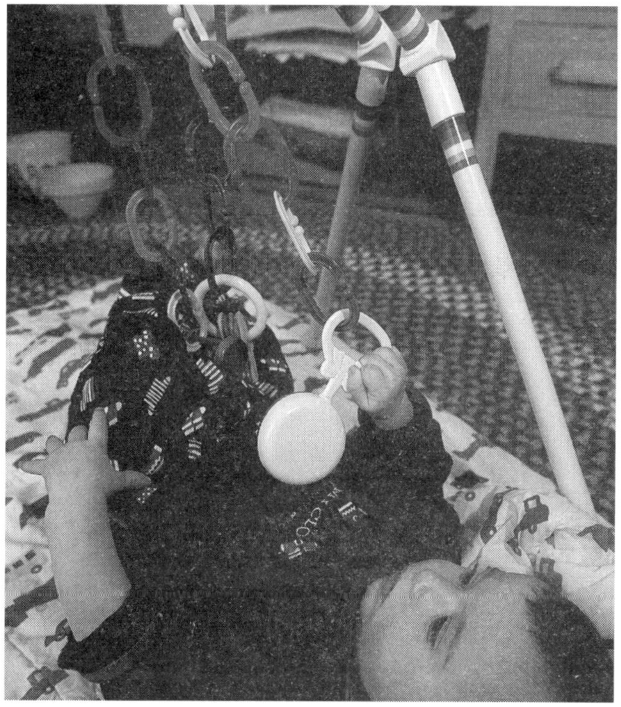

这个 5 个月大的婴儿发现，他可以让悬挂着的玩具发出声音，可以拉动它让它摇摆。皮亚杰认为，由于这个年龄的婴儿已经可以抓握物品，他们开始感觉到自己的意图具有力量——而这正是理解因果关系的第一步。

一些信息加工的研究表明，婴儿对因果关系的理解发生得更早一些（Mandler, 1998）。通过习惯化和去习惯化的方式，6 个半月大的婴儿就能区分有即时原因的事件（如一块砖把另一块砖碰离原来的位置）和无明显原因的事件（如一块砖在无明显撞击的情况下被移开）。研究者指出，婴儿天生就有一种“大脑模块”用于探查因果关系，或者在生命早期这种模块便得已发展（Leslie, 1982, 1984）。

其他的研究者以 6 个半月大的婴儿为研究对象，重复验证了这一研究，但未在年龄更小的婴儿身上发现这一现象。根据研究结果，他们对“大脑模块理论”提出了质疑（L. B. Cohen & Amsel, 1998）。通过让不同年龄段的婴儿观看不同的物体沿轨道运动的实验，研究者把婴儿对因果关系的理解归因于信息加工能力的逐步提高。到 7 个月大时，婴儿便能够对一些特定物体和简单事件进行因果解释，但直至 10~15 个月大时，他们才能在更为复杂的环境条件下理解一系列事件的因果关系。婴幼儿积累了越来越多的物体如何运动的信息，他们在不同的情境下能够更好地把因果关系理解为一般性的规律（L. B. Cohen & Amsel, 1998; L. B. Cohen & Oakes, 1993; L. B. Cohen et al., 1999; Oakes, 1994）。

分　类　把世界划分为有意义的类型对思考物体或概念以及两者之间的关系十分重要。根据皮亚杰的理论，划分层级或归类事物的能力要到第六个亚阶段，即婴儿到18个月大时才开始出现。然而，婴儿注视新事物的时间更长，我们可以发现，即便是3个月大的婴儿便能进行分类了，例如区分狗和猫（Quinn, Eimas, & Rosenkrantz, 1993）。

最初，婴儿是通过知觉到的特征对物体进行分类的（如形状、颜色和图案），不过到将近1岁时，他们的分类愈趋概念化，更接近于真实世界的知识（Oakes, Coppage, & Dingel, 1997），特别是学会基于事物的功能来进行分类（Mandler, 1998; Mandler & McDonough, 1993, 1996, 1998）。7~11月大的婴儿能够意识到，有着宽大翅膀的鸟与飞机不属于同一类，即便它们看起来很像且都能飞翔（Mandler & McDonough, 1993）。在一项系列实验研究中，10个月和11个月大的婴儿能认识到，涂着斑马纹的椅子属于家具，而不是动物（Pauen, 2002）。

随着研究方法的不同、展现给婴儿的知觉刺激不同和刺激展现的情境不同，研究结果也会发生改变（Oakes, Coppage, & Dingel, 1997; Oakes & Madole, 2000）。与那些只看而不触碰物体的婴儿相比，触碰并操作物体的婴儿更易形成功能性的类别概念（Madole, Oakes, & Cohen, 1993）。

出生后第二年，语言会影响类别概念的形成。如果14~18个月的婴儿能听到研究者命名物体并指出其功能，那么他们就更容易形成类别概念（Booth & Waxman, 2002）。

客体永久性　期望悖反（violation-of-expectations）研究的第一阶段是先建立习惯化，让婴儿看到一个或一系列事件正常发生。当婴儿对这一程序习惯化以后，事件便以与正常期望相冲突的方式发生。若婴儿对变化后的事件注视时间更长，研究者便认为婴儿是能够认出这种变化的。

运用期望悖反的范式，雷尼·拜爱宗和同事声称，小至3个半月的婴儿便拥有了客体永久性。当一根长萝卜从木槽的一端滑到屏幕另一端（屏幕与胡萝卜高度相同），而没有从屏幕上方的凹槽中出现时，婴儿表现出惊奇（Baillargeon & DeVos, 1991; 见图5-4）。

在另一项研究中，4个月大的婴儿便具备了追踪被盒子短暂遮挡的小球运行路线的能力，在6个月大的婴儿身上，这种能力更为稳定（Johnson et al., 2003）。当然，知觉到物体在障碍物的一边消失而在另一边重新出现，并不意味着需要知道该物体在障碍物后方依然存在（Meltzoff & Moore, 1998）。然而，这样的研究提供了一种可能性，那就是，至少在生命开始的几个月里，个体可能具有了客体永久性的基本形式。

基于这些研究结果，我们有理由认为，婴儿天生就拥有一些理性能力——能让他们对所加工的信息赋予意义的*天生的学习机制*——或者在很早的时候便获得了这样的能力（Baillargeon, 1994a）。一些研究者认为，甚至在出生时，婴儿就有了对基

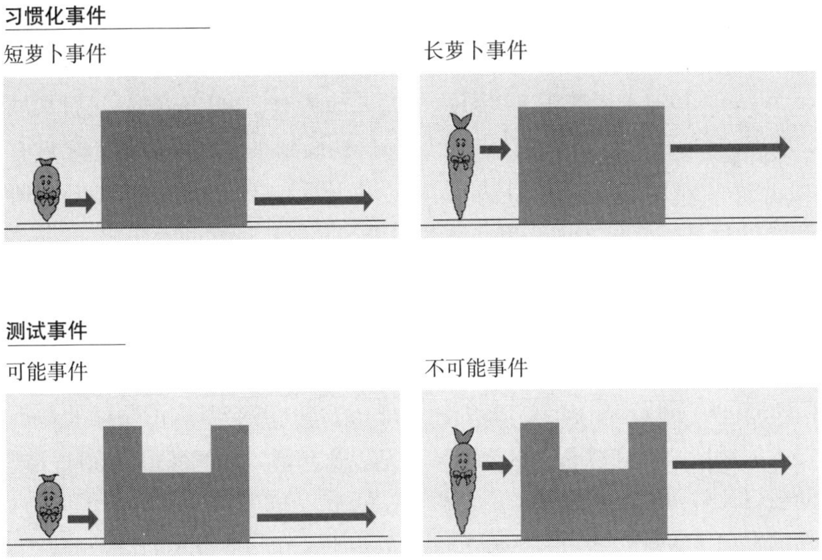

图 5–4
婴儿早在什么时候便可以表现出对客体永久性的理解？在这个实验中，3 个半月大的孩子观察一根短萝卜和一根长萝卜滑过轨道，在屏幕后面消失，然后重新出现。在他们习惯了这样的事件以后，用上面有个大缺口的屏幕代替了原来的不透明屏幕。短萝卜在穿过屏幕时并不出现；本应该在凹槽中出现的高萝卜穿过屏幕的时候也不出现。婴儿看长萝卜滑过的时间要多于看短萝卜滑过的时间。这表明，他们对长萝卜未在凹槽中出现感到惊奇。

资料来源：Baillargeon & DeVos, 1991.

本物理规律的直觉性知识，随着后天经验的积累这些知识不断发展（Spelke, 1994, 1998）。人们对这些解释和结论仍旧存在很大分歧。

期望悖反的范式也被用于幼儿搜索物体的测试中，人们对此类研究的结果也存在争议。在一项研究中，幼儿会看到一个圆筒沿着斜坡滚到一面墙后，墙上有并排的四个门，墙后还放置了一个突出并能被看见的障碍物，阻挡圆筒在某一个门后停下来（见图 5-5）。当要求幼儿去找圆筒时，大多数的 3 岁幼儿打开了正确的门，但 2 岁半的幼儿则不能做到这点。然而，让 2 岁半的幼儿看着实验者打开门时，与期望悖反实验中的婴儿反应相似，幼儿对于在他们认为“不可能”位置出现的圆筒会注视更长的时间。这说明，他们知道圆筒不应该出现在那个门后。幼儿不能亲自打开正确的门，也许是因为他们有一种倾向：习惯于打开上一次能找到圆筒的那扇门（Hood, Cole-Davies, & Dias, 2003）。

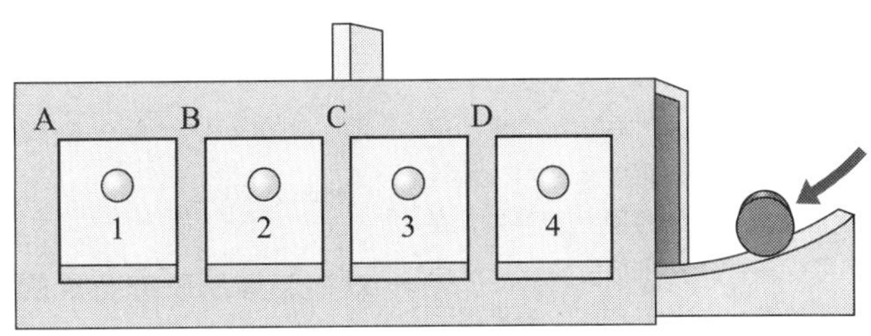

图 5–5
这是一个测试儿童物体搜索能力的装置。一个可移动的障碍物被放在墙后面，然后圆筒滚下。大多数 3 岁的幼儿能够打开正确的门，找到圆筒停止的位置，但大多数 2 岁半的幼儿则会打开其他的门。

资料来源：Hood, Cole-Davies, & Dias, 2003, Figure 1.

为了进一步缩小幼儿搜索错误的可能来源，研究者又设计了新的实验。有一项实验使用了半透明的实验仪器，以便幼儿能够看到小球沿着路线停下来的过程。之后，带门的墙从上方落下，遮挡住斜坡和球，然后让幼儿去找球。在这种情境下，2 岁半的幼儿的表现有所进步，但 2 岁幼儿的表现并不好于预测水平。导致这种现象的部分原因是，他们并没有一直看着小球运动直至停下。另外，也许幼儿并不能将他们已知的物理知识转化为合适的行动（Keen, 2003）。

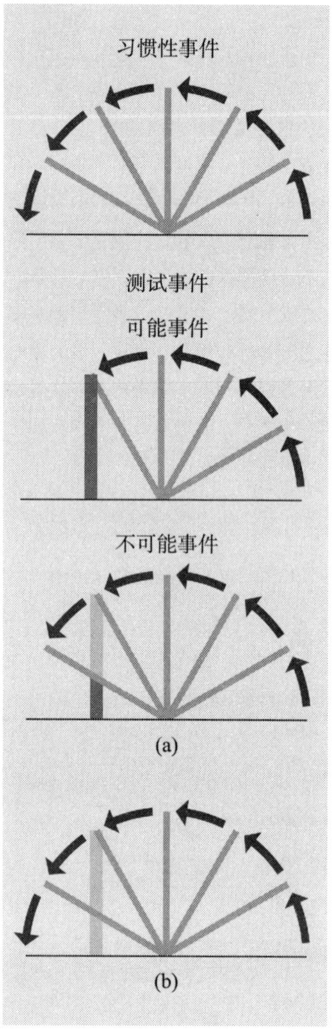

图 5-6

对婴儿理解障碍物如何起作用的测试。婴儿首先习惯一个能进行 180 度旋转的吊板。然后把一个盒子放在吊板旁边。在可能事件里，吊板在接触盒子边缘时便会停下来。在不可能事件里，吊板会穿过盒子所占据的部分或全部空间。测量婴儿对各个事件的注视时间，结果发现，4 个半月大的婴儿似乎知道吊板不能穿过整个盒子（图 b）；不过婴儿要到 6 个半月大时才会知道，穿过 80% 的盒子也是不可能的（图 a）。

资料来源：改编自 Baillargeon, 1994a。

数 某些期望悖反研究指出，婴儿理解数字的时间远远早于皮亚杰的第六个亚阶段，皮亚杰认为在那个阶段婴幼儿第一次使用符号。卡伦·韦恩（Karen Wynn，1992）研究了 5 个月大的婴儿能否对小数目的物品进行加减运算。实验中，婴儿看到一些米奇老鼠玩具被放到一扇屏幕后方，之后有玩具加进去或拿出来。实验者将屏幕升起，让婴儿能看到符合预期数量或不同数量的玩具。结果发现，婴儿注视“错误”数量玩具的时间比“正确”数量玩具的时间更长，韦恩认为，他们的大脑中已经“计算”了正确的数量。其他的研究者重复了这些实验，得出了相似的结果（Baillargeon, 1994b; Kowchlin, Dehaene, & Mehler, 1997; Simon, Hespos, & Rochat, 1995; Uller, Carey, Huntley-Fenner, & Klatt, 1999）。韦恩还发现，6 个月大的婴幼儿似乎还懂得木偶跳跃 2 次和跳跃 3 次之间的差别，换句话，他们懂得不在同一视域下的数目比较（Wynn, 1996）。

根据韦恩（Wynn, 1992, 1996, 2000）的观点，这项研究表明，数概念是与生俱来的；当父母教孩子数字时，他们只是学习数的名字（“1，2，3”），这些数概念是他们已经知道的。然而，这仅仅是推测，因为这项实验中的婴儿已经五六个月大了。并且，婴儿可能只是对已撤走的玩具莫名其妙地在屏幕后出现、或对放置好的玩具莫名其妙地消失做出知觉上的反应（Haith, 1998; Haith & Benson, 1998）。也有研究者指出，虽然婴儿能区分 2 个物体和 3 个物体，但他们仅仅是注意几组物体之间的整体轮廓、空间或总体重量，而不是比较物体的*数量*（Clearfield & Mix, 1999; Mix, Huttenlocher, & Levine, 2002）。

亚马逊地区一个与世隔绝的部落 Piraha 人不会数数。他们只有 3 种数词，翻译过来是“1”“2”和“很多”，即便如此，前两个数词表示的意思也不很精确。在利用木棒、坚果或其他小东西进行配对任务时，他们能相当准确地进行配对，但只能对非常小的数目进行配对（不超过 2 或 3）。当涉及大数目时，他们只能够粗略地进行估测。这些证据与韦恩的假设相悖，这表明，精确的数概念依赖于语言的发展和运用能力（Gelman & Gallistel, 2004; Gordon, 2004）。

对期望悖反研究范式的评价 人们对期望悖反范式及其解释存在争议。婴儿对“不可能”情境的视觉兴趣究竟是对事物运行规律的*概念性理解*，还是仅仅对不寻常事件的*知觉性注意*？婴儿注视一种场景比另一种场景的时间更长，也许只能说明婴儿能区分两者之间的差异，但并不说明婴儿理解了这种区别，也不能说明婴儿真正感到惊奇。婴儿所运用的“大脑表征”也许仅仅是对刚看到的物体的一种短暂的感觉记忆。另外，还有一种可能是，婴儿对事件习惯化地产生了期望，然而“惊奇的”事件违反了这种期望。婴儿这样的知识或期望在实验前实际上是没有的（Goubet & Clifton, 1998; Haith, 1998; Haith & Benson, 1998; Mandler, 1998; Munakata, 2001; Munakata, McClelland, Jonhson, & Siegler, 1997）。

期望悖反范式的拥护者坚持认为，概念性的解释可以很好地说明这些研究结果（Baillargeon, 1999; Spelke, 1998），但是拜爱宗最近的一项实验却产生了不同的结果，从而提出了另一种观点。在拜爱宗（Baillargeon, 1994a）的研究中，向不同年龄的婴儿展示可进行 180 度旋转的吊板，当婴儿对这种旋转习惯化之后，在吊板旁边放置一个盒子作为障碍物。4 个半月大的婴幼对有障碍物时的 180 度旋转观察了更长的时间，这表明，他们知道吊板不能穿过盒子而落下（见图 5-6）。后续研究者重复了这项实验，但移走了盒子这个障碍物。在完全没有障碍物的情况下，5 个月大的婴儿相比于旋载角度更小的吊板，依然对 180 度旋转的吊板注视了更长的时间，这表明，他们仅仅是对幅度更大的运动表现出偏好（Rivera, Wakeley, & Langer, 1999）。在后续研究弄清楚这些争议之前，我们必须谨慎使用“婴儿有着与成人一样的认知能力”这一结论，因为用于推断此结论的数据可能是用更简单的方法来获得的，也可能仅代表着成熟的认知能力仅在某一方面有所发展（Haith, 1998）。

学习检查站

你能否……

✓ 描述期望悖反范式？并说明这种方法如何使用，为何使用？最后，请列举出这种方法的关键点。

✓ 说出皮亚杰关于发展的观点被信息加工研究所挑战的四个领域？

认知神经科学的方法：大脑的认知结构

学习指路标

6. 脑科学研究能揭示多少有关认知能力发展的奥秘？

现代的脑研究支持了皮亚杰的观点，即神经系统的成熟是促进认知发展的主要因素。大脑的突进式发育（参见第 4 章）恰好与皮亚杰所描述的认知行为变化一致（Fischer & Rose, 1994, 1995）。

一些研究者通过脑扫描技术来考察哪些脑区影响何种认知功能，并以此说明认知发展的变化（Nelson & Monk, 2001）。对正常成人和脑损伤病人的研究指向两种相互独立的长期记忆系统，即外显记忆与内隐记忆，这两种记忆获取或存储不同类型的信息。**外显记忆**（explicit memory）通常是有意识的或有目的的信息收集，这些信息包括事实、名称、事件或其他能够表述的事物。**内隐记忆**（implicit memory）是指不需努力甚至意识的记忆，通常包括习惯与技能，例如投球和骑自行车。脑扫描技术为这两种记忆系统的具体脑区位置提供了直接的生理证据（Squire, 1992; Vargha-Khadem et al., 1997）。

在婴儿早期，由于负责存储记忆的脑区尚未发育充分，此时的记忆是转瞬即逝的（Seress, 2001）。海马是位于颞叶深处的脑区结构，它的成熟以及借由海马结构所形成的皮层结构的协调，才使得长时记忆成为可能（Bauer, 2002; Bauer et al., 2000, 2003）。海马结构会在出生后头 5 年内持续发育（Seress, 2001）。

前额叶皮层（额叶最大的一部分，处在额头的正后方）可以控制认知功能的许多方面。相比其他部分而言，大脑的这一部分发育得更慢（M. H. Johnson, 1998）。婴儿出生后第一年的下半年中，前额叶皮层及相关回路发展出**工作记忆**（working memory），即对大脑正在处理的信息进行短期存储。心理表征在工作记忆中为存储做好准备，并通过工作记忆来提取。

学习检查站
你能否……
✓ 指出与外显记忆、内隐记忆和工作记忆有关的大脑结构？请举出每种记忆能够完成的任务。

工作记忆出现较晚，这可以解释为什么客体永久性发展缓慢，控制客体永久性的脑区似乎位于前额叶皮层的后部（Nelson, 1995）。到婴儿 12 个月大时，这一脑区充分发育，使得婴幼儿可以避免尝试错误，从而精确控制肌肉到达目标物所在地（Bell & Fox, 1992; Diamond, 1991）。

尽管记忆系统在婴幼儿期之后继续发育，但是婴幼儿期所发育出的大脑记忆结构突出了环境刺激的重要性。社会文化理论及受此理论影响的研究者们主要关注环境条件的影响。

学习指路标
7. 与成人互动如何能促进婴幼儿的认知能力？

社会情境的方法：在与照看者的互动中学习

在维果斯基的社会文化理论的影响下，研究者对于文化情境如何影响早期社会互动进行了研究，同时，早期社会互动又能够提升婴儿的认知能力。**引导性参与**（guided participation）是指儿童与成人之间的互动，在此期间，成人帮助儿童建构他们的活动，弥补儿童与成人在理解上的差距。引导性参与这一概念源自维果斯基的合作学习观。引导性参与通常发生在儿童与成人共同参与的游戏和日常活动中，在这些游戏和活动中，儿童非正式地学习技能、知识和文化中的重要价值观。

在一项跨文化研究中（Rogoff, Mistry, Göncü, & Mosier, 1993），研究者分别观察了来自四个不同地区中 14 个育有 1~2 岁幼儿的家庭：危地马拉的一个玛雅人小镇、印度的一个部落村庄、盐湖城和土耳其的城市中产阶级社区。研究者访谈了抚养者的育儿习惯，并观察他们如何教孩子穿衣和玩新玩具。

研究者观察到，文化差异影响了引导性参与的方式。在危地马拉的玛雅小镇，孩子通常会看到母亲在家织物缝衣，帮补家计。在印度的部落村庄，孩子会跟随母亲下田劳作，通常是在田地旁自己玩或与兄弟姐妹一起玩。给出非言语的演示和教导后，如演示如何系鞋带，孩子们便可以自己做了。在美国的盐湖城，不论是由日托中心照料，还是由身为全职家庭主妇的母亲照料，孩子与父母的交流都是在他们玩耍的时候，而不是在父母工作的时间。抚养者用孩子式的语气与幼儿交谈，用称赞和令人兴奋的刺激激发和维持孩子的学习。从农村进入城市生活的土耳其家庭，其引导性参与的方式则处于上述几种方式之间。

因此，文化环境影响抚养者以何种方式促进婴幼儿的认知发展。成人直接参与到孩子的游戏和学习中对城市中产阶级来说更为适用，因为城市里的父母或其他抚养者能为孩子的游戏和学习提供更多的时间，具有更好的语言能力，甚至表达出更大的兴趣。而发展中国家农村地区的孩子，则更多地通过观察和参与成人的活动来学习（Rogoff et al., 1993）。

另一项跨文化研究对美国华盛顿和阿根廷布宜诺斯艾利斯的中产阶级家庭进行

了研究，观察了两种文化下 20 个月大的幼儿与母亲所从事的相似活动。美国的母子更多通过玩具开展探索性的游戏（如打电话），阿根廷的母子则进行更多的符号性、社会性的游戏（如喂玩具娃娃吃东西，哄娃娃睡觉等），并且母亲对孩子有更多的称赞。两者之间的差异反映了母亲对孩子教养目标的差异：美国社会高度个人化，重视自信、自主和自立；阿根廷社会则更多强调社会联系和人际依赖（Bornstein, Haynes, Pascual, Painter, &Galperin, 1999）。

> **学习检查站**
> **你能否……**
> ✓ 举例说明文化类型如何影响婴幼儿学习中的参与性引导？

语言发展

> **学习指路标**
> 8. 婴幼儿的语言是如何发展的？

多迪用一声“啊！”来表达对镜子中映像的认知，很好地反映了**语言**（language）与认知发展之间的联系。语言是基于词语和语法的一种交流系统，婴幼儿一旦学会了词语，他们便能够运用词语来表示物体和动作。他们能够思考人物、地点和事件，能够表达他们的需要、感受和想法，并以此来控制自己的生活。

语言的发展体现了人类个体发展中所有方面的交互作用。它需要成熟的器质性结构产生语音，需要神经联结以协调语音与语义之间的关系，需要与成人进行社会交往以获取语言沟通的本质。下面，我们来看看语言发展过程中有哪些典型的里程碑（见表 5-4），并介绍早期语言的一些特点。然后，我们会探讨婴幼儿如何获得语言，大脑发育与语言发展的关系，父母或其他抚养者对婴幼儿语言发展的贡献。

早期语言发展的顺序

婴儿在能够使用词语之前，他们已经能够通过声音表达他们的需要和感受——从哭到咕咕做声，再到牙牙学语，从无意模仿到有意模仿，如小多迪所做的一样。这些语音被称为**前语言式的讲话**（prelinguistic speech）。另外，婴儿也逐渐具备能力来认识和理解语音、使用有意义的手势。通常，婴儿会在一岁左右说出他们的第一个词语，在此之后八个月或一年，幼儿便开始以短句的形式说话。

早期发音　哭是新生儿与外界交流的唯一且有意义的方式。不同音高、模式和强度的哭声代表着饥饿、困倦或生气（Lester & Boukydis, 1985）。在出生后 6 周至 3 个月期间，婴儿开始在高兴时*咕咕做声*，如尖叫声、咯咯声以及像“啊”这样的元音。3~6 个月大时，婴儿开始用语音来玩游戏，能把声音和发出该声音的人进行匹配。

牙牙学语，即重复的辅音—元音组合，如“吗—吗—吗—吗”，出现在 6~10 个月之间，这种声音通常被误认为是婴儿说出的第一个词。牙牙学语不是真正的语言，因为这些音节并没有被婴儿赋予意义。然而，它毕竟听起来很像词语了。语言以无

表 5–4 0~3 岁语言发展的里程碑

年龄（按月计算）	发展事件
出生	可以知觉到言语，可以哭喊，对声音做出反应
1 个半月 ~3 个月	咕咕做声，会笑
3 个月	玩耍时能发出一些语音
5~6 个月	发出辅音，尝试把听到的声音对应起来
6~10 个月	牙牙学语，发出元音与辅音的简单组合
9 个月	运用手势语进行交流和玩耍
9~10 个月	开始理解词语（通常是从“不”和自己的名字开始）；模仿声音
9~12 个月	运用一些社会性的手势
10~12 个月	不能够再分辨非母语的语音
10~14 个月	说出第一个词（通常是代表事物的词）
10~18 个月	说出第一批简单的词语
13 个月	理解名字的象征意义
13 个月	能运用更多精细的手势
14 个月	能运用象征性的手势
16~24 个月	学会许多新词语，词汇量迅速扩大，从大概 50 个增长到约 400 个；能运用动词和形容词
18~24 个月	说出第一批句子（只包含 2 个词语）
20 个月	能运用更简洁的手势；能给更多的物品命名
20~22 个月	理解能力迅速发展
24 个月	能运用许多两个词组成的短语；不再牙牙学语；有说话的欲望
30 个月	几乎每天都学习新的词语；会用 3 个词以上的短语组合说话；很好地理解别人的话；会犯一些语法错误
36 个月	能说近 1000 个词，其中 80% 是积极词汇；在句法上依然会犯错误

资料来源：Bates, O’Connell, & Shore, 1987; Capute, Shapiro, & Palmer, 1987; Lalonde & Werker, 1995; Lenneberg, 1969.

意的语音模仿的形式继续发展，婴儿偶然听到一些声音，然后自己尝试发出这种声音。在 9~10 个月大时，婴儿有意地模仿一些声音，但并不理解其中的意义。一旦他们掌握了所有的声音，便会把这些声音都串起来，听起来像语言，但并没有实质意义。

语音认知 知觉语音差别的能力对语言的发展十分重要。正如我们所提到的，这样的能力与生俱来，甚至在婴儿出生前就已存在，并在出生后的第一年中得到发展。为了做好理解和使用语音的准备，婴儿首先需要熟悉词语和词组的语音，然后才能赋予其意义（Jusczyk & Hohne, 1997）。

这一过程在母亲子宫中时便已开始。在一项实验中，研究者让巴黎的两组准妈妈从怀孕的第 35 周开始分别背诵一首儿歌，每天背诵三次，持续四周。四周结束后，研究者在参与者的腹部播放这两首儿歌。在播放母亲的儿歌录音时，胎儿的心率会变慢，但在播放其他母亲的儿歌录音时其心率不会改变。因此，胎儿明显能够对母亲的声音做出反应。这说明，出生前听听"母亲的声音"，能够让婴儿的耳朵对其声音更加适应（DeCasper, Lecanuet, Busnel, Granier-Deferre, & Maugeais, 1994）。

在婴儿能够将语音和语义联系起来之前，他们似乎能够认出经常听到的声音模式，如自己的名字。与听到其他名字、甚至是与自己名字语音相似的名字相比，4 个半月大的婴儿听到自己的名字时会注意更长的时间（Mandel, Jusczyk, & Pisoni, 1995）。让 6 个月大的婴儿看视频录像，当看到妈妈同时听到"妈"的读音或看到爸爸同时听到"爸"地读音时，他们会注视更长的时间。这说明，婴儿开始把语音和语义相联系，至少是在特定的人身上是这样的（Tincoff & Jusczyk, 1999）。该年龄段的婴儿能够认出经常伴随自己名字和其他熟悉单词的词语（Bortfield, Morgan, Golinkoff, & Rathbun, 2005）。

在 6 个月大时，婴儿学会了辨认母语中的基本声音或音素，并能区分不同说话者在这些声音上的细微差别。一项研究发现，在瑞典和美国，6 个月大的婴儿无法分辨母语中听起来相似的语音之间的差异，却可以区分陌生语言之间存在的语音差异（Kuhl, Williams, Lacerda, Stevens, & Lindblom, 1992）。该年龄段的语音分辨能力能够预测婴幼儿 13 个月、16 个月和 24 个月时的语言能力。这说明，语音知觉在语言习得过程中发挥着重要作用（Tsao, Liu, & Kuhl, 2004）。

到大约 10 个月大时，婴儿对不属于母语的声音失去敏感性。例如，日本的婴儿不再能够区分 ra 和 la，因为这两个音在日语当中是没有区别的。虽然这种对非母语中语音的知觉能力并未完全丧失，在成年期通过努力也可以重新获得，但是我们的大脑已经习惯性地不再区分它们（Bates, O'Connell, & Shore, 1987; Lalonde & Werker, 1995; Werker, 1989）。

在出生后第一年的下半年中，婴儿愈发熟悉母语中的语音，并开始意识到语音规则，即在语言中如何安排语音。在一系列的研究中（Marcus, Vijayan, Rao, & Vishton, 1999），7 个月大的婴儿对一些无意义音节组合（如"ga ti ti"，即 ABB 式组合）产生习惯化后，会对无意义音节的新组合（如"wo fe wo"，即 ABA 式组合）聆听更长的时间。测试中用的新组合不同于习惯化的组合，因此，婴儿区分两种组合之间的差异完全建立在重复的模式之上。在另外一些测试听觉时间的实验中，9 个月大的婴儿能分辨出首尾辅音的发音和音节划分，并把这些规律运用到新学的词语当中，不管这些新词是否遵循这样的规律（Saffran & Thiessen, 2003）。

手　势　9 个月大的玛卡指着一件东西，有时还会弄出一些声音来表达她想要它。在 9~12 个月之间，她学会了一些传统的社交手势：摆手表示再见，点头表示"是"，摇头表示"否"。到大约 13 个月大时，她会使用一些更精细的表征性手势，例如，她会拿着空杯子放在嘴边表示想喝水，会伸出双手表示想被抱起来。

这个幼儿指着他所看到的东西与父亲进行交流。手势对年幼儿童来说似乎是自然而然的，这也许是语言学习的一个重要部分。

符号性手势，如吹气表示热，吸气表示闻花朵，通常会在婴儿说出第一个词的时候同时出现，并且这样的手势跟词语的作用类似。通过使用这些手势，婴幼儿能够理解符号所代表的具体物体、事件、需求和条件。手势通常出现在婴幼儿拥有25个词汇之前，在婴幼儿学会用新的词语表达手势所代表的意思之后，手势便会消失（Lock, Young, Service, & Chandler, 1990）。

手势似乎是自然出现的。在一项观察研究中，双目失明的幼儿在和成人说话时，所用的手势与视力良好的幼儿相似，甚至是在与失明的成人说话也是如此。显然，手势的运用并不依赖于模仿或观察，它似乎是言语发展过程中的固有部分（Iverson & Goldin-Meadow, 1998）。

学习手势有助于婴幼儿学会说话。在一项研究中（Goodwyn & Acredolo, 1998），11 个月大的婴儿通过观看父母带有语言解说的演示来学习手势。到幼儿 15~36 个月大时，对他们进行语言发展测试，结果发现，实验组的幼儿比两个对照组的幼儿表现更好——其中一组孩子的父母只说词语不做手势，另外一组孩子既没有接受语言训练，也没有接受手势训练。

第一批词汇 多迪在 11 个月大时说出了第一个词（“ouchy”），并把它用在多个事物上。多迪在这一方面的发展非常典型。一般来说，婴儿会在 10~14 个月间的某个时刻说出第一个词，从此便开始了**语言式的讲话**（linguistic speech），即通过说话表达意义。最初，婴儿的词语只是“妈妈”“爸爸”等词，并且用一个简单的音节表达多种意义，其含义取决于婴儿发出音节的情境。如“那”也许意味着“我想要那个”“我想要去那儿”或者“爸爸在那儿”，类似这种能表达一整句话意思的词语，称为**单词句**（holophrase）。

在学会使用词语之前，婴儿已经能理解许多词语。婴儿理解的第一批词（*被动词汇*）通常是他们经常听的那些词，如自己的名字和“不”等。到 13 个月大时，大多数幼儿能够理解一个词语代表着特定的事物或事件，并且能够迅速理解新词的含义（Woodward, Markman, & Fitzsimmons, 1994）。*表达性词汇*（即能说出并使用的词汇）的增加在最初发展得十分缓慢。随着幼儿的自我表达更多依赖于语言而非手势，他们说话的音韵会变得更加精细。

在 16~24 个月期间，通常会出现一段“命名爆炸”* 期。在几周时间内，幼儿的词汇量可能会从 50 个词快速增加到 400 个（Bates, Bretherton, & Snyder, 1988）。口语词汇量的快速增加，也许反映了 2 岁儿童的词语再认速度和准确性的提高（Fernald, Pinto, Swingley, Weinberg, & McRoberts, 1998）。然而，在一项对 38 名美国幼儿开展的追踪研究中，只有 5 名幼儿在语汇方面表现出如此迅速的增长。这说明，这样的现象并不具有普遍性（Ganger & Brent, 2004）。

相比动词，婴幼儿更容易学会名词（Childers & Tomasello, 2002）。在一项跨文化研究中，不管母语是西班牙语、荷兰语、法语、希伯来语、意大利语、韩语，还是美式英语，父母均报告，20 个月大的孩子掌握的名词比其他任何词类都多（Bornstein & Cote et al., 2004）。在 24~36 个月大时，幼儿可以结合上下文的语境和被修饰的名词来理解陌生的形容词的意思（Mintz, 2005）。

第一批句子　继说出词语之后，儿童下一个重要的语言突破是把两个词组合在一起来表达一个意思（如“娃娃掉了”）。一般来说，幼儿在 18~24 个月大时能够做到这点，大约比他们说出第一个词推迟了 8~12 个月。然而，能说出第一批句子的时间存在很大个体差异。前语言式讲话通常依赖于生理年龄的增长，而言语式讲话并非如此。许多较晚开口说话的孩子最终会奋力追上，像需要补偿他们损失的说话时间一样，只要有人愿意听，他们就不停地说！（我们将在第 7 章讨论语言发展滞后。）

婴儿的第一个句子通常与日常生活中的事件、物品、人物或活动有关（Braine, 1976; Rice, 1989; Slobin, 1973）。达尔文注意到，小多迪通过语句表达出他正在发展的道德观念。27 个月大时，多迪把自己最后一小块姜饼送给了妹妹，并说：“噢，好孩子多迪，好孩子多迪！”

最初，幼儿通常会使用**电报句**（telegraphic speech），即一些只有关键词的句子。如丽塔会说“奶奶扫”，她的意思是想表达“奶奶正在扫地”。幼儿使用电报句的频率和形式会随着习得的语言而变化（Braine, 1976; Slobin, 1983）。语序一般会符合幼儿听到的语言，当丽塔看到奶奶挥动扫帚时，并没有说“扫奶奶”。

电报句中不包含像“is”“the”等功能性的词汇，这是否意味着幼儿不懂这些词汇呢？事实不尽然。幼儿也许只是觉得这些词汇难以使用而已，即使是婴儿也对功能动词的出现很敏感。在 10 个半月大时，如果把正常语段中的功能动词用一些发音相似的无意义音节替换后，婴儿也能将其与正常语段分辨出来（Jusczyk, 2003）。

在 20~30 个月大时，幼儿的**语法**（syntax）能力不断增强，语法是指在语言中组织句子的能力。他们对冠词（*a, the*）、介词（*in, on*）、连词（*and, but*）、复数、动词词尾变化、过去时态以及系动词的变化形式（*am, are, is*）愈发适应。他们也逐渐注意到语言的交流目的，并能够意识到别人是否理解他们所说的话（Shwe & Markman,

---

* 译者注：即词汇突然快速而大量地增加。

1997），这标志着他们对他人的心理世界更加敏感。到3岁时，幼儿的语句更长、更流畅、结构更复杂。尽管幼儿会忽略语句中的一些词，但他们已经能让别人很好地理解自己所表达的意思了。

早期语言的特征

不管幼儿说哪种语言，幼儿早期的语言具有自己的特征（Slobin, 1971）。

正如我们所看到的，幼儿的语言十分简单。他们运用电报句来表达他们想表达的意思（如“不喝奶！”）。

幼儿能够理解他们尚不会表达的语法关系。最初，尼娜能够懂得小狗在追小猫，可是她不知道怎么把这些词语连接成为一个完整的句子。她说出的句子会是“小狗追”，而不是“小狗追小猫”。

幼儿会过分扩大词语的意义。埃迪在14个月大时对电视里出现的灰白头发的男子感到兴奋，他叫“爷爷”！埃迪这是过度概括（或过分扩大）了词语的意义。他觉得，因为他爷爷的头发是灰白色的，因此，所有灰白头发的男子都可以称为“爷爷”。随着幼儿词汇量的扩大，并且从成人那里得到有关词语适应性的反馈，他们对词语意义的过分扩大化会减少。（如成人会说“不，宝贝儿，那个人只是看着有点像爷爷，但他是其他人的爷爷，而不是你的爷爷。”）

学习检查站

你能否……

✓ 追溯早期语言发展的里程碑，并指出幼儿听到的语言所起的影响?

✓ 描述早期语言与成人语言的5种差异?

幼儿还会对语言规则过度规则化。他们严格地遵照规则，并不知道规则会有例外。黛利拉在雨天和爸爸一起看着窗外，跟着爸爸说“有风的（windy）……有云的（cloudy）……有雨的（rainy）”，然后她加了一句“有冷的（coldy）”。这体现了幼儿语言发展的特征。在这个例子中，当幼儿第一次学会用名词生成形容词时，他们把这种规律当成是普遍适用的规律。下一步，便是幼儿学习语法规则的例外情况，通常，儿童在学龄前早期会做到这点。

语言习得的经典理论：先天与后天之争

语言能力是后天习得的还是天生固有的？在20世纪50年代，曾经盛行过一场与此相关的两种思想派别的争论，辩论双方的领军人物分别是学习理论的重要支持者斯金纳和语言学家乔姆斯基。

斯金纳（Skinner, 1957）认为，语言学习与其他学习一样，是基于经验的。根据经典学习理论，婴儿是通过操作性条件反射来学习语言的。刚开始，婴儿随机发声，抚养者运用微笑、注意和称赞对其类似成人的言语进行强化，于是婴儿便会重复这些被强化的言语。非母语的声音未被强化，因此，婴儿便逐渐停止发出这样的声音。根据社会学习理论，婴儿模仿成人发出的声音，然后模仿被强化，他们继续发出同样的声音。词汇学习依赖于选择性强化，如果家里养猫，婴儿会很快掌握“猫咪”

这个词。通过这一过程，幼儿说的话越来越像成人。句子的形成则是一种更加复杂的过程：儿童首先学会基本的词语顺序（主—谓—宾，如“我想要雪糕”），然后学习用其他词语进行替换（如“爸爸吃肉”）。

也许，观察、模仿和强化确实对幼儿的语言发展做出了贡献，然而，根据乔姆斯基（Chomsky, 1957）的观点，这些并不能完全解释语言的发展（Flavell, Miller, & Miller, 1993; Owens, 1996）。首先，词语的组合和词语间的细微差别成千上万、错综复杂，不可能全部通过具体的模仿和强化来习得。其次，抚养者也经常会强化那些并未严格符合语法规则的句子，只要表达出意思就可以了（如“爷爷走了，说再见”）。成人的言语本身就是不可靠的模仿对象，因为成人的话经常不合语法、句子不完整、忽略一些音节和存在口误。另外，学习理论也无法解释儿童会富有想象地说出他们没有听过的话，如 2 岁的安娜会把扭伤的足踝称为“扭足”，会在不想上床睡觉时说她没有“打呵欠”。

乔姆斯基的观点被称为**先天论**（nativism）。与斯金纳的学习理论不同，先天论强调学习者的积极作用。由于语言是人类社会中普遍存在的现象，乔姆斯基（Chomsky, 1957, 1972）指出，人类大脑拥有一种先天的语言习得能力，幼儿学习语言就如同他们学习走路一样自然。他认为，一种天生的**语言习得机制**（language acquisition device, LAD）让幼儿的大脑能够分析他们所听到的语言，并且找出其中的规律。乔姆斯基（Chomsky, 1995）试图探寻在所有人类语言之中普遍存在的简单规律，以及能够把语音和语义联系起来的一种形式单一、功能多样的机制。

新生儿能区分相似声音的能力支持了先天论者的观点，这说明婴儿生来就有一种知觉机制，用于获取言语中的不同特征。先天论者指出，在没有正式教学的前提下，几乎所有的幼儿都以相同的年龄顺序掌握母语。另外，作为唯一的语言得到充分发展的动物，人类大脑左右半球的语言区大小不均，这意味着在语言区更大的大脑半球中存在一种针对声音和语言的天生机制。对大部分人来说，大脑左半球在执行这项功能（Gannon, Holloway, Broadfield, & Braun, 1998）。不过，先天论者并没有完整准确地解释这一套机制如何发挥作用，它没有告诉我们，为什么一些幼儿比另一些幼儿更快更有效地习得语言，为什么幼儿在语言技巧及流畅性上会产生个体差异，为什么（如我们所看到的）语言发展需要依赖于对话交流，

根据经典学习理论，儿童通过操作性条件作用来学习说话。这位父亲通过重复孩子发出的类似说话的声音，强化了孩子重复这些声音的可能性。

而非仅仅听口语。

学习理论和先天论这两种观点均能用于解释双耳失聪的幼儿如何学习手语，手语在结构上很像口头语言，并且也是以同样的顺序被幼儿习得。双亲听力均丧失的失聪儿童会模仿他们所看到的父母的手势，正如听力正常儿童会模仿其正常父母发声一样。与正常幼儿相比，失聪幼儿的手部动作更为系统和细致。他们一开始会把一些无意义的零散动作串联起来，一遍又一遍地重复，这一过程被称为“*手语中的牙牙学语*”（Petitto & Marentette, 1991）。随着父母对他们手语的不断强化，他们逐渐将其赋予意义。

然而，一些失聪幼儿会做出一些无模仿对象的自创手语，这证明，仅靠模仿与强化不能解释语言表达的所有现象（Godin-Meadow & Mylander, 1998）。自 1970 年以来，一批又一批在西班牙学习过唇语的尼加拉瓜学龄失聪儿童，最终学会了真正的手语，并且从简单的手语发展到符合语言规则的复杂手语（Senghas & Coppola, 2001; Senghas, Kita, & Ozyürek, 2004）。同样地，以色列内盖夫沙漠中的一个独立村庄也有其自发性的手势语言，并且与以色列手语或其他阿拉伯地区的方言有明显差异，语法结构也截然不同（Sandler, Meir, Padden, & Aronoff, 2005）。另外，学习理论无法解释正常婴儿与失聪婴儿在语言发展年龄上的吻合（Padden, 1996）。失聪婴儿在 10 个月大时开始用手语中的牙牙学语，正常婴儿在相似的时间也开始了口语上的牙牙学语（Petitto & Marentette, 1991）。失聪婴儿使用手语中句子的年龄也与正常婴儿开始使用句子的年龄相同（Meier, 1991; Newport & Meier, 1985）。这些例子都说明，不论口语还是手语都依赖于一种天生的语言习得机制，并且两种语言的发展都与大脑的成熟有关。

学习检查站
你能否……

- ✓ 总结学习理论和先天论分别是如何解释语言习得的，并指出两种理论各自的优缺点？
- ✓ 说出失聪幼儿对语言的习得说明了什么？

如今，许多发展心理学家认为，语言习得机制与发展心理学的其他方面一样，会受到先天与后天的共同影响。失聪儿童或正常儿童都拥有一种先天的语言习得能力，这种能力会被后天经验所激活或抑制。

学习指路标

9. 哪些因素影响婴幼儿的语言发展过程？

早期语言发展的影响因素

哪些因素决定了婴幼儿理解并使用语言的速度和程度？这方面的研究关注了来自婴幼儿自身和外界的影响因素。

神经因素 婴儿早期的大脑迅速发育和重构与语言发展密切相关。新生儿的哭叫受控于*脑干*和*脑桥*，它们是大脑最原始和发育最早的部分（参见图 4-6）。重复不断的牙牙学语随着*运动皮层*的成熟而出现，而运动皮层负责控制脸部和喉头。出生后第二年，即大多数幼儿开始学习说话的时候，连接听觉和运动的神经通路才发育成熟（Owens, 1996）。与语言有关的一些皮层区域至少在学龄前仍在继续发育，甚至会一直持续到成年。

言语功能在大脑中的偏侧化优势很早就发生了（Holowka & Petitto, 2002）。大约 98% 的人由大脑左半球支配着语言，当然大脑右半球也会参与其中（Nobre & Plunkett, 1997; Owens, 1996）。从幼儿在牙牙学语期的录像可以看出，与成人说话一样，幼儿说话时嘴巴右边比左边张开幅度更大，而右边正是由左脑半球所控制的（Holowka & Petitto, 2002）。

有关脑损伤儿童的研究表明，在大脑偏侧化固定以前，会有一段敏感性很高的时期。婴儿大脑的可塑性可以让语言功能从受损的脑区转移到其他脑区。因此，大脑半球被切除或被损伤的成人将会产生严重的语言障碍，而有相同经历的幼儿则可以发展出接近正常的言语表达和理解能力（Nobre & Plunkett, 1997; Owens, 1996）。

正常婴儿的大脑通常具有可塑性。在一项研究中，研究者在婴幼儿头皮的不同位置测量了他们在听到一系列词语时的大脑活动，其中包括他们不认识的词语。在 13~20 个月大的“词汇暴炸”期间，婴幼儿表现出明显的大脑偏侧化，理解定位能力迅速提高（Mills, Cofley-Corina, & Neville, 1997）。其他有关大脑可塑性的证据来自颞叶上部的区域，这一区域涉及言语听觉理解，在天生失聪的人使用手语时可以被激活（Nishimura et al., 1999）。这一发现说明，言语功能在大脑结构中的分配是一个依赖于言语经验和认知发展而逐渐发生的过程（Nobre & Plunkett, 1997）。

学习检查站
你能否……
- ✓ 说出早期语言发展涉及哪些脑区，并指出各自脑区的功能？
- ✓ 举例说明大脑语言区的可塑性？

社会交往：父母和其他照看者的角色 语言是一项社会性活动。父母或其他抚养者在个体语言发展的每一个阶段中均扮演着重要的角色。

前语言阶段 在牙牙学语阶段，成人能通过重复幼儿说的话来帮助他们形成正确的语音。婴幼儿很快便能融入这样的语言游戏中，他们通常会把话重复一遍。父母模仿孩子说话也影响着孩子学习语言的速度（Hardy-Brown & Plomin, 1985; Hardy-Brown, Plomin, & DeFries, 1981）。此举能帮助婴幼儿了解语言的社会功能，让他们知道谈话时每个人要轮流说话，大多数婴儿在大约 7 个半月到 8 个月大时就能理解这一点。即使小至 4 个月大的婴儿，在与成人一同参与的藏猫猫游戏中也表现出了对社会情境中言语结构变化的某种敏感性（Rochat, Querido, & Striano, 1999; 请参见专栏 5-1）。一项追踪研究发现，母亲积极回应 9~13 个月大的婴幼儿的说话、并参与他们的游戏，可以预测其语言发展中里程碑出现的时间，如第一次说出词语、第一次说出句子等（Tamis-LeMonda, Bornstein, & Baumwell, 2001）。

词汇发展 婴幼儿通过听成人说话来学习语言。当孩子开始学习说话时，父母或抚养者通常会通过重复他们的话、改正他们的发音来帮助他们学习语言。若父母能找到合适的机会教孩子新的词语，那么孩子的词汇发展会得到良好的促进。如果在乔丹注视一个球时，母亲告诉他“这是一个球”，或者在乔丹玩别的东西时，母亲却尝试把他的注意力转向小球，两者相比，当然是前者更可能让乔丹牢记“球”这个词（Dunham, Dunham, & Curwin, 1993）。尚未开始说话的婴儿也可以采用这样的方式学

尽管对“儿化语”或“妈妈语”存在争论，但这种简单的说话方法确实能吸引孩子。

习新词汇。在一项研究中，9个月大的婴儿，首先由父母在家通过指认并命名图片中物品的方式教会他们一些简单的物品名称，然后在实验中向他们展示已经学会的物品名称（如小球）和尚未学会的物品名称（如汽车）。当实验者用语言提示说“看那里！”的时候，婴儿对他们尚未学会名字的物品表现出新异偏好。然而，如果提示语是指向具体的物品（如“球，看球！”或“车，看车！”），婴儿则倾向于看已经学过名称的物品（Schafer, 2005）。

母亲说话时使用各个词汇的频率不同，也会对孩子学会这些词汇产生很大的影响（Huttenlocher, Haight, Bryk, Seltzer, & Lyons, 1991），母亲是否喜欢说话，也与孩子的词汇量密切相关（Huttenlocher, 1998）。社会经济地位更高的母亲，通常使用更多的词汇和更长的语句，她们2岁大的孩子就会有更大的口语词汇量（Hoff, 2003）。然而，与母亲所用的词汇量相比，母亲对孩子发展水平的敏感性与回应程度发挥着更大的作用。在一项追踪研究中，实验者观察13~20个月大的幼儿与母亲的交流，母亲增加了自己使用的词汇量，以符合孩子发展中的语言能力。结果表明，词汇量最大的孩子是那些母亲对其回应程度最高的孩子（Bornstein, Tamis-LeMonda, & Haynes, 1999）。

多语言家庭中的幼儿与单一语言家庭中的幼儿相比，他们语言发展过程中里程碑出现的时间相似。双语家庭的婴幼儿通常能使用两种语言的元素，有时会使用相同的表达方式，这种现象称为**语码混用**（code mixing）。不过，这并不意味着婴幼儿混淆了两种语言（Petitto, Katerelos et al., 2001; Petitto & Kovelman, 2003）。在蒙特利尔进行的一次无介入观察研究表明（Genesee, Nicoladis, & Paradis, 1995），双语家庭中2岁大的幼儿能够区分两种语言差异，用法语与说法语的父亲交流，用英语与说英语的母亲交流。这种在语言中转换语言的能力称为**语码转换**（code switching）。（第9章会对第二语言教学进行讨论。）

儿化语 你并不需要成为一个特意说“妈妈语”的父母。如果你在和婴幼儿说话时放慢声调，故意抑扬顿挫、简化语言、提高重音、使用短词短句并经常重复，那么，你所用的就是**儿化语**（child-directed speech, CDS，通常也被称为父母语或妈妈语）。大多数成人，甚至儿童，都会很自然地说儿语化。许多语言和文化中都有关于“儿化语”的文献报告（Kuhl et al., 1997）。

许多研究者认为，儿化语能帮助孩子学习母语，或者至少可以通过清晰易认的语音特征来帮助他们快速掌握母语发音。在一项跨文化的研究中，来自美国、俄罗斯和瑞典的母亲都用录音机录下了她们对 2~5 个月大的孩子所说的话。不管母亲们说的是英语、俄语还是瑞典语，在跟孩子说话时，她们都把元音发得很夸张。5 个月大时，不同的婴儿的牙牙学语中就体现出其母亲向他们强调的语音特征，相互之间存在差异（Kuhl et al., 1997）。

一些研究者对儿化语的价值提出了质疑。他们坚信，如果婴儿能够听到更为复杂的成人间的谈话，并对其作出反应，那么婴儿应该会更早学会说话，而且说得更好，能更快地发现语言规律（Gleitman, Newport, & Gleitman, 1984; Oshima-Takane, Goodz, & Derevensky, 1996）。尽管如此，婴儿还是更喜欢听简单的语言。这种对简单语言的偏好在婴儿 1 个月大时便很明显，并且这种偏好似乎与任何具体的经验无关（Cooper & Aslin, 1990; Kuhl et al., 1997; Werker, Pegg, & McLeod, 1994）。

读写能力的准备：大声朗读

朗读给家长提供了一次与孩子建立亲密关系的机会，并能够促进亲子间的交流。父母或抚养者对孩子朗读的频率及方式影响着孩子的**读写能力**（literacy）的发展。很早就能阅读的孩子，一般在他们很小的时候父母便开始对他们朗读。

通过向他的年幼女儿大声朗读，并针对书中的图片提出问题，这位父亲正在帮助女儿掌握语言技巧，并学习字母是怎么书写和发音的。

家长对孩子的朗读一般分为三种类型：叙述型、理解型和成就取向型。叙述型朗读会集中描述图画里发生的事情，并让孩子进行复述（如“爸爸妈妈早饭吃了什么？”）。理解型阅读会鼓励孩子去深入理解故事的意思，并做出推断和预测（如“你觉得狮子会做什么？”）。成就取向型的家长会直接把故事读完，介绍故事的主要脉络，然后向孩子提出问题。家长对孩子朗读的模式最好根据孩子的需求和能力来选择。在新西兰达尼丁进行的一项研究，其研究对象为 50 名 4 岁大儿童，结果发现，家长为叙述型的儿童，其总体的词汇表达技巧效果最好，而成就取向型朗读方式则对那些掌握大量词汇的儿童最有效（Reese & Cox, 1999）。

而对话式朗读，或称为分享式朗读，与叙述型的朗读类似，是一种很有效的阅读技术。通过这种方法，如果成人能积极耐心地聆听，“孩子能成为故事的讲述者”（Whitehurst & Lonigan, 1998, p.859）。父母应向孩子提出开放性的、有挑战性的问题，而不是只有“是”或“否”的简单回答的封闭性问题（如“小猫在干什么？”，而

学习检查站
你能否……
- ✓ 举例说明抚养者是如何帮助幼儿学习说话的?
- ✓ 说明对于儿化语(CDS)的使用有哪些支持和反对的意见?
- ✓ 讲述早期对幼儿大声朗读的好处?
- ✓ 描述一种向婴幼儿大声朗读的有效方法?

不是“小猫是不是在睡觉呢?”)。随着孩子的回答，父母应追问更多的问题，重复并拓展孩子的语言，改正错误的答案并给予一些可能的选项，在孩子需要帮助时给予帮助。另外，家长还要给予孩子称赞和鼓励，鼓励他们把故事和自己的生活经验联系起来(如“你看过鸭子游泳吗?它游起来像什么呢?”)。

研究表明，在1~3岁期间经常听父母朗读的孩子，特别是运用上述方法进行朗读，他们在2岁半、4岁半、5岁时有更加熟练的语言技巧，在7岁时有更好的语言理解能力(Crain-Thoreson & Dale, 1992; Wells, 1985)。在一项研究中，让实验组中的父母采用对话式朗读法对21~35个月大的孩子进行朗读，结果发现，与控制组幼儿相比，实验组幼儿的语言词汇表达能力的发展早6个月。实验组幼儿的前阅读技能也有所提高，这种技能可以帮助幼儿学会阅读，如学会如何看和读字母(Arnold & Whitehurst, 1994; White-hurst et al., 1988)。

重新聚焦

回忆本章在焦点人物中关于查尔斯·达尔文和多迪的故事：

- 哪一种认知发展研究方法与达尔文观察和描述儿子发展情况的方法最接近?为什么?
- 行为主义者、皮亚杰主义者、心理测量学家、信息加工研究者、认知神经科学家和社会情境理论者是如何研究和解释达尔文所描述的发展情况的?
- 多迪的早期语言发展与斯金纳的语言发展理论更接近，还是与乔姆斯基的理论更接近?早期语言发展如何体现了社会交往的作用?

大声朗读、游戏和其他日常活动中的社会互动是促进幼儿发展的关键因素。幼儿能引发周围人对他们做出反应，反之，也会促使他们对周围人的反应做出回应。在第6章中，我们在探索早期心理社会的发展时，将会看到更多有关幼儿与周围成人的双向影响。

小 结

认知发展研究：传统的方法

学习指路标1:婴幼儿如何学习?他们的记忆能保持多久?

- 行为主义者研究的两种学习方式分别是：经典条件作用和操作性条件作用。
- 卡罗林·科利尔的研究表明，婴幼儿的记忆过程与成人很接近，并且他们的记忆受周期性的刺激的影响，发展缓慢。

学习指路标2:婴幼儿的智力能被测量吗?如何提高他们的智力?

- 心理测量学的测验测量的是假定的智力影响因素。
- 发展性测试，如贝雷婴幼儿发展量表，可以揭示婴幼儿当前的认知功能，但对将来智力的预测效力并不高。
- 早期家庭环境会影响所测量的智力。
- 如果早期家庭环境不能为婴幼儿的认知发展提供必要

条件，就需要对婴幼儿进行早期干预。

学习指路标 3：皮亚杰是如何解释早期认知发展的？他的理论站得住脚吗？

- 在皮亚杰的感知运动阶段中，婴幼儿的图式变得愈发精细化。他们逐步发展出初级、次级和三级循环反应，并最终发展出表征能力。
- 研究表明，婴幼儿某些能力的发展要早于皮亚杰所描述的时间。他可能低估了婴幼儿对模仿能力和客体永久性的掌握。
- 双重表征理论可以解释为什么婴幼儿的图片理解能力发展缓慢。

认知发展研究：新近的方法

学习指路标 4：如何测量婴幼儿的信息加工能力？信息加工能力与智力有何关系？

- 信息加工研究者通过习惯化和视觉能力、知觉能力的特征来测量婴幼儿的认知发展。与皮亚杰的观点不同，这些研究表明，婴幼儿的表征能力从出生时就存在。
- 婴幼儿信息加工效率的指标，如习惯化的速度等，能预测其将来的智力。

学习指路标 5：婴幼儿是从何时开始思考物理世界的各种特性的？

- 诸如习惯化、新异偏好、期望悖反范式等信息加工研究技术已得出更多的证据，证明 3 个半月到 5 个月之间的婴儿能基本掌握皮亚杰所述的能力，如掌握了因果、分类、客体永久性、数量以及推断物理世界特征的能力。
- 信息加工研究者认为，婴幼儿也许拥有天生的学习机制来获取这些知识。然而，这些研究结果背后的意义仍存在争论。

学习指路标 6：脑科学研究能揭示多少有关认知能力发展的奥秘？

- 外显记忆和内隐记忆涉及不同的脑区。
- 工作记忆在婴儿 6~12 个月之间出现。
- 神经学发展能够解释皮亚杰所提出的婴幼儿各种技能和认知能力的出现。

学习指路标 7：与成人互动如何能促进婴幼儿的认知能力发展？

- 与成人的社会交往有助于婴幼儿认知能力的发展，通过共享活动能帮助他们学习技能、知识和文化中的重要价值。

语言发展

学习指路标 8：婴幼儿的语言是如何发展的？

- 语言习得是认知发展的重要方面。
- 前语言式讲话包括哭、咕咕做声、牙牙学语和语音模仿。到 6 个月大时，婴儿就已学会了母语中的基本发音，并开始把声音和意义联系起来。
- 在说出第一个词之前，婴儿会使用手势表达自己的想法。
- 婴儿说出第一个词通常在 10~14 个月之间，并由此进入了语言式讲话阶段。“命名爆炸”现象通常发生在 16~24 个月之间。
- 幼儿通常在 18~24 个月之间说出第一批简单句子。到 3 岁时，幼儿的句法和沟通能力得到了很好的发展。
- 早期言语中的词义通常会被婴幼儿简单化或泛化，并且语言规则会被过度规则化。
- 儿童语言习得的两种经典理论是：学习理论和先天论。如今，许多发展心理学家认为，天生的学习语言的能力可能会被后天的经验所激发或抑制。

学习指路标 9：哪些因素影响婴幼儿的语言发展过程？

- 影响语言发展的因素包括脑成熟和社会互动。
- 家庭特征，如社会经济地位、成人使用的语言、母亲的回应性等，均影响着婴幼儿的词汇发展。
- 在家中听到两种语言的儿童通常会与只听到一种语言的儿童以同样的速度学会这两种语言，并且能够在适当的场合下使用合适的语言。
- 儿化语对儿童的认知、情感和社会性发展均有益，并且婴幼儿对这种用语表现出偏好。然而，一些研究者对这种用语的价值提出质疑。
- 从小就对孩子大声朗读，能够促进其读写能力的发展。

第6章

婴幼儿期的心理社会发展

我像儿童一样，
试着同时做每件事，
说每件事，
突然成为一切。

——约翰·哈特福特，《生活祈祷》，1971

本章提纲

焦点人物：玛丽·凯瑟琳·贝特森——人类学家

玛丽·凯瑟琳·贝特森

玛丽·凯瑟琳·贝特森（1939— ）是一位人类学家，她是两位著名人类学家玛格丽特·米德（见第 2 章）和葛瑞利·贝特森的女儿。葛瑞利·贝特森是玛格丽特·米德的第三任丈夫兼研究伙伴。父母为凯瑟琳写的传记是有史以来最具纪实性的婴儿传记之一：母亲记录，父亲拍照。玛格丽特·米德的研究报告《黑莓之冬》（1972 年）和玛丽·凯瑟琳·贝特森的《以女儿的眼睛看世界》（1984 年）一起为儿童的情绪发展提供了珍贵而又引人入胜的双重视角。

凯瑟琳是米德唯一的孩子，她出生时母亲已经 38 岁了。在她 11 岁时，父母离婚。第二次世界大战期间，凯瑟琳的父母由于工作原因必须经常长期外出，不得不与凯瑟琳分离。但在她的婴儿期和学步期，凯瑟琳是父母的全部和爱的焦点。她早期的回忆包括在户外和父母一起游戏，坐在妈妈腿上听故事，看父母举起早餐勺子来反射晨光，用手指在墙上映出飞鸟来逗她开心。

为了避免凯瑟琳受挫，父母都会尽力对其需求做出回应。米德通过对女儿进行母乳喂养和满足她的“及时”需求来实现自己的专业承诺，这一点就像她研究过的南太平洋岛屿文化中的母亲一样。

与他们的朋友埃里克森一样，米德和贝特森非常重视凯瑟琳的信任感的发展。他们从来不在陌生的地方把凯瑟琳留给陌生人照看，她总是在熟悉的地方来适应新的照料者。长大成人后，凯瑟琳发现，即使在生活的困难时期，她也能经常找到“信任和力量的源泉，这是在人生的前两年必须建立起来的基础”（Bateson, 1984, p.35）。然而，正如米德所写，反思先天和后天的共同作用，“我们永远也许不知道：

气质起多大作用？偶发的事件起多大作用？教养起多大作用？”（1972, p.268）。

在凯瑟琳两岁时，父母需要承担的战时工作日益增多。他们举家搬迁到朋友兼同事劳伦斯·弗兰克所在的城市纽约，并居住在一起。这一决策与米德的信念相符，该信念来自于她的研究，她认为有多个照料者以及学会适应不同的情境将有益于儿童的发展。

凯瑟琳和其他五个孩子一起生活在弗兰克位于格林威治村庄的家庭中，其中年龄最小的孩子是弗兰克的小儿子科林。凯瑟琳写道，“因此，我不是在核心家庭里长大的，而是一个适应性强的和受人欢迎的大家庭中的一员……在那里，五六双手一起剥豌豆壳或擦盘子。”她的暑期记忆是在新罕布什尔州的湖边休闲，“在那里，每个孩子都能得到足够多的成人照顾，以至于没有嫉妒；在那里，花园中的大树枝繁叶茂，每晚在歌唱中结束……我比其他孩子更富有……然而，这里也充满了分别。这里有可爱的人们，然而我最需要的人却经常缺席”（Bateson, 1984, pp.38–39）。

在玛格丽特·米德和玛丽·凯瑟琳·贝特森的互补性回忆录里，我们看到了米德如何把自己获得的育儿信念付诸实践，这种育儿信念部分来自于她自己童年期的记忆，部分来自于她对不同文化的观察。我们看到，她正在寻找解决双职工父母子女照料问题的方案，这一问题正变得越来越普遍。我们也看到了该问题所带来的双向影响：父母的早期经验如何塑造儿童的发展，儿童的需要如何影响父母的生活。

这一章阐述的是依赖性的婴儿向独立性的儿童的过渡。首先，我们会考察心理社会发展的基础：情绪、气质以及与父母的早期互动经验。其次，我们将考察埃里克森关于信任和自主性获得的观点。再次，我们会探讨儿童和照料者的关系、自我意识的萌芽和良心的基础。接下来，我们将探讨儿童和兄弟姐妹以及与其他儿童的关系。最后，我们考察父母就业和早期托儿所对儿童日益增强的影响。

学习完本章后，你应该可以回答“学习指路标”中的所有问题了。为了检查你对本章“学习指路标”的掌握程度，请复习章节结尾部分的小结。“学习检查站”会贯穿整个章节并不时出现，以便检查你对所学知识的理解程度。

学习指路标

1. 情绪是何时出现，如何发展的，婴儿如何表达它们?
2. 婴儿如何表现气质差异，这些差异能持续多久?
3. 父母在孩子的早期性格发展中分别扮演什么样的角色?
4. 婴儿如何获得对世界的信任并形成依恋?
5. 婴儿和照料者如何“解读”彼此的非语言信号?
6. 自我意识何时出现，它是怎样发展的?
7. 学步儿如何获得自主性和形成为社会接受的行为标准?
8. 婴幼儿如何与兄弟姐妹及其他儿童进行交往?
9. 父母就业和早期托儿所如何影响婴幼儿的发展?
10. 是什么导致了儿童虐待和忽视，虐待的影响有哪些?

心理社会发展的基础

尽管婴儿有相同的发展模式，但是从出生起，每个婴儿都表现出不同的人格：这是一种由不同的情绪、气质、思想和行为所构成的混合体，使每个人独一无二（Eisenberg, Fabes, Guthrie, & Reiser, 2000）。某个婴儿经常兴高采烈，另一个却很容易焦躁不安；某个学步儿喜欢跟别人一起玩，另一个却喜欢一个人独自玩。这些情感、思维和行为方式的特点反映了先天因素和环境因素的共同影响，同时也能影响儿童与人他交往和适应世界的方式。从婴儿期开始，人格发展与社会关系相互影响（见表 6-1），共同构成了所谓的心理社会发展。

学习指路标

1. 情绪是何时出现，如何发展的，婴儿如何表达它们?

首先，我们探讨情绪，它是人格建构的基石；然后，介绍气质或性情；最后，谈谈婴儿在家庭中最早的社会经验。

情　绪

情绪（emotions），例如悲伤、愉悦和恐惧，是对经验的主观反应，并伴随着生理和行为变化（Sroufe, 1997）。* 例如，恐惧时心跳会加速，通常还会伴有自我保护行为。个体在某种特定情绪的发生频率上、在可能引发情绪的事件类型上、在生理反应（比如心率变化）以及行为反应方面存在个体差异。一个儿童很容易生气，但

* 该部分讨论的主要贡献者是 Sroufe（1997）。

表 6-1　出生至 36 个月大的婴儿和学步期儿童的心理社会发展的要点。

大致年龄（月）	特 点
0~3	婴儿能接受外界刺激。开始表现出兴趣和好奇心，愿意对陌生人微笑。
3~6	婴儿能期待即将发生的事情，如果没有发生，则会表现出失望。他们通过生气或警惕性行为来表达失望。他们经常微笑、咕咕笑和大笑。这是一段社会觉醒的时期，也是婴儿和照料者早期的互动时期。
6~9	婴儿可以玩"社会性"的游戏并试图从他人那里获得反应。他们与其他的婴儿"交谈"、触摸、嬉戏以得到回应。他们可以更分化地表达情绪，展示高兴、恐惧、愤怒和惊奇。
9~12	婴儿非常依赖主要照料者，害怕陌生人，在新环境中表现出压抑。到 1 岁时，他们可以更清楚地交流情绪，表达心境、矛盾情绪和不同程度的感受。
12~18	学步期儿童探索环境，将他们最依恋的人当成安全基地。当他们掌控环境后会更自信，更迫切地想得到承认。
18~36	当学步期儿童意识到自己与照料者分离时，他们会变得焦虑。他们通过游戏和成人的认同来发现自己的局限性。

资源来源：摘自 Sroufe, 1979。

另一个却不这样。文化能影响个体对情境的感受以及表达情绪的方式。例如，某些强调社会和谐的亚洲文化并不鼓励表达愤怒情绪，但比较强调羞耻感。相反，美国文化则强调自我表达、自信和自尊（Cole, Bruschi, & Tamang, 2002）。

情绪的发展是一个有序的过程，复杂的情绪由简单的情绪发展而来。个体的典型情绪反应模式的发展始于婴儿期，它是人格的基本元素。然而，随着婴儿的年龄不断增长，一些情绪反应会随之变化。3 个月大的婴儿面对陌生人的脸会微笑，当 8 个月大时，他会对此表现出警惕，产生*陌生人焦虑*。对于情绪有多少种、何时产生以及如何定义和测量，不同的研究者持不同的意见。

情绪与其他方面的发展紧密相连。例如，一个在情绪上被忽视的新生儿——缺少拥抱、爱抚或交谈——会表现出*非器质性的发育不良*，即使在营养充足的情况下，其身高和体重也不增加。当被送到医院并给予情感支持时，这个婴儿的发育状况就会改善。生气、恐惧，尤其是羞耻、内疚和同情之类的情绪会激发道德行为（Ben-Ze'ev, 1997; Eisenberg, 2000; Eisenberg, Guthrie et al., 1999; Kochanska, 1997a）。

情绪出现的早期信号　当不高兴时，新生儿会清楚地表现出来。他们会大哭、挥舞手臂、踢腿以及挺直身体。相对而言，辨别他们什么时候高兴比较困难。在 1 个月大时，当听到人的声音或者被抱起时，婴儿会变得安静。当拉着他们的手打拍子唱儿歌时，他们会微笑。随着时间的流逝，婴儿会对成人做出更多的反应——微笑、

咕咕叫、伸开手臂，最终走向他们。

婴儿情绪的早期信号和线索是发展的重要指标。当婴儿想要或者需要某个东西时，他们会哭；当他们感觉到友善时，他们会微笑或大笑；当他们发出的信息获得了回应时，他们的联结感就会随之增加；当他们意识到哭声可以带来帮助和舒适，微笑和大笑能换回相同的反应时，他们对世界的掌控感也会随之增加。他们会更积极地调节自己的唤醒状态和情绪生活。

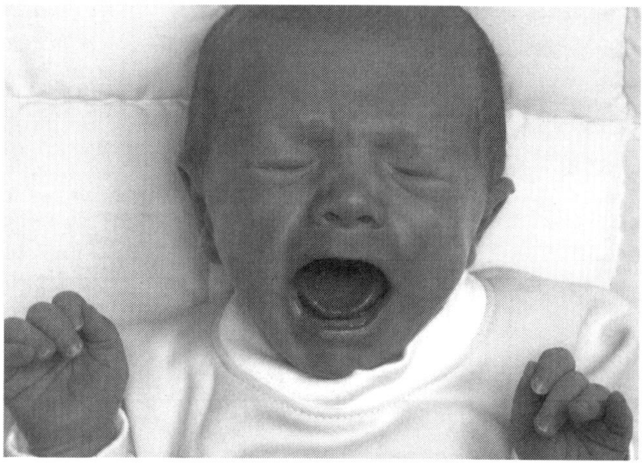

哭是婴儿最有力的工具，有时也是唯一的工具，婴儿通过哭表达其需要。父母很快就能学会辨别孩子是因为生气、发怒、受挫还是痛苦而哭。

哭　哭是婴儿最有力的工具，有时也是唯一的工具，婴儿能够通过哭表达其需求。研究者已经区分了四种哭的模式（Wolff, 1969）：基本的*饥饿哭*（有节奏的哭，并不总是和饥饿有关）、*生气哭*（有节奏的哭的变式，过量的空气被迫通过声带）、*痛哭*（突然开始大声哭，没有呻吟前奏，有时会屏住呼吸）和*挫折哭*（两三次持续很久的哭，没有持续很久的憋气）（Wood & Gustafson, 2001）。

一些父母担心抱起哭泣的孩子会惯坏他们。一项研究发现，在 6 个月大时，父母对婴儿做出延迟反应能减轻其不安，这可能是由于婴儿学会了自己去处理小烦恼（Hubbard & van IJzendoorn, 1991）。但是，如果父母等到痛苦的哭泣逐步升级为愤怒的尖叫声才做出回应，那么这时就很难安抚婴儿了。如果这种模式重复多次，将会干扰婴儿调整或管理自己情绪状态能力的发展（R. A. Thompson, 1991）。从理论上讲，最具发展性的正确方法是凯瑟琳·贝特森的父母所采取的：为了*避免*婴儿产生不必要的悲伤，尽量安抚他们。

微笑和大笑　出生后不久，婴儿就会微笑，此时的微笑是自发的，这是皮下神经系统活动的结果。这种自发性的微笑经常出现在快速眼动睡眠阶段（见第 5 章）。在出生后前 3 个月中，随着大脑皮层不断发育成熟，婴儿很少再出现这种自发性的微笑（Sroufe, 1997）。

最早的*唤起性微笑*是由温和的感觉引起的，例如轻摇或抚摸婴儿的皮肤。出生后第二周，吃饱后的婴儿会发出昏昏欲睡的微笑。到第三周，当婴儿觉醒并注意到照料者在点头和发出声音时，就会开始笑。大约 1 个月大时，婴儿的微笑会更频繁并更具社会性。在出生后第二个月，随着视觉认知的发展，婴儿对视觉刺激（例如熟悉的面孔）的微笑会增多（Sroufe, 1997; Wolff, 1963）。

大约 4 个月大时，当亲吻婴儿腹部或挠痒痒时，婴儿就会大声笑。随着婴儿逐渐长大，他们会更加积极地参与到愉快的交流中。在母亲发出奇怪的声音或将毛巾盖在其脸上时，6 个月大的婴儿会以咯咯笑的方式回应；10 个月大的婴儿会大

学习检查站

你能否……

- ✓ 解释为什么婴儿情绪很难研究？
- ✓ 举例来说明情绪在其他发展领域中所扮演的角色？
- ✓ 解释不同类型的哭、微笑和大笑的意义？

6 个月大时，杰克逊和祖父额头碰额头时会大笑。对不寻常或出人意料之外的事情发笑，反映了婴儿认知理解的进步。

笑着试图把掉下的毛巾放回到妈妈脸上。这种变化反映了认知的发展：通过对未预料的事情发笑，表明婴儿知道他的期望是什么。通过转动桌子，婴儿意识到他们能使一些事情发生。大笑也有助于婴儿释放压力，例如对危险性物体的恐惧（Sroufe, 1997）。

情绪何时出现 鉴别婴儿的情绪是一项艰巨的任务，因为婴儿不能说出自己的感受。卡罗尔·伊泽德（Carroll Izard）和同事对婴儿的面部表情进行录像，并把其归纳为高兴、悲伤、兴趣、恐惧，以及较低程度的生气、惊讶和厌恶（Izard, Huebner, Resser, McGinness, & Dougherty, 1980）。当然，我们并不知道这些婴儿的真正感受，但是他们的面部表情确实非常类似于成人在经历这些情绪时的表情。

面部表情并不是婴儿情绪的唯一指标，也可能不是最佳指标。动作、肢体语言和心理社会变化也是重要的指标。当婴儿恐惧时，他不一定表现出“恐惧的表情”；婴儿也可能通过移开视线或心跳加速来表现恐惧。研究者根据不同的指标研究特定情绪发生的时间，所得出的结论也会不同。另外，这些情绪出现的时间存在巨大的个体差异（Sroufe, 1997）。

基本情绪 根据情绪发展模型（Lewis, 1997, 见图 6-1），出生后不久的婴儿就能表现出满足、兴趣和厌恶的迹象，这些情绪具有弥散性和反射性，主要是对感觉刺激或内部加工过程的一种生理反应。在接下来的 6 个月左右的时间里，这些早期的情绪状态分化为真正的情绪：高兴、惊讶、悲伤、厌恶、忍耐、生气和恐惧，这些是婴儿对有意义事件的反应。正如接下来我们要讨论的，这些基本情绪的出现与神经系统成熟的“生物钟”相关。

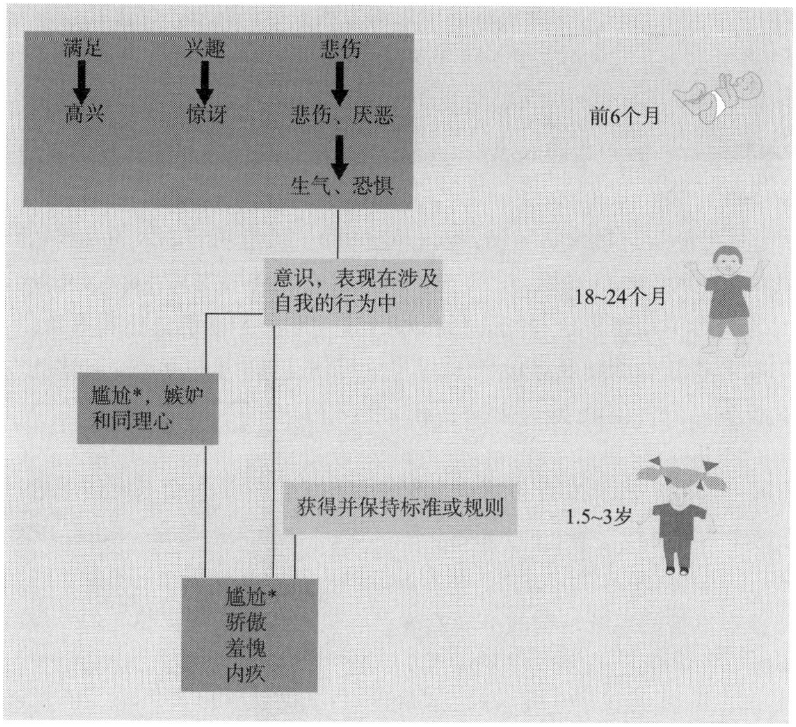

图 6–1

婴幼儿期的情绪分化。基本情绪在婴儿 6 个月大左右就表现出来，自我意识情绪在 2 岁半以后获得，这是自我意识发展和有关社会标准与规则知识累积的共同结果。

* 注：有两种尴尬类型，较早的尴尬形式不涉及对行为的评价，只是对自己成为注意目标的一种反应；第二种尴尬是评价性尴尬，在 3 岁时出现，是羞愧的一种温和形式（资料来源：摘自 Lewis, 1997, 图 1, p.120）

资料来源：Adapted from Lewis, 1997, Figure 1, p. 120. Adapted from Lewis, M. (1997) "The Development of Self. Comments on the Paper of Neisser." In S. G. Snodgrass and R. L. Thompson (eds.), "The Self Across Psychology: Self-Recognition, Self-Awareness, and the Self-Concept," *Annals of the New York Academy of Sciences*, Vol. 818. Copyright © 1997 New York Academy of Sciences, U.S.A. Reprinted with permission.

涉及自我的情绪 **自我意识情绪**（self-conscious emotions），例如尴尬、同理心和嫉妒，只有在婴儿获得自我意识后才出现。**自我意识**（self-awareness）是指一种对自己作为可识别的、不同于周围世界的个体的认知性的理解。自我意识在婴儿 15~24 个月大时出现。根据皮亚杰的理论，当婴儿拥有心理表征，即对自己以及其他人和事的表征时，自我意识就出现了。在儿童能够认识到自己是注意的焦点、意识到他人的"自我"感受或希望拥有别人所拥有的事物之前，自我意识是必要的。大约 3 岁时，儿童已经获得了自我意识，并掌握大量关于社会可接受的标准、规则和目标的知识。这时，儿童就能根据社会要求来评价自己的思想、计划、愿望和行为，他们才能表达出诸如骄傲、内疚和羞愧等**自我评价性情绪**（self-evaluative emotions）（Lewis, 1995, 1997, 1998）。

虽然，内疚和羞愧都是对错误行为的反应，但它们是不同的。没有达到行为标准的儿童可能感到内疚（即遗憾），但是他们不一定会感到缺乏自我价值；当他们感到羞愧时，就会感到缺乏自我价值。他们关注的是坏行为本身，而不是坏的自我。内疚的儿童会试图去弥补，例如试图把自己碰到桌子下面打碎的盘子粘在一起。羞愧的儿童更可能试图隐藏自己的错误行为所造成的后果（Eisenberg, 2000）。

同理心：感受他人的感受 **同理心**（empathy）是一种"设身处地"地感受他人感受的能力以及在特殊的情境下感受到或打算感受到他人感受的能力。幼儿在 2 岁时表现出同理心，像内疚一样，同理心也随年龄的增长而发展（Eisenberg, 2000; Eisenberg & Fabes, 1998）。当学步期儿童能够逐渐区分自己和他人的心理状态时，他们就能像是感受到自己的痛苦一样对他人的痛苦做出反应（Hoffman, 1998）。同理心不同于同情，同情仅仅涉及对他人困境的悲伤或关心。同理心和同情都可能导致亲社会行为，例如归还玩具（见第 9 章）。

同理心依赖于社会认知，**社会认知**（social cognition）是指理解他人的心理状态并调整自身情感和意图的一种认知能力。皮亚杰认为，**自我中心主义**（egocentrism，即不能理解他人的观点）延缓了这种能力的发展，直到童年中期的具体运算阶段。但其他的研究发现，社会认知出现的非常早，以至于它可能是“与生俱来的一种潜能”，就像学习语言的能力一样（Lillard & Curenton, 1999, p.52）。

脑发育和情绪发展 出生后的脑发育与情绪改变密切相关。这是一个双向作用的过程：情绪经验不仅受脑发育的影响，而且也能对脑结构产生持久的影响（Mlot, 1998; Sroufe, 1997）。新生儿只有弥散性的意识，很容易受到声音、光和其他的感觉唤醒源的过度刺激。随着中枢神经系统结构的不断发展，感觉通路髓鞘化，婴儿的反应变得更加专注和缓和。

脑组织有四种主要的变化，基本上与情绪进程的变化相对应（Schore, 1994; Sroufe, 1997; 参见图 4-6）。出生后的 3 个月内，随着大脑皮层开始发挥作用，婴儿在游戏中经历了认知体验，基本情绪的分化随之开始。快速眼动睡眠和反射行为，包括自发性的新生儿微笑便消失。

第二个变化发生在婴儿 9~10 个月大时，这时前额叶开始和大脑边缘系统交互作用，大脑边缘系统是情绪反应的中心。同时，边缘系统中的结构，如海马，变得更大和更加成人化。额叶和海马、边缘系统（加工感觉信息）之间的连接促进了认知和情绪半球之间的联系。随着这些连接变得更密集和精细，婴儿能够同时体验和解释情绪。认知和回忆、客体永久性以及其他的认知发展促使过去和当前事件以及未来期望之间的联合变得更具可能性。当一个球滚到沙发下时，这个年龄段的婴儿可能会心烦意乱，而当重新取回球时，他又会微笑。陌生人恐惧经常出现在这一时期。

第三个变化发生在出生后第二年，这时婴儿获得了自我意识和自我意识情绪，并且更有能力调整自己的情绪和活动。这些变化与更强的身体移动性和探索性行为相一致，这可能和额叶的髓鞘化有关。

第四个变化发生在幼儿 3 岁时，此时，自主神经系统中的荷尔蒙变化与评价性情绪的出现相一致。这些情绪的发展，例如羞愧，可能是一种转变，从受交感神经系统支配（为个体行动做准备的自主神经系统部分）转向受成熟的副交感神经系统（涉及排泄和性兴奋的自主神经系统部分）支配。

神经系统方面的因素也能解释气质上的差异性（Mlot, 1998），接下来我们将讨论这一主题。

学习检查站
你能否……

✓ 追溯基本情绪、自我意识情绪和评价性情绪出现的典型顺序？请解释情绪与认知及神经系统发展的联系。

气　质

> **学习指路标**
> 2. 婴儿如何表现气质差异，这些差异能持续多久？

气质（temperament），有时也被界定为个体的特征，是指以生物为基础的、对人和情境的态度和反应方式。气质被描述为一种行为方式：不是个体做什么，而是他们打算怎么做（Thomas & Chess, 1977）。例如，两个儿童都能自己穿衣服，拥有同样的动机，但其中一个可能比另一个做事更快，更愿意穿新衣服，当猫跳到床上时更少分心。一些研究者把气质界定得更加广泛。儿童不可能在所有情境中以相同的方式行事，气质反映的不仅是儿童的行为方式和对外部世界做出反应的方式，也反映了他们调节自己的心理、情绪和行为的方式（Rothbart, Ahadi, & Evans, 2000）。

气质包含情绪成分，但又不同于情绪，例如，害怕、兴奋和厌倦等情绪来得快去得也快。气质相对而言更一致且持久。气质的个体差异源于个体的基本生理结构，它是构成发展中的人格的核心部分。

研究气质的模式：纽约纵向研究　纽约纵向研究（NYLS）是关于气质先驱的研究，研究者对 133 名婴儿进行追踪直到他们成人。研究者考察了婴儿积极主动的程度，吃饭、睡觉和排便习惯的规律性，接受陌生人和新情境的准备性，对常规改变的适应性，对噪音、亮光和其他感觉刺激的敏感性，反应的强度，情绪是否愉快、高兴和友好，在坚持任务时是否容易分心（A. Thomas, Chess, & Birch, 1968）。从出生时婴儿就在所有这些特征方面存在差异，并且这种差异会一直持续下去。

大约 2/3 的儿童可以归为三类气质模式（见表 6-2）。40% 的儿童属于**“容易型”**

表 6-2　三种气质模式（基于纽约纵向研究）

“容易型”儿童	“困难型”儿童	“慢热型”儿童
情绪温和，强度适中，通常是积极的	情绪强烈且消极，经常大哭、大笑	温和的情绪反应，可能是积极或消极的
能很好适应新事物和变化	接受新事物较慢	对新事物和变化适应较慢
很快形成规律性的睡眠和饮食	睡眠和饮食不规律	睡眠和饮食的规律性介于“容易型”和“困难型”儿童之间
容易喜欢新食物	接受新食物较慢	对新刺激（第一次遇到的人、地方或情境）表现出温和的消极反应
对陌生人微笑	对陌生人怀疑	
容易适应陌生情境	适应陌生情境较慢	
易接受大多数挫折，不易焦躁	遇到挫折时易怒	
快速适应新惯例和新游戏规则	对新惯例的适应较慢	在没有压力的情境下，多次重复之后，逐渐喜欢新刺激

资料来源：摘自 A. Thomas & Chess, 1984. Adapted from Thomas, A. and S. Chess, “Genesis and evolution of behavioral disorders: From infancy to early adult life.” *American Journal of Psychiatry*, 141 (1) 1984, pp. 1–9. Copyright © 1984 by the American Psychiatric Association. Reproduced with permission。

7 个月大的丹尼尔喜欢微笑和尝试新食物，这是容易型气质的标志。

儿童（“easy” children）：情绪通常很愉悦，生物功能具有节律、能接受新体验。这与玛格丽特·米德描述的凯瑟琳婴儿时的特征一致。10% 的儿童是**“困难型”儿童**（“difficult” children）：易怒、经常不高兴、生物功能缺乏节律、情绪表达激烈。15% 的儿童是**“慢热型”儿童**（“slow-to-warm-up” children）：他们温和，但对陌生人和情境适应较慢（A. Thomas & Chess, 1977, 1984）。

许多儿童（NYLS 样本中的 35%）不能归为以上三种类型的任何一种。有的婴儿的饮食和睡眠比较规律，但害怕陌生人；有的婴儿在大部分时间内都比较高兴，但并不总是这样；还有些婴儿可能对新食物适应比较慢，但对陌生照料者适应很快（A. Thomas & Chess, 1984）；有的婴儿可能笑得更激烈，但不会表现出强烈的沮丧感；有的婴儿排泄比较有规律，但睡眠没有规律（Rothbart et al., 2000）。所有这些变化都是正常的。

如何测量气质? 许多研究者发现 NYLS 采用的访谈程序过于复杂，计分程序过于麻烦，于是，一些研究者开始采用短小的调查问卷。洛斯巴特婴儿行为问卷（IBQ）采用父母自陈报告的方式（Gartstein & Rothbart, 2003; Rothbart et al., 2000），关注婴儿气质发展的几个维度，这与 NYLS 研究中的维度相同，即活动水平、积极情绪（微笑和大笑）、恐惧、挫折、可安抚性和毅力（把分心和注意广度结合起来）以及一些其他的因素，例如高兴的强度、感觉敏度和注意转移。父母根据孩子近期的具体事件和行为给婴儿评估等级（例如，问“在过去的一周里，当给婴儿一个玩具时，婴儿微笑或大笑的频率？”而不是泛泛地问“婴儿对陌生事件反应积极吗？”）。

尽管父母评估是最常用的测量儿童气质的方法，但它存在信度问题。双生子研究发现，父母在给孩子进行气质评分时，往往会将其与家中另一个孩子进行比较，例如，与更积极的兄弟姐妹相比，父母把孩子归类为不积极（Saudino, 2003a）。但是，并不是所有的父母自陈测量工具都存在这种趋势（Hwang & Rothart, 2003）。另外，这种测量方法也存在研究者观察偏见（Seifer, 2003）。父母在日常的各种情境中观察自己的孩子，而实验室观察者仅在特殊的标准化情境中观察儿童的反应。因此，将多种方法结合起来可以更为精确地描述气质会如何影响儿童的发展（Rothbart & Hwang, 2002; Saudino ,2003a, 2003b）。

气质的稳定性 气质在很大程度上是天生的，具有遗传性（Braungart, Plomin, DeFries, & Fulker, 1992; Emde et al., 1992; Schmitz et al., 1996; A. Thomas & Chess, 1977, 1984），

并且相对稳定。新生儿在睡眠、紧张和活动方面表现出不同的模式，这些差异在一定程度上会一直持续下去（Korner, 1996; Korner et al., 1985）。采用婴儿行为问卷法进行的研究发现，婴儿的气质与他们 7 岁时的人格存在强相关（Rothbart et al., 2000, 2001）。其他研究者使用类似于 NYLS 中的气质类型，结果发现，儿童 3 岁时的气质能预测其 18~21 岁时的人格（Caspi, 2000; Caspi & Silva, 1995; Newman, Caspi, Moffitt, & Silva, 1997）。

这并不意味着气质在出生时就完全定型了。随着各种情绪和自我调节能力的出现，气质得到了新发展（Rothbart et al., 2000），并且受父母态度和对待他们方式的影响（Belsky, Fish, & Isabella, 1999; J. V. Lerner & Galambos, 1985）。正如玛格丽特·米德观察到的，气质受教养方式的影响，而教养方式又受文化的影响。与美国的婴儿相比，马来西亚的婴儿往往适应性较差，对新体验更谨慎，对刺激的反应更迅速，这可能是因为马来西亚的父母不经常让婴儿处于那些要求具备很强适应能力的情境中，而是鼓励婴儿敏锐的感知意识，例如对于换尿布的需求（Banks, 1989）。

气质和调节："吻合度" 根据 NYLS 的结果，健康调整的关键是**吻合度**（goodness of fit）——儿童气质与环境要求和约束条件之间的匹配。如果期望一个非常活跃的儿童安静地坐很长时间，如果把一个慢热型的儿童不断地推向陌生情境，如果把一个固执的儿童不断地带离吸引他的东西，那么麻烦将会出现。

"困难型"儿童很难接受父母说"不"，更可能把自己的情绪大声地表达出来，就像图中小男孩所做的一样。父母理解和接受孩子的气质类型之后，能较好地帮助孩子适应其管制和期望。

父母对孩子的回应可能反映了他们认为可在多大程度上控制孩子的行为。一项家庭观察研究发现，和其他父母相比，认为对自己 12 个月大的孩子缺乏控制的父母，更可能和婴儿进行直接的互动——督促、提醒、限制、质疑和纠正孩子，而且有这种感觉和行为方式的母亲更可能觉得自己的孩子是"困难型"的。在较大儿童的父母身上也发现了这一模式（Guzell & Vernon-Feagans, 2004）。

当父母认识到，以特定方式行事的儿童并不是出于任性、懒惰、愚蠢或顽皮，而主要是因为天生的气质时，他们可能更少感到内疚、焦虑、敌视或失去控制，更少变得严厉或不耐烦。他们能预期儿童的反应并帮助他们适应，例如，通过提早警告儿童来制止某一活动，或者像米德和贝特森所做的那样，逐渐让儿童介入一种陌生情境。

害羞和大胆：生物和文化因素的影响 正如我们所述，气质具有一定的生物基础，在一项对 400 名婴儿的追踪研究中，杰罗姆·卡根（Jerome Kagan）和同事研究了气质的一个特征：*对陌生人的排斥或害羞*，它是指儿童与其他陌生儿童交往以及接近陌生事物和情境时的大胆或谨慎程度。当要求解决问题或学习新信息时，最害羞的

> **我思我秀**
> - 在美国，许多人认为害羞是不受欢迎的，父母应当如何教育害羞的孩子？你认为最好是接受还是尽力改变孩子的气质类型？

儿童（占样本的 15%）与那些大胆的儿童相比，心率更高，但变化更少，并且瞳孔扩张得更大。最大胆的儿童（约占 10%~15%）往往精力充沛，易冲动，并且伴随较慢的心率（Arcus & Kagan, 1995）。

4 个月大的高反应性婴儿，即表现出更多动作和活动以及更多痛苦的婴儿，在面对陌生刺激时更容易焦虑或哭泣。在 14~21 个月大时，这些幼儿更有可能表现出抑制模式。高度抑制或非抑制婴儿能在一定程度上把相应模式维持到童年期或青少年期（Kagan, 1997; Kagan, & Snidman, 1991a, 1991b）。即使生理差异依然存在，但这两类儿童的行为差异往往在青少年早期就会消除（ Woodward et al., 2001 ）。

> **学习检查站**
> 你能否……
> - ✓ 列举和描述纽约纵研究确定的三种气质类型和九个维度？
> - ✓ 评估气质稳定性的证据？
> - ✓ 讨论气质如何影响适应，并解释“吻合度”的重要性？
> - ✓ 你能证明生物因素、父母教养和文化差异对气质的影响？

这些研究发现再次说明，经验能延缓或强化早期的倾向。有害怕和害羞倾向的男孩，如果父母能最大程度地接受孩子的这类反应，那么他们更可能在 3 岁时依然如此。如果父母鼓励孩子在陌生情境中探索，那么他们就会表现出较少的抑制（Park, Belsky, Putnam, & Crnic, 1997）。

文化可以影响父母的教养方式。在西方国家，如加拿大，害羞的儿童往往被视为能力较弱或不成熟。在中国，社会价值观赞同害羞或抑制。一项针对中国和加拿大 2 岁儿童进行的跨文化研究发现，加拿大抑制型儿童的母亲，往往对孩子表现出惩罚性或过度保护，而中国害羞型儿童的母亲则是温和的、易接受的。与加拿大的儿童相比，中国的学步期儿童更加抑制。但是，因为这是一项相关研究，我们并不知道儿童的气质和母亲的态度孰因孰果，也许它们是双向影响的（Chen et al., 1998）。

最早的社会经验：家庭中的婴儿

> **学习指路标**
> 3. 父母在孩子的早期人格发展中分别扮演什么样的角色？

在世界范围内，婴儿的养育方式和互动模式差异非常大，这主要取决于不同文化对婴儿本质和需求的看法。在印度尼西亚的巴厘岛，人们认为婴儿是祖先或神灵以人的形式来到人间，因此必须用最庄严和尊敬的方式来对待。西非的本族（Beng）人认为婴儿能理解所有语言，而密克罗尼西亚的伊法路克（Ifaluk）人则认为婴儿完全不能理解语言，因此成年人不和婴儿进行交流（DeLoache & Gottlieb, 2000）。

在某些社会，像玛格丽特·米德在南太平洋发现的，婴儿有多个照料者。在非洲中部的艾菲（Efe）人中，在特定时间内一般由五个或更多的人来照料婴儿，通常除母亲之外，其他妇女也会给婴儿哺乳（Tronick, Morelli, & Ivey, 1992）。在肯尼亚西部的古西族人中，由于婴儿的死亡率很高，父母随时都把婴儿带在身边，当婴儿哭泣时，照看者立即做出回应并及时哺乳（ LeVine, 1974, 1989, 1994）。类似的情况也发生在非洲中部阿卡族（Aka）的猎人中，他们经常结成小规模、紧密团结的群体四处走动，以保证能广泛共享、合作和避免危险。但是，同一地区的恩甘杜族（Ngandu）的农民往往住得比较分散，且长期住在同一个地方，因此，他们会把婴儿单独留在家中，让婴儿自己玩耍，任由他们哭泣、微笑、喊叫或吵闹（Hewlett, Lamb, Shannon, Leyendecker, & Scholmerich, 1998）。

需要谨记的一点是，我们习以为常的成人与婴儿互动模式是以文化为基础的。带着这种谨慎态度，让我们首先来看看父母的角色：他们如何照料孩子和如何与孩子玩耍，他们的影响如何塑造男孩和女孩的人格差异。在本章后续部分，我们将更深入地探讨婴儿和父母之间的关系以及和兄弟姐妹之间的互动。在第 10 章，我们将考察非传统家庭的影响，例如单亲家庭和同性恋家庭。

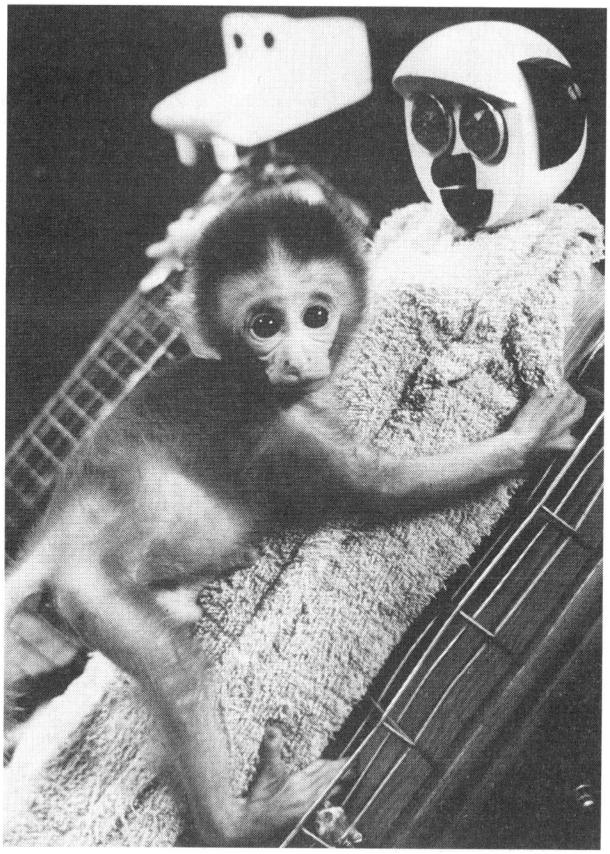

在一系列经典实验中，哈里·哈洛和玛格丽特·哈洛认为，食物并不是进入孩子内心最重要的途径。当婴儿恒河猴能选择去拥抱一个铁丝替代“母亲”还是去拥抱一个温暖的、穿有柔软绒毛衣服的替代“母亲”时，即使是那些由铁丝“母亲”身上的奶瓶喂养的恒河猴，也愿意花更多的时间黏在穿着衣服的“母亲”身边。

母亲的角色　在由哈里·哈洛（Harry Haolow）和同事所开展的一系列开创性研究中，在出生 6~12 个小时后，恒河猴就从母亲身边被带到实验室里饲养。把婴儿猴放进笼子里，笼子里有两种“替代母猴”：一种是由铁丝网编制的圆柱体“母猴”，它可以提供奶水，一种是穿着厚绒毛衣服的“母猴”。一部分婴儿猴和铁丝网“母猴”在一起，并由其携带的奶瓶喂养。另一部分婴儿猴和穿着温暖的绒毛衣服的“替代母猴”在一起。当允许这些婴儿猴和两种“母猴”自由地待在一起时，即使是喝由铁丝网“母猴”提供奶水的婴儿猴也喜欢和穿有毛绒衣服的“母猴”待在一起，并且时间更长。在一个陌生的房间中，与和铁丝网“母猴”待在一起的婴儿猴相比，那些和穿绒毛衣服的“母猴”待在一起的婴儿猴表现出更自然的探索兴趣。

显而易见，猴子也喜欢有温暖感的“替代母亲”。分开一年后，由穿厚绒毛衣服的“母猴”喂养的婴儿猴仍旧渴望去拥抱自己的“替代母亲”；而由铁丝网“母猴”喂养的婴儿猴对自己的“替代母亲”依旧不感兴趣（Harlow & Zimmerman, 1959）。最终，两群婴儿猴都未能正常发育成长（Harlow & Harlow, 1962），也都不能养育自己的后代（Suomi & Harlow, 1972）。

这不足为奇，“假”母亲不能像现实中的母亲一样给婴儿的积极发展提供适当的刺激和机会。这些实验表明，喂养不是唯一的，甚至不是从母亲那里获得的最重要的东西。哺育还包括身体接触的舒适感和亲密感，以及一种对依恋这种内部需要的满足，至少对实验中的婴儿猴来说是这样的。

人类婴儿如果想要正常长大，他们的需要也必须得以满足。在后续部分我们将讨论婴儿期获得的相互依恋，及其对心理社会和认知发展的长远影响，同时也将考察能在母婴之间进行非言语交流的情绪信号。

我思我秀

- 现在，在教育孩子方面，尽管越来越多的父亲扮演越来越积极的角色，但是对于婴儿和年幼儿童而言，母亲总是更重要些。你同意上述说法吗?
- 如果你在中国内蒙古的呼和浩特长大，和现在相比，你认为你和父亲的关系会有哪些不同？在非洲的阿卡族呢?

父亲的角色 父亲的角色本质上是一种社会建构（Doherty, Kouneski, & Erickson, 1998)，在不同的文化下有不同的意义。该角色能被生父之外的其他人取代或共享，例如在博茨瓦纳（这里年轻的妈妈们在其伴侣40岁之前仍然待在童年时的家里)，母亲的兄弟们可替代孩子父亲的角色；在越南，祖父可承担父亲的角色（Engle & Breaux, 1998; Richardson, 1995; Townsend, 1997)。和其他文化相比，某些社会中的父亲更多地卷入婴幼儿的生活——经济上、情绪上和时间上。在世界各地，父亲的意义已经发生或正在发生改变（Engle & Breaux, 1998)。

在中国的传统中，父亲主要负责提供经济支持或惩罚，母亲主要承担养育职责（Jankowiak, 1992)。父亲通常是严厉的和冷漠的，孩子们尊敬和害怕父亲。父子间的互动虽然较多，但只有在母亲外出时，父亲才提供照料责任。在当代中国，由于城市化和母亲就业扩大等原因，上述状况正在发生改变。父亲，特别是受过高等教育的父亲，正开始寻求和孩子建立更亲密的关系，特别是与儿子。中国现代化的进程加速了这种变化，导致父母都更多地卷入到孩子的生活中（Engle & Breaux, 1998)。

和中国人相比，在非洲中部的阿卡人社会中，父母都要提供养育和经济支持。事实上，与其他任何社会中的父亲相比，阿卡族的父亲为婴儿提供了更多的直接照料（Hewlett, 1992, p. 169)。在阿卡人的家庭里，丈夫和妻子需要合作来完成生存任务和其他活动（Hewlett, 1992)。因此，照料儿童是父亲全部家庭角色的一部分。

在不同国家或文化中，父子间的互动方式也会不同。在美国，父亲与孩子玩耍的特点是高度的身体参与，这是美国文化的普遍特点；瑞典和德国的父亲们通常不会以这种方式和婴儿玩耍（Lamb, Frodi, Frodi, & Hwang, 1982; Parke, Grossman, & Tinsley, 1981)。非洲阿卡族的父亲（Hewlett, 1987）和印度新德里的父亲往往采用温和的方式和幼儿玩耍（Roopnarine, Hooper, Ahmeduzzaman, & Pollack, 1993; Roopnarine, Talokder, Jain, Josh, & Srivastav, 1992)。这种跨文化差异表明，追逐打闹方式的玩耍并不是受男性的生物机能决定的，而是受文化影响的。

“啊－噼－咦咦”，这位父亲明显很享受把自己的小女儿举到空中，孩子也很享受这个过程。在美国，父亲和年幼儿童玩“追逐打闹”游戏很普遍，但在某些文化中并非这样。

从20世纪70年代以来，美国更多的母亲开始外出工作，并且“父育”的概念已经发生了改变，父亲参与照料、并与孩子玩耍的现象急剧增加（Cabrera et al., 2000; Casper, 1997; Pleck, 1997)。从婴儿期开始，父亲就经常和孩子进行积极的互动，这直接与儿童的幸福感以及生理、认知和社会性发展相关联（Cabrera et al., 2000; Kelley, Smith, Green, Berndt, & Rogers, 1998; Shannon, Tamis-LeMonda, London, & Cabrera, 2002)。然而，在美国2001年出生的10 221个儿童的全美代表性样本中，9个月大的婴儿中有20%的人生活在没有父亲的家庭里，13%的人从未见过父亲。贫困儿童、黑人和西班牙裔儿童更有可能缺乏父爱（NECES, 2005）。

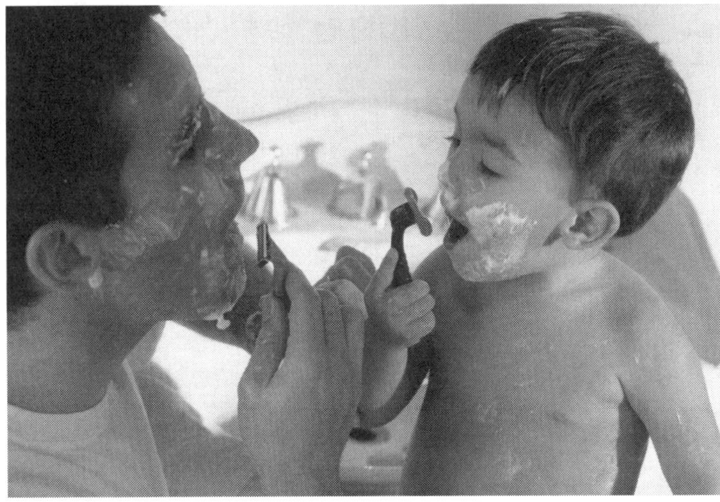

通过鼓励儿子像爸爸一样刮胡子，父亲正在塑造性别原型：鼓励男孩接受该文化认可的男性行为和态度。父亲往往比母亲更具有性别原型。

父母如何塑造性别差异 身为男性还是女性，影响着人们如何看待自己，其肢体动作是怎样的以及他们如何工作、游戏和穿着打扮，它也影响着人们如何反思自己以及他人如何看待他们。所有这些特点，甚至更多特点都可以用一个词来概括——**性别**（gender）：即男性或女性到底意味着什么。

在美国的样本中，男婴和女婴之间可测量到的差异非常少。男婴通常较高、体重较重、略微强壮。但就像我们在第 4 章提及的，从概念上来讲，男婴在生理方面更脆弱。女婴对压力反应性低，更可能生存下去（Davis & Emory, 1995; Keenan & Shaw, 1997）。男婴和女婴都对触觉敏感，而且长牙、坐立和行走开始的时间大致相同（Maccoby, 1980）。他们也在大约相同的时间发展其他的动作技能。

但是，美国的父母往往认为男孩和女孩之间的差异比他们实际存在的更大。一项对 11 个月大开始爬行的婴儿进行研究，结果发现，与女儿相比，母亲对儿子能成功爬下陡峭和狭窄的斜坡有更高的期望。然而，当在斜坡上进行测试时，男孩和女孩表现出相同的成绩（Mondschein, Adolph, & Tamis-LeMonda, 2000）。

男孩和女孩最早的行为差异出现在 1~2 岁之间，主要表现在选择玩具和同性玩伴的偏好等方面（Campbell, Shirley, Heywood, & Crook, 2000; Serbin et al., 2001; Turner & Gervai, 1995）。2~3 岁时，男孩和女孩往往说更多与自己性别有关的词语，例如"拖拉机"对"项链"（Stennes, Burch, Sen, & Bauer, 2005）。

我思我秀

- 父母应该以相同的方式对待男孩和女孩吗？

父母对男孩和女孩的人格塑造开始的非常早。在提升**性别原型**（gender-typing）的过程中，父亲扮演着更加重要的角色，儿童通过这一过程来学习自己的文化所认可的适宜的性别行为（Bronstein, 1988）。在婴儿出生后的第一年内，父亲比母亲对待男孩和女孩的方式差异更大（M. E. Snow, Jacklin, & Maccoby, 1983）。在 2 岁时，父亲与儿子比与女儿交流得更多，在一起的时间更多（Lamb, 1981）。母亲与女儿比与儿子交流得更多，给女儿的支持更多（Leaper, Anderson, & Sanders, 1998）。这一年龄的女孩往往比男孩更善谈（Leaper & Smith, 2004）。在学步期，父亲和儿子玩比较粗野式的游戏，但对女儿更加关心（ Kelley et al., 1998）。

我们将在第 8 章更深入地讨论性别原型和性别差异。

学习检查站

你能否……

- ✓ 举例说明照料婴儿的文化差异？
- ✓ 比较父母的角色以及他们如何影响性别原型？

学习指路标

4. 婴儿如何获得对世界的信任，并形成依恋？

婴儿的社会性发展问题

一个依赖他人的新生儿，仅仅拥有有限的情感和迫切的生理需要，如何才能变成一个具有复杂情感、能理解和控制自己的儿童呢？这一阶段的许多发展问题都是以婴儿和照料者之间的关系为中心的。

获得信任

和其他哺乳动物的幼崽相比，人类婴儿有一段较长时间的婴儿期，需要依赖他人提供食物和保护，从而得以生存。他们如何确信自己的需要会被满足？根据埃里克森的理论（Erikson, 1950），早期的经验很关键。

在埃里克森的心理社会发展的八阶段理论中（见第2章的表2-2），第一个阶段是**基本信任对基本不信任**（basic trust versus basic mistrust）。该阶段始于婴儿期，一直持续到婴儿18个月大。在最初的几个月里，婴儿对自己世界中的人和事发展出可信任的感觉。他们需要获得信任（让他们形成亲密关系）与不信任（能使他们保护自我）之间的一种平衡。如果信任处于支配地位，儿童便获得了*希望*这一"美德"：即认为他们的需要能够得到满足，愿望能够实现（Erikson, 1982）。如果不信任处于支配地位，儿童就会认为世界是不友好和不可预测的，因此很难形成亲密关系。

学习检查站

你能否……

✓ 解释基本信任的重要性以及确认影响其发展的关键因素？

获得信任的关键因素是敏感、积极回应和一致性的照料。埃里克森把喂养情境看成婴儿建立信任和不信任的关键环境。婴儿期望饥饿时就能得到喂养，这能使婴儿因此把母亲视为这个世界是可信任的一个代表吗？信任使婴儿允许母亲离开视线，"因为这时母亲在婴儿心中既具有确定性、又具有外部预测性"（Erikson, 1950, p: 247）。根据凯瑟琳·贝特森的故事，这种内部信任为克服将来更多的困难奠定了坚实的基础。

依恋的发展

依恋（attachment）是指婴儿和照看者之间一种互惠的、持续的情感联结，双方对这种关系的质量都有贡献。对婴儿而言，依恋具有适应性的价值，确保他们的心理社会和生理需要能被满足。根据生态学理论，婴儿和父母在生物上具有先天的互相依恋的倾向，而且依恋能使婴儿更容易生存下去。

依恋模式 依恋的研究主要归功于生态学家鲍尔比（1951年），他是研究动物关系的先驱。根据他的动物研究和对伦敦心理分析诊所里心理失常儿童的观察，鲍尔比强调母婴亲密关系的重要性，在不能提供优质的替代照料者的前提下，反对母亲和婴儿分离。20世纪50年代，玛丽·安思沃斯（Mary Ainsworth）是鲍尔比的学生，她

安妮和黛安通过互动的方式对她们之间形成的依恋关系作出贡献。孩子依偎在母亲身上，表明孩子对母亲的信任，并且强化了黛安对孩子的感情，这种感情主要通过及时满足安妮的需要来表达。

采用自然观察法以非洲阿干达的婴儿为研究对象继续研究依恋（Ainsworth, 1967）。后来安思沃斯设计了**陌生情境**（Strange Situation）法，一种基于实验室技术来评估婴儿和成人之间的依恋模式的经典范式。通常，研究中的成人为母亲（虽然其他成人也参加），婴儿的年龄在 10~24 个月之间。

陌生情境法由八个连续的事件组成，完成实验所需时间不超过半小时。在这个过程中，母亲两次把婴儿留在陌生的房间里：第一次把婴儿和陌生人一起留在房间里，第二次把婴儿单独留在房间里，并且陌生人要先于母亲回来。然后母亲鼓励婴儿探索和玩耍，如果婴儿需要，就给予安慰（Ainsworth, Blehar, Waters, & Wall）。实验者特别关注母亲每次回来时婴儿的反应。

安思沃斯和同事通过在陌生情境和婴儿家中观察 1 岁婴儿，发现了三种主要的依恋模式，分别是安全型依恋（最常见的类型，大约 60%~75% 的低风险北美婴儿属于该类型）和两种焦虑或不安全的依恋模式：回避型依恋（15%~25%）、矛盾型或抗拒型依恋（10%~15%）（Vondra & Barnett, 1999）。

当母亲离开时，**安全型依恋**（secure attachment）的婴儿会哭泣或抗议，当母亲回来时就会高兴地欢迎母亲。婴儿把母亲当作安全基地，会离开母亲去探索，偶而会回到母亲身边寻求安心。他们通常愿意合作，相对较少生气。**回避型依恋**（avoidant attachment）的婴儿当母亲离开时很少哭泣，当母亲回来时拒绝她们。他们往往会生气，在需要帮助时不会表达需求。他们不喜欢被单独留下来，更不喜欢被斥责。**矛盾型 / 抗拒型依恋**（ambivalent/resistant attachment）的婴儿在母亲离开之前就会焦虑，当母亲离开时会非常烦躁。当母亲回来时，婴儿表现的很矛盾，想去和母亲接触，但同时又通过踢或扭动身体表示抗拒。抗拒型婴儿很少去探索，很难被安慰。

在研究所涉及的所有文化中，如非洲、中国和以色列文化，虽然从属于每种依恋类型的婴儿的比率不同，但上面提及的三种依恋类型均适用（True, Pisani, & Oumar, 2001; van IJzendoorn & Kroonenberg, 1988; van IJzendoorn & Sagi, 1999）。依恋行为在不同文化中也存在差异。位于肯尼亚西部的古西人用握手来表示欢迎婴儿，因此古西婴儿与父母握手就像西方婴儿与父母拥抱一样普遍（van IJzendoorn & Sagi, 1999）。

其他的研究者（Main & Solomon, 1986）确定了第四种依恋模式即**无组织—无**

表 6-3 陌生情境中的依恋行为	
依恋类型	行 为
安全型	当妈妈在身边时，格洛里亚自由地玩耍和探索；当妈妈回来时，她热情地回应母亲
回避型	当妈妈返回时，山姆不接触妈妈的眼神，也不迎接妈妈，就好像他没有注意到妈妈的返回一样
矛盾型（抗拒型）	在陌生情境的大部分时间，詹姆斯都在妈妈身边徘徊。但当妈妈返回时，他不是积极或热情地欢迎妈妈，相反，他开始生气和心烦
无组织型 / 无目标型	艾瑞卡对陌生情境的反应不一致，表现出矛盾的行为。面对情境压力她似乎崩溃了

资料来源：Thompson, 1998, pp.37-39.

目标型依恋（disorganized-disoriented attachment）。这种依恋模式很微妙、难以被发现。该模式已经被 80 余项研究所证实（van IJzendoorn, Schuengel, & Bakermans-Kranenburg, 1999）。无组织型依恋的婴儿缺乏有组织的策略来应对陌生情境压力。相反，他们表现出矛盾、重复或混乱的行为，如向陌生人而不是母亲寻求支持。当母亲回来时，婴儿高兴地欢迎母亲，接着掉头离开，或者靠近母亲但眼睛却不看她。他们看起来很困惑或害怕，这可能是最不安全的一种依蛮类型。那些母亲不敏感、受过干扰、受过虐待或功能受损的婴儿更可能表现出这种依恋模式。婴儿的气质似乎并不是一个影响因素（Carlson, 1998; van IJzendoorn, et al., 1999）。至少 10% 的低风险婴儿属于无组织型依恋，在特定风险人群中这类依恋类型的比例更高，例如早产儿、患自闭症或唐氏综合症的儿童以及母亲是酒精或药物滥用者的儿童（Vondra & Barnett, 1999）。这种依恋模式往往相对稳定，对成年后的问题行为、特别是攻击行为来说也是一个危险因素（van IJzendoorn et al., 1999）。表 6-3 描述了四种依恋模式的婴儿在陌生情境中的反应表现。

如何建立依恋 安思沃斯和鲍尔比假设，根据母婴互动，婴儿形成了对母亲的期待并建立了这种“工作模型”，只要母亲继续以相同的方式行动，该模型就起作用。如果母亲的行为发生了改变，不是一两次，而是一贯地变化，婴儿就会修正原有的依恋模式，安全型依恋就会改变。

婴儿的依恋工作模型和埃里克森的基本信任概念有关。（米德和贝特森作为父母成功帮助女儿建立信任感，还反映了他们对该概念的理解）。安全型依恋反映了婴儿对照看者的一种信任感，不安全型依恋反映了一种不信任感。安全型依恋的婴儿不仅学会了信任他们的照看者，也学会了相信自己有能力满足自己的需要。因此，母亲通过安慰来回应大声哭泣的婴儿，往往有助于婴儿建立安全型依恋模式（Del

Carmen, Pedersen, Huffman, & Bryan, 1993）。对于安全型依恋的婴儿和学步期儿童来说，他们的母亲往往更加敏感，会做出积极回应（Ainsworth et al., 1978; Braungart-Rieker et al., 2001; De Wolff & van IJzendoorn, 1997; Isabella, 1993; NICHD Early Onild Care Research Network, 1997a）。同等重要的因素还包括亲子间的互动、激励、积极的态度、温暖和接纳以及情感支持（De Wolff & van IJzendoorn, 1997; Lundy, 2003）。与安思沃斯最初的发现相反，婴儿似乎会同时和父母双方建立依恋关系。一般来讲，婴儿和父亲建立的安全型依恋与和母亲建立的依恋非常类似，这一点可以从贝特森身上看到（Fox, Kimmerly, & Schafer, 1991）。

研究依恋的新方法　虽然，大量关于依恋的研究是采用陌生情境法进行的，但一些研究者怀疑其有效性。因为陌生情境虽然是陌生的，但也是人为的，例如要求母亲不要发起互动，让婴儿处于成人反复进出的影响之下，期望婴儿注意她们。陌生情境在一些非西方文化下缺乏效度。和美国婴儿相比，日本婴儿一般很少和母亲分开。对日本婴儿的研究发现，抗拒型依恋的比例很高，这可能反映了陌生情境对日本婴儿具有极大的压力（Miyake, Chen, & Campos, 1985）。

因为依恋影响的行为范围要比陌生情境中看到的要宽泛得多，所以一些研究者开始在研究方法上弥补这种不足，这些方法能使研究者在自然环境下研究儿童。沃特斯和迪恩（Waters & Deane, 1985）的依恋 Q 分类测验（AQS）要求，母亲或其他的家庭观察者根据儿童的特点对一些描述性词语或句子（“经常哭”“往往很粘人”）从最典型的特征到最不典型的特征进行排序，然后把这些描述与专家对安全型依恋儿童的描述原型进行比较。通过对 139 项研究的分析发现，观察者版本（不是父母报告版本）能对安全型依恋进行有效测量，而且与陌生情境的测量结果以及对母亲的敏感性测量呈高相关。AQS 也遇到了跨文化的效度问题（van IJzendoorn, Bereijken, Bakermans-Kranenburg, & Riksen-Walraven, 2004）。在一项采用 AQS 的研究中，中国、哥伦比亚、德国、以色列、日本、挪威和美国的母亲分别描述自己孩子的行为更像或更不像安全型依恋行为。而且，母亲对基于安全行为的描述在文化内和文化间相似。这些结果表明，虽然形式有所变化，但是用母亲作为安全基地的趋势具有普遍性（Posada et al., 1995）。但是，因为 AQS 测量的仅仅是安全型依恋的程度，所以研究者若想辨别不安全型依恋的不同形式（回避型和矛盾型），或者想确认是否为无组织型依恋时，可能还需要采用陌生情境法（van IJzendoorn et al., 2004）。

气质的作用　气质对依恋的影响有多大？产生影响的方式又是什么？对此并未得到一致的研究结论（Susman-Stillman, Kalkoske, Egeland, & Waldman, 1996; Vaughn et al., 1992）。一项对 6~12 个月大的婴儿及其家庭进行的研究发现，母亲的敏感性和婴儿的气质共同影响依恋模式（Seifer, Schiller, Sameroff, Resnick, & Riordan, 1996）。

婴儿的气质不仅直接影响依恋，还会产生间接影响，如通过影响父母间接作用于依恋模式。在荷兰进行的一系列研究发现（van den Boom, 1989; 1994），与非急躁

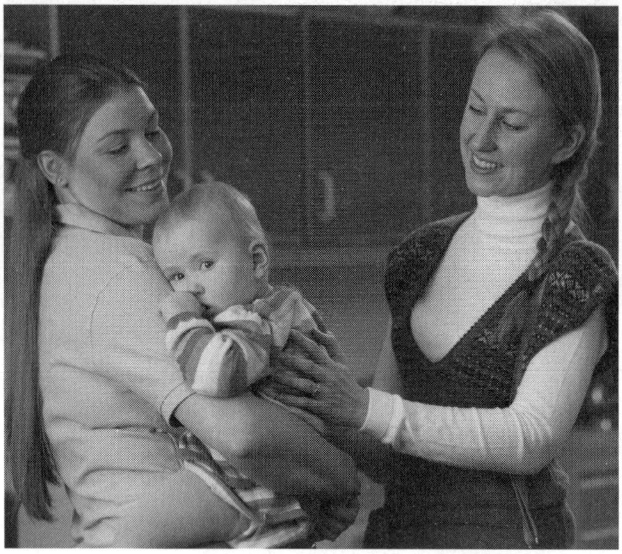

当父母离开并把婴儿留给其他照看者时，婴儿表现出分离焦虑，对于 1 岁半的婴儿来说，分离焦虑很常见。

型的婴儿相比，15 天大时被界定为急躁型的婴儿在 1 岁时更有可能形成非安全型依恋（通常为抗拒型）。如果急躁型婴儿的母亲接受过关于如何安抚婴儿的指导，那么婴儿 1 岁大时，他们会和非急躁型婴儿一样可能被评定为安全型依恋。因此，如果母亲没有能力来处理婴儿的气质问题，那么急躁的婴儿可能难以形成安全型依恋（Rothbart et al., 2000）。母婴之间的“吻合度”对于理解依恋的安全性非常关键。

陌生人焦虑和分离焦虑 索菲娅曾经是一个友善的婴儿，会向陌生人微笑并走向他们。只要有人走近，就会高兴地咕咕叫。但是在 8 个月大时，当有陌生人走近时，她就会避开。当父母设法把她留给临时照看者时，索菲娅就会经历**陌生人焦虑**（stranger anxiety），即对不认识的人持有一种警觉，同时也会经历**分离焦虑**（separation anxiety），在熟悉的照料者离开时，她会产生难过的心情。

分离焦虑和陌生人焦虑曾经被认为是婴儿情感和认知发展的里程碑，反映了婴儿对母亲的依恋。但是，近来的研究者认为，虽然陌生人焦虑和分离焦虑相对典型，但并不普遍。当一个家长离开或陌生人接近时，婴儿是否会更多哭泣取决于婴儿的气质或生活环境，而不是依恋的安全性（R. J. Davidson & Fox, 1989）。

在 6 个月大之前，婴儿很少对陌生人表现出消极的反应，但是到 8~9 个月大时，婴儿一般会做出这种反应。这种变化可能反映了婴儿的认知发展。索菲娅的陌生人焦虑涉及面孔记忆，即一种比较陌生人和母亲外表的能力。也可能是对被留给陌生人时所处的情境的记忆。如果允许索菲娅在熟悉的环境中逐渐适应陌生人，那么她的反应可能会更加积极（Lewis, 1997; Sroufe, 1997）。关于这一点，我们在本章开始部分已经提到，米德和贝特森确保凯瑟琳总是在熟悉的地方与陌生的照料者见面。

与其说分离焦虑主要应归因于分离本身，还不如说归因于替补照料的质量。当替代照看者是温暖的、并积极回应婴儿的需求，在 9 个月大的婴儿哭泣之前先和他们玩耍，婴儿面对陌生人时就很少哭泣（Hertsgaard, Harris & Brodersen, 1992）。

照料的稳定性也很重要，雷内・史皮哲（René Spitz）对福利院中的儿童进行的研究表明，替代照料者应该尽可能和母亲对婴儿一样亲密。研究强调照料的连续性和一致性的价值，因此婴儿能够和照料者形成早期的情感联结。就像米德在南太平洋岛屿的文化中观察到的一样，只要照料的情境稳定，婴儿能和多个照料者建立情感联结。

婴儿期安全型依恋的儿童往往能和其他儿童更好地相处，建立起亲密的友谊。

现在看来，婴儿对陌生人的强烈恐惧和母亲离开时的强烈抗议都不是安全型依恋的信号。研究者测量依恋时应更多地考察当母亲回来时发生了什么，而不是在母亲离开时婴儿哭了多久。

依恋的长期效果　正如依恋理论所提出的，依恋的安全性能影响个体的情感、社会性和认知能力（van IJzendoorn & Sagi, 1997）。婴儿对养育者的依恋越安全，他们就越容易和他人建立良好的关系。

如果婴儿有一个“安全基地”，并能信任父母或照料者的回应，他们就可能有足够的自信去积极探索世界（Jacobsen & Hofmann, 1997）。在对 70 名 15 个月大的幼儿进行的一项研究中，通过陌生情境法确定这些幼儿和母亲形成了安全型依恋。结果发现，与非安全型依恋的学步期儿童相比，这些幼儿更容易适应托儿所的生活（Ahnert, Gunnar, Lamb, & Barthel, 2004）。

安全型依恋的学步期儿童比非安全型依恋的儿童拥有更大的词汇量，掌握的词类更丰富（Meins, 1998）。他们和同伴的互动更积极，也更有可能被同伴接纳（Fagot, 1997）。非安全型依恋的学步期儿童往往表现出更为消极的情绪，如害怕、悲痛和生气，而安全型依恋的儿童会体验更多的愉悦情绪（Kochanska, 2001）。

在 3~5 岁期间与非安全型依恋的儿童相比，婴儿期是安全型依恋的儿童具有更强的好奇心、能力、同理心、心理韧性、自信，并且能与其他儿童相处得更好（Arend , Gove, & Sroufe, 1979; Elicker et al., 1992; J. L. Jacobson & Wille, 1986; Waters, Wippman, & Sroufe, 1979; Youngblade & Belsky, 1992）。安全型依恋的儿童与父母、老师和同伴之间的互动更积极，并且能更有效地解决冲突（Elicker et al., 1992）。他们往往也具有更积极的自我印象（Elicker et al., 1992; Verschueren, Marcoen, & Schoefs, 1996）。

安全型依恋儿童的优点还有很多。一项对法裔加拿大儿童进行的实验室观察发现，儿童 6 岁时的依恋模式与他们和母亲互动的情感质量能预测这些儿童 8 岁时的交流技能、认知卷入和支配性动机（Moss & St-Laurent, 2001）。

安全型依恋为儿童建立亲密的友谊关系做好了准备（Carlson, Sroufe, & Egeland, 2004）。在童年中期和青少年期，安全型依恋的儿童（至少在西方文化中是这样的，因为大部分研究是在西方文化中进行的）往往拥有最亲密和最稳定的友谊关系（Schneider, Atkinson, & Tardif, 2001; Sroufe, Carlson, & Shulman, 1993）。

相比而言，非安全型依恋的婴儿在学步期经常会产生抑制和消极情绪，在 5 岁时对其他儿童表现出敌意，在学龄期经常依赖他人（Calkins & Fox, 1992; Kochanska, 2001; Lyons-Ruth, Alpern, & Repacholi, 1993; Sroufe, Carlson et al., 1993）。混乱型依恋的婴儿在各年龄阶段的学校教育中往往伴有行为问题，在 17 岁时会表现出某种精神障碍（Carlson, 1998）。

依恋模式的代际传递 成人依恋访谈（AAI）是一个半结构化的访谈，要求成人回忆和解释有关他们童年依恋的感受和经验（George, Kaplan, & Main, 1985; Main, 1995; Main, Kaplan, & Cassidy, 1985）。使用 AAI 方法进行的研究发现，参与者做出清晰、连贯和一致的反应能可靠地预测他们的孩子是否为安全型依恋（van IJzendoorn, 1995）。

成人所回忆的和父母或照看者互动的早期经验会影响他们的情绪健康以及他们对自己孩子的反应方式（Adam, Gunnar, & Tanaka, 2004; Dozier, Stovall, Albus, & Bates, 2001; Pesonen, Raïkkönen, Keltikangas-Järvinen, Strandberg, & Järvenpää, 2003; Slade, Belsky, Aber, & Phelps, 1999）。一位妈妈如果能与自己的母亲形成安全型依恋，或能理解为什么自己会形成非安全型依恋，她就能准确地识别的孩子的依恋行为，并以鼓励的方式给予回应，帮助孩子形成安全型依恋（Bretherton, 1990）。受过去依恋关系主宰的母亲，在和自己的孩子互动时往往表现出生气和侵略性。不太关注其过去依恋记忆的有抑郁症状的母亲往往对自己的孩子很冷淡且回应不积极（Adam et al., 2004）。父母的依恋史也影响他们对孩子气质的感知，而这些感知会影响亲子关系的质量（Pesonen et al., 2003）。

母亲对孩子的心理表征在怀孕期间就开始形成，这在一定程度上反映了她们对自己依恋经验的记忆。在一项对 206 名孕妇的纵向研究中，这些研究样本来自不同的种族，具有不同的社会经济地位。研究结果表明，这些产前的心理表征能预测婴儿 1 岁时对母亲的依恋是否为安全型依恋（Huth-Bocks, Levendosky, Bogat, & von Eye, 2004）。

学习检查站

你能否……

- ✓ 描述依恋的四种模式？
- ✓ 讨论依恋是如何建立起来的，包括婴儿气质的作用？
- ✓ 讨论影响陌生人焦虑和分离焦虑的因素？
- ✓ 描述依恋模式的长期行为影响和依恋的代际传递？

学习指路标

5. 婴儿和照看者如何“解读”彼此的非语言信号？

和照看者的情感交流：互相调节

婴儿也喜欢交流，他们有强烈的动机与他人进行互动（Striano, 2004）。互动会影响依恋的安全性，它取决于婴儿和照看者是否能适当地、敏感地回应对方的心理和情感状态，这一过程称为**互相调节**（mutual regulation）。父母通过评估自己对婴儿心理活动的认知来促进这种互惠的奖励性互动（Lundy, 2003）。婴儿在互相调节中起到了积极的作用，通过发出行为信号来影响照看者对待他们的行为方式。

当照看者精确地“读懂”婴儿的信号并做出适当的回应时，健康的互动就发生了。当婴儿达到目标时，婴儿就会表现得很高兴或至少对这种互动很感兴趣（E. Z. Tronick, 1989）。如果照看者忽略了婴儿玩耍的邀请或当婴儿发出“我不喜欢”的信号时依然在玩，那么婴儿就会感到受挫或悲伤。当婴儿没有达到想要的结果时，他们会继续发送信号来修正互动。通常，互动在调节良好和较差的状态之间来回转换，婴儿通过这种转换学会如何发送信号，如何应对最初的信号未导致舒适的情感平衡的情况。互相调节有助于婴儿学会如何“读懂”他人的行为并增强期望。即使非常小的婴儿也能感知他人表达的情绪，并据此调节自己的行为（Legerstee & Varghese, 2001; Montague & Walker-Andrews, 2001; Termine & Izard, 1988）。但是，无论是何种原因，如果母亲或陌生人一旦突然停止了人际互动，婴儿都会心烦意乱（Striano, 2004）。

“冷面”范式（“still-face” paradigm）是一个用来测量 2~9 个月大的婴儿互相调节的研究程序（Tronick, Als, Adamson, Wise, & Brazelton, 1978）。母亲和婴儿先进行面对面的互动，然后进入冷面阶段，母亲突然变得面无表情、沉默且没有任何回应。几分钟后，母亲再次恢复和婴儿的正常互动（重聚阶段）。在冷面阶段，婴儿往往停止微笑并看着母亲。他们开始做鬼脸、发出声音、做手势或触摸自己、自己的衣服以及椅子，明显想安抚自己或释放由于母亲的行为而造成的情绪压力（Cohn & Tronick, 1983; E. Z. Tronick, 1980; 1989; Weinberg & Tronick, 1996）。

在重聚阶段婴儿会如何反应？一项对 6 个月大的婴儿进行的研究发现，和冷面阶段相比，婴儿会表现出更积极的行为：愉悦的表情和说话方式、目不转睛以及做出朝向母亲的身体姿势。然而，持续的悲伤和发怒的面部表情、“抱抱我”的身体姿势、疏远、充满压力的迹象（包括紧张不安和哭泣）等各种消极趋势有所增强，这些都表明由于停止互相调节而激起的消极情绪不易消除（Weinberg & Tronick, 1996）。母亲以何种方式看待婴儿和对其做出反应，这会影响到婴儿对冷面程序做出的反应（Rosenblum, McDonough, Muzik, Miller, & Sameroff, 2002; Tarabulsy et al., 2003）。

东西方文化对冷面范式的反应是相似的，不论是与母亲还是与父亲互动，孩子对冷面范式的反应也是相似的（Braungart-Rieker, Garwood, Powers & Notaro, 1998; Kisilevsky et al., 1998）。通常，如果父母对婴儿的情绪需求表现敏感并积极回应，那么在冷面阶段，婴儿能更好地安抚自己，较少表现出消极情绪，在重聚阶段也能更容易恢复情绪（Braungart-Rieke et al., 2001; Tarabulsy et al., 2003）。（专栏 6-1 讨论了母亲抑郁如何影响亲子间的互相调节。）

我思我秀

- 你能看出冷面范式或陌生情境中的伦理问题吗？如果有，你认为这些研究的价值大于其潜在风险吗？

专栏6-1

知识拓展

母亲抑郁如何影响亲子间的互相调节

产后抑郁影响大约13%的新妈妈——包括美国著名女星波姬·小丝，她曾经写了一本关于产后抑郁的书。如果不及时治疗，产后抑郁可能对母婴之间的互动方式和婴儿未来的认知和情绪发展都会产生消极影响（Gjerdingen, 2003）。

与非抑郁的母亲相比，抑郁的母亲更不敏感，更少积极地和婴儿交流，母婴之间的互动基本上比较消极（NICHD Early Child Care Research Network, 1999b）。抑郁的母亲不能很好地解释和回应婴儿的哭泣（Donovan, Leavitt, & walsh, 1998），更少评价婴儿的心理状态（Lundy, 2003）。

如果母亲抑郁，婴儿可能会放弃发送情绪信号，通过吮吸或摇摆来尽力安慰自己。如果这种防御性的反应成为习惯，那么婴儿就认为自己没有力量激发他人的反应，母亲是不可靠的，以及这个世界是不值得信任的。婴儿自己也可能会抑郁（Ashman & Dawson, 2002; Gelfand & Teti, 1995; Teti et al., 1995）。

但是，我们并不确定这类婴儿是否是由于互相调节失败而导致抑郁。他们可能遗传了抑郁特质，也可能是由于荷尔蒙或其他生物化学因素的影响导致后天患上抑郁（Lundy, Field, & Pickens, 1996）。母亲抑郁的婴儿，往往表现出非正常的大脑活动模式，类似自己母亲的模式。在出生后24小时内，他们的大脑左前额叶表现出较少的激活，该脑区专门"主管"情绪，例如高兴和愤怒。大脑右前额叶表现出更多激活，该脑区负责"取消"情绪，例如抑郁和厌恶（G. Dawson et al., 1992;1999; T. Field,1998a; 1998c; T. Field, Fox, Pickens, Nawrocki, & Soutollo,1995; N.A. Jones, Field, Fox, Lundy, & Davalos, 1997）。母亲抑郁的新生儿，其压力荷尔蒙水平往往也较高（Lundy et al., 1999），在布氏新生儿行为评估量表上的得分较低、迷走神经张力（迷走神经张力与注意和学习有关）也较低（T. Field,1998a; 1998c; N. A. Jones et al., 1998）。这些结果表明，女性在怀孕期间抑郁可能是导致新生儿的神经和行为机能受损的部分原因。

很可能是遗传因素、产前因素和环境因素相结合将母亲抑郁的婴儿推向危险的边缘。也可能是一种双向的影响在起作用：婴儿不能正常回应母亲，这会进一步加重母亲的抑郁，而母亲的不回应性又增加了婴儿抑郁的可能性（T. Field, 1995, 1998a,1998c; Lundy et al., 1999）。相比其他抑郁母亲的婴儿，一些抑郁的母亲和婴儿维持较好的互动，这些婴儿往往有更好的情绪调节能力。这些婴儿能够唤起母亲更多的积极回应（Field, Diego, HernandezReif, Schanberg, & Kuhn, 2003）。和非抑郁成人之间的互动，例如与父亲或托儿所工作人员或护理学校老师的互动，有助于弥补抑郁母亲给婴儿造成的不良影响（T. Field, 1995, 1998a, 1998c）。

无论是婴儿还是学龄前儿童，抑郁母亲的孩子往往具有非安全型依恋（Gelfand & Teti, 1995; Teti et al., 1995）。他们缺乏探索动机，更加喜欢竞争性较低的任务（Hart, Field, del Valle, & Pelaez-Nogueras, 1998; Redding, Harmon, & Morgan, 1990）。他们可能会发育不良，在认知和语言测验上的得分较低，更容易出现行为问题（T. Field, 1998a, 1998c; T. M. Field et al., 1985; Gelfand & Teti, 1995; NICHD Early Child Care Research Network, 1999b; B. S. Zuckerman & Beardslee, 1987）。进入学步期，这些儿童往往难以应对挫折和紧张情绪（Cole, Barrett, & Zahn-Waxler, 1992; Seiner & Gelfand, 1995）。7岁时，他们会表现出反社会行为（Kim-Cohen, Moffitt, Taylor, Pawlby, & Caspi, 2005），在青少年早期可能出现暴力行为（Hay, 2003）。遗传和环境因素的相互影响可能是主要原因（Kim-Cohen et al., 2005）。

有助于改善抑郁母亲心境的技术包括听音乐、视觉想象、有氧运动、瑜伽、放松和按摩治疗（T. Field, 1995,1998a, 1998c）。按摩也可能通过影响神经活动（N. A. Jones et al., 1997）来帮助抑郁的婴儿（T. Field, 1998a,1998b; T. Field et al., 1996）。一项研究发现，诸如正性情绪测量，为母亲提供社会、教育和职业再教育，对婴儿进行日常照顾，这些都能改善母婴的互动行为。和控制组相比，这些婴儿成长较快、儿科问题较少、生化指标更正常以及发展测验成绩更高（T. Field, 1998a, 1998b）。

我思我秀

除了上面提到的，你能想出帮助抑郁母亲和抑郁的婴儿的方法吗?

课外链接

若想了解关于该主题的更多信息，请登录 http://www.nimh.nih.gov/publicat/depwomenknows.cfm。这是美国心理健康研究所的网络资源，称为"抑郁：每个女性都应该知道的内容。"或者登录 http://www. nimh.nih.gov/publicat/depresfact.cfm。这是一个关于抑郁的一般性事实知识清单，也刊登在美国心理健康研究所的网站上。

社会参照

出生后第一年的最后 3 个月，婴儿开始四处走动，并做出复杂的行为。这时，他们经历了一个重要的发展转变：具备一定的能力参与人与人之间的互动并针对外部事件做出交流。他们能参与情感共享，让照看者了解他们对某种情境或物体的感受，并根据所识别出的照看者的情绪做出反应。这种发展是社会参照的必要基础，**社会参照**（social referencing）是指一种寻求情感信息来指导行为的能力（Hertenstein & Campos, 2004）。婴儿通过寻求和解释他人对自己的感知，从而知道在模糊、混乱或不熟悉的情境中如何行动。当婴儿遇到一个陌生人或一件新玩具时，他们会看照看者，此时他们可能在使用社会参照。

婴儿能够使用社会参照的这种观点受到了质疑。婴儿在模糊情境中是否自发地注视照料者，这一点还不清楚。他们是在寻找信息，还是在寻求安慰、注意、情感共享或简单地确认照料者是否在场？后者是一种典型的依恋行为（Baldwin & Moses, 1996）。

但是，近期的研究为 1 岁幼儿的社会参照提供了实验证据（Moses, Baldwin, Rosicky, & Tidball, 2001）。当婴儿看到震动的玩具加速向地板或天花板飞去时，12~18 月大的婴儿是否向玩具走得更近或离得更远，取决于实验者所表达的情绪反应（“哟”或“很棒”）。一项研究发现，12 个月大的婴儿会根据电视屏幕上演员的非言语情绪信号来调整他们朝向特定陌生物体的行为（Mumme & Fernald, 2003）。另一项实验中，14 个月大的幼儿是否接触他们附近的塑料动物玩具，这与 1 个小时前他们看到成人对相同物体所表现出来的积极或消极情绪有关。如果延迟非常短暂（3 分钟），11 个月大的婴儿能对这种情绪线索做出反应（Hertenstein & Campos, 2004）。

社会参照以及记住此过程中所获得的信息的能力，在学步期儿童的关键发展中起到了一定作用，例如，自我意识情绪（尴尬和骄傲）的增强、自我感知的发展、社会化与内化过程。现在，我们转向本章的其他内容。

学习检查站

你能否……

- ✓ 描述相互调节如何起作用，并解释其重要性？
- ✓ 讨论母亲抑郁对婴儿会产生什么影响？
- ✓ 举例说明婴儿是如何使用社会参照的？

学步期儿童的社会性发展问题

1~2 岁的幼儿称为学步期儿童。这种过渡不仅体现在身体和认知功能上，如走路和谈话，也体现在儿童的人格特点以及和他人交互作用的方式上。学步期儿童在互动中变得更为主动、更具目的性，有时会主动发起互动。照看者也能更清楚地“读懂”儿童的这种信号。这种“同步”互动帮助儿童获得交流技能和社交能力，并与父母的愿望取得一致（Harrist & Waugh, 2002）。

我们着眼于学步期儿童与照看者必须面对的三个主要心理问题，它们是自我意识的出现、自主性或自我决定的发展、社会化或行为标准的内化。

学习指路标

6. 自我意识何时出现，它是怎样发展的?

自我意识的出现

自我概念（self-concept）是指我们对自己的印象，是我们对自己能力和特质的总体看法。它描绘了我们知道什么、我们如何感知自己以及如何指导自己的活动（Harter, 1996, p.207）。儿童会把自我印象和他人的反馈信息相结合。

自我概念是何时出现，又是如何发展的？* 从一些看似混乱且彼此不相关的经验中（从母乳喂养期到另一时期），婴儿开始提取一致的模式，从而形成关于自己和他人的基本概念。婴儿接受的照料类型、婴儿的回应方式、积极或消极的情绪和感觉运动经验（例如吮吸）等所有这些因素综合在一起，对婴儿自我概念的组织和发展产生重要影响。

通过触摸脸上的斑点——实验者抹在儿童脸上的口红，儿童可以从镜中看到——学步期儿童向我们展现自我意识。根据该研究，18~24 个月大的学步期儿童能认出自己的图像。

当 4~10 个月大的婴儿学会了伸手取东西、抓握和做一些事情时，他们经历了个体*自理性*，实现了对外部事件的控制。这种自理性的体验就是班杜拉所谓的**自我效能**（self-efficacy）——对自己有能力控制挑战和获得目标的一种感觉。大约同时，婴儿的*自我一致性*得到了发展，自我一致性是指一种客体存在感，将自己与世界中其他人区分开来。婴儿和照看者之间的互动游戏，例如藏猫猫（见第 5 章专栏 5-1），促进了这些发展，因为这些游戏有助于婴儿更好地区别自己和他人（“我看见你了！”）。

*自我意识*是把自我当作明显的、可辨别的存在的意识，它的出现建立在感知自己和他人之间区别的基础之上。一项对 96 名 4~9 个月大的婴儿进行的研究发现，婴儿对他人的形象更感兴趣（Rochat & Striano, 2002）。这种早期*感知*辨别可能是 15~18 个月期间自我意识概念发展的基础。在一项经典实验中，调查者在 6~24 月大的婴幼儿的鼻子上涂上口红，并让他们坐在一面镜子前，结果发现，3/4 的 18 个月大的幼儿和全部的 24 个月大的幼儿都更频繁地去触摸自己鼻子上的红点，而 15 个月以下的婴儿从不这样做。婴幼儿的这种行为表明，他们知道自己在正常情况下不是红鼻子，并且认出了镜子中的自己（Lewis, 1997; Lewis & Brooks, 1974）。一旦儿童能认出自己来，他们就表现出更喜欢看自己的视觉图像，而不是其他同伙的图像（Nielsen,

* 本部分讨论的主要贡献者是Harter（1998）。

Dissanayake, & Kashima, 2003)。

到 20~24 个月大时，学步期儿童开始使用第一人称代词，这是自我意识发展的另一个信号 (Lewis, 1997)。19~30 个月大的幼儿开始使用描述性的词语 (“大”或“小”，“直头发”或“卷头发”) 和评价性词语 (“好的”“可爱的”“强壮的”) 来描述和评价自己。语言的快速发展促使儿童开始思考和谈论自我，并把父母的口头描述 (“你真聪明”“多么大的男孩”) 整合到自己正在形成的自我印象中。

我思我秀

- 假设幼儿和照看者的关系对幼儿的自我发展很重要，那么你认为哪种类型的照料实践能促进幼儿产生健康的自我意识?

自主性的发展

学习指路标

7. 学步期儿童如何获得自主性和形成社会所能接受的行为标准?

埃里克森 (Erikson, 1950) 认为，18 个月到 3 岁的儿童处于人格发展的第二个阶段，即**自主对害羞和怀疑** (autonomy versus shame and doubt) 的阶段，这标志着从外部控制向自我控制的过渡。随着婴儿对世界建立基本信任感和自我意识的出现，学步期儿童开始有了自己的判断。这一阶段出现的“美德”是意志。从 27 个月大时开始对儿童进行如厕训练 (Blum, Taubman, & Nemeth, 2003)，大部分儿童在这一阶段能够快速习得。这是迈向自主和自我控制的重要一步。语言也是如此，随着儿童能更好地让大家知道自己的意愿，他们变得更加强大了。由于无限制的自由可能既不安全也不健康，因此，埃里克森认为，害羞和怀疑也必须有一席之地。学步期儿童需要成人设置适当的限制，害羞和怀疑有助于儿童认识到这些限制的必要性。

根据埃里克森的理论，如厕训练是儿童走向自主和自控的重要一步。

在美国，“可怕的两岁”是自主性所带来的一种正常表现。学步期儿童必须验证一些观念，即他们是独特的，他们对这个世界有控制力，他们有一些新的、令人兴奋的力量。他们有强烈的意志去尝试自己的想法、实践自己的爱好以及自己进行决策。这种驱动力还典型地以叛逆的形式表现，他们很容易说“不”，哪怕只是为了拒绝权威。几乎所有的美国儿童都在一定程度上表现出叛逆，这通常开始于 2 岁前，3 岁半到 4 岁达到高峰期，6 岁时逐步下降。如果照料者把儿童的自我意志表达当作为了独立而进行的正常且健康的努力，而不是倔强的反抗，就能帮助儿童学会自我控制、增强胜任感和避免过度冲突。(表 6-4 给出了基于研究而得出的关于解决“可怕的两岁”的具体建议。)

当许多父母听到“可怕的两岁”不是普遍现象时，可能会感到吃惊。在一些发展中国家，从婴儿期到童年早期的过渡是相对平稳且和谐的 (Mosier & Rogoff, 2003; 见专栏 6-2)。

学习检查站

你能否……

- ✓ 回顾自我概念的早期发展?
- ✓ 描述自主对害羞和怀疑的冲突?
- ✓ 解释为什“可怕的两岁”是正常的现象以及该现象在有些文化中并不普遍存在的原因?

专栏6-2

世界之窗

和学步期儿童作斗争有必要吗？

“可怕的两岁”是儿童发展的正常阶段吗？许多西方社会的父母和心理学家认为是这样的。但事实上，这种过渡似乎并不是普遍现象。

在墨西哥的基纳坎坦（Zinacantan），学步期儿童并没有让父母很费心，也不会反抗父母的控制。相反，基纳坎坦的学步期儿童有一段时间会从母亲的宝贝转变成“母亲的帮手”。有责任的儿童会帮助父母做家务（Edwards, 1994）。相似的发展模式也发生在墨西哥的马萨瓦（Mazahua）家庭、圣佩德罗和危地马拉的玛雅家庭里。圣佩德罗的父母“没有报告说儿童有一段时期会变得特别对立或消极”（Mosier & Rogoff, 2003, p. 1058）。

西方文化中的自主和控制，表现在兄弟姐妹对玩具的争夺以及儿童对父母解决这些冲突的回应上。为了探索这一问题，一项跨文化研究比较了16个圣佩德罗家庭和位于盐湖城的16个欧裔美国中产阶级家庭，所有的家庭都有14~20个月大的学步期儿童和3~5岁的哥哥姐姐。研究者通过访谈来了解每位母亲的育儿实践，然后给母亲一系列具有吸引力的玩具（例如套娃、木偶），并当着哥哥或姐姐的面帮助学步期儿童操作它们，要求母亲不对哥哥姐姐进行指导。通过观察接下来的互动，研究者发现，两种文化下兄弟姐妹的互动方式以及母亲看待和解决兄弟姐妹冲突的方式上存在明显差异。

欧裔美国中产阶级家庭中的哥哥姐姐们经常试图拿走并摆弄这些玩具，但在圣佩德罗的家庭中，这种情况一般不会发生。相反，圣佩德罗家庭中的哥哥姐姐们会帮助弟弟妹妹们或一起摆弄这些玩具。当发生冲突时，圣佩德罗家庭的母亲几乎总是（94%）帮助学步期儿童，如果年幼的儿童想要这些玩具，母亲甚至会从哥哥姐姐手中拿过来给年幼的孩子玩。哥哥姐姐们会和睦相处，愿意把玩具交给学步期儿童或者一开始就把玩具让给他们。相比而言，在盐湖城家庭的超过1/3的互动中，母亲尽量公平对待两个孩子，协调他们或建议他们轮流玩或共享。这些观察与两种文化下母亲关于如何在家里处理这些问题的报告一致。圣佩德罗的儿童3岁前都会享有特权，3岁后他们就会被要求与社会期望保持一致。

如何解释这些文化差异？当问及母亲“多大的儿童需要对自己的行为负责”时，大部分盐湖城家庭的母亲坚持认为，学步期儿童已经理解了玩被禁令玩具的后果，其中几位母亲认为，这种理解在婴儿7个月大时就出现了。然而，除了1人之外，所有的圣佩德罗家庭的母亲都认为，这种理解出现得更晚，要到2~3岁才出现。盐湖城的母亲认为，学步期儿童有故意做出不良行为的能力，大部分圣佩德罗的母亲并不这样认为。超过一半的盐湖城家庭的母亲报告说，她们惩罚过违规的学步期儿童，但没有一个圣佩德罗家庭的母亲这样做过。所有的盐湖城学前儿童都像学步期的弟弟妹妹那样，在照料者的直接监管下。16个圣佩德罗学前儿童中有11个人可以自己掌控大部分时间，具有更成熟的家庭责任感。

研究者认为，“可怕的两岁”可能只是特定社会中的一个发展阶段，该社会把个人自由置于群体需要之上。人种志学研究认为，更强调群体需要的社会依然存在选择自由，但合作的责任和期望之间是相互依赖、共同发展的。盐湖城的父母们相信，负责任的行为是从参加公平竞争和谈判开始逐渐发展的；而圣佩德罗的父母们相信，负责任的行为是当儿童大到能理解尊重他人和自己的意愿时，就会开始迅速发展。

我思我秀

根据你的经验以及对学步期儿童的观察，你认为本专栏中两种处理兄弟姐妹冲突的方法哪一种更有效？

课外链接

若想了解关于这一主题的更多信息，请登录 http://www.zerotothree.org。在这里，你能找到一项关于对3 000位父母进行的调查的链接，以及处理年幼儿童问题的提问，同时还可以下载题为“早期照料的文化模型”的文章。

表 6-4　应对"可怕的两岁"

下面是一些基于研究得出的指导方针，有助于学步期儿童的父母阻止叛逆的产生和鼓励发展社会可接受的行为。

- 要灵活。知道儿童的自然节奏和特殊的好恶
- 把自己当作一个安全的港湾且有一定的安全限制。儿童能从这个港湾出发去发现世界，并且也能回到这个港湾获得支持
- 为儿童创造安全的家。使用不易破损的物体以便于儿童能进行安全探索
- 拒绝体罚。体罚经常是无效的，而且可能对学步期儿童产生更大的伤害
- 提供可选择的机会。即使有限几个，也会给儿童提供一些控制感（例如，你是想现在洗澡还是阅读后再洗？）
- 提出要求时必须一致
- 如果不是绝对需要，不要打扰孩子。尽量等到儿童自己转移注意
- 如果必须打扰，给出警示（"我们必须尽快离开游乐场。"）
- 当行为变的令人讨厌时，建议其他的活动（例如，当阿什莉开始向凯科的脸上扔沙子时，可以说"哦，看呀！现在没有人在荡秋千，让我们去玩秋千吧！"）
- 建议而不是命令。用微笑或拥抱而不是批评、威胁或身体限制来提出请求
- 把高兴的活动和要求连接起来（例如，你想要和我一起去商店，现在就不要玩了。）
- 让孩子知道你的期望。"当我们在这个操场时，我们不要走出这个门"
- 当孩子没有立即顺从的时候，等一会再重复你的要求
- 采用"暂停"和非惩戒的方式结束冲突。把自己或孩子从冲突情境中转移出来
- 在应激期间（例如生病、离婚、兄弟姐妹生日或搬家），不要期望太多自我控制
- 期望学步期儿童遵从"做"比"不做"更困难，例如，要求学步儿童"整理自己的房间"要比"不要在家具上乱画"需要付出更多的努力
- 使氛围尽可能积极，从而促使孩子合作

资料来源：Haswell, Hock & Wenar, 1981; Kochanska & Aksan, 1995; Kopp, 1982; Kuczynski & kochanskan, 1995; Power & Chapieski, 1986.

道德发展：社会化和内化

社会化（socialization）是儿童形成习惯、发展技能、获得价值观和动机的过程，从而使自己变成一个有责任的和有价值的社会成员。遵从父母期望可以看作儿童遵循社会标准行为的第一步，社会化依赖于这些社会标准的**内化**（internalization）。成功社会化的儿童不再仅仅根据奖惩来决定服从规则或命令，他们有自己的一套社会标准（Grusec & Goodhow, 1994; Kochanska & Aksan, 1995; Kochanska, Tjebkes, & Forman, 1998）。

自我调节的发展　两岁的凯蒂要把手指伸进电源插孔里。在她的儿童房中，插座被盖起来了，但现在是在祖母的家里。当凯蒂听到父亲喊"不要"时，她缩回了自己

的手。当她下一次靠近电源插座时，她开始伸她的手指，犹豫了一下，然后说“不要”。当她记起来自己不应该这样做的时候，她就不再做这些事情了。她正在开始表现出**自我调节**（self-regulation）：即使当照料者不在场时，也能遵从照料者的要求或期望来控制自己的行为。

自我调节是社会化的基础，它把发展的所有领域（生理的、认知的、情感的和社会性）连接起来。直到凯蒂能在身体上控制自己，电源插座就不危险了。她必须有意识地理解和记住父亲告诉她的，才能抑制自己不把手指伸进插座。但是要想抑制自己，只有认知意识并不够，还需要情感控制。通过“读出”父母对自己行为的情绪反应，儿童不断地吸收信息，知道父母会赞同什么样的行为。当儿童加工、储存这些信息并按照这些信息来行事时，他们极力要去讨好父母。因此，不管父母是否在场，他们都会按照父母的期望去行事。

在他们能够控制自己的行为之前，儿童需要调节或控制自己的*注意加工过程*和*负性情绪*（Eisenberg, 2000）。调节注意促使儿童发展出意志力，并能应对挫折（Sethi, Mischel, Aber, Shoda, & Rodriguez, 2000）。

自我调节的发展与自我意识和评价性情绪（例如同理心、害羞和内疚）的发展是平行的（Lewis, 1995; 1997; 1998）。它与良心发展，例如抵制诱惑与补偿错误的能力相关（Eisenberg, 2000）。对于大多数儿童而言，自我调节的全面发展至少需要三年的时间（Kopp, 1982）。

良心的起源：约束性顺从 **良心**（conscience）包括做错事后不安的情绪以及具备避免做该事的能力。儿童拥有良心之前，需要先内化道德标准。因为儿童相信它是正确的，而不仅仅是因为别人这么说（如同自我调节），所以良心取决于儿童是否自愿做正确的事情。但是，*抑制控制*，即通过意识或努力去抑制冲动，这是在学步期出现的一种自我调节的机制，它首先通过促成儿童自愿遵从父母的期望来促成良心的发展（Kochanska, Murray, & Coy, 1997）。

科肯斯卡（Kochanska, 1993, 1995, 1997a, 1997b）和同事通过对来自爱荷华州的学步期儿童及其母亲的纵向研究来寻找良心的起源。以 103 名 26~41 个月大的儿童和他们的母亲为参与者，对其在家中和像家一样的实验室环境中一起玩耍的过程进行录像，时间为 2~3 个小时（Kochanska & Aksan, 1995）。自由玩耍之后，母亲给孩子 15 分钟时间让其把玩具放好。实验室有个特殊的架子，放有非常吸引人的玩具，例如泡泡枪、步话机和音乐盒，事先告诉儿童不要玩架子上的任何玩具。一个小时以后，实验者请母亲去隔壁的房间，把儿童和玩具单独留在实验室。几分钟以后，有位母亲进来玩了几个被禁止的玩具，然后再离开，把儿童单独留下 8 分钟。

如果儿童不需要提醒，愿意服从命令去清理房间而不去玩那些特殊玩具，就被界定为拥有**约束性顺从**（committed compliance）。如果需要家长提示才能遵从要求的儿童则被判定为拥有**情境性顺从**（situational compliance）。约束性顺从与儿童内化父母的价值观和家庭规章有关（Kochanska & Aksan, 1995; Kochanska, Coy, & Murray, 2001）。

我们能区分 13 个月大的幼儿的约束性顺从和情境性顺从，但这些顺从的起源要追溯到婴儿期。约束性顺从者更可能是女孩而非男孩，在 8~10 个月大时，当告诉“不要”后，他们能忍住不去玩那些玩具。约束性顺从随年龄增长而增加，而情境性顺从则随年龄增长而下降（Kochanska, Tjebkes, & Forman, 1998）。和情境性顺从者的母亲相比，约束性顺从者的母亲依赖于温和的指导而不是强迫、威胁或其他形式的负面控制（Eisenberg, 2000; Kochanska & Aksan, 1995; Kochanska et al., 2004）。

我思我秀

- 根据科肯斯卡对良心起源的研究，你对反社会青少年和成人的早期社会化有什么疑问吗？

影响社会化成功的因素 父母对待孩子社会化的方式、儿童的气质以及亲子关系的质量都有助于预测儿童社会化的难易程度（Kochanska, 1993; 1995; 1997a; 1997b; 2002）。影响社会化成功的因素包括依恋的安全性、对父母行为的观察学习和亲子之间的交互回应（Kochanska, Aksan, Knaak, & Rhines, 2004; Maccoby, 1992）。所有这些因素以及社会经济地位和文化因素（Harwood, Schoelmerich, Ventura-Cook, Schulze, & Wilson, 1996）都对顺从有影响。

根据对 200 多名母亲和孩子互动的观察研究发现，安全型依恋以及温暖的交互回应的亲子关系能促进约束性顺从和良心的发展。该项研究从儿童 2 岁开始一直持续到童年早期，并长期观察母亲和孩子的自然互动：照料习惯、准备和吃饭、玩耍、娱乐以及家务活。和母亲有交互回应关系的儿童会表现出道德情绪，例如内疚和同情；在面临强烈的诱惑去违反规则或违背行为标准时表现出道德行为；还会通过一定的道德认知，对假设的、适合该年龄的道德两难问题进行判断（Kochanska, 2002）。

学习检查站

你能否……

- ✓ 阐述自我调节何时以及如何发展，它对社会化起什么作用？
- ✓ 解释注意调节和抑制控制的重要性？
- ✓ 辨别约束性顺从和情境性顺从？
- ✓ 讨论气质、依恋和父母教养方式如何影响个体的社会化？

针对儿童错误行为的建设性冲突——包括交谈、辩论和解决问题，能促使儿童去理解其他的观点，从而有助于发展儿童的道德理解。一项观察研究发现，母亲对 2 岁半的儿童清楚地解释要求、互相让步或与儿童进行协商，而不是对孩子进行威胁、取笑、催促或使之屈服，到儿童 3 岁时，他们能更好地抵制诱惑。在冲突情境中（如果……，你感觉怎么样？）讨论情绪能促进道德情感的发展，从而促进儿童的良心发展（Laible & Thompson, 2002）。

和其他儿童的交往

学习指路标

8. 婴儿和学步期儿童是如何与兄弟姐妹及其他儿童进行交往的？

虽然父母对孩子的生活有很大的影响，但是，从婴儿期开始，他们与其他儿童的关系，不论是在家庭中还是在外部社会中，开始变得非常重要。

许多非西方文化中，例如中国，哥哥姐姐们照顾弟弟或妹妹很普遍。

和兄弟姐妹的交往

兄弟姐妹之间的关系对个体的社会化具有明显的作用（Vandell, 2000）。兄弟姐妹之间的冲突可以成为理解社会关系的一种手段（Dunn & Munn, 1985; Ram & Ross, 2001）。儿童从与兄弟姐妹的互动过程中学习到的经验和技能能够迁移到家庭之外的关系中（Brody, 1998）。

通常，婴儿会依恋其哥哥或姐姐。虽然存在竞争，但感情却是如此。兄弟姐妹和父母之间的依恋越安全，他们之间相处得就会越融洽（Teti & Ablard, 1989）。

然而，当婴儿开始四处走动和更加自信时，他们必然会和兄弟姐妹发生冲突，至少在美国文化中是这样的（见专栏 6-2）。在幼儿 18 个月大后，兄弟姐妹间的冲突就急剧增加（Vandell & Bailey, 1992）。在接下来的几个月中，兄弟姐妹们开始更全面地参与家庭互动，更多地卷入家庭争论。就像他们所做的，他们能更多地意识到他人的意图和情绪。他们开始知道什么样的行为会使哥哥姐姐心烦，什么样的行为是"淘气的"或"好的"（Dunn & Munn, 1985）。

随着认知和社会理解的发展，兄弟姐妹间的冲突变得更具建设性，年幼的弟妹尝试参与调解。正如亲子间的冲突一样，兄弟姐妹之间建设性的冲突有助于儿童认识到相互的需要、意愿和观点，有助于他们学会在安全和稳定的环境中如何反抗、争吵或妥协（Vandell & Bailey, 1992）。

和非兄弟姐妹的交往

婴儿以及学步期儿童都对家庭之外的人很感兴趣，特别是和自己同龄的人。出生后的最初几个月，婴儿会有意识去看其他婴儿，向其他婴儿微笑和咕咕叫（T. M. Field, 1978）。出生后第一年的下半年，婴儿间更多地微笑、接触和牙牙学语（Hay, Pedersen, & Nash, 1982）。大约 1 岁时，婴儿首当其冲的任务是学习走路和操作客体，他们就不再过多地关注他人（T. M. Field, 1978; Roopnarine, 1982）。虽然这个阶段不会持续很长时间，大约从 1 岁半到 3 岁，但是儿童对其他儿童所做的事情更感兴趣，更多地了解如何应对它们（Eckerman, Davis, & Didow, 1989; Eckerman & Stein, 1982）。

学步期儿童通过互相模仿来学习。一种类似"老鹰捉小鸡"的游戏有助于学步期儿童和其他儿童接触，为在学前期玩更加复杂的游戏铺平道路（Eckerman et al., 1989）。口头交流（例如“你去游戏室玩吧，”“不要那样做！”或“看看我”）有助于同伴合作和共同行动（Eckerman & Didow, 1996）。就兄弟姐妹而言，冲突也具有目的性：帮助儿童学会如何谈判和解决争吵（Caplan, Vespo, Pedersen, & Hay, 1991）。

当然，一些儿童比其他儿童更加社会化，这反映了其易兴奋的特质，例如日常心境、乐于接纳陌生人和有能力适应变化。社会化也受经验的影响，与其他婴儿互动较多的婴儿（像在托儿所），比一直待在家里的婴儿更早社会化。

学习检查站

你能否……

- ✓ 解释兄弟姐妹的关系在社会化过程中的作用？
- ✓ 描述在婴幼儿期兄弟姐妹互动的变化？
- ✓ 回顾在婴幼儿期儿童社交能力的变化以及影响这种变化的两个因素？

双职工家庭的儿童

父母的工作更多是为了提供家庭的经济来源。成人的多数时间、精力和情感都投入到了工作中，父母在工作和照料孩子上的安排对婴儿和学步期儿童会产生什么影响？

学习指路标

9. 父母就业和早期托儿所如何影响婴幼儿的发展？

关于这方面的研究主要涉及母亲的工作，迫于 2004 年以来美国的生活压力，超过一半（52.9%）的母亲在孩子 1 岁之前便开始外出工作，57.5% 的母亲在孩子 3 岁前外出工作（Bureau of Labor Statistics, 2005a）。我们将在后面的章节中讨论父母工作对年龄较大儿童的影响。

父母就业对儿童的影响

每年，美国青年纵向调查（NLSY）都会调查和评估 12 600 位母亲和他们的孩子。对 1994 年的 NLSY 数据分析发现，母亲过早工作对孩子的顺从、行为问题、自尊、认知发展或学习成绩没有影响。与其他许多研究结果一致，低收入家庭的母亲过早工作能增加家庭收入，从而有利于儿童的发展。该调查还发现，父亲的工作时间对儿童没有影响。

另一方面，美国国立儿童健康和人类发展研究所（NICHD）对 900 名欧裔美国儿童进行的儿童早期照料研究的纵向数据显示，在孩子 9 个月大之前，如果母亲每周工作 30 个小时或更多，就会对孩子在 15 个月到 3 岁之间的认知发展产生负面影响。母亲的敏感性、家庭环境质量和对孩子的照料质量也会对孩子的发展有所影响，但研究并没有全面解释该结果（Brooks-Gunn, Han, & Waldfogel, 2002）。

托儿所对儿童的影响

有研究者对具有全美代表性的 2001 年出生的儿童样本进行研究，结果发现，在孩子 9 个月大之前，约有 50% 的美国婴儿会接受某种正规的非父母的儿童照料，这些婴儿中 86% 的人在 6 个月大之前进入托儿所。其中一半以上的孩子每周在托儿所的时间超过 30 个小时（NCES, 2005a）。托儿所的平均费用从每年 4 000 美元上升至 6 000 美元，其费用和服务质量逐渐成为一个迫切需要解决的问题（Gardner, 2002），特别是对于低收入家庭（Marshall, 2004）和残疾儿童的父母而言（Shonkoff & Phillips, 2000）。

布朗芬布伦纳的生物生态学理论（参见第 2 章）为早期托儿所对儿童发展的影响提供了一种广阔的视角。家庭和托儿所的环境是直接影响儿童的微观系统，但是它们的影响并不是完全独立的，两者通过中观系统相联系。父母通过选择特定的托儿所（主要取决于他们的经济状况）来影响孩子在托儿所获得的经验。托儿所也会影响家庭生活，例如，当婴幼儿在托儿所学会了一首新歌或一种游戏，就会在家里唱或玩。家庭—托儿所的中观系统在外部系统的框架内起作用：政府的政策、津贴和法规等外部系统影响托儿所的质量和费用。超越这些具体影响的是，社会对母亲工作的期望和希望儿童成为怎样的人的宏观信念系统（Marshall, 2004, p.167）。

影响托儿所效果的因素 早期托儿所的效果取决于照料的类型、数量、质量和稳定性，以及家庭收入和儿童开始进入托儿所的年龄。这种效果在不同气质和性别的儿童中也存在差异（Crockenberg, 2003）。根据皮质醇水平显示，与好交际的孩子相比，害羞的孩子在托儿所承受了更大的压力（Watamura, Donzella, Alwin, & Gunnar, 2003）。与安全依恋类型的儿童相比，不安全依恋型的儿童在上全日制托儿所时会体验到更大的压力（Ahnert et al., 2004）。无论是在托儿所还是其他地方，男孩比女孩更容易感受到压力（Crockenberg, 2003）。

照料的质量会影响儿童的认知水平和心理社会能力（Marshall，2004；Peisner-Feinberg et al.，2001）。这种质量可以由一些结构化的特点来衡量，比如托儿所的员工是否受过专业培训，孩子与照料者的人数比例等。相比过程性的特点来说，结构化的特点更容易被调整和衡量。过程性的特点包括温暖、敏感、照料者的回应能力和活动的发展适应性。结构质量和过程质量可能存在相关。在下一节将讨论的一项研究中，训练有素的保育员和低儿童—员工比率与较高的过程质量相关，进而也与儿童较好的认知和社会性发展结果相关（Marshall，2004）。不幸的是，大多数托儿所都未能达到高质量照料所要求的基本标准（Bergen, Reid, & Torelli, 2000; NICHD Early Child Care Research Network, 1998c, 1999a；见表 6-5）。

影响托儿所照料质量最重要的因素是保育员。他们能够促进儿童与积极回应的成人之间的交互作用，这对于儿童早期的认知、语言和心理社会发展具有关键作用。员工的低离职率非常重要，为了发展信任和安全依恋，婴儿需要一致性的看护（Burchinal, Roberts, Nabors, & Bryant, 1996; Shonkoff & Phillips, 2000）。照料的稳定性促进了父母和儿童照料者之间的融洽，从而有助于防止长时间照料而导致的任何负面效果（Ahnert & Lamb, 2003）。

表 6–5 如何选择好的托儿所

- 托儿所有资质吗？是否在健康、防火和安全方面达到了州立法所要求的最低标准？（很多托儿所和家庭式护理没有资质或不受监管。）
- 托儿所是否安全和整洁？是否有足够的室内外活动空间？
- 托儿所是否为小团体？是否有高成人—儿童比例？是否有稳定的、能力强的和高投入员工？
- 保育员接受过儿童发展方面的训练吗？
- 保育员是否热心、有爱心、易接受、回应积极和敏感？是否具有权威性但并不呆板、控制欲不强，只是监管孩子？
- 托儿所是否倡导健康习惯？
- 该机构是否能在有组织的活动和自由玩耍之间取得平衡？设计的活动是否适合孩子的年龄？
- 孩子们能否接触到有教育意义的玩具和物品，从而孩子以自己的速度掌握认知和交流技能？
- 该机构有意识培养儿童的自信、好奇心、创造性和自律吗？
- 托儿所是否会鼓励儿童提问、解决问题、表达感情和观点以及进行决策？
- 托儿所培养儿童的自尊、尊敬他人和社会性技能吗？
- 托儿所帮助父母改善自己的育儿技能吗？
- 托儿所是否能和公立、私立学校以及社区之间进行合作？

资料来源：American Academy of Pediatrics [AAP], 1986; Belsky, 1984; K. A. Clarke-Stewart, 1987; NICHD Early Child Care Research Network, 1996; S. W. Olds, 1989; Scarr, 1998.

受到高质量日托照料的儿童至少在认知和社会性上可能和完全在家中照料的儿童发展得一样好。日托最重要的因素是保育员或老师，他们对儿童能产生重要的影响。

NICHD 的研究：托儿所效果的分离 因为托儿所是儿童生态系统中的一部分，所以很难单独测量其影响。把托儿所的效果从其他因素（例如家庭特点、儿童特点和儿童在家接受的照料）中分离出的最全面的尝试是，由美国国立儿童健康和人类发展

研究所（NICHD）资助的一项正在进行的研究。

这项纵向研究开始于1991年，共调查了美国10所大学看护中心的1 364名儿童和他们的家庭，儿童出生后该项目就开始介入。样本涵盖多种社会经济地位、教育水平和种族的人群，近35%的样本是贫穷或接近贫穷的家庭。大多数婴儿在4个月大之前进入托儿所，平均每周接受33个小时的看护。研究涉及不同类型和质量的托儿所，通过观察法、访谈法、问卷调查法和测验法，研究者以频繁的时间间隔测量了儿童从1个月大到7岁之间的社会性、情绪、认知和生理发展，研究获得了怎样的结果？

儿童接受的看护数量和质量以及看护类型和稳定性会影响儿童发展的具体特征（见表6-6）。4岁半之前，儿童在托儿所的时间越长，更可能被成人评价为具有攻击性、不服从和难以相处的特征；上幼儿园时，这种效果有所减弱。对于3岁和4岁的儿童而言，长时间待在托儿所，儿童感到压力较大。NICHD样本中该年龄段的一些儿童每周在托儿所的时间长达92个小时（NICHD Early Child Care Research Network, 2003）。

高质量的托儿所对儿童的认知发展具有积极影响。拥有低儿童—员工比例、小班制和训练有素且积极回应的看护者的托儿所，能为儿童提供积极的交互作用和语言刺激，因而，儿童在语言理解、认知和入学准备的测验上得分较高，其母亲报告儿童的问题行为也较少（NICHD Early Child Care Research Network, 1999a; 2000; 2002）。而且，照料的质量能预测儿童早期的认知成就（NICHD Early Child Care Research Network & Duncan, 2003）。

但是，与家庭特征（例如收入、家庭环境、母亲提供的心理刺激数量和母亲对孩子的敏感性）相比，与托儿所相关的因素对儿童的影响较小。无论儿童接受了多长时间的照料，这些特征都能较好地预测其发展结果（Marshall, 2004; NICHD Early Child Care Research Network, 1998b; 2000; 2003）。例如，家庭环境的质量比托儿所的质量能更好地预测儿童一年级时的注意和记忆方面的个体差异（NICHD Early Child

表6–6　影响儿童发展特征的早期托儿所的特征*

	依恋	亲子关系	合作	问题行为	认知发展和入学准备	语言发展
质量	•	•		+	+	+
数量	•	•		•		
类型			•	•	+	+
稳定性	•		•			

* 考虑了所有家庭和学校变量之后的结果。

资料来源：Peth-Pierce, 1998, summary table of findings, p.15.

• 表示一致的效果。

+ 表示一些条件下的效果。

Care Research Network, 2005)。

虽然托儿所照料者的敏感性和回应性能影响学步期儿童的社会化，但是，NICHD 的研究结果发现，母亲的敏感性对儿童的社会化影响更大（NICHD Early Child Care Research Network, 1998a)。母亲的敏感性也是依恋的最强预测变量。无论婴儿多早入托儿所以及在托儿所待多长时间，托儿所对儿童的依恋都不会产生直接影响。照料的质量和稳定性也对依恋没有影响。但是，当托儿所看护不稳定、质量较差或多于最低数量（每周多于 10 个小时），再加上有一位不敏感、回应不积极的母亲，儿童更有可能发展为非安全型依恋。另一方面，高质量的托儿所照料有助于补偿不敏感的母亲所带来的负面影响（NICHD Early Child Care Research Network, 1997; 2001b)。

不足为奇，托儿所的效果与家庭特征密切相关。毕竟，稳定而良好的家庭更有能力、也更可能把孩子送到高质量的托儿所去。

NICHD 的研究发现，托儿所相关因素中具有独立影响效果的一个因素是儿童和同伴的交互作用。2~3 岁的儿童，如果照料者更加敏感，回应更积极，那么儿童就会在和其他儿童玩耍的过程中更加积极和更加活跃（NICHD Early Child Care Research Network, 19991a)。

总的来说，NICHD 的研究结果非常强调高质量的托儿所，特别是它对儿童的认知发展以及和同伴交互作用方面的影响。一些观察者认为，该研究所关注的领域——婴儿和学步期儿童的压力水平以及与照料数量相关的可能行为问题——可能会被其他一些活动所抵消，这些活动能提高了儿童对照料者和同伴的依恋，强化了儿童发起的学习和内部动机，关注了群体的社会性发展（Maccoby & Lewis, 2003)。

对处境不利和少数民族儿童的影响 来自低收入和高压力家庭的儿童会从高质量的托儿所中受益，它能为儿童提供认知刺激和情感支持，而这类照料在他们的家庭中可能是缺失的（Scarr, 1997b; Spieker，Nelson，Petras，Jolley, & Barnard，2003)。一项对 451 个加利福尼亚州和佛罗里达州的贫困单亲家庭进行为期五年的研究发现，在单亲妈妈从接收福利到工作的转变过程中，儿童在托儿所比在以家庭为基础的照料中表现出更强的认知能力（Loeb, Fuller, Kagan, & Carroll, 2004)。

> **我思我秀**
>
> - 根据对托儿所效果的研究结果，你给新妈妈关于外出工作的时机和选择托儿所的建议是什么？

如前所述，NICHD 的研究发现，儿童在缺少母亲照顾的环境中生活的时间越长，出现问题行为的危险性就越大（NICHD Early Child Care Research Network, 2003)。但是，一项对从波士顿、芝加哥和圣安东尼奥随机抽取的低收入家庭的 2 400 名儿童进行调查，结果表明，大量的托儿所照料并不会阻碍贫困家庭儿童的发展，除非它的照料质量很差（Votruba-Drzal, Coley, & Chase-Landsdale, 2004)。不幸的是，低收入家庭的孩子相比富裕家庭的孩子，更多选择低成本、低质量的托儿所（Marshall, 2004)。绝大多数有资格接受美国联邦儿童照料补贴的孩子并没有得到这些补贴（USDHHS, 2000)。

学习检查站

你能否……

- ✓ 评价母亲就业对婴儿主观幸福感的影响?
- ✓ 至少列出高质量托儿所的五条标准?
- ✓ 比较家庭特征和托儿所对儿童情绪、社会性和认知发展的影响?
- ✓ 指出对低收入家庭和少数种族儿童托儿所的特殊考虑?

民族和社会经济地位混合的样本以及低收入家庭的研究可能无法揭示关于少数民族的托儿所照料的一些具体因素（Johnson et al., 2003）。许多少数民族家庭因为生活在大家庭中，长时间依靠家庭和朋友来照顾孩子。如今，尽管非裔美国母亲和拉丁美洲的母亲越来越多地选择托儿所，但她们还是更倾向选择家庭式的托儿所（比如在照料者的家中）或者依靠祖母来照看孩子。少数民族的母亲更多做夜班的、季节性的、非文职的工作，因而会阶段性失业。因此，为规律的白天上班族所设计的托儿所并不符合她们的需要。

虐待：虐待和忽视

学习指路标

10.是什么导致了儿童虐待和忽视，虐待的影响有哪些?

虽然大部分父母都富有爱心，并乐于教养孩子，但也有部分父母不能或不愿意好好照料自己的孩子，而且有些父母会故意伤害或杀害孩子。*虐待*是指对儿童故意的或可避免的伤害，主要包括通过某种活动施加的伤害，即*虐待*，由父母不作为造成的伤害，即*忽视*，它也会导致伤害（U.S. Department of Health and Human Services [USDHHS], 1999a）。

虐待分为几种不同的具体形式，任何一种形式都可能是由一人或多人来实施的（Belsky, 1993）。**身体虐待**（physical abuse）是指通过拳打、击打、脚踢或火烧等方式来损害儿童的身体。身体虐待和体罚（例如打屁股）有基本的区别（见第 8 章专栏 8-1），虽然这种区别存在争议，但严重的体罚（例如用力晃动幼儿）等同于身体虐待。**忽视**（neglect）是指不能满足孩子的基本需要，如衣食、医疗、保护和监管。**性虐待**（sexual abuse）是指成人和儿童间的性活动或性接触。**情感虐待**（emotional maltreatment）是指导致行为、认知、情绪和心理障碍的虐待或忽视，主要包括拒绝、恐吓、孤立、剥夺、贬低、蔑视或不提供情绪支持、关爱和感情（USDHHS, 1999a）。

虐待：事实和数据

1993 年，美国的儿童虐待达到高峰期，从那以后，美国报告的儿童虐待和忽视的比率下降了 20%。2000 年，美国各州和地方儿童保护服务机构确认的儿童虐待和忽视案例为 896 000 例。毫无疑问，真实的数据要比这一数字高得多（USDHHS, 1994）。通过对来自北卡罗莱纳州和南卡罗莱纳州母亲的随机匿名电话调查发现，实际中的身体虐待发生率是官方报告的 40 倍，性虐待发生率为官方报告的 15 倍（Theodore et al., 2005）。另一方面，有些报告为虐待的案例，例如在离婚过程中报告的，可能并非虐待。

受虐待的儿童中超过 60% 的为忽视，20% 为身体虐待，10% 为性虐待，7% 为

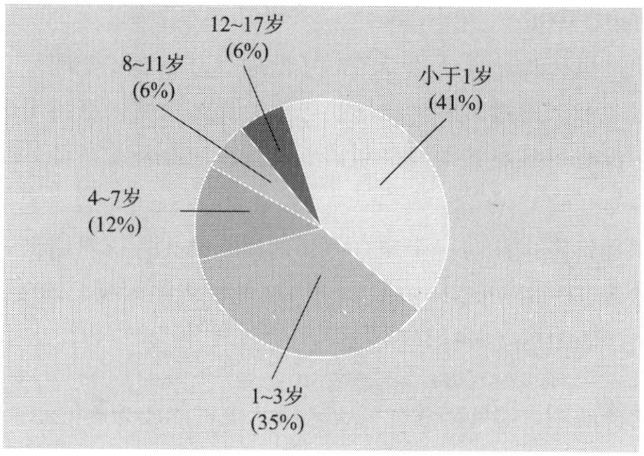

图 6–2

美国不同年龄段儿童受虐待和忽视的致死率，2002 年。

资料来源：NCCANI, 2004a.

情感虐待。其中美洲印第安人、阿拉斯加土著人和非裔美国人群中儿童受虐待的比率最高，大约是美国白人儿童的 2 倍（USDHHS, 2004）。遭受性虐待的女孩人数是男孩的 4 倍多（NCANDS, 2001）。

任何年龄段的儿童都可能受到虐待和忽视，但虐待致死的高发期（76%）为 3 岁以下这一年龄段。2002 年，美国死于虐待或忽视的儿童为 1 400 个，其中 38% 的人是因为受忽视，30% 的人是因为受身体虐待，29% 的人是因为受多种虐待（USDHHS, 2004）。

影响因素：生态学的观点

虐待和忽视反映了影响因素之间的多层次交互作用，主要涉及家庭、社区和更大的社会因素等（USDHHS, 1999a）。

受虐和被忽视儿童的父母和家庭的特征 超过 80% 的虐待和忽视案例，其实施者是儿童的父母，通常为母亲（USDHHS, 2004）。被父母虐待是儿童养育方面的一种极端错乱的征兆，经常被其他的家庭问题，例如贫穷、教育水平不高、酗酒、抑郁和反社会行为等所恶化。大多数受虐待的儿童主要来自特别贫穷的家庭或单亲家庭，这些家庭通常面对巨大压力，不能满足儿童的需要（Sedlak & Broadhurst, 1996; USDHHS, 1994）。是什么力量把父母中的一方推向深渊，另一方却轻松自如？虽然，大部分被忽视儿童的案例发生在非常贫穷的家庭，但是大多数低收入家庭的父母不会忽视自己的孩子。

一项具有全美代表性的双生子纵向研究发现，受身体虐待的儿童和其自身的特征无关，更多与家庭环境相关。当父母一方处于焦虑、抑郁和仇恨状态时，就想方设法从身体上控制儿童，一旦失控就会踢打儿童（USDHHS, 1999a）。受虐待儿童的父母通常伴有婚姻问题、夫妻吵架、家庭环境杂乱、更多压力事件（Reid et al., 1982;

Sedlak & Broadhurst, 1996)。

被忽视的父母也会疏远自己孩子。他们爱挑剔，不与孩子进行交流。其中大部分母亲在小时候也被忽视过，感到抑郁或绝望。许多忽视自己孩子的父亲，他们小时候被抛弃过，没有得到足够的经济和情感支持，家庭环境杂乱，经常有外人进出(Dubowitz, 1999)。

虐待和忽视经常发生在同一个家庭中，这些家庭无力应对遇到的压力，也没有人去想发生了什么(Dubowitz, 1999)。对于1/3的虐待和忽视案例来说，物质滥用是影响因素之一(USDHHS, 1999a)。

社区特征和文化价值观 哪些因素使低收入街区更可能成为虐待儿童的地方？另外，种族人群与收入水平越匹配，该街区就越安全吗？在芝加哥某市中心平民区，受虐儿童的死亡率（每2 541个儿童中就有1个死亡）是其他市中心平民街区的2倍。高虐待社区的犯罪活动猖獗，社区设施陈旧。在低虐待社区，居民把他们的社区描述为:虽然贫穷，但是个适合生活的地方。居民认为，他们的社区中社会支持网络强大、社区服务良好、政治领导强大。像这样的社区，很少发生虐待事件。

和虐待密切相关的两个文化因素是社会暴力和体罚。一些国家和地区,例如日本、中国和塔希提岛，暴力犯罪较少，父母很少打孩子，因此较少发生虐待儿童的现象(Celis, 1990)。在美国，自杀、家庭暴力和强奸随处可见，并且许多州允许学校体罚学生。一项具有代表性的研究表明，超过90%的学龄前儿童父母和一半的学龄期儿童父母报告说在家中体罚过孩子(Straus & Steewart, 1999; 见第8章专栏8-1)。

帮助处于危险或麻烦中的家庭

因为虐待是一个受多因素影响的问题，所以需要多环节配合来解决这一问题。有效的社区干预策略应当是全面的、以社区为基础的、以保护儿童为中心的、以尽可能改变家庭为目的的策略，在必要的情况下将被虐待儿童转移到安全的地方(USDHHS, 1999a)。

2003年，美国卫生和公共服务部发起了一项关于儿童虐待主动预防项目，以提高全民预防意识，在全国范围内协调社区预防儿童受虐待(National Clearinghouse on Child Abuse and Neglect Information [NCCANI], 2004a)。一些虐待预防项目教会父母一些基本的养育技能。另一些项目资助日托、志愿者家庭服务、家访以及暂时的"缓解家庭痛苦"或"减轻父母负担"的措施(USDHHS, 1999a; Wolfe, Edwards, Manion, & Koverola, 1988)。

一项对芝加哥儿童父母中心的913名儿童的纵向研究表明，与其他干预相比，对极度贫穷地区的家庭提供教育和家庭支持服务等早期干预，能显著降低虐待儿童事件的发生率。参与该项目越早、父母参与得越多和未搬过家的家庭更少发生虐待儿童现象（Reynolds & Robertson, 2003）。

美国各州和地方儿童保护服务机构对虐待报告进行了调查，从而决定采取什么措施和调动哪些社区资源来帮助他们。服务机构的工作人员应尽量帮助这些家庭解决他们的问题，并为不能单独安全在家的儿童安排其他的照顾（Larner, Stevenson, & Behrman, 1998）。

为受虐待的儿童及其父母提供的服务包括提供住所、教给父母养育技能、提供治疗。家长匿名者协会和其他组织是可提供免费且信任的支持的群体。儿童可以在治疗中玩耍或接受艺术治疗，但是可用的服务经常是有限的。一项具有全美代表性的调查发现，在被儿童福利机构调查的 2~14 岁儿童中，有近一半（47.9%）的受虐待儿童表现出临床上的情绪或行为问题，但只有 1/4 的儿童接受了心理健康治疗（Burns et al., 2004）。

当权威机构把儿童从家中带走后，通常会给他们提供看护。2001 年，看护机构中的儿童超过 500 000 名，其中超过 1/4 的人是 5 岁以下儿童（Chipungu & Bent-Googley, 2004）。临时看护把儿童从即时的危险中解救出来，但这种解救经常是不稳定的，使儿童疏远了家庭，看护机构有可能转变为另一种虐待情境，即儿童的基本健康和教育需求得不到满足（David and Lucile Packard Foundation, 2004; NRC, 1993b）。

由于传统寄养家庭的稀缺和类似案例的日益增加，大部分的儿童安置（31%），特别是对非裔美国儿童的安置，是由亲属看护的，通常为祖母或其他家庭成员（Berrick, 1998; Geen, 2004）。虽然，大部分离开看护机构的儿童又回到了家庭，但是，在接下来的十年内约 28% 的儿童又回到了看护机构（Wulczyn, 2004）。与其他儿童相比，看

这位成人志愿者用玩偶帮助年幼儿童明白，他们有能力控制自己的身体，不需要让任何人——即使朋友或家人——接触他们。阻止性虐待的这些程序需要谨慎使用：既警示了危险又不至于惊吓了儿童或阻止了适宜的情感发展。

护中心的儿童更可能无家可归、参与犯罪活动和成为未成年母亲（David and Lucile Packard Foundation, 2004）。

虐待的长期影响

为陷入虐待困境中的儿童提供更为有效的补救措施，这是社会的责任。没有这些帮助，这些儿童会发展出很多问题，给自己和社会造成更大危害。而且，当他们有了自己的孩子后（USDHHS, 1999a），他们的孩子可能会继续遭受虐待的恶性循环。约 1/3 在童年期受到过虐待和忽视的成年人会伤害自己的孩子（NCCANI, 2004b）。

虐待的后果会表现在身体、情绪、认知和社会性方面。这些后果经常交织在一起，例如，打孩子的头可能会损伤他们的大脑，从而造成认知发展迟滞，出现情绪和社会性问题。虐待的长期后果还可能包括较差的生理、心理和情绪健康，损害大脑发育，导致认知、语言和学习困难，出现依恋和社会性方面的问题。对青少年来说，虐待可能会导致他们出现学习成绩差、违法犯罪、未成年怀孕、酒精和药物依赖等问题，以及给自身带来其他危险（Dube et al., 2003; Dube et al., 2001; Lansford et al., 2002; NCCANI, 2004b）。

学习检查站

你能否……

- ✓ 定义虐待和忽视的四种类型？
- ✓ 讨论虐待的发生率以及解释为什么难以测量？
- ✓ 确定与家庭、社区和文化相关的影响因素？
- ✓ 列举阻止和制止虐待的途径并帮助受害者？
- ✓ 举例说明儿童虐待和忽视的长期后果以及提高心理韧性的因素？

一项对 68 名受到性虐待的儿童进行为期五年的追踪研究发现，这些儿童有更多的心理异常行为、自尊水平低以及更加抑郁、焦虑和不快乐（Swanston, Tebbutt, O'Toole, & Oates, 1997）。受过性虐待的儿童可能会在年龄很小时成为性活动的主动者（Fiscella, Kitzman, Cole, Sidora, & Olds, 1998）。童年期受过虐待的人倾向于在成年后表现出焦虑、抑郁、生气或敌视，不信任他人，感到孤独和被侮辱，性适应不良和滥用药物、酒精等问题（NRC, 1993b; USDHHS, 1999a）。

然而，许多受虐待儿童有极强的心理韧性。虐待或忽视的后果取决于儿童的年龄、发展状态、虐待的类型、频率、持续时间和严重程度、受害者和行凶者的关系以及儿童的个体特征。乐观、自尊、高智商、创造性、幽默和独立，如同成人看护者的社会支持一样，都是保护性因素（NCCANI, 2004b）。我们将在第 10 章深入探讨那些可能影响心理韧性的因素。

重新聚焦

回顾本章开始部分在焦点人物中关于凯瑟珊·贝特森的故事：

- 凯瑟琳表现出的气质是属于四种气质类型中哪一种？她与父母的关系存在吻合度吗？
- 凯瑟琳建立的依恋是安全型依恋还是非安全型依恋？
- 凯瑟琳的父母所遵循的儿童教养方式是如何促进其心理社会发展的？
- 在婴儿期，凯瑟琳母亲的职业生活对她有什么影响？在学步期又如何呢？总体来说，作为独生女，凯瑟琳从其家庭和弗兰克家庭的非常规照料中受益了吗？

婴幼儿期的经历为儿童未来的发展奠定了基础，在第三编，我们将看到年幼儿童如何在这一基础上发展。

小　结

心理社会发展的基础

学习指路标 1：情绪是何时出现，如何发展的，婴儿如何表达它们？

- 情绪发展是有序的；复杂的情绪来自于早期的简单情绪。
- 哭、笑和大笑是情绪的早期迹象。其他的标志包括面部表情、动作活动、肢体语言和生理变化。
- 大脑发育和情绪发展息息相关。
- 自我意识情绪和评价性情绪在自我意识获得之后发展。

学习指路标 2：婴儿如何表现气质差异，这些差异能持续多久？

- 许多婴儿属于三种气质类型中的一种："容易型""困难型"和"慢热型"。
- 气质模式主要是天生的，具有生物学基础。气质基本上是稳定的，但能被经验修正。
- 儿童的气质和环境要求之间的吻合度有助于其适应。
- 气质的跨文化差异反映了儿童教养方式上的不同。

学习指路标 3：父母在孩子的早期性格发展中分别扮演什么样的角色？

- 世界范围内儿童的教养方式和照料角色差异很大。
- 婴儿强烈需要母亲亲密温暖的情感关爱和身体看护。
- 父亲角色是一种社会建构。父育角色存在较大的文化差异。
- 虽然直到婴儿后期才会出现典型的性别差异；但是父亲，特别是美国父亲，能改善早期的性别原型。

婴儿的社会性发展问题

学习指路标 4：婴儿如何获得对世界的信任，并形成依恋？

- 根据埃里克森的理论，18 个月大的婴儿处于人格发展的第一个阶段——基本信任对基本不信任。敏感、回应性和照料的一致性是成功化解该冲突的关键。
- 运用陌生情境法的研究发现了四种依恋模式：安全型、回避型、矛盾型（抗拒型）和无组织—无目标型。
- 在自然环境下和跨文化研究中可使用测量依恋的新工具。
- 分离焦虑和陌生人焦虑出现在 1 岁半，往往与气质和环境相关。
- 父母对自己儿童期依恋的记忆会影响孩子的依恋类型。

学习指路标 5：婴儿和照料者如何"解读"彼此的非语言信号？

- 相互调节能让婴儿在调控自己的情绪状态中扮演积极角色。
- 母亲抑郁，特别是严重或慢性的抑郁，对婴儿的发展有重大的影响。
- 人们对婴儿拥有社会参照能力的观点仍然存在争议，但一些证据表明，1 岁的婴儿确实能做到这点。

学步期儿童的社会性发展问题

学习指路标 6：自我意识何时出现，它是怎样发展的？

- 婴儿在 4~10 个月大时开始知觉到自我和他人的差异，当经历了自理性和自我一致性时，自我概念就出现了。
- 自我概念建立在知觉的自我感知基础之上，伴随着婴儿在 15~18 个月时自我意识和自我认知的出现而发展。

学习指路标 7：学步儿如何获得自主性和形成为社会所接受的行为标准？

- 埃里克森理论中的第二个阶段关注的是自主对羞愧和怀疑。叛逆是从外部控制向内部控制过渡中的一种正常表现。
- 社会化依赖于社会赞许标准的内化，随着自我调节的发展而出现。
- 良心的初期形式是婴儿对照料者要求的约束性顺从；表现出约束性顺从的学步期儿童往往比情境性顺从的儿童更容易内化成人的规则。
- 父母教养方式、儿童的气质、亲子关系的质量、文化和社会经济因素都会影响社会化的速度和成功与否。

和其他儿童的交往

学习指路标 8：婴儿和学步期儿童如何与兄弟姐妹及其他儿童进行交往？

- 兄弟姐妹关系对儿童的社会化具有明显的作用；儿童从兄弟姐妹身上学到的经验能传递到家庭之外的关系中。
- 在 1 岁半到 3 岁之间，儿童通常对其他儿童很感兴趣，并能逐渐明白如何去处理与他们之间的关系。

双职工家庭的儿童

学习指路标 9：父母就业和早期托儿所如何影响婴幼儿的发展？

- 一般而言，母亲在孩子 3 岁前参加工作乎对孩子的发展影响很小；但当孩子小于 9 个月时，母亲每周工作超过 30 小时，儿童的认知发展会受到影响。
- 替代儿童照料的质量差异很大，其中影响照料质量的最重要的元素是照料者。
- 虽然质量、数量、稳定性和照料类型影响婴幼儿的心理社会和认知发展，但家庭特征的影响似乎更大。
- 低收入家庭的儿童会从高质量的托儿所看护中受益。如果托儿所能满足他们的特殊需要，并和家庭教养相一致，那么少数种族的儿童也能从托儿所的看护中受益。

虐待：虐待和忽视

学习指路标 10：是什么导致了儿童虐待和忽视，虐待的影响有哪些？

- 虐待的类型包括身体虐待、忽视、性虐待和情感虐待。
- 虐待者和忽视者的特征、家庭、社区和文化特征都会影响儿童被虐待和受忽视。
- 虐待能影响儿童的生理、认知、情绪和社会性发展，该影响能一直持续到童年。尽管如此，许多被虐待的儿童表现出非凡的心理韧性。
- 干预或阻止虐待要求社会各层面共同合作。

第三编

3~6 岁通常被称为学龄前期，这一阶段的儿童完成了从学步期向童年期的过渡。儿童的身体变得更加苗条，运动和心理能力更加敏捷，人格和人际关系更加复杂。

3 岁的儿童不再是“小婴儿”，而是一个坚定的冒险家，他们渴望探索各种可能性，进而发展自己的身体和心智。这一年龄段的孩子已经度过了人生中相对危险的婴儿期和学步期，进入了一个更加健康、更少威胁的阶段。

儿童早期的发展和变化不及婴儿期和学步期迅速，正如我们在第 7、8 两章中看到的，所有领域的发展——生理、认知、情绪和社会性——继续交织在一起。

阅读链接

- 随着意识对肌肉控制的增强，儿童能更多地满足自己的需要，例如穿衣和如厕，因此胜任感和独立感增强。
- 文化态度影响儿童的饮食和睡眠模式。
- 即使普通感冒也有情绪和认知的寓意，偶尔的小病不仅能够提高儿童的免疫力，也能帮助儿童学会处理身体上的不适并理解其原因。
- 社会互动在阅读技能、记忆和智力的发展中扮演重要角色。
- 性别认知具有重要的心理社会意义，影响儿童的自我意识以及他们对两性在社会中扮演角色的态度。
- 包括父母生活条件在内的环境因素影响儿童的健康和安全。

童年早期

预览

第7章

童年早期的生理和认知发展

稳步成长；身材变得更苗条，身体比例更加成人化。

食欲降低，睡眠问题很普遍。

出现利手；精细和粗略运动技能和力量有所提高。

思维在某种程度上仍具有一定的自我中心性，但理解他人观点的能力有所提升。

认知不成熟导致儿童对现实世界产生一些不合逻辑的观念。

记忆和语言能力提高。

智力更具预测性。

学前班或幼儿园的经验很普遍。

第8章

童年早期的心理社会发展

自我概念和情绪理解变得更加复杂；自尊具有全面性。

独立性、主动性和自控能力有所提高。

性别认同得到进一步发展。

游戏更具想象力，更复杂，更具社会性。

利他行为、攻击行为和恐惧情绪普遍存在。

家庭仍然是儿童社会生活的焦点，但同伴也变得更重要。

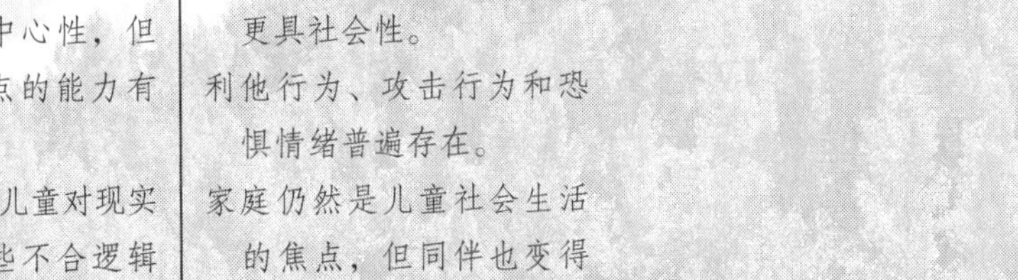

童年早期的生理和认知发展

第7章

儿童生活在想象和感知的世界里……
他们用自己喜欢的方式探索毫无意义的客体，
以他们希望的方式来看待世界万物。

——亚当·奥伦斯拉格（丹麦作家）

本章提纲

焦点人物
- 王娅妮——自学成才的艺术家

生理发展

生理发展的特征
- 身体发育和变化
- 营养：预防肥胖/超重
- 营养不良
- 口腔健康
- 睡眠模式和问题
- 动作技能

健康和安全
- 意外伤害和死亡
- 健康的背景因素：环境影响

认知发展

皮亚杰的观点：前运算阶段的儿童
- 前运算思维的优点
- 前运算思维的局限性
- 幼儿有心理理论吗？

信息加工的观点：记忆的发展
- 基本加工过程和容量
- 再认和回忆
- 童年期记忆的形成
- 社会互动、文化和记忆

智力：心理测量学的观点和维果斯基的观点
- 传统心理测量学的测量
- 影响智力测量的因素
- 基于维果斯基理论的测量和教学

焦点人物：王娅妮——自学成才的艺术家

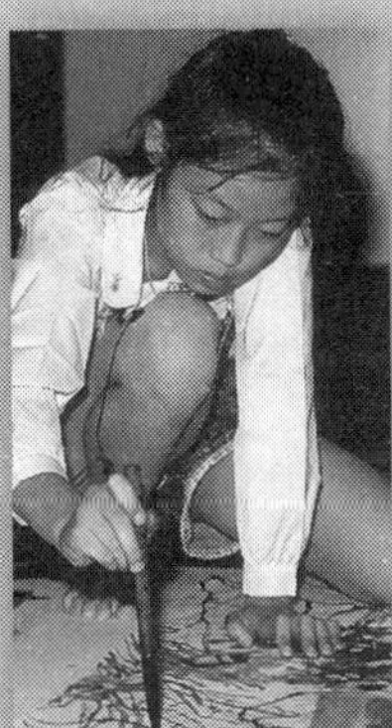
王娅妮

王娅妮（1975—）*是中国一名很有天赋的年轻艺术家。4岁时，她在上海举办了第一次个人画展，6岁时，她已经创作了4 000幅作品。从10岁开始，她的作品开始在亚洲、欧洲和美国进行巡展。

娅妮2岁半开始学画。她的父亲王世强是一名职业画家和教育工作者。他给女儿画笔和一大叠画纸，让她毫无拘束地乱画。父亲并没有教她，而是让女儿以自己的方式学画，并经常称赞她的作品。与传统的中国艺术教育（强调服从和模仿）不同，他允许女儿自由发挥想象力。

娅妮很快度过了学龄前儿童学画的普遍阶段，并变得不寻常起来。她早期的作品是用点、圈和线来表现人物、鸟类和水果。3岁时，她的画可以辨认，但仍然是非常初级的形式。她的家位于风景秀丽的河畔小镇——恭城，娅妮的父亲鼓励她画自己在家乡看到的景色。和传统的中国艺术家一样，她并不实物写生，而是根据记忆中的形象来创作色彩明亮的作品。4岁时，娅妮的视觉记忆惊人，父亲教给她多达25个笔画的汉字，只要用手指在空中比划，她立即就能凭借记忆写出来。

为了帮助她发展观察力和想象力，父女两人在田间徒步旅行或爬山时，父亲让娅妮坐在他的肩膀上，或者一起躺在草地上，给娅妮讲关于浮云的故事。河岸的鹅

* 关于王娅妮的生平信息来自Bond（1989），Costello（1990），Ho（1989），Stuart（1991），and Zhensun & Low（1991）。

卵石让娅妮想起了动物园里的猴子，娅妮在 3~6 岁期间曾反复画过这些猴子。她给画中的猴子编故事，故事刻画的其实是娅妮自己——吃零食、调解朋友之间的争论或者试图克服第一次去医院的恐惧。对娅妮来说，绘画并不是对现实的客观表征，而是对自己心理的映射，是把感官印象转化为简单而强有力的半抽象图像的一种方法，这种半抽象的图像表达了娅妮的思想、感情和梦想。

由于娅妮的手臂短，最初她的画笔也较短。为了训练她紧紧抓住画笔，趁她不注意的时候，父亲试图从娅妮身后夺走画笔。娅妮学会了用整个手臂作画，通过旋转手腕来获得想要的效果。随着身体灵活性和经验的增加，她的画变得更加有力、多变和精确：用粗中带湿的笔画来勾勒动物的轮廓，用模糊略干的笔画表示羽毛、毛皮和树枝。她所使用的材料——竹子做的毛笔、墨汁和宣纸——都是传统的；但她的画风却不是传统的形式，一直保持着活泼快乐、无拘无束和天真率直。

快速的反应能力、丰富的想象力、非凡的视觉能力、强烈的动机以及父亲悉心的引导，使娅妮的艺术进步非常迅速。作为一名年轻人，娅妮被认为是大有前途的艺术家。然而她自己却觉得绘画非常简单："你只需画你所想，不必遵循任何指导，每个人都可以绘画"（Zhensun & Low, 1991, p.9）。

虽然王娅妮的艺术发展之路不同寻常，但它依然遵循了儿童早期的发展规律：肌肉控制和手眼协调能力快速提高，这源于她对周围世界的理解能力——观察力、记忆力以及与父亲言语交流能力的不断发展。所有这些生理、认知和社会因素共同促进娅妮通过艺术来表达自己的思想和感情。

在本章中，我们将探讨 3~6 岁儿童的生理和认知发展。和婴幼儿期相比，这一年龄段的儿童发展较为缓慢，但整体上仍处于快速发展期。他们的肌肉控制和协调能力得到了前所未有的发展，并且思维能力、语言能力和记忆力也有较大进步。本章我们会考察这些能力的发展过程，并关注健康问题。我们也会讨论早期儿童教育这一在诸多地方都倍受关注的问题。

学习完本章后，你应该可以回答“学习指路标”中的所有问题了。为了检查你对本章“学习指路标”的掌握程度，请复习章节结尾部分的小结。“学习检查站”会贯穿整个章节并不时出现，以便检查你对所学知识的理解程度。

学习指路标

1. 3~6 岁儿童的身体变化有哪些？他们在营养和牙齿方面有哪些需求？
2. 童年早期的睡眠模式是什么？存在哪些睡眠问题？
3. 童年早期会发展哪些主要的动作技能？
4. 影响儿童的健康和安全的风险因素有哪些？
5. 学前儿童有哪些典型的认知发展？他们思维的局限性表现在哪些方面？
6. 童年早期的记忆力发展表现在哪些方面？
7. 如何测量学前儿童的智力？有哪些影响因素？
8. 童年早期的语言能力有哪些提高？如果发展滞后，将会出现什么问题？
9. 儿童早期教育的目的是什么？儿童如何顺利地过渡到幼儿园？

生理发展

生理发展的特征

学习指路标

1. 3~6 岁儿童的身体变化有哪些？他们在营养和牙齿方面有哪些需求？

童年早期，儿童变得苗条，并且迅速长高。和之前相比，他们的睡眠时间减少，更有可能出现睡眠问题。他们跑得更快、双脚和单脚跳得更高、把球扔得更远；他们能把鞋带系得更好、把蜡笔画画得更好、能更顺利地从包装盒中倒出麦片；他们开始表现出左利手或右利手。

身体发育和变化

3~6 岁的儿童发育迅速，但略逊于婴幼期。大约到 3 岁时，儿童开始摆脱婴儿圆，呈现出苗条的和健硕的外形。随着腹肌的发育，学步期儿童圆肚子上的肌肉更加结实。躯干、手臂和腿开始变长。虽然头仍然相对较大，但身体其他部位逐渐接近成人的比例。

墙上的铅笔标记显示伊夫 3 岁时的身高为 93.98 厘米，体重为 13.61 千克。该年龄段的男孩更高些、更重些、肌肉也更结实些，而女孩子的脂肪组织更多些。在儿童早期，身高每年增加 5~7.5 厘米，体重每年增加约 1.7~2.8 千克（见表 7-1）。截至发育高峰期，与女孩相比，男孩的身高和体重增加稍微快些。

随着肌肉和骨骼的发育，儿童变得更强壮。软骨组织以更快的速度转化为骨骼，

表7-1 3~6 岁儿童的身体发育（第 50 百分位数）*				
	身高（厘米）		体重（千克）	
年龄（岁）	男孩	女孩	男孩	女孩
3	95	94	14.5	13.6
3.5	99	98	15.4	14.7
4	102.8	100	16.3	15.9
4.5	105.4	104	17.2	16.8
5	109.2	108	18	18
5.5	113	112	19.5	19
6	116	116	20.9	20.4

* 每个年龄段中 50% 儿童高于表中的身高或体重线，50% 的儿童低于表中的身高或体重线。

资料来源：Kuczmarski et al., 2000.

学习检查站

你能否……

✓ 描述 3~6 岁儿童典型的生理变化，并比较男孩和女孩的发展模式？

骨骼变得更坚固，使儿童拥有更坚实的外形，从而有利于保护内脏。这些身体上的变化，再加上逐渐成熟的大脑和神经系统，共同促进了各种动作技能的发展。随着呼吸系统和循环系统的发展，儿童的身体耐力和免疫系统得到提高，从而使儿童更健康。

营养：预防肥胖 / 超重

过度肥胖（有时称为超重）已经成为美国学龄前儿童面临的一个难题。1999~2002 年间，2~5 岁儿童中有超过 10% 的人属于过度肥胖（1963~1994 年的标准），而 1994 年这一比例仅为 7%（Hedley et al., 2004; Ogden, Flegal, Carroll, & Johnson, 2002）。另外，还有 12% 的儿童处于边缘肥胖。低收入家庭儿童肥胖的比例增加最多（Ritchie et al., 2001），这一现象在所有种族中普遍存在（AAP Committee on Nutrition, 2003; Center for Weight and Health, 2001）。墨西哥裔美国男孩更可能超重（Hedley et al., 2004）。即使是 5 岁的儿童，肥胖也与问题行为（Datar & Sturm, 2004a）和较低的阅读和数学成绩相关（Datar, Sturm, & Magnabosco, 2004）。

在全球范围内，5 岁以下肥胖儿童约有 2 200 万（Belizzi, 2002）。随着垃圾食品在发展中国家的流行，一些国家，例如埃及、摩洛哥和赞比亚，20%~25% 的 4 岁儿童超重或肥胖，这一比例显著高于营养不良者。

虽然肥胖具有遗传倾向，但环境因素更为重要。过多摄入热量和缺乏锻炼会导致肥胖（AAP Committee on Nutrition, 2003）。随着发育变缓，学龄前儿童维持同样的体重所需的热量比以前要少。一项来自苏格兰格拉斯哥有代表性的研究发现，许多 3~5 岁儿童有经常久坐的习惯（Reilly et al., 2004）。

学龄前期儿童的饮食模式更易受环境影响。面对摆在面前的一大份食物，3 岁儿童只要吃饱就不吃了，而 5 岁儿童会吃的更多。因此，预防肥胖的有效方法就是确保给学龄前儿童提供适量的食物，不要劝他们把盘中的食物全部吃完（Rolls et al., 2000）。

无论是在生理上还是社会性方面，过度肥胖的儿童都很难和苗条的同伴发展一致。学龄前儿童和学龄儿童过度肥胖现象比以前更为普遍。

儿童吃什么和吃多少同样重要。为避免肥胖和预防心脏病，儿童所需热量只有 30% 来自脂肪，在来自脂肪的热量中饱和脂肪能提供的不超过 1/3。饮食中应包括瘦肉和奶制品，以便提供蛋白质、铁和钙。牛奶和其他奶制品应该是脱脂或低脂的（AAP Committee on Nutrition, 1992a）。研究发现，中等低脂食谱对孩子的身高、体重或神经发育不存在负面影响（Rask-Nissila et al., 2000; Shea et al., 1993）。

如果出现体重过重的迹象，早期干预非常重要。一旦延误，干预的长期效果就变得非常有限（AAP Committee on Nutrition, 2003; Quattrin, Liu, Shaw, Shine, & Chiang, 2005）。对父母过胖的肥胖儿童来说，其成年后更易超重（AAP Committee on Nutrition, 2003; Whitaker et al., 1997），这将导致健康问题。童年早期是治疗肥胖的最佳时机，这一时期儿童的食谱仍然受父母影响或控制（Quattrin et al., 2005; Whitaker et al., 1997）。美国有代表性的一项纵向研究发现，对幼儿园和一年级的儿童来说，每周增加一个小时的体育运动时间，能将该年龄段肥胖女孩的数量减少一半（Datar & Sturm, 2004b）。

我思我秀

- 以年幼儿童为目标的许多电视广告大肆宣传脂肪和糖，而不是蛋白质和维生素，这加剧了儿童的营养不良。你认为父母应该如何应对这种压力？

营养不良

南亚几乎一半（46%）的年幼儿童、撒哈拉沙漠以南的非洲 30% 的年幼儿童、拉丁美洲和加勒比海 8% 的年幼儿童以及全球 27% 的年幼儿童属于中等或严重的营养不良（UNICEF, 2002）。1998 年，美国 1/5 的儿童缺乏足够的食物（U.S. Department of Agriculture, 1999）。

由于营养不良的儿童通常生活在极度贫困的环境中，因此，营养不良的特定影响很难被分离出来。但总的来说，所有这些匮乏不仅对儿童的身体发育和健康有消极影响，而且对他们的认知和心理社会的发展也有负面影响。通过对全美 3 268 名 6~11 岁儿童具有代表性的数据分析发现，缺乏充足食物家庭的儿童更可能出现下列问题：算术测验得分较低、留级、经常进行心理咨询，并且和其他儿童相处困难（Alaimo, Olson, & Frongillo, 2001）。此外，营养不良对儿童认知发展的影响是长期的。研究发现，在同一年出生的 1 559 名毛里求斯的儿童中，那些在 3 岁时营养不良的儿童，其 11 岁时的语言能力、空间能力、阅读技能、学习能力和神经心理行为均落后于同龄人（Liu, Raine, Venables, Dalais, & Mednick, 2003）。

我思我秀

- 从儿童期营养不良对生理、认知和社会性发展的长期显著影响的观点看，我们能做以及应该做什么来降低它的不良影响？

一旦改善了食谱，营养不良对发育的负面影响就会得到极大改善（Lewit, & Kerrebrock, 1997），但最有效的治疗不仅仅限于生理方面。一项纵向研究（Grantham-McGregor, Powell, Walker, Chang, & Fletcher, 1994）以牙买加发育迟缓的两组儿童为样本。这些儿童或者在婴儿期或学步期由于严重的营养不良而住院治疗，或者来自极端贫困、没有固定住所的家庭。住院时健康中心的专业辅导人员和实验组儿童玩耍，出院后三年内每周进行一次家访，告诉母亲如何制作玩具，并鼓励孩子和其他儿童互动。三年后实验结束时，实验组儿童的智商高于仅接受标准的医疗服务的对照组儿童（虽然不比营养良好组高）。即使在离开医院 14 年之后，实验组儿童的智商仍然高于对照组儿童。

早期教育能抵消营养不良的负面影响。在牙买加开展的一项研究中，和控制组母亲相比，实验组母亲更早把儿童送去幼儿园。在毛里求斯开展的另一项研究中，100 名 3~5 岁的儿童接受额外的营养供给和医疗检查，并被安排到特殊的幼儿园小班级中。当上述两项研究中实验组的儿童 17 岁时，他们出现反社会行为和心理健康问题的比例低于控制组。对开始研究时就营养不良的儿童而言，早期教育的效果最明显（Raine et al., 2003）。

口腔健康

学习检查站

你能否……

- ✓ 总结学前儿童的营养需求，并解释为什么肥胖和龋齿成为该年龄段关注的焦点？
- ✓ 确定营养不良的后果及影响营养不良长期效果的因素？

儿童 3 岁时，乳牙就长齐了，大约 6 岁时，恒牙开始出现。父母可以放心地忽略 4 岁以下儿童吮吸拇指这种普遍的习惯。如果儿童在 4 岁前能停止吮吸拇指或手指，儿童的恒牙发育似乎不会受影响（Herrmann & Roberts, 1987; Umberger & Van Reenen, 1995）。

自从 20 世纪 70 年代以来，氟的使用和牙齿护理的发展极大地降低了龋齿的发生率。与其他儿童相比，处境不利的儿童有更多的未经处理的牙洞（Bloom, Cohen, Vickerie, & Wondimu, 2003; Brown, Wall, & Lazar, 2000）。儿童早期的龋齿主要是由于过量食用甜牛奶和果汁以及缺乏规律的牙齿护理造成的。一项对 642 名 1~5 岁爱荷华州儿童的纵向研究发现，长期饮用普通（无营养）汽水、饮料和 100% 纯果汁，增加了儿童患龋齿的风险（Marshall et al., 2003）。

睡眠模式和问题

> **学习指路标**
>
> 2. 童年早期的睡眠模式是什么？存在哪些睡眠问题？

随着年龄的增加，儿童的睡眠模式不断发生变化（Hoban, 2004; Iglowstein, Jenni, Molinari, & Largo, 2003; 见图 7-1）。儿童早期有其独特的睡眠特点。

和年龄较大的儿童相比，年幼儿童在夜晚睡得更深。美国大部分 5 岁儿童白天不睡觉，晚上平均睡眠时间为 11 个小时（Hoban, 2004）。在其他文化中，睡眠时间可能变化多样。对于肯尼亚的古西人、印度尼西亚的爪哇人和新墨西哥的祖尼人来讲，年幼儿童没有固定的入睡时间，家长经常让儿童看着大人干活，直到其想睡为止。对加拿大的海尔人来讲，3 岁儿童在白天从不睡觉，但晚饭后要立即上床睡觉，他们可以一直睡到自然醒（Broude，1995）。

对儿童来说，上床睡觉可能带来分离焦虑，因此他们想方设法拒绝。年幼儿童可能会形成自己的策略来推迟睡觉，并且入睡时间也比以前长。规律的、一致的睡眠习惯有助于减少睡眠问题。习惯于通过喂食或父母摇晃才能入睡的年幼儿童自己

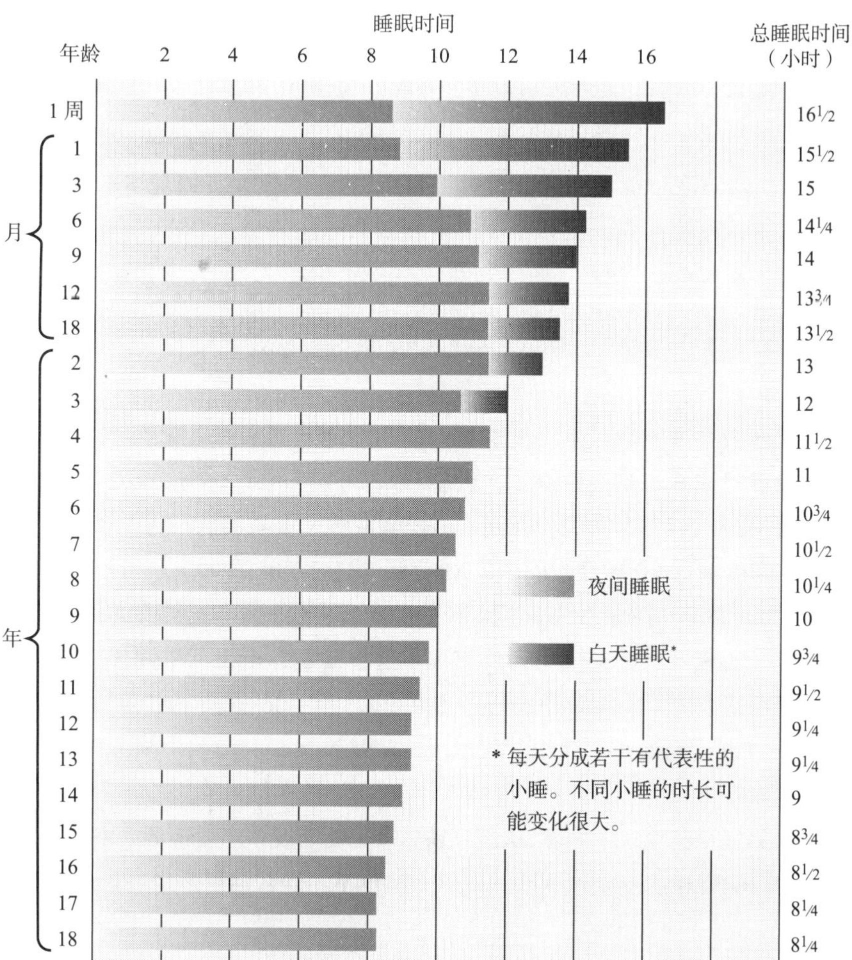

图 7–1

儿童期典型的睡眠需求。学龄前儿童与婴儿不同，他们不需要整日整夜地睡，只要在夜间睡好就可以了。睡眠时间在童年期稳步减少，但有些儿童可能需要比这里呈现的更多或更少的睡眠时间。

资料来源：Ferber, 1985; similar data in Iglowstein et al., 2003.

入睡很难（Hoban, 2004）。

睡眠惊扰 睡惊（又称夜惊）的儿童会突然从深睡中惊醒，并处于一种焦虑不安的状态中。他们会尖叫、坐在床上急促呼吸、凝视以及胡乱拍打。但事实上，儿童并没有真正清醒，很快就会安静下来，第二天早晨对此什么也记不起来了。睡惊经常发生在3~13岁的儿童身上（Laberge, Tremblay, Vitaro, & Montplaisir, 2000），男孩比女孩更易于出现睡惊（AACAP, 1997; Hobson & Silvestri, 1999）。

在童年早期或中期，儿童经常会出现梦游和说梦话。虽然梦游本身是无害的，但梦游儿童更易伤害到自己（AACAP, 1997; Hobson & Silvestri, 1999; Vgontzas & Kales, 1999）。家长最好不要打断梦游或夜惊的儿童，因为打断可能引起儿童困惑，甚至惊吓到儿童（Hobson & Silvestri, 1999; Vgontzas & Kales, 1999）。

睡惊可能是由于大脑动作控制系统被偶然激活（Hobson & Silvestri, 1999）或深度睡眠的不完全唤醒引起的（Hobson, 2004），也可能是由呼吸困难或不规则的腿部运动激起的（Guilleminault, Palombini, Pelayo, & Chervin, 2003）。这种现象可能有家族遗传倾向(AACAP, 1997; Hobson & Silvestri, 1999; Hobson, 2004）。大部分情况下，这些现象是偶然的，通常会自然消失。但经常性的睡眠问题可能预示着儿童存在情绪、生理或神经方面的问题，需要做进一步的检查。

根据父母的报告，儿童做噩梦很常见。在瑞典，约58%的5~7岁儿童会受噩梦的影响（Smedje, Broman, & Hetta, 1999）。噩梦通常发生在下列情境下：睡得太晚，睡前吃得太多或过度兴奋，例如看了过度刺激的电视节目、恐怖电影或听了恐怖故事（Vgontzas & Kales, 1999）。偶尔的噩梦不必过多关注，但经常做噩梦，特别是那些让孩子在清醒时也感到害怕和焦虑的噩梦，可能是儿童压力过大的信号（Hoban, 2004）。

尿 床 大多数3~5岁的儿童，无论在白天还是晚上都不再尿床了。该年龄段的儿童通常在睡着时能意识到膀胱满了，就会醒来如厕后再睡。但尿床的儿童没有这种意识。**遗尿**（enuresis）是指发生在晚上、经常尿湿床或衣服的行为。在五岁儿童中，约7%的男孩和3%的女孩经常尿床（APA, 1994; Schmitt, 1997）。

不足1%的尿床儿童有生理缺陷，他们的膀胱一般较小。经常尿床的儿童基本上不伴有情绪、心理和行为问题，即使出现了这些问题，也是由于同伴或家长错误地看待该问题所造成的（National Enuresis Society, 1995; Schmitt, 1997）。遗传是尿床的一个因素，但也可能是儿童动作发展迟缓、膀胱容量小和睡眠中唤醒较慢共同引发了遗尿（Hoban, 2004）。

儿童和父母要消除尿床疑虑，认识到遗尿现象很常见。不要因此责备和惩罚儿童。如果儿童自己觉得尿床不是什么问题，那么父母不需做任何事情来纠正此行为。

学习检查站

你能否……

✓ 讨论睡眠模式的年龄和文化差异？

✓ 鉴别四种常见的睡眠问题，并给出解决意见？

动作技能

学习指路标

3. 童年早期会发展哪些主要的动作技能?

学龄前儿童的**大肌肉动作技能**(gross motor skills),例如涉及到大肌肉的跑和跳,有了很大提高(见表 7-2)。感觉和大脑皮层运动区域的发展能使儿童更好地协调"想做什么"和"能做什么"。由于儿童的骨骼和肌肉更加强壮,肺活量增大,因此,他们跑得更快,跳得更高,爬得更远。

儿童动作技能的熟练程度取决于遗传基因、学习和实践动作技能的机会。20% 的 4 岁儿童能很熟练地扔球,30% 的 4 岁儿童能很好地抓住球(AAP Committee on

表 7-2 童年早期的大肌肉运作技能

3 岁	4 岁	5 岁
不能突然或快速地转向或停止	能对停止、开始和转向的控制更有效	在游戏中更有效地开始、转向和停止
能跳 38~61 厘米远	能跳 56~84 厘米远	能跳 71~91 厘米远
能独立交替使用双脚爬楼梯	在他人帮助下,能交替使用双脚走下更长的楼梯	独立交替使用双脚走下更长的楼梯
能单脚跳,主要是蹦蹦跳跳	能单脚跳 4~6 步	能轻松地单脚跳 16 步

资源来源:Corbin, 1973.

学龄前期儿童在动作技能方面有了重大进步。随着生理发展,他们能协调身体做自己想做的事情。大肌肉发展允许儿童跑或骑自行车;眼手协调性的发展有助于他们使用剪刀和筷子。残疾儿童在特殊设备的帮助下能进行许多正常活动。

Sports Medicine and Fitness, 1992)。大部分 6 岁以下的儿童还未做好准备参与任何有组织的运动，而是在积极的、非结构的自由玩耍中得到最好的发展。

精细动作技能（fine motor skills），例如系扣子和绘画，涉及手眼协调和小肌肉协调能力。王娅妮的精细动作技能显然非常优秀。精细动作技能的获得提高了年幼儿童的自理能力。

随着动作技能的发展，学龄前儿童不断整合他们已经获得的技能，从而掌握更加复杂的技能，并将各种运作技能联合起来，形成更复杂的**动作系统**（systems of action）。

利　手 3 岁时儿童开始偏好用左手或右手的现象称为**利手**（handedness）。由于大脑左半球控制身体的右侧，通常处于支配地位，因此大部分人（像王娅妮）是右利手。那些大脑机能更为对称的个体，其大脑右半球处于支配地位的，他们通常为左利手。利手的区分并非总是清晰可辨，在从事不同的任务时，有些个体并不是只偏好某只手。男孩比女孩更可能是左利手。

利手是由基因决定的吗？有理论假设存在单独的右利手基因。根据该理论，从父母双方或单方遗传了该基因的个体都是右利手（约占 82%）。没有遗传这种基因的个体仍然有 50% 的概率可能是右利手，其余人则是左利手或双手都很灵活。没有遗传这种基因的个体形成左利手或右利手是随机的，该观点能解释为什么同卵双生子的利手存在差异，也能解释为什么父母都是右利手的后代中仍有 8% 的人是左利手。通过对广告招募来的家庭进行研究，发现该理论能很好地预测三代后的左利手比例（Klar, 1996）。

艺术发展 大部分学龄前儿童都不可能取得王娅妮那样出色的艺术成就。但随着精细动作的进一步协调和认知能力的发展，儿童能通过艺术来表达自己。年幼儿童的绘画变化能反映其大脑和肌肉的成熟水平（Kellogg, 1970; 见图 7-2）。两岁儿童的涂鸦并非随便乱涂，而是具有一定的模式，例如垂直线和 Z 字型线条。三岁儿童能绘出各种形状，例如圆形、正方形、矩形、三角形、十字和 X 字，他们还能把这些形状组合成更加复杂的图案。绘画阶段一般始于 4~5 岁，而王娅妮在三岁时便具备此项能力。

从抽象的形式和图形发展到描述真实世界，这一过程标志着儿童绘画意图的根本性转变，也反映了儿童表征能力的发展。但是，成人经常鼓励儿童画得更精细些，这是儿童通过早期的努力以能量和自由为代价换来的。王娅妮并不是这样。娅妮的父亲并没有限制她的艺术风格，而是鼓励她用整个手臂来绘画，这既用到了大肌肉也用到了小肌肉。王娅妮的绘画形式保留了自由流畅的、半抽象化的品质，使其具有原创性。

学习检查站
你能否……

- ✓ 列出至少三种在儿童早期得到提高的大肌肉运动技能和精细动作技能？
- ✓ 讲述大脑功能和身体技能及利手如何相关？
- ✓ 辨别年幼儿童绘画的四个阶段？

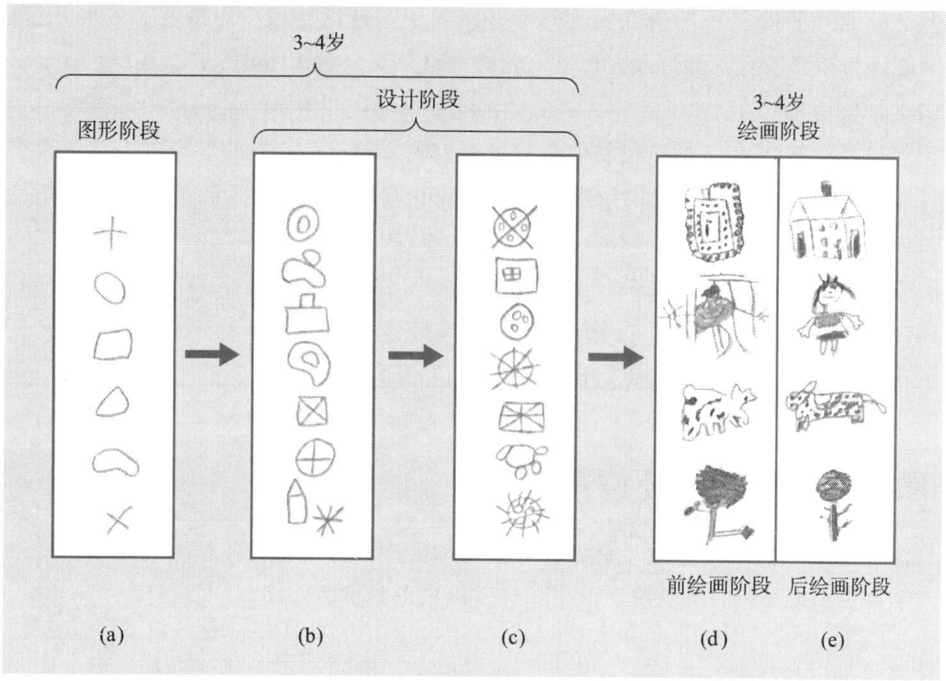

图 7–2

儿童早期艺术能力的发展。图中这些非常简单的形状（a）和精细的绘画作品（e）之间存在很大差异。当了解儿童在绘画方面具有发展潜质时，对成人来说，如何鼓励儿童的创造性就成了一种挑战。

资料来源：Kellogg, 1970.

健康和安全

学习指路标

4. 影响儿童的健康和安全的风险因素有哪些?

由于疫苗接种的普及，在西方工业化国家，大多数曾经威胁儿童的主要疾病现在已经很少见。但在发展中国家，这些疫苗可预防的疾病（如百日咳）对儿童仍然具有威胁性。五岁以下儿童中，超过 73% 的死亡发生在非洲和南亚那些贫穷的农村地区，这些地方物质匮乏，饮用水不安全，并缺乏必要的卫生保健设施（Black et al., 2003; Bryce, Boschi-Pinto, Shibuya, Black, and the WHO Child Health Epidemiology Reference Group, 2005）。

在美国，儿童的死亡率比成人相对要低，并且大多数死亡是由事故而非疾病引起的（Hoyert et al., 2005）。此外，环境因素也会影响儿童的健康。

意外伤害和死亡

由于年幼儿童天生爱冒险，缺乏危险意识，所以对于抚养者而言，如果不过度保护，要想使儿童避免伤害是很难的。虽然大部分的切伤、磕碰和摩擦都是过眼云烟的小事，但也有一些偶然的伤害能对儿童造成长期的影响，甚至死亡。事实上，在美国，从童年期到青少年期的死亡主要是由事故导致的（NCHS, 2004）。

许多幼儿园和小学一年级的儿童都是独自走路去上学，经常要横穿没有红绿灯的拥挤街道，而且这些儿童并不知道怎样做才安全（Zeedyk, Wallace, & Spry, 2002）。

学习检查站
你能否……
- ✓ 比较发达国家和发展中国家中年幼儿童的健康状况?
- ✓ 论述年幼儿童最可能在哪里以及如何受到伤害；并列出有哪些避免受伤害的方法?

一些儿童喜欢冒险。一项研究发现，那些倾向于在赌博游戏中冒险的 5~6 岁儿童，更可能认为横穿没有红绿灯或人行道的拥挤马路是安全的（Hoffrage, Weber, Hertwig, & Chase, 2003）。

1998 年，美国有毒物质控制中心的报告表明，超过 100 万的 6 岁以下儿童因接触有毒物质而中毒，而真实的数字应该高于 400 万。在有毒物质致死案例中，超过 52% 的案例是由药物引起的（Litovitz et al., 1999; Shannon, 2000）。

美国法律要求在一些药瓶和其他危险家庭用品上加盖防止儿童打开的保护帽，法律还规定，年幼儿童必须坐儿童安全汽车座椅、强制骑自行车时戴头盔、安全存储烟花和药物，上述这些措施提高了儿童环境的安全性。

健康的背景因素：环境影响

为什么某些儿童比其他儿童更容易生病和受伤。首先，遗传基因的作用使得某些儿童易于出现某种身体状况。此外，环境因素也起重要作用。

社会经济地位和民族 家庭的社会经济地位越低，儿童生病、受伤和死亡的危险性就越高（Chen, Matthews, & Boyce, 2002）。在美国，6 岁以下的贫穷儿童中约占儿童总人数的 20%（Proctor & Dalaker, 2003），主要为少数民族儿童（NCHS, 2004）。这些儿童更有可能患慢性疾病或由于健康问题活动受限。例如，由于生病或受伤、住院、无力满足医疗或牙科需求、缺乏健康保险以及延误治疗等因素而不能上学（Dey, Schiller, & Tai, 2004; Chen et al., 2002; Flores et al., 2002; Flores, Olson, Tomany-Korman, 2005; NCHS, 2004）。贫穷家庭中的健康儿童只占 40%，非贫穷家庭中的健康儿童占 60%（Dey et al., 2004）。

与其他儿童相比，贫穷家庭的儿童更可能铅中毒、失明或失聪、缺铁性贫血以及患与压力相关的疾病，例如哮喘、头痛、失眠和肠易激。这些儿童存在更多的行为问题、心理障碍和学习困难（J. L. Brown, 1987; Chen et al., 2002; Egbuono & Starfield, 1982; Santer & Stocking, 1991; Starfield ,1991）。无家可归的贫穷儿童最可能出现健康问题（见专栏 7-1）。

自从 1965 年以来，医疗救助，即政府给符合条件的低收入个人或家庭提供医疗帮助，已经成为许多贫穷儿童的保护伞。但仍有数百万的儿童不能从中受益，这些儿童的家庭收入虽然超过了资助范围，但仍然支付不起私人保险。进一步讲，随着国家福利援助的结束，贫困家庭的这种保护伞也随之削弱。1997 年，美国联邦政府授权"州儿童健康保险项目"（SCHIP）来帮助各州把健康保健的覆盖范围扩大到贫困或者接近贫困家庭的无保险的儿童。截至 2003 年，580 万儿童注册了该项目（CDF, 2004），这使得从 1998~2003 年间，无保险但符合该项目要求的儿童比例下降了约 25%。但是仍有 16% 的儿童没有涵盖在内，这一数字比不能满足医疗需要的家庭总

无家可归者

自从20世纪80年代以来，由于廉租房缺乏以及贫困人口增加，美国的无家可归者急剧增加（National Coalition for the Homeless, 2004）。据估计，每年有135万儿童无家可归（National Coalition for the Homeless, 2002, 2004; Urban Institute, 2000）。一项对25个城市的调查发现，49%的无家可归人群是非裔美国人，35%是美国白人，13%是西班牙裔美国人，2%是美国土著人以及1%是亚裔美国人（U.S. Conference of Mayors, 2003）。

现在，40%的无家可归者组建了新家。在农村，这一比例可能更高（National Coalition for the Homeless, 2004; U.S. Conference of Mayors, 2003; 见下图）。

许多无家可归的家庭是由20多岁的单亲母亲维持的（Buckner, Bassuk, Weinreb, & Brooks, 1999），这些家庭经常是为了逃避家庭暴力（National Coalition for the Homeless, 2004; U.S. Conference of Mayors, 2004）。从1998年起，仅纽约市生活在避难所的家庭数量几乎翻了一番，在这些家庭找到永久住所前，可能要在避难所居住近一年的时间（National Coalition for the Homeless, 2004; U.S. Conference of Mayors, 2004; Santos & Ingrassia, 2002）。2002年，由于资源紧张，美国超过一半的城市避难所都驱逐过无家可归者（CDF, 2004）。

许多无家可归的儿童在不稳定、不安全和不卫生的环境中度过了生命中关键的前几年。他们和父母得不到社区、家庭其他成员和慈善机构的支持，也不能获得稳定的医疗保险和受教育的机会。与贫穷但有家的儿童相比，这些儿童会面临更多的健康问题，更有可能在婴儿期死亡，患呼吸道感染的几率是其他儿童的2倍多，免疫力低下的可能性是其他儿童的3倍，患缺铁性贫血的几率是其他儿童的2~3倍。另外，他们患下列疾病的比例较高：腹泻、严重的饥饿和营养不良、肥胖（吃过多的热量和肥肉）、龋齿、哮喘和其他的慢性疾病、眼疾、耳疾、皮肤感染、疥疮和虱子、与创伤相关的损伤和铅中毒。无家可归者也会经历严重的抑郁和焦虑，产生神经和视觉缺陷、发展滞后、行为问题以及学习困难（AAP Committee on Community Health Services, 1996; Bassuk, 1991; CDF, 2004; Rafferty & Shinn, 1991; Rubin et al., 1996; Weinreb et al., 2002）。一些大城市为贫困的无家可归家庭在稳定的、贫困率较低的社区提供了安全的住所，因此，这些家庭中的儿童的行为和学习成绩有了极大改善（CDF, 2004）。

我思我秀

你认为解决无家可归者最有效的策略是什么？

课外链接

想了解关于该主题的更多信息，请登录http://nch.ari.net。这是为美国无家可归者联盟设立的网站，一个全国性的倡导网络。

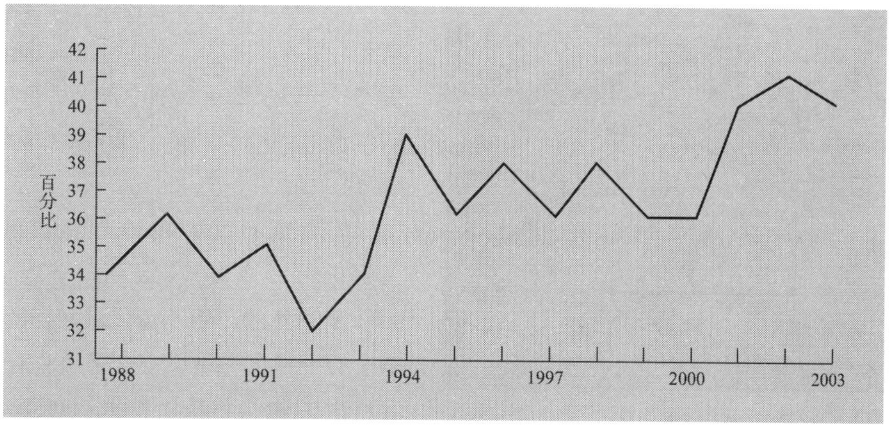

美国城市中有孩子的家庭占无家可归者总人口的比例。

资料来源：Children's Defense Fund, 2004, p. 19.

数多 3 倍（Cohen & Bloom, 2005）。

> **我思我秀**
>
> - 当父母不能给儿童提供充足的食物、衣服、保护和医疗保健时，为了儿童的幸福，社区能做些什么？

黑人和拉丁美洲儿童，尤其是贫困和接近贫困的儿童，如何获得高质量的医疗服务是一个很突出的问题，（Flores et al., 2005）。超过 25% 的西班牙裔美国儿童，特别是墨西哥裔美国儿童没有健康保险，近 18% 的儿童由于费用问题不能满足自身的卫生保健需要（Scott & Ni, 2004）。9% 的六岁以下儿童以及 16% 的 6~17 岁儿童缺乏普通的卫生保健资源（NCHS，2004）。这可能是由于语言障碍、文化隔阂以及对拉丁裔照料者的更大需求造成的。和非西班牙裔白人儿童相比，亚裔美国儿童往往健康状况更好，即使这样，他们仍然较少获得和使用医疗保健，其原因与西班牙裔美国儿童类似（Yu, Huang, & Singh, 2004）。

吸烟、空气污染和杀虫剂 父母吸烟是影响儿童患病和死亡的重要原因，这种影响是可以避免的。烟草对生命早期的危害性最大（DiFranza, Aligne, & Weitzman, 2004），被动吸烟增加了感染下列常见疾病的危险：肺炎、支气管炎、严重感染性疾病、中耳炎、烧伤和哮喘，也可能会导致成年期肺癌（Aligne & Stoddard, 1997; AAP Committee on Environmental Health, 1997; U.S. Environmental Protection Agency, 1994）。

空气污染，特别是化学颗粒和臭氧，增加了患慢性呼吸系统疾病和导致死亡的风险。一项由政府资助的针对十岁儿童开展的为期八年的追踪研究发现，加尼福尼亚 12 个社区的空气污染水平足以对儿童的肺部产生慢性的负面影响（Gauderman et al., 2004）。儿童比成人在户外的时间更长，因此受到汽车和工厂废气污染影响的危害更高（Schwartz, 2004）。环境污染对某些儿童患癌症、神经性障碍、多动症和心理发展滞后具有一定影响（Goldman et al., 2004; Woodruff et al., 2004）。儿童比成人对环境中的毒素更加敏感，但是还需要更多的研究来确定每种污染物的危险阈值（Brent & Weitzman, 2004）。

草坪上的杀虫剂对年幼儿童特别危险，儿童可能会把粘有杀虫剂残留物的手指放到嘴里。杀虫剂对儿童的慢性危害比成人大，这可能会影响其大脑发育。

美国每年消耗 45 亿磅的化学杀虫剂。食物、水、家庭、学校、工厂、草坪和花园都有杀虫剂的残留物。一半以上的杀虫剂中毒者（每年约 50 000 人）是年龄小于六岁的儿童（Weiss, Amler, & Amler, 2004）。

杀虫剂对儿童的慢性危害比对成人更大（Goldman et al., 2004）。一项全美性的调查发现，6~11 岁儿童的二甲基硫代磷酸酯的尿素水平（环境中的一种化学物质，这是许多有机杀虫剂代谢后产生的化学物质）是成人的 2 倍（Centers for Disease Control and Prevention, 2004）。某些证据表明，即使低剂量的杀虫剂也会影响儿童大脑的发育（Weiss et al., 2004）。一项对墨西哥两个农业社区的学龄前儿童开展的研究表明，与其他社区的儿童相比，传统农业社区的儿童在某些神经心理发展测验上（例如协调能力和画人能力）的表现更好（Guillette, Meza, Aquilar, Soto, & Garcia, 1998）。

父母可以采取以下预防措施来避免杀虫剂的危害：谨慎使用，贮存在原装瓶中并放在儿童不能触及的地方，生鲜蔬菜洗净后再食用，防虫液只能用于儿童暴露的皮肤上，当儿童进入室内就用肥皂和清水洗净（Weiss et al., 2004）。

生活在破旧建筑物中的年幼儿童，脱落的铅画很容易导致他们铅中毒，从而影响其大脑发育。

铅污染　铅可以通过下列方式进入儿童的血液系统：食用被铅污染的食物和水，把被铅污染的手指放进嘴里，在家或学校吸入含有铅漆料的灰尘。铅中毒会严重干扰儿童认知能力的发展，可以导致各种各样的神经和行为问题（AAP Committee on Environmental Health, 1998; Canfield et al., 2003; Needleman, Riess, Tobin, Biesecker, & Greenhouse, 1996; Tesman & Hills, 1994）。铅污染对于儿童尚处于发育阶段的大脑会产行不可逆转的影响（Bellinger,2004）。然而，我们可以通过消除儿童环境中的铅污染源来避免铅中毒（Tesman&Hills, 1994）。

大约 8% 的美国儿童，其中大部分来自贫困和医疗救助家庭，处于血铅浓度升高的危险之中（Rogan et al., 2001）。任何水平的铅污染都是危险的。中毒的程度取决于剂量、儿童暴露于污染中的时间以及儿童发展和营养的易损性（AAP Committee on Environmental Health, 1998）。即使是低程度的污染也会对年幼儿童产生伤害，特别是在诸如贫困和母亲抑郁等其他危险因素共存的前提下（Canfield et al., 2003）。

学习检查站
你能否……
✓ 讨论危害儿童健康和发展的几种环境因素？

认知发展

皮亚杰的观点：前运算阶段的儿童

学习指路标

5. 学龄前儿童有哪些典型的认知发展？他们思维的局限性表现在哪些方面？

皮亚杰把童年早期称为认知发展的**前运算阶段**（preoperational stage），因为这一阶段的儿童还不不能进行逻辑心理运算（见第 9 章）。前运算阶段大约从 2 岁到 7 岁，其特点是符号思维和表征能力（萌芽于感知运动阶段后期，见第 5 章）迅速发展。下面，我们看一看该阶段儿童的前运算思维发展及其局限性（见表 7-3 和表 7-4），并回顾一下对皮亚杰的理论提出挑战的最近研究。

前运算思维的优点

随着对空间、因果关系、认同、分类以及数量等概念理解的发展，儿童的符号

表 7-3 儿童早期的认知发展

发展	重要性	例 子
使用符号	儿童在思考客体、人或事件时无需与其建立感知行动上的联系	西蒙问妈妈有关大象的一些事情，该大象是几个月前他们在去马戏团的途中看到的
	儿童能想象客体或人实际上并没有的属性	罗尔夫把一小片苹果当成围着餐桌“嗡嗡”作响的真空吸尘器
理解同一性	儿童知道表面的变化并不改变事物的本质	安东尼奥知道穿上海盗服的老师仍然是他的老师
理解因果关系	儿童认识到凡事皆有原因	看见一个球从墙后滚来，阿尼可知道去寻找墙后踢球的人
分类能力	儿童能根据有意义的类别组织客体、人和事件	根据尺寸大小，罗莎把从森林中收集来的松果分为两堆:“大的”和“小的”
数的理解	儿童能计数并处理数量关系	林赛和朋友分享糖果，通过计数来确保每个女孩拥有相同数量的糖果
同理心	儿童有能力想象其他人的感受	当艾米利奥看到朋友很心烦时，试图安慰朋友
心理理论	儿童更能意识到自己的心理活动和心理的机能	布兰卡想为自己留些曲奇饼干，因此把曲奇饼干藏在了装意大利面的盒子里。她知道曲奇饼干是安全的，因为弟弟不会去他认为不能找到曲奇饼干的地方寻找饼干

表 7-4 前运算思维的局限性（根据皮亚杰）

局限	描 述	例 子
中心化：不能去中心化	儿童仅关注情境的一个特征，而忽略其他特征	蒂莫西嘲笑他的妹妹，他的果汁比妹妹的多：因为他的果汁杯子高而细，他妹妹的短而粗
不可逆性	儿童不能理解一些运算或活动是可逆的，能重新恢复到原始状态	蒂莫西没有认识到每杯果汁都能倒回果汁盒里，从而发现他的果汁并不比妹妹的多
关注状态而非转变过程	儿童不能理解两种状态之间转变过程的重要性	守恒任务中，蒂莫西不能理解液体形状的改变（从一个容器倒入另一个容器）并不改变其数量
转换推理	儿童不能演绎或归纳推理，而是从一种情况跳到另一种，认为不存在因果关系	莎拉对哥哥很不好，她的哥哥生病了，莎拉认为是自己的责任
自我中心	儿童猜想其他人都与自己所思、所知和所感一样	卡拉没有意识到她需要把书转过来，父亲才能看到她要求解释的图画，而是直接把书举到正对着自己的方向，这样只有她自己能看到画面
泛灵论	儿童认为所有物体都有生命	阿曼达说春天要来了，但冬天说：“我不走，我不走！”
不能区分表面和实质	儿童混淆表面和内在实质	考特尼对一块像石头的海绵感到困惑，她认为看上去像石头的东西应该是石头

思维有了较大进步。这些能力有些起源于婴儿期和学步期，有些开始于童年早期，但直到童年中期才得到全面发展。

符号功能　四岁的凯斯汀从又热又脏的后院走进屋内说："我想要冰淇淋！"。提这一要求时，她并没有看到诱发这一欲望的任何东西——没有打开冰箱门，也没看电视广告。她不再需要感知线索就能思考，她记住了冰淇淋的凉爽和味道，并有意识地找出它。这种不需借助感知或动作线索的思维特点是**符号功能**（symbolic function）的特征，即能用符号或心理表征（词语、数字或图像）来代表特定的意义的能力。使用符号是人类文化的普遍标志，如果没有符号系统，人们就不能进行言语交流、做出交换、看地图或珍藏远方亲人的照片。符号有助于儿童记住和思考不在眼前的事物，比如王娅妮可以根据记忆来绘画。

学龄前儿童通过延迟模仿、假装游戏和语言的发展来展示符号功能。延迟模仿是用以前观察过的事件的心理表征为基础，在观察一段时间后再付诸行动的能力。18 个月大的婴儿就完全具备这种能力了（见第 5 章）。**假装游戏**（pretend play）又称想象游戏、戏剧游戏，是指儿童可以制作一些物体（例如一个玩偶）来代表或表征其他事物（例如人）。语言是用来交流的符号（词语）系统，我们将在本章后面展开讨论。

当安妮假装给玩具熊检查身体时，她表现出主要的认知成就：延迟模仿，即在观察一段时间之后再付诸行动的能力。

理解空间中的客体　如第 5 章所讲，三岁以前，大部分儿童都不能很好地理解图片、地图、比例模型以及它们所代表的物体或空间之间的关系。较大一点的学龄前儿童能使用简单的模型，他们能通过研究模型来理解空间关系，并把这种理解迁移到地图中或者将对地图的理解迁移到对空间关系的理解上（DeLoache, Miller, & Pierroutsakos, 1998）。理解比例模型的能力也是逐渐获得和发展的。对 3~5 岁儿童开展的系列研究中，要求儿童根据一幅简单的地图，把物体放在一个形状完全相同但空间更大的相应位置，或者在相应位置找出该物体。结果发现，大约一半的三岁儿童和全部的四岁儿童能在单个维度上进行比例调整（Huttenlocher, Newcombe, & Vasilyeva, 1999），但是只有 60% 的四岁儿童和 90% 的五岁儿童能完成两维空间（例如小地毯）的类似任务（Vasilyeva & Huttenlocher, 2004）。

理解因果关系　虽然，皮亚杰承认学步期儿童已经对活动和反应之间的联结有一些

理解，但是，他认为前运算阶段的儿童仍然不能从逻辑上推论因果关系。皮亚杰认为，儿童是通过**转换**（transduction）进行推理的。转换推理是指儿童在主观上把两件事情联系起来，特别是这两件事情在时间上接近时，而不管它们之间是否存在逻辑上的因果关系。例如，路易斯认为是自己的“坏”想法或行为导致了自己和妹妹生病或父母离异。

然而，当选择儿童能理解的情境进行测试时，年幼儿童能理解原因和结果之间的关系。一个研究团队采用称为“blicket* 探测器”的装置进行了一系列实验，只有当被称作“blickets”的特定物体放进该装置后，它才会发光并播放音乐。研究发现，即使是两岁的儿童通过观察设备的操作情况，也能确定哪些物体是 blickets（因为它们激活了 blickets 探测器）以及哪些不是 blickets（Gopnik, Sobel, Schulz, & Glymour, 2001）。很明显，年幼儿童对物理世界中相似事件的理解促使儿童能在逻辑上思考因果关系（Wellman & Gelman, 1998）。

在对 2.5~5 岁儿童和其父母日常谈话的自然观察中发现，儿童可以根据对象的适用性进行流畅的因果推理。儿童解释类型的范围从物理世界（剪刀需要清理以便能更好剪物体）到社会习惯（因为你在说，所以我必须停下来）。较大儿童的因果表述更加普遍（Hickling & Wellman, 2001）。但是，学龄前儿童把所有因果关系看作具有同样的、绝对的可预测性。一项对 3~5 岁儿童进行的系列研究发现，与成人不同，儿童会把“吃东西前不洗手会生病”与“跳起来的人一定会落下来”等同起来，认为它们同样都是确定无疑的（Kalish, 1998）。

理解同一性和分类 随着学龄前儿童对同一性理解的发展，他们发现这个世界更加有序和可预测。同一性是指虽然人和许多事物在形式、大小或外表等方面发生了变化，但它们在本质上没有变化。对同一性的理解是自我概念出现的基础（见第 8 章）。

分类或类别化要求儿童辨别事物之间的相似性和差异性。到四岁时，儿童能基于两条标准（例如颜色和形状）进行分类，儿童利用这种能力来安排自己生活的方方面面，把人分为“好的”与“坏的”、“善良的”与“自私的”等等。因此，分类能力是一种具有心理社会含义的认知能力。

学龄前儿童能区分有生命和无生命的事物吗？当皮亚杰询问年幼儿童风和云彩是否有生命时，根据儿童的回答，皮亚杰认为学前龄儿童不能区分有生命和无生命的事物。这种把所有事物都看成有生命的倾向称为**泛灵论**（animism）。但是，后来的研究者对此观点提出质疑，他们认为皮亚杰呈现给三四岁儿童的物体太相似，如果呈现给儿童的事物有一定的区别，例如岩石、人和玩偶。那么三四岁的儿童能理解人是有生命的，岩石和玩偶是无生命的。他们认为岩石是没有思想和情感的，并且他们会根据玩偶不能自己移动这一证据也认为玩偶是无生命的（Gelman, Spelke, & Meck, 1983）。

---

* 编者注：这是一个杜撰词，主要用于学前儿童的心理学研究。

虽然，植物也不会自己行走，也不会像动物一样发出声音。然而，学龄前儿童知道植物和动物能生长和死亡，受伤后能愈合（Rosengren, Gelman, Kalish, & McCormick, 1991; Wellman & Gelman, 1998）。文化能影响这种信念。一项对 5~9 岁以色列儿童的研究发现，以色列儿童根据食用性来分类植物，而日本和美国儿童根据植物的属性，例如呼吸、生长和死亡来分类植物。日本儿童倾向于把呼吸、生长和死亡这些属性归到无生命的物体上，例如石头和椅子。因为在他们的文化中，有时会把这些物体看作是活的和有感情的（Hatano et al., 1993）。

理解数概念　在美国，童年早期的儿童能辨别五条计算原则（Gelman & Gallistel, 1978; Sophian, 1988）：

1. *一一对应原则*：每个要计数的项目只用一个数字来命名（“1……2……3……”）。
2. *顺序原则*：按照从小到大的顺序进行数字命名（“1、2、3……而不是 3、2、1”……）。
3. *顺序无关原则*：无论从哪个项目开始计数，总数不变。
4. *基数原则*：最后一个数目就是要计数的项目的总数（如果有 5 个项目，那么最后一个数字就是 5。）
5. *抽象原则*：以上原则适应于任何物体。

研究结果表明，儿童能从计数经验中抽象出这些原则（Ho & Fuson, 1998; Siegler, 1998）。到五岁时，大部分儿童都能数到 20 以上，并且知道数字 1~10 的相对大小，有些儿童能进行单位数的加减运算（Siegler, 1998）。

儿童获得计数能力的快慢部分取决于其文化和学校的数学教学系统（Naito & Miura, 2001）。三岁以前，大部分儿童都能从 1 数到 10，在这方面，美国和中国儿童表现得同样好。到 4~5 岁时，美国儿童需要开始分别学习 11~20 之间每个数字的名称；由于中国的数字语言系统是 10 进制的，在 10 的基础上加 1（10+1，10+2 等等）对于幼儿的学习更有效（Miller, Smith, Zhu, & Zhang, 1995），因此，美国儿童的成绩从这时开始落后就不足为奇了。

序数——对哪个多或哪个少，哪个大或哪个小的概念——出现在 12~18 个月间。最初，仅限于非常少的几个物体之间的比较（Siegler, 1998）。到四五岁时，儿童能解决序数问题：梅根摘了 6 个苹果，乔舒亚摘了 4 个苹果，谁摘的多？（Byrnes & Fox, 1998）。序数知识的发展具有普遍性，但发展速度不同，这取决于儿童的家庭或所处文化重视计数的程度（Resnick, 1989; Saxe, Guberman, & Gearhart, 1987; Siegler, 1998）。

学习检查站
你能否……
✓ 总结学前儿童理解符号、空间、因果关系、同一性、归类和数概念的研究结果？

前运算思维的局限性

前运算思维的主要特征之一是**中心化**（centration）：只关注情境的某一方面而忽

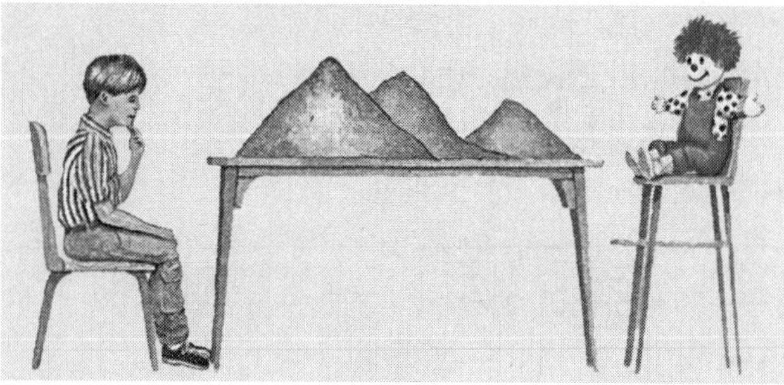

图 7–3
皮亚杰的三山任务。前运算阶段的儿童不能描述另外一个玩偶眼中的“大山”，根据皮亚杰的观点，这是自我中心主义的表现。

视其他方面。皮亚杰认为学前儿童不能**去中心化**（decenter），即同时考虑情境中的几个方面，因此他们不具有逻辑思维。中心化限制了年幼儿童对社会及物理关系的思考。

自我中心主义 **自我中心主义**（egocentrism）是中心化的一种表达方式。皮亚杰认为，年幼儿童过分以自己的观点为中心，而不能考虑其他人的观点。虽然三岁儿童的自我中心的程度低于新生儿，但这一时期的儿童仍然认为宇宙的中心是他们。自我中心可以解释为什么有时年幼儿童不能区别自己头脑中的东西和真实世界，也可以解释为什么他们经常混淆因果关系。例如，路易斯认为是自己的“坏”想法导致妹妹生病或父母离异，这就是一种自我中心主义的思维。

为了研究自我中心主义，皮亚杰设计了“三山任务”（见图 7-3），儿童面向桌子坐着，桌子上放着“三座大山”，一个玩偶坐在桌子对面的椅子上，实验者问儿童，玩偶看到的“大山”是什么样的？皮亚杰发现，年幼儿童不能正确回答该问题，他们通常从自己的视角来描述大山。皮亚杰认为这就是前运算阶段的儿童不能从不同角度考虑问题的证据（Piaget & Inhelder, 1967）。

但是，其他的实验者采用简单的实验任务却得出了不同的结论。儿童坐在一个正方形木板前面，该正方形木板被“墙”分成四个部分：一个玩具警察站在木板的边缘，一个玩偶从一部分移到另一部分，每次移动后，就问儿童“警察能看到玩偶吗？”然后，另一个玩具警察放在木板的另一个位置，请儿童把玩偶藏起来不让两个玩具警察发现。30 名三岁半和五岁儿童在 10 次实验中能答对 9 次。为什么这些儿童在警察任务中能考虑其他人的观点而在“三山任务”中却不能？或许是因为警察任务对儿童来说更熟悉、更具体。大部分儿童对“三山任务”不熟悉，因此不能考虑其他人的观点，而大部分儿童对玩偶和警察捉迷藏游戏比较熟悉。因此，年幼儿童可能只是对超出他们即时经验的情境表现出自我中心主义。

守　恒 另一个儿童中心化的经典例子是不能理解**守恒**（conservation）。如果两个物体只是外形发生了改变，质量没有增多或减少，那么这两个物体仍然是相等的。皮亚杰发现，只有到了具体运算阶段，儿童才能真正理解守恒原则。不同年龄段的儿童能理解不同的守恒种类，这种现象称为**水平滞差**（horizontal décalage）。表 7-5 列出了如何测量守恒的不同维度，儿童掌握不同维度守恒的具体年龄参见第 9 章。

在液体守恒任务中，给五岁男孩蒂蒙西展示两个相同的透明玻璃杯，两个杯子矮且宽，里面装有相同数量的液体，然后问蒂蒙西：“两个杯子中的水一样多吗？”当蒂蒙西同意两者一样多时，研究者把其中一个杯子中的水倒入第二个杯子（高且

表 7–5 各种守恒的测量

守恒任务	给儿童呈现的问题*	转 换	问儿童的问题	前运算阶段儿童的典型答案
数量	两列相等、平行的糖果	其中一列糖果放置的更分散些	每列的糖果数量相同吗？或哪一列的糖果数量较多？	列越长糖果越多
长度	相同长度的两根平行木棒	把其中一根木棒移到右边	两根木棒一样长吗？或哪根更长？	右边（左边）的那根更长
液体	两个装有等量液体的相同玻璃杯	把其中一个玻璃杯中的液体倒入一个高且细的玻璃杯中	两个玻璃杯中的液体一样多吗？或哪个更多些？	高且细的玻璃杯中有更多液体
物质（质量）	两个相同尺寸的粘土球	把其中一个球捏成香肠形状	这两块粘土一样多吗？或哪块更多些？	香肠形状的更多些
重量	两个相同重量的粘土球	把其中一个球捏成香肠形状	这两块粘土重量相同吗？或哪个更重些？	香肠形状的更重些
面积	两只玩具兔，带有积木（代表草地上的谷仓）的两块硬纸板（代表草地）；每块硬纸板上都有相同数量的谷仓	重新摆放每块硬纸板上的积木	每只兔子都有相同数量的草吃吗？哪个更多些？	积木紧密靠在一起的那只有更多草吃
体积	里面放有两个相同尺寸粘土球的两杯水	将粘土球取出，并把其中一个球捏成香肠形状	如果我把香肠再次放回杯子里，每个杯子中水的高度还相同吗？或哪个更高些？	里面有香肠的杯子里的水更高些

* 儿童知道所有项目数量是相同的。

窄的透明玻璃杯），再问蒂蒙西："现在这两个杯子里的水一样多吗？或者哪个更多些？为什么？"前运算阶段的儿童看到水从一个矮且宽的杯子倒入一个高且窄的杯子中，甚至让儿童亲自倒水后，包括蒂蒙西在内，他们都会说更高或更宽的杯子里的水多。当询问原因时，他们会说，"这个杯子更大些"。皮亚杰认为前运算阶段的儿童不能同时考虑高度和宽度，既然儿童只关注某一方面，所以他们就不能进行逻辑思考。

守恒能力也受**不可逆性**（irreversibility）的限制。不可逆性是指不能理解一个操作或活动可以通过两种以上的方法完成。一旦蒂蒙西能想象通过把水倒回到原来的杯子以恢复水的最初状态时，他将意识到两个杯子里的水一样多。

通常，前运算阶段的儿童似乎以一系列静态框架来观看幻灯片，皮亚杰认为他们只关注连续的状态，而没有看到从一种状态到另一种状态的转换。守恒实验中，儿童只关注每个杯子里的水，而没有关注从一个杯子倒入另一个杯子的过程，因此不能意识到水一样多。

学习检查站

你能否……

- ✓ 阐述前运算阶段思维的局限性？
- ✓ 讨论挑战皮亚杰关于儿童早期自我中心主义观点的研究？
- ✓ 解释前运算阶段的儿童理解守恒困难的原因？

幼儿有心理理论吗?

皮亚杰是第一个考察儿童心理理论的学者。**心理理论**（theory of mind）是指个体对自己以及他人心理过程的觉察。皮亚杰问儿童这样的问题：“梦从哪里来？”和“你在想什么”。根据儿童回答的内容，皮亚杰认为六岁以下儿童不能区别想法或幻想与物质实体之间的差异，因此没有心理理论。但是，近年来的研究表明，2~5 岁的儿童关于自己和他人心理过程的知识有了显著的增长（Astington, 1993; Bower, 1993; Flavell et al., 1995; Wellman, Cross, & Watson, 2001）。

同样，也许是研究方法造成了上述结果的差异：皮亚杰的问题过于抽象，他期望儿童能用语言表述自己的理解。当代的研究者采用儿童熟悉的词语或物体替代概括化的谈话，观察儿童的日常活动或给儿童提供具体的例子。通过这些研究方式我们知道，三岁儿童能区别正在吃小甜饼的男孩和想要吃小甜饼的男孩。他们知道哪个男孩能拥有、分享和吃小甜饼（Astington, 1993）。下面我们来看看心理理论的几个特征。

关于思维和心理状态的知识 3~5 岁的儿童能理解思维发生于心理内部；思维能解决真实或想象的问题；某些人可以在做或注视其他事情的同时思考另一件事件；眼睛和耳朵被蒙住的人仍能进行思考；默不作声的人可能正在思考；思考与看、交谈、接触和理解有差异（Flavell et al., 1995）。

不过，学龄前儿童普遍认为心理活动是断断续续的，直到童年中期，他们才知道心理活动是连续的、主动的（Flavell, 1993; Flavell et al., 1995）。学龄前儿童很少或几乎意识不到：自己和他人用语言思考，在头脑中和自己交流，当他们在看、听、读或说时也能思考（Flavell, Green, Flavell, & Grossman, 1997）。学龄前儿童把梦和想象等同，相信能梦到自己希望梦的任何事情。五岁儿童能认识到经验、情绪、知识和思维能影响梦的内容，但直到 11 岁时，他们才真正认知到他们并不能控制梦（Woolley & Berger, 2002）。

社会认知是指关于他人的心理状态的知识（见第 6 章），是人类特有的能力（Povinelli & Giambrone, 2001），随着自我中心的消失以及同理心的发展而出现。直到三岁，儿童才意识到，如果一个人得到了他想要的东西会高兴，否则会伤心（Wellman & Woolley, 1990）。四岁时儿童开始理解人有不同的世界观，无论正确与否都将影响他们的行为。

错误信念和欺骗 研究者给三岁的玛里拉看一个糖果盒，并问里面有什么。她说：“糖果”。但当玛里拉打开盒子时她看到是蜡笔而不是糖果，研究者问：“没有打开过盒子的儿童会认为这里面是什么？”玛里拉说：“蜡笔”。她并不能理解其他没有打开过盒子的儿童也像她一样会被盒子的外表欺骗。而且，她会说自己一开始就认为盒子里是蜡笔（Flavell, 1993; Flavell et al., 1995）。

对错误信念的理解源于个体意识，即人们对现实的心理表征有时候是错误的。像玛里拉一样，三岁儿童似乎缺乏这种意识（Flavell et al., 1995）。对在不同国家开展的、使用不同变式的错误信念任务的 178 项研究进行元分析，发现了儿童的发展模式具有一致性（Wellman & Cross, 2001; Wellman, Cross, & Watson, 2001）。当教会学龄前儿童使用手势对错误信念做出反应时，与传统的词汇反应任务相比，接近四岁的儿童（而非更小的儿童）会做得更好。因此，手势能帮助处于掌握错误信念边缘的儿童弥补概念局限（Carlson, Wong, Lemke, & Cosser, 2005）。

三岁的儿童不能识别错误信念可能根源于他们的自我中心思维。该年龄的儿童倾向于认为任何人都知道他们所知道的，都相信他们所相信的，他们不能理解自己的想法是错误的。四岁的儿童能理解，不同人对同一事件有不同的看法，这是因为每个人的信念不同。直到六岁时，儿童才意识到看到或听到同一事件的两个人，对事件的解释可能完全不同（Pillow & Henrichon, 1996）。

欺骗是指努力在他人的心中植入错误的信念，这要求儿童抑制说真话的冲动。换言之，说谎代表着认知发展了。一些研究发现，甚至是两三岁的儿童就有欺骗能力。另一些研究则发现，儿童到了四五岁时才有欺骗能力。在一项系列实验研究中，问三岁的儿童是否愿意捉弄一下另一位实验者：给实验者关于球藏在两个盒子中的哪一个的错误线索。当要求儿童把球的图片放在错误盒子或用一个箭头指向该盒子，而不是采用该年龄段儿童的习惯的方式——用手指向盒子时，儿童能更好地进行欺骗。（Carson, Moses, & Hix, 1998）。

皮亚杰认为，年幼儿童把所有有目的或无目的的错误都当作谎言。但是，当给 3~6 岁儿童讲述一个与其经验相近的故事，如吃污染食物的危险，让儿童选择主人公的行为是说谎或错误时，所有年龄组 3/4 的儿童能准确地做出判断（Siegal & Peterson, 1998）。很明显，即使三岁的儿童也对欺骗的目的有一些理解。

区别表象和现实　皮亚杰认为，儿童只有到了五六时才能理解看上去像什么和真正是什么之间的区别。虽然也有一些研究发现，四岁前的儿童就拥有了这种能力，但大部分研究都支持皮亚杰的观点（Friend & Davis, 1993; C. Rice, Koinis, Sullivan, Tager- Flusberg, & Winner, 1997）。

在一项经典的系列研究中（Flavell, Green, & Flavell, 1986），三岁的儿童在不同实验中明显混淆了表象和现

它真的是芝麻街娃娃小公仔和艾蒙吗？这些小男孩看上去并不确信。区分表象和事实的能力在 3~6 岁时获得。

实，例如，当儿童通过特殊的太阳镜使牛奶看起来是绿色的，儿童就说牛奶是绿色的，即使他们刚刚看过白色牛奶也这样认为。但是，三岁儿童区分表象和事实的困难更多是表面的而不是实际的。当问儿童一支包装得像蜡笔一样的蜡烛的用途时，只有30% 的儿童能正确回答。但是要求儿童用活动（想把蜡烛放到生日蛋糕上）而非言语进行反应时，90% 的儿童能正确做出反应（Sapp, Lee. & Muir, 2000）。

区别幻想和现实 18 个月至三岁的儿童能学会区分真实的和想象的事件。三岁儿童知道真实的狗和梦中的狗的区别，知道看不见的事物（例如空气）和想象的事物的区别。儿童能够假装并能区分他人的假装（Flavell et al., 1995）。三岁的儿童，在有些情况下甚至两岁的儿童也知道伪装是有意图的，他们能把努力做和假装做同样的事区别开来（Rakoczy, Tomasello, & Striano, 2004）。

但是，有时幻想和现实之间的界限并不清晰，正如王娅妮编造的关于猴子朋友的故事一样。一项研究把 4~6 岁儿童单独留在一个房间中，儿童更喜欢去拿装有虚构的兔子的盒子，而不是装有虚构怪物的盒子，尽管大部分儿童称自己是假装这样做的（Harris, Brown, Marriott, Whittall, & Harmer, 1991）。然而，在另一项部分重复该实验的研究中，实验者在房间里阻止儿童假装。只有 10% 的儿童去拿或去看其中的某个盒子。大部分儿童完全理解这两个生物都是虚构的（Golomb & Galasso, 1995）。当问及儿童有关"假想"的物体时，实验者很难搞清楚儿童给出的答案是假装的还是认真的（M. Taylor, 1997）。

三岁和年龄更大些的儿童的奇思妙想似乎并不是源于混淆幻想和现实。一些文献综述表明，经常奇思妙想是儿童用来解释看起来没有明显现实意义事件的一种方式（通常因为儿童缺乏相关知识），或者他们只是简单地沉溺于假装的乐趣中（Woolley, 1997）。

心理理论发展的顺序 某些心理理论技能比其他技能更早获得吗？一个研究团队（Wellman & Liu, 2004）在文献综述的基础上建构了一个发展量表，用描述来理解各种心理理论发展的顺序，然后，以三个学前服务机构的 75 名 3~5 岁儿童为样本进行了研究，该样本中大部分是欧裔美国儿童，只有 25% 的是少数民族儿童。

研究结果表明，对愿望的理解先于信念。儿童在理解两个人对同一事件可能有不同信念之前，就知道两个人对同一物体拥有不同的愿望。儿童只有在理解了信念的多样性之后才能判断某人是否有错误信念。在此之后，分辨真实和外显情绪的能力出现。这意味着单一的任务类型（例如错误信念测验）不能描述儿童心理理论的发展轨迹。类似的量表有助于我们区分影响心理理论获得和个体差异的各种因素（Wellman & Liu, 2004）。

影响心理理论发展的个体差异的因素 一些儿童的心理理论发展早于其他儿童。这种发展部分反映了大脑的成熟和基本认知能力的进步。还有哪些因素能解释这种个

体差异？

社交能力和语言发展有助于理解思维和情绪（Cassidy, Werner, Rourke, Zubernis, & Balaraman, 2003）。教师和同伴都认为，社交技能高的儿童能更好地识别错误信念、辨别真实和伪装情绪以及采纳他人的观点，而且他们也有更高的语言能力（Cassidy et al., 2003; Watson, Nixon,Wilson, & Capage, 1999）。

年幼儿童在家里听到的谈话类型影响其心理理论的发展（Jenkins, Turrell, Kogushi, Lollis, & Ross, 2003）。经常和母亲谈论他人心理状态的三岁儿童往往拥有更好的心理理论技能（Ruffman, Slade, & Crows, 2002）。

鼓励假装游戏的家庭能激发儿童心理理论技能的发展。当儿童扮演某种角色时，他们会尽力猜测他人的观点。当儿童在一起玩假装游戏时，他们必须要考虑想象世界中其他儿童的看法。和儿童谈论故事中人物的感受有助于发展儿童的社会理解（Lillard & Curenton, 1999）。经常谈论感受和因果关系的家庭中的儿童，通常其同理心出现的也越早（Dunn, Brown, Slomkowski, Tesla, & Youngblade, 1991; Dunn, 1991）。

在家里说和听两种及以上语言的双语儿童，和单语儿童相比，他们在特定的心理理论任务上表现得稍微好些（Bialystok & Senman, 2004; Goetz, 2003）。双语儿童知道一个物体或想法至少可用一种以上的语言方式表现出来，这种知识有助于儿童理解不同人会有不同的观点。双语儿童也能根据同伴来选择匹配的语言，这促使儿童更多地意识到他人的心理状态。最后，双语儿童能更好地控制注意，这使他们更多关注什么是真实的，而不是那些只是看上去真实的事物（Bialystok & Senman, 2004; Goetz, 2003）。

不同的文化看待心理的方式不同，这种文化态度也会影响儿童（Lillard, 1998）。北欧和美国中产阶级家庭的儿童更多注意心理状态如何影响行为，而亚洲儿童则关注引起行为的情境。日本的父母和老师经常和儿童谈论他们的行为如何影响他人的感受（Azuma, 1994）。经常剩饭的日本儿童会被告知，如果浪费饭菜，辛苦种植粮食的农民会伤心的。

学习检查站

你能否……

- ✓ 举出挑战皮亚杰关于幼儿认知模仿观点的研究例子？
- ✓ 描述3 6岁儿童关于心理如何工作的知识的变化，并指出影响其发展的因素？

信息加工的观点：记忆的发展

学习指路标

6. 童年早期的记忆力发展表现在哪些方面？

童年早期，儿童的注意、信息加工速度和效率都有了提高，而且他们开始形成长时记忆。但年幼儿童的记忆力不如年龄大一些的儿童。一方面是因为，年幼儿童关注事件的细节（容易遗忘），而年长儿童和成人一样，通常关注事件的要点。另外，年幼儿童缺乏关于世界的知识，不能注意到情境中的重要特征，例如发生的时间和地点，而这些都有助于唤起记忆。

基本加工过程和容量

信息加工理论家把记忆看成包括编码、存储和提取三个阶段或过程的文件编排保存系统。**编码**（encoding）类似于把信息放入记忆中的文件夹里，把信息“编码”或贴上“标签”以便在需要时更容易找到。编码事件时要把信息及发生的背景结合起来。**存储**（storage）是指把文件夹放到文件柜里。当需要信息时，**提取**（retrieval）就发生了，然后，儿童搜索相应的文件并取出来。这些加工过程中遇到的任何困难都能干扰记忆效率。

虽然记忆系统的效率存在个体差异，但大脑存储信息的方式具有普遍性（Siegler, 1998）。信息加工模型把大脑看作包含*感觉记忆*、*工作记忆*和*长时记忆*三个“存储器”。

感觉记忆（sensory memory）是指来自感觉信息的暂时“存储器”。从婴儿期开始，感觉记忆几乎就没有什么变化（Siegler, 1998）。如果信息没有得到进一步加工（编码），感觉记忆很快就消失了。

被编码或提取出来的信息保存在工作记忆中。**工作记忆**（working memory）是个体积极加工信息（试图理解、记忆和思考）的短时“存储器”。脑成像研究发现，部分工作记忆位于*前额叶皮层*，即额头正后方大脑额叶的大部分区域（Nelson et al., 2000）。该脑区比其他脑区发展得更晚（M. H. Johnson, 1998）。

工作记忆的容量影响其效率。研究者可以通过要求儿童回忆一系列倒序数字来测量工作记忆的容量（例如，当听到 1-5-7-3-8-2 就说 2-8-3-7-5-1）。工作记忆容量（儿童能回忆出来的数字串）随着年龄的增长而快速增加。4 岁儿童一般只能记住 2 个数字。，到 12 岁时，大部分儿童能记住 6 个数字（Zelazo, Müller, Frye, & Marcovitch, 2003）。

工作记忆的发展也促进了*中央执行功能*的发展。中央执行功能是指计划和实施一些有目标定向的心理活动。儿童早期中央执行功能的发展表现在儿童问题解决的过程和使用复杂的规则中（Zelazo et al., 2003）。

根据一个被广泛采用的模型，**中央执行**（central executive）控制着工作记忆的加工过程（Baddeley, 1981, 1986, 1992, 1996, 1998）。中央执行到 8~10 岁才发展成熟（Cowan et al., 1999），它能将被编码的信息转移到长时记忆中。**长时记忆**（long-term memory）是一个拥有无限容量且能长久保存信息的“存储器”。中央执行把信息从长时记忆中提取出来进行进一步加工。在执行其他任务时，中央执行能通过把信息转移到两个独立的辅助系统中，以暂时扩大工作记忆的容量，其中一个辅助系统保存言语信息（像数字任务），另一个辅助系统负责保存视觉 / 空间图像。

再认和回忆

再认和回忆是提取的两种类型。**再认**（recognition）是指能认出以前见过的事物的能力（例如从失物箱中找出丢失的手套）。**回忆**（recall）是指从记忆里复制知识的能力（例如向他人描述手套，或能在空中用手指写出看过的字母，像王娅妮做的那样）。和其他年龄组一样，学龄前儿童的再认能力好于回忆，但这两种能力都随着年龄的增长而提高，儿童对某个项目越熟悉，他们回忆得越好（Lange, MacKinnon, & Nida, 1989）。

年幼儿童通常不能使用记忆策略，除非提醒他们，否则他们也不会使用已经知道的策略。这种不能产生有效策略的现象反映了儿童不能意识到策略的有效性（Sophian, Wood, & Vong, 1995）。年长儿童往往在自发使用记忆策略方面更有效（见第 9 章）。

学龄前儿童识别熟悉面孔的能力如何？澳大利亚的一项研究发现，可能是因为年幼儿童仍然不具有关于面孔的足够经验，所以他们的面孔识别能力不如年长儿童和成人。但四五岁的儿童能像成人一样，从整体上加工面孔识别的信息。当鼻子与脸一起呈现而非单独呈现时，年幼儿童和成人都能更容易区分两个鼻子中的哪一个是属于熟悉面孔的（Pellicano & Rhodes, 2003）。

学习检查站
你能否……

- ✓ 区别记忆的三个基本的加工过程和三个存储器，并讨论它们的发展？
- ✓ 比较学龄前儿童的再认和回忆能力？

童年期记忆的形成

儿童对早期经验的记忆很少经过深思熟虑，他们只能记住那些印象深刻的事件。这些早期的有意记忆大都比较短暂。一位研究者根据记忆功能的不同把儿童早期的记忆分为三种类型：通用记忆、情景记忆和自传体记忆（Nelson, 1993b）。

通用记忆（generic memory）开始于两岁左右，指产生一个**脚本**（script），或指没有时间和地点细节的一个熟悉的重复事件的基本轮廓。脚本中包括多次出现的情景，它有助于儿童知道该做什么和怎么做。例如，布里亚娜有乘坐公共汽车去幼儿园的脚本，或者在外婆家吃午饭的脚本。

情景记忆（episodic memory）是指对经历过的发生在特定时间和地点的特定事件的意识。年幼儿童能更清楚地记住新发生的事件。三岁儿童可以回忆一年前或更早些时候去马戏团的详细情形（Fivush, Hudson, & Nelson, 1983），然而，对经常性事件的通用记忆（例如奶奶家的午餐）却比较模糊。由于记忆容量有限，年幼儿童的情景记忆是短暂的。除非这些事件重复发生多次后转化为通用记忆，否则情景记只能持续几周或几个月，然后消失。在涉及虐待儿童的案件中，儿童的情景记忆的可靠性已成为焦点问题（见专栏 7-2）。

自传体记忆（autobiographical memory）是指对构成个体生活史的复杂生活事件的记忆。这种记忆是特定的，持续时间较长。自传体记忆是情节记忆的一种类型，

实战演说

专栏7-2

儿童目击证人的证词有多可靠？

虐待儿童是一种犯罪，通常需要通过年幼儿童的证词才能证明施虐者的犯罪活动。如果儿童的证词是错误的，那么无辜的成人就会受到不公平的惩罚。另一方面，如果我们不相信儿童的证词，那么危险的成人可能会逍遥法外。

年幼儿童不清楚他们是否真地经历了某一事件，或者仅仅是想象的、或别人告诉他的、或被要求这么说的（Woolley & Bruell, 1996）。因此，众所周知，对成人建议做出响应的儿童会“记住”从未发生过的事件。在一项实验中，研究者让一名叫斯顿的男人很随意地参观某托儿所(Leichtman & Ceci, 1995)。斯顿评论儿童读过的故事，在教室里闲逛，然后挥手说再见并离开。看到这些事件的一组儿童，在斯顿参观托儿所前就多次被告知斯顿是一个“坏人”，并且故意暗示儿童：斯顿会抢一本书，弄脏泰迪熊。

四周之后对儿童进行访谈，结果发现，在听过斯顿的故事且同时给予错误暗示的这组儿童中，约 50% 的三岁和四岁儿童以及 30% 的五岁和六岁儿童向访谈者报告了斯顿抢书和弄脏泰迪熊的事件。当提问调查问题时，近 75% 的年幼儿童说，斯顿做了其中一件事情或两件都做了。相比而言，没有给予偏见信息或错误暗示的控制组儿童都给出了客观真实的报告。因此，如果给予中立的启发，那么年幼儿童能给出正确的证词。

学龄前儿童往往比年长儿童更易受到影响。主要原因可能是年幼儿童对特定事件的记忆较差，更容易受到成人贿赂、威胁和期望的影响（Bruck, Ceci, & Hembrooke, 1998; Ceci & Bruck, 1993; Leichtman & Ceci, 1995）。一项研究发现，与七岁或九岁的儿童以及成人相比，五岁儿童更可能“记住”错误事件（Ghetti & Alexander, 2004）。但是，无论哪一年龄段，一些儿童比其他儿童更易受到影响（Bruck & Ceci, 1997）。

在下列情况下儿童报告的可信度更高：在事件发生后尽快对儿童进行一次访谈，访谈者对发生的事件不掺杂任何立场；访谈者不问引导性的问题，问开放式的问题而非需要回答是 / 否的封闭问题，访谈者不重复问同一问题；访谈者耐心并且无偏见；访谈者没有选择性地奖

但并非情景记忆中的所有事件都是自传体记忆的一部分，只有对儿童具有特定意义的情景记忆才属于自传体记忆。大部分人的自传体记忆通常可以追溯到 3~4 岁，有些人的自传体记忆甚至可以追溯到两岁（Howe, 2003）。另外，有些人不能记住八岁前的太多事情（Nelson, 1992）。

正如第 5 章所述，对于自传体记忆出现较晚的一种可能解释是，儿童有了自我概念后，才能在记忆中保存有关自己生活的事件（Howe, 2003; Howe & Courage, 1993, 1997）。自传体记忆的出现也可能与语言发展有关，例如，娅妮和父亲经常在一起谈论事件，这一能力影响记忆是否以及如何渗透到今后的生活中。儿童只有把记忆转化为语言的形式，他们才能将其保存在头脑中并进行反思，以及与其他记忆进行比较（Fivush & Schwarzmueller, 1998）。

为什么一些人的早期记忆持续的时间比较长？第一个影响因素是事件的独特性。第二个因素是儿童的积极参与程度，包括积极参与事件本身或重述事件以及重视该事件的程度，正像娅妮能鲜活地画出记忆中的猴子一样。与看过的事件相比，学龄前儿童能更好地记住做过的事情（Murachver, Pipe Gordon, Owens, & Fivush, 1996）。第三个因素是和父母谈论过去的事件。一项研究让 2.5~3 岁的儿童和妈妈共同参与假装游戏：参与野营旅行、参加观察鸟的探险活动、模拟冰淇淋店开幕式活动。研究发现，与自己参与游戏，或自己谈论与这些游戏有关问题的儿童相比，与母亲一

励或强化某种反应，或者传达隐含的威胁和谴责（Bruck & Ceci, 1997; Bruck, Ceci, & Hembrooke, 1998; Leichtman & Ceci, 1995; Steward & Steward, 1996）。

年幼儿童在回忆重复性事件的精确信息时容易犯错误（Powell & Thomson, 1996）。他们往往会把该特定事件中所发生的情形与其他类似事件中发生的情形相混淆。因此，即使儿童精确地记住了虐待模式，也不能回答有关虐待事件的具体情况。

因为不能证明年幼儿童能够清晰理解事实和谎言、良知和说谎后果的区别，所以年幼儿童的证词经常被拒绝。他们经常不理解提问题的方式，也不能解释问题中涉及的概念。而且，许多被虐儿童的语言能力都发展迟缓。里昂—塞维特兹的宣誓能力图片任务通过简单地问年幼儿童：是否故事中的儿童正在简述图画事件中的事实，如果故事中的儿童说谎将会发生什么事情。这样就可以避免上述问题。192 名受到虐待的 4~7 岁儿童正在等待法院的传讯，其中大多数五岁儿童能成功地实施这一任务，甚至四岁儿童的表现也比预期得好（Lyon & Saywitz, 1999）。

人们仍在争论年幼儿童证词可靠性的问题，但是很明显，如果使用避免偏见性的访谈技巧，儿童能够给出可靠的证词。研究者试图发展和确认访谈技术"模型"，这样可以使危害儿童的成人浮出水面，从而保护那些可能被错误起诉的成人（Bruck et al., 1998）。

我思我秀

在儿童虐待案例中，决定是否采信年幼儿童的证词前，你将寻找哪些信息以及考虑哪些因素？

课外链接

若想了解关于该主题的更多信息，请登录 http://www.ojp.usdoj.gov/ovc/factshts/monograph.htm，这是 1991 年 6 月美国司法部罪案受害者办公室的专题论文"打破暴力循环：改善刑事司法对儿童受害者和儿童证人反应的举措"。也可登录 http://www.aap.org/policy/re9923.html，这是美国儿科学会的政策声明："法庭中的儿童：主题回顾"（RE9923）。

起参与并讨论的儿童，在一至三天的回忆成绩更好（Haden & Ornstein, Eckerman, & Didow, 2001）。

成人和儿童谈论共享经验的方式影响儿童对此经验的回忆（Haden & Fivush, 1996; McGuigan & Salmon, 2004; Reese & Fivush, 1993）。*重复性的谈话风格*是指当儿童回忆遇到困难时，成人重复以前的表述或问题。重复性谈话风格的父母可能会问："你记得我们上次是怎样去佛罗里达的吗？"如果儿童没有回答，可继续问"我们是怎样到那里的？我们乘______去的"。*精加工谈话风格*是指成人会谈到事件的其他特征或增加更多的信息："我们开车去的还是坐飞机去的？"精加工谈话风格的父母关注谈话的互惠性以及肯定儿童的反应，重复性谈话风格的父母关注的是检验儿童的记忆状况。如果父母是精加工风格，儿童在三岁时就能参与有关更长、更详细事件的谈话，在五岁时，他们能更好地记住这些事件（Resse, Haden, & Fivush, 1993）。

"记得我们什么时候去的动物园吗？"年幼儿童能较好地记住独特和新奇的事件，他们可以回忆起一年前或更早的某个特殊旅程的细节。

我思我秀

- 既然精加工谈话风格能有效地唤起年幼儿童的记忆，你支持训练母亲采用这种谈话风格吗？为什么支持或不支持？

一项对参加舞台表演（参观“动物园”）的三岁和五岁儿童开展的研究发现，与在事件发生前或发生时相比，在事件发生几天后进行精加工谈话，对儿童两周后的正确回忆有更大影响。实际上，对于三岁儿童而言，在事件发生前或发生时的精加工谈话与“空洞”的谈话（没有传达任何信息的谈话）一样，对后来的回忆没有任何帮助效果（McGuigan & Salmon, 2004）。

精加工谈话如何提高了回忆效果？这种谈话能为事件的特征提供词汇标签以及有序且易于理解的结构，从而帮助儿童编码与最近经历相关的信息。精加工谈话也能帮助儿童建立对该事件心理表征的“界限”，从而阻止无关或失真信息的干扰（McGuigan & Salmon, 2004）。

根据维果斯基的社会互动模型，当孩子把自己做的或看到的事情告诉母亲时，母亲的评论和质疑有助于孩子建构记忆的方式。

社会互动、文化和记忆

社会互动不仅有助于儿童的记忆，而且也是记忆形成的关键。受维果斯基社会文化理论影响的研究者支持**社会互动模型**（social interaction model）。该模型认为，儿童与父母或其他成人一起谈论共享事件时，会合作性地建构儿童的自传体记忆（Nelson, 1993a）。成人发起和引导谈话，向儿童展示该文化下叙事形式的记忆是如何组织的（Welch-Ross, 1997）。当父母不断提出情境问题（“你什么时候找到了松果？”“在哪里找到的？”“和谁？”）时，儿童很快就知道应该包含这些信息，这样便促进了两岁和三岁儿童的记忆发展（Peteson & McCbe, 1994）。当三岁儿童的父母对这些主观反应（“你想去玩滑梯”“是个大碗”“妈妈错了”）进行评价时，五岁半的儿童更可能把这些评论纳入到回忆中（Haden, Haine, & Fivush, 1997）。

学习检查站

你能否……

- ✓ 鉴别儿童早期的三种记忆类型？
- ✓ 区分影响学龄前儿童记忆事件的因素？
- ✓ 比较父母和孩子讨论共享记忆的两种风格？
- ✓ 举例说明社会互动和文化如何影响自传体记忆？

文化影响儿童记忆经验以及父母和孩子谈论经验的方式。一项研究发现（Wang, 2004），分别向180名欧裔美国和中国的学龄前儿童、幼儿园儿童和小学二年级儿童问下列问题：“你上一个生日怎样过的？”和“告诉我一件爸爸或妈妈责备你的事。”与中国儿童相比，美国儿童在讲特定事件时，他们叙述得更长、更详细，而且包含更多的观点和情绪。中国儿童的描述主要集中在日常活动、群体活动、社会互动以及社会角色方面，他们的描述更短，更简洁。美国儿童是自己故事的主角，而中国儿童和其他人共享“舞台”。和三岁儿童谈论共享记忆时，美国母亲鼓励儿童积极参与（“你记得什么时候去娜娜家游泳的吗？你穿得很整洁吗？”），中国母亲的问题具有诱导性，包含了记忆的大部分内容，留给儿童补充的空间很小（“你们在滑冰场玩什么？是坐在冰船上，对吗？）。

智力：心理测量学的观点和维果斯基的观点

学习指路标

7. 如何测量学龄前儿童的智力？有哪些影响因素？

影响早期认知技能的一个因素是智力。下面，我们回顾一下测量智力的两种方式：传统的心理测量学的测验和新的认知潜能的测验。

传统心理测量学的测量

人们对于智力的本质和测量方法已经争论了很久。从 19 世纪开始，研究者尝试用多种方法来测量智力，例如头围和反应时、握力的大小、痛敏度、重量辨别、时间判断和机械记忆等等。所有这些测量方法的预测效度都很差。

20 世纪初，巴黎的学校管理者请心理学家比奈设计了一份测验来识别学习困难并需要给予特殊训练的儿童。比奈和同事西蒙开发出的测验是心理测量的先驱，现在用于测量儿童的各种能力，用测验分数来表示。

测量学龄前儿童的智力比婴儿和学步期儿童的更容易，但仍需单独施测。由于 3~5 岁儿童比幼儿能更加熟练地使用语言，所以，适用于该年龄群体的智力测验可以包括更多的言语题项，这些测验的结果比用于婴儿的非言语测验更可靠。最常用的两种学龄前儿童个体智力测验是：斯坦福—比奈智力量表和韦克斯勒学前和小学智力量表。

斯坦福—比奈智力量表（Stanford-Binet Intelligence Scale）适用于两岁及以上儿童，是传统的比奈—西蒙测验的美国版本。测验用时 45~60 分钟，要求儿童命名单词、串珠、搭积木、找出缺失的图片、走迷宫和进行数字理解。儿童的成绩通过测量流体智力（解决抽象或新颖问题的能力）、知识、数量推理、视空间知觉加工和工作记忆来获得。2003 年修订的第五版测验包括了以上五个认知维度的非言语测量方法。因此，可以进行言语和非言语的比较。除了提供总的智力分数，斯坦福—比奈测验还给出了智智的言语和非言语分数，以及跨越五个认知维度的合成分数。

修订版韦克斯勒学前和小学智力量表（WPPSI-III）对个体施测用时 30~60 分钟，包括适用于 2.5~4 岁和 4~7 岁不同年龄段的测验。通过该测验可以获得言语分数和操作分数以及两者的合成分数。2002 年的修订版增加了新的分测验，使得该量表既能测量言语，又能测量非言语的流体推理、接受与表达性词汇以及加工速度。斯坦福—比奈测验和韦克斯勒学前和小学智力测验量表都对美国学龄前儿童的代表性样本再次进行了标准化，并且韦克斯勒学前和小学智力测验也对一些特殊群体进行了效度检验，例如智障儿童、发展滞后儿童、语言障碍儿童和听障儿童。

虽然这些测验得到了广泛应用，但关于智力是什么，怎样测量，或者说测量是否公平的争论仍在继续（见第 9 章）。

影响智力测量的因素

人们对智力有一种普遍的误解，认为智力分数代表了新生儿智力的固定值。实际上，智力分数只是一种测验结果，这种测验通过与同年龄的其他儿童相比，确定该儿童在特定时间完成特定任务的表现。事实上，自从测验产生以来，发达国家儿童的测验成绩一直稳步上升，从而促使测验开发者提高了标准化常模（Flynn, 1984, 1987）。这种趋势部分反映了教育性电视节目、学前教育、受过良好教育的父母、多样化的经验以及测验本身的改变对测验成绩的影响。

下列因素对特定儿童在智历测验上的表现会产生影响：气质、社会和情绪成熟度、测验情境的舒适度、读写技能、社会经济地位、种族或文化以及儿童的认知风格与任务间的匹配度（我们将在第 9 章探讨其中几个因素）。

发展心理学家曾经认为家庭环境对儿童智力有重要影响，现在，这种观点受到了质疑。我们不清楚父母对儿童智力的影响来自基因的贡献有多大，来自为儿童提供的早期学习环境的作用有多大。双生子和收养研究认为，家庭环境对儿童早期的智力影响最大，这种影响到青少年后期就逐渐削弱了（McGue, 1997; Neisser et al., 1996）。但是这些研究样本主要来自美国白人中产阶级，其结论并不适用于低收入和非白人家庭（Neisser et al., 1996）。一项对低收入非裔美国家庭的儿童开展的纵向研究发现，家庭环境对智力的影响仍然很大，至少与母亲的智商对儿童的影响强度是一样的（Burchinal et al., 1997）。

父母给予指导，直到儿童能独立解决迷宫问题。这位母亲引导着女儿的认知进步。

家庭经济地位和智商之间的相关性也得到了验证（Neisser et al., 1996）。家庭收入与学龄前儿童乃至更大儿童的认知发展和成就有关。家庭经济条件对儿童的智商有巨大影响，但不是家庭经济环境本身，而是通过影响其他因素（例如健康、压力、父母教养方式和家庭氛围）间接影响智力（Brooks-Gunn, 2003; Evans, 2004; McLoyd, 1990, 1998; Rouse, Brooks-Gunn, & McLanahan, 2005; 见第 10 章）。

基因和环境因素均对经济贫困具有补偿作用。一项研究以上 1 116 对双生子为研究对象，研究发现，他们在 1994 年和 1995 年出生于英格兰和威尔士，研究者在这些儿童五岁时进行测验（Kim-Cohen, Moffitt, Caspi, & Taylor, 2004），结果和其他研究一致：经济贫困家庭儿童的智商往往较低。但是，贫穷家庭儿童的外向气质、母亲的悉心照料、家中有无激励性的活动（这些因素可能会受父母的智商影响）起到了保护性的作用。

基于维果斯基理论的测量和教学

维果斯基认为，儿童的学习是在和成人的互动中内化的结果。这种交互式学习对帮助儿童通过**最近发展区**（zone of proximal development，ZPD）最有效，最近发展区是指儿童在成人指导下，借助他人帮助所达到的解决问题的能力与独立解决问题的能力之间的差距。特定任务的最近发展区是指儿童自己不能独立完成，需借助成人的正确指导才能成功完成的那些任务。最近发展区可以通过动态的测验（见第 9 章）来评估。因此，维果斯基的理论为我们提供了一种测量儿童潜能的好方法，而传统的心理测验测量的是儿童已经掌握的知识。

维果斯基的一些追随者采用“脚手架”（建筑工地上工人暂时站立的平台）比喻来称呼这种教学法。**脚手架**（scaffolding）是父母、老师或其他人为儿童完成任务提供的暂时性支持，有助于父母和老师有效地引导儿童的认知发展。儿童完成的任务越困难，成人提供的指导也就越多；随着儿童能力的提高，成人的帮助也就越少。当儿童能独立地完成任务时，成人就撤去脚手架。

父母可以通过让儿童意识到并监控自己的认知过程，以及让他们识别何时需要帮助，来帮助儿童承担学习的责任。在入园前接受过这种脚手架的儿童，当入园时他们能更好地调整自己的学习（Neitzel & Stright, 2003）。一项对 289 个城市和农村低收入家庭（大部分是非裔美国有孩子的家庭）的纵向研究发现，儿童在两岁和三岁半时，在与母亲的互动过程中获得的技能，能使他们在四岁半时按照一定目标来解决问题，并能主动发起社会互动（Landry, Smith, Swank, & Miller-Loncar, 2000）。

学习检查站
你能否……

- ✓ 描述常用的两项学龄前儿童的智力测验？
- ✓ 列举和讨论能影响智力测量的因素？
- ✓ 解释采用最近发展区测得的智力成绩为什么和用传统心理测量学的测验测得的成绩存在重大差异？

语言发展

学习指路标

8. 童年早期的语言能力有哪些提高？如果发展滞后，将会出现什么问题？

学龄前儿童的问题各式各样：“到天明还要睡多长时间？”“谁在河上搭建了桥？”“婴儿有肌肉吗？”以及“气味来自于鼻子内部吗？”年幼儿童语言能力的发展有助于他们表达自己对这个世界的独特观点。三岁儿童会描述爸爸如何“孵”* 木头（实际上是爸爸如何用斧子砍木头。），或让妈妈“小块”他的食物（把食物切成小块）；五岁时，儿童会告诉妈妈“别开玩笑了！”，或骄傲地指着自己的玩具说“看我怎么把所有的东西组装起来”。

词　汇

通常，三岁儿童认识和会用 900~1 000 个单词。六岁时，大部分儿童掌握了 2

* 译者注，由于单词“hatchet”和“hatches”外形很相似。

600 个表达性（说话）单词，能理解的词汇量超过 2 000 个（Owens, 1996）*。在学校正规教育的帮助下，当儿童进入中学时，被动性或理解性的词汇（能理解的词汇）超过 80 000 个（Owens, 1996）。

伴随着快速映射的出现词汇快速扩张，**快速映射**（fast mapping）是指儿童在谈话中听到某个词语一两次后，就知道其大概的意思。在这种情况下，儿童好像对词的意义形成了一个快速假设，然后在进一步的接触和使用过程中完善它。目前，语言学家还不清楚快速映射的机制，儿童似乎是依据已经知道的构词规则、类似的词、直接的背景和正在讨论的主题形成了快速映射。物体名称（名词）比动作名称（动词）更容易被快速映射。然而，一项研究表明，三岁以下的儿童就能对新动词形成快速映射，并能把它应用到执行同样操作的另一种情境中（Golinkoff, Jacquet, Hirsh-Pasek, & Nandakumar, 1996）。

心理理论的发展，即推论他人心理状态能力的提高，在词汇学习中具有一定的作用。一项研究发现，学龄前儿童从那些确定单词意义的说话者那里学习“无意义”词的效果更好（Sabbbagh & Baldwin, 2001）。

许多三岁和四岁儿童能识别两个词在什么情况下代表同一物体或行为（Savage & Au, 1996）。他们知道，单一物体不能同时拥有两个不同的名称（一条狗不能既叫斯伯特又叫菲多），也知道多个形容词可以修饰同一个名词（小狗“菲多”既毛茸茸又有斑点），以及形容词可以和适当的名词联合起来（聪明的小狗菲多！）（Hall & Graham, 1999）。

语法和句法

童年早期的儿童把多个音节合并成词和把多个单词组成句子的方法越来越复杂。通常，三岁的儿童开始会用复数、所有格和过去时态，并知道我、你们和我们的区别。他们使用的句子一般较短、较简单，经常忽略冠词，例如，a 和 the；但他们的句子中有代词、形容词和介词。虽然他们最常用的句子是陈述句（小猫想喝牛奶），但也能使用问答句，以及用 What 和 Where 开头的疑问句（为什么和怎样才能抓得更紧）。

然而，他们使用的句子过度规则化，因为他们仍然没有学会或理解规则的特殊情况（见第 5 章）。例如，用“holded”代替“held”，用“eated”代替“ate”，这些都是语言学过程中的正常现象。当年幼儿童发现了规则，例如加“-ed”构成了动词的过去时态，他们往往把这种规则应用到某些不适合使用这些规则的词中。最后，他们意识到并不总是通过加 -ed 才能构成动词的过去时态。

4~5 岁儿童使用的句子一般包括 4~5 个词，有可能是陈述句、否定句（我不饿。）、疑问句（为什么我不能出去？）或祈使句（抓住球！）。如果父母经常使用复

---

* 除有参考文献的，学龄前儿童语言发展的讨论得益于Owens（1996）。

杂的、多从句的句子（因为我饿，所以我吃），那么四岁的儿童就能经常使用这种句子（Huttenlocher, Vasilyeva, Cymerman, & Levine, 2002）。这一年龄的儿童经常把句子“串”构成一个长长的、连续不断的陈述句（……于是……然后……）。在某些情况下儿童的理解还不成熟，例如，四岁的诺亚能执行包含多个步骤的命令（拾起你的玩具，并把它们放到柜子里），但是，如果妈妈告诉她“你可以看电视，当你拾起玩具后”，那么儿童就会按照听到的顺序加工单词，认为可以先看电视，然后再收拾玩具。

到 5~7 岁时，儿童的谈话越来越成人化。他们会使用更长、更复杂的句子，更多地使用连词、介词和冠词。他们使用复合句和复杂句，能处理话语的所有部分。虽然这一年龄的儿童讲话更流畅、更全面，并且句子更符合语法，但是他们仍需掌握许多精细的语言特点。他们很少用被动语态（I was dressed by Grandpa，爷爷给穿的衣服）、条件句（如果我是大人，我就能开这辆公共汽车了）或助动词 *have*（我以前见过［have seen］这位女士）（C. S. Chomsky, 1969）。

语用学和社会语言

随着儿童掌握了词汇、语法和句法，儿童在**语用学**（pragmatics）方面的能力就更强了，语用学是指如何使用语言进行交流的实践知识，包括知道如何提问题、如何讲故事和笑话、如何开始和继续谈话以及如何根据听者的观点调整评论。所有这些全是**社会语言**（social speech）的特征，语言就是为了让听众理解。

随着儿童的发音和语法能力的提高，人们更容易理解儿童所说的内容。大部分三岁儿童相当健谈，他们很在意自己语言的效果。如果人们不能理解他们的话，他们会试图更清楚地解释自己的意思。四岁的儿童，特别是女孩，在与两岁儿童讲话时，其语言更加简单，并且是高度电报式的语言（Owens, 1996; Shatz & Gelman, 1973）。

大部分五岁儿童能根据听者想知道的来调整自己所说的内容。他们能用语言解决争执。和成人谈话时，他们能更多地使用礼貌用语，较少用直接命令式的语言。如果儿童觉得和同伴交流比较舒服，且谈论的主题是他知道的和关心的，那么近一半的五岁儿童能在一个谈话主题上坚持很多个来回。

自言自语

四岁的安娜独自在房间中画画。当画完时，她大声说道：“现在，我必须把这些画放到什么地方晾干，我把它们放在窗户旁边，我需要它们现在就干，我还要画更多的恐龙。”

自言自语（private speech）在儿童中很普遍。自言自语不是为了和他人交流，而是大声和自己对话。四岁时，自言自语占儿童全部谈话的 20%，十岁时占儿童全部谈话的 50%（Berk, 1986a）。2~3 岁的儿童会“重复”他人的谈话，喜欢模仿他人的声音和话语。4~5 岁的儿童通过自言自语来表达幻想和情绪（Berk, 1992; Small, 1990）。更大些的儿童会“出声思维”，或者以几乎听不到的声音咕哝。

皮亚杰（Piaget, 1962/1923）认为，自言自语是一种认知不成熟的信号，年幼儿童是自我中心的，不能辨别他人的观点。因此，他们不能进行有意义的交流，只能说出自己心中的东西。皮亚杰认为儿童不能区分词和词所代表的活动，因此，年幼儿童边说边做。皮亚杰认为，到了前运算阶段末期随着认知和社会经验的增加，当儿童减少自我中心主义并能进行符号思维时，他们会逐渐放弃自言自语。

维果斯基（Vygotsky, 1962/1934）并不把自言自语看作儿童自我中心的表现，他认为自言自语是儿童交流的一种特殊形式——自我谈话，它在内部语言（用词思维）向社会语言（经常以成人命令的方式来体验）的过渡中具有重要作用，是一种朝向行为内部控制的过渡（现在我要把画放到什么地方晾干）。维果斯基认为，自言自语遵循“钟形”发展曲线：学前期开始增加，到了小学早期，随着儿童能更好地引导和掌控自己的行动开始下降。

许多研究结果支持维果斯基关于自言自语功能的观点。通过对 93 个中等以下收入水平家庭的 3~5 岁儿童的研究发现，86% 的儿童的言语不具有自我中心主义（Berk, 1986a）。多数善于交际的儿童，特别是那些参与过很多社会交流的儿童，往往更多地进行自言自语，这明显支持了维果斯基关于“自言自语是由社会经验激发”的观点（Berk, 1986a,1986b, 1992; Berk & Garvin, 1984; Kohlberg, Yaeger, & Hjertholm, 1968）。

也有一些证据表明，自言自语具有自我调节的作用，儿童可以通过它控制自己的行为（Berk & Garvin, 1984; Furrow, 1984）。特别是在没有成人指导的情况下，儿童在解决困难任务时，自言自语的现象更加普遍（Berk, 1992; Berk & Garvin, 1984）。

学习检查站

你能否……

- ✓ 回顾 3~6 岁儿童的词汇、语法、句法和谈话能力的正常发展？
- ✓ 解释为什么不同年龄的儿童会自言自语？

儿童的自言自语究竟是如何发展的？一些研究发现，自言自语并不随年龄的增长而改变，而另外一些研究发现它会随年龄增长而下降。维果斯基认为，儿童的自言自语是其认知发展的一个普遍阶段。还有研究发现，这一现象存在巨大的个体差异，有些儿童很少或几乎不会自言自语（Berk, 1992）。

理解自言自语的重要性具有一定的实践意义，特别是对于学校而言（Berk, 1986a）。自我谈话或咕哝不应该被视为一种不良行为，如果儿童对某个问题比较纠结，他们需要出声思维。

语言发展滞后

人们目前尚不清楚为什么一些儿童开始说话比较晚？家庭缺乏语言刺激不是主要原因。说话较晚的儿童可能存在一定的认知局限，从而使他们学习语言规则比较困难（Scarborough, 1990）。语言发展滞后的儿童可能在快速映射方面存在问题，与其他儿童相比，他们需要反复听才能把一个新词融入到自己的词汇表中（M. L. Rice,

1989; M. Rice, Oetting, Marquis, Bode, & Pae, 1994）。男孩比女孩更可能说话晚（Dale et al., 1998）。

许多说话晚但理解力正常的儿童最终都能迎头赶上（Dale, Price, Bishop, & Plomin, 2003; Thal, Tobias, & Morrison, 1991）。另一些说话晚的儿童可能在 12~18 月大时患过中耳炎，当感染以及由此造成的听力损伤结束后，这些儿童的语言能力也会快速提高（Lonigan, Fischel, Whitehurst, Arnold, & Valdez-Menchaca, 1992）。但是，对于一些语言发展滞后严重的儿童来说，如果不及时进行治疗，可能会发生永久性语言损失，这将对他们的认知、社会性和情绪产生深远的影响。一项纵向研究发现，31 名在两岁时被鉴定为晚说话者，到 8~9 岁时，他们的陈述技能低于控制组的儿童（Manhardt & Rescorla, 2002）。不能说话或不能理解同伴的儿童，往往会招致其他儿童或成人的负面评价（M. L. Rice, Hadley, & Alexander, 1993），而且在寻找玩伴和朋友时会遇到麻烦（Gertner, Rice, & Hadley, 1994）。

我思我秀

- 假设你想要创立一个帮助语言发展滞后儿童的项目，你认为应该包括哪些要素？如何判断该程序成功与否？

对于那些最严重的和持久的语言发展滞后者来说，因为遗传是主要原因（Dale et al., 1998），所以在推荐治疗时需要考虑家族史（Bishop, Price, Dale, & Plomin, 2003）。在芬兰开展的一项研究发现，有阅读困难家族史的晚说话者会表现出持久的语言障碍，而没有家族史的晚说话者，到三岁半时就拥有了正常的语言能力（Lyytinen, Poikkeys, Laakso, Eklund, & Lyytinen, 2001）。

言语和语言治疗是有效的，特别是在早期开始治疗时。治疗的主要策略包括：聚焦具体的语言形式、以语言技能为目标的特定学前方案和小学期间校内外的追踪项目（M. L. Rice, 1989）。

社会互动和识字准备

想要阅读和理解文字，儿童首先需要掌握特定的阅读前技能（Lonigan, Burgess, & Anthony, 2000; Muter, Hulme, Snowling, & Stevenson, 2004）。**早期读写能力**（emergent literacy）是指建立在读写基础上的知识和态度等技能的发展。

阅读前技能包括：（1）基本的语言技能，例如词汇、句法、陈述结构和对语言是以交流为目的的理解；（2）特定的语音技能，例如*语音意识*（认识到单词是由不同的发音或音素构成的）和*字音对应*（把字母或字母组合和发音联系起来）（Whitehurst & Lonigan, 1998; Lonigan et al., 2000）。一项对 90 名英国儿童开展的为期两年的追踪研究发现，这些儿童的平均入学年龄是 4 岁 9 个月，特定的语音技能（字母知识和语音意识）决定着他们的单词认知的发展。另一方面，基本的语言技能（例如词汇和语法技能）能更好地预测其阅读理解能力（Muter et al., 2004）。

社会互动能提高早期读写能力。在学龄前期，如果父母给儿童提供挑战性的谈话机会，例如，使用丰富多样的词汇、在餐桌上谈论日常活动、共同回忆过去的事件以及对人们为什么要做和如何做某件事提出质疑，那么儿童更可能成为一个好的

使儿童熟悉字母和发音的玩具和游戏，可以促使他们提前学会阅读。

阅读者和写作者（Reese, 1995; Snow, 1990, 1993）。娅妮经常和父亲进行长途旅行探险，父亲告诉娅妮有关云彩的故事，他们谈论看到的事情……这些都有助于娅妮早期的读写能力。

当儿童学会将书面语转化为口语的技能时，他们也学会了用写作表达想法、思考和感受的技能。美国儿童通过乱写乱画、从左到右排列他们的记号来假装在写字（Brenneman, Massey, Machado, & Gelman, 1996）。之后他们开始用字母、数字以及类似字母的形状来代表单词、音节和语音。通常，这些拼写太具有创造性以至于儿童本人也不认识（Whitehurst & Lonigan, 1998）！

读给儿童听是儿童最有效的识字方法之一。根据美国政府报告，80% 的女孩和 82% 的男孩每周至少三次会听父母给他们读书（Freeman, 2004）。从小就听成人阅读的儿童知道英语的读和写是从左到右、从上到下以及词和词之间留有空格，而且这些儿童具有阅读动机（Seigler, 1998; Whitehurst & Lonigan, 1998）。

学习检查站

你能否……

✓ 讨论语言发展滞后的可能原因、后果和治疗？

✓ 解释社会互动如何改善识字准备？

适度地观看电视教育节目也能帮助儿童为识字做好准备，特别是父母和儿童谈论他们看到的节目时。一项研究发现，儿童收看芝麻街节目花费的时间越多，他们的词汇提高得越快（M. L. Rice, Huston, Truglio, & Wright, 1990）。一项纵向研究发现，儿童两岁时和四岁时收看的电视节目内容能预测他们三年后的学业技能（Wright et al., 2001）。

学习指路标

9. 儿童期教育的目的是什么？儿童如何顺利地过渡到幼儿园？

儿童早期的教育

学前教育是拓展儿童的生理、认知和社交环境的重要一步。上幼儿园是“真正学校生活”的开始，是一个非常重要的阶段。2001 年，64% 的 3~5 岁儿童登记上学前班或小学，* 许多发达国家的这一比例更高（Sen, Partelow, & Miller, 2005）。

学前教育的类型和目标：跨文化的视角

一些国家的学前教育（例如中国）是为上学做好学习准备的。相对而言，美国

* 70%的五岁儿童接受小学教育。

学龄前儿童玩糖果乐园游戏能改善身体协调性、计数能力、轮流玩的能力以及合作能力。优质的学前教育通过为儿童提供和训练有素养的老师、玩伴和精心挑选的玩具，促进他们各方面的发展。

和许多西方国家的学前教育，传统上遵循“以儿童为中心”的哲学观，与年幼儿童的发展需要相一致，强调社会性和情绪的发展。当然，也有一些基于皮亚杰或意大利教育家玛利娅·蒙台梭利的理论，更强调认知发展。

在如何提高教育质量的压力下，美国学前教育在提供基本学习技能方面的做法备受争议。传统发展取向的支持者认为，以学习为导向的方案忽视了学生探索和自由玩耍的需求，教师发起的教学过多可能会抑制学生的兴趣，干扰自发学习（Elkind, 1986; Zigler, 1987）。

哪种类型的学前教育对儿童的发展最有利？美国的研究支持以学生为中心的发展取向。一项田野调查（Marcon, 1999）比较了随机选取的 721 名 4~5 岁学龄前儿童，这些儿童分别来自华盛顿的三种类型的幼儿园班级：以儿童为中心的取向、以学习为导向和折中取向。结果发现，以儿童为中心的幼儿园中的儿童主动指导自己的学习，其基本的学习技能表现突出；与以学习为导向的幼儿园及折中取向的幼儿园相比，以儿童为中心的幼儿园的儿童具有更高水平的动作技能，在行为和交流技能方面的成绩也高于折中取向的幼儿园的儿童。这些结论表明，单一的、一致的教育哲学可能比多种取向混合更好，以儿童为中心的取向比以学习为导向的取向更有效。

我思我秀

- 学前班的主要目标是帮助儿童打下坚实的学业基础还是培养他们的社会性和情绪发展？

补偿性学前教育项目

家庭社会经济地位越高，儿童准备上学的可能性越大（Rouse et al., 2005）。贫穷地区中超过 1/3 的儿童没有做好入学准备（Zigler, 1998）。自从 20 世纪 60 年代以来，美国启动了大规模的学前教育项目，旨在帮助这些儿童弥补他们的缺失，为上学做好准备。

在美国，最著名的低收入家庭儿童补偿性学前教育项目是“开端计划”。该项目是 1965 年由联邦政府提供资金资助的项目。该项目注重儿童的全面发展，不仅强调提高儿童的认知技能，而且也强调改善他们的身体健康、培养自信、与他人建立良好的关系、社会责任感、勤奋感以及儿童与家庭自我价值的建立。该项目为儿童提供医疗、口腔和心理健康服务、社会服务以及每人每天至少一顿热饭的服务。

“开端计划”项目的效果如何？相关数据表明，在改善学习准备方面它是有效的（Ripple et al., 1999; USDHHS, 2003b）。类似地，参加最近由州政府资助项目的儿童往往比未参加该项目的儿童有更好的认知和语言技能，而且在校表现更好（USDHHS, 2003b）。然而，即使参与“开端计划”项目的儿童在词汇、字母认知、早期书写和数学等方面取得了一些成绩，但这些儿童的学习准备技能仍然低于平均水平（USDHHS, 2003b）。另外，虽然他们在智力测验上比拥有相同家庭背景的其他儿童表现得更好，但这种优势在他们入学后就逐渐消失了（Ripple et al., 1999; Zigler & Styfco, 1993, 1994）。

尽管如此，和未参加该项目的低收入家庭的儿童相比，参加“开端计划”项目和其他补偿性项目的儿童接受特殊教育或留级的可能性更小，而且更有可能完成中学教育（Neisser et al., 1996）。佩里学前教育项目的“毕业生”更少出现少年犯罪或少女怀孕的现象（Berrueta-Clement, Schweinhart, Barnett, Epstein, & Weikart, 1985; Schweinhart, Barnes, & Weikart, 1993; 见第 17 章）。

那些高质量的、以儿童为中心的项目如果开始得较早、持续时间较长，那么干预效果就会最好（Brooks-Gunn, 2003; Reynolds & temple, 1998; Zigler & Styfco, 1993, 1994, 2001）。就“开端计划”项目而言，父母参与得最多、教师培训得最好、员工—儿童比例最低、儿童待在学校的时间最长以及服务最广泛，因此，该项目也最成功（Ramey, 1999）。

从 1995 年起，一项早期的“开端计划”项目开始为孕妇以及从出生到三岁的婴幼儿提供儿童和家庭发展的服务。到 2002 年，该项目共为 664 个社区的 55 000 名儿童提供了服务（Love et al., 2002）。大规模、随机化的评估发现，当儿童两岁和三岁时，该项目一致性呈现出中等水平的积极效果。参加该项目的儿童比未参加该项目的儿童在标准化的发展和词汇测验上得分较高，且较少出现发展迟缓。三岁时，儿童更少地表现出攻击性、更多地关注玩具、更积极地与父母互动。该项目对某些非裔美国家庭影响最大，这些家庭在怀孕期间注册该项目，他们在人口统计学上的风险因素只具有中等程度（不是非常高）的危险性。同时，提供以儿童为中心的服务和家访服务的项目比只专注于其中某一模式的项目有更好的效果（Commissioner's Office of Research and Evaluation and Head Start Bureau, 2001; Love et al., 2002）。

芝加哥儿童父母中心是一项由美国联邦政府资助的、大规模的补偿项目，把补偿教育从学龄前拓展到小学三年级。与参与该项目两年或三年的儿童相比，新增加几年的丰富化学习显著地提高了儿童的阅读成绩、降低了留级率和特殊教育安置率（Reynolds, 1994; Reynolds & Temple, 1998）。四岁即开始参加该项目的 989 名贫穷儿童，到 20 岁时，近一半的（49.7%）中学毕业，控制组（没有参加学前教育或参加学前教育强度较低的儿童）儿童只有 38.5% 的中学毕业。由于少年犯罪而入狱的儿童，实验组为 16.9%，控制组为 25.1%（Reynolds, Temple, Robertson, & Mann, 2001）。

向幼儿园过渡

最初，在相对自由的家庭或学前教育机构与“真正的学校教育”间只有一年的过渡期。但是，现在美国的幼儿园更像小学一年级，儿童选择自由活动的时间更少，做作业和阅读的时间越来越多。

虽然在美国某些州幼儿园教育并非义务教育（Vecchiotti, 2003），但是大部分五岁儿童都上幼儿园。从 20 世纪 70 年代晚期起，全日制幼儿园的数量（2001 年为 60%）远远超过传统的半日制幼儿园（National Center for Education Statistics, 2004a）。单亲家庭和双职工家庭数量的增加是这种趋势的实际推动力。另外，许多儿童在上幼儿园前已经上过全日制托儿所，为接受更加严格、时间更长的幼儿园课程做好了准备（Walston & West, 2004）。贫穷和少数民族儿童，特别是黑人儿童，上全日制幼儿园的人数极少（National Center for Education Statistics, 2004a; Walston & West, 2004）。

儿童在全日制幼儿园里学到的东西更多吗？一项对 1998 年秋季开始上幼儿园的全美代表性样本进行研究发现，上公立全日制幼儿园比半日制幼儿园的儿童在阅读准备技能、数学技能、社会性学习和科学方面接受更多的日常教学（Walston & West, 2004），而且在幼儿园和小学低年级结束时表现得更好（Vecchiotti, 2003; Walston & West, 2004）。但是，小学三年级结束后，上过全日制和半日制幼儿园的儿童在阅读、数学和科学成绩方面差异不明显（Rathburn, West, & Germino-Hausken, 2004）。

该结果强调了儿童在入园前准备的重要性。来自于有利家庭环境的幼儿园儿童往往在阅读和数学技能上表现更好，而且与处境不利儿童之间的成绩差距在小学前四年间会不断变大（Denton, West, & Walston, 2003; Rathbun et al., 2004）。

情绪和社会性适应是影响入园准备的重要因素，并且能较好地预测儿童的学业成绩。幼儿园教师认为，比认识字母顺序和能数到 20 更重要的是能安静地坐下来、遵守规矩、学会等待以及调节自己学习的能力（Blair, 2002; Brook-Gunn, 2003; Raver, 2002）。儿童是否适应幼儿园取决于儿童的年龄、性别、气质、认知和社会能力、应对技能以及家庭、学校和邻居环境的压力（Blair, 2002; Ladd, 1996; Ladd, Birch, & Buhs, 1999）。有较多学前教育经历的儿童往往更容易适应幼儿园生活（Ladd, 1996）。

由于美国各州对入园年龄的规定不尽相同，所以入园儿童的年龄范围为 4~6 岁。另外，由于学习和情绪压力增加，许多父母会让孩子推迟一年再上幼儿园。而且某些州认为，比规定入园年龄推迟一年上幼儿园会帮助儿童更好地做好入园准备，因此提高了规定的入园年龄。但研究并不完全支持该观点。入园年龄较大的儿童最初会有略微的学习优势，但到第三年后这种优势就逐渐消失了（Stipek, 2002; Stipek & Byler, 2001）。

延长学习年限的观点得到了某些研究的支持。位于美国西南部的某中等城市的小学将学年延长了 30 天，与传统 180 天一学年的幼儿园相比，从延长学年幼儿园毕业的儿童在数学、阅读、基本知识和认知能力测验上的得分更高（Frazier & Morrison, 1998）。

重新聚焦

回顾本章开始部分在焦点人物中有关王娅妮的故事：

- 在儿童早期，王娅妮的哪些生理和认知发展非常典型？她的发展是以什么样的方式前进的？
- 你能举例说明王娅妮的生理、认知和心理社会发展是如何相互影响的吗？
- 如果你有机会采访王娅妮或她的父母，你还想了解哪些关于娅妮的早期发展的信息？

童年早期迅速发展的生理和认知技能具有心理社会意义，这点我们将在第 8 章中讨论。

小　结

生理发展的特征

学习指路标 1：3~6 岁儿童的身体变化有哪些？他们在营养和牙齿方面有哪些需求？

- 3~6 岁儿童的生理继续发展，但比婴儿期和学步期发展得更慢些；与女孩相比，男孩平均而言稍高、稍重和稍强壮些。内部身体系统也正在发育成熟，乳牙已经长齐。
- 营养不良能影响儿童各方面的发展。
- 自 20 世纪 70 年代起，儿童龋齿问题减少了，但对于处境不利儿童而言这仍是个问题。

学习指路标 2：童年早期的睡眠模式是什么？存在哪些睡眠问题？

- 从童年早期开始，甚至贯穿一生，睡眠模式都在发生变化，并且受文化的影响。
- 学龄前儿童有推迟睡觉的睡眠习惯是正常的；偶然的梦游、夜惊和做噩梦是正常的；但持续的睡眠问题可能表明儿童存在情绪障碍。
- 通常，尿床不需要特殊帮助就能自动消失。

动作发展

学习指路标 3：童年早期会发展哪些主要的动作技能？

- 儿童的大肌肉动作技能和精细动作技能迅速发展，并且形成了更加复杂的动作系统。
- 通常，利手到 3 岁时开始明显化，这反映了大脑单侧化的优势性。
- 反映大脑发展和精细动作协调的艺术创作阶段包括涂鸦阶段、图形阶段、设计阶段和绘画阶段。

健康和安全

学习指路标 4：影响儿童健康和安全的危险因素有哪些?

- 由于疫苗接种的普及，如今在发达国家中主要的传染疾病已经很少见；但是在发展中国家，预防疾病仍然是很重要的问题。
- 事故，最常见的是机动车事故，是美国儿童死亡的主要原因之一。
- 环境因素，例如贫困、无家可归、吸烟、空气污染和杀虫剂，增加了儿童患病和受伤的危险性。铅中毒对儿童的生理、认知和行为有严重影响。

认知发展

皮亚杰的观点：前运算阶段的儿童

学习指路标 5：学龄前儿童有哪些典型的认知发展？他们思维的局限性表现在哪些方面?

- 前运算阶段的儿童在思维上表现出一些重大进步，但也存在一些局限性。
- 符号功能使儿童能够思考不在眼前的人、物和事件。这反映在延迟模仿、假装游戏和语言中。
- 早期符号功能的发展有助于前运算阶段的儿童对空间关系进行更准确的判断。他们能理解同一性概念、熟悉情景中的因果关系，能对有生命和无生命的物体进行分类，能理解计数原则。
- 前运算阶段的儿童比皮亚杰认为的更少具有自我中心性。
- 中心化使前运算阶段的儿童不能理解守恒原则，他们的前运算思维也存在局限：不可逆性，只关注状态而不是过程的转化。
- 心理理论在 3~5 岁期间得到了显著发展，包括意识到自己的思维过程、社会认知、理解他人的错误信念、欺骗的能力，区别表面和事实以及区别幻想和现实的能力。
- 理解他人的意愿先于理解他们的信念，之后才能区别真实和外显的情绪。
- 遗传和环境因素共同影响儿童心理理论发展的个体差异。

信息加工的观点：记忆的发展

学习指路标 6：童年早期的记忆发展表现在哪些方面?

- 信息加工模型描述了记忆的三个阶段：编码、存储和提取。
- 虽然学前儿童的感觉记忆随年龄的增长变化不大，但工作记忆容量有了很大提高。中央执行控制着长时记忆中的信息加工过程。
- 对于所有年龄段的儿童而言，再认都比回忆成绩好。两者均在儿童早期有所发展。
- 早期的情景记忆只是暂时性的，要么消退，要么转变为通用记忆。
- 自传体记忆一般开始于三岁或四岁，甚至会在两岁时出现。它可能和自我再认能力以及语言发展有关。
- 根据社会互动模型，儿童和成人通过谈论共享经验共同建构自传体记忆。
- 儿童更可能记住那些自己积极参与的非同寻常的活动。和儿童谈论事件的方式会影响其记忆的形成。

智力：心理测量学的观点和维果斯基的观点

学习指路标 7：如何测量学龄前儿童的智力？有哪些影响因素?

- 两个最常用的适合年幼儿童的智力测验是斯坦福—比奈智力量表和修订版韦克斯勒学前和小学智力量表（WPPSI-III）。
- 发达国家的智力测验成绩相比以前有了显著提高。
- 影响智力测验成绩的因素有很多，包括家庭环境和社会经济地位等。

- 基于维果斯基最近发展区概念的新近测验测量的是成功的潜能。这些测验和脚手架教学结合起来有助于父母和老师引导儿童的发展。

语言发展

学习指路标 8：童年早期的语言能力有哪些提高？如果发展延迟，将会出现什么问题？

- 儿童早期，儿童的词汇量明显增加；语法和句法变得相对复杂；儿童的语用学能力更强了。
- 自言自语是正常的，并且是常见现象；它有助于转变成为自我调节，一般到 10 岁时会消失。
- 目前，语言发展滞后的原因尚不清楚。如果不进行及时治疗，语言发展滞后可能对儿童的认知、社会性和情绪产生严重影响。
- 和成人互动能提高儿童的早期读写能力。

儿童早期的教育

学习指路标 9：儿童早期教育的目的是什么？儿童如何顺利地过渡到幼儿园？

- 不同文化下的学前教育目标差异较大。
- 美国的儿童早期教育项目已经增加了学业内容，但研究支持以儿童为中心的取向。
- 补偿性学前项目产生了积极的效果，但大部分参加者都没有达到中产阶级儿童的成绩水平。开始较早且拓展到小学低年级的补偿性项目有更好的长期效果。
- 现在，许多儿童都上全日制幼儿园。幼儿园的成功主要取决于儿童的情绪和社会性调节以及入园前的准备。

第8章 童年早期的心理社会发展

儿童游戏不仅仅是一种体育运动，
应当被视为他们最重要的活动。

——蒙田（法国人文主义作家），散文

本章提纲

焦点人物

伊莎贝尔·阿连德——激进的作家

自我发展

自我概念和认知的发展

自尊

理解和调控情绪

埃里克森：主动对内疚

性别

性别差异

性别发展的观点

游戏：童年早期的活动

游戏的认知水平

游戏的社会性维度

假想的同伴

性别如何影响游戏

文化如何影响游戏

家庭教育

训练方式

教养风格

促进利他主义及应对攻击行为和恐惧

与其他儿童的关系

独生子女与非独生子女

玩伴和朋友

专栏 8-1：实战演说

反对体罚的案例

专栏 8-2：世界之窗

实行计划生育政策的国家

焦点人物：伊莎贝尔·阿连德——激进的作家*

伊莎贝尔·阿连德

伊莎贝尔·阿连德（Isabel Allende）被誉为拉丁美洲最著名的女作家。她的畅销小说和短篇故事揭示了她富有想象力的内心世界，这些创作被翻译成 30 多种语言，全球销量近 1 100 万册。也许，她最感人的作品当属《宝拉》（1995 年），这是一部最初写在黄色便签纸上的回忆录。当时，她在马德里的一家医院中，守在 27 岁的女儿宝拉·弗里亚斯身边，等待她从昏迷中醒来。在这本书中，阿连德回忆了自己多灾多难的生活，以及这些生活对濒临死亡的女儿的影响。

1942 年 8 月 2 日，伊莎贝尔·阿连德生于秘鲁的首都利马，她的父亲是一名智利外交官，是在 1973 年智利的一场军事政变中殉职的萨尔瓦多·阿连德的堂兄弟。她与被压迫人民的情感联系成为阿连德后期大部分作品的背景。她的作品的主要题材是女性在高度男权社会中的作用。

当伊莎贝尔三岁时，她的父亲在母亲堂娜·潘琪塔（Doña Panchita）分娩时抛弃了她们。由于没有谋生的手段，并且因婚姻失败而蒙受耻辱，于是她很不光彩地带着三个孩子回到了圣地亚哥的父母家中。她在银行找了一份低报酬的工作，并通过做帽子补贴家用。虽然在智利没有离婚之说，但这段婚姻已经名存实亡。“对我母亲来说，那些岁月非常艰难，”阿连德（1995, p.32）写道，“她不得不与贫穷、流言蜚语以及昔日朋友的怠慢作斗争。”

* 关于伊莎贝尔·阿连德的信息来源于Agosin (1999)，Allend (1995)，Perera (1995)，Piña (1999)，Rodden (1999) 和阿连德网站上（http://www.isabelallende.com）各种传记的资料。

年幼的伊莎贝尔受到的第二场打击是她深爱的外祖母去世。突然之间，整个家庭变得灰暗，失去了欢乐。作为一个幼小的、缺乏安全感和孤独的孩子，她常常被丢给严厉凶恶的女仆照看，伊莎贝尔只能从无声的游戏和母亲睡前讲的充满幻想的故事中寻找慰藉。她感到自己与众"不同"，"像一个弃儿"（Allende, 1995, p.50），并且个性叛逆。虽然，她深爱母亲并想保护她，但她并不愿意像母亲一样。她希望变得和外祖父一样强大而独立。"我想外祖父一直遗憾我不是男孩，"她在《宝拉》（p.37）中写道，"假如我是，他就可以教我玩回力球*、使用他的工具和狩猎。"他默许了住在家中的两个单身儿子的"性格塑造"策略，若从现在的观点来看，他们和孩子们玩的粗鲁"游戏"会被视为身体或精神上的虐待。

在伊莎贝尔大约五岁时，智利的领事雷蒙·乌依多博帮助这个家庭返回了智利，并最终和伊莎贝尔的母亲结婚，成为伊莎贝尔和兄弟们的继父。正是这些重要的早期经历使阿连德萌生了强烈的女权主义。"当我还是一个小女孩的时候，"她说，"我对外祖父、继父以及家中的一切男性成员感到愤怒，他们享受一切好处，而我的母亲却是受害者……她必须取悦每个人，并且每个人都对她指手画脚"（Piña, 1999，pp.174–175）。

伊莎贝尔花了几年时间才接受她的继父。"他用铁的手腕和无穷尽的幽默养育我们；他设定限制范围并传达明确的信息，不感情用事，也不妥协让步……他容忍我的反抗，但从不试图收买我或是放弃他的权威，最后他终于完全赢得了我的尊敬。"她写道（Allende, 1995, pp.48–49）。

通过她的书，阿连德更加理解和接受自己以及自己的性别角色。她书中的很多人物角色都是打破社会传统的女性。作为女性，她说："……多半会在许多方面受到阻碍。我成长在那样的大男子主义文化中……我想做一个男人。"直到 40 岁，她才"最终接受我只能成为……我是的那个人"（Foster, 1999, p.107）。

3~6 岁这一时期对儿童的心理社会的发展十分重要，伊莎贝尔·阿连德便是一个很典型的例子。儿童的情绪发展和自我概念源于这段时期的经历。但是关于自我的故事在童年早期并未结束，就像阿连德那样，我们甚至到了成年期依旧在续写。阿连德的故事同样强调了文化背景的重要性。作为一名成长在男性主导文化中的女孩，她所面对的社会形态与一个在性别偏见较轻的社会中长大的女孩有很大差别。

在这一章中，我们将讨论学龄前儿童对自我和情感的理解。我们考察他们的性别认同如何形成以及如何影响他们的行为。我们会讨论儿童的游戏，至少在发达国家中，这是儿童花费大部分时间的典型活动。我们将考察父母的行为对其产生的积极或消极影响。最后，我们讨论儿童与兄弟姐妹以及其他儿童间的关系。

学习完本章后，你应该可以回答"学习指路标"中的所有问题了。为了检查你对本章"学习指路标"的掌握程度，请复习章节结尾部分的小结。"学习检查站"会贯穿整个章节并不时出现，以便检查你对所学知识的理解程度。

---

* 译者注：一种与手球相似的球类活动，流行于拉丁美洲。

学习指路标

1. 在童年早期，儿童的自我概念是如何发展的？自尊又是如何发展的？
2. 儿童理解和调控情绪的能力是如何发展的？
3. 男孩和女孩是怎样意识到性别含义的？如何解释行为在性别上的差异？
4. 学龄前儿童如何进行游戏？游戏又如何促进和反映他们的发展？
5. 父母的教养行为对儿童的发展有何影响？
6. 年幼儿童为什么会帮助或伤害他人？他们为何会表现出恐惧？
7. 年幼儿童如何与兄弟姐妹相处？独生子女如何独处？
8. 儿童如何选择游戏伙伴和朋友？为什么有的儿童比别人更受欢迎？

自我发展

“在这个世界上，我究竟是谁？这真是一个大难题！”身处仙境中爱丽丝*在身体再次突然发生变化后说道。解答爱丽丝的“难题”就是一个逐渐认识自己的过程，这个过程长达一生。

> 学习指路标
>
> 1. 在童年早期，儿童的自我概念是如何发展的？自尊又是如何发展的？

自我概念和认知的发展

自我概念（self-concept）是我们对自己的总体印象。它是我们关于自己是谁——我们的能力和特质的想法。它是“一种认知结构，……一个关于自我的描述性和评价性的表征系统”，它决定了我们怎样感受自己，并指导自己的行为（Harter, 1996, p.207）。自我概念也涉及社会性领域：儿童不断地将别人对自己的看法整合到自我形象中。

由于儿童自我意识的发展，自我形象在学步期变得更加清晰。随着认知能力的提高以及对童年期、青年期和成年期的发展性任务的解决，自我概念越来越清晰、越来越突出。

自我定义的变化：5~7 岁的转变期 自我概念的发展在 5~7 岁之间有一次飞跃，通过对**自我定义**（self-definition）的改变表现出来，自我定义是指用于描述自己特征的集合。四岁的詹森说：

---

* 编者注：童话《爱丽丝梦游仙境》中的主人公。

年幼儿童的自我概念主要建立在外部特质的基础上，例如物理特征。

我的名字叫詹森，我和父母以及姐姐莉萨住在一座大房子里。我的房间里有一只橙色的小猫和一部电视机……我喜欢披萨饼，我有一个好老师。我可以数到 100，你想听我数吗？我喜欢我的狗斯基珀。我可以爬到攀登架的顶端，我一点也不害怕！反而很高兴。你不可能既高兴又害怕！我的头发是棕色的，我在上幼儿园。我很强壮。我可以搬动这把椅子，看我的！（Harter, 1996, p.208）

詹森这种描述自己的方式是他那个年龄段的美国儿童的典型代表。他谈论的大多是具体的、可观察的行为和外显的特征，比如物理特征、偏爱的事物、拥有的事物、家庭成员等。他谈论个别的技能（攀登）多于一般的能力（运动）。他的自我描述不切实际，全部是正面的，且常常言过其实；他的想法总是与行为密不可分。直到童年中期（7 岁或 8 岁左右），他才会用概括性的特点描述自己，比如受欢迎、聪明或是沉默寡言；比如认识到自己可以有矛盾的情绪；比如在持有积极的自我概念时严于律己。这些变化是如何发生的？

“5~7 岁转变期”发生了哪些特别的变化？一项基于新皮亚杰理论的分析（Case, 1985, 1992; Fischer, 1980）将 5~7 岁的转变期分为三个阶段，虽然这是一个连续的发展过程。* 四岁大的詹森处于第一阶段：他对自己的描述是**单一表征**（single representation），即这种描述是独立的、单维的。他的思维在个别的事物间跳跃，没有逻辑上的联系。在这一阶段，他无法想象同时具备两种情绪（“你决不可能既高兴又害怕”）。部分原因是他的工作记忆容量有限，他不能去中心化，即他不能同时考虑自己的不同方面（回顾第 7 章内容）。他的思维特点是全或无。他无法认识到**真实自我**（real self，即他在现实当中的这个人）与**理想自我**（ideal self，即他想要成为的那个人）是不同的，所以他将自己描述为一个德才兼备的人。

大约在 5~6 岁时，詹森进入第二阶段。这时，他开始将自己的某方面与另一方面联系在一起：“我跑得很快，而且我跳得也很高！”（Harter, 1996, p.215）。但是，这些**表征映射**（representational mappings）仍旧以完全正面的、全或无的方式表述，表征映射是自我形象不同部分之间的逻辑联系。因为好与坏是相反的，所以他不明白自己怎么可能擅长某些方面，却不擅长其他方面。

第三阶段出现在童年中期（见第 10 章），当儿童开始将自我的具体特征整合到一个综合的、多维的概念中时，表征系统就形成了。随着全或无思维的消减，詹森

---

* 关于儿童从四岁时对自身理解的发展的讨论得益于Susan Harter (1990, 1993, 1996, 1998)。

的自我描述将变得更趋平衡（“我擅长曲棍球，但不擅长算术”）。

自我描述的文化差异　文化是否影响年幼儿童的自我概念？研究发现，答案是肯定的。父母通过日常对话，巧妙地将关于怎样定义自我的文化思想和信念传递给孩子。例如，中国的父母倾向于提倡自我的*互助方面*：顺从权威、行为恰当、谦逊和集体归属感。欧美的父母提倡自我的*独立方面*：个性、自我表达和自尊。这些不同文化的价值观影响着儿童在各自文化中的自我认知方式（Wang, 2004）。

一项由 180 名欧美和中国的学前班、幼儿园和小学二年级的儿童参与的对比研究发现，早在 3~4 岁时儿童关于自我定义的文化开始显现，这些差异随着年龄的增长而增加。欧美的儿童像欧美的成人一样,倾向于用个人属性和信念来描述自己（“我很强大”）；而中国的儿童像中国的成人一样，谈论得更多的是社会属性和关系（“我有一个姐姐”）。欧美的儿童和成人多用个人特质和喜好来描述自己(“我擅长运动”)，而中国的儿童和成人喜欢用特定的、外显的行为来描述自己（“我和我的邻居玩堆雪人游戏”）。欧美的儿童和成人倾向于将自己置于完美的光环中（“我是聪明的”），而中国的儿童和成人描述自己时则趋于中性（“我有时会忘记自己的举止”）。

自　尊

自尊（self-esteem）是自我概念中有关自我评价的部分，是儿童对自己总的价值判断。新皮亚杰主义认为，自尊是建立在儿童描述和定义自我的认知能力基础上的，儿童的这种认知能力日益增强。

自尊的发展性变化　通常在 8 岁之前，儿童无法清晰地表达自我价值的概念，但是，年幼儿童可以通过行为来证明他们有自尊。在测量年幼儿童的自尊时，研究者除了使用自陈报告法之外，常常还会通过教师和父母的报告（Davis-Kean & Sandlar, 2001）或是观察儿童玩木偶和玩具的游戏（Measelle, Abloe, Cowan, & Cowan, 1998）来实现。

一项在比利时开展的研究中（Verschueren, Buyck, & Marcoen, 2001），研究者用两种量表测量了五岁儿童的自我表征：（1）Harter 儿童自我知觉问卷（SPPC, 1985b），既涵盖了总的（整体的）自我价值，又包括了对外貌、学业、运动能力、亲社会性以及行为组织等特定方面的认识；（2）木偶访谈（Cassidy, 1988; Verschueren, Marcoen, & Schoefs, 1996），通过木偶来揭示儿童如何理解别人对他们的看法。五岁儿童积极或消极的自我知觉能预测其八岁时的自我知觉和教师报告的社会情绪功能。

但是在 5~7 岁转变期前，儿童的自尊并非以现实评价为基础。虽然他们能够判断自己在不同活动中的能力，但是他们还无法依照主次进行排序。他们倾向于接受成人对他们的评价，这些评价往往是积极的、不严苛的反馈，所以他们很可能高估

母亲称赞孩子的艺术作品，这对其自尊的建立很重要。直到童年中期，儿童才发展出强大的自我价值内部标准。

自己的能力（Harter, 1990, 1993, 1996, 1998）。

我思我秀

- 你能回忆起父母或其他成人用什么方式帮你发展自尊吗?

就像自我概念本身一样，自尊在童年早期倾向于全或无："我很棒"或"我很差劲"（Harter, 1996, 1998）。直到童年中期，在内化了父母和社会的评判标准之后，儿童在形成和维持自我价值感方面，对自身能力的评价才具有批判性（Harter, 1990, 1996, 1998）。

条件性自尊："无助"模式 高自尊能够激励儿童达成目标；但是如果自尊条件性地依附于成功，儿童可能将失败或批评当成是对他们价值的否定，并可能因此对如何做得更好感到无助。大约 33%~50% 的学龄前、幼儿园和小学一年级的儿童表现出"无助"模式的迹象：自贬或自责、消极情绪、缺乏恒心、自我期望水平低（Burhans & Dweck, 1995; Ruble & Dweck, 1995）。

在完成困难任务时，自尊不依赖于成功的儿童可能会尝试换一种方式去解决，而"无助"的儿童则会感到羞愧，他们会放弃任务或重新去解决已经解决过的比较容易的任务。他们不期望成功，所以不会去尝试。年长的儿童在失败时可能会认为自己是"愚蠢的"的，而学龄前儿童则将自己不好的表现解释为"差劲"的前兆。此外，他们还相信"差劲"是永久性的。这种"差劲"的感觉很可能会延续到童年中期、甚至成年期。

那些持有能力不变观的儿童在某次测验失败后更容易士气低落，他们认为自己的能力无法提高。这些儿童通常将不好的表现和社会拒绝归咎于自己的人格缺陷，并且认为这是无法改变的。他们重复失败的策略或干脆放弃，而不是尝试通过不同的方式去获得成功。相反，高自尊的儿童倾向于将失败归咎于外部因素或是自己努力不足。如果坚持到最后依然不成功，他们会改变策略直到找到合适的方法（Erdley, Cain, Loomis, Dumas-Hines, & Dweck, 1997; Harter, 1998; Pomerantz & Saxon, 2001）。高自尊的儿童，其父母和老师常常给予他们特定的、关注性的反馈，而不是批评（“看，你衣服上的标签跑前头去了”，而不是“你不知道你的衣服穿反了吗？你什么时候才能学会自己穿衣服？”）。

学习检查站

你能否……

- ✓ 追溯早期自我概念的发展并讨论文化对自我概念的影响？
- ✓ 解释 5~7 岁转变期的重要性？
- ✓ 说出年幼儿童与年长儿童在自尊方面有何区别？
- ✓ 描述“无助”模式如何出现，并影响儿童对失败和社会拒绝的反应？

学习指路标

2. 年幼儿童理解和调控情绪的能力是如何发展的？

理解和调控情绪

理解和调控自己的情绪有助于提高儿童的社会能力，即发展与他人相处的能力（Denham et al., 2003）。这有助于他们引导自己的行为以及谈论自己的感受（Laible & Thompson, 1998）。理解自己的情绪使儿童能够更好地控制情绪，并对他人的情绪感知更加敏感（Garner & Power, 1996）。我们在之后的章节还会提到，它甚至影响儿童参加什么类型的游戏（Spinrad et al., 2004）。这方面的发展大部分发生在学龄前期（Denham et al., 2003）。

由于早期的情绪体验发生在家庭中，因此，家庭成员间的关系会影响儿童情绪理解的发展，就像伊莎贝尔·阿连德一样。一项由 41 名学龄前儿童参与的研究发现，儿童对母亲的依恋与理解他人的负面情绪（例如恐惧、生气和悲伤）相关，不论是来自对同伴的观察，还是来自对木偶扮演的故事的推断（Laible & Thompson, 1998）。

通常，学龄前儿童能够谈论自己的情绪，也能够辨别他人的情绪，并且他们知道情绪与经历和愿望相联系（Saarni et al., 1998）。但是，他们依然不能完全理解害羞与骄傲一类的自我导向情绪，也无法缓解矛盾情绪，例如，得到一辆新自行车感到高兴，但由于颜色不喜欢又有点失望（Kestenbaum & Gelman, 1995）。

自我导向的情绪　我们在第 6 章中提到，自我导向的情绪，例如内疚、害羞和骄傲等，通常在三岁末得到发展，在此之前，儿童获得了自我意识，并且接受了父母制定的行为标准。然而，即使是年长的儿童，也缺乏足够的认知来识别这些情绪及其影响——这是学会调控情绪的必经之路。

在一项研究中（Harter, 1993），研究者告诉 4~8 岁的儿童两个故事。第一个故事：一个儿童从存钱罐中拿出一些硬币，在此之前被告知不能这么做；第二个故事：一个儿童在表演非常难的体育项目——翻单杠。每个故事又都以两个版本呈现：一个版本是有一名家长看见了儿童正在做的事；另一个版本是没有人看见儿童的行为。要求儿童回答故事中的儿童以及那名家长在每种情境中的感受。

研究发现，儿童的回答反映了他们理解自我感受的能力是一种渐进的过程（Harter, 1996）。4~5 岁的儿童不能说出自己或父母会感到骄傲或羞愧。5~6 岁的儿童认为父母会为自己感到羞愧或骄傲，但不能意识到这些情绪。6~7 岁的儿童说，如果他们被看到，就会感到骄傲或羞愧。直到 7~8 岁，儿童才会认为即使没人看见，自己也会感到骄傲或羞愧。到了这一年龄段，产生骄傲和羞愧的标准似乎完全内化，并影响儿童对自己的看法（Harter, 1993, 1996）。

复合情绪 年幼儿童对情绪理解混乱的部分原因是，他们难以理解自己能够同时体验到不同的情绪，就像伊莎贝尔对她的外祖父产生的情绪一样，既怨恨又钦佩。

三岁的儿童在理解矛盾情绪方面存在个体差异。一些三岁的儿童能够区分一张面孔是快乐还是悲伤，并且能够说出木偶在表演快乐、悲伤、生气或害怕等情境时自己的感受。在幼儿园大班，他们能更好地解释故事中角色的矛盾情绪。这些儿童通常来自于经常讨论矛盾情绪产生原因的家庭（J. R. Brown & Dunn, 1996）。在童年中期，儿童对同步情绪的理解更加复杂化，并且能够更好地调控它们（见第 10 章）。

埃里克森：主动对内疚

解决自我冲突情绪的需要是埃里克森心理社会发展理论的第三阶段的核心（Erikson, 1950），即**主动对内疚**（initiative versus guilt）。冲突源于日益增长的目标感与越来越能意识到的内疚，前者激励儿童计划和完成活动，而后者则是对这些计划可能产生的良心谴责。

> **学习检查站**
> 你能否……
> ✓ 描述儿童在理解（1）自我导向的情绪和（2）同步情绪方面的典型过程？
> ✓ 解释埃里克森的人格发展第三阶段的意义？

学龄前儿童能做且想做的事情越来越多。与此同时，他们开始明白其中一些事情是社会允许的，另一些则是不被允许的，例如，伊莎贝尔·阿连德在六岁时由于组织同学展示内裤而被就读的学校开除。儿童是如何解决他们对做的渴望与对被赞许的渴望之间的冲突的？

这种冲突将人格分为两部分：一部分仍旧是儿童，拥有充沛的精力去尝试新鲜的事物和验证新能力；另一部分正逐渐向成人转变，不断地确认动机和行为的适宜性。那些学会调节这两种相反驱动力的儿童获得了目的这一“美德”：有勇气去设想和追寻目标，不会因为过于内疚和害怕责罚而止步不前。

> **学习指路标**
> 3. 男孩和女孩是怎样意识到性别含义的？如何解释行为在性别上的差异？

性　别

性别认同（gender identity），即个体对自己性别（女性或男性）及其所在社会对该性别的全部要求的觉知，它是发展自我概念的重要方面。如我们所见，伊莎贝尔·阿连德意识到在男权社会中作为一名女性意味着什么，这一意识可以追溯到她的童年时代。

男孩和女孩之间存在哪些差异？是什么导致了这些差异？儿童的性别认同如何

发展，又是如何影响他们的态度和行为的？

性别差异

*性别差异*是指男性和女性在心理或行为上的差异；与其相对应，*性差异*是指两者在生理上的差异。性别差异有多显著？

我们在第 6 章中已经指出，男婴和女婴之间可测量的差异，不论是生理上还是行为上的，都相当小。虽然在三岁之后，一些性别差异变得越来越显著，但是总体而言，男孩与女孩之间的相似性多于差异。其中最主要的差异表现在男孩的攻击行为方面，稍后将在本章讨论。另外，大多数研究表明，女孩有更强的同理心和助人倾向（Keenan & Shaw, 1997）。一些研究还发现，女孩对父母更加顺从，比男孩更多地寻求父母的赞许（N.Eisenberg, Fabes, Schaller, & Miller, 1989; M. L. Hoffman, 1977; Maccoby, 1980; Turner & Gervai, 1995）。在童年早期、青少年前期和青少年期，女孩更多地使用积极回应的语言，例如赞美、同意、感谢以及详细说明他人所说的内容（Leaper & Smith, 2004）。

总的来说，智力测验分数不存在性别差异（Keenan & Shaw, 1997），这是因为应用最广泛的测验目的就在于消除性别偏见（Neisser et al., 1996）。但是男孩和女孩在特殊能力方面存在性别差异。女孩在言语任务（类推除外）、算术以及需要良好知觉技能的任务方面表现更好。男孩在空间能力、抽象数学和科学推理等方面的成绩更加优秀（Halpen, 1997）。某些跨文化的认知差异在生命早期就出现了。女孩在知觉速度和语言流畅性上的优势在婴儿期和学步期就已显现，而男孩在数字和形状的心理操作以及迷津方面的优势在学龄前期开始显现。其他方面的差异直到青少年期之前或之后才显现（Halpern, 1997; Levine, Huttenlocher, Taylor, & Langrock, 1999）。

在学步期，男孩和女孩在打架、咬人和发脾气等方面的表现是相同的，同时，他们也会表现出一些“坏”的脾气。在四岁左右，女孩的问题行为减少，而男孩却变得爱惹麻烦或“调皮”。这种差异会一直持续到成年期，这时女性变得更易焦虑和沮丧（Keenan & Shaw, 1997; 见第 11 章）。

当然，我们要谨记，性别差异对于男孩和女孩群体而言是有效的，但对个体来说却并非必然。我们并不能通过一名儿童的性别来预测这个特定的男孩或女孩是否比其他儿童更敏捷、更强壮、更聪明、更顺从或更固执。

学习检查站
你能否……
✓ 总结男孩与女孩之间主要的行为和认知差异？

性别发展的观点

如何解释性别差异？为什么它们会随年龄的增长而出现？迄今为止，最具影响力的解释都将焦点放在男孩和女孩从出生起就经历的不同经验和不同社会期望上（Halpern, 1997; Neisser et al., 1996）。这些经历和期望涉及性别认同的三个方面：性别角色、性别特征形成和性别刻板印象 。

性别角色（gender roles）是一种文化对适合于男性和女性的行为、兴趣、态度、技能和人格特质，所有的社会都存在性别角色。在历史上的大部分文化中，比如伊莎贝尔·阿连德所在的智利，人们期望女性专心料理家务和照看孩子，男性则负责维持家庭生计和保护家庭。人们同样期望女性顺从并充当养育者的角色，男性应该主动、具有攻击性和竞争性。阿连德反对的正是这种文化定义的角色。现在西方文化中的性别角色已经变得更为灵活，更加多样化。

性别特征形成（gender-typing）是儿童获得性别角色的过程（参见第 6 章），它发生在童年早期，但儿童性别特征化的程度存在差异。**性别刻板印象**（gender stereotypes）是对男性和女性的行为先入为主的概括化，比如“所有的女性都是被动的、依赖的，所有的男性都是有主动的、独立的。”性别刻板印象在许多文化中广泛存在。儿童在两三岁时开始出现性别刻板印象，在学前期得到进一步的发展，五岁时达到高峰（Campbell, Shirley, & Candy, 2004; Ruble & Martin, 1998）。学龄前儿童，甚至年长的儿童，常常将积极的品质归于同性，将消极的品质属于异性（Egan & perry, 2001; Ruble & Martin, 1998; Underwood, Schockner, & Hurley, 2001）。尽管如此，在学龄前儿童中，不论是男孩还是女孩，都认为男孩强壮、敏捷、粗鲁，女孩胆小、孤弱（Ruble & Martin, 1998）。

这名“神枪手”着装的学龄前男孩已经发展出很强的性别角色感。小男孩和小女孩最明显的行为差异表现为男孩具有更强的攻击性。

儿童如何获得性别角色？他们为何接受性别刻板印象？这些纯粹是由社会造成的还是反映了男女在生物学上的潜在差异？社会和文化的影响是创造了还是仅仅强化了性别差异？

这些问题的答案并非非此即彼。对于这些问题，天性和教养可能同时起重要的作用。生物学的影响并不是普遍的、必然的或不可改变的，社会和文化的影响也不是轻易可以克服的。

让我们来看看四种性别角色的发展观（见表 8-1）：生物学的、精神分析的、认知的和基于社会化的。每一种观点都有助于我们理解性别角色，但是没有一种能够完美地解释为什么男女两性在某些方面的发展存在差异，而在其他方面却没有差异。

生物学取向 在许多文化中都存在着类似的性别角色，这说明，至少某些性别差异是以生物学为基础的。当代的研究也不断为性别差异的生物学解释提供证据：基因的、激素的和神经学的。

表 8–1　性别角色发展的四种观点

理论	代表人物	关键过程	基本观点
生物学取向		基因的、神经学的和激素的活性	男女两性行为方面的大多数差异可以追溯到生物学上的差异
精神分析取向			
精神性欲论	弗洛伊德	无意识情绪冲突的解决	儿童与父母中同性别的一方认同时产生了性别统一性
认知取向			
认知—发展理论	科尔伯格	自我类化	一旦儿童知道她是女孩或他是男孩，她（他）就将行为方面的信息以性别归类，并以此作为行为的参照
性别—图式理论	贝姆、马林、霍尔沃森	建立在处理文化信息基础上的自我类化	儿童把适合男孩和女孩的行为信息组织起来并以此作为行为的参照，这些信息以特定的文化为基础。儿童按性别来归类信息是因为他们的文化将性别规定为一个重要的图式
社会化取向			
社会认知理论	班杜拉	榜样、强化以及教学	性别形态是对社会标准的解释、评价和内化

出生前或出生时血液中的激素会对发育中的大脑产生影响。雄性激素睾丸酮连同血液中复合胺的低水平传递可能与攻击性、竞争性和支配性相关，它们也许是通过下丘脑和杏仁体一类的脑组织来发挥作用。目前，这种关系依然缺乏证据支持（Bernhardt, 1997; Book, Starzyk, & Quinsey, 2001; Ramirez, 2003）。

五岁儿童的大脑已经接近成人大小。男孩的大脑约比女孩的大 10%，这主要是因为男孩大脑皮层的灰质较多，而女孩的神经元密度较大。这些发现对我们研究脑组织和脑功能有何帮助还是未知数（Reiss, Abrams Singer, Ross, & Denckla, 1996）。但是，我们有证据表明，连接左右半球的胼胝体的大小与语言的流畅性相关（Hines, Chiu, McAdams, Bentler, & Lipcamon, 1992）。女孩的胼胝体比较大，能更好地调节两个脑半球。这有助于解释女孩在言语能力上的优势（Halpern, 1997）。

一些研究将焦点放在激素异常的儿童身上。患有先天性肾上腺增生症（CAH）的女孩，在胎儿期就有很高的雄性激素（男性的性激素），这导致了其生殖器的异常（阴蒂增大并且尿道敞开）。随着年龄的增长，这些女孩的面部、阴部和腋窝的毛发加重，声音变得低沉，并且在青春期没有月经或者月经失调。她们发育成“假小子”，喜欢“男孩的玩具”、粗野的游戏和男性伙伴；同样的，她们也有很强的空间能力。雌性激素（女性的性激素）对男孩的性别类化行为的影响似乎比较小（Ruble & Martin, 1998）。一项对 3~10 岁儿童的研究显示，尽管其父母鼓励符合社会期望的性别行为，但患有 CAH 的女孩比未患 CAH 的女孩更多地选择男性化的玩具。患有

CAH 的男孩和未患 CAH 的男孩在行为上不存在差异（Pasterski et al., 2005）。

在以生物学为基础的研究中，最富戏剧性的例子是，研究发现了由于性器官缺失或异常（部分男性和部分女性），有些男婴被医学界定为女性。这些研究表明，性别认同可能源于染色体结构或先天发育，并且很难改变。

有这样一个经典案例：一名七个月大的男婴在包皮切除手术中阴茎意外受损，在 17 个月大时，父母决定将他当作女孩来抚养，之后的四个月，外科医生为他做了阴茎重塑手术（Money & Ehrhardt, 1972）。长大后这名男孩拒绝了女性的性别身份，在青春期转而选择了男性身份（Diamond & Sigmundson, 1997）。然而，在成年期他的生活受到了困扰（Colapinto, 2000），于 2004 年自杀了（Colapinto, 2004）。

个体出生时是否接受自己的性别特征，一项相关研究强调了对其预测的困难性。14 名生理性别是男性、但出生时阴茎异常的婴儿，在出生后的第一个月，由于检验失误，他们在法律上和生理上都被界定为女婴。但在 5~16 岁期间，他们当中有 8 人宣称自己是男性（虽然其中 2 人在两种性别中摇摆不定）。5 人坚定地宣称自己是女性，但表示与其他女孩相处困难；1 人在知道自己生来就是男性时，拒绝与其他人讨论此话题。其中，还有 2 名男孩由于其父母推翻了原先的性别界定而一直保持男性的性别身份（Reiner & Gearhart, 2004）。另一个案例中，27 名天生阴茎缺失的男孩有 25 人虽然被当作女孩抚养，却一直认为自己是男性，并且在儿童时期喜欢参与追逐打闹游戏（Reiner, 2000）。

精神分析取向 “爸爸，当我长大后娶了妈妈，您住哪里？”四岁的蒂咪问爸爸。从精神分析的观点来看，蒂咪的问题是他获得性别认同的一部分。根据弗洛伊德的观点，这种继承父母中同性别一方的特征、信仰、态度、价值观和行为的过程是一种性别**认同**（identification）。弗洛伊德和其他经典精神分析理论家认为，认同是童年早期人格发展的重要部分。一些社会学习理论家也采用了这一术语。

根据弗洛伊德的理论，当蒂咪压抑或放弃将父母中的异性一方（他的母亲）占为己有的想法，并且认同父母中同性一方（他的父亲）的时候，蒂咪就获得了同一性。虽然弗洛伊德的理论对性别角色发展的解释很具影响力，但这一理论很难被检验。尽管一些证据显示，学龄前儿童倾向于对父母中的异性一方表示亲近，对同性一方有更多的攻击性行为（Westen, 1998），但现代的发展心理学家倾向于采用其他的理论来解释这种现象。

认知取向 萨拉断定自己是女孩，因为大家都说她是一名女孩。她认识到自己始终将是一名女孩。像开始理解其他事物一样，她开始理解性别的含义：通过积极地思考和建构自己的性别特征。这是科尔伯格（Kohlberg, 1996）的认知—发展理论的核心。

科尔伯格和其他的认知心理学家认为，儿童在社会中积极地搜索关于性别的信息——谁做什么以及谁能和谁玩。当儿童知道他们属于哪种性别后，他们就做出自己所认为的与该性别一致的行为。因此，比起汽车，三岁的萨拉更喜欢娃娃，因为她看见女孩们都玩娃娃，于是认为与娃娃玩耍符合女孩的行为。而且，很多时候她与其他女孩一起玩，认为她们之间有共同的兴趣（Ruble & Martin, 1998; Martin & Ruble, 2004）。

科尔伯格认为，获得性别角色的关键是**性别恒常性**（gender constancy），也称为性别类型恒常性，是指儿童对自身性别不会改变的一种认识。一旦儿童明白自己的性别是永久的，他们就采用符合自己性别的行为。性别恒常性的发展可以分为三个阶段：性别认同、性别稳定性和性别恒常性（Ruble & Martin, 1998; Szkrybalo & Ruble, 1999）。性别认同，即对自己和他人性别的意识，通常发生在 2~3 岁。性别稳定性则发生在女孩明白她将成长为一名女人、男孩明白他将成长为一名男人时，换句话说，就是个体认识到性别随着年龄的增长会一直保持不变。这一阶段的儿童可能将外表以及刻板化的行为作为性别判断的依据。最后，儿童在 3~7 岁、甚至更晚些时候发展性别恒常性：这时的儿童明白，即使理了短发、穿着短裤，女孩依旧是女孩；即使留长发、戴耳环，男孩也还是男孩。

许多研究者质疑科尔伯格提出的“性别类型化取决于性别恒常性”的观点。在儿童获得性别恒常性之前的很长一段时间，即早在 12~24 个月大的时候，他们在挑选玩具和伙伴方面就表现出了性别特征偏好（Bussey & Bandura, 1992; Martin & Rublr, 2004; Ruble & Martin, 1998）。他们将行为和事物依照性别分类，知道男性和女性都做些什么，并且习得与性别相符的行为（G. D. Levy & Carter, 1989; Luecke-Aleksa, Anderson, Collins, & Schmitt, 1995）。性别特征化程度将随着对性别理解的不断成熟而提高，而性别恒常性能促进个体理解性别的能力更趋成熟（Martin & Ruble, 2004）。

第二种认知观综合了认知发展和社会学习理论的元素，即**性别—图式理论**（gender-schema theroy），它试图描述性别理解和性别特征形成之间的认知机制。主要支持者是贝姆（Sandra Bem, 1983, 1985, 1993）、马林（Carol Lynn Martin）和霍尔沃森（Charles F. Halverson, 1981）。图式（类似于皮亚杰的图式）是一种心理建构的信息网络，它影响许多行为。根据性别—图式理论，儿童（很可能在婴儿期）以性别

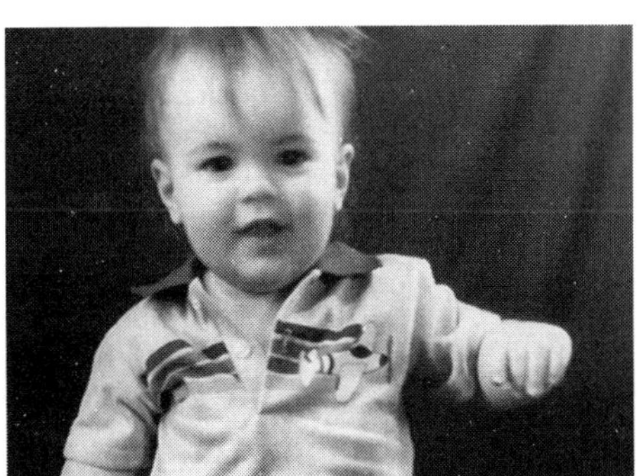

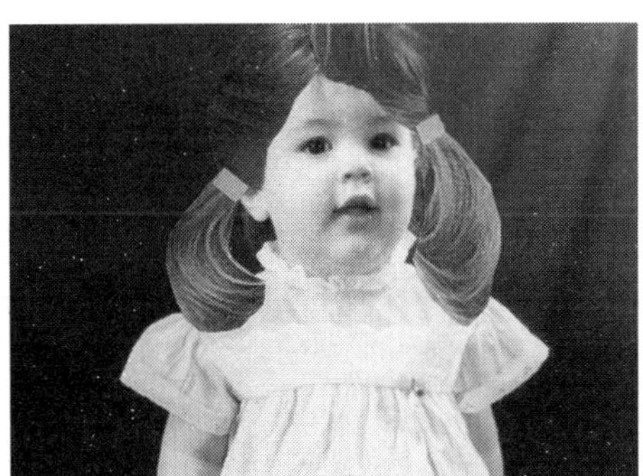

在一项研究中，儿童看了这个小男孩的 3 张照片：裸体、身着男装、身着女装。那些根据生殖器官而不是根据衣着来确定性别的学龄前儿童更有可能显示出性别恒常性——知道自己的性别是固定不变的。

图式为中心来组织他们的观察，并以此为标准对事件和人物进行归类。他们之所以根据性别图式来组织信息是因为，他们所处的社会是按此标准将人们进行归类：男性和女性穿不同的服装、玩不同的游戏、使用分开的浴室。一旦儿童知道自己属于哪种性别，就会随着对文化中男性和女性概念的深化而采纳相应的性别角色。之后他们将自己的行为与文化中的性别图式相匹配——男孩和女孩被假定为是什么样的、都做些什么。

根据这种理论，性别图式通过影响个体对行为的判断而强化了性别刻板印象。当隔壁搬来一个小男孩时，四岁的布兰登带着一个玩具卡车敲开了他的门，显然布兰登认为新来的这个小男孩会和他喜欢同样的玩具。贝姆认为，那些表现出刻板化行为的儿童可能正在经历性别从众的压力，这抑制了他们健康的自我探索。但是没有证据表明，性别图式是刻板化行为的根源，或者高度性别特征化的儿童必然要经历从众的压力（Yunger, Carver, & Perry, 2004）。

性别—图式理论和科尔伯格的理论存在的共性问题是，性别刻板化并不总是随着性别知识的增长而被深化，常常出现与此相反的例子（Bussey & Bandura, 1999）。一种基于研究的新观点认为，性别刻板化遵循先提高后下降的发展模式（Ruble & Martin, 1998; Welch-Ross & Schmidt, 1996）。根据性别—图式理论，4~6 岁的儿童处于建构和巩固性别图式的时期，他们只注意和记得与图式一致的信息，甚至夸大该信息。事实上，他们倾向于遗忘那些与性别刻板印象不一致的信息，例如让儿童观看一个女孩在锯木头或一个男孩在做饭的照片，儿童坚持认为照片中的儿童是另一种性别。年幼儿童能很快接受性别标签，当告诉儿童某个不熟悉的玩具为异性专属时，他们会把它当作烫手山芋一样丢掉，并期望别人也这样做（C. L. Martin, Eisenbud, & Rose, 1995; Martin & Ruble, 2004; Ruble & Martin, 1998）。

5~6 岁的儿童获得了严格的性别刻板印象，并将此应用于自己与他人身上。男孩更多关注“男孩的”的东西，女孩更关注“女孩的”的东西。与“女孩该做的事”相比，男孩更希望能做好“男孩该做的事”。如果他尝试妆扮娃娃，将会显得笨手笨脚。到了 7~8 岁，随着儿童开始吸收和整合冲突信息，例如许多女孩穿短裤，性别图式变得更加复杂，儿童的性别信念也变得更加复杂，性别角色的观点也更加灵活多变（Matin & Ruble, 2004; Ruble & Martin, 1998; M.G. Taylor, 1996; Trautner et al., 2003）。

性别角色发展的认知取向理论为我们探讨儿童如何看待性别，以及他们在不同的年龄段对性别有多大程度的了解做出了巨大贡献。尽管如此，该理论并不能完全解释知识和行为间的关系。促使儿童按照性别角色行动的机制究竟是什么，为什么有的儿童比其他儿童的性别特征化程度更深，这些问题仍存在争议（Bussey & Babdura, 1992, 1999; Martin & Ruble, 2004; Ruble & Martin, 1998）。因此一些研究者将研究焦点转向了性别的社会化取向。

社会化取向 传统的社会学习理论认为，儿童通过观察榜样获得性别角色。他们通

常选择强大的或养育他们的人作为榜样。父母便是典型的榜样，儿童常常模仿与自己同性别的父母一方的行为。儿童也经常模仿其他成人或同伴的行为。（伊莎贝尔·阿连德不满女性从属的角色，进而将外祖父作为模仿的榜样。）父母、教师和其他成人对儿童行为的反馈和直接教导强化了其性别特征的形成。男孩模仿父亲或男性同伴的行为被表扬“像个男子汉”，而女孩因穿漂亮的衣服或梳漂亮发型会受到称赞。

班杜拉的**社会认知理论**（social cognitive theory, 1996; Bussey & Bandura, 1999）是社会学习理论的一个分支，它将性别认同看作是个体与社会之间相互作用的结果。社会化，即儿童解释和内化与父母、老师、同伴和文化机构互动经验的方式，起核心作用。

社会化始于婴儿期，远远早于性别意识的形成。随着儿童能够调节自己的行为，行为标准也开始内化。儿童不再需要表扬、批评或者模仿社会赞许的榜样行为。当儿童按照他们内在的标准行事时就会感觉良好，否则就会觉得很糟。大概在 3~4 岁期间，儿童的性别相关行为发生了从社会引导控制到自我调节的重要变化（Bussey & Bandura, 1992）。父母、同伴和媒体是如何影响这一发展过程的？

家庭影响 当路易斯安那州州长布兰科四岁大的孙子大卫被问长大后想做什么时，他也不确定。他否定了母亲的所有建议——消防员、士兵、警察和飞行员。最后，当母亲问他是否想当州长时，他回答说：“妈妈，我是个男孩！”（Associated Press, 2004a）。

大卫的反应说明了家庭对儿童性别的影响是多么强烈，甚至能培养反常规的偏好。家庭经验通常只能强化儿童的性别特征偏好和态度。

在游戏偏好方面，男孩的性别社会化倾向比女孩强。相比女孩玩卡车玩具，男孩玩娃娃更容易招致父母、尤其是父亲的不满（Lytton & Romney, 1991; Ruble & Martin, 1998; Sandnabba & Ahlberg, 1999）。在服装、游戏和玩伴的选择方面，女孩比男孩有更多的自由（Miedzia, 1991）。

在主张平等的家庭中，父亲对儿童性别社会化的影响尤为重要（Fagot & Leinbach, 1995）。一项对英国和匈牙利四岁城市儿童的研究表明，父亲做家务较多的家庭中的儿童会更少地意识到性别刻板印象，也更少参与性别特征化的游戏（Turner & Gervai, 1995）。

兄弟姐妹之间是否会彼此影响性别角色发展？一项为期三年的纵向研究发现，答案是肯定的。这项研究抽取了 198 名头胎与第二胎儿童（平均年龄分别是十岁和八岁）和他们的父母为研究对象。在态度、人格和休闲活动方面，第二胎儿童比较像他们的哥哥姐姐。头胎儿童更多受到父母的影响，更少受到弟弟或妹妹的影响（McHale, Updegraff, Helms-Erikson, & Crouter, 2001）。

> **我思我秀**
> - 父母和老师是否应该鼓励女孩玩卡车、男孩玩娃娃？
> - 假设以下两个例子是一个连续集合的两个极端，你将如何定位自己的观点？请解释。
>   1. A 家庭认为女孩只能穿褶裙，男孩不该洗碗、不该哭。
>   2. Z 家庭认为应该同等对待男孩和女孩，不应当因为他们的性别不同而干涉其行为。

同伴影响 五岁的安娜坚持一种新的穿着方式。不论在家里还是外出玩的时候，她都在打底裤外面套一件裙子，并搭配一双靴子。当母亲问她为什么这样穿时，安娜回答："因为凯特这么穿，她是我们的偶像！"

早在童年早期，同伴群体就成为影响儿童性别特征形成的主要因素（Turner & Gervai, 1995）。从三岁起，同伴就开始强化性别特征化的行为，并且随着年龄的增长，这种影响越来越大（Ruble & Martin, 1998）。儿童像父母一样，与"假小子"的女孩相比，他们对"娘娘腔"的男孩更不满（Ruble & Martin, 1998）。

事实上，这一年龄段的儿童选择游戏可能更多受到同伴和媒体的影响，而非家庭榜样的影响（Turner & Gervai, 1995）。总之，同伴和父母的态度相辅相成。社会认知理论认为，同伴不是影响儿童社会化的独立因素，而是复杂文化系统中的一部分，这个系统还包括父母和其他社会化因素等（Bussey & Bandura, 1999）。

文化影响 在尼泊尔的农村，一名印度女孩因触摸了哥哥的犁而受到严厉的斥责。通过这种方式，她明白女孩不能做男孩子该做的事情（D. Skinner, 1989）。五岁的伊莎贝尔·阿连德也接受了类似的教育，当兄弟在爬树时，她却只能坐在椅子上。

在美国，电视是传递文化影响性别态度的主要渠道。虽然电视节目以及广告中的女性有更多的机会外出工作，男性也更多地照看孩子和做家务。但与现实世界相比，电视中描绘的男女两性的大部分生活仍带有更多的刻板印象（Coltrane & Adams, 1997; Ruble & Martin, 1998）。

社会学习理论预测，经常看电视的儿童通过模仿自己在荧幕上看到的榜样，因此，会变得更加性别特征化。令人印象深刻的支持证据来自在加拿大城镇开展的一项自然实验，这些城镇第一次接收到电视传输信号。两年后，在有电视之前较少持刻板印象态度的儿童，其传统观念显著增强（Kimball, 1986）。另一项研究发现，与没有看过非传统电视节目（例如一对父子在一起做饭）的儿童相比，那些看过的儿童有较少的刻板印象（J. Johnston & Ettema, 1982）。

儿童读物，特别是绘本，一直以来都是性别刻板印象的来源。如今，图书故事中主角的女性比例有了较大提高，儿童也更频繁地参加无性别特征化的活动（女孩扮演飞行员或救护车司机，男孩参加茶会或洗衣服）。然则，即使在最好的图书故事中，女性依然更多地扮演传统的家庭主妇角色，男性也很少以照看孩子或做饭的形象出现（Gooden, 2001）。事实上，父亲通常不出现在故事中，即使偶尔出现，他们也常常是冷漠的和不称职的形象（Anderson & Hamilton, 2005）。

学习检查站

你能否……

- ✓ 区分性别角色发展研究的四种基本取向？
- ✓ 评价性别角色发展的生物学解释所提供的证据？
- ✓ 比较性别角色获得的各种不同理论解释，并评价每种理论的论据？

社会化取向的主要优势在于它所考察的范围更加宽泛、更具多样性，并能够揭示更大范围的个体差异。正是因为这种复杂性，我们很难在儿童的教养方式与他们的思想和行为间建立清晰的因果关系。家庭环境和同伴文化的哪些方面促进了性别特征的形成？父母和同伴区别对待男孩和女孩是因为他们确实不同还是文化认为他们应该不同？区别性对待是导致还是反映了性别差异？或者像社会认知理论认为的那样存在一种双向关系？在与性别相关的态度和行为方面，社会化力量与儿童自身的生理倾向以及认知理解之间究竟存在怎样的密切关系，这一切还需要进一步的研究来揭示。

游戏：童年早期的活动

学习指路标

4. 学龄前儿童如何进行游戏？游戏又如何促进和反映他们的发展？

游戏是儿童的工作，它有助于儿童各方面的发展。通过游戏，儿童能够调动感官，学习如何使用肌肉，协调运动中的视觉，掌控身体，习得新的技能。当他们将不同形状的积木分类，计算他们可以相互堆积的个数或者说出“我堆的塔比你的高”时，他们就建立了数学概念（Jarrell, 1998）。当他们玩电脑时，他们能学习新的思考方式（Silvern, 1998）。当他们在沙滩上合作堆沙堡或挖隧道时，他们在学习社会技能。

学龄前儿童在不同的年龄段会参与不同类型的游戏。随着运动技巧的提高，学龄前儿童能够奔跑、跳高、跳远、单脚跳、投掷以及瞄准。进入童年中期后，追逐打闹游戏变得越来越常见，包括摔跤、踢打和追逐（Pellegrini, 1998; 见第 9 章）。当然，不同的儿童有不同的游戏方式，他们游戏的内容也不一样。研究者按照内容（游戏时儿童做什么）和社会维度（儿童是单独游戏还是与他人一起游戏）对儿童游戏进行分类。

游戏的认知水平

三岁的卡罗用比自己平时更低沉的声音和玩具娃娃说话。四岁的米格尔将厨房的毛巾当作斗篷披在身上，像蝙蝠侠一样飞来飞去。这些儿童参与的是假装游戏，包括虚构的人物和情境。

假装游戏是皮亚杰定义的四种游戏类别中的一种，其他游戏也随着认知复杂水平的提高而出现（Piaget, 1951; Smilansky, 1968）。最简单的游戏是**功能性游戏**（functional play），始于婴儿期，由重复性的肌肉运动（比如滚球或拍球）组成。第二级水平是**建构性游戏**（constructive play），是指用物体或材料制作某些东西，比如堆积木房子或画蜡笔画。4~5 岁的学龄前儿童将他们一半以上的时间用于这类游戏，到 5~6 岁时，这些游戏变得更加精细化（J.E Johnson, 1998）。

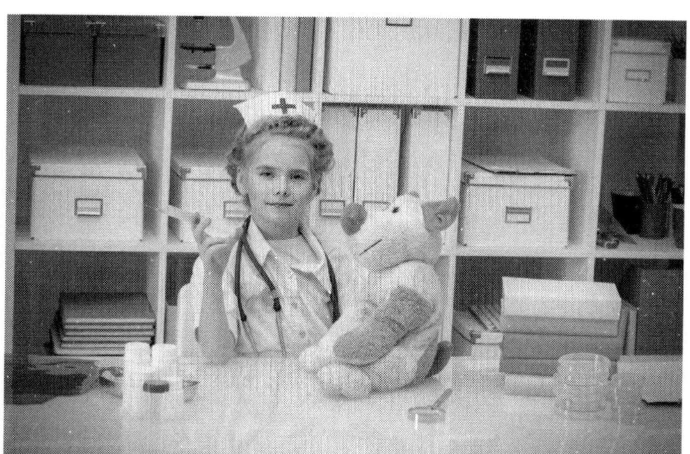

这位小“兽医”在为玩具狗检查身体。这反映了童年早期的一项重要认知发展——想象游戏，即用符号代替真实世界的人或物。

第三级水平是**假装游戏**（pretend play），也叫假想游戏、戏剧游戏或是想象游戏，使用的是我们在第 7 章中提到过的符号功能，伴随着语言和表征能力的发展该功能出现在两岁末（Piaget, 1962）。假装游戏通常在学龄前期达到顶峰，到学龄期逐渐减少，因为学龄期儿童更多地参加第四种认知水平的游戏——*有规则的正式游戏*，即附有已知程序和处罚条例的有组织的游戏，比如“跳房子”和弹球。据估计，约 10%~17% 的学龄前儿童和 33% 的幼儿园儿童玩假装游戏，通常使用娃娃等真实或假想的道具（Bretherton, 1984; Garner, 1998; J. E. Johnson, 1998; K. H. Rubin, Fein, & Vandenberg, 1993）。如今，幼儿园越来越以学业为重，安排的课表也越来越紧（回顾第 7 章），这些都限制了儿童玩假装游戏的时间（Bergen, 2002）。

假装游戏结合了认知、情绪、语言和感知运动行为，它能够促进大脑中各脑区的连接的密度和以后抽象思维能力的发展。看大量电视节目的儿童，其玩游戏时的想象力较低,可能是由于他们习惯于被动地接受图像,而不是自己去创造形象（Howes & Matheson, 1992）。

游戏的社会性维度

在 20 世纪 20 年代的一项经典研究中，米尔德里德·帕腾（Mildred B. Parten, 1932）按照社会性从低到高定义了六种类型的早期游戏（见表 8-2）。她发现，随着年龄的增长，儿童游戏的交互性和合作性都越来越强。最初，儿童是单独游戏，之后是在一旁观看他人游戏，最后是与他人一起游戏。然而，现在许多学者认为，帕腾对儿童游戏发展的描述过于简单。各个年龄段的儿童均参与了帕腾所说的各种类型的游戏（K. H. Rubin et al, 1998）。

非社会性游戏的成熟度低于社会性游戏吗？帕腾认为是这样的。她和某些学者认为，那些独自玩耍的幼儿可能存在社会性、心理或教育方面的发展危机。但另一些学者观察发现，某些特定的非社会性游戏，特别是单独游戏和平行游戏，可能包含既能培养认知、心理和社会性发展、又能具有独立性和成熟性的活动（Harrist, Zain, Bates, Dodge, & Pettit, 1997; K. H. Rubin et al., 1998）。在一项对 567 名幼儿园儿童开展的研究中，研究者根据老师、同伴和无关观察者的评估发现，超过 2/3 独自玩耍的儿童具有较高的社会性和认知能力，他们仅仅是喜欢玩这种形式的游戏而已（Harrist et al., 1997）。这些喜欢单独游戏的儿童可能拥有更强的主观性或任务导向性，而不是人物导向性（Coplan, Prakash, O’Neil, & Armer, 2004）。另一方面，对于某些儿童来说，单独游戏也可能是害羞、焦虑、害怕或社会拒绝的信号（Coplan et al., 2004; Henderson, Marshall, Fox, & Rubin, 2004; Spinrad et al., 2004）。

> **我思我秀**
>
> - 你认为使用电脑会影响学前儿童的认知和社会性发展吗？

*沉默游戏*综合了帕腾的旁观者和非参与性游戏，玩这种游戏的儿童常常被认为是害羞的（Coplan et al., 2004）。然而，这种沉默寡言的行为，例如在其他儿童旁边玩、观察他人的行为、漫无目的地徘徊，有时可能是加入他人游戏的前奏（K. H. Rubin, Bukowski, & Parker, 1998; Spinrad et al., 2004）。一项短期的纵向研究发现，沉默的儿

表 8-2　帕腾的社会性与非社会性游戏分类

类　别	描　述
非参与行为	儿童似乎不是在玩耍，但随时在观察自己感兴趣的事物
旁观者行为	儿童将大部分时间花在观察其他儿童的游戏上。作为一名旁观者与他们说话、提问或是提供建议，但并不参与游戏。旁观者有明确的观察对象，而不是关注新异的刺激
单独游戏	儿童一个人玩玩具，所玩的玩具与周围其他儿童的不同；并且不去接近其他儿童
平行游戏	儿童不与其他儿童一起玩耍，玩的玩具和周围儿童一样，但玩的方式不一定相同。平行游戏中的儿童在他人*旁边*游戏而不是与他人*一起*游戏，他们不会试图影响其他儿童
联合游戏	儿童与其他儿童一起玩耍。他们讨论游戏、互借玩具、相互模仿，并试图控制游戏中的同伴。所有的儿童即使不是相同也是相似地进行游戏，没有分工，也缺乏有目标的组织。每一个儿童都是以自己希望的方式活动，与独自玩耍相比，更喜欢与其他儿童一起玩耍
合作性或有组织的辅助游戏	儿童在某个团体中进行游戏，这个团体是为了某个目标而组织起来的——制作某样物品、进行一场有规则的游戏或是表演某种情境。一名或两名儿童控制其他组员并主导活动。根据分工，儿童扮演不同的角色并与其他人互补

资料来源：Adapted from Parten, 1932, pp.249–251.

童虽然不愿意加入其他儿童的游戏，但他们招人喜爱，并且表现出的问题行为较少（Spinrad et al., 2004）。非社会性游戏似乎远比帕腾想象得要复杂，还需要深入地进行研究。

有一种游戏通常在学龄前期变得更加社会化，这就是想象游戏，它通常由独自玩耍的单独游戏转变为有其他儿童参与的戏剧游戏（K. H. Rubin et al., 1998; Singer & Singer, 1990）。随着想象游戏合作性的增强，儿童想象的故事情节也更加复杂和富有创造性。戏剧游戏为锻炼儿童的人际交往技能、探究社会角色和社会习俗提供了机会。在一起扮演的过程中，儿童能够应对不良情绪、理解他人的观点、建构对外部世界的印象（Bergen, 2002; Bodrova & Leong, 1998; Christie, 1991; J. I. F. Davidson, 1998; Furth & Kane, 1992; J. E. Johnson, 1998; Nourot, 1998; Singer & Singer, 1990）。他们发展了计划问题、解决问题和搜索目标等关键技能（Bergen, 2002）。儿童通常会遵循潜在规则来组织戏剧游戏、划分角色（“我当爸爸，你当妈妈”）、协商（“好吧，明天我来当爸爸”）或是设置情境（“当心，火车来了！”）。与不经常玩想象游戏的儿童相比，经常参与这类游戏的儿童的合作性更强、受欢迎度更高，并且玩得更开心（Singer & Singer, 1990）。研究发现，假装游戏质量的高低与儿童的社会性和语言能力相关（Bergen, 2002）。通过制作假想的旅行“火车票”或读出“医生办公室”中的视力表，儿童自然地发展了读写能力（Christie, 1991, 1998）。

学习检查站
你能否……

- ✓ 描述皮亚杰划分的四种认知水平的游戏，以及帕腾划分的六类社会性与非社会性游戏？
- ✓ 解释游戏的认知维度与社会性维度之间的联系？

假想的同伴

三岁半的安娜有 23 个“姐妹”，例如欧池、艾丽默、兹尼、阿吉和贝安琪等。她常常与她们通电话，因为她们住在安娜原来住的地方，那里距她现在的家有 160 公里。第二年，安娜与这些姐妹中的大部分人失去了联系，但欧池仍然会来找安娜玩，尤其是在生日聚会时。欧池养了一只猫和一只狗（这是安娜企盼已久、但始终无法拥有的）。对于那些她想拥有却得不到的东西，她总是说自己已经有了，而且放在某个姐妹的家中。但当现实中某个朋友来玩时，如果安娜的母亲无意中提到某个她假想的同伴，安娜就会快速地转移该话题。

23 个姐妹都只是安娜想象的，这一点她自己也明白。与大约 25% ~65% 的 3~10 岁儿童一样（Woolley, 1997），安娜创造了假想的同伴，并与她们交谈和玩游戏。这种现象通常出现在头胎或独生子女身上，他们缺乏兄弟姐妹的亲密陪伴。像安娜一样，大部分儿童创造许多个假想同伴（Gleason, Sebanc, & Hartup, 2000）。女孩比男孩更可能承认有假想的“朋友”，男孩则更可能去模仿想象中的人物（Carlson & Taylor, in press）。

那些有假想同伴的儿童能够区分幻想与现实；但在自由游戏期间，与那些没有假想同伴的儿童相比，他们更可能参与假装游戏（M.Taylor, Cartwright, & Carlson, 1993）。他们比其他儿童玩得更开心，更富想象力，更愿意与其他儿童和成人合作（D. G. Singer & Singer, 1990; J. L. Singer & Singer, 1981）。他们在学龄前并不缺乏朋友（Gleason et al., 2000）。他们的语言更流畅，更少看电视，并且在游戏中表现出更强的好奇心、兴奋性和韧性。在一项对 152 名学龄前儿童开展的研究中，与没有假想同伴的儿童相比，那些报告有假想同伴的四岁儿童能更好地完成心理理论任务，例如区分表象与事实、辨认错误的信念（M.Taylor & Carlson, 1997），并且这些儿童在三年后发展出更强的情绪理解能力。拥有假想的同伴在学龄期依然很常见，在报告有假想同伴的儿童（占总数的 65%）中，近 1/3 的七岁儿童仍旧在与假想同伴进行游戏（Taylor, Carlson, Maring, Greow, & Charley, 2004）。

我思我秀

- 面对儿童有关假想同伴的言论，父母应该做何反应?

儿童与假想同伴的关系类似于他们与同龄伙伴的关系；他们彼此间是友好的，不同于儿童“照顾”其私人物品，如动物玩具和娃娃（Gealson et al., 2000）。假想的玩伴对于像安娜这样孤单的儿童来说是很好的同伴，他们能提供愿望—满足机制（“我的房间里有一个怪兽，但艾丽默用魔法把它赶跑了”），会成为替罪羊（“我没有吃那些曲奇——肯定是欧池干的！），帮助儿童转移自己的恐惧（“贝安琪担心她会从下水道被冲走。”），在困难时支持儿童（一名 6 岁的儿童“带着”她的假想同伴一起看恐怖电影）。

性别如何影响游戏

通常，学龄前的女孩与男孩并不一起玩耍，即使一起玩，他们也常常玩“男孩气”的玩具，例如小汽车、卡车和积木。

游戏中的性别隔离似乎是一种跨文化存在的普遍趋势。以进化的观点来看，儿童游戏中的性别差异为成人关乎繁衍和生存的行为提供了实践机会。男孩间粗野的追逐打闹游戏映射了成年男性为了取得统治地位以及好的配偶而进行的竞争。女孩的“过家家”游戏正是为她们将来养育孩子做准备（Geary, 1999）。社会化强化了这些趋势。

性别隔离在学龄前期很常见，并且到了童年中期变得更加流行（Fabes, Martin, & Hanish, 2003; Maccoby, 1988, 1990, 1994; Ramsey & Lasquade, 1996; Snyder, West, Stockemer, Gibson, & Almquist-Parks, 1996）。即使男孩和女孩玩同样的玩具，他们也是对同性别的玩伴表现出更多的友善（Neppl & Murray, 1997）。不过多数时候，男孩和女孩玩不同的玩具。大部分男孩喜欢人数规模适中的、有活力的游戏，女孩则倾向于与一个同伴进行安静、和睦的游戏。男孩自发地聚集在人行道、街道和空地上游戏，女孩则倾向于选择结构规整的、有成人监督的活动场地。所有这些差异在群体游戏中更加显著（Benenson, 1993; Fabes et al., 2003; Maccoby, 1980; Serbin, Moller, Gulko, Powlishta, & Colburne, 1994）。在性别混合组中，游戏多半涉及传统的男性活动，这也许是因为男孩的游戏偏好更加刻板化（Fabes et al., 2003）。

文化如何影响游戏

特殊形式的游戏在不同的文化中出现的频率不同，它受成人为儿童设置的游戏环境的影响，也由此反映出不同的文化价值观（Bodrova & Leong, 1998）。

一项观察研究对比了就读于不同幼儿园的 48 名韩裔美籍儿童和 48 名英裔美籍儿童，他们均来自中产阶级家庭（Farver, Kim, & Lee, 1995）。英裔美籍儿童所在的幼儿园持有典型的美国文化价值观，给予儿童较多的选择机会，鼓励他们独立地思考和解决问题、积极地参与学习。韩裔儿童所在的幼儿园持有传统的韩国文化价值观，重视发展知识技能和完成任务。英裔美籍儿童所在的幼儿园鼓励儿童间的社会交往以及与老师一起互动的活动。韩裔儿童所在的幼儿园只允许儿童在园内交谈和玩游戏。

英裔美籍儿童更多地参与社会性游戏，而韩裔美籍儿童更多地参与非参与性的平行游戏，这一点也就不足为奇了。韩裔美籍儿童的合作性更强，他们常常将玩具借给其他儿童，这充分反映了其文化所强调的群体和谐。英裔美籍儿童的攻击性更强，

学习检查站
你能否……
- ✓ 探讨假想同伴的意义?
- ✓ 说出性别和文化如何影响儿童游戏的方式，并举例说明?

对其他儿童的意见常常做出消极的回应，这反映了他们的文化所推崇的竞争性。

在一项对来自中产阶级家庭两岁半至四岁儿童的假装游戏进行的民族学研究中，研究者对比了 5 个爱尔兰裔美国家庭和 9 个中国台湾地区的家庭。在这两种文化中游戏都是重要的社会活动。研究发现，爱尔兰裔美籍儿童多与其他儿童一起玩假装游戏，而中国儿童更多与照看者一起玩游戏，照看者以游戏为媒介教导儿童适当的行为，这是中国文化所强调的（Haight, Wang, Fung, Williams, & Mintz, 1999）。对游戏的研究拓展到更多的文化中能促进我们更好地认识游戏的含义和作用。

学习指路标
5. 父母的行为对儿童的发展有何影响?

家庭教育

随着儿童逐渐成为独立的个体，如何教养他们成为父母们面临的一项复杂挑战。父母必须懂得如何与这些“小大人”相处，虽然拥有自己思想和意志，但是他们还需要学习许多适应性的社会行为。此外，每个儿童都是不同的，这些个体特质影响着每个儿童所接受的教养类型。

训练方式

训练（discipline）涉及塑造人格特质，教育儿童进行自我控制和掌握社会认可行为的各种方法。它是以发展自律为目的的社会化的有力工具。什么形式的训练最有效？研究者对多种训练技巧进行了研究。

强化和惩罚 “我们要拿孩子怎么办才好？”诺德尔的母亲说，“我们越惩罚他，他越不听话！”

有时父母通过惩罚来阻止孩子做出他们不希望见到的行为，但实际上儿童通常会从被强化的好的行为中学到更多。外部强化可以是有形的（糖块、钱、玩具或小红花），也可以是无形的（一个微笑、一句表扬、一个拥抱、额外的注意或某种特权）。无论是哪种强化，都必须被儿童视为奖励的物品，并且在父母希望的行为出现后立即呈现。最终，这种行为本身能够提供*内部奖励*：一种快乐或满足感。在诺德尔的案例中，他的父母常常忽略他好的表现，而在他调皮时责备或惩罚他。换句话说，在他做了父母不希望做的事情后，父母所给予的关注无形中强化了他的不良行为。

有时惩罚是必要的，例如隔离或拒绝某些特权。冲入穿梭的车流中或欺侮其他儿童都是需要阻止的行为。有时儿童会故意挑衅他人，在这种情况下，假如惩罚及时、并明确地与攻击行为相联系，便是有效的。惩罚应该在私下平静地实施，因为惩罚旨在让儿童服从而不是羞辱他。伴随简短的解释，惩罚效果将会达到最佳（AAP Committee on Psychosocial Aspects of Child and Family Health, 1998; Baumrind, 1996a,

1996b)。

体罚（corporal punishment）是指“为了达到改正和控制儿童行为的目的，对儿童实施的旨在引起其身体疼痛而非伤害的行为”（Straus, 1994a，p.4）。它包括打屁股、扇巴掌、打、掐、摇（这些对婴儿来说是致命的，参见第 4 章的专栏 4-2）以及其他身体伤害。体罚不同于儿童虐待，虐待与儿童的个性或行为没什么关联。体罚常用于那些具有攻击性的、难以管教的儿童，而这些特质可能是遗传的（Jaffee et al., 2004）。人们普遍认为体罚比其他矫正方式更有效，假如由慈爱的父母实施就不会给儿童带来伤害（McLoyd & Smith, 2002）。但是越来越多的证据显示，体罚会带来严重的消极后果，不应该使用（Straus, 1999; Straus & Stewart, 1999; 见专栏 8-1）。

严苛的惩罚会引起反作用。严厉、频繁的惩罚会使儿童难以解释他人的言行，他们可能会歪曲地揣测他人的敌意（B. Weiss, Dodge, Bates, & Pettit, 1992）。年幼儿童受到严厉的惩罚后可能会表现出攻击性，即使这种惩罚的目的就是阻止父母认为的攻击性行为（Nix et al., 1999）。这些儿童甚至会因为无助感而变得消极。如果父母失控，儿童就会变得惊恐，并且会试图回避严厉的父母，最终导致父母对儿童行为的影响逐渐减弱（Grusec & Goodnow, 1994）。

一些研究显示，非裔美国家庭相比欧裔美国家庭更赞成严苛的教养方式。但是，一项对 175 名非裔美国父母和四岁以下儿童的调查表明，严厉的惩罚并不常见，父母倾向于采用其他方式，比如解释和冷处理。SES 量表得分较低的父母更可能认可对做出危险行为的儿童采取责罚措施（Horn, Cheng, & Joseph, 2004）。

父母及其婚姻的特点会影响他们使用体罚。在一项考察父母对头胎儿童期望的纵向研究中，那些有敌对人格（通过自陈报告量表测得）或是在婚姻中存在激烈矛盾的夫妻更有可能对其 2~5 岁大的孩子频繁地进行严厉的体罚（Kanoy, Ulku-Steiner, Cox, & Burchinal, 2003）。

强制命令、诱导和收回爱 仅仅关注强化或惩罚，都会使父母如何影响孩子的行为这一问题过于简单化。现在的研究正聚焦于教养的三种更宽泛的类别：强制命令、诱导和暂时性收回爱。

强制命令（power assertion）是指父母通过肢体或语言强迫来制止或阻止儿童做出不希望的行为，它包括要求、威胁、取消特权、打屁股以及其他惩罚措施。照看伊莎贝尔·阿连德和她弟弟的凶恶女仆曾采用其中的某些方法。**诱导技术**（induction techniques）是通过与儿童讲道理来鼓励希望出现的行为（或阻碍不希望出现的行为），它包括设定限制、说明某种行为的合理结果、解释、讨论以及帮助儿童确认什么是公平。**收回爱**（withdrawal of love）包括忽视、隔离，甚至对儿童表现出厌恶。训练策略的选择和有效性取决于父母的人格、孩子的人格和年龄以及亲子关系的质量，此外，还依赖于建立在文化基础上的习俗和期望（Grusec & Goodnow, 1994）。

大部分父母使用不止一种的策略，所用策略依情境不同而不同。父母倾向于通

实战演说

专栏8-1

反对体罚的案例

“不打不成器”听起来似乎有点老套，但体罚正成为一个热点问题。很多人依旧认为，体罚能够让孩子尊敬权威，激发良好的行为，是负责的家庭教育不可缺少的部分（Kazdin & Benjet, 2003）。但是，一些专家认为，所有的体罚都接近于儿童虐待（Straus, 1994b）；他们认为对儿童施加体罚是错误的，并警告“暴力只会引起暴力”（Kazdin & Benjet, 2003）。另外，还有一些专家认为，当由慈爱的父母实施体罚时，不会对塑造儿童行为产生不良影响（Baumrind, 1996a; Baumrind et al., 2002）。

现在，禁止体罚的国家有奥地利、克罗地亚、塞浦路斯、丹麦、芬兰、德国、冰岛、以色列、拉脱维亚、挪威、罗马尼亚、瑞典以及乌克兰。在美国，有28个州将学校体罚视为非法（Randall, 2005）。除明尼苏达州外，所有州都允许父母实施体罚。虽然有人认为体罚是合理、恰当或必要的，然而，有人认为这势必会造成过度体罚（Gershoff, 2002）。2004年1月，加拿大院最高法院通过一项法案，禁止在校体罚，并且明令禁止体罚婴幼儿和青少年（Center for Effective Discipline, 2005）。联合国儿童权利公约反对任何形式的针对儿童的身体暴力。

某些形式的体罚被美国的婴儿父母，甚至全世界的幼儿父母广泛使用。1995年，一项对由991名父母组成的代表性样本的调查发现，35%的家长报告说对婴幼儿实施过体罚，94%的家长对3~4岁的儿童实施过体罚，体罚的主要方式是扇巴掌。约50%的家长对12岁的孩子仍旧实施体罚，约33%的家长对14岁的孩子、13%的家长对17岁的孩子进行体罚（Straus & Stewart, 1999）。

为什么有这么多的家长体罚孩子？毫无疑问，是因为体罚能让孩子变得顺从（Gershoff, 2002）。但大量的研究发现，体罚会产生短期和长期的消极影响。除了有身体伤害或虐待的危险外，童年期体罚的消极影响还可能包括缺乏道德的内化，亲子关系恶劣，攻击行为、反社会行为和不良行为增加，心理健康程度降低。延续到成年期的后果可能包括攻击行为、犯罪或反社会行为、焦虑症、抑郁症、酗酒、虐待配偶或孩子（Gershoff, 2002; MacMillan et al., 1999; Strassberg, Dodge, Pettit, & Bates, 1994）。

这些研究大部分是横断研究或是回顾性的，没有考虑到被体罚的孩子可能本身就具有攻击性，而正是由于他们的攻击性或其他因素导致父母体罚他们（Gershoff, 2002）。自1997年以来，许多大型的有广泛代表性的地区研究（Brezina, 1999; Gunnoe & Mariner, 1997; Simons, Lin, & Gordon, 1998; Strauss & Paschall, 1999; Straus, Sugarman, & Giles-Sims, 1997）在测量初始就控制了儿童自身的行为因素。这些研究包含了三岁儿童持续到成年的数据。结果显示，儿童受到的体罚越多，他们就会越具有攻击性，越可能成为反社会或攻击性的成人（Straus & Stewart, 1999）。

为什么体罚和攻击行为之间有联系？正如社会学习理论预测的，儿童可能会模仿施罚者，并可能认为遭受疼痛是对问题的一种合理反应。体罚也可能招致愤怒和怨恨，使儿童将注意集中在伤痛上而不是错误行为上，因此他们更难接受父母的教导。而且，不管何种方式的体罚，随着使用次数的增加，体罚的效果会随之减弱；如果儿童愿意承担后果，他们将会故意犯错。到了青春期，当他们有足够强大的力量进行反抗时，依靠体罚教育孩子的父母，他们的威信将会下降，尽管体罚有时是合理的（AAP Committee on Psychosocial Aspects of Child and Family Health, 1998; Gershoff, 2002; McCord, 1996）。频繁的体罚甚至可能会阻碍儿童认知的发展（Straus & Paschail, 1999）。

对这项研究的争议在于，体罚并非孤立发生；我们不能肯定研究观察到的结果是由体罚造成的，还是由父母

过与儿童讲道理来引导他们关心他人，用强制命令来阻止儿童进行过于粗暴的游戏，采用强制命令和诱导并行的策略来处理说谎和偷窃行为（Grusec & Goodnow, 1994）。父母采用的策略不但取决于他们对策略有效性的评估，还取决于他们对执行该策略的信心（Perozynski & Kramer, 1999）。

要让儿童接受父母的准则，通常诱导是最有效的方法，强制命令这种方法收效

的其他行为或家庭环境造成的，例如压力事件、婚姻矛盾、缺乏父母关怀或挥霍钱财（Kazdin & Benjet, 2003）。一项为期六年的研究调查了 1 990 名欧裔、亚裔和西班牙裔美国儿童，结果发现，如果体罚时受到母亲强烈的情感支持，则体罚不会成为问题行为增加的预测源（McLoyd & Smith, 2002）。

尽管如此，已有研究强有力地表明，频繁或严厉的体罚会对儿童造成潜在的伤害。事实上，并没有明确划分适度和苛刻体罚的界限，两者中有 10% 的行为能相互转化（Kazdin & Benjet, 2003）。所以，即使适度的体罚不会造成伤害（Larzalere, 2000），我们最好还是谨慎地选择其他危险性更低，不会造成不良后果的教养方式（Kazdin & Benjet, 2003）。

被体罚的儿童很可能会模仿这种行为。研究显示，那些被体罚的儿童倾向于变得更具攻击性。

美国儿科学会中的儿童与家庭心理健康专业委员会（1998 年）极力主张父母们不要使用体罚。作为替代，委员会建议父母们学会使用引导方式，例如教育孩子时用语言来表达情感，给他们自由选择的权力，并帮助他们估量结果，塑造规范行为以及通过合作解决矛盾。学会使用正强化来鼓励希望的行为，使用口头批评、“暂停”（给儿童一个冷静下来的机会而采取的短暂隔离）或撤消特权等方法来阻碍不希望儿童出现的行为。当然这些都建立在一种积极的、支持性的和充满爱的亲子关系基础之上。

我思我秀

你的父母体罚过你吗？如果有，多久一次？是在什么情况下体罚的？你是否会体罚或曾经体罚过你的孩子？并说说会或不会的原因。

课外链接

若想获得此话题的更多信息，请登录网站 http://www.aap.org/policy/re9740.html。这是美国儿科研究所的一篇政策综述“有效教养指南（RE9740）”。也可以登录聚焦有效教养网 http://www.stophitting.com。该网站提供了基于研究的家庭和在校体罚信息，同时还提供实时更新的相关法律法规信息。

甚微（M. L. Hoffman, 1970a, 1970b; Jagers, Bingham, & Hans, 1996; McCord, 1996）。诱导性劝说容易唤起当事人对受害者的同理心以及愧疚感（Krevans & Gibbs, 1996）。与那些母亲采用取消特权策略的儿童相比，母亲使用劝说策略的幼儿园儿童更可能认识到伤害他人的行为是错误（Jagers et al., 1996）。

儿童的认知水平、气质和情绪能够影响儿童的反应（Grusec et al., 2000）。温柔

我思我秀

- 作为一位家长，你会在哪些情况下采用哪种训练策略？请举例并说明原因。

的引导特别适合于胆小和焦虑的儿童，他们做错事时容易感到不安。这类儿童只需一点很小的刺激就能够内化父母传递的信息，对他们采取强硬的态度会使他们变得更加焦虑（Kochanska, 1995, 1997a）。当父母生气或拒绝时，会选择不合适的训练方式，此时儿童会产生羞愧感（Eisenberg, 2000）。在这种情况下，这类儿童会觉得他们不值得父母关心。

父母训练的有效性取决于儿童理解和接受父母所传达的信息的程度，既有认知上的、也有情绪上的（Grusec & Goodnow, 1994）。只有认识到这些信息是适当的，儿童才会接受信息。因此父母需要做到公正、正确，并且他们的期望要明确一致。他们必须根据过失行为、儿童的气质类型以及儿童的认知和情绪水平来选择训练方式。如果父母通常很温和，且能积极响应孩子，或他们能够唤起儿童对被伤害者的同理心，儿童就会受到更多鼓励去接受父母传递的信息（Grusec & Goodnow, 1994）。

某些训练方式与身体或精神虐待（参见第 6 章）的界限并不容易区分。当"管教"导致儿童受到伤害，它就变成了虐待。**心理攻击**（psychological aggression）指的是可能导致心理伤害的言语攻击，例如大声尖叫（最常见的形式）、诅咒、辱骂、威胁挨揍或被赶出家门。近 90% 的家庭每年至少会发生一两次的心理攻击，一些心理学家将其视为精神虐待。根据自我报告，约 10%~20% 的学步期儿童受到过父母严重的心理攻击，而在十几岁的青少年中，这一比例上升到 50%。心理攻击常常产生反作用，导致儿童出现更多的行为问题，甚至可能引发精神疾病（Straus & Field, 2003）。

学习检查站
你能否……

✓ 比较不同的教养方式，并说明影响其效果的因素？

专家达成的共识是，儿童对训练的解释和反应是以亲子关系的持续发展为背景的（McLoyd & Smith, 2002）。因此，一些学者越过父母特定的行为转向研究父母的教养风格或模式。

教养风格

为什么斯特茜在无法完成智力拼图游戏时会打离她最近的人？为什么大卫在无法解决难题时，即使老师提出要帮助他却依然愤怒？为什么柯苏鲁会放弃花了 20 钟也没解决的难题而转向其他难题？为什么在相同的情况下儿童的反应差异如此大？当然，气质是一个主要因素，但是一些研究者认为，父母的教养风格也可能影响儿童处理问题的能力。

鲍姆林德的模型 是否儿童社会化的某些途径比其他途径更有效？戴安娜·鲍姆林德进行了一项开创性的研究（Diana Baumrind, 1971, 1996b; Baumrind & Black, 1967），参与者是来自 95 个家庭的 103 名学龄前儿童。通过采用访谈、测验和家庭研究等三种方式，她测量了儿童如何完成任务，定义了三种家庭教养风格，并以此为依据描述了抚养儿童的典型行为模式。鲍姆林德的结论是相互关联的，并且未考虑诸如气质一类的先天因素。但鲍姆林德的研究以及由此引发的各种相关研究，已经在家庭

教养风格与儿童的一系列特定行为之间建立了紧密联系（Baumrind, 1989; Darling & Steinberg, 1993; Pettit, Bates, & Dodge, 1997）。

根据鲍姆林德的理论，**专制型**（authoritarian）父母强调控制和绝对的服从。他们希望孩子遵从一系列的行为准则，假如儿童违背，他们就施以专制且严厉的处罚。他们比其他类型的父母更加冷漠，更缺乏温暖。他们的孩子倾向于表现出不满、孤僻和多疑。

放任型（permission）父母注重自我表达和自我调节。他们很少提出要求，尽量让孩子监控自己的活动。当他们觉得有必要制定规则时会向孩子解释原因。他们与孩子共同决策，很少责罚孩子。他们温和、不专制、不苛刻，甚至放纵。他们的孩子在学前期最不成熟：自我控制和探索能力都是最低的。

权威型（authoritative）父母注重孩子的个性，同时也会对孩子施加社会性的限制。他们有信心监控孩子，但也尊重孩子的决定、兴趣、想法和个性。他们关爱、接受孩子；但也要求儿童品行端正，坚持既定的标准。如果有必要，这类父母会在一种温暖和支持的关系下施以限制和明智的惩罚。他们会解释制定标准的理由，并鼓励亲子间的语言交流。这类孩子的安全感强烈，因为他们知道父母对自己的爱和期望。拥有权威型父母的儿童在学前期就比较独立、自我掌控和自主，探索性和满意度也最高（从伊莎贝尔·阿连德对其继父抚养她和弟弟的描述来看，其教养风格就属于权威型，这种家庭教养方式比独裁型的祖父和放任型的母亲要有效得多）。

埃莉诺·迈克比和约翰·马丁（Eleanor Maccoby & John Martin, 1983）增加了第四种教养风格：*忽略型或非卷入型*，这类父母有时由于压力或沮丧等原因只关注自己的需要。忽略型父母的教养方式与个体在童年期和青少年期的多种行为失调相关（Baumrind, 1991; Parke & Buriel, 1998; R. A. Thompson, 1998）。

为什么权威型的教养方式能提高儿童的社会能力？这可能是因为权威型父母所设定的期望灵活多变，标准比较切实可行，像伊莎贝尔的养父所做的那样。通过设立明确一致的规范，他们让孩子明白他们的期望。在独裁型的家庭中，儿童被严格控制，常常无法独立做出选择。在放任型的家庭中，儿童接受很少的引导，以至于他们无法肯定自己的行为是否正确。在权威型的家庭中，儿童知道何时能满足父母的期望，并且能够决定为了达成某个目标而冒险引起父母的不满是否值得。不论在家庭娱乐还是在家庭职责方面，父母都期望他们能够积极参与，履行承诺。他们能够体验承担责任和获得成功的满足感。父母提出合理的要求，相信自己的孩子能够达到他们的期望，并坚信自己的孩子会这么做。

> **我思我秀**
>
> - 假如你已经有或打算要孩子，你希望他们在多大程度上接受你的价值观和行为准则？请举例说明。

当发生矛盾时，权威型的父母教会孩子用积极的方式和他人交流自己的观点，协商可接受的选择方案（“如果你不想扔掉那些石头，你觉得应该把它们放在哪里？”）。内化这些技巧，而不仅仅是特定的行为要求，也许正是权威型家庭教育成功的关键所在（Grusec & Goodnow, 1994）。

对鲍姆林德模型的支持与批判 以鲍姆林德的研究为基础，不断有研究赞同权威型（或类似风格）家庭教养的优势（Baumrind, 1989; Darling & Steinberg, 1993）。以一项纵向研究为例，该研究调查了585名田纳西州和印第安纳州的不同种族和社会经济地位的家庭中的儿童，追踪从幼儿园开始一直持续到小学6年级。研究发现，早期支持性家庭教育的四个方面，即温暖、使用诱导性训练、对儿童和同伴的交往感兴趣、参与其中主动教授社会技能，能够预测儿童之后的行为、社会性发展和学业成就（Pettit, Bates, & Dodge, 1997）。

不过，鲍姆林德这种存在教养孩子的"正确"方式的观点仍然存在争论。由于鲍姆林德的研究是相关研究，它们只是确定了每种教养风格与儿童一系列特定行为之间的联系，并不能证明不同的教养风格导致了儿童能力的差别。我们也不可能知道鲍姆林德研究的儿童是否只以一种特定的方式被抚养。也许有些适应良好的儿童接受了不同的教养言式，只是在被研究的那段时间，他们的父母采用的是权威型模式（Holden & Miller, 1999）。另外，鲍姆林德没有考虑气质这类先天因素，这些因素可能影响到儿童的能力，并对父母的教养风格产生影响。

家庭教养风格的文化差异 另一方面，鲍姆林德的分类反映的是北美主流的儿童发展观，它可能会对某些文化或社会经济群体起误导作用。在亚裔美国人中，顺从和严厉更多地与关爱、挂念、投入以及维持家庭和谐相联系，而非苛刻和支配。中国的传统文化强调尊重长辈，通过教给儿童合适的社会行为来凸显成人赡养老人的责任。这种义务是通过对儿童坚决而又恰当的控制和管理来实现的，必要时甚至会施以体罚（Zhao, 2002）。虽然亚裔美国人的家庭教育多被描述为独裁型，缺乏美国价值观所强调的个性、选择和自由（Chao, 1994），取而代之的是更加严厉的父母管制（Chao, 2001）。然而，以温暖和支持性为特征的家庭关系可能更接近鲍姆林德所谓的权威型教养风格。

而且，把西方家庭教育的个人主义价值观与亚洲家庭教育的集体主义价值观相对立可能过于简单化。一项研究对64名日本母亲进行了访谈，其孩子年龄在3~6岁之间（Yamada, 2004），结果发现，她们对自己教养方式的描述表明，她们在给予适当自主和运用纪律控制之间寻求一种平衡。在私人领域，母亲们让孩子自主决定，例如游戏、玩伴、服装等，并且随着年龄的增长，自主决定的范围不断扩大。母亲们也鼓励孩子为自己的行为负责，不要随意改变决定。当涉及健康、安全、道德问题或传统社会习俗时，母亲们就会设定限制或进行控制。遇到矛盾时，母亲们多使用讲道理而非强制命令的方式，有时也向孩子让步，特别是那些不值得一直僵持下去的问题或孩子有可能正确的问题。

学习检查站

你能否……

- ✓ 描述和评价鲍姆林德的家庭教养风格模型？
- ✓ 探讨解决父母与孩子冲突的方式对解释权威型教养风格的成功有何帮助？
- ✓ 探讨对鲍姆林德模型的批判以及家庭教养风格的文化差异？

促进利他主义及应对攻击行为和恐惧

> **学习指路标**
>
> 6. 年幼儿童为什么会帮助或伤害他人？他们为何会表现出恐惧？

学龄前儿童的父母、照料者和教师特别关注的三个问题是：如何促进利他主义，如何约束攻击行为，如何应对这个年龄段常见的恐惧。

亲社会行为　三岁半的亚历克斯在听到两个伙伴抱怨没有足够的橡皮泥后，他分给了他们一半的橡皮泥，这是他最喜欢的玩具。通过这种不求回报的帮助他人，亚历克斯表现出了**利他主义**（altruism）。像亚历克斯这样的利他行为常常伴有付出代价、自我牺牲或承担风险。利他主义是**亲社会行为**（prosocial behavior）的核心，即为了使他人得益的自愿行为。

甚至早在两岁以前，儿童就会帮助他人、共享物品和食物以及安慰别人。这些行为也许反映了儿童理解他人感受能力的增长（Zahn-Waxler, Radke-Yarrow, Wanger, & Chapman, 1992）。通过对 179 项研究的分析发现，关心他人的证据从婴儿期到童年期，再到青春期一直在增加（Fabes & Eisenberg, 1996）。虽然女孩似乎比男孩更具亲社会性，但两者间的差异很小（Eisenberg & Fabes, 1998）。

是否存在亲社会的人格或倾向？一项纵向研究考察了 32 个 4~5 岁儿童到成年早期的行为表现，结果发现，确实存在亲社会人格，而且很早就出现了，并贯穿终生。那些有同理心并且自发地与同伴分享物品的学龄前儿童，在 17 年之后仍然倾向于表现出亲社会的同情和同理心行为。亲社会倾向部分是由气质引起的或具有遗传性，因为它包含有*抑制性控制*（自我控制或自我抑制）。那些害羞或退缩的学龄前儿童的亲社会倾向较低，这可能是因为他们在犹豫是否与他人接触（Coplan et al., 2004）。

家庭作为外显行为准则的榜样、来源和强化物十分重要（Eisenberg & Fabes, 1998; Eisenberg, Guthrie et al., 1999）。具有亲社会倾向儿童的父母通常也是亲社会的。他们将亲社会行为列为榜样，引导儿童观看那些描述合作、共享、同理心以及鼓励同情、慷慨、助人的故事、电影和电视节目（Singer & Singer, 1998）。当父母采用引导性教养策略时，他们就鼓励了儿童的亲社会行为（Eisenberg & Fabes, 1998）。迈拉从商店偷了糖果，父亲没有批评她、打她或骂她是个坏孩子；相反，父亲向她解释了商店的老板会因为她犯的错误而受到伤害，并询问她关于商店老板的感受，然后带她回商店归还糖果。与兄弟姐妹的关系（后面会讨论到）为尝试照料行为和学习理解他人观点提供了一种重要的“实验机会”。同伴和教师也能够成为儿童亲社会行为的榜样和强化物（Eisenberg, 1992; Eisenberg & Fabes, 1998）。

> **我思我秀**
>
> - 在某些社会中，人们有时用“撒马利坦大好人”来讽刺那些“多管闲事”以及好心办坏事的人，试问鼓励儿童帮助陌生人是否是明智的做法？

随着儿童年龄的增长，发展出更成熟的道德推理，儿童亲社会行为的动机会发生改变（见第 9 章和第 11 章）。学龄前儿童倾向于拥有利己主义的动机；他们想要获得赞扬，避免批评；他们衡量代价和收益，考虑他们希望别人为自己做什么。随着年龄的增长，他们动机中的自我中心主义会降低。他们采用社会认为“好”的标准，并最终内化为自己的准则和价值观（Eisenberg & Fabes, 1998）。

在家担任一定职责的儿童更容易培养出亲社会行为，例如合作与助人。这个在学习照看植物的三岁女孩很可能也会关心他人。

文化差异体现在鼓励亲社会行为的程度上。与强调个人成就的文化相比，那些强调生活在大家庭、共同劳作的传统文化更加提倡亲社会的价值观。

攻击行为 当彼得从托尼手中粗鲁地抢过球时，他的目标仅仅是球本身，而不是伤害或支配托尼。这就是**工具性攻击**（instrumental aggression），将攻击作为达到目标的工具，这是童年早期最常见的一种攻击类型。两岁半到五岁期间，儿童常常争抢玩具和对领地的控制权。攻击行为多出现在社会性游戏中，那些打架最多的孩子也是社会性倾向最强、最有能力的孩子。事实上，表现出某种程度的工具性攻击行为也许是儿童发展社会性的必要步骤。

在 2~4 岁之间，儿童发展出更高的自控能力和语言表达能力，于是他们的攻击行为从打架转向使用语言（Coie & Dodge, 1998）。个体差异依旧存在。那些在两岁时经常打人或抢夺别人玩具的儿童在五岁时更多地使用身体攻击（Cummings, Iannotti, & Zahn-Waxler, 1989），在学前期常常参与暴力游戏的儿童在六岁时也更容易愤怒（Dunn & Hughes, 2001）。6~7 岁之后，儿童的攻击行为减少，合作性增强，利己主义下降，同理心能力增强，能更好地与人沟通。他们能够设身处地理解别人为什么会有某种表现，并且能够发展出更多积极的方式来维护自己。但是，虽然总的攻击行为减少了，**敌意性攻击**（hostile aggression）却相应地增加了，这是旨在伤害他人的攻击行为（Coie & Dodge, 1998; 见第 10 章）。

这种为了争夺玩具、不以伤害或欺压其他儿童为目的的攻击被称为工具性攻击。它常常发生在社会性游戏中，通常随着儿童学会表达自己的需求而减少。

男孩的攻击性是否比女孩高？许多研究者认为是这样的。实际上，就像我们曾经提及的，一些研究已经表明，雄性激素睾丸酮可能会增加攻击行为。从婴儿期开始，男孩更可能抢别人的东西。当学会讲话后，女孩就更多地依靠语言来对抗和解决冲突（Coie & Dodge, 1998）。

不过女孩实际上更具攻击性，只是她们表现的形式不同而已（McNeilly-Choque, Hart, Robinson, Nelson, & Olsen, 1996; Putallaz & Bierman, 2004）。不

论是工具性还是敌意性的，男孩参与的多是**外显攻击**（overt aggression）。外显攻击，既包括肢体的也包括言语的，都公然地指向目标。女孩倾向于使用**关系攻击**（relational aggression）（也叫隐蔽或间接攻击）。这种攻击方式更加微妙，常常通过嘲弄、操纵或命令来损害或干扰关系、名誉和心绪。具体的手段有散布谣言、辱骂、奚落以及排挤等。学龄前儿童的攻击多是直接和面对面的（“如果你不把那个玩具给我，就不许你来参加我的聚会”）。到了童年中期和青春期，关系攻击变得更加老练和迂回（Crick, Casas, & Nelson, 2002）。女孩间出现关系攻击的频率并不比男孩高，但它对女孩的影响更大，因为女孩比男孩更看重关系（Cillessen & Mayeux, 2004; Crick et al., 2002）。

攻击行为的来源　为什么某些儿童的攻击性比其他儿童高？生物学因素也许起到了部分作用，例如气质。那些十分情绪化和自控能力低的儿童容易用攻击表达愤怒（Eisenberg, Fabes, Nyman, Bernzweig, & Pinuelas, 1994）。攻击行为往往在童年早期就开始形成，影响形成的因素很复杂，包括紧张而乏味的家庭氛围、严苛的教养方式、缺乏母爱和社会性支持、处于攻击性的成人和邻居的环境之下、频繁变换团体，这些因素不利于形成稳定的友谊。这些消极的社会化经验使儿童在一种高危环境中成长，即使父母尽最大的努力来保护他们，最终他们还是会受到反社会态度的影响（Dodge，Pettit，& Bates, 1994; Grusec & Goodnow, 1994）。

有纵向研究表明，在婴儿期形成的不安全型依恋和缺乏母爱能够预测儿童在童年早期的攻击性（Coie & Dodge, 1998; MacKinnon-Lewis, Starnes, Volling, & Johnson, 1997）。消极的亲子关系为长期的、破坏性的兄弟姐妹间的冲突创造了条件，因为儿童会效仿父母的敌意性行为。这种高压的家庭环境会增加儿童的攻击性倾向，并将这种攻击倾向延续到同伴关系（MacKinnon-Lewis et al., 1997）和在家在校的行为中。

攻击行为的触发　长期处于暴力环境中会引发攻击行为。在一项经典的社会学习实验中（Bandura, Ross, & Ross, 1961），3~6 岁的儿童独自观看成人玩玩具。第一个实验组的儿童观看的是成人安静地玩；第二个实验组儿童观看成人最初在拼装益智游戏，但在最后的 10 分钟内他们或拳击或踢打充气娃娃。控制组儿童没有观看任何榜样行为。一段时间后，通过不让儿童玩他们喜欢的玩具使其受挫，之后带他们进入另一个游戏间。与其他组儿童相比，那些看过攻击性榜样的儿童的攻击性最高，这说明在很大程度上他们模仿了榜样的言行。那些观看安静榜样的儿童，其攻击性低于控制组。这些发现表明，父母可以通过塑造非攻击性行为榜样来缓解挫折对儿童的影响。

电视在树立亲社会行为榜样和攻击行为榜样方面都发挥了巨大的影响。在第 10 章我们会讨论电视暴力对个体攻击行为的影响。

文化的影响　文化对攻击行为有多大的影响？一项研究选取了 30 名日本和美国的幼

儿园中大班儿童作为匹配样本，让他们根据假定的冲突和压力情境（例如停止游戏去睡觉、听大人争吵或进行一场激烈的体育比赛）选择图片上的解决方式。儿童也被要求用娃娃和道具演绎这些情境。结果发现，美国儿童比日本儿童表现得更加愤怒、言语攻击更强、情绪控制更差（Zahn-Waxler, Friedman, Cole, Mizuta, & Hiruma, 1996）。

我思我秀

- 是否存在需要鼓励儿童攻击性的情况?

这些结果与两种文化的教育观相匹配。在日本，愤怒和攻击行为与其文化所强调的和谐关系相冲突。日本的母亲比美国的母亲更倾向于使用讲道理来引起儿童的内疚感，她们会给儿童指出攻击行为对别人造成的伤害。日本母亲同样也会在儿童无法达到其行为准则时表现出强烈的失望。但即使排除了母亲的行为影响，儿童愤怒和攻击行为的跨文化差异依旧显著，这表明气质也起作用（Zahn-Waxler et al., 1996）。

恐惧 “我的童年充满了埋在心底的恐惧，”伊莎贝尔·阿连德在书中写道（1995, p.50），害怕家里那个残暴的女仆，害怕母亲死后父亲回来认领她，害怕恶魔，害怕像虐待狂一样的叔叔，害怕吉普赛人，害怕一切“坏男人对小女孩”所做的事。

在童年早期，儿童经历恐惧很常见。许多 2~4 岁的儿童害怕动物，尤其是狗。到六岁时，更多儿童害怕黑暗，其他常见的恐惧物还有雷电、医生、假想的生物（DuPont, 1983; Stevenson-Hinde & Shouldice, 1996）。随着儿童年龄的增长，无助感的消除，这些恐惧源大多也会随之消失。

年幼儿童的恐惧源主要来自紧张的家庭生活和对现实中表象的误解。有时他们的想象力太过丰富，担心自己被狮子袭击或被抛弃。那些看起来比较吓人的东西（例如卡通怪物）比那些实际上能够造成伤害的东西（例如一场核爆炸）更容易引起年幼儿童的恐惧（Cartor, 1994）。通常情况下，年长儿童更加现实，自我评估能力较强（比如害怕考试不及格），因为他们知道自己一直处在别人的评估中（Stevenson-Hinde & Shouldice, 1996; 见表 8-3）。

小女孩（右边）鼓起勇气去触碰宠物公园里的一只狼蛛，而堂姐在一旁津津有味地观看。系统脱敏法，即逐渐暴露于令人恐惧的动物或物体面前，能够帮助儿童克服恐惧。

恐惧可能源于亲身经历，也可能来自于对他人经历的耳闻目睹（Muris, Merckelbach, & Collaris, 1997）。某个年幼儿童可能会因为听过一个母亲死亡的故事而担心自己生病的母亲，尽管故事中的母亲是动物。日常恐惧来自对危险的评估，例如被狗咬的可能性；或是来自特定事件的触发，例如曾经被车撞过就变得害怕过马路。经历过地震、绑架或其他恐怖事件的儿童可能会害怕该事件重演（Kolbert, 1994）。

父母要消除儿童的恐惧，可以通过建立信任感和适当的警戒而不是过度保护，也可以通过帮助儿童克服那些不现实的恐惧源，还可以通过担保安全或鼓励儿童将感受表达出来去帮助

表 8–3 童年恐惧

年龄	恐 惧
0~6 个月	失去支持，大的响声
7~12 个月	陌生人，高处，突然的、意料之外的和若隐若现的物体
1 岁	与父母分离，卫生间，伤痛，陌生人
2 岁	许多刺激，包括大的响声（吸尘器、汽笛和警报、卡车和打雷），动物，黑暗的房间，与父母分离，大型物体或机器，私人环境的改变，不熟悉的同伴
3 岁	面具，黑暗，动物，与父母分离
4 岁	与父母分离，动物，黑暗，噪音（包括晚上的噪音）
5 岁	动物，“坏”人，黑暗，与父母分离，身体伤害
6 岁	超自然的生命（例如鬼，巫婆），身体伤痛，打雷和闪电，黑暗，独处，与父母分离
7~8 岁	超自然的生命，黑暗，媒体事件（例如关于核战争威胁或是诱拐儿童的新闻报道），独处，身体伤痛
9~12 岁	学校考试，学习成绩，身体伤痛，外表，打雷和闪电，死亡，黑暗

资料来源：From Morris, R. J. & Kratochwill, T. R. *Treating Children's Fears and Phobias: A Behavioral Approach*, Allyn and Bacon, Boston, MA. Copyright © 1983 by Pearson Education. Reprinted by permission of the publisher.

害怕的儿童。嘲笑（“不要还像婴儿一样！”）、强迫（“拍拍那只小狗，它不会咬你”）和理性的劝说（“离你最近的熊有 32 公里，它被关在动物园里！”）都是无效的。儿童在上小学之前无法明白他们害怕的东西不是真实的（Cantor, 1994）。

我们可以通过*系统脱敏法*帮助儿童克服恐惧，该治疗方法是让接受治疗的人逐步暴露于恐惧物或恐惧的情景之中。它对帮助儿童克服恐惧非常有效，适用范围很广，从蛇到电梯都可以（Murphy & Bootzin, 1973; Sturges & Sturges, 1998）。

学习检查站
你能否……
✓ 探讨利他主义、攻击行为和恐惧的影响因素？

与其他儿童的关系

对年幼的儿童来说，最重要的人是照看他们的成人，但在童年早期，儿童与兄弟姐妹和伙伴的关系也很重要。实际上，这个年龄段所有的典型活动和人格问题，从性别角色发展到亲社会或攻击行为，都有其他儿童的参与。兄弟姐妹和同伴关系为*自我效能感*提供了测量依据。所谓自我效能感是指儿童逐渐增长的对迎接挑战和达成目标的能力的感知。通过与其他儿童的竞争和对比，他们能够衡量自己的生理、社会性、认知和语言方面的能力，并获得一种更加现实的自我感觉（Bandura, 1994）。

学习指路标

7. 年幼儿童如何与兄弟姐妹相处？独生子女如何独处？

独生子女与非独生子女

兄弟姐妹之间的关系为儿童以后处理各种关系提供了条件。让我们先关注兄弟姐妹间的关系，然后再转向那些独生子女。

兄弟和姐妹

“它是我的！”

“不，它是我的！”

“好吧，可是是我先玩的！”

兄弟姐妹之间最早、最频繁和最激烈的争吵是对物品所有权之争——玩具归谁所有或谁有权玩。虽然被惹恼的大人不一定这么认为，但兄弟姐妹间的争吵和解决方法可以视为他们发展社会性的良机，并可以帮助儿童树立道德准则（Ross, 1996）。

尽管有频繁的冲突，但竞争不是兄弟姐妹间早期生活中的主要相处模式。虽然存在某种程度的竞争，但同时也存在爱、兴趣、友谊和影响力，这在伊莎贝尔·阿连德和其兄弟们身上得到了验证。一项历时三年半的观察研究，研究对象是一岁半左右的儿童和 3~4.5 岁的哥哥姐姐，研究发现，亲社会和游戏导向的行为比竞争的、敌对的行为多（Abramovitch, Corter, & Lando, 1979; Abramovitch, Corter, Pepler, & Stanhope, 1986; Abramovitch, Pepler, & Corter, 1982）。年长儿童的自主行为比较多，不管是友善的还是不友善的；年幼的儿童倾向于模仿年长儿童的行为。在弟弟妹妹五岁之后，哥哥姐姐在实施攻击行为以及体现关爱时多是口头的，而非肢体的。在这项研究中，至少有一条结论已经被其他研究反复证明：同性别的兄弟姐妹间，尤其是姐妹之间，比兄妹、姐弟之间更加亲密，一起游戏时更加和平（Kier & Lewis, 1998）。

儿童与兄弟姐妹间的关系质量常常影响他们与其他儿童间的关系；一个会攻击兄弟姐妹的儿童多半也会攻击伙伴（Abramovitch et al, 1986）。非独生子女比独生子女更容易与幼儿园的伙伴和平相处（Downey & Condron, 2004）。

学习检查站

你能否……

- ✓ 解释解决兄弟姐妹间的争吵如何有利于他们的社会化？
- ✓ 说明出生次序和性别如何影响兄弟姐妹间的典型相处模式？
- ✓ 对比独生与非独生子女的发展？

独生子女 是否独生子女就意味着被宠坏、自私、孤独或不适应环境？研究并没有证实这种刻板印象。根据对 115 项研究的分析，“独苗们”发展得相当好。在职业和学业成就以及智力方面，他们超过了非独生子女。而且独生子女显得更加成熟，更渴望成功，有更高的自尊。在环境适应性和社交方面，他们与非独生子女之间不存在差异。他们之所以表现得更好，也许是因为父母在其身上花费了更多的时间和精力，对他们的期望更高（Falbo & Polit, 1986; Polit & Falbo, 1987）。

在实行计划生育政策的中国，也有许多有利于独生子女发展的发现（见专栏 8-2）。

实行计划生育政策的国家

1979年，为了控制爆炸性增长的人口，中国实行了一项国策：计划生育政策，鼓励一对夫妇只生育一个孩子。除此之外，各种宣传活动以及奖励措施都引导着人们自愿遵守这项政策——奖金、儿童保育、卫生保健、住房以及孩子入学的优先选择权。如果一对夫妇没有取得生育许可就生孩子，就可能会面对相应的处罚（Abrams, 2004）。截至1985年，80%的城市年轻夫妇和50%的农村年轻夫妇都只有一个孩子（Yang, Ollendick, Dong, Xia, & Lin, 1995）；1997年，中国的人口增长率保持在1%多一点。

如今，计划生育政策已经不再像以前那么严格地贯彻执行（Faison, 1997），特别是在农村和人口数量减少的少数民族地区（Yardley, 2005）。国家计划生育委员会明令禁止强制绝育和堕胎，取而代之的是开始重视教育和选择避孕，同时对超生的家庭征收额外的罚金。

在中国的许多城市，幼儿园和小学的教室里坐满了独生子女，这标示着中国社会的一种重大转变。从前，中国的新婚夫妇收到的祝福是“祝你们儿孙满堂”。这为研究者提供了进行自然实验的机会，来研究大量独生子女的适应问题。

在一项参与者为4 000名小学三年级和六年级学生的研究中，根据父母、教师、同伴和儿童自身的评价发现，独生子女与非独生子女的儿童在个性上并没有显著差异，在学业成就和身体发育方面没有区别，甚至更好（Falbo & Poston, 1993）。一项对北京小学一年级学生的随机抽样调查发现（Jiao, Ji, & Jing, 1996），独生子女在记忆、语言和算术技能方面都优于非独生子女的儿童。这一发现可能反映了独生子女的父母将更多的注意力、鼓励和期望投注在孩子身上，因为他们知道这是他们唯一的孩子。那些出生在计划生育政策之前的五年级独生子女，由于父母原本计划组建一个大家庭，不会对他们过度关注，所以他们并没有在认知上表现出优势。

通过回顾文献，我们并没有发现独生子女与非独生子女在行为问题方面的显著差异。独生子女表现出的少数严重问题应该是由父母的过度放任或过度保护造成的（Tao, 1998）。事实上，独生子女在心理上的优势是显著的，受到社会的偏爱。在一项对731名中国城市儿童进行的研究发现，与独生子女相比，那些非独生子女的儿童，不论何种性别和在哪个年龄段，都报告出更高水平的恐惧、焦虑和沮丧（Yang et al., 1995）。

以上两项研究的参与者都是城市样本。后续的研究将揭示这些发现对农村和小城镇的儿童是否仍然适用。这些地区的非独生子女的儿童数量较多，并且独生子女在转学之后是否还能保持认知上的优势还不明确。

中国的人口政策牵连甚广。假如它顺利实施，最终，大部分的中国人将没有姑姨、叔舅、侄甥、堂表兄弟姐妹，也没有亲兄弟姐妹。这会对个人、家庭和社会结构造成怎样的影响，目前还不明确。

由此还引发了更严重的问题：该政策对女孩会产生什么影响？在中国，男婴和女婴的出生比为119:100，在农村，由于需要男丁参加劳作，因此男女比例更高。出现这种现象的部分原因是，如果怀的是女性胎儿，孕妇会选择性堕胎。虽然正规医院禁止这么做，但通过贿赂医师可以暗箱操作（Yardley, 2005）。由于中国的传统文化中存在重男轻女的思想，随着计划生育政策的实施，为了生一个儿子，父母可能会遗弃女婴。比较仁慈的做法是，出生后的女婴被藏起来秘密抚养，以逃避计划生育政策（Carmichael, 2004; Kristof, 1991, 1993）。外国人收养被父母遗弃的中国女孩逐渐增多：2000年，5 053个中国孤儿得到了美国政府专门为孤儿收养颁发的签证；而在1991年，只有61个中国孤儿获得签证（Kreider, 2003; Rosenthal, 2003）。另外，按这种趋势发展下去，中国将出现越来越多的年轻光棍，进而可能会威胁到社会稳定（Hudson & den Boer, 2004; Lee, 2004）。这项政策的潜在影响也许是导致后来执行有所放宽的原因之一。中国政府正在实施一项针对那些有两个女儿的农村老人的养老计划，以减少女婴被遗弃的可能（Yardley, 2005）。

我思我秀

假如一个国家无法支撑爆炸性增长的人口，你认为应该采取什么样的措施？

课外链接

若想获得此话题的更多信息，请登录网站 http://www.pbs.org/sixbillion/china/ch-repro.html。这是美国公共广播公司的网站特别制作的一份关于中国及其生育问题的新闻特写。

学习指路标

8. 儿童如何选择游戏伙伴和朋友？为什么有的儿童比别人更受欢迎？

玩伴和朋友

友谊随着个体的发展而发展。学步期儿童独自玩耍或游戏，但直到三岁左右，他们才开始有朋友。通过与临时玩伴的友谊和互动，年幼儿童学会了如何与他人相处；他们理解了想要获得友谊先要付出友谊；他们学会了如何解决交往中的问题，设身处地地为人着想，他们也见到了各种类型的行为榜样；他们掌握了道德价值观和性别角色标准，并练习成人的角色。

儿童为了交友而体验做一个朋友的重要性。如何做一个朋友？一种方法是让一个看得见的儿童去帮助一个失明的玩伴享受沙子的感觉和倾听海浪的声音。

学龄前儿童喜欢与同龄及同性别的儿童一起玩。在幼儿园，他们大部分时间都和那些与他们相处愉快或与他们行为相似的儿童相处。彼此间有愉快经历的儿童最容易成为朋友（Rubin et al., 1998; Snyder et al., 1996）。大约 75% 的学龄前儿童拥有这种相互的友谊(Hartup & Stevens, 1999)。

儿童在寻找玩伴时注重的特质与寻找朋友时注重的特质相类似（C. H. Hart，DeWolf, Wozniak, & Burts, 1992）。在一项研究中，4~7 岁的儿童列举了友谊最重要的特征：一起做事、喜欢和关心彼此、相互分享和帮助，还有一个次级特征是住得近或在同一所学校上学。年幼儿童比年长儿童更注重物理特征，例如外貌和体形大小，而非情感和支持（Furman & Bierman, 1983）。学龄前儿童喜欢具有亲社会性的伙伴（C. H. Hart et al., 1992）。他们排斥破坏性的、爱过分要求别人的、强制性的或攻击性的儿童，忽视害羞或回避型的儿童（Ramsey & Lasquade, 1996; Roopnarine & Hing, 1985）。尤其是害羞的男孩，可能会受到同伴排斥（Coplan et al., 2004）。

学习检查站

你能否……

✓ 解释学前儿童如何选择玩伴和朋友，如何与朋友相处，如何从友谊中获益？

✓ 探讨家庭中的关系如何影响儿童与同伴的关系？

很受欢迎的儿童以及那些被家长和老师评定为社交能力强的儿童，通常能够很好地处理愤怒情绪。他们回避他人的凌辱和威胁。相反，他们会直接对伙伴关系做出回应，尽可能地减少进一步的冲突和维护彼此的关系。不受欢迎的儿童倾向于进行反击（Fabes & Eisenberg, 1992）。

重新聚焦

回顾本章开始部分关于焦点人物伊莎贝尔·阿连德的故事：

- 根据你已学的知识，你认为伊莎贝尔·阿连德年幼时是具有高自尊还是低自尊？为什么？
- 哪一种性别角色发展理论最适于描述阿连德？你认为她最赞同哪一种？
- 伊莎贝尔·阿连德将自己描述成一个孤独的孩子，总是在自己建构的世界中生活和玩耍。父母会认为她不成熟吗？你呢？
- 阿连德享受着母亲无条件的爱，但她似乎更尊敬她的继父？为什么？
- 阿连德很少提及她与其兄弟之外的其他儿童的关系。想象一下，以她的个性她在同伴中是否受欢迎？

童年中期的伙伴关系变得更加重要，我们将在第 9、10 两章阐述这一主题。

小　结

自我发展

学习指路标 1：在童年早期，儿童的自我概念是如何发展的？自尊又是如何发展的？

- 自我概念在童年早期发生重大改变。根据新皮亚杰主义的观点，自我定义从单一表征转变为表征映射。幼儿无法分辨真实自我和理想自我。
- 文化影响自我概念。
- 童年早期的自尊是宽泛的、不切合实际的，具有成人赞许性倾向。

学习指路标 2：儿童理解和调控情绪的能力是如何发展的？

- 儿童对情绪的理解能够引导自我情绪和同步情绪的发展。
- 根据埃里克森的观点，童年早期的发展冲突是主动对内疚。成功地解决这一冲突能够习得目的的“美德”。

性　别

学习指路标 3：男孩和女孩是怎样意识到性别含义的？如何解释行为在性别上的差异？

- 性别认同是自我概念发展的一个方面。
- 童年早期主要的性别差异是男孩更具有攻击性，女孩比较顺从和亲社会，更少出现问题行为。一些认知差异出现在童年早期，其他差异直到青春期前或更晚些时候才出现。
- 儿童在早年通过性别特征形成来获得性别角色。性别刻板印象在学前期达到高峰。
- 性别角色发展的四种主要观点分别是生物学取向、精神分析取向、认知取向和社会化取向。
- 有证据表明，某些性别差异建立在生物学的基础之上。
- 弗洛伊德的理论认为，儿童在放弃占有异性父母的愿望之后获得对同性别父母的认同。
- 认知—发展理论认为，性别认同的发展源于对自己性别的思考。根据科尔伯格的观点，性别恒常性导致性别角色的获得。性别—图式理论认为，儿童通过观察他们文化中男性和女性的行为将相关的性别信息分类。
- 根据社会认知理论，儿童通过社会化获得性别角色。性别特征形成受父母、同伴、媒体和文化的影响。

游戏：童年早期的活动

学习指路标 4：学龄前儿童如何进行游戏？游戏又如何促进和反映他们的发展？

- 游戏有利于儿童生理、认知和心理社会的发展。游戏类型的改变反映了儿童认知和社会性的发展。
- 根据皮亚杰和史密兰斯基的观点，儿童依次通过功能性游戏、建构性游戏、假装游戏和有规则的正式游戏获得认知的发展。假装游戏在童年早期变得越来越普遍，促进儿童社会和认知技能的发展。同样，在童年早期也出现了追逐打闹游戏。
- 帕腾认为，在童年早期，游戏的社会性增强。但之后的研究发现，玩非社会性游戏并非是不成熟的表现。
- 儿童更喜欢与同性别的同伴玩耍，并且对他们更加友好。
- 成人为儿童创设的社会赞许环境影响着游戏的认知和社会性方面。

家庭教育

学习指路标 5：父母的教养行为对儿童的发展有何影响？

- 教养是儿童社会化的强有力工具。
- 在良好的亲子关系背景下，正强化和适当的惩罚都是教养的合适手段。
- 强制命令、诱导和收回爱在特定的情况下都是有效的。在促进内化父母的标准方面，讲道理的效果最好，强制命令的效果最差。打屁股或是其他体罚方式会带来消极后果。
- 鲍姆林德定义了三种教养儿童的风格：专制型、放任型和权威型。之后又有人定义了第四种风格，即忽略型，也称非卷入型。

学习指路标 6：年幼儿童为什么会帮助或伤害他人？他们为何会表现出恐惧？

- 利他主义和亲社会行为出现得很早。它可能是与生俱来的，并且可以通过后天塑造和父母的鼓励来培养。
- 工具性攻击在童年早期最为常见，它最始表现为身体攻击，后来发展为言语攻击。
- 在六七岁之后，大部分儿童的攻击性降低，但敌意性攻击的比例上升。男孩倾向于进行外显攻击，而女孩则多使用关系攻击。
- 学龄前儿童对真实的或是假想的事物怀有暂时性恐惧；大一些儿童的恐惧对象更接近现实。

与其他儿童的关系

学习指路标 7：年幼儿童如何与兄弟姐妹相处？独生子女如何独处？

- 兄弟姐妹和同伴都有助于提高儿童的自我效能感。
- 来自兄弟姐妹的大部分影响是积极的。年幼儿童模仿年长儿童的行为。同性别的兄弟姐妹，尤其是女孩，相处得最好。
- 兄弟姐妹间倾向于通过道德准则来解决争论。
- 兄弟姐妹间的关系会延续到其他同伴中。
- 在大多数领域，独生子女与有兄弟姐妹的儿童发展得一样好。

学习指路标 8：年幼儿童如何选择游戏伙伴和朋友？为什么有的孩子比别人更受欢迎？

- 学龄前儿童倾向于选择与他们相似的以及相处愉快的人作为玩伴和朋友。
- 具有攻击性的儿童不如亲社会的儿童受欢迎。

第四编

童年中期常常被称为学龄期，大约是6~11岁这一年龄段。上学是这一时期的主要经历——生理、认知和心理社会发展的焦点。在第9章我们将会了解到，儿童长得更高、更重和更强壮，发展了参与有组织的游戏和运动所需要的动作技能。他们在思维、道德判断、记忆和读写能力上也取得了重大进步。由于能力影响学业成就，因而个体差异变得更加显著，特殊需求也变得更加重要。

如第10章所述，能力同样会影响个体的自尊和声望。虽然父母的作用依然很重要，但同伴团体的影响力增强。通过与其他同伴的接触，儿童在生理、认知、情绪和社会性方面均有所发展。

阅读链接

- 营养不良会阻碍儿童的认知和心理社会的发展。
- 外貌对自尊有很大的影响。
- 道德发展可能与认知发展相关。
- 智商会受营养、社会经济水平、文化、与测量者的关系以及对测量环境的熟悉度等方面的影响。
- 家庭教养风格会影响儿童的学业成就。
- 自我中心思维的消退使友谊变得更加深厚和亲密。
- 善于学习和解决问题的儿童似乎能更好地应对压力。

童年中期

预览

第9章

童年中期的生理和认知发展

发育减缓。

变得强壮，运动技能提高。

易患呼吸道疾病，总体而言，这一阶段的健康状况比一生中的其他时期更好。

自我中心主义消退。

儿童的思维开始变得富有逻辑，但只是具体逻辑思维。

记忆和语言技能提高。

认知的发展使儿童能从正规的学校教育中获益。

一些儿童表现出特殊的教育需求和优势。

第10章

童年中期的心理社会发展

自我概念变得更复杂，并影响自尊的发展。

共同约束反映了父母对儿童控制的主动权逐渐转向儿童。

同伴对儿童中期的发展具有重要作用。

童年中期的生理和认知发展

第9章

在教育孩子时，我们最需要谨记的一点是，
让他们永远保持对生活的热爱。

——娜塔丽亚·金兹伯格，《小小的美德》，1985

焦点人物：安·班克罗夫特——极地探险家

安·班克罗夫特

安·班克罗夫特（Ann Bancroft）*是历史上第一位通过非机动交通工具到达地球南北极的女性。1986 年，作为国际北极探险队中唯一的女队员，她乘坐狗拉雪橇，从加拿大西北部出发，穿越了 1609km，到达北极。在经历长达八个月的严酷训练，度过了 56 天气温低达零下 76 度的考验后，班克罗夫特站在了世界之巅。七年之后，她带着其他三名女性，历经 67 天，穿越 1062km 的恶劣地带，于 1993 年 1 月 14 日到达南极。由于这些探险事迹，她被列入美国杰出女性名人堂。2000 年，她和挪威的探险家丽芙·阿内森组队，成为第一支穿越南极大陆的女子探险队；2002 年，两人再次重组，驾驶皮划艇从苏必利尔湖北岸航行到圣劳伦斯河海道。

这个 1.6 米高、57 千克重的女人是如何完成如此惊人的壮举的？答案要追溯到她在明尼苏达州蒙多塔高地的乡村度过的童年时光。

1955 年 9 月 29 日，安出生于一个被她后来称为冒险者之家的家庭，在学步期，她就表现出了攀爬的天赋，爬上祖母的书柜去够上面的东西。她的父母没有阻止她的攀爬，而是鼓励她："继续，加油！你会得到你想要的。"

* 关于安·班克罗夫特的传记信息主要来源于 Noone (2000)，Wenzel (1990) 和 Ann 的个人网站 http://yourexpedition.com。其他来源有"Ann Bancroft，1955—"(1998)、"Ann Bancroft，1955—"(1999)、"Ann Bancroft，Explorer"（undated）、"First Women to Both Poles"(1997) and"Minnesota Explorer Ann Bancroft"(2002)。

本章提纲

焦点人物
- 安·班克罗夫特——极地探险家

生理发展

生理发展的特征
- 身体发育
- 营养与睡眠
- 动作发展

健康、身体状况和安全
- 肥胖 / 超重
- 其他健康问题
- 意外伤害

认知发展

皮亚杰的观点：具体运算阶段的儿童
- 认知发展
- 神经发育的影响和加工技能
- 道德推理

信息加工的观点：记忆和其他加工技能
- 元记忆：理解记忆
- 记忆术：记忆的策略
- 选择性注意

心理测量学的观点：智力评估
- 关于智商的争论
- 智力不止一种
- 智力测验的新方向

语言和读写能力
- 词汇、语法和句法
- 语用学：关于交流的知识
- 读写能力

安是一个喜欢户外运动的女孩。她与两个兄弟、两个姐妹在农舍的周围尽情玩耍。她经常“扮成一个乘救生艇沿溪而下的海盗，或打扮成一个在遥远的北方划独木舟的探险家。到了冬天，她会用积雪建造碉堡、睡觉的小屋和隧道”（Wenzel, 1990, p.15）。

她的父亲常常带着家人去明尼苏达州北部的荒地野营或划船。在安八岁的那个冬天，她开始和自己堂兄带着家里养的狗去后院扎营。十岁那年，她跟随父母前往非洲执行任务。在肯尼亚度过的两年时光点燃了她探索世界其他地方的渴望。

在学校，安是一名后进生，总是被老师提醒不要在课堂睡觉。作为一名天生的运动爱好者，她最爱的是体育课。直到七年级，她才知道自己患有难语症，即一种阅读障碍。就在那时，她偶然见到了一本书，书中介绍了欧内斯特·沙克尔顿 1914 年未能成功的南极之旅。她被书中的照片吸引。“我被那些景象深深地吸引，让我不再害怕书中的文字和它的厚度。”她回忆道，“我希望了解这项位于世界之底的探险。这引发了我对两极的好奇和在将来某天穿越它的梦想。”

后来，安在圣保罗当了一名体育教师和运动员教练。1983 年，她和一位朋友攀登了北美最高峰——阿拉斯加州的麦金利山（现名德纳里峰）。假如她没有学过急救知识或未能及时用药，那次探险将会因她同伴出现低温症而中断。两年后，作为医师和摄影师，她受邀加入了斯蒂格国际极地考察队，并一起参与北极探险。

“目标不仅仅是到达极地本身，”安回忆说，“它……更加广泛。我们为什么要奋斗？为什么跑马拉松？我认为我们都能通过不断的努力来激励自己。在战胜困难和挑战的过程中，我们更加了解自己。”

现在，安是《野外调查》的一名讲师，该节目既面向健康的人，也面向残障人士。在第一次南极探险时，她带着一个 14kg 重的无线电台穿越冰地，向全世界的学生播报探险进展。在她与阿内森进行的最后一次南极探险中，40 多个国家和地区的儿童通过网站追踪了他们的整个旅程。她与别人合著了一本关于其探险经历的书（Loewen & Bancroft, 2001），这对她来说，也许才是最大的挑战。她的目标是“鼓舞全球的儿童像她一样去追寻自己的梦想”（Noone, 2000, p.1）。她说“怀有梦想将使我的每一天都充满了前进的能量”。

作为一名女学生，除了难语症让她成为一名有特殊需求的儿童之外，安·班克罗夫特并没有什么特别之处。她与难语症斗争的童年有助于解释她成功地成为一名极地探险家的决心。“当人们告诉我不能做某事时，我倔强并固执地认为我可以，”她解释说，“我从不希望自己被认为是残疾的或是在任何方面受到限制的。”从安·班克罗夫特的故事中我们可以看到，童年期的梦想如何能激励个体取得之后的人生成功。态度和渴望的力量是如何促进个体的生理和认知发展的，她就是一个活生生的例子。

虽然，在童年中期，儿童运动能力的提高不如之前显著，但这几年是发展力量、精力、耐性和运动熟练性的重要时期。在本章，我们关注运动发展和其他方面的生理发展。认知方面，我们关注处于皮亚杰具体运算阶段的儿童如何进行逻辑思维和

学习指路标

1. 学龄期儿童在身体发育和运动发展方面有哪些提高？他们有哪些营养需求？
2. 对学龄期儿童来说，心理和生理健康主要与哪些因素有关？我们应当怎样做才能使儿童在这几年中更健康、更安全？
3. 与之前相比，学龄期儿童在思维和道德推理方面有何不同？
4. 记忆和其他信息加工技能在童年中期取得了哪些进步？
5. 如何能准确地测量学龄期儿童的智力？
6. 学龄期儿童的交流能力和读写能力是如何提高的？
7. 影响学业成绩的因素有哪些？
8. 学校如何满足母语为非英语的儿童以及有学习障碍的儿童的需求？
9. 如何评估和培养天才儿童？

做出更成熟的决断。我们试图了解儿童如何提高记忆能力和解决问题的能力，如何测量他们的智力，读写能力又是如何开启通往另一个广阔世界的大门。我们研究影响儿童学业成绩的因素，审视关于智商、阅读教学方法和第二语言教育的争论。最后，我们关注学校如何教育像安·班克罗夫特那样有特殊需求的儿童。

学习完本章后，你应该可以回答“学习指路标”中的所有问题了。为了检查你对本章“学习指路标”的掌握程度，请复习章节结尾部分的小结。“学习检查站”会贯穿整个章节并不时出现，以便检查你对所学知识的理解程度。

生理发展

生理发展的特征

假如我们在下午三点的下课铃声敲响之后路过一所典型的小学，我们将看见各种身型的儿童，如高的、矮的、胖的、瘦的，从教室涌向校门。我们看到学龄期儿童与小他们几岁的儿童看起来迥然不同。他们更高，体型多数瘦长而结实，但与过去的几十年相比，现在过度肥胖的儿童的人数有所增加。

学习指路标

1. 学龄期儿童在身体发育和运动发展方面有哪些提高？他们有哪些营养需求？

身体发育

童年中期，儿童的身体发育明显减缓。虽然儿童每天的改变并不显著，但他们在6~11岁之间所累积的差异还是很惊人的：6岁时还是小孩，11岁时已经像成人了。

儿童在6~11岁之间平均每年长高5~7.6厘米，在此期间体重也增长近1倍（Ogden, Fryar, Carrol, & Flegal, 2004）。女孩的脂肪组织比男孩稍多，这一特征也将一直延续到整个成年期。10岁儿童的平均体重比40年前重了约5kg——男孩大约38kg，女孩大约39.5kg（Ogden et al., 2004）。非裔美国儿童比白人儿童发育更快。大约六岁时，非裔美国女孩的肌肉和骨骼的重量大于欧裔美国（白种）或墨西哥裔美国女孩，而墨西哥裔美国女孩的脂肪含量高于同等体型的美国白人女孩（Ellis, Abrams & Wong, 1997）。

营养与睡眠

为了维持稳定的生理发育和持续的消耗，学龄期儿童平均每天需要2 400卡路里热量，年龄越大，需要的越多。营养学家推荐的食谱花样繁杂，包括足量的谷类、水果和素菜以及富含复杂碳水化合物的食物，例如土豆、意大利面食、面包和谷类食品。

为了避免超重和出现心脏问题，儿童（像成人一样）从脂肪中获得的热量应该只占总摄取热量的30%，而且从饱和脂肪中获得的热量应不超过总量的10%（AAP Committee on Nutrition, 1992a; U.S. Department of Agriculture & USDHHS, 2000）。研究发现，在这个年龄段采用适当低脂肪的食谱不会对身高、体重或神经的发展造成负面影响（Rask-Nissilä et al., 2000; Shea et al., 1993）。

学习检查站
你能否……

✓ 总结童年中期的男孩和女孩典型的发育模式以及彼此间差异的原因?
✓ 总结学龄期儿童的营养需求?

睡眠需要从五岁的每天11个小时降到九岁的10个小时多一点，再到13岁的9个小时。健康的学龄期儿童在白天应该具备高警惕性。但是，睡眠问题，比如熬夜、失眠以及白天瞌睡在这一时期都很常见，部分原因是，随着年龄的增长，许多家长允许儿童自行安排睡眠时间（Hoban, 2004）。

动作发展

在童年中期，动作技能继续发展（见表9-1）。但是在大多数文化落后的社会或处于过渡期的社会中，这个年龄段的儿童已经开始工作，成为家庭的劳动力，尤其是女孩，她们更容易被剥夺游戏的时间和自由（Larson & Verma, 1999）。在美国，如今的儿童不再像安·班克罗夫特那样在后院野营，他们更多是坐着不运动。在全美范围内对有关如何利用时间的日记进行代表性抽样调查发现，与20世纪80年代早期的儿童相比，现在的学龄期儿童每周花在运动和其他户外活动的时间较少，用于

表 9-1　童年中期的动作发展

年龄	行　为
6 岁	女孩在运动的精确性上占优势；男孩在力量性强和复杂程度低的活动上占优势 能够跳跃 儿童能够投掷适当重量的物品
7 岁	能够闭眼保持单脚平衡 儿童能够在 5 厘米宽的平衡木上行走 儿童能够精确地单脚跳入小方格 儿童能够准确地完成开合跳活动
8 岁	儿童的握力达到 5.5kg 这个年龄段，男女同时参加的游戏的数量在达到高峰 儿童能参加以 2-2、2-3 或 3-3 模式交替的节拍跳跃 女孩可以将小球扔至 12 米之外
9 岁	男孩每秒钟可以跑 5 米远 男孩可以将小球扔至 21 米之外
10 岁	儿童能够判断远方小球的行进路线，并进行拦截 女孩每秒可以跑 5.2 米远
11 岁	男孩立定跳远能够跳到 1.5 米，比女孩多 15 厘米

资料来源：From Bryant J. Cratty, *Perceptual and Motor Development in Infants and Children*, 3rd ed. Copyright © 1986 by Allyn & Bacon. Adapted by permission of the publisher.

上学和做家庭作业的时间较多，看电视和玩电脑的总时间每周平均约为 12~14 小时，而这些活动在 20 年前基本不存在（Juster, Ono, & Stafford, 2004）。

课间游戏　儿童在课间玩的游戏多是非正式和自发组织的。你可能会发现某个儿童在独自玩耍，而其他同学正在附近的操场上相互追逐打闹。男孩玩的多是身体参与性的游戏，而女孩喜欢一些多含有语言表达或数数类的游戏，比如跳房子或跳绳。这些课间活动能够增进儿童的敏捷性和社会技能的发展，并利于儿童适应校园生活（Pellegrini, Kato, Blatchford, & Baines, 2002）。

大约 10% 的低年级在校儿童的课间自由游戏是追逐打闹游戏，这是一种需要充沛精力的游戏，包括摔跤、踢打、空翻、扭打和追赶，常常还伴有大笑和尖叫。这类游戏在童年中期达到高峰，到 11 岁时，打闹游戏在游戏中所占的比例下降大约 5%，和童年早期的水平持平（Pellegrini, 1998; Pellegrini & Smith, 1998）。就全球而言，追逐打闹游戏在很多地方普遍存在，如印度、墨西哥、日本冲绳、非洲的卡拉哈里沙漠、菲律宾群岛、英国和美国（Humphreys & Smith, 1984）。儿童通过追逐打闹游戏

据一项对全美 9~13 岁儿童及其家长的代表性样本的调查显示，38.5% 的儿童在课余参加了有组织的运动（如足球）。为了帮助儿童提高动作技能，这些项目应当强调技能培养而非竞争，并且应当尽可能多地让儿童参与其中，无论他们的能力如何。

评估自身和他人的力量，从而获得支配地位。从世界范围来看，男孩比女孩更多地参与追逐打闹游戏，研究者多将此归因于激素水平的差异和社会化程度的不同（Pellegrini, 1998; Pellegrini et al., 2002; Pellegrini & Smith, 1998）。

有组织的运动 随着儿童逐渐放弃追逐打闹游戏，开始依照规则组织游戏，其中一些人会参加有组织的、成人化的运动。在一项对全美 9~13 岁儿童及其家长的代表性抽样调查中，在调查前的一周内，38.5% 的儿童在课余参加了有组织的运动，最常见的有排球、垒球、足球和篮球。大约 77.4% 的儿童参加了无组织的体育活动，比如骑车和投篮（Duke et al., 2003）。女孩在运动上花的时间比男孩少，她们更多地将时间花在家务、学习及个人事务上（Juster et al., 2004）。

学习检查站

你能否……

- ✓ 列举男孩和女孩的课余游戏的差异？
- ✓ 解释追逐打闹游戏的重要性？
- ✓ 说明随着年龄的增长，儿童都参与哪些类型的游戏？

为了帮助儿童提高运动技能，成人在制定活动方案时应当为儿童提供参与多种运动的机会，应当重视锻炼技能而不是赢得比赛，应当让尽可能多的儿童参与其中而不是仅关注少数像安·班克罗夫特那样有天赋的运动员。方案中应当包括多种运动，如网球、保龄球、跑步、游泳、高尔夫和滑冰等，并成为终生体质锻炼课程的一部分（AAP Committee on Sports Medicine & Fitness, 1997）。

健康、身体状况和安全

学习指路标

2. 对学龄期儿童来说，心理和生理健康主要与哪些因素有关？我们应当怎样做才能使儿童在这几年中更健康、更安全？

疫苗技术的发展和普及使得童年中期变得相对安全，特别是对发展中国家的儿童而言。这一时期的死亡率是个体一生中最低的。然而，肥胖儿童的比例逐年提高，有些儿童经受了慢性疾病的困扰、意外伤害或缺乏健康护理的机会。

肥胖 / 超重

在美国，儿童超重已经成为影响健康的主要问题。与 20 世纪 80 年代早期相比，学龄期超重的儿童翻了 1 倍，而青春期超重的人数是原来的 3 倍多（NCHS，2004）。

在 6~11 岁的儿童中，大约 有 16% 的儿童是超重的，而另有 15% 的是接近超重。男孩超重的人数多于女孩（Hedley et al., 2004）。

超重的原因　我们在第 3 章和第 7 章提到过，超重或肥胖通常源于遗传，而过少的运动量以及不恰当的饮食都会加重这一趋势（AAP Committee on Nutrition, 2003; Chen et al., 2004）。一项对 6 212 名全美儿童和青少年的抽样调查显示，一般来说，每天有超过 30% 的人食用高脂肪、碳水化合物和糖类含量高的快餐食品（Bowman, Gortmaker, Ebbeling, Pereira, & Ludwig, 2004）。

前面我们讲过，与 20 年前的儿童相比，如今的学龄期儿童更少参加户外游戏和运动锻炼（Juster et al., 2004）。在许多社区和学校中，体育教育被削减（AAP Committee on Nutrition, 2003）。美国大部分的在校儿童的运动量确实达到了国家制定的标准，但当中有许多儿童并没有表现出他们应有的活力。一项全美性调查发现，22.6% 的 9~13 岁儿童从不参加任何的课外体育活动（Duke, Huhman, & Heitzler, 2003）。

为什么儿童超重是一个需要密切关注的问题？　对学龄期儿童来说，超重绝对是一个不利因素。在澳大利亚的维多利亚州，研究者对 1 456 名小学生开展了一项纵向研究。结果显示，那些被归为超重或过度肥胖的 10 岁儿童，其生理和社会性的发展均落后于他们的同学（Williams, Wake, Hesketh, Maher, & Waters, 2005）。研究者要求 106 名超重的儿童和青少年对与健康相关的生活质量进行评估（例如，是否能走超过一条街的距离，是否有高质量的睡眠，是否能与别人很好地相处以及是否能跟上学习的进度等）。结果发现，与那些健康的同伴相比，他们所报告的生活质量明显受到超重的影响（Schwimmer, Burwinkle, & Varni, 2003）。

超重儿童常常遭受情绪挫折，并且由此而放纵，用玩乐来补偿自己，这使他们存在的生理和社会性问题更加严重。这些儿童伴随产生了行为问题、抑郁和低自尊的风险（AAP Committee on Nutrition, 2003; Datar & Sturm, 2004a; Mustillo et al., 2003）。他们经常出现健康问题，例如高血压（在第 10 章讨论）、高胆固醇和高胰岛素水平（AAP Committee on Nutrition, 2003; NCHS, 2004）。

超重儿童到了成年期也倾向于成为过度肥胖者，并且有患高血压、心脏病、外科整形以及糖尿病的风险。事实上，童年期超重比成年期超重更能预测某些疾病（AAP Committee on Nutrition, 2003; AAP, 2004; Li et al., 2004; Center for Weight and Health, 2001; Must, Jacques, Dallal, Bajema, & Dietz, 1992）。即使是那些处于正常体重范围比较重的儿童，也比体重正常的同伴容易成为超重或过度肥胖的成人（Field, Cook, & Gillman, 2005）。

预防和治疗超重　预防超重比治疗超重更容易，花费更低，并且更有效（Center for Weight and Health, 2001）。减少坐在电视和电脑前的时间，改变饮食结构，提供更健康的学校膳食，教会儿童选择合理的食品，开设更多体育课程，这些都能起到预防

肥胖的作用（AAP, 2004）。除了控制体重之外，无论从短期还是长期来看，规律的体育锻炼都有益于健康，它能降低血压、提高心肺机能和增强体质。父母可以组织家庭活动，比如远足、踢球、在健身器械上锻炼、尽可能多地走动、不乘电梯改爬楼梯以及限制看电视的时间等。

父母应当监督儿童的饮食和日常活动，在儿童超重之前就采取预防措施（AAP Committee on Nutrition, 2003）。治疗要趁早。全家总动员，彻底改变不良的生活方式，而非仅仅进行减肥（Barlow & Dietz, 1998; Miller-Kovach, 2003）。10 名 8~12 岁的肥胖儿童参与了一项为期 12 周的实验。与控制组相比，实验组儿童将一部分看电视的时间用于骑自行车锻炼，其体内脂肪含量显著下降（Faith et al., 2001）。

超重和儿童高血压 曾经在童年期，**高血压**（hypertension）相对罕见，但现在已经“进化”为一种危及心血管的“流行病”，尤其在少数民族中更为常见（Sorof, Lai, Turner, Poffenbarger, & Portman, 2004, p.481）。

一项对全美 8~17 岁的儿童和青少年具有代表性的样本调查显示，从 1988 年到 2000 年间，他们的平均血压有所升高，部分是由于体重超重人数的增加（Muntner, He, Cutler, Wildman, & Whelton, 2004）。经过对休斯敦八所公立学校的 5 102 名 10~19 岁儿童和青少年的筛查发现，患有高血压的儿童和青少年大约占 4.5%，其中体重超重是主要原因（Sorof et al., 2004）。

学习检查站

你能否……

- ✓ 讨论为什么童年期超重人数增加，超重如何影响儿童的健康以及如何治疗超重？
- ✓ 解释为什么有些儿童无法像原本应该的那样健康？

通过改善饮食习惯和有规律的体育锻炼来降低体重，这是治疗与超重有关的高血压的主要方法。如果血压仍未降低，可以考虑药物治疗。但是开具此类药方必须慎重，因为它们对儿童造成的长期影响是未知的，正如未经治疗的高血压对儿童产生的长期影响（目前也不清楚）一样（National High Blood Pressure Education Program Working Group on High Blood Pressure in Children and Adolescents, 2004）。

其他健康问题

儿童在童年中期所患的疾病通常是短期的。常见的是**急性疾病**（acute medical conditions），即偶然的、短期的疾病，例如传染病、过敏和疣。由于上学或做游戏时细菌会在儿童之间的传播，这个年龄段的儿童一年通常会患六七次感冒、流感或由病毒引起的相关疾病（Behrman, 1992）。随着儿童患病经验的增加，他们对健康与疾病的原因、对如何增强自己体质的认知也相应地增加了（见专栏 9-1）。

1994 年，一项由 30 032 个家庭参与的全美调查显示，在 18 岁以下的儿童中，大约 18% 的人患有**慢性疾病**（chronic medical conditions），包括生理方面的、发育方面的、行为方面的和 / 或情绪方面的疾病，这些病需要特殊的医疗手段来治疗（Newacheck et al., 1998）。下面，我们了解一些慢性疾病。

视听问题 大部分学龄期儿童的视力优于他们幼年时的视力。6 岁以下的儿童倾向于

儿童对疾病的理解

根据皮亚杰的观点，儿童对健康与疾病的理解同认知发展紧密相连。随着自身的发展，他们对疾病的解释也在改变。在童年中期之前，儿童是自我中心主义的，他们倾向于相信疾病是由人类的行为造成的，而且通常是他们自己的行为（“我是一个坏孩子，所以现在我生病了”）。此后，他们将所有的疾病解释为细菌的感染，唯一的“防护”途径是通过一系列迷信的行为来阻止它们。儿童可能会说：“当心细菌！”到了青少年期，他们对疾病的归因趋向于多元化，认为与细菌接触并不会直接导致生病，人们可以采取许多措施来保护自己的健康。

同对感冒和癌症的认识一样，儿童对艾滋病的理解也随着年龄的增长而逐步加深。他们对感冒病因的理解早于其他疾病，这可能是因为他们更熟悉感冒（Kistner et al., 1997; Schonfeld, Johnson, Perrin, O’Hare, & Cicchetti, 1993）。虽然大多数六七岁的儿童都听说过 HIV 病毒和艾滋病，但对其病因和症状仍存在误解。这些误解可能会导致儿童排斥与携带艾滋病病毒同学的正常接触，从而对携带者造成伤害（Kistner et al.，1997）。

一项对幼儿园至小学六年级的 361 名儿童的访谈（Schonfeld et al.，1993）发现，对艾滋病的传染途径，儿童表面上能给出正确的解释，但实际上并未真正理解。例如，虽然 96% 的儿童认为吸毒是一条途径，但似乎大部分儿童都不明白病毒是通过吸毒者共用的针头上附着的血液传播的。一名二年级学生是这样解释一个人如何患上艾滋病的：“嗯，通过接触毒品以及……经过患有艾滋病的吸毒者身边……对，当你经过吸毒者身边时你可能被他身上一个挨着一个的细菌所感染”（Schonfeld et al.，1993，p.393）。

从年幼儿童的角度来看，这种观点是儿童对细菌导致疾病观念的一种合理延伸。他们可能错误地以为艾滋病像感冒一样，可以通过与患者共用杯子和器皿、当患者咳嗽或打喷嚏时与其接触，或与患者拥抱和接吻等方式传染。一项艾滋病教育计划（Sigelman et al.，1996）尝试将有意义的背景知识取代这类直觉性的“理论”，并以此检验皮亚杰的观点——如果儿童还未掌握概念，他们就不可能做好行动的准备。计划的制定者假设，幼儿缺乏的是关于疾病的知识，而不是理解能力。

一项设计严密的方案在图森（译者注：美国亚利桑那州的南部城市）的 306 名三、五、七年级的学生中实施。受过训练的卫生健康指导员对儿童进行了两节时长 50 分钟的课程指导，内容包括文字、视频、绘画和讨论，使用了三年级儿童所能理解的词汇。课程强调，只有少数几种途径能够传播艾滋病病毒，与被感染者正常的接触并不会被传染。

研究者在方案实施之前以及实施两周之后分别对实验组和控制组进行测量。那些受过课程指导的学生比未接受指导的学生更了解艾滋病及其传播途径，他们不再像从前那样害怕艾滋病，并且更愿意与艾滋病患者相处。大约一年后，该计划的影响仍旧持续存在。它的成功表明，与皮亚杰的理论相反，即使是相对年幼的儿童，只要教给与他们的理解水平相匹配的知识，他们也能掌握复杂的关于疾病的科学概念。

我思我秀

你认为儿童应该在几岁时学习与艾滋病相关的知识？

课外链接

要想获得此话题的更多信息，请登录网站 http://wwwtest.library.ucla.edu/libraries/biomed/ref/doctor/doctor1/lu_chiun.htm，这是加利福尼亚大学图书馆的一个网站，提供关于如何在 MESLINE 和 PSYCINFO 一类的数据库中查找儿童对疾病的理解方面的资料。也可以登录 http://www.aegis.com/pubs/aidsline/1992/jan/M9210769.html，此链接是一篇论文的摘要：“An Examination of the Relation Between Children’s Understanding of Illness and Their Acceptance of Medically Ill Peers”。

虽然大多数学龄期儿童有良好的视力，但有些儿童会像这个男孩一样，需要佩戴矫正镜片。

看得更远。到六岁时，他们的视力变得更加敏锐，同时，由于双眼的协调能力更强，因此儿童能更好地聚焦。

在 18 岁以下的儿童中，大约 13% 的人会失明或存在视力缺陷。与非裔美国儿童相比，白人或拉丁裔美国儿童的视力问题更常见（Newacheck, Stoddard, & McManus, 1993）。在 6~19 岁的儿童中，大约 15% 的人患有某种程度的听力受损，而且以男孩居多。当前的筛选标准可能会将许多具有常见听力受损的儿童排除在外。这是值得注意的问题，因为即使是轻微的听力受损也会影响儿童的交流、行为和社会关系（Niskar et al., 1998）。

哮喘 **哮喘**（asthma）是一种慢性呼吸道疾病，特点是突发的咳嗽、气喘和呼吸困难，它是导致儿童残疾的主要原因之一。大约 12% 的美国儿童和青少年曾被诊断患有哮喘。显然这是由过敏引起的一种疾病，而且男孩患病的几率比女孩高 30%（Dey, Schiller, & Tai, 2004; NCHS, 2004）。从 1980 年到 1995 年，哮喘的发病率几乎翻了一番，不过近几年有所下降（Goldman et al., 2004; Moss, 2003; Woodruff et al., 2004）。

哮喘发作的具体原因尚无定论。一些专家认为，它与居住环境有关，密闭的室内环境增加了人们接触室内空气污染物和诸如香烟、灰尘、真菌和蟑螂携带物一类的过敏原的机会（Nugent, 1999; Sly, 2000; Stapleton, 1998）。用于加热的煤气炉和家养宠物身上的过敏原也可能是危险因子（Bollinger, 2003; Etzel, 2003; Lanphear, Aligne, Auinger, Weitzman, & Byrd, 2001）。在一项为期一年的随机对照研究中，研究者抽取了七个大城市中哮喘病儿童的家庭，旨在减少这些儿童家中的过敏原和香烟，结果发现，哮喘及其相关疾病的发病率都有所降低（Morgan et al., 2004）。

患有哮喘的儿童每年平均有 10 天无法上学，20 天行动不便，这个数字几乎是患其他慢性疾病的儿童的 2 倍（Newacheck & Halfon, 2000）。哮喘往往发生在压力事件之后，比如生病、父母分居或离异、祖父母去世、好友搬家或成为校园欺负的受害者（Sandberg, Järvenpää, Penttinen, Paton, & McCann, 2004）。黑人儿童因患哮喘住院的几率是白人儿童的 3 倍，因此病而死亡的几率更是其 4 倍（Moss, 2003）。

许多患哮喘病的儿童并没有得到及时而充分的治疗（Halterman, Aligne, Auinger, McBride & Szilagyi, 2000; Shields, Comstock, & Weiss, 2004）。在一项随机对照研究中，研究者抽取了 134 名 8~16 岁的城市哮喘儿童，通过互联网教给患者及其家人进行病症监控和药物治疗，结果发现，这些措施有助于提高患者和家人的医嘱依从性，缓解了疾病的症状（Dorsey & Schneider, 2003）。

我思我秀

- 医学研究显示，除了通过体液，没有证据表明，感染 HIV 病毒但未发病的儿童能够将病毒传染给别人。但仍有父母对孩子在校与 HIV 阳性的儿童相处感到担心。如何与有这种想法的父母交流，你能给出一些建议吗？

HIV 和艾滋病 全世界大约有 220 万 15 岁以下的儿童携带人体免疫缺陷病毒（HIV）（UNAIDS/WHO, 2004）。这些儿童现在是患艾滋病（AIDS，获得性免疫缺陷综合症）的高危人群，尽管他们目前还未表现出症状。他们中许多人的艾滋病病毒来自

母亲，常常在子宫中就感染了（AAP Committee on Pediatric AIDS and Committee on Infections Diseases, 1999; 参见第 3 章）。其他人则因滥交而感染。2004 年，有 51 万 15 岁以下的儿童死于艾滋病（UNAIDS/WHO, 2004）。

出生时就携带艾滋病病毒的儿童人数正在增加。其中一些人在一岁或两岁时就已经发展成完全的艾滋病患者，也有人在许多年内都没有表现出明显的症状，甚至轻微症状也没有（European Collaborative Study, 1994; Grubman et al., 1995; Nielsen et al., 1997; Nozyce et al., 1994）。那些表现出艾滋病症状的儿童可能会伴有中枢神经系统功能紊乱，从而影响到他们的学习能力，但是抗逆转录病毒疗法能够提高患者神经系统的机能（AAP Committee on Pediatric AIDS, 2000）。一种包括使用蛋白酶抑制剂在内的联合疗法能够明显降低感染艾滋病病毒的儿童和青少年的死亡率(Gortmaker et al., 2001）。遗传因素能够影响免疫系统对该病毒的反应，所以有些儿童发病的速度比其他儿童缓慢许多（Singh et al., 2003）。

大部分感染艾滋病病毒的儿童在学龄期功能表现完全正常。由于病毒实际上不会传染给同学（参见专栏 9-1），因此，没有必要对他们进行隔离。我们应该鼓励他们力所能及地参加包括体育运动在内的所有学校活动以扩展他们的能力（AAP Committee on Sports Medicine and Fitness, 1999; AAP Committee on Pediatric AIDS, 2000）。

意外伤害

在童年早期，意外伤害是导致美国学龄期儿童死亡的主要原因（Anderson & Smith, 2003; Kochanek et al., 2004）。一项对 96 359 名出生于加拿大阿尔伯达的儿童进行的长达九年的研究显示，21% 的儿童至少每年受伤一次，73% 的儿童在研究期间多次受伤。男孩受伤以及重复受伤的比例高于女孩（Spady, Saunders, Schopflocher, & Svenson, 2004）。在 14 岁以下的儿童中，烧伤受到越来越多的关注（见第 10 章）。

每年大约有 23 000 名儿童由于骑自行车导致脑部受伤，其中有 88% 的伤害能够通过佩戴头盔而避免（AAP Committee on Injury and Poison Prevention, 2001a）。保护性头盔在棒球、垒球、足球、轮滑、滑板、踏板车、马术、曲棍球、雪橇速滑、雪地汽车等运动项目中的作用十分重要。对英式足球来说，护目镜和护齿器有助于减轻球对儿童头部和面部的伤害。应该尽量避免“顶”球，因为这样做可能造成大脑受伤（AAP Committee on Sports Medicine and Fitness, 2000, 2001）。

安全防护头盔可以保护各个年龄段的儿童免受致残或致命的头部伤害。

学习检查站

你能否……

✓ 区分急性和慢性疾病，并讨论慢性疾病是如何影响儿童的日常生活的?

✓ 鉴别意外伤害的危险因子?

美国儿科学会意外伤害与中毒预防专业委员会（1998 年）建议，16 岁以下的儿童不要开雪地汽车，16 岁以上的驾驶员应当依法取得驾驶执照。由于使用蹦床需要严苛的安全防护和密切的监护，美国儿科学会意外伤害与中毒预防专业委员会和运动医学与健身专业委员会（1999 年）建议父母不要购买蹦床，儿童不要在操场或学校内使用蹦床。

认知发展

学习指路标

3. 与之前相比，学龄期儿童在思维和道德推理方面有何不同?

皮亚杰的观点：具体运算阶段的儿童

根据皮亚杰的理论，大约 7 岁时，儿童进入**具体运算**（concrete operation）阶段。此时，他们能通过心理操作来解决具体（实际）问题，例如运用推理找到丢失的手套。这一年龄段儿童的思考具有逻辑性是因为，他们不像之前那么自我中心主义了，能够多方面地综合思考问题。然而，他们的思维仍局限于当前的具体情境。

认知发展

与前运算阶段的儿童相比，具体运算阶段的儿童能更好地理解空间概念、因果关系、分类、归纳与演绎推理、守恒以及数概念（见表 9-2）。

空间关系和因果推理 这个阶段的儿童能更好地理解空间关系，他们对两地间的距离以及往返两地需要的时间有清晰的概念，能够更好地记住行走的路径和沿途的路标。经验对发展空间能力起到了一定作用：走路上学的儿童对家附近的环境更加熟悉。

使用地图和模型的能力与获取空间信息的能力都随着年龄的增长而增长（Gauvain, 1993）。因果判断的能力也在提高。让 5~12 岁的儿童在不同情况下预测天平向哪一侧倾斜，年龄越大的儿童，回答的正确率越高。儿童对物体影响天平的物理性质（天平两侧物体的数量）的理解早于对空间因素的理解（物体离天平中点的距离）（Amsel, Goodman, Savoie, & Clark, 1996）。

分　类 分类能力有助于儿童进行逻辑思考。分类包括以下相对复杂的能力，如排序、传递性关系推理和类包含，这些能力在童年早期到中期逐渐发展起来。当儿童能够依照一个或多个维度，例如重量（从轻到重）或颜色（从亮到暗），对物体进行排列时，就表明他们掌握了**排序**（seriation）。到了七岁或八岁时，儿童已经能够根据一组木棒的外观判断长短关系，并以此为依据进行排列（Piaget, 1952）。

表 9-2　童年中期儿童部分认知能力的发展

能力	事　例
空间思维	丹妮尔能够借助地图或模型寻找隐藏的物体，并且能向其他寻找物体的人提供线索 她能认得从家到学校的路，能够估算两地之间的距离以及往返于两地需要的时间
因果判断	道格拉斯知道天平两端的物体的哪些物理性质能影响结果（比如物体的数量可以，而颜色不行）。但他还无法考虑空间因素的影响，比如物体的位置
分类	埃琳娜能将物体分类，比如分别根据形状、颜色，或形状和颜色。她知道子集（玫瑰）的数量少于上属类别（花）的数量
排序和传递性关系推理	凯瑟琳能够对一组木棍按照从短到长的标准排序，并能将一根中等长度的木棍插入其中适当的位置。她知道如果第一根木棍比第二根长，第二根比第三根长，那么第一根则比第三根长
归纳与演绎推理	多米尼克能够解决归纳与演绎问题，并且知道归纳法得出的结论（以特定前提为基础）的可靠性不如演绎法得出的结论（以一般前提为基础）
守恒	七岁的弗利彼知道，如果一个黏土做的球被揉成香肠的形状，黏土的总量不会改变（物质守恒）。九岁时，他知道揉成的球和香肠的形状其重量相同。到了青春前期，他知道如果黏土放入水中，将取代同等体积的水
数概念和计算	凯文能够进行心算和数数，并且能够做简单的应用题

传递性关系推理（transitive inference）是一种通过两个物体各自与第三个物体的关系来推断这两个物体间关系的能力。向凯瑟琳展示三根木棍：一条黄的、一条绿的和一条蓝的。其中黄的比绿的长，绿的比蓝的长。不需要将黄的和蓝的并排放在一起，她也能立即说出黄的比蓝的长（Chapman & Lindenberger, 1988; Piaget & Inhelder, 1967）。但是，我们不知道凯瑟琳是通过皮亚杰所说的概念推理，还是通过知觉对比得出这一结论（Flavell, Miller, & Miller, 2002）。

类包含（class inclusion）是理解整体和部分关系的能力。皮亚杰（1964 年）发现，当对前运算阶段的儿童展示一束由 7 朵玫瑰和 3 朵康乃馨组成的花，并问他们玫瑰多还是花多时，儿童的回答很可能是玫瑰花多，因为他们通常拿玫瑰与康乃馨比较而不是与整束花比较。在七八岁之前，甚至到了七八岁，儿童都不明白玫瑰是花的一个子集，因而玫瑰不可能比花多（Flavell, 1963; Flavell et al., 2002）。但是，即使是三岁的儿童，对类包含的概念已经有了初步的认识，这取决于任务的类型、获得的线索以及对物体类别的熟悉程度（Johnson, Scott, & Mervis, 1997）。类包含同*归纳与演绎推理*密切相关。

归纳与演绎推理　根据皮亚杰的理论，具体运算阶段的儿童只能进行**归纳推理**（inductive reasoning）。他们通过观察某一类人、动物、物体或事件的特定个体，总结

出关于这一类别的共性。（“我的狗会叫，特瑞和梅莉莎的狗也会叫，所以，所有的狗应该都会叫。”）归纳得出的结论是暂时的，因为随时有可能出现新的不支持已有结论的信息（一只不叫的狗）。

演绎推理（deductive reasoning）是将一类事物一般性的陈述（前提）应用于这类事物下属的特定成员。在皮亚杰看来，只有到了青春期后才会发展出演绎推理。假如这个类别的前提是正确的，推理也是充分的，那么结论一定是正确的：“所有的狗都会叫，斯波特是一只狗，所以斯波特会叫。”

我思我秀

- 父母和教师怎样帮助儿童提高推理能力?

研究者将 16 个归纳和演绎推理的问题交给 16 名幼儿、17 名小学二年级学生、16 名小学四年级学生和 17 名小学六年级学生。问题的解决不需要借助现实世界的知识。例如，一个演绎推理问题是这样的：“所有的鲸鱼都穿蓝色的靴子。通博尔是一条鲸鱼。请问通博尔是否穿蓝色的靴子？”相应的归纳推理问题是“通博尔是一条鲸鱼。通博尔穿蓝色的靴子。请问是否所有的鲸鱼都穿蓝色靴子？”不同于皮亚杰的理论，二年级学生（但不是幼儿）能够正确回答这两种推理问题，知道它们之间的区别，能够解释他们的回答，并且对通过演绎推理得出的答案更加自信（Galotti, Komatsu, & Voelz, 1997）。

守 恒 在解决守恒问题时，具体运算阶段的儿童能够在头脑中得出答案，他们不需要测量具体物体。

两个相同的黏土球，其中一个被揉成细长的“香肠”形状，处于具体运算阶段的费利彼会说球和“香肠”含有的黏土量是相等的。而处于前运算阶段的戴茜则是根据粘土的外在形状来判定，她会说细长的黏土块包含的黏土更多。

不同于戴茜，费利彼知道*同一性*法则：尽管形状改变了，黏土还是原来那块黏土。他也知道*可逆性*法则：可以将“香肠”揉成圆球。而且他能够*去中心化*：同时关注长度和宽度。他认识到，虽然球比“香肠”更短，但同时它也更粗。戴茜只关注某一个维度（长度），排除其他维度（宽度）。

通常，7~8 岁的儿童能够解决这类物质的守恒问题。但在解决涉及重量守恒的任务时，比如被问到球和“香肠”是否同样重时，9~10 岁以下的儿童通常无法得出正确答案。在涉及体积守恒的任务中，如当被问到球和“香肠”分别放入一杯水中，两者排出的水的体积是否一样多时，12 岁以下的儿童很少能答对。

是否其中一块橡皮泥排出的水多于另一块？一个掌握了体积守恒的儿童知道，答案并不取决于橡皮泥的形状。

不同类型的守恒，其发展具有不一致性，皮亚杰把它称为*水平滞差*（参见第 7 章）。儿童在这个阶段的思维十分具体，与特定的情境紧密相连，以至于他们很难将已经习得的一种类型的守恒迁移到另一种上，尽管两者潜在的规则是一样的。

类似守恒这样的能力部分取决于儿童对所操作材料的熟悉程度，当他们思考的对象是熟悉的物体时，其逻辑性会更强。墨西哥儿童很小就开始制作陶器，他们理解将一个黏土圆球揉成一个圆盘时，黏土总量不变，他们对这类守恒的理解要早于其他类型的守恒（Broude, 1995）。所以，对守恒的理解不仅仅源自新的心理结构，也来自现实世界的文化所带来的经验。

数概念和计算　到了六七岁，许多儿童能够进行心算。他们还学会了*数数*：为了计算“5+3”，他们从 5 开始数，然后是 6、7，一直数到第三个数是 8。需要过两三年以后，儿童才能进行同等程度的减法运算，到了 9 岁，大部分儿童都能够运算加减法（Resnick, 1989）。

儿童还能够解决简单的应用题，比如“佩德罗拿着 5 元钱去商店，买糖花了 2 元，还剩多少钱？”当最初的钱数未知时，如“佩德罗去商店，花了 2 元钱，还剩 3 元，他一共有几元钱？”问题的难度比较大，因为解题的运算法则（加法）并不十分明确。在八九岁之前，几乎没有儿童能解决此类问题。

研究者根据文化背景，结合具体的经验，对发展中国家受教育水平最低的儿童进行研究。结果发现，加法能力的发展具有普遍性，而且通常带有直觉性（Guberman, 1996; Resnick, 1989）。这种直觉性过程不同于学校教授的过程。在一项对 9~15 岁的巴西儿童摊贩的研究中，研究者扮演一名顾客，对儿童摊贩说：“我要 2 个椰子。”每个椰子售价 40 克鲁塞罗（注：巴西的货币单位）；支付 500 克鲁塞罗后问：“你要找给我多少钱？”卖椰子的儿童从 80 开始数：“80，90，100……”然后找给顾客 420 克鲁塞罗。但是在教室里问那个儿童类似问题时（“500 减 80 等于几？”），他运用在学校习得的一系列解题步骤最后得出了错误的答案（Carraher, Schliemann, & Carraher, 1988）。这项研究表明，通过具体的应用，而不仅仅是运用抽象的法则来教授数学，效果可能更好。

对分数的某些直观的理解在儿童 4 岁时就产生了（Mix, Levine & Huttenlocher, 1999），例如他们在玩纸牌或分披萨时（Frydman & Bryant, 1988; Sophian, Garyantes, & Chang, 1997）。但这一时期的儿童并不会思考分数所代表的数量，而是关注组成分数的数字。因此，他们会说，1/2 加 1/3 等于 2/5。同样，儿童最初很难理解 1/2 大于 1/4，因为小分数（1/4）有着大分母（Siegler, 1998; Sophian & Wood, 1997）。

在日常生活中，估算是很重要的一种能力。我走到学校需要多长时间？完成今晚的作业需要多长时间？一项对 85 名中低收入家庭学龄儿童期的研究发现，估算能力随年龄的增长而提高（Siegler & Booth, 2004）。当要求参与者将 24 个数字排放在 0~100 的数字线上时，几乎所有的幼儿园儿童都夸大了小数目之间的距离，缩小了较大数目之间的距离。而大部分小学二年级学生的排放则相对均匀。

这种进步可能源于儿童对大数接触的经验的积累，这些经验既来自一二年级的课堂教学，也来自那些通过旋转器或投掷骰子进行数字移动的棋盘游戏。一项针对二、四、六年级学生排放 0~1000 数字的研究也发现了类似的进步，这表明，经验能够提高估算的准确性（Siegler & Opfer, 2003）。

神经发育的影响和加工技能

皮亚杰认为，儿童从呆板、非逻辑的思维转向灵活、逻辑的思维，既依赖于神经系统的发育，又依赖于在适应环境过程中获得的经验。跨文化研究为前运算思维发展到运算思维会受神经学影响这一结论提供了支持（Broude, 1995; Gardiner & Kosmitzki, 2005）。此外，守恒任务的脑电测量结果也支持了此观点。掌握体积守恒的儿童的脑电波模式与未达到这种守恒能力的儿童的脑电波不同，这表明，他们可能在完成任务时激活了不同的脑区（Stauder, Molenaar, & Van der Molen, 1993）。

信息加工能力的提高有助于解释皮亚杰所描述的认知发展。例如，相对于 5 岁儿童，9 岁儿童能更好地找到通往学校的路线。因为他们可以扫描场景，抓住其中的重要特征，在此背景下依次记住遇到的物体（Allen & Ondracek, 1995）。

记忆力的提高有助于儿童掌握守恒任务。幼儿的工作记忆容量有限，因此可能无法记住全部的相关信息（Siegler & Richard, 1982）。例如他们可能会忘记两块不同形状的橡皮泥最初是相同的。工作记忆的提高使年长的儿童能够解决此类问题。

新皮亚杰主义者罗比·凯斯（Robbie Case, 1985, 1992）认为，儿童在对一种概念或图式的应用变得自动化之后，可以把更多的工作记忆资源用于处理新信息。这有助于解释水平滞差：最初，儿童可能需要无意识地使用某种类型的守恒，之后才能将这种图式扩展至其他类型的守恒中。

学习检查站

你能否……

- ✓ 区分并解释在童年中期出现或增强的六种认知能力？
- ✓ 说出三条有助于学龄期儿童理解守恒的准则，并解释儿童在不同年龄段掌握不同类型守恒的原因？
- ✓ 举例说明神经发育和加工技能的提高有助于完成皮亚杰式的任务？

道德推理

为了考察儿童的道德思维，皮亚杰（Piaget, 1932）会向他们讲述一则关于两个小男孩的故事：一天，朱里斯发现父亲的钢笔没有墨水了，于是决定帮父亲将它装满；但是他在打开墨水瓶时，不小心将大量的墨汁洒在了桌布上。另一个男孩朱利安知道自己不应该玩弄父亲的钢笔，但他在玩钢笔时将少量墨汁洒在了衣服上。然后，皮亚杰会问："哪一个男孩更顽皮，为什么？"

七岁以下的儿童通常认为朱里斯更顽皮，因为他弄的污渍更大。年长的儿童能够意识到朱里斯本意是好的，并且弄脏桌布纯属偶然；而朱利安尽管只弄出了一小块污渍，但他做了不应该做的事。皮亚杰总结为：不成熟的道德判断仅仅关注不良后果的严重程度，较成熟的道德判断会考虑动机因素。

皮亚杰（Piaget, 1932; Piaget & Inhelder, 1969）认为，道德推理的发展分为三个阶段。随着年龄的增长，儿童逐渐由一个阶段过渡到另一个阶段。

第一阶段（约 2~7 岁，对应前运算阶段）建立在服从权威的基础上。幼儿对道德概念的认识较为死板。因为他们是自我中心的，无法从多角度看待道德问题。他们迷信成人权威制定的规则，并认为规则不能违背和改变；认为行为只有对错之分，不论动机是什么，只要犯错（比如朱里斯）就应当受到惩罚。

第二阶段（7、8 岁 ~10、11 岁，对应具体运算阶段）的标志是灵活性提高和建立在相互尊重与合作基础上的一定程度的自主权。随着儿童交往对象的增多，接触的观点也更加多样化，他们开始放弃单一、绝对的是非观，发展出自己特有的、建立在公正或平等对待所有人基础上的正义感。由于他们能从多方面考虑问题，因此能做出更复杂、更精细的判断，例如，考虑朱里斯和朱利安行为背后的动机。

我思我秀

- 你是否认为动机是道德判断的一个重要因素？司法正义系统在哪些方面反映或反驳了这一观点？

大约在 11~12 岁，当儿童掌握了形式推理（见第 11 章），就发展到了皮亚杰认为的道德发展的第三阶段。此时，对儿童来说，“平等”的含义有所改变。平等地对待每一个人的信念被公平的观点所取代，他们会考虑特定的背景因素。因此，这个年龄段的儿童会认为同样是将墨水洒在桌布上，对 2 岁儿童的道德要求标准应低于 10 岁儿童。

道德推理的要求之一是，能理解相互的义务以及能预期一个人违背承诺时的感受。一项研究抽取了柏林 122 名 3~10 岁的儿童，要求他们对涉及违背承诺的故事做出反应（假如迈克斯在两周内能保持房间整洁，母亲将送给他一辆自行车作为圣诞礼物）。所有的儿童都明白，承诺未得到兑现时受害者会感到难过，但相比年长的儿童，学龄前以及幼儿园的儿童很少能理解违背承诺的一方可能也会感到难过（Keller, Gummerum, Wang, & Lindsey, 2004）。

学习检查站

你能否……

✓ 总结皮亚杰道德发展的三个阶段，并解释它们与认知发展之间的联系？

科尔伯格的道德推理理论建立在皮亚杰理论的基础之上，我们将在第 11 章讨论这一理论。我们将在第 13 章讨论卡罗尔·吉利根基于性别的道德理论。

信息加工的观点：记忆和其他加工技能

学习指路标

4. 记忆和其他信息加工技能在童年中期取得了哪些进步？

随着年龄的增长，儿童加工和保存信息的能力稳步提高。由于一些不必要的大脑神经突触开始削减，儿童的反应时以及在执行诸如图片配对、心算、空间信息回忆等任务中的加工速度迅速提高（Hale et al., 1997; Janowsky & Carper, 1996; Kail, 1991, 1997; Kail & Park, 1994）。此外，加工效率的提高使得儿童在工作记忆中保持的信息量增加，能更好地进行回忆，拥有更复杂和更高水平的思维（Flavell et al., 2002）。学龄期儿童对记忆过程有更深的理解，并且能使用策略或技巧来帮助自己更好地记忆。随着知识的拓展，他们能更好地判断哪些是值得注意和需要记忆的重要信息。

学习检查站

你能否……

✓ 鉴别童年中期信息加工能力提高的四种途径？

元记忆：理解记忆

5~7 岁儿童的大脑前额叶经历了重要的重组和发展，这种改变能提高儿童的回忆和**元记忆**（metamemory）能力，元记忆是关于记忆过程的知识（Janowsky & Carper, 1996）。与此相关的能力还有**元认知**（metacognition），即个体觉知自己的思维过程。

从幼儿园到五年级，儿童对记忆的理解稳步提高（Flavell et al., 2002; Kreutzer, Leonard, & Flavell, 1975）。幼儿园与小学一年级的儿童知道，人们学习的时间越长，记忆的效果越好；随着时间的流逝，人们会遗忘所学的知识；复习比初次学习容易。到了三年级，儿童知道一些人的记忆力比其他人强，一些事物比另一些事物更容易记住。

一项实验研究考察了学龄前、小学一年级和三年级儿童对哪些因素影响记忆与遗忘的认识和理解程度。在所有年龄段的儿童中，大部分参与者认为，生日聚会上的重要事件（例如某位客人被蛋糕砸中）比细节（例如某位客人将球作为生日礼物）更容易被记住。大部分一年级与三年级儿童以及一小部分学龄前儿童认为，近期发生的事件（与一位未参加聚会的朋友玩耍）会影响儿童记住参加聚会人员的名单。直到三年级，大部分儿童才能认识到记忆会因他人的意见而歪曲，比如家长强调某个朋友参加过聚会（O'Sullivan, Howe, & Marche, 1996）。

记忆术：记忆的策略

增强记忆的技巧被称为**记忆术**（mnemonic strategies）。儿童和成人最常用的记忆

拼字比赛选手能够很好地使用记忆术，即那些辅助记忆的方法，例如复述（重复）、组织和精细加工。

表 9-3　四种常见的记忆策略

策　略	定　义	在童年中期的发展	事　例
外部记忆辅助物	借助外界事物来提示	5~6 岁的儿童能够做到，但 8 岁后才更多地使用此类策略	戴娜为自己今天要做的事情列了一张清单
复述	有意识的重复	6 岁可以学会使用，7 岁能够自发使用	伊恩一遍又一遍地拼写单词字母直到他记住
组织	根据类别分组	10 岁以前的大部分儿童不会使用，但能通过学习掌握	路易斯在回忆他在动物园见过的动物时，首先想的是哺乳动物，然后是爬行动物、两栖动物、鱼类、鸟类
精细加工	将所记项目与想象的场景或故事等其他事物相联系	年长的儿童更有可能自发使用此类策略，并在使用自己构建的联系时记忆更佳；年幼的儿童在使用他人帮助构建的联系时记忆更佳	尤兰达在记忆五线谱（E, G, B, D, F）时，将它们与句子“Every good boy does fine”相联系

术是使用外部记忆辅助手段，另一些常见的记忆策略还有复述、组织和精细加工。

写下电话号码、列出清单、设置闹钟提醒、把要归还图书馆的书放在门口等都是**外部记忆辅助手段**（external memory aids）的例子：通过外界事物来促进记忆。在看到电话号码后，为了拨号时不会忘记，一遍又一遍地默念或有意识地重复，这是**复述**（rehearsal）或有意重复的一种形式。**组织**（organization）是在头脑将信息进行归类（例如动物、家具、交通工具、服装等）以使其便于记忆。在**精细加工**（elaboration）中，儿童将记忆条目与想象的场景或故事等其他事物相联系。例如，为了记住要买柠檬、番茄酱和餐巾纸，儿童可以想象一幅画面：一瓶番茄酱放在一个柠檬上，手里拿着一叠餐巾纸擦拭着洒出的番茄酱。

随着年龄的增长，儿童发展出更好的记忆策略，不仅使用策略的效率有所提高，还能根据特定的需求进行变通（Biorklund, 1997; 见表 9-3）。当掌握一种策略后，年长的儿童更容易将其迁移不同的情境中（Flavell et al., 2002）。儿童通常在一种任务中使用多种记忆策略，并选择不同的策略解决不同的问题（Coyle & Bjorklund, 1997）。

选择性注意

学龄期儿童比年幼儿童集中注意的时间更长，并且更能关注他们需要的信息，从而不受无关信息的干扰。例如，他们在读到某个单词时，能够排除不适合语境的含义，从而给出恰当的解释。与一年级的学生相比，五年级的学生能够重返工作记忆，

学习检查站

你能否……

✓ 说出四种常见的记忆术以及使用它们的发展差异?

✓ 解释元记忆和选择性注意的重要性?

并把不需要的信息排除在外，避免与其他材料争夺注意资源（Harnishfeger & Pope, 1996）。

这种选择性注意能力的增长与神经系统的成熟有关，并且也是童年中期儿童记忆力提高的原因之一（Bjorklund & Harnishfeger, 1990; Harnishfeger & Bjorklund, 1993）。年长儿童比年幼儿童在回忆任务中的失误更少，这是因为他们能更好地选择哪些内容需要记忆，哪些内容可以遗忘（Lorsbach & Reimer, 1997）。

心理测量学的观点：智力评估

学习指路标

5. 如何能准确地测量学龄期儿童的智力?

既可以团体施测（例如对整个班级），也可以单独施测来测量学龄期儿童的智力。其中最常见的一项团体测验是**欧提斯—列农学业能力测试**（Otis-Lennon School Ability Test），它适用于从幼儿园至高中各个年龄段的团体。该测验要求儿童对项目进行分类、展示对词汇和数字概念的理解、抓住主要信息、根据指示完成任务。言语理解、言语推理、图形推理、数字推理、数量关系推理等分测验可以单独计算得分，用于评判儿童各种能力的高低。

应用最广泛的个体测验是**韦氏儿童智力量表**（Wechsler Intelligence Scale for Children, WISC-III）。该量表可用于测量 6~16 岁儿童的言语和操作能力，两项能力既可以单独计分，也可以合成总分。另一项常用的个体测验是**斯坦福—比奈智力量表**（Stanford-Binet Intelligence Scale），具体内容可回顾第 7 章的有关内容。儿童在以上任意一种测验中的得分均是与标准化常模比较得出的，标准化常模是指来自同年龄儿童代表性的大样本得分的标准。

关于智商的争论

智力测验的使用一直存在争议。从积极方面来看，由于智力测验已经被标准化，并被广泛使用，可以获得足够的信度和效度（参见第 2 章）信息。与学龄前儿童的智商相比，童年中期儿童的智商得分可以更好地预测儿童的学业成绩，尤其是那些言语得分高的儿童。有研究甚至发现，儿童 11 岁时的智商得分能够预测其寿命的长短、晚年的功能独立性以及患老年痴呆的可能性（Starr, Deary, Lemmon, & Whalley, 2000; Whalley & Deary, 2001; Whalley et al., 2003）。

智力测验是否真得有效？批评者认为，智力测验低估了某些患有疾病的儿童的智力（Sternberg, 2004），或由于某些原因未很好完成测验任务的儿童的智力（Anastasi, 1988; Ceci, 1991）。由于测试有时间限制，它将智力等同于速度，对慢而细心的儿童来说有失公平。将这些测验用于诊断学习能力的适用性也遭到了质疑（Benson, 2003）。

另一种更根本性的质疑是，智力测验并不是直接测量儿童与生俱来的能力，相反，它是从儿童已有的知识来推断智力。但我们知道，研究者几乎不可能设计出一份不受以前知识影响的测验（Sternberg, 2004）。另外，测验的效标是儿童的成就，例如学习成绩，而这些又往往受到学校教育和文化的影响。智力究竟是单一的、一般性的能力，还是存在一些无法通过智力测验测得的其他能力，对此人们也有许多争议。由于各种原因，研究者对这些测验能在多大程度上测量出儿童的智力仍持有许多分歧。

学校教育的影响

学校教育能够提高智力（Ceci & Williams, 1997; Neisser et al., 1996）。那些入学较晚的儿童（例如师资短缺的南非地区的儿童以及纳粹统治期的荷兰儿童等）每推迟一年上学，智商会落后 6 分，其中有些差距可能永远也无法弥补（Ceci & Williams, 1997）。智力测验分数在假期也会下降（Ceci & Williams, 1997）。一项对 1 500 名全美儿童的研究发现，语言、空间和概念等方面的得分在 10 月至次年 4 月间的增长，远远高于同一年 4 月至 10 月间的增长。因为前者是较为连续的学习时段，后者则包含了暑假和一学年的开学和期末（Huttenlocher, Levine, & Vevea, 1988）。

种族和文化的影响　不同种族或民族群体间的智力平均分存在差异，这可能预示着智力测验对少数民族来说有失公平。虽然某些非裔美国儿童的得分高于大部分白人，但以平均分数来看，历史上黑人儿童比白人儿童低 15 分，在学习成绩上也显著落后于白人儿童。西班牙裔儿童的平均智商处于黑人与白人儿童的中间水平，他们的得分也同样能够预测其学习成绩。虽然亚裔美国儿童在学习成绩上往往高于其他种族的儿童，但他们的智商并未显著高于其他儿童，这也体现了智力测验预测力的局限性（Neisser et al., 1996）。接下来，我们将会看到，文化因素最能解释亚裔美国儿童在学习成绩上的优异表现。

如何解释不同种族的智商差异？虽然有证据表明，在某个群体中基因能够影响智力的个体差异，但在不同种族、文化或民族间，并没有关于遗传方面的直接证据（Neisser et al., 1996; Sternberg et al., 2005）。许多研究者将种族间的智力差异归结于环境的不同——收入、营养、生活环境、健康水平、父母教养、早期照料、智力开发、学校教育、文化，或其他诸如压迫、歧视等能够影响自尊、动机和学习成绩的环境因素（Nisbett, 2005）。环境差异会影响上学的准备（Rouse et al., 2005），从而影响测得的智力和学习成绩。

基因的影响力也会因社会经济水平的不同而表现出差异。一项研究从出生开始追踪了 319 对双生子。结果表明，贫困家庭中七岁儿童的智商几乎不受基因的影响，影响主要来自环境；对来自富裕家庭的儿童来说，情况与此相反。换句话说，基因的影响在优越的环境中更为突出（Turkheimer, Haley, Waldron, D’Onofrio, & Gottesman, 2003）。当生活环境和教育机会改善后，黑人儿童与白人儿童在智商和成绩上的差距似乎缩小了。虽然社会经济水平与智商高度相关，但它并不能完全解释智商的种族间差异（Neisser et al., 1996; Suzuki & Valencia, 1997）。

一些批评家将智商的种族差异归因于**文化偏见**（culture bias）：对某些文化群体而言，他们更加熟悉测验所用的词汇、回答问题所需要的信息或技能（Sternburg, 1985a, 1987）。这些批评家认为，智力测验建立在白人所主导的思维方式和语言基础上，使少数民族的儿童处于劣势（Heath, 1989; Helms, 1992）。文化偏见也会影响测试过程，例如，一个儿童若来自强调群体与合作的文化，单独施测很可能会阻碍他的发挥（Kottak, 1994）。虽然文化偏见可能会影响一部分儿童的表现，但对照研究显示，它并不是影响群体间智商总差异的主要因素（Neisser et al., 1996）。

测验编制者试图通过建构迷津、物体拼插、填图等不需要使用语言的任务来设计出**不受文化影响**（culture-free）的测验，即测验不包含与文化相关的内容。但是，这样仍然不能完全消除文化的影响。编制者发现，要编制出符合不同文化群体共同经验的**文化公平**（culture-fair）测验，几乎是不可能的。

斯滕伯格（Robert Sternburg, 2004）认为，智力与文化紧密相连。在某种文化中被视为聪明的行为，在另一种文化中可能被认为是愚蠢的。例如在进行分类时，北美人倾向于将"robin"（知更鸟）归入鸟类，而南非的格贝列人则将"robin"归为一种功能（会飞的物体）（Cole, 1998）。因此，基于某种文化背景下开发的智力测验可能无法在其他文化中具有相等的效度。此外，某种文化下的学校教育可能会促进儿童某方面的能力，而其他文化下的学校教育则无法做到这一点，并且学校所教和所考核的能力并非是在日常生活中取得成功的必备技能（Sternburg, 2004）。

学习检查站

你能否……

- ✓ 说出并描述两种适用于学龄儿童的传统智力测验?
- ✓ 阐述赞成和反对智力测验的观点?
- ✓ 评价已有的关于不同民族和文化团体的智力测验分数差异的解释?

斯滕伯格（Sternburg, 2004）将成功智力定义为，在特定社会和文化背景下获得成功所需要的技能和知识。他认为，智力背后的心理过程也许具有跨文化的一致性，但它们的表现形式可能不同，测评方法也可能不同。斯滕伯格建议编制一些**文化相关**（culture-relevant）测验，即采用适合于不同文化背景下的儿童的测试任务。

智力不止一种

对智力测验最主要的批判是，它们考查的几乎全部是学校中强调的能力，并没有测量智力行为的其他重要方面，例如常识、社会技能、创造性的洞察力和自我认知等。这类能力在一些中等成绩的学生身上十分突出。在以后的生活中，这些能力与学业能力变得同样或更重要（Gadener, 1993; Sternburg, 1985a, 1987, 2004），而且，这些能力甚至被认为是智力的不同形式。持这种观点的主要人物有斯滕伯格和加德纳。

斯滕伯格的智力三元理论 斯滕伯格（Sternburg, 1985a, 2004）的**智力三元理论**（triarchic theory of intelligence）强调智力的三个方面：成分、经验和情境。

- **成分元素**（componential element）指智力中的分析能力。它决定了人们加工信息的有效性，它告诉人们如何解决问题、如何监控情境以及如何评估结果。
- **经验元素**（experiential element）是指智力的洞察力和创造性。它决定了人们如何解决新奇或熟悉的任务，它帮助人们将新知识与已有知识以新的形式整合在一起，从而独创性地进行思考。
- **情境元素**（contextual element）是指智力中的实践能力。它决定了人们如何应对环境，它要求人们能够根据情境决定如何行动：适应、改变或是回避。

根据斯滕伯格的观点，每个人都或多或少具备这三种能力。一个人可能擅长某一方面、某两方面或所有方面。传统的智力测验测量的主要是成分智力。这是西方社会的大部分学校所要求的能力，因此它能很好地预测学习成绩，这一点不足为奇。斯滕伯格认为，可能由于这些测验不能有效地测量经验（洞察力或创造性）智力和情境（实践）智力，因而，它们不能有效预测人们从学校毕业步入社会后所取得的成就。在对尤森格（Usenge）地区、肯尼亚和阿拉斯加西南部说尤比克语言的爱斯基摩儿童进行的研究表明，儿童与实践相关的**内隐知识**（tacit knowledge），如采草药、打猎、捕鱼、种植等，并非通过外部教学，而是通过逐渐积累的信息来获得的。它们与传统的智力测验之间无显著相关（Grigorenko et al., in press; Sternburg, 2004; Sternburg et al., 2001）。

斯滕伯格的三元能力测验（Sternberg Triarchic Abilities Test, STAT, 1993）试图测量智力的三个方面——分析、创造和实践，该测验通过采用多项选择和作文题来测量人们在词汇、数量、形（或空间）等方面的能力。例如，其中的实践—数量智力测验要求儿童解决日常数学问题，如购买球赛的门票或按照配方制作饼干；其中的创造—词汇智力测验要求儿童解决演绎推理问题，这种问题是以事实错误为前提开始的（例如“钱从树上掉下来”）；其中的分析—图形智力测验要求儿童识别图形中的缺失部分。

这一测验与其他关于批判性、创造性和实际问题解决的测验之间具有相关关系，并得到了初步验证。正如预测的一样，三种智力要素之间相关较弱（Sternberg, 1997; Sternberg & Clinkenbeard, 1995）。

加德纳的多元智力理论　善于分析和类推比喻的儿童比能够演奏高难度小提琴曲、或能够组装衣柜或设计团队项目、或能踢出弧线球的儿童更聪明吗？根据加德纳的（Gardner, 1993）**多元智力理论**（theory of multiple intelligences），答案是否定的。

根据霍华德·加德纳的观点，音乐智力包括知觉和创造音调与节奏的能力，属于智力中许多独立类型中的一种。

表 9–4 加德纳提出的八项智力

智力	定 义	应用领域或职业
言语	使用、理解词汇和意义细微之处的能力	作家、编辑、翻译
逻辑 – 数理	处理数字和解决逻辑问题的能力	科学、商业、医药
空间	在环境中寻路和判断方位的能力	建筑、木工、城市规划
音乐	感知和创作音高、节奏模式的能力	作曲家、指挥家
身体运动	精细运动的能力	舞蹈、体操、外科医生
人际交往	理解并与他人沟通的能力	教育家、演员、政治家
内省	理解自己的能力	咨询师、精神分析行业、精神领袖人物
自然智力	区分物种和属性的能力	狩猎、捕鱼、农耕、园艺业、厨师

资料来源：Based on Gardner, 1993, 1998.

加德纳是哈佛大学著名的神经心理学家和教育研究者，开创性地识别了七种独特的智力类型。根据加德纳的观点，传统智力测验只包含三种“智力”：言语智力、逻辑 – 数理智力和空间智力。其他四种在智力分数中没有反映出来的智力是：音乐智力、身体运动智力、内省智力和人际交往智力。近期，加德纳（Gardner, 1998）又增加了第八种智力，即自然智力（表 9-4 给出了每种智力的定义和该领域常见的范例）。

在某一领域高智力的人并不一定在其他领域也高智力。一个人可能在艺术（空间智力）、运动精度（身体运动智力）、社会关系（人际交往智力）或自我理解（内省智力）方面有杰出天赋，但智商却不高。因此，爱因斯坦、诗人布鲁克斯和大提琴家卡尔萨斯在不同的领域是同等聪明的。

我思我秀

- 在斯滕伯格和加德纳所提出的智力类型中，你最擅长哪些?
- 你所接受的教育是否关注了其中的任何一种智力?

加德纳（Gardner, 1995）通过考察每种智力的产物（儿童出色地讲述一个故事、记忆一段旋律或游览陌生地）而非通过标准化测验来直接评估智力。考察空间能力时，实验者可能会在一岁儿童面前藏起物体，要求六岁儿童进行拼图游戏，让青春期前的儿童玩魔方。这样做的目的不是比较个体，而是揭示优势和劣势，以帮助儿童认识自己潜能。当然，相比纸笔测验，这种评估需要更多的时间，也存在更多的观察者偏见。

智力测验的新方向

一些新的诊断和测量工具是在神经学和信息加工理论的基础上产生的。第二版**考夫曼儿童成套评估测验**（Kaufman Assessment Battery for Children, K-ABC- Ⅱ）适用于 3~18 岁儿童的个体测验，可用于评估有不同需求（例如自闭症、听觉损伤、言语障碍）和来自不同文化和语言背景下的儿童的认知能力（Kaufman & Kaufman, 1983, 2003）。该测验中的分测验尽可能采用非语言的方式作为指导语，并且包含有限的文化内容。常模样本所涉及的种族、性别、社会经济地位、地域和受教育水平较好地符合 2001 年的美国人口普查数据。KABC- Ⅱ提供了基于两种不同理论模型的可选解释指标：一种只集中于心理加工能力，另一种包含记忆、视觉加工、推理和已获得的知识。这些是针对言语技能有限的儿童的非言语指标。

动态测验基于维果斯基的理论，强调潜在的成就而非当前成就。与传统"静态"测验测量儿童的现有能力相比，这些测验通过直接测查学习过程而非学习成果来捕捉智力的动态本质（Sternberg, 2004）。实验者通过提出引导性问题、提供范例或表述以及提供反馈，以便在必要时帮助儿童。因此，该测验本身是一种学习情境。儿童能独立回答的项目与儿童在帮助下回答的项目之间的差值即为儿童的最近发展区。

我思我秀

- 假如你是一名教师，你了解某个学生的智商或最近发展区吗？

维果斯基以两名心理年龄（基于多项认知任务上的能力）均为七岁的儿童为例（Vygotsby, 1995）。仅使用描述作为帮助，娜塔莎能轻易地解决心理年龄为九岁的儿童才能解决的问题，超越了她现有的心理年龄；而在相同的帮助下，伊娃只能到达七岁半儿童的水平。如果我们只考察她们独自能做什么（如传统 IQ 测验一般），她们的智力看起来是相同的；但如果我们用最近发展区来测查她们，我们就能看到她们的能力倾向是完全不同的。

通过指出儿童准备学习的是什么，动态测验比传统的静态测验能够给教师提供更有帮助的信息，并且有助于设定干预帮助儿童的进程。这对落后的儿童来说非常有效（Grigorinko & Sternburg, 1998; Rutland & Campbell, 1996）。但最近发展区的测量需要做大量的测量工作，并且很难精确地进行测量。

学习检查站

你能否……

- ✓ 比较斯滕伯格和加德纳的智力理论以及两者所提出的独特的能力？
- ✓ 辨别智力测验的多个新方向？
- ✓ 解释动态测验和传统的心理测验的差异？

语言和读写能力

语言能力在童年中期持续发展。学龄期儿童能更好地理解和解释口头和书面用语，并更好地表达自己，让别人易于理解。

学习指路标

6. 学龄期儿童的交流能力和语言能力是如何提高的？

词汇、语法和句法

随着词汇量的增加，儿童用于描述行为的动词越来越准确（如击打、拍击、敲击、重击）。他们认识到某个词语，如"run（跑）"可能不止一种含义，他们能结合情境辨认出该词采用的是何种含义。儿童能使用多个词，并根据特定的用途来选择正确的词汇。"明喻"和"隐喻"是将通常用来特指某一事物的词或短语对比或应用于另一物体的修辞手法。儿童越来越频繁地使用明喻和隐喻（Owens, 1996；Vosniadou, 1987）。对六岁以下的儿童来说，语法是非常复杂的，他们很少使用被动语态（比如

“人行道被清扫”)、含助动词的动词时态(“我已经清扫了人行道”)以及条件从句(“如果芭芭拉在家，她会帮忙清扫人行道”)(C. S. Chomsky, 1969)。

到九岁以后，儿童对句法规则(即如何将词语组织成短语及句子)的理解变得越来越复杂，并且句子结构也变得更为复杂。在童年晚期，儿童会使用更多的从句(如“那个送报纸的男孩在按门铃”)，并且他们把句子的语义效应理解为一个整体的意群，而不是只将词语顺序作为理解句意的信号。然而，直到青少年早期，有些结构，如以“*however*(然而)”和“*although*(尽管)”开头的从句，才变得更普遍(Owen, 1996)。

语用学：关于交流的知识

学龄期语言发展的主要方面是**语用学**(pragmatics)，即将语言实际应用到交流中的知识和能力。* 语用学包括社交和叙事两方面的技能。

高明的谈话者在与不熟悉某一领域的人进行交谈时，会在引入主题前用提问来进行试探。他们能很快地认识到交流中的障碍，并设法将之克服。这类技能存在很大的个体差异，有些七岁儿童比某些成人具有更好的谈话技能(Anderson, Clark, & Mullin, 1994)。而且，这些技能也同时存在性别差异。在一项研究中，120 名来自伦敦中产阶级的 4 年级儿童配对解决数学问题。当男孩和女孩一起工作时，男孩倾向于使用更多的控制性陈述、并较多地进行消极表达，而女孩则采用更为温和的、调停的方式进行言语表达。在与同性别伙伴一起工作时，儿童的交流过程会更具合作性(Leman, Ahmed, & Ozarow, 2005)。

在讲故事时，一年级儿童常常不会虚构故事，他们更可能把故事与个人经历相联系。许多六岁儿童能复述一本简短的书、一部简短的电影或一个电视节目的情节。他们开始描述动作和因果联系。到了二年级，儿童讲的故事更长、更复杂。虚构的故事常常有惯例性的开头和结尾(“从前……”“从此他们幸福地生活在一起”或简单的“到此结束”)。儿童讲故事时使用的词语相对更加多样化，但故事中的角色没有什么成长或变化，且情节不能完全展开。

年长的儿童常常用对背景和角色的介绍信息来“搭建舞台”，且他们能清楚地说明故事中时间和地点的变化。他们建构的情节比年幼儿童的更复杂，但减少了不必要的细节。他们对角色的动机和思想更为关注，并思考如何在情节中解决问题。

读写能力

学会阅读和写作能将儿童从面对面交流的束缚中解放出来，并赋予他们理解和

* 这一部分内容主要来自Owens(1996)。

想象远古时代以及千里之外的人类思想的能力。一旦儿童能将一张纸上的符号转变为一种声音和意义模式时，他们就能发展出更为复杂的策略来理解他们所读的东西，他们也能用书面词汇来表达自己的意见、思想和感受。

阅　读　儿童能用两种方法来辨别书面语。一种方法是**解码**（decoding）：儿童会读出这个词，先把该词从书面语转换为口语，然后再把它从长时记忆中提取出来。为了完成这一过程，儿童必须掌握将书面词汇表和语音进行匹配的语音编码。第二种方法是**基于视觉的提取**（visually based retrieval）：儿童简单浏览一下这个词汇，然后将它提取出来。这两种方法形成了两种关于阅读指令的截然不同的方法。强调解码的传统方法被称为**语音或编码强调法**（phonetic, or code emphasis approach），最近的**全语言教学法**（whole-language approach）则强调视觉提取和对上下文线索的使用。

全语言教学法基于一种信念，即儿童能自然地学会阅读和写作，正如学会理解和使用语言一样。全语言教学法的支持者认为，如果儿童最初是以一种获取信息、表达观点和感受的方式来接触书面语言，而不是把书面用语当成一些靠记忆或训练习得的某种孤立的发音和音节，那么，他们在学习阅读时会更有兴趣，更易理解阅读材料。与严格的、教师为主导的拼音任务不同，全语言教学计划的特征是真实的文字材料和学生为主导的开放性活动。

尽管全语言教学法被广泛使用，却少有研究能提供支持性证据。批评者认为，全语言教学鼓励儿童略读文章、猜测单词含义，而没有力图纠正阅读和拼写错误。许多专家建议折中这两种方法：教会孩子语音技能的同时也教会他们理解文章的策略（National Reading Panel, 2000）。有些儿童可以使用形象化和语音两种策略，对熟悉词汇进行视觉提取，对陌生的词汇进行语音解码，这样他们会成为更好和更灵活的阅读者（Siegler, 1998）。提升理解能力的过程与提升记忆能力的过程相似。随着词汇辨认变得越来越自动化以及工作记忆的容量增加，儿童可以将注意力集中在阅读材料的内容上，并能调整对重点和难点内容的阅读速度和注意力。随着儿童知识储备的增长，他们能更好地对照已有的知识来检查新的信息（Siegler, 1998）。元认知帮助儿童管理监控自己阅读内容的理解，使儿童发展出消除一切障碍的策略，这类策略包括慢读、重读较难篇章、尝试将信息视觉化以及思考例子等等。让学生回忆、概括、对所阅读的内容进行提问，能巩固他们对文章的理解（National Reading Panel, 2000）。

写　作　写作技能的获得与阅读的发展齐头并进。较大的学龄前儿童开始使用单词、数字和符号来表征词汇或部分词汇——音节或音素。通常，他们的拼写与众不同，以致于他们自己都无法阅读（Whitehursts & Lonigan, 1998）。

写作对童年早期的儿童来说是困难的，早期的作文也是短小的。写作与交谈不同，交谈中可提供持续反馈，写作则需要儿童独立判断是否达到了既定目标。儿童也必

我思我秀

- 为什么互动能提高儿童的写作水平？

学习检查站

你能否……

- ✓ 总结童年中期语言技能的提高？
- ✓ 比较阅读教学中的语音法与全语言教学法，并讨论儿童的理解能力是如何提高的？
- ✓ 解释为何写作对幼儿来说难度很大？

须在心中保持大量其他的规则和限制条件：拼写、标点、语法和大写规则以及单词拼写等具体任务（Siegler, 1998）。

在传统的教学过程中，在写作时，教师不鼓励儿童和其他孩子讨论，以免互相干扰。一些以维果斯基关于语言发展的社会互动理论为基础的研究表明，这种做法是错误的。在一项研究中，相比单独学习，四年级儿童配对写故事时会产生更多的解决问题的办法、更多的解释和目标，且所犯的语法及句法错误较少（Daiute, Hartup, Sholl, & Zajac, 1993）。

一些试图提高阅读和写作能力的教学努力似乎取得了预期的效果。美国国家教育进展评估组在 2002 年和 2003 年发现，四年级和八年级儿童中精通阅读和写作的儿童所占比例有很大提高，不过仍不足 1/3（NCES, 2004a）。在国家和国际评估中，女孩在阅读和写作中倾向于比男孩有更出色的表现（Freeman, 2004）。

学习指路标

7. 影响学业成绩的因素有哪些？

在校儿童

学校教育是儿童的一种主要的成长经历，影响着他们发展的各个方面。在学校中，儿童获得知识、技能和社会能力，提升自己的体质和心智，并为成年期的生活做准备。在全球范围内，入学就读的儿童数量比以往任何时候都多。在美国、加拿大、法国、德国、意大利、日本和英国等发达国家，小学教育的普及程度非常高（Sen, Partelow, & Miller, 2005）。但全世界仍有 1.035 亿小学适龄儿童未能上学——其中 57% 为女孩，91 个国家的报告也显示，将近 1/3 的国家中能够读到小学五年级的人数比例不足 75%（UNESCO, 2004）。

一般来讲，活跃的儿童在校表现良好。

早期的学校教育经验是个体未来成功与否的关键。我们先了解一年级儿童的学习经历及其对学业成就的影响，然后，我们将探讨学校如何教育母语为非英语的儿童、学习障碍儿童和天才儿童。

升入一年级

时至今日，美国近 3/4 的幼儿虽然上过幼儿园（NCES, 2004a），但他们在升入一年级时仍然常常夹杂着一种渴望和焦虑的复杂心情。进入“正规”学校的第一天是一个里程碑，它标志着小学生活从此开始。

为了最大程度地取得学业上的进步，儿童必须紧跟班级的进度。一年级儿童对学习的体验越好，就会越积极地投入到学习中；

儿童学得越刻苦，他们的自信心就会越高（Valeski & Stipek, 2001）。学习兴趣、注意力和积极参与性与成就测验的得分呈正相关，甚至与一至四年级教师的评价也呈正相关（K. L. Alexander, Entwisle, & Dauber, 1993）。

课外活动同样重要。一项大型的纵向研究发现，在幼儿园和一年级期间坚持参加有组织的运动、音乐和舞蹈课程或俱乐部活动的儿童，一年级期末时，他们在参加阅读和数学相关技能的标准化测验中取得了更好的成绩（NICHD Early Childhood Research Network, 2004a）。

学习检查站
你能否……
✓ 鉴别影响一年级学业成绩的因素？

影响学业成绩的因素

根据布朗芬布伦纳的生物生态学理论，除了儿童本身的特质外，他们生活的每个层级的环境，从家庭到班级发生的事件，再到儿童从同伴和到更大的文化环境中接收的信息，都将影响他们的在校表现。

儿童：自我效能感和性别 根据班杜拉的社会认知理论（Bandra, Barbaranelli, Caprara, & Pastorelli, 1996; Zimmerman, Bandura, & Martinez-Pons, 1992），与不自信的儿童相比，那些高*自我效能感*的儿童相信自己能掌握功课和调整自己的学习，他们更有可能努力学习，并获得成功。如本章的焦点人物中提到的，正是安·班克罗夫特的自我效能感帮助她克服了学习障碍并最终毕业。

女生的在校表现似乎优于男生。她们留级的可能性较低，问题行为较少，并且在阅读和写作方面的成绩也优于男生。在数学和科学等课程上，女生的成绩也与男生同样优秀，只不过男生似乎更喜欢这些科目而已（Freeman, 2004）。

家庭教育实践 高分儿童的父母往往为孩子创造了良好的学习环境。他们为儿童提供学习和阅读的场所，保证儿童按时就餐、睡眠和写作业，控制他们看电视的时间，监督他们的课余时间，通过与孩子谈论校园轶事、参加学校活动等形式积极关注他们的生活。那些父母关注其学习的儿童在学校有更好的表现（Hill & Taylor, 2004）。

家长对家庭作业的态度似乎会潜移默化地影响儿童。父母不需要通过奖赏或威胁等手段来促使一个积极学习的儿童完成作业。

父母如何激励孩子做得更好？一些父母采用外在（外部）手段，即当孩子获得好成绩时给予物质奖励，在成绩不好时惩罚他们。还有一些人通过表扬孩子的能力或努力，鼓励孩子发展内在（内部）动机。内在动机似乎更有效。一项由 77 名小学三年级和四年级儿童参与的研究发现，对学习本身感兴趣的儿童比主要寻求高分或父母奖赏的儿童学习更好（Miserrandino, 1996）。

教养方式可能影响学习动机。在一项研究中，成绩最好的五年级学生的父母是权威型家长。这些儿童有很强的求知欲，热爱学习。他们喜欢挑战，并乐于自己解决问题。专制型的父母在孩子做作业时陪读，对孩子密切监督，依靠外在动机激励孩子，往往这类孩子的学业成绩较低。放任型的父母不关注、也不在乎自己孩子的在校表现，孩子的学业成绩同样也较低（G. S. Ginsburg & Bronstein, 1993）。

社会经济地位 社会经济地位是影响教育成绩的强有力的因子，这种影响不是指其本身的直接影响，而是指它通过家庭氛围、邻居选择、家庭教育实践等因素所产生的间接影响（Evans, 2004; National Research Council, 1993a; Rouse et al., 2005）。贫穷家庭的儿童往往拥有比较差的学校氛围、经历较多的压力事件、家庭环境也较为混乱和不稳定（Evans, 2004; Felner et al., 1995）。社会经济地位可以影响父母为孩子提供良好学习环境的能力（G. H. Brody, Stoneman, & Flor, 1995; G. H. Brody, Flor, & Gibson, 1999; Rouse et al., 2005）。一项对 1998 年入园儿童的全美研究发现（参见第 7 章），优等生和差等生的差距在入学后四年间有所扩大（Rathbun, West, & Germino-Hausken, 2004）。

社会经济地位不是影响学业成绩的唯一因素。一项纵向研究发现，那些在 8 岁时其家庭提供的环境刺激更丰富的儿童，在他们 9 岁、10 岁和 13 岁时表现出更强烈的内在学习动机。这比社会经济地位的影响力更大（Gottfried, Fleming, & Gottfried, 1998）。

为什么某些来自较差的家庭环境和领里环境的儿童有良好的在校表现，并能够改善自己的生活条件？导致这些差异存在的一个因素是**社会资本**（social capital）：儿童和家庭所能利用的社交资源网（J. S. Coleman, 1998）。一项为期三年的反贫困干预研究为贫困家长提供用于儿童抚养和健康保险的补助和津贴，结果表明，与未参与该项目的控制组家庭相比，参与家庭的儿童的学业成绩和在校行为都得到了改善（Huston et al., 2001）。当母亲的工作收入能够提供一种较好的环境时，低收入家庭的孩子，不论男女，似乎均能从中获得学业上的收益（Chase-Lansdale et al., 2003; Goldberg, Greenberger, & Nagel, 1996; Vandell & Ramanan, 1992）。

> **学习检查站**
> 你能否……
> ✓ 说明自我效能感和家庭教养实践如何影响儿童的学业成绩吗？
> ✓ 讨论社会经济状况对儿童学业成绩的影响？

教育系统 学校如何能最大程度地促进学生的发展？20 世纪以来，教育学家们对这一问题一直争论不休。伴随着系列历史事件，教育学家们在教育理论和教育实践中摇摆不定——从“3R”法（阅读、写作、算数，reading, ‘riting, and ‘rithmetic）到关注儿童兴趣的“儿童中心”法，再到美、日、俄三国儿童在标准化测验中的比较，美国儿童落后而最终回归“基础”。在 20 世纪 80 年代，美国政府和教育界提出了一

实战演说

专栏9-2

关于家庭作业的争论

在美国历史上，家庭作业地位的起落反映了美国教育理念的变化（Cooper, 1989; Gill & Schlossman, 1996）。在19世纪，心智被认为是一块肌肉，可以通过家庭作业得到锻炼。但家庭作业的反对派则认为，“开夜车”写作业会损害儿童的身体和情绪健康，并影响家庭生活。到了20世纪40年代，“先进的”以儿童为中心的教育开始流行，家庭作业备受冷落。美国许多州和学校直接废除了家庭作业（Gill & Schlossman, 1996）。20世纪50年代，苏联人造卫星的成功发射唤起了美国人对自然科学和数学教育的渴求。20世纪80年代早期，来自日本的竞争威胁同样引起了美国人的焦虑，“作业再多一些！”成了旨在提升美国教育水平的各种竞选口号（Copper, 1989）。

家庭作业的赞成派认为，作业可以训练儿童的心智、培养良好的学习习惯、增强毅力、学习课堂外的知识。家庭作业是家庭和学校间的桥梁，提升了家长对孩子教育的投入程度。反对派则认为，过多的家庭作业导致学生厌学、焦虑或挫败；为儿童带来了不必要的压力；削弱了学生的内部动机；侵占了其他有价值的活动时间。他们认为，如果家长仅凭直觉或使用与学校相冲突的教学方法，他们的“帮助”将会适得其反（Cooper, 1989）。一些批评者（Kralovec & Buell, 2000）建议再次废除家庭作业，至少在年幼儿童中需要这么做。

有研究支持了一种折中的观点，认为家庭作业虽然能够提高学习成绩，但也需要付出代价（Larson & Verma, 1999）。一篇对120项研究进行的综述发现，虽然家庭作业对高中生有很大帮助，但对初中生的帮助效果一般；与学校课堂教学相比，家庭作业对小学生几乎没有帮助。当家庭作业的内容是儿童相对熟悉，知识点的分布不是过度混乱，需要家长参与的程度最小时，家庭作业的效果似乎最佳。

花更多时间做作业的初中生和高中生的成绩更好（Cooper et al., 1998; Cooper, Valentine, Nye, & Lindsay, 1999），但这一结论并不适用于小学生群体。一项对709名小学低年级到12年级学生的调查发现，大约1/3的低年级学生表示，他们常常完不成作业。甚至在高年级学生中，当完成作业需要花费较长时间时，学生倾向于不完成作业（Cooper et al., 1998）。

探究式的家庭作业在小学每周约1~3次，每次大约需要花费15分钟；到了10~12年级，这类作业增加到每周4~5次，每次耗时75~120分钟。教师对作业并不进行打分，主要通过它来诊断学生的学习问题（Cooper, 1989）。

因此，在适度以及符合学生的发展水平的情况下，家庭作业有其价值。对低年级学生来说，它有助于培养良好的学习习惯，让儿童懂得学习既可以在学校，也可以在家里进行。在初中阶段，强制与自主相结合的家庭作业可以让学生树立学习目标，激发他们追寻自己感兴趣的课题。到了高中阶段，家庭作业可以为实践、复习和整合在校习得的知识提供机会（Cooper, 1989）。

我思我秀

你认为适合各年龄段儿童的家庭作业的数量分别是多少？

课外链接

若想获得此话题的更多信息，请登录网站http://nces.ed.gov。这是美国国家教育统计中心的网站。

系列改革计划，包括增加家庭作业（见专栏9-2）、延长在校时间和学习年限，再到包括整个学校和课程改革。

2001年，美国国会开展了“无后进生行动”（No Child Left Behind, NCLB）。这场席卷美国教育界的改革强调问学校责制、父母的选择和扩大当地政府的自主权和灵活性。该行动的目的是集中联邦基金用于支持以研究为基础的教育项目和实践，尤其是那些与阅读和数学相关的研究。三年级到八年级的学生每年都接受测试，以检验他们是否取得全国平均水平的进步。在校学生如果没有达到全国的平均标准，可以选择转校。美国教育协会（National Education Association, NEA）的批评者认为，“无后进生行动”对那些失败学校的惩罚多于援助；通常下达许多僵化且缺乏资金支持的任务指令，而不是实践性的支持；注重标准化的测验，而非教师引导、以课堂为中心的解决方案。美国五十多个教育组织、民权、儿童和公民组织呼吁对“无后进生行动”进行实质性的改革，美国教育协会则起诉布什政府未能对现用以支付行动的经费。

2003 年，美国四年级和八年级的学生在数学与科学课程上的分数超过了国际平均水平。与 20 世纪 90 年代的同级生相比，八年级学生的分数显著提高，但四年级学生的分数则没有显著提高。然而，白人与黑人学生之间的成绩差距在两个年级均有缩小（Gonzales et al., 2004）。并且，在国际读写能力测试中，美国四年级学生的成绩高于除英国之外的其余六个工业化国家的同级生（Sen, Patelow, & Miller, 2005）。*

学校环境 在舒适、健康的环境中，儿童学得更好，教师也教得更好。适当的空气质量、温度、湿度、光线和声音可以提高学生的成绩。但是，在美国许多老学校中，教学设施并不达标。学校的规模也会对学生学习产生影响，三四百人的小学和不多于一千人的中学通常比较适宜，学生在这类学校中通常学习效果最好（Schneider, 2002）。

大部分教育者将班级规模视为关键的影响因素，尤其对低年级学生来说。不同的研究者对此存在不同的看法（Schneider, 2002）。一项由 11 600 名幼儿园和田纳西州公立小学儿童参与的纵向研究发现，从幼儿园到三年级进行每班 15 人左右的随机分班（相对于正常班级的 22 名而言）对儿童的学业持续有益（Krueger, 2003; Krueger &Whitmore, 2000）。通常，实际中“小班”的规模还要大。通过对 890 名一年级学生的课堂观察发现，25 个人以下的班级学生互动性更强（但破坏性行为稍多一些），能接受更高质量的工具性和情感性支持。这些班级的学生在标准化成就测验和阅读技巧测试中的得分更高。在大班额中，学生把更多的时间花费在结构化的、教师引导的团队活动上，但接受到的工具性支持更少，被教师评定为适应性不强（NICHD Early Childhood Research Network, 2004b）。

当前的教育创新 1996 年，当芝加哥公立学校结束**自动升级**（social promotion）时，许多人为此雀跃欢呼。这项实践不管儿童是否达到学业标准，均促使他们与同龄人一起升入高一年级。但也有人提醒说，虽然留级有时候可以充当“警钟”的作用，但更多情况下，它是低期望、成绩差和辍学的导火索（J. M. Fields, & Smith, 1998; Lugaila, 2003; McCoy & Reynolds, 1999; McLeskey, Lancaster, & Grizzle, 1995;Temple, Reynolds, & Miedel, 2000）。事实上，芝加哥大学的研究者进行的研究发现，留级制度（修订后的）并没有提高三年级留级生的测验分数，反而降低了六年级留级生的

* 其余国家分别为加拿大、法国、德国、意大利、日本和俄罗斯联邦。

测验成绩，并大大提高了八年级和高中留级生的辍学率（Nagaoka & Roderick, 2004; Roderik et al., 2003）。

许多教育者认为解决不及格率的唯一切实可行的方法是，及早识别危险学生，并在他们出现不及格之前进行干预（Bronner, 1999）。在 2000~2001 年间，39% 的美国公立学校为危险学生提供备选的学校和课程、小班教学、补课、心理咨询以及危机干预（NCES, 2003）。暑期补习可能是比较有效的一种早期干预。在一项研究中，暑期来参加阅读和写作指导课程的一年级学生，其成绩比起那些未参加课程的同级学生要高（75% vs. 64%）（Borman, Boulay, Kaplan, Rachuba & Hewes, 1999）。

对公立学校不满或是寻求独特教育风格的一些家长会选择特许学校或家庭教学。特许学校比正规的公立学校规模小，有独特的理念、氛围、结构或组织风格。虽然，通常家长对特许学校比较满意，但它们的教学成果如何还存在争议（Bulkley & Fisler, 2002; Center for Education Reform, 2004; Detrich, Phillips, & Durett, 2002; National Assessment of Educational Progress, 2004; Schemo, 2004）。

在全美国的 50 个州中，家庭教学都是合法的。2003 年，大约 110 万学生（占学龄人数的 2.2%）接受过家庭教学，其中 4/5 是全日制的，完全接受家庭教学的儿童所占的比例比 1999 年增长了 29%。一项由美国政府资助的全国取样调查表明，父母为孩子选择家庭教学的主要原因是，担心学校的学习环境太差，以及希望给孩子提供宗教和道德方面的指导（Princiotta, Bielick, & Chapman, 2004）。

学习检查站
你能否……
- ✓ 评估学校环境对儿童成绩的影响?
- ✓ 讨论美国教育理论和实践的变化和改革?

计算机和互联网的使用　在过去的十年间，儿童对计算机和互联网的使用率大大提高。大约 3/4 的美国儿童和青少年在家使用计算机和互联网（Juster et al., 2004）。截至 2002 年，99% 的美国公立学校普及了互联网，92% 的学校将互联网接入教室（Kleiner & Lewis, 2003）。8~10 岁的儿童中，90% 的人会使用计算机，并且超过 50% 的人使用互联网来完成作业、接收邮件或玩游戏。但是，黑人和西班牙裔儿童比白人儿童、贫困家庭的儿童比富裕家庭的儿童更少使用计算机和互联网（DeBell & Chapman, 2003）。

操作计算机和使用互联网的能力为个性化学习、全球化交流和独立研究技能的早期训练提供了新的可能性。然而，这一工具也具有潜在的危险。首先，使儿童暴露在有害和不适宜内容的危险中。其次，学生需要学会评估来自网络的信息是否重要，学会区分事实与观念和广告的区别（J. Lee, 1998）。最后，对“视觉文化”的关注可能会占用学校其他课程的财政资源。

文　化　在美国，公立学校中的少数民族学生群体正在壮大，2000 年，少数民族学生人数占学生总数的 39%，比 1972 年增长了 17%（Llagas & Snyder, 2003）。某些少数民族学生，尤其是东亚后裔，他们在学校的表现往往特别优异。他们原属国文化的影响可能起到了关键作用。

东亚文化在促进教育成功方面存在共同的价值取向（Chao, 1994）。中国和

东亚儿童的在校成绩常常优于美国儿童的成绩。原因似乎与文化有关，而非遗传。

日本的母亲将学习成绩作为孩子最重要的追求目标（H. W. Stevenson, 1995; H. W. Stevenson, Chen, & Lee, 1993; H. W. Stevenson, Lee, Chen, & Lummis, 1990; H. W. Stevenson, Lee, Chen, Stigler et al., 1990）。在课余时间，美国学生参加社交、运动和其他活动，而亚裔学生则几乎全身心地投入到学习中（Fuligni & Stevenson, 1995; H. W. Stevenson, 1995; H. W. Stevenson et al., 1993）。

许多亚裔美国家庭将教育视为最佳的向上发展的途径（Chao, 1996; Sue & Okazaki, 1990）。孩子的学业成就是他们养育子女的主要目标（Chao, 1994, 1996; Huntsinger & Jose, 1995）。当然，由于亚裔美国儿童在美国的文化中成长，并不断吸收这种文化，他们对学习的态度已经有所改变（C. Chen & Stevenson, 1995; Huntsinger et al., 1998）。

学习检查站

你能否……

- ✓ 解释东亚儿童学业优异的原因？
- ✓ 辨别在课堂中强调文化差异的不同方式？

与亚裔美国儿童不同，一些与美国主流文化价值观差异较大的文化中的少数民族儿童在学校表现中处于劣势（Helms, 1992; Tharp, 1989）。“卡米哈米哈”早教计划（Kamehameha Early Education Program, KEEP）制定适合于不同文化的教育方案并将其应用于不同的文化模式中，例如让儿童进行小团体协作，培训教师来适应不同文化的语言与学习风格（Tharp, 1989）。

学习指路标

8. 学校如何满足母语为非英语的儿童以及有学习障碍的儿童的需求？

第二语言的教育

2000 年，18% 的美国人在家使用非英语的语言，300 万儿童需要专门学习英语，占美国公立学校学生人数的 7%（National Center for Education Statistics, 2004b）。母语是西班牙语的儿童越来越多。

一些学校采用**全英语教学**（English-immersion）法，从开始上学就让少数民族学生沉浸在英语环境中。另一些学校采用**双语教学**（bilingual education）法，让儿童接受两种语言的教学，儿童先与同语种的儿童一起使用本民族的语言学习，当他们的英语较为熟练后，再转到正规的用英语授课的班级去。这种教学法使儿童成为**双语使用者**（bilingual）（熟练使用两种语言），并对他们的文化产生认同。

全英语教学法的支持者认为，儿童越早接触英语、越经常说英语，就越容易学好英语。这种观点的支持证据在于，第二语言的学习效果从幼儿到青少年呈下降趋势（Newport, 1991）。双语教学法的支持者认为，儿童在使用母语学习时进步更快，并且在之后能很快适应全英语教学（Padilla et al., 1991）。由于母语为非英语的儿童最初只能理解简单的英语，这样课程效果肯定会被弱化，而且不利于他们之后掌握更复杂的内容（Collier, 1995）。

一项由 7 万名母语为非英语的学生参与的研究为双语教学法提供了强有力的支持，这些学生来自美国五个区，正在学习第二语言高级课程（Colloer, 1995; W. P. Thomas & Colloer, 1997）。研究不仅比较了参与者英语的熟练程度，还比较了他们长期的学习成绩。在小学阶段，教学语言类型的影响不大；但从七年级开始，那些在六年级时还接受双语教学的儿童，成绩赶上甚至超过了母语为英语的同龄人。同时，那些接受传统的全英语教学法的儿童，其成绩开始下降。在高中结束时，那些部分时间接受全英语教学的儿童落后于 80% 的母语为英语的同龄学生。最成功但不常见的第三种方法是：**双向**（two-way）或**双语混合学习**（dual-language learning），让母语为英语和母语为非英语的儿童在一起互相学习彼此的语言（Collier, 1995; W. P. Thomas & Collier, 1997, 1998）。

双语教学法的支持者认为，像这些四年级学生一样，那些使用母语以及英语学习的儿童比单独使用英语学习的儿童进步更快。

学习检查站
你能否……
✓ 描述和评价不同的第二语言教学法?

尽管存在以上的研究结果，但是许多评论家认为，双语教学产生了数百万英语水平较差的儿童，以至于阻碍他们之后的就业。加利福尼亚、亚利桑那和马萨诸塞这三个州的母语为非英语的学生占到了学生总数的一半，这些州经由公民投票确定取消双语教学，采用全英语教学法。1998 年，加利福尼亚州禁止双语教学，其初步成果是显著的。2002 年，科罗拉多州成为第一个投票否决这项倡议的州（ProEnglish, 2002）。

有学习障碍的儿童

教育者对如何教授来自不同文化背景的学生持越来越慎重的态度，同样，他们也开始尽力满足像安·班克罗夫特这类有特殊教育需求的学生的需要。

精神发育迟滞 **精神发育迟滞**（mental retardation）是指认知功能显著低下，其表现为智商在 70 左右或更低，同时伴有适应性行为缺陷（例如交流、社会技能和自我照料），一般出现在 18 岁之前（Kanaya, Scullin, & Ceci, 2003）。美国患有精神发育迟滞的儿童不足 1%（NCHS, 2004; Woodruff et al., 2004）。

由于智力分数（参见第 7 章）有上升的历史发展趋势，因而，鉴别精神发育迟滞的标准便存在问题。为了适应这种趋势，人们开始定期修订智力测验标准（增加难度）。因而，智商处于临界范畴的儿童是否被归为精神发育迟滞，可能取决于其智力分数是施测于引入严格标准之前还是之后（Kanaya, 2003）。

在 30%~50% 的案例中，精神发育迟滞的病因目前尚不清楚。已知的原因包括遗传性疾病、创伤性事故、产前感染或摄入酒精、暴露于含铅和含汞高的环境中（Woodruff et al., 2004）。许多发育迟滞的个案是可以预防的，常见的方式有遗传咨询、产前护理、羊膜穿刺术、新生儿常规筛查和健康护理、母婴营养服务等。

大多数发育迟滞的儿童可以通过学校教育获益。干预方案已帮助了许多轻微或中度发育迟滞的成年人和被认为处于发育迟滞的“边缘人”（IQ 在 70~85 之间）找到工作、在社区生活以及很好地行使社会职责。严重的发育迟滞者因需要长期的看护，常常被送到专门的机构中，例如日间护理中心、弱智人士宿舍以及价格较为低廉和人性化的照料者家政服务。

学习障碍 安·班克罗夫特不是唯一与学习障碍抗争的杰出人士。美国的前副总统尼尔森·洛克菲勒是众多患有**难语症**（dyslexia）的名人之一。难语症是一种阅读能力发展缺陷，患者的阅读成绩显著低于相应智商和年龄群体所具备的水平。同样患有此病的名人还有歌手亨瑞·贝拉方特、演员汤姆·克鲁斯、乌比·戈德堡和雪儿、童话作家安徒生、棒球名人堂成员诺兰·莱恩、电视节目主持人杰·雷诺、电话的发明者亚历山大·格雷厄姆·贝尔、核能之父阿尔伯特·爱因斯坦以及小说家约翰·艾文。

难语症儿童在阅读和写作以及算术方面存在困难，因为他们可能对上下左右产生混淆。难语症可能会造成一种更广泛的语言障碍。

难语症是**学习障碍**（learning disabilities, LDs）中最常见的一种。这种障碍对儿童的听、说、读、写或数学等方面会产生影响，导致儿童的成绩显著低于同年龄段、相同智力水平和接受相同教育的正常儿童的成绩（APA, 1994）。其中数学困难包括难以数数、比较大小、计算和记忆基本算术定理等。每一种困难都涉及不同的障碍。越来越多的儿童患有学习障碍，2002 年，有学习障碍的儿童占到了美国在校人数的 8%，其中 5% 的儿童正接受由美国联邦政府支持的项目的帮助（National Center for Learning Disabilities, 2004b）。

通常，有学习障碍的儿童拥有接近或超过平均水平的智力、正常的视力和听力，但他们似乎在感觉信息的加工方面存在问题。虽然原因尚不明确，但可能包括遗传因素、怀孕或分娩并发症、出生后的创伤（如头部创伤、营养匮乏和铅暴露）等因素（National Center for Learning Disabilities, 2004b）。

有学习障碍的儿童往往比其他儿童的任务导向性差，更容易分心。作为学习者，他们的组织性较差，不擅长使用记忆策略。当然，并非所有在阅读、算术或其他科目上存在困难的学生都属于学习障碍。一些儿童由于受所接受的教学方法不当、焦虑、读不懂或听不懂题目说明、对课程缺乏动机或兴趣以及发育迟缓等因素的影响，会出现暂时的学习困难，但是，这些因素所造成的影响最终会消失（Geary, 1993; Ginsburg, 1997; Roush, 1995）。

大约 4/5 的有学习障碍的儿童属于难语症。难语症被看成一种慢性的、持久的病症，并且具有遗传性（S. E. Shaywitz, 1998, 2003）。它阻碍了儿童口语和书面语能力的发展，可能导致儿童在写作、拼读、语法、言语理解和阅读等方面出现问题（National

Center for Learning Disabilities, 2004a)。难语症在男生中的发病率高于女生(Rutter et al., 2004)。

说英语的儿童患有难语症被认为是语音加工的神经缺陷所致：无法认识到书面的字母所代表的单词由更小的音节构成。这种*语音加工*缺陷提高了对单词编码的难度(Morris et al., 1998; S. E. Shaywitz, 1998, 2003)。脑成像技术揭示了难语症患者与正常人在口语加工过程中所激活的脑区的差异(Breier et al., 2003; Eden et al., 2004; Horwitz, Rumsey, & Donohue, 1998; T. L. Richards et al., 1999; Shaywitz, 2003; Shaywitz et al., 1998)，并发现家族性难语症患者的大脑灰质含量显著减少(Brambati et al., 2004)。许多患有难语症的儿童，甚至是成人，可以通过系统的语音训练学会阅读，但这种加工过程不像多数人那样是自动的(Eden et al., 2004; S. E. Shaywitz, 1998, 2003)。

在不同的文化中，难语症的生物学因素存在差异。脑成像研究表明，在阅读时，中国儿童与说英语的儿童使用不同的脑区，难语症对两种文化下儿童的影响也不同。这并不奇怪，因为中文并不是语音文字，而是象形文字。约有 2%~7% 的中国儿童患有阅读障碍(Sick, Perfetti, Jin, & Tan, 2004)。

注意力缺陷/多动症 **注意力缺陷/多动症**(attention-deficit/hyperactivity disorder, ADHD)是一种慢性症状，常常表现为持续的注意力不集中、分心、冲动、对挫折容忍力低以及在不适当的时间与地点(例如教室内)过度活动(APA, 1994; Woodruff et al., 2004)。被大众熟知的患有注意力缺陷多动症的名人有作曲家约翰·列侬、美国参议员罗伯特·肯尼迪、演员罗宾·威廉姆斯和西尔维斯特·史泰龙。据估计，世界范围内有 2%~11% 的儿童患有注意力缺陷多动症(Zametkin & Ernst, 1999)，美国有 3%~7% 的学龄期儿童受此障碍的困扰(Dey et al., 2004; NCHS, 2004)。男孩的患病率比女孩多 2 倍(Dey et al., 2004; NCHS, 2004)。然而，人们对注意力缺陷多动症的患病率仍然存在争议：某些研究者认为它被低估了(Rowland et al., 2002)，而某些医生则警告说此病可能被过度诊断，导致那些不知如何控制和管理儿童的家长和教师让儿童不必要地过度用药(Elliott, 2000)。

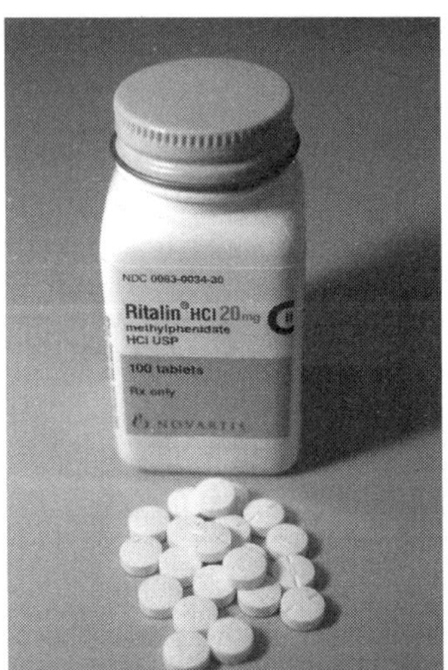

利他林能有效治疗注意力缺陷/多动症(ADHD)，但它的长期副作用目前尚不清楚。一些医生警告说，利他林开出的剂量可能过大，会导致儿童用药过度。

这种障碍可表现为两种不同的症状，但有时这两种症状会相互交叠，使得诊断不那么精确。有的儿童注意力不集中，但并不多动；有的儿童则表现出相反的模式(USDHHS, 1999b)。但在 85% 的案例中，这两种症状是共存的(Barkley, 1998a)。这些特征或多或少地存在于大部分儿童身上，因此，当这些特征出现的频率异常，严重干扰了儿童的学习与日常生活时，我们就应引起的注意(AAP Committee on Children with Disabilities and Committee on Drugs, 1996; Barkley, 1998b; USDHHS, 1999b)。

注意力缺陷多动症有强大的遗传基础，遗传力接近 80%(Acosta, Arcos-

Burgos, & Muenke, 2004; APA, 1994; Barkley, 1998b; Elia, Ambrosini, & Rapoport, 1999; USDHHS, 1999b; Zametkin, 1995; Zametkin & Ernst, 1999）。患有注意力缺陷多动症的儿童，其父母的患病几率是未患该障碍的儿童父母的 24 倍（Chronis et al., 2003）。与注意力缺陷多动症密切相关的一个基因与寻求新异刺激相关。寻求新异刺激这一行为可以帮助人类适应快速变化的环境。这种进化上的优势或许可以解释这种障碍比较普遍的原因（Ding et al., 2002）。分娩并发症，例如早产、母亲孕期吸烟或喝酒、暴露在高含量的铅和多氯联苯中、缺氧等，都可能对儿童造成一定的影响（Barkley, 1998b; Thapar et al., 2003; USDHHS, 1996b; Woodruff et al., 2004）。

患注意力缺陷多动症的儿童，其调节注意和抑制冲动的相关大脑皮层区域明显小于正常儿童（Sowell et al., 2003）。这类儿童往往会忘记职责，在要求他们安静时大声说话，容易受挫和生气，当不知如何解决问题时选择放弃。家长和老师可以通过创设结构化的环境来帮助这些儿童：将任务分解成小的"组块"，频繁地提醒规则和限定时间，每完成一小步就及时给予反馈（Barkley, 1998b）。

冲动和多动的问题通常随年龄的增长而有所改善，但注意力不集中的症状会持续到青少年期（Whalen, Jamner, Henker, Delfino, & Lozano, 2002），并且会导致频繁受伤、学习问题、反社会行为、危险驾车、药物滥用、焦虑或抑郁等问题（Barkley, 1998b; Barkley, Murphy, & Kwasnik, 1996; Elia et al., 1999; McGee, Partridge, Williams, & Silva, 1991; Molina & Pelham, 2003; USDHHS, 1999b; Wender, 1995; Whalen et al., 2002; Zametkin, 1995）。有时，注意缺陷多动症会持续到成年，在世界范围内，约有 4% 的成年人受此影响（Wilens, Faraone, & Biederman, 2004）。

我思我秀

- 药物治疗注意力缺陷多动症的长期副作用尚不明确，但任其发展不予以控制也会带来风险。假如你的孩子患有注意力缺陷多动症，你会怎么做?

通常，注意力缺陷多动症通过药物治疗可以控制，有时也辅以行为治疗、心理咨询、社会技能训练和就读特殊班级。一项为期 14 个月的研究随机抽取了 579 名注意力缺陷多动症的儿童，研究发现，在严格监控下单独使用利他林进行药物治疗或者辅以行为矫正，比单独的行为疗法或规范的社会护理有效（MTA Cooperative Group, 1999）。但是药物治疗方案的显著疗效在之后的 10 个月会有所减弱（MTA Cooperative Group, 2004a）。联合治疗的副作用是儿童的身高和体重增长变缓（MTA Cooperative Group, 2004b），利他林长期的副作用也尚不明确。

这位聋哑女孩在一位特殊老师的辅导下在正常儿童的教室中学习，两人通过手语交流。

残疾儿童的教育问题　在 2000~2001 年，美国公立学校 13.3% 的学生接受了残疾人教育行动组织提供的特殊教育服务。该组织是确保美国所有的残疾儿童享有免费的、适合的公共教育。在这些残疾儿童中，约 45% 的人有听力障碍，17% 的人

学习检查站

你能否……

✓ 描述三种常见的学习障碍的病因和预后?

✓ 讨论美国联邦政府对残疾儿童教育的规定所产生的影响?

有言语或语言缺陷，9.5% 的人属于精神发育迟滞（Synder & Hoffman, 2003）。针对每个儿童的教育方案应该是个性化的，并且需要父母参与。残疾儿童应该在与他们需求相适应的“最少限制的环境”中接受教育，即尽可能地在正常班级中接受教育。

大部分残疾儿童都能接受“随班就读”，全部或部分时间与正常儿童一起学习。一半左右的残疾儿童至少有 80% 的在校时间是在正常班级中度过的（NCES, 2005b）。回归正常班级能够帮助残疾儿童融入社会，让非残疾儿童知道并理解残疾儿童（Kleiner & Farris, 2002）。随班就读的一个潜在问题是，有学习障碍的儿童可能会由于评价标准的不适合他们而留级，这在一些学校中已司空见惯。尽管事实表明，甚至对正常儿童而言，留级也是收效甚微的（McLeskey et al., 1995）。

学习指路标

9. 如何评估和培养天才儿童?

天才儿童

天才很难被定义和识别。教育者对于哪些人是天才，划分的依据以及如何教育这些人持不同的看法。另一个争论是，创造性与艺术才华究竟是两个领域或类型的天赋，还是彼此存在相关。

鉴别天才儿童 天才的传统界定标准是需要具有很高的一般智力，表现为智商高于或等于 130。这种界定往往会排除以下儿童：高创造力的儿童，他们往往由于答案的特异性而导致智商得分较低；少数民族儿童，他们虽然有潜力，但能力没有得到很好的发展；有特殊能力倾向的儿童，他们在某些方面可能表现平平，甚至有学习障碍。因此，美国大部分州采用了一种更广泛的界定标准，将在以下一个或多个方面有潜力或成就的儿童界定为天才：一般智力、特殊能力（如数学或科学）、创造性思维、领导力、艺术才华（如绘画、写作、音乐或表演）和心理运动能力（Cassidy & Hossler, 1992）。现在，许多学校对天才儿童采用多重筛选标准，包括成就测验分数、学习成绩、班级表现、创造力、家长与教师提名，以及对学生进行面试。但是智商仍是一个重要的、甚至是决定性的因素。

定义和测量创造力 **创造力**（creativity）的定义之一是以新视角看待事物的能力——产出前所未有的产品，或识别出别人没有认识到的问题，并找到新的、不寻常的解决方法。高创造力和高学业智力（IQ）之间没有必然的联系（Anastasi & Schaefer, 1971; Getzels, 1964, 1984; Getzels & Jackson, 1962, 1963）。

吉尔福特（J. P. Guilford, 1956, 1959, 1960, 1967, 1986）区分了两种思维：聚合思维与发散思维。**聚合思维**（convergent thinking）是指智力测验所测得的寻求一个单一的、正确的答案；**发散思维**（divergent thinking）则是想出各种新奇的可能性。创造力测验需要个体进行发散思维。最著名的一种创造力测验是托兰斯创造性思维测验，其中的任务包括列举曲别针不常见的用途、补全图形、语词联想等任务（Torrance,

1996, 1974; Torrance & Ball, 1984）。

这类测验存在一个共性问题，即测验得分部分取决于答题速度，而这并不是创造力的特征。此外，虽然这类测验的结果十分可靠，但人们对结果的有效性仍有争议：它是否能鉴别出那些在日常生活中富有创造性的儿童（Simmon, 1990）。吉尔福特认为，在创造性活动中，发散思维并非是唯一的、甚至并非是最重要的因素。

天才儿童的教育　美国大约 68% 的公立小学和中学有专门针对天才儿童的教育计划（Synder & Hoffman, 2003），虽外，根据美国对 10 455 名家长进行的一项调查显示，有 13% 的 6~11 岁儿童被纳入天才儿童教育计划中（Lugaila, 2003）。这些计划通常采用以下两种方法：*充实*或*加速*。**充实**（enrichment）型的教育指通过班级活动、研究项目、实地考察或专家辅导来拓展和深化天才儿童的知识和技能。**加速**（acceleration）型的教育适用于特别有天赋的儿童，通过提早入学、跳级、上快班或某种特定学科的高级课程班来加快他们的教育进度。适度的加速教育似乎对天才儿童适应社会无消极影响，至少从长远来看是这样的（Winner, 1997）。

参与天才儿童教育计划的儿童不仅在学业上有所收获，而且还提升了他们的自我概念和社会适应能力（Ford & Harris, 1996）。但是，对教育资金的争夺和反对“精英主义”的呼声阻碍了这些计划的继续实施（Purcell, 1995; Winner, 1997）。某些教育者倡议取消对天才“全或无”的定义，对更大范围内的学生实施更灵活的教育计划（J. Cox, Daniel, & Boston, 1985; Feldhusen, 1992）。某些教育者则认为，假如所有儿童的受教育水平有了显著提高，那么，只有最出色的那些人才需要特殊教育（Winner, 1997）。

学习检查站

你能否……

- ✓ 说明如何鉴别天才儿童？
- ✓ 讨论智商和创造力的关系？
- ✓ 描述培养天才儿童的两种教育和不同方法？

重新聚焦

回顾本章开始部分在焦点人物中关于安·班克罗夫特的故事：

- 你认为心理因素（如动机、意志和自信）对班克罗夫特的生理和认知发展有多大影响？
- 班克罗夫特与父母和兄弟姐妹们相处的童年经历怎样影响她后来的成就？
- 关于班克罗夫特儿时被诊断为患有难语症及治疗的经历，我们能从中学到什么？哪类活动对健康终生有益？

在天才与非天才、创造性与非创造性之间并没有明确的界限。当兴趣和能力受到鼓舞时，所有儿童都会从中获益。我们从培养最有天赋的儿童的智力和创造力中获得的启示，可以帮助所有儿童最大程度地实现其潜能。潜能的开发程度将影响他们的自我概念和人格的其他方面，我们将在第 10 章展开讨论。

小 结

生理发展

生理发展的特征

学习指路标 1：学龄期儿童在身体发育和运动发展方面有哪些提高？他们有哪些营养需求？

- 儿童的身体发育在童年中期有所减缓。不同个体在身高和体重方面存在很大差异。
- 合理的营养和充足的睡眠对儿童的正常成长和身体健康很重要。
- 由于儿童动作技能的发展，男孩和女孩在童年中期可以参与不同类型的活动。
- 课间活动有益于儿童的身体与社会技能的发展。男孩多参与肢体动作类游戏，女孩多参与语言类的游戏。
- 约 10% 的在校儿童玩追逐打闹游戏，在男生中尤其常见。
- 许多儿童（其中多数为男孩）参与有组织的、竞争性的体育运动。合理的体育课程应以发展动作技能、适合所有儿童为目标。

健康和安全

学习指路标 2：对学龄期儿童来说，心理和生理健康主要与哪些因素有关？我们应当怎样做才能使儿童在这几年中更健康、更安全？

- 童年中期是一段相对健康的时期；大部分儿童对主要的疾病有免疫力，这一时期的死亡率在一生中是最低的。
- 美国儿童超重现象越来越普遍，这会导致多种危险。体重超重主要受遗传和环境的影响，且防胜于治。出现这一现象的原因之一是，许多儿童缺乏足够的活动量。
- 随着超重人群的增加，高血压越来越普遍。
- 呼吸道感染和其他急性疾病在这一年龄段很常见。哮喘一类的慢性疾病多发于贫困或少数民族家庭的儿童身上。
- 视力在童年中期变得更加敏锐，但有些儿童具有视力或听力缺陷。
- 目前，对携带艾滋病病毒儿童的偏见有所改善。大部分 HIV 阳性的儿童能正常就读，并且在他们力所能及的活动范围内不应遭受歧视。
- 意外伤害是导致童年中期儿童死亡的最主要原因。使用头盔等护具能大大降低蹦床、雪地汽车和其他危险运动的伤害。

认知发展

皮亚杰的观点：具体运算阶段的儿童

学习指路标 3：与之前相比，学龄期儿童在思维和道德推理方面有何不同？

- 7~12 岁的儿童处于具体运算阶段。他们不像从前那么自我中心主义，能更好地完成需要逻辑推理的任务，例如空间思维、因果理解、分类、归纳与演绎推理以及守恒。但他们的推理在很大程度上受限于此时此地。
- 神经发育、加工与记忆能力的不断提高都有助于皮亚杰式技能的发展速度。
- 根据皮亚杰的理论，道德发展与认知的成熟水平相关，并且伴随着儿童的思维发展由僵化向灵活转变，道展发展共经历三个阶段。

信息加工的观点：记忆和其他加工技能

学习指路标 4：记忆和其他信息加工技能在童年中期取得了哪些进步？

- 反应时、加工速度、元记忆、元认知、选择性注意以及记忆术的使用在学龄期均有提高。

心理测量学的观点：智力评估

学习指路标 5：如何能准确地测量学龄期儿童的智力？

- 智力测验能很好地预测学业成绩，但对某些儿童来说，可能有失公平。

- 不同民族间的智商差异在很大程度上是由社会经济和其他环境因素导致的。
- 学校教育似乎能提高测验测得的智力。
- 设计不受文化影响或文化公平的测验并未取得成功。事实上，智力与文化不可分割。
- 根据斯滕伯格的智力三元理论，智力测验主要测得的是成分元素，而非经验和情境元素。
- 智力测验仅测出加德纳的多元智力理论中的三种智力。
- 智力测验的新动向包括斯滕伯格的三元能力测验（STAT）、考夫曼儿童成套评估测验（K-ABC- Ⅱ）和基于维果斯基理论的动态测验。

语言和读写能力

学习指路标 6：学龄期儿童的交流能力和语言能力是如何提高的?

- 儿童对词汇、语法、句法的使用变得越来越复杂，但言语发展的主要方面是语用学。
- 除了流行的全语言教学法，早期的拼音训练也是提升阅读能力的一条很好的途径。
- 同伴间的互动有助于写作技能的发展。

在校儿童

学习指路标 7：影响学业成绩的因素有哪些?

- 由于学校教育具有累积性，所以一年级的基础十分重要。
- 儿童的自我效能感影响其学业成就。
- 童年中期女孩的在校表现往往优于男孩。
- 父母通过关注孩子的学习、激发孩子的成就动机以及传递对待学习的态度来影响孩子的学习。社会经济地位会影响父母的教育理念和教养实践，从而影响孩子的学习成绩。
- 学校环境和班级规模影响儿童的学习成绩。
- 当前的教育问题和教改包括家庭作业的数量、自动升级、特许学校、家庭教学和计算机素养。
- 东亚儿童的高学业成就源于文化的影响。一些少数民族儿童能够从适合他们文化模式的教育方案中受益。

学习指路标 8：学校如何满足母语为非英语儿童以及有学习障碍的儿童的需求?

- 关于第二语言教育的方法存在争议，争议焦点包括英语教学的速度和场所、后期的课业成绩、对原文化的认同。
- 三种最常见的学习问题是精神发育迟滞、学习障碍（LDs)、注意力缺陷 / 多动症（ADHD)。其中，难语症最常见的学习障碍。
- 在美国，所有残疾儿童享有免费的、恰当的教育。他们应该在最少限制的环境（通常是正常班级）中接受教育。

学习指路标 9：如何评估和培养天才儿童?

- 智商等于或高于 130 是常见的判定天才儿童的传统标准。更广泛的定义应包括创造力、艺术才华和其他能力，因此，鉴别也有了多重标准。
- 创造力和智商并非高度相关。创造力测验测量的是发散性思维，但其效度仍有待商榷。
- 天才儿童的特殊教育计划强调充实或加速这两种方法。

童年中期的心理社会发展

第10章

你是否觉得自己与众不同？

只是空气中的一粒微尘。

当所有人都围在你身边时，

你却不在那里。

——卡伦·克劳福德，9 岁

焦点人物：玛丽安·安德森——歌剧先锋

玛丽安·安德森

用意大利指挥大师阿图罗·托斯卡尼尼的话说，非裔美国女低音歌唱家玛丽安·安德森（Marian Anderson，1897—1993）[*]的嗓音是“百年不遇”的。玛丽安还是一位打破种族藩篱的先驱，被家乡费城的一所音乐学院拒收后，她自学声乐，于 1925 年和纽约爱乐乐团合作，并在全国性的歌唱比赛中获胜。玛丽安曾被拒绝在华盛顿的音乐厅中演出，后来第一夫人埃莉诺·罗斯福安排她在林肯纪念碑前演唱。1939 年的复活节，玛丽安空前的表演吸引了 75 000 位观众，同时，她的歌声还通过广播传到了数百万人的耳中。几周后，玛丽安·安德森成为第一位在白宫演出的黑人歌唱家。但是，直到 1955 年，57 岁的安德森才成为第一位在纽约大都会歌剧院表演的黑人歌唱家。

从租住在费城南部一个单间的贫穷人家的孩子到成为著名的歌唱家，安德森的故事引人入胜（McKay, 1992）。故事中充满了家庭维系——相互支持、关怀和关心——这些传统代代传递下去。

---

* 关于玛丽安·安德森及其家庭传记的主要资料来自 Andeson（1992），其中一些细节取自弗里德曼（2004）、琼斯（2004）和柯南（1993），《历史上的女性》（2004）以及来自《时代》杂志（1993 年 4 月 19 日）、《人物周刊》、《纽约人》和《黑玉》（1993 年 4 月 26 日）发表的讣告。

虽然，安德森总是说自己的出生日期是 1902，但是其死后公布的出生证明文书上标注的是 1897 年。

本章提纲

焦点人物

- 玛丽安·安德森——歌剧先锋

自我发展

- 自我概念的发展：表征系统
- 自尊
- 情绪发展和亲社会行为

家庭中的儿童

- 家庭氛围
- 家庭结构
- 同胞关系
- 动物伙伴

同伴团体中的儿童

- 同伴关系的积极和消极影响
- 受欢迎度
- 友谊
- 攻击和欺负

心理健康

- 常见的情绪障碍
- 治疗技术
- 压力和韧性：保护因素

专栏 10-1：世界之窗

- 受欢迎度：跨文化的观点

专栏 10-2：实战演说

- 给孩子讲讲恐怖主义和战争

玛丽安·安德森是约翰和安妮·安德森夫妇的三个孩子中的长女。玛丽安出生两年后，全家人离开了原来的单间房子，和她的祖父母同住在一起，后来全家人又搬到了附近一个租来的小单间中。

六岁时，玛丽安加入了教堂的一个少年唱诗班，在那里，她和居住在街对面的维奥拉·约翰逊成为朋友。俩人唱了一两年二重唱，那是玛丽安最初的公开表演。

玛丽安读八年级时，她深爱的父亲去世了，全家人再次搬去和玛丽安的祖父母、姑妈以及姑妈的两个女儿住在一起。祖父有一份稳定的工作，祖母负责照看所有的孩子，姑妈则负责管理家务，玛丽安的母亲负责做饭，并做清洁工和给人洗衣服贴补家用，玛丽安和妹妹爱丽斯负责取送要洗的衣服。

母亲安妮·安德森对玛丽安的生活影响最大。勤劳的母亲不遗余力地给予她支持、给她建议，是她的榜样和精神向导。安妮很重视对孩子的教育，即使是在全职工作时，她也会每晚为孩子们准备晚餐，她还教玛丽安自己缝衣服。玛丽安曾写道："在我的记忆中，母亲从来没有因为生气对我们提高嗓门……，她很果断，我们学会了尊重她的意愿……"（Anderson, 1992, p.92）。

玛丽安成为世界著名的歌唱家后，经常回到幼年时在费城居住过的地方。她的母亲和妹妹爱丽斯住在那里一座舒适的房子里，另一个妹妹埃塞尔和她的儿子詹姆斯住在隔壁。

玛丽安写道："回到家，感受那种幸福，是世界上最快乐的事。大家都很随和，互相关心，彼此保护……。我知道，母亲和孙子一起生活，看着他一天天长大，感觉很温暖。我想，当他长大成人，开始自己的生活，他一定会对家人有着美好的回忆"（1992，p.93）。玛丽安结过婚，但没有孩子。1992 年，丈夫去世，95 岁的玛丽安身体也不太好，她搬去和外甥詹姆斯（当时是俄勒冈交响乐团的指挥）一起住。次年，玛丽安因中风在家中去世。

玛丽安·安德森的一生经历了"美国和世界史上"非裔美国人生活中的许多重大变迁（Mckay, 1992, p.xxiv）。但是，在其生活中，家人强有力的支持一直存在。儿童所处的家庭以及家人之间的关系对童年中期孩子的心理社会的发展有深远影响。童年中期是儿童形成责任感的时期，最初是对家庭的责任感，后来是对整个社会的责任感。环境关系网络包括同伴群体、学校、家庭所在社区等，家庭是环境关系网络的一部分。玛丽安的第一个朋友、她参加的教会唱诗班以及她为了赚钱买小提琴去打零工的社区，这些都影响着玛丽安的发展。除此之外，对玛丽安影响更大的是她所处的时代和地域的总体文化模式。当时的文化对非裔美国家庭和社区都是一种特殊的挑战，需要人们互相支持来共同应对。

在本章，我们将阐述儿童如何形成比较现实的自我概念，如何变得更独立自主，如何更好地控制自己的感情。在同伴交往中，儿童逐渐形成自己的态度、价值观和技能。家庭影响是至关重要的。儿童的生活不仅受到父母抚养方式的影响，还受到父母是否有工作、有什么样的工作、家庭的经济状况以及家庭结构等因素的影响。

1. 童年中期的儿童如何发展现实的自我概念？影响自尊的因素有哪些？
2. 童年中期的儿童如何表现情绪发展？
3. 童年中期的亲子关系有哪些发展变化？
4. 父母工作和贫困的环境对儿童的幸福感有何影响？
5. 家庭结构如何影响儿童的发展？
6. 兄弟姐妹之间如何相互影响？宠物对儿童的发展起什么作用？
7. 在童年中期，同伴关系有哪些变化？影响儿童的受欢迎性和选择朋友的因素有哪些？
8. 童年中期最常见的攻击行为是什么？影响攻击行为的因素有哪些？
9. 在童年中期，儿童可能会遇到哪些情绪障碍？如何治疗？
10. 现代生活中的压力对儿童有哪些影响？为什么某些儿童的心理韧性更好？

学习指路标

尽管大多数儿童情绪健康，但仍有一些儿童存在心理问题。我们将介绍几个这样的例子。也有一些儿童的心理韧性很好，他们能够克服重重困难，保持各种机能健康。

学习完本章后，你应该可以回答“学习指路标”中的所有问题了。为了检查你对本章“学习指路标”的掌握程度，请复习章节结尾部分的小结。“学习检查站”会贯穿整个章节并不时出现，以便检查你对所学知识的理解程度。

自我发展

童年中期的认知发展有助于儿童形成更复杂的自我概念，并获得理解和控制情绪的能力。

学习指路标

1. 童年中期的儿童如何发展现实的自我概念？影响自尊的因素有哪些？

自我概念的发展：表征系统

大约七八岁时，儿童处于新皮亚杰主义所谓的自我概念发展的第三阶段（见第 8 章）。儿童能够更有意识地对自我进行判断，自我判断更加现实、平衡和全面。这一变化是随着儿童的**表征系统**（representational systems）的形成而产生的，表征系统综合了自我各个方面的宽泛且丰富的自我概念（Harter, 1993, 1996, 1998）。

“学校的某些课程让我觉得自己非常聪明，比如语言艺术和社会研究，”八岁的丽塔说，“上个学期这些学科我都得了 A，感到非常自豪。但是算术和科学课却让我觉得自己很笨，尤其是当我看到别的同学都学得很好时……不过我还是很喜欢自己，因为算术和科学课对我来说并不重要。我的外貌和是否受欢迎才是更重要的”(Harter, 1996, p.208)。

丽塔的自我描述表明，她能够同时关注多个维度的自我。她已经脱离了全或无、非黑即白的自我概念；她已经认识到自己在某些科目上是“聪明”的，而在另一些科目上是“笨拙”的。她的自我描述更加平衡，能够更好地表述自我概念，并且对自我概念的不同方面赋予不同的权重（“我的外貌和是否受欢迎才是更重要的”）。她能够比较现实自我和理想自我，并通过和他人的比较来判断自己是否符合社会标准。所有这些变化都影响其自尊的发展，自尊是她对整体自我价值的评价（“我还是喜欢我这个人”）。

自 尊

根据埃里克森（Erikson, 1982）的观点，影响自尊的一个主要决定因素是儿童对自己能否有能力产生有价值的成果的看法。童年中期的主要危机是**勤奋对自卑**(industry versus inferiority)。儿童需要学会社会认可的技能。在新几内亚的拉佩什，男孩要学习制造弓箭和设陷阱捕鼠；女孩则要学习播种、除草和收割。在阿拉斯加的因纽特，儿童要学习狩猎和捕鱼。发达国家的儿童要学习读书、写字、数数和使用电脑。就像玛丽安·安德森一样，很多孩子要学习持家技能，并打零工贴补家用。

成功解决这一阶段的危机后，儿童获得的“美德”是胜任感，即认为自己拥有

埃里克森认为，童年中期是学习本文化中重要技能的时期。这个越南女孩在赶鹅去集市的过程中，获得胜任感和自尊。此外，通过承担自己力所能及的责任，女孩也能学会所处社会的运作方式、自己在其中所扮演的角色以及做好工作的意义。

掌握技能和完成任务的能力。儿童与同伴进行比较，如果觉得自己不能胜任，就可能会退缩到家庭的保护伞下；另一方面，如果他们太过于勤奋，则可能忽略社会关系，变成“工作狂”。

父母对孩子的胜任感会产生很大的影响。一项对美国郊区 514 名中产阶级儿童的追踪研究发现，父母对孩子在数学和运动方面的信念与孩子自身的信念有很高的相关，尤其是父亲对孩子运动能力的看法（Fredricks & Eccles, 2002）。

与埃里克森强调掌握技能不同，苏珊·哈特（Susan Harter, 1985a）发现，8~12 岁的儿童更倾向于通过外貌和受欢迎程度进行自我判断，至少在北美地区是这样的。哈特认为，影响自尊的一个主要因素是来自父母、同伴和老师的社会支持。但是一般来说，社会支持并不能够补偿低自我评价。如果朱厄妮塔特别注重外貌，但她并不漂亮，那么，不论别人给予她多少赞扬，她都会丧失自尊。

低自尊儿童会过分关注自己在社会情境中的表现。他们可能会把社会拒绝归因为自己的人格缺陷，同时，他们认为人格缺陷是无法改变的。他们不去尝试新的方法以获得赞赏，却一再重复使用无效的策略或是干脆放弃。（这与第 8 章讲过的年幼儿童的“无助模式”类似。）高自尊儿童往往把失败归因为自身以外的因素，或是需要继续努力。如果最初失败了，他们会继续坚持尝试新的策略，直到找到一种有效策略为止（Erdley, Cain, Loomis, Dumas-Hines, & Dweck, 1997）。高自尊儿童往往更乐意帮助那些不幸的人，而这种志愿工作反过来又会帮助他们建立自尊。其中的原因可能是，个体认为他人和自己一样是可以改变和提高的（Karafantis & Levy, 2004）。

学习检查站

你能否……

- ✓ 从新皮亚杰主义的视角阐述童年中期的自我概念是如何发展的？
- ✓ 比较埃里克森和哈特关于自尊来源的观点？
- ✓ 描述“无助模式”如何影响儿童对社会拒绝的反应？
- ✓ 解释自尊和志愿活动之间的关系？

情绪发展和亲社会行为

学习指路标

2. 童年中期的儿童如何表现情绪发展？

随着儿童逐渐长大，他们能够更清楚地理解自己和他人的感受，更好地调节自己的情绪，并对他人的情绪困扰做出更好的反应（Saarni et al., 1998）。

到七八岁时，儿童通常能意识到羞愧和自豪的情绪，也能够更清晰地区分内疚和羞愧（Harris, Olthof, Meerum Terwogt, & Hardman, 1987; Olthof, Schouten, Kuiper, Stegge, & Jennekens-Schinkel, 2000）。这些情绪会影响儿童对自己的看法（Harter, 1993, 1996）。儿童还能够用语言描述自己的情绪冲突。如丽塔说：“学校里的很多男生都令人讨厌，但我对弟弟约翰没有这种感觉，尽管他也很烦人。我爱他，虽然他也会做一些让我发疯的事，但我可以控制自己的情绪，如果不能控制，我会感到很羞愧”（Harter, 1996, p.208）。

童年中期的儿童可以认识到其所处文化的情绪表达“规则”（Cole, Bruschi, & Yamang, 2002），这些规则是通过父母对儿童的情绪表达做出的反应来传递给儿童的（Eisenberg et al., 1996）。儿童可以区分拥有某种情绪和表达该情绪之间的差别。他们能够意识到愤怒、害怕或悲伤的原因以及别人会对这些情绪做出怎样的反应，从而对自己的行为进行相应的调整。幼儿园老师认为，父母可以告诉孩子停止哭泣来减少孩子的悲伤，或者告诉孩子狗没什么可怕的来减少孩子对狗的恐惧。六年级的儿童知道，虽然某种情绪可以被压抑，但它依然存在（Rotenberg & Eisenberg, 1997）。

情绪的自我调节包括对情绪、注意和行为的努力控制（Eisenberg et al., 2004）。某件事受到干扰或失败时，控制能力较差的儿童会表现出明显的愤怒或挫败感，而控制能力较好的儿童则能够抑制在不恰当的时候表现负性情绪的冲动。自控能力可能与气质相关，但一般都会随着年龄的增长而增强。控制能力差可以预测儿童以后的行为问题（Eisenberg et al., 2004）。控制能力会影响儿童在学校中的适应。在美国西南部某城市的 4.5~8 岁的儿童和中国北京 7~10 岁的儿童中，高控制能力的儿童往往适应得较好（Eisenberg et al., 2004; Zhou, Eisenberg, Wang, & Reiser, 2004）。

童年中期，儿童的同理心提高了，更倾向于表现出亲社会行为。亲社会行为是积极情绪调节的标志。在社会情境中，亲社会的儿童往往能表现出更恰当的行为，他们的负性情绪相对较少，能更积极地处理问题（Eisenberg, Fabes, & Murphy, 1996）。父母承认孩子的情绪困扰并帮助孩子集中解决根源问题，这有助于培养和提高孩子的同理心、亲社会行为和社会技能（Bryant, 1987; Eisenberg et al., 1996）。如果父母对孩子的情绪困扰不赞同或进行惩罚，孩子的愤怒和恐惧情绪会更加强烈，可能会对其社会适应能力产生破坏作用（Fabes, Leonard, Kupanoff, & Martin, 2000）；孩子也可能会隐藏负性情绪，并对自己的负性情绪更加焦虑。当孩子进入青少年早期，父母如果不能容忍孩子的负性情绪则会增加亲子冲突（Eisenberg, Fabes et al., 1999）。

学习检查站

你能否……

✓ 识别童年中期情绪发展的一些方面，并谈谈父母对负性情绪的看法如何影响儿童的处理方式？

家庭中的儿童

学习指路标

3. 童年中期的亲子关系有哪些发展变化？

与年幼儿童相比，学龄期儿童把更多的空余时间花在家庭以外，与同伴进行交往。在学校中，他们花在学习上的时间也更多。与 20 年前相比，学龄期儿童和家人一起吃饭的时间减少了（Juster et al., 2004）。但家和家人仍是大多数儿童生活的重要组成部分。一项对 10 445 对美国父母的调查表明，在 6~17 岁的儿童和青少年中，65% 的儿童每天至少会和父母一方共进晚餐，约 75% 的儿童每天会和父母谈话或至少玩耍一次（Lugaila, 2003）。

要了解家庭中的儿童，我们需要考察家庭环境——家庭氛围和家庭结构。而家庭环境又反过来受到超越家庭实体以外的其他因素的影响。如同布朗芬布伦纳的理论预测的那样，其他的影响因素，如父母工作、社会经济地位、社会发展趋势（如城镇化）、家庭规模变化、离异及再婚等，都会对塑造家庭环境产生影响。因此，这些因素也都影响儿童的发展。文化对家庭生活的节奏和家庭成员的角色进行了限定。比如像玛丽安・安德森那样的非裔美国家庭，继承了大家庭传统，亲戚们都住得很近或住在一起，家人之间都互相帮助，因而，她会产生很强的家庭义务感和民族自豪感（Parke & Buriel, 1998）。考察家庭中的儿童时，我们需要考虑影响家庭

尽管学龄期的儿童在家里的时间减少了，但父母在孩子的生活中仍发挥着重要作用。父母喜欢和孩子在一起，孩子也往往自我感觉良好，对父母的感觉也不错。

的外在因素。

家庭氛围

对孩子发展影响最大的家庭环境因素是家庭氛围。家庭氛围是充满爱和支持，还是冲突不断？其中一个影响因素是父母能否很好地解决学龄期儿童的成长需要，即自己做决定的需要以及父母帮助儿童提高解决这类问题的能力。另一个影响因素是家庭经济状况。父母的工作会如何影响孩子的幸福感？家里是否有足够的经济资源满足基本需要？

教养问题：共同约束和惩戒　在整个童年期，对儿童行为的控制逐渐由父母转向孩子。童年中期要经过一个**共同约束**（coregulation）的过渡阶段，在这一阶段父母和孩子共享控制权。父母负责监督，孩子则享有自我调节的权力（Maccoby, 1984）。例如在同伴问题上，这一时期的父母很少进行直接安排，而是更多地和孩子进行讨论（Parke & Buriel, 1998）。父母是公平的，他们关心子女的幸福，而且由于经验丰富，父母可能"知道得更多"。当孩子认识到这些时，他们就更倾向于遵循父母的意愿。如果父母尽力尊重孩子日渐成熟的判断，只在重大问题上坚持强硬立场，那么这样做是有益的（Maccoby, 1984）。

共同约束影响父母对子女的惩戒方式（Maccoby, 1984; Robert, Block, & Block,

1984）。学龄期儿童的父母更可能使用诱导技巧。例如，父亲会对八岁的加尔德指出他的行为会对别人造成怎样的影响："你打梅恩因而伤害了他，他感觉很糟"。在其他情境中，加尔德的父母可能会利用他的自尊（"昨天那个乐于助人的孩子后来怎么样了？"）、幽默感（"如果你今天再不洗澡，那么不用看到你，我们就知道你来了！"）、道德价值观（"像你这么强壮的大男孩，在火车上应该给老人让座"）或赞赏（"爸爸关心你，提醒你穿靴子防止感冒，难道这样你不开心吗？"）。最重要的是，加尔德的父母让他明白他必须对自己的行为负责（"误了校车一点也不奇怪，昨晚你睡得太晚了！现在你只能步行去学校了"）。

学习检查站
你能否……
✓ 描述共同约束是如何产生影响的，以及童年中期父母惩戒子女和处理家庭冲突的方式发生了哪些变化？

父母和孩子一起解决冲突的方式可能比具体的结果更重要。如果家庭冲突是积极的，则有利于孩子认识到规则和标准的必要性。孩子也能学会哪类问题是值得争论的，什么策略是有效的（A. R. Eisenberg, 1996）。但是，在进入青少年期之前，随着儿童极力要求自主，家庭问题解决的质量通常会下降（Vuchinich, Angelelli, & Gatherum, 1996）。

学习指路标
4. 父母工作和贫困的环境对儿童的幸福感有何影响？

父母工作的影响 2002 年，美国近 4/5 的 6~17 岁儿童的母亲都外出工作（Bureau of Labor Statistics, 2002a）。美国一半以上的女性在孩子 1 岁前就开始工作了（Bureau of Labor Statistics, 2002b），因此，很多儿童对母亲在外工作这种状况已经习以为常。

关于父母工作对孩子幸福感影响的研究大多都关注外出工作的母亲。总的来看，女性对自己的工作越满意，她越可能是一位好母亲（Parke & Buriel, 1998）。但是，母亲工作对孩子的影响还依赖于很多其他因素，如孩子的年龄、性别、气质和人格，以及母亲的工作是全职还是兼职、母亲工作的原因、丈夫是否支持、家庭的社会经济地位、孩子上学前和放学后受到怎样的照顾等（Parke & Buriel, 1998）。像玛丽安·安德森的母亲一样，单身母亲通常由于经济困难而不得不出去工作。母亲工作对孩子的影响取决于她和孩子共处的时间、母亲的精力以及她扮演什么样的行为榜样（B. L. Barber & Eccles, 1992）。很显然，安妮·安德森是一个正面例子。

父母保持与子女间的情感联系可能比母亲是否在外工作更重要（Crouter, MacDermid, McHale, & Perry Jenkins, 1990）。一些母亲在外工作，除了上学时间，其余时间孩子由父亲、其他亲戚或保姆照料。还有一些孩子，尤其是单身母亲或全职工作母亲的孩子，这些孩子会被送到有组织的幼儿照料机构或参加丰富多彩的活动。很多儿童接受过多种形式的课余护理中心照料（NICHD Early Child Care Research Network, 2004）。

就像高质量的托儿所一样，优质课余项目的配额人数相对较少，儿童 – 员工比率相对较低，而且员工都受过良好教育（Rosenthal & Vandell, 1996）。结构完善的课余护理之家有灵活多样的教学计划和积极的情绪氛围，这使得儿童在校适应更好，表现更佳，男孩尤其如此（Pierce, Hamm, & Vandell, 1999; Posner & Vandell, 1999）。

有报告显示，约 9% 的学龄期儿童和 23% 的青少年早期的儿童都能自己照顾自己，在没有父母监护的情况下，他们能自己待在家里（Hofferth & Jankuniene, 2000; NICHD Early Childhood Research Network, 2004）。只有当孩子比较大、足够成熟、能对自己负责、有足够的资源并且知道紧急情况下如何求救时，才建议采用这种照料形式。即使这样，也要保证至少可以通过电话和父母一方取得联系。

> **我思我秀**
> - 如果经济状况允许，父母一方是否应该待在家里照料孩子?

贫穷和教养　2002 年，18 岁以下的美国儿童中近 17%（约 1 210 万人）的人都处于贫困状态（Children's Defense Fund, 2004; Proctor & Dalaker, 2003），约 60% 的黑人儿童和西班牙裔儿童处于贫困或接近贫困状态（NCHS, 2004）。就像玛丽安・安德森的母亲一样，贫穷可以激励人们努力工作，让孩子过上更好的生活，但贫穷也可能摧毁人的斗志。

和其他儿童相比，贫困儿童更可能出现情绪和行为问题，他们的认知潜能和在校表现也较差（Brooks-Gunn, Britto, & Brady, 1998; Brooks-Gunn & Duncan, 1997; Duncan & Brooks-Gunn, 1997; McLoyd, 1998）。贫穷会影响父母的情绪状态和教养行为以及家庭环境，从而阻碍儿童的发展（Brooks-Gunn & Duncan, 1997; Brooks-Gunn et al., 1998; Evans, 2004）。瓦尼・麦克兰德（Vonnie McLoyd）的生态学分析显示，贫困导致成人产生心理困扰，进而影响对孩子的抚养，最终导致孩子出现情绪、行为和学习等各方面的问题。贫穷家庭的父母可能会变得焦虑、抑郁或易怒，对孩子感情淡漠，反应冷淡，而且对孩子的惩罚经常前后不一致或过于苛刻和专制。他们的孩子也相应变得抑郁、与同伴交往困难、缺乏自信、产生这样或那样的行为和学习问题，甚至出现反社会行为（Brooks-Gunn et al., 1998 ; Evans, 2004; Evans & English, 2002; J. M. Fields & Smith, 1998; McLoyd, 1990, 1998; Mistry et al.,2002）。处于经济压力下的家庭无暇监管孩子的活动，而孩子缺乏管教与学习成绩差和社会适应差之间存在相关（Bolger, Patterson, Thompson, & Kupersmidt, 1995）。

持续贫困的影响比较复杂。一项对“开端计划”中的儿童进行的为期六年的追踪研究发现，与追踪六年间只有最后四年贫困的儿童或断续贫困的儿童相比，从五岁开始一直处于贫困状态的儿童，五年级时在学习成绩和行为方面的表现并不差。对孩子影响更严重的似乎是父母伴随贫困产生的一些特点：父母矛盾、精神问题、暴力或犯罪行为（Ackerman, Brown, & Izard, 2004）。

上述结论主要来自对非裔美国家庭和欧裔美国家庭的研究，但也适用于拉丁裔美国家庭。一项研究考察了 111 个欧裔美国城市家庭和 167 个墨西哥裔美国城市家庭，这些家庭中的孩子都上五年级。研究发现，不考虑种族特点，经济困难的父母往往表现出抑郁症状，而抑郁又和婚姻问题、消极的教养（拒绝、敌意性的控制、退缩）之间存在相关（Parke et al., 2004）。

如果父母能够向亲戚（就像安妮・安德森一样）或社区求助，来获得情感支持、帮助照看孩子以及获取抚养孩子的信息，那么他们通常能够更好地抚养孩子。一项对 152 个非裔单亲母亲家庭进行了为期四年的追踪研究，这些家庭来自佐治亚州四

学习检查站

你能否……

✓ 辨别父母工作对孩子的影响方式？

✓ 讨论贫困对抚育孩子有哪些影响？

个经济较差的农村地区，结果发现，其中的生态模式和麦克兰德描述的相反：尽管经济困难，那些情绪健康、自尊相对较高的母亲，往往其孩子的学习和社会能力都较高，而这样的孩子对母亲的积极教养方式又形成了强化，转而维持了孩子持续的学业成就和社会赞许行为（Brody, Kim, Murry, & Brown, 2004）。

家庭结构

学习指路标

5. 家庭结构如何影响儿童的发展？

美国的家庭结构发生了显著变化。在前几代人中，大多数儿童从小在父母身边长大。而现在，尽管 18 岁以下的儿童中 70% 的人还和父母（不一定结婚）一起生活，但这一比例与以前相比已经显著下降（Fields, 2003；见图 10-1）。从 1970 年到 2003 年，双亲和孩子一起生活的比例从 87% 下降到 68%，而单亲母亲家庭从 12% 上升到 26%，单亲父亲家庭从 1% 上升到 6%（Fields, 2004）。此外，很多家庭都是离异后又再婚组成的。另一类逐渐增多的家庭是同性恋家庭和隔代抚养的家庭。（祖辈为首的家庭将在第 16 章进行讨论）。

在其他条件相同的情况下，传统双亲家庭中的儿童比同居家庭、离异家庭、单亲家庭或再婚家庭的儿童发展得更好（Brown，2004）。一项对 35 938 个美国家庭的调查发现，在 6~11 岁的儿童中，与和已婚亲生父母一起生活的孩子相比，那些和同居亲生父母一起生活的孩子在情绪、行为和学业方面的表现都较差。这种差异主要与家庭的经济来源、父母的幸福感和教养的有效性有关（Brown, 2004）。因此，家庭结构本身不一定是关键因素，父母关系以及父母创造融洽家庭氛围的能力比他们的婚姻状况本身更能影响孩子的适应性（Bray & Hetherington, 1993; Bronstain et al.,

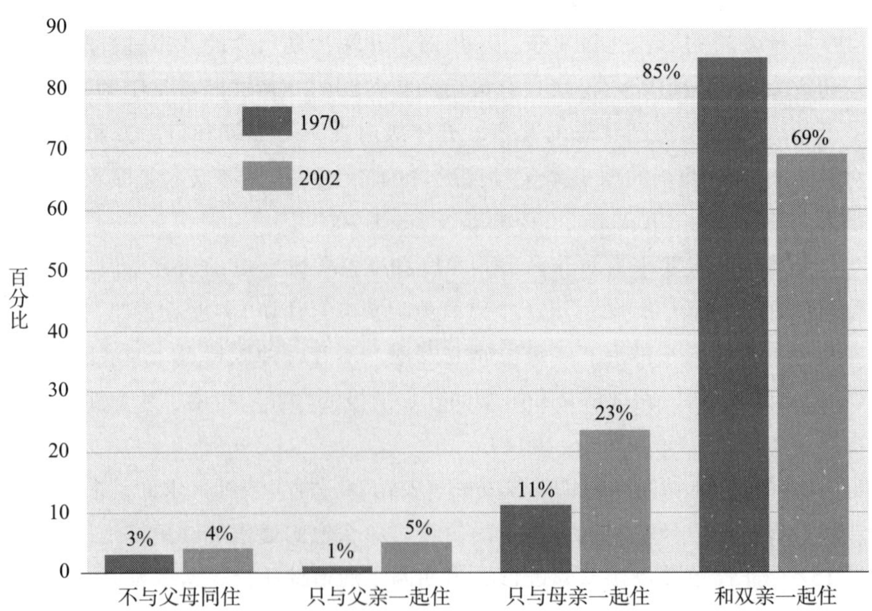

图 10-1

1970~2002 年，美国 18 岁以下儿童的家居方式。大多数 18 岁以下的儿童都和父母一起住，但所占比例在过去 25 年有所下降。这些双亲家庭很多都是由继父母组成的。注：由于没有保留小数，所以各比例之和不等于 100%。

资料来源：Data from U.S. Department of Commerce, 1996; Lugaila, 1998, Table A; Fields, 2003.

1993；D.A. Dawson,1991）。

领养家庭　从历史上看，所有文化中都存在领养（孩子）的现象。不仅仅是没有生育能力的人，单身者、老年人、同性恋者，甚至是已经有亲生孩子的人，都会领养孩子（在本章后面将讨论同性恋领养孩子的问题）。2000 年，约有 160 万 18 岁以下的美国儿童被领养，占 18 岁以下儿童总数的 2.5%（Kreider, 2003）。据估计，在合法领养的儿童中，60% 的人是被再婚父母或亲属（通常是祖父母）领养（Goodman, Emery, &Haugaard, 1998; Haugaard, 1998; Kreider, 2003）。

通常，领养要通过公立机构或私人中介机构进行。人们通常认为通过中介机构领养比较可信，生母和领养父母之间不会接触，而且中介机构会对生母的身份保密。但是，近年来，通过亲生父母和领养父母直接协商进行的自主领养越来越常见（Brodzinsky, 1997; Goodman et al., 1998）。这种领养通常称为**公开领养**（open adoption），即当事人双方共享信息或直接联系。研究发现，人们通常认为公开领养存在风险，如亲生父母知道孩子的下落后会试图要回孩子，实际上这言过其实了（Grotevant, McRoy, Elde, & Fravel, 1994）。一项对加里福尼亚州 1 059 个领养家庭的研究发现，领养是否公开与孩子的适应情况或父母对领养的满意度没有关系，实际上，公开领养的孩子的适应能力和养父母的满意度都很高（Berry, Dylla, Barth, & Needell, 1998）。

从 1978 年到 2001 年间，美国家庭领养外国孩子的比例增长了近 4 倍，从 5 315 人增加到约 20 000 人（Bosch et al., 2003）。2000 年，被领养的孩子中 13% 的人是

这位白人妈妈正在给她的非裔和西班牙裔的女儿讲故事。通过这张图片，跨种族收养的趋势可见一斑。养父母会面临一些独特的挑战，如他们需要给孩子解释领养是怎么一回事。但大多数领养的孩子对被领养持积极态度，认为这对他们的认同只有很小的影响。

外国人。亚洲文化中，由于人们更偏爱男孩，因此被领养的孩子中女孩居多。大约17%的领养现象是跨文化的，其中最常见的是美国白人夫妇领养亚洲或拉丁美洲的孩子（Kreider, 2003）。美国各个州对于跨种族领养的规定有所不同，同种族领养在一些州享有优先权，而另一些州则规定，种族不作为是否准许领养儿童的因素。

领养孩子会带来一些特殊问题：如何使孩子融入新的家庭，如何给孩子解释领养问题，如何帮助孩子建立健康的自我感，甚至最终可能需要帮助孩子寻找和联系亲生父母。回顾已有文献发现，领养与非领养儿童的社会适应性并没有显著差异（Haugaard, 1998）。婴儿期就被领养的儿童出现适应问题的可能性最小（Sharma, McGue, & Benson, 1996b）。如果出现问题，一般会在童年中期（因为此时的儿童对家庭是怎样形成的有了更清晰的认识）（Freeark et al., 2005）或青春期表现出来（Goodman et al., 1998; Sharma, McGue, & Benson, 1996a），男孩可能更加明显（Freeark et al., 2005）。

我思我秀

- 如果你不能生育，是否会领养一个孩子？
- 如果打算领养孩子，你是否愿意进行公开领养？原因是什么？

由于女性通常更善于表达，更关注情感，所以养母比养父更多地提出并讨论孩子的领养问题及其意义。由于同样的原因，领养的女孩比男孩更能接受这样的谈话，对自己的领养状况也更能坦然接受（Freeark et al., 2005）。

跨国领养是否会导致一些特殊问题？除了发展中国家的孩子由于营养状况较差可能存在一些严重的健康问题以外（Bosch et al., 2003），大量研究并没发现跨国领养能导致任何特殊的问题。事实上，跨国领养的孩子甚至比通过其他方式领养的孩子更少出现行为问题和心理健康问题（Juffer & van IJzendoorn, 2005）。一项研究考察了100个有养子的以色列家庭，这些孩子都是出生后即被领养，年龄从7岁到13岁，其中一半来自南美国家，另一半来自以色列国内。研究发现，这两类孩子在心理适应、学校适应、在校表现、观察到的家中行为和他们应对领养问题等方面都不存在显著差异（Levy-Shiff, Zoran, & Shulman, 1997）。但是，并非所有的跨国领养都能一帆风顺（例如收养某些来自孤儿院的罗马尼亚儿童），尤其是孩子未得到应有的照料或领养时孩子年龄较大（见第4章）。

学习检查站
你能否……

✓ 讨论领养的变化趋势以及被领养的孩子的适应性？

父母离异 美国是世界上离婚率最高的国家。从1960年以来，每年离婚人数增加了3倍（Harvey & Pauwels, 1999）；但是自2001年以来，离婚率保持相对稳定，甚至有所下降（Munson & Sutton, 2004）。每年有超过100万的孩子遭遇父母离异（Harvey & Pauwels, 1999）。

对父母离异的适应 父母离异会对孩子产生很大的压力。最初是来自婚姻冲突的压力，然后是父母分离的压力，最后是突然与父母一方（通常是父亲）分开的压力。孩子也许不能完全理解所发生的事情以及事情发生的原因。当然，离婚也会对父母产生压力，进而会对教养行为产生一些消极影响。离异家庭的生活水平也可能会降低，如果父母一方离开，他（她）和孩子的关系也会因此受到影响（Kelly & Emery, 2003）。父母一方再婚或再婚后第二次离婚会给孩子造成更大的压力，使孩子再次产生被遗弃的感觉（Ahrons & Tanner, 2003; Amato, 2003）。

孩子的感情和行为问题可以反映出父母离异前的冲突水平。如果离异前父母双方有长期的、明显的和破坏性的冲突，那么父母离异后孩子会有一种解脱感（Amato, 2003; Amato & Booth, 1997）。但是，20% 的家庭在离婚后仍然产生冲突或冲突升级。离异两年后，孩子忍受的父母纠纷比非离异家庭的孩子更多。因此，如果夫妻冲突继续存在，父母不离婚对孩子可能更有益（Hetherington & Stanley-Hagan, 1999）。

如果父母离异后，孩子仍和非监护父母一方（通常是父亲）保持经常性的、可信赖的联系，那么孩子可以适应得更好。

孩子对父母离异的适应部分依赖于孩子的年龄或成熟度、性别、气质和离异前的心理社会的适应水平。年幼儿童对父母离异表现出更强烈的焦虑，对离异的原因缺乏现实的认识，更可能会归咎于自己；但是他们比年长儿童适应得更快。学龄期儿童对父母的压力以及冲突非常敏感，像年幼儿童一样，他们害怕自己被抛弃和被拒绝。男孩比女孩更难适应父母离异（Bray, 1991; Hetherington, Stanley-Hagan, & Anderson, 1989; Hetherington et al., 1998; Hines, 1997; Masten, Best, & Garmezy, 1990; Parke & Buriel, 1998）。

在诸如监护和探视安排、金钱、重新确定家庭责任、重选住址、和非监护父母一方的联系、再婚以及孩子和继父母的关系等问题上，不同的父母在处理方式上存在很大差异。如果有监护权的父母一方给孩子温暖和支持，采取权威型方式监督孩子的行为，对孩子的期望符合孩子的年龄特征，夫妻冲突在离异后停止，并且未取得监护权的父母一方和孩子保持亲密联系，那么孩子在父母离异后能适应得更好（Ahrons & Tanner, 2003; Kelly & Emery, 2003）。

很多法庭都引进了亲职教育程序，它教给离异或分居的夫妻如何避免和处理冲突，如何开诚布公地建立一种有效的合作关系，并帮助孩子适应父母离异。该项目取得了显著成效。与仅仅收到离婚适应读本的控制组相比，该程序大大降低了孩子在六年后出现心理问题的可能性（Wolchik et al., 2002）。

监护和探视问题　大多数离婚案例中都是母亲享有监护权，但父亲获得监护权的情况有逐渐增多的趋势。父母离异后，孩子和母亲一起生活，如果父亲付给子女抚养费，这样更有利于孩子的发展。父亲的抚养费是父子（女）关系和离异后父母间关系的晴雨表。父亲和孩子接触的频率并不重要，重要的是父子（女）关系的质量以及父母间冲突的水平。如果孩子和父亲不住在一起，但他们之间关系亲密，而且父亲是权威型家长的话，这样的孩子往往在校表现更好，而且出现行为问题的可能性较小

（Amato & Gilbreth, 1999; Kelly & Emery, 2003）。

共同监护权（joint custody）指父母双方商定共享对子女的监护权。这种方式有其优点，因为父母双方都能够继续和孩子保持亲密关系。如果父母享有共同*法定*监护权，则他们共同享有对子女问题的决定权。如果父母享有共同*生活*监护权（这种形式不太常见），那么孩子会分别和父母一方共同生活一段时间。对 33 项研究的分析发现，不论是共同法定监护还是共同生活监护，孩子的适应、自尊以及与家人的关系都好于单独监护的孩子。事实上，共同监护中的孩子，其适应性和非离异家庭中的孩子一样好（Bauserman, 2002）。但是，这也可能是由于选择共同监护的父母本身冲突较少所致。

长期影响 多数离异家庭的孩子适应得非常好；但是，父母离异增加了孩子在青春期和成年后出现问题的风险，如反社会行为、和权威人物相处困难（Amato, 2003; Kelly & Emery, 2003）或辍学（McLanahan & Sandefur, 1994）等。一些研究发现，父母离异的孩子在成年后出现严重的社会、情感或心理问题的比例为 25%，而正常家庭的孩子的这一比例只有 10%（Hetherington & Kelly, 2002）。此外，父母离异对还未出生的孩子也会造成影响。一项研究对随机选取的 2 033 对美国夫妇进行了为期 20 年的追踪研究，结果发现，离异家庭的孩子往往受教育水平较低，这些孩子成年后，他们的婚姻关系更不稳定，与孩子的关系也比正常家庭的亲子关系紧张。所以，这些“离异家庭子女”的孩子（最初责任人的孙子辈）受教育水平往往也较低、婚姻关系也不太稳定、和父母的关系也较疏远（Amato & Cheadle, 2005）。

随着离异家庭的孩子长大成年，试图建立自己的亲密关系时，他们会表现出与父母离异有关的焦虑（Amato, 2003; Wallerstein, Lewis, & Blakeslee, 2000）。由于经历了父母离异，一些年轻人试图保持独立，害怕做出承诺，担心最后会以失望告终（Glenn & Marquardt, 2001; Wallerstein & Corbin, 1999）。离异家庭的孩子成年后即便没有严重问题，他们也会有挥之不去的悲伤、担忧、遗憾和痛苦，这些感受通常与他们缺乏对自己生活的控制感有关（Kelly & Emery, 2003）。在很大程度上，这些影响依赖于年轻人如何应对和理解父母的离异。那些了解到父母间存在激烈冲突的年轻人能够从这些消极例子中吸取教训，并建立自己高质量的亲密关系（Shulman, Scharf, Lumer, & Maurer, 2001）。

在单亲家庭中生活 离异或分居、未婚先孕、配偶死亡等都会产生单亲家庭。从 1970 年以来，随着离婚率的上升和非婚生子的增多，美国的单亲家庭数量增长了近 3 倍（Fields, 2004）。如今，美国 28% 的孩子和父母一方一起生活（Fields, 2003；参见图 10-1）。实际上，这些“单亲”家庭中有很多都是同居家庭，即这些家庭中包括父亲或母亲的未婚伴侣，但更常见的是父亲及其未婚伴侣（Fields, 2003；见图 10-2）。

孩子和单亲母亲一起生活的可能性是和单亲父亲一起生活的 4 倍还多；但美国 1/6 的单亲家庭是单亲父亲家庭（Fields, 2004；见图 10-1 和图 10-2）。自 1970 年以来，

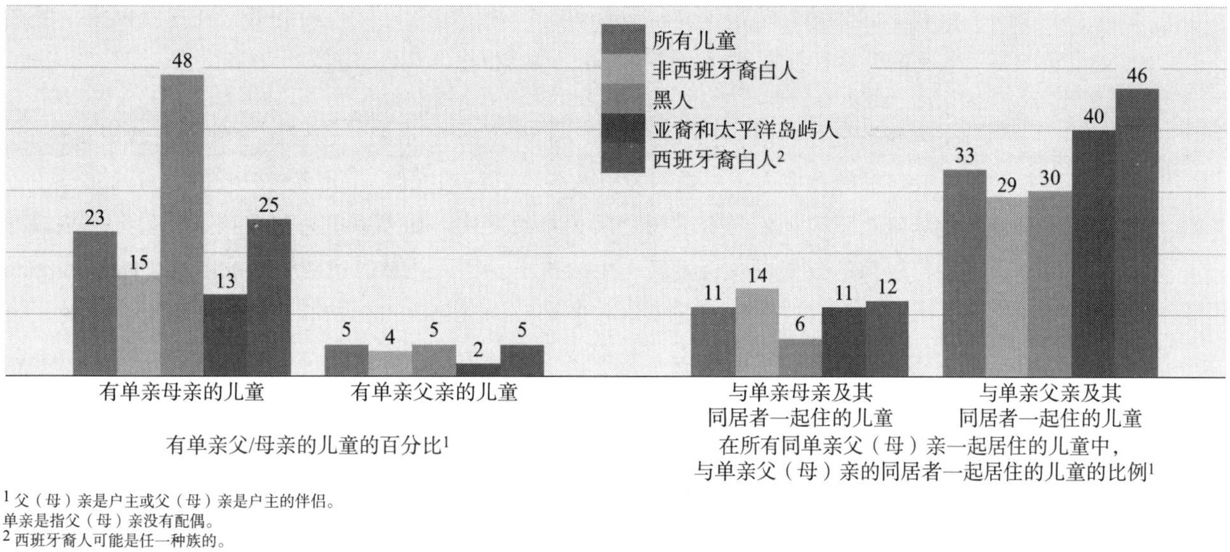

图 10–2

2002 年 3 月，与单亲父母或有同居伴侣的单亲父母一起生活的儿童。

资料来源：Fields, 2003; 美国人口普查网，2002 年 3 月进行的现行人口调查年度补充。

单亲父亲家庭的数量翻了两番，显然，这主要是离婚后父亲获得监护权的比例增加所造成的（Fields，2004；见图 10-2）。

总体来看，尽管单亲家庭的儿童发展良好，但一些研究发现，这些儿童往往在社会性和受教育方面落后于正常家庭的同龄人。与单亲家庭的儿童相比，那些与父母双方一起生活的儿童往往与父母有更多的日常交往，经常和父母一起阅读，在学校进步更稳定，参加的课外活动也更多（Lugaila, 2003）。但是，单亲家庭对儿童的消极影响也是可以避免的。儿童的年龄和发展水平、家庭的经济状况、是否经常搬家以及其他一些家庭状况因素都会使结果发生改变（Seltzer, 2000）。一项研究考察了 1 500 个有 6~7 岁孩子的家庭，其中包括白人、黑人和西班牙裔家庭。研究发现，母亲的受教育水平和能力、家庭收入以及家庭环境质量，都可以解释单亲家庭对儿童学习和行为问题产生的消极影响，其中后两个因素的影响相对较小。当儿童发展到青春期，这些影响依然存在（Ricciuti, 1999, 2004; 见 12 章）。

由于单亲家长通常缺乏教养子女必需的资源，因此，通过给这些家庭提供经济支持、社会支持、教育支持和教养支持，可能会降低孩子的潜在危险。11 个发达国家 * 的国际数学和科学测验发现，除新西兰以外，美国单亲家庭和正常家庭的三年级和四年级儿童之间的成绩差距比其他各国都要大。一些国家有家庭支持政策，如儿

* 澳大利亚、奥地利、加拿大、英格兰、爱尔兰、冰岛、荷兰、新西兰、挪威、苏格兰和美国。

童和家庭津贴、单亲家庭税收优惠、产假、宽松的工作时间等，在这些国家，单亲家庭的儿童往往发展得更好（Pong et al., 2003）。

在再婚家庭中生活 再婚家庭和“自然”家庭不同。这样的家庭涉及的成员更多，可能包括四位成人（再婚双方以及各自以前的配偶）。儿童对分开或去世的父母一方的忠诚会阻碍他们与继父母之间关系的发展。如果家里有很多孩子，包括再婚双方各自以前的孩子以及再婚后出生的孩子，那么儿童的适应会更加困难（Hetherington et al., 1989）。许多孩子与未取得监护权的父母一方保持联系。与没有监护权的父亲相比，没有监护权的母亲通常和孩子接触更多，也会提供更多的社会支持（Gunnoe & Hetherington, 2004）。

关于再婚对儿童的影响，许多研究结果并不一致（Parkes & Buriel, 1998）。一些研究发现，和女孩相比，男孩更难适应父母离异和单亲生活（他们通常是和母亲一起生活），有一位继父会对他们的适应有所帮助。另一方面，女孩则会把家里新出现的这个男人看成是对自己独立以及自己和母亲建立亲密关系的威胁，所以女孩更难接受继父（Bray & Hetherington, 1993; Hetherington, 1987; Hetherington et al., 1989; Hetherington et al., 1998; Hines, 1997）。一项对美国成人具有广泛代表性的样本的追踪研究发现，与单身母亲相比，再婚或有新同居关系的母亲较少对孩子使用苛刻的纪律，孩子报告其与再婚母亲的关系也比与单身母亲的关系更好。另一方面，稳定的单身母亲家庭对孩子的监督是最好的（Thomson, Mosley, Hanson, & McLanahan, 2001）。

这个女孩有两位父亲，很显然，这两位父亲都很宠爱孩子。与同性恋父母一起生活的孩子，出现心理社会问题或者也成为同性恋的可能性并不比其他孩子高，这与大众的刻板印象恰恰相反。

对美国中西部某大城市中 173 名不同种族的大学生进行研究，结果发现，与在完整家庭中长大的孩子相比，在再婚家庭中长大的孩子报告的幸福感较低，很少回忆起安全依恋。因此，依恋质量可能有助于解释为什么再婚家庭的孩子通常在情感、社会性和心理发展方面不如完整家庭的孩子（Love & Murdock, 2004）。

在同性恋家庭中生活 据估计，大约有 100~900 万美国儿童和青少年的父母，双方至少有一双是同性恋者。一些同性恋者所抚养的孩子是自己在以前的异性关系中与伴侣所生，而另一些孩子则是通过人工方式受孕、借助代孕妈妈所生，或是领养的孩子（Perrin and AAP Committee on Psychosocial Aspects of Child and Family Health, 2002）。

大量研究考察了同性恋者子女的发展状况，包括身体和情绪健康、智力、适应性、自我概念、道德判断、社会功能以及性功能，并未发现有需要特别关注的问题（AAP Committee on Psychosocial Aspects of Child and Family Health, 2002; Mooney-Somers & Golombok, 2000; C. J. Patterson, 1992, 1995a, 1995b, 1997; Perrin and AAP Committee on Psychosocial Aspects of Child and Family Health, 2002; Wainwright, Russell, & Patterson, 2004）。同性恋父母和异性恋父母在情绪健康、教养技能以及教养态度方面并不存在差异（Perrin and AAP Committee on Psychosocial Aspects of Child and Family Health, 2002）。公开的同性恋父母和孩子的关系通常更积极，孩子出现社会性问题或心理问题的可能性并不比异性恋父母的孩子高（Chan, Roboy, & Patterson, 1998; Mooney-Somers & Golombok, 2000; C.J. Patterson, 1992, 1995a, 1997; Wainwright et al., 2004）。此外，同性恋父母的孩子自己成为同性恋或出现性别混乱的可能性也并不比异性恋父母的孩子高（Anderssen, Amlie, & Ytteroy, 2002; B. M. King, 1996; Mooney-Somers & Golombok, 2000; C. J. Patterson, 1997; Wainwright et al., 2004）。

这些研究结果对有关监护和探视的争论、有关寄养照料以及领养问题的法律裁定具有启发意义。面对关于同性恋结婚的争论，考虑到这样的婚姻对孩子是否安全，一些州开始考虑或已经通过法规，准许同性恋者收养伴侣一方之前的婚生子女。美国儿科学会支持通过立法和法律努力，允许同性恋伴侣一方领养另一方的孩子，从而保证孩子享有继续拥有双亲的权利（AAP Committee on Psychosocial Aspects of Child and Family Health, 2002）。

学习检查站

你能否……

- ✓ 讨论父母离异对儿童的影响，以及生活在单亲家庭会对儿童的幸福感产生哪些影响？
- ✓ 鉴别再婚家庭的一些特殊问题和面临的挑战？
- ✓ 概括有关同性恋父母抚养孩子的研究结果？

同胞关系

学习指路标

6. 兄弟姐妹之间如何相互影响？宠物对儿童的发展起什么作用？

在亚洲、非洲、大洋洲和美洲中南部的偏远农村，经常可以看到姐姐照看三四个弟妹，给他们喂饭、抚慰，训练他们如厕，管教他们，并给他们分配家务。总的来说，她们要密切留意弟妹的一切。在这些地区，兄弟姐妹中的年长者扮演着一种由其文化所界定的重要角色。父母很早就训练儿童如何教会年幼的弟妹捡柴火、抬水、喂养牲畜和种植庄稼。兄弟姐妹中的年幼者会从中学到一些无形的价值观，如尊重长者、集体利益高于个人利益等（Cicirelli, 1994）。这种重要的文化学习通常是在哥哥姐姐照看弟弟妹妹的过程中产生的（Maynard, 2002）。像在美国这样的工业化国家中，父母一般都会尽量不让年长的孩子承担照看弟妹的“负担”（Weisner, 1993）。年长的孩子也会教给弟妹一些东西，但通常是非正式的，并不是社会系统必不可少的一部分（Cicirelli, 1994）。

家中兄弟姐妹的数量及其出生时间间隔、出生顺序和性别都会影响儿童的角色和相互间的关系。在发展中国家，人们通常会生育很多子女，这样有助于分担家务和照顾年迈的家庭成员。但在发达国家，兄弟姐妹比较少，而且年龄相差较大，这

这个苏里南（注：南美洲一国家）男孩有一项重要责任，即照顾弟弟。在发展中国家，同胞间的角色有着明确的文化界定，并贯穿一生。

样父母就可以集中地给每个孩子提供更多的资源和关注（Cicirelli, 1994）。

研究者曾分别在英格兰和美国的宾西法尼亚州进行了两项追踪研究，通过对母亲和兄弟姐妹的自然观察以及对母亲的访谈发现，同胞关系通常在 7~9 岁时发生变化。母亲和孩子通常都把这种变化归因于家庭以外的友谊。因为友谊会导致嫉妒和竞争，或使得个体失去对兄弟姐妹的兴趣和亲密关系。有时，弟妹逐渐增强的自信也会对同胞关系产生影响（Dunn, 1996）。

同胞关系是一个练习解决冲突的“实验室”。兄弟姐妹间发生争吵后会积极寻求和解，因为他们知道大家会抬头不见低头见。他们还知道生气并不会让彼此间的关系终止。孩子们往往会和同性别的兄弟姐妹发生争吵，而兄弟间的争吵最多（Cicirelli, 1976, 1995）。

兄弟姐妹间会在性别发展上互相影响。一项为期三年的追踪研究考察了 198 名兄弟姐妹（年龄中数分别为 10 岁和 8 岁），结果发现，家庭中的第二个孩子在性别态度、人格和休闲活动等方面都更像他的哥哥姐姐，而头胎所生的孩子则更多地受到父母的影响，受弟妹的影响较少（McHale, Updegraff, Helms-Erikson, & Crouter, 2001）。

同胞间不仅有直接影响，还有通过每个人与父母的关系而产生的间接影响。尤其是父母对年长孩子的经验会影响他们对年幼孩子的期望和处理方式（Brody, 2004）。此外，孩子在与父母交往过程中建立起来的行为模式也会“延续”到和同胞交往的行为中去（Brody, Stoneman, & Gauger, 1996）。

我思我秀

- 童年时你是否养过宠物？如果养过，它们对你的发展产生了怎样的影响？

学习检查站

你能否……

- ✓ 比较发达国家和发展中国家中兄弟姐妹的角色和责任？
- ✓ 举例说明在发展过程中，兄弟姐妹间是怎样相互影响的？
- ✓ 说说宠物是如何影响孩子的人格发展的？

动物伙伴

本书作者之一有个女儿，她带回家一本他们五年级同学“出版”的诗集，你会发现诗集中儿童和宠物打交道的内容要比和兄弟姐妹相处的内容多。诗集描述了他们给狗洗澡和训练狗的故事，讲述一条鱼是怎样游动的，还有的人在池塘边放生一只小蝌蚪，冬天去给一只饥饿的猫买食物，一家人周末外出把宠物狗留给兽医时狗表现出的愤怒等。

动物伙伴在儿童的人格发展中起重要作用，但这种作用经常被忽略。有学龄期儿童的家庭最有可能养宠物，很多家庭养的宠物还不只一种。在美国中西部的加利福尼亚州和德国黑森州开展的研究发现，70%~90% 的学龄期儿童家里有宠物或不久前曾有过宠物（Melson, 1998）。

动物伙伴可能会对埃里克森所谓的“基本信任”产生影响，并有助于满足儿童对自主和勤奋的需求（Melson, 1998）。即使是年幼儿童也能对动物形成信任性依恋，进而转化为对儿童的情感支持。养宠物可以让大一点的儿童富有同情心，学会承担责任和照顾他人。有研究者让英国一个小镇上的 22 名 7~8 岁的儿童列出对他们来说最重要的人和动物，18 名有宠物的儿童中，有 17 人把宠物列入前十位最重要的关系。当问及在一些假设的情境中（如生病、害怕或陷入困境，糟糕的一天，遇到问题或有一个特别的秘密时），儿童会向谁求助时，他们通常会选择自己的宠物（McNicholas & Collis, 2001）。

同伴团体中的儿童

学习指路标

7. 童年中期的同伴关系会有哪些变化？影响儿童的受欢迎性和选择朋友的因素有哪些？

在童年中期，同伴团体逐渐形成，通常是在居住地邻近或一起上学的儿童之间自然形成。因此，同伴团体通常由相同种族或人种、社会地位相近的儿童组成（Pellegrini et al., 2002）。通常来说，经常一起玩的是年龄相仿的同性别儿童（Hartup, 1992）。团体中的男孩倾向于玩男性化的游戏，女孩则更可能参加“跨性别”的活动，如团体运动在男孩和女孩中都很受欢迎（McHale, Kim, Whiteman, & Crouter, 2004）。

同伴团体会对儿童产生怎样的影响？哪些因素决定了儿童是否被同伴接受和他们交朋友的能力？

在和同伴相处的过程中，儿童知道自己有多聪明、多健壮和多可爱。竞争和分享秘密都可以让儿童形成自我概念，同时也有助于他们发展社会技能和获得归属感。同伴团体往往由同性别儿童组成，这样可以让儿童学到适合自己性别的行为。

同伴关系的积极和消极影响

儿童能从与同伴相处的过程中获益。他们能学会社会交往和建立友谊所需的技巧，增进彼此间的关系，并获得归属感。儿童会受认同感的驱使，并最终获得认同感。他们学会了领导和沟通技巧，学会了合作，知道自己的角色和游戏规则（Pellegrini, Kato, Blatchford, & Baines, 2002; Zarbatany, Hartmann, & Rankin, 1990）。

随着儿童开始摆脱父母的影响，同伴团体为他们打开了新的视角。他们可以自由独立地进行判断。通过把以前接受的价值观和同伴的价值观进行比较，有助于儿童决定哪些应该保留，哪些应该放弃。通过与同伴进行比较，儿童能更现实地衡量自己的能力，获得更清晰的自我效能感（Bandura, 1994）。同伴帮助儿童学习如何在社会中与人相处——如何调整自己的需要和愿望，什么时候应该妥协，什么时候该坚持立场等。当儿童发现并不是只有自己才会冒犯大人时，儿童的内疚感就会减轻。

同性别的同伴团体可以帮助儿童学习适合自己性别的行为，并把性别角色整合进自我概念中。一项研究考察了 106 名三到七年级的儿童，这些儿童是来自不同种族的中产阶级儿童。研究发现，对自身性别满意与否影响儿童的自尊和幸福感。如果要求儿童符合性别刻板印象，不论这种压力来自父母、同伴还是自己，都会降低儿童的幸福感（Yunger, Carver, & Perry, 2004）。

同伴团体也有消极的一面，儿童可能会结成小帮派，区分自己人和局外人。这样可能会强化儿童的**偏见**（prejudice），即对“局外人”，尤其是对特定种族或人种成员持不喜欢的态度。在加拿大的蒙特利尔，说法语的人和说英语的人之间关系紧张。在该地区进行的一项研究发现，245 名从幼儿园到小学六年级的说英语的儿童都表现出了偏见（Powlishta, Serbin, Doyle, & White, 1994）。研究者给儿童呈现两个卡通人物，一个说英语，另一个说法语，然后问儿童：（1）这两个卡通人物是否具有如下特点：乐于助人、聪明、讨厌和淘气，（2）儿童愿意和哪个卡通人物一起玩。研究者还用类似程序考察了儿童对男性和女性（考虑到关于雄心和温柔的性别刻板印象）以及对超重和体重正常的儿童的态度。儿童往往会用积极的形容词描述与自己相似的人，但在这些偏见中，除了对同性别儿童的偏爱以外，其余偏见都会随着年龄的增长和认知发展而逐渐减弱。如果儿童对人的能力变化拥有灵活的看法，则较少抱有这种刻板观点（Karafantis & Levy, 2004）。

> **我思我秀**
> - 学校和家长如何才能减少孩子的种族偏见、宗教偏见和民族偏见？

> **学习检查站**
> 你能否……
> ✓ 区别同伴团体成员往往有哪些相似性？
> ✓ 鉴别同伴团体的积极影响和消极影响？

同伴团体也可能导致儿童的反社会倾向。青少年早期的儿童对从众压力尤其敏感。儿童要想成为同伴团体的一分子，就要接受群体的价值观和行为规范，即使这些价值观和行为规范是不为社会赞许的，儿童也没有足够的力量抵制它们。儿童开始偷窃或吸食毒品常常是和同伴在一起时发生的（Hartup, 1992）。当然，从一定程度上来说，遵从群体标准是积极的，只有当群体规范是破坏性的或这些规范会促使人们做出一些违背自己正确判断的行为时，才是消极的。

受欢迎度

在童年中期，受欢迎程度变得更加重要。受同伴喜欢的学龄期儿童在青春期倾向于适应得更好。那些不被同伴接受或攻击性很强的儿童更可能会出现心理问题，也更可能辍学或沦为问题少年（Hartup, 1992; Kupersmidt & Coie, 1990; Morison & Masten, 1991; Newcomb, Bukowski, & Pattee, 1993; Parker & Asher, 1987）。

受欢迎度可以用两种方法进行测量，测量结果可能会存在一定差异。研究者通过询问儿童他们最喜欢和最不喜欢的同伴来测量*社交计量受欢迎度*。这类研究将儿童在同伴中的地位分成五种：*受欢迎*（受到多次积极提名的孩子）、*被拒绝*（受到多次消极提名的孩子）、*被忽视*（受到积极提名和消极提名次数都很少的孩子）、*有争议*（积极提名和消极提名次数都很多的孩子）和*一般型*（消极提名和积极提名次数都不突出的孩子）。通过询问儿童哪些孩子最受同伴喜欢来测量*知觉到的受欢迎度*。

*社交测量*受欢迎的儿童一般都有较好的认知能力和学习成绩，并善于处理社会性问题、乐于助人、自信以及攻击行为较少。这类儿童通常都很友善、值得信赖、合作、忠诚、自我表露、给他人以情感支持。他们良好的社交技巧赢得了他人的喜欢（Cillessen & Mayeux, 2004; LaFontana & Cillessen, 2002; Masten & Coatsworth, 1998; Newcomb et al., 1993）。另一方面（我们后面将会讨论），一些*知觉到*受欢迎度较高的学龄期儿童，即地位较高的儿童，他们可能更具支配性、傲慢、攻击性较强。知觉到较受欢迎的儿童往往有较好的外貌、骄人的运动能力或学习成绩，但学习成绩的影响较小（Cillessen & Mayeux, 2004; LaFontana & Cillessen, 2002）。

也有很多原因使得儿童*不受欢迎*（被拒绝和忽视）。在不受欢迎的儿童中，有些儿童的攻击性较强，但另一些则是活动过度、注意力有缺陷或孤僻的孩子（Dodge, Coie, Pettit, & Price, 1990; Masten & Coatsworth, 1998; Newcomb et al., 1993; A. W. Pope, Bierman, & Mumma, 1991）。还有一些儿童可能是因为表现得笨拙、不成熟，或经常焦虑和犹豫不决。不受欢迎的儿童往往对他人的感受不敏感，难以适应新环境（Bierman, Smoot, & Aumiller, 1993）。一些不受欢迎的儿童对异性群体过分感兴趣（Sroufe, Bennett, Englund, Urban, & Shulman, 1993）。有些不受欢迎的儿童会预期自己不招人喜欢，久而久之产生了自我实现预言（Rabiner & Coie, 1989）。

儿童在家庭中习得的行为通常会影响其是否受欢迎（Masten & Coatsworth, 1998）。权威型父母的儿童往往比专制型父母的儿童更受欢迎（Dekovic & Janssens, 1992）。专制型父母常常惩罚和恐吓孩子，他们的孩子也更可能对其他儿童进行威胁或动手打人。权威型父母经常给孩子讲道理，帮助孩子理解他人的感受，这些儿童比专制型父母的儿童更受欢迎（C. H. Hart, Ladd, & Burleson, 1990）。

在西方和中国文化中，社交能力和与人合作的能力都与社会适应、学校适应相关，而攻击性则与同伴拒绝、适应不良相关。在两种文化中，男孩的攻击性都更强，他们在学校中的问题行为更多（Chen, Cen, Li, & He, 2005）。儿童在对羞怯和敏感的接

学习检查站
你能否……

✓ 描述受欢迎和不受欢迎的孩子各自的特点，并谈谈两者有什么不同？

✓ 确定家庭和文化对儿童的受欢迎性有怎样的影响？

世界之窗

专栏10-1

受欢迎度：跨文化的观点

文化如何影响儿童的受欢迎度？在一种文化中受欢迎的儿童在另一种文化中是否也同样受欢迎？研究者对来自中国上海的480名小学二年级和四年级儿童以及来自加拿大安大略省的196名同龄儿童进行了比较（X. Chen, Rubin, & Sun, 1992）。尽管这两组儿童存在很大差别，如加拿大的儿童都不是来自农村家庭的孩子，而很多中国儿童来自农村；但这两组样本分别是两个国家学龄期儿童的代表性样本。

研究者用两种同伴知觉的方法来考察儿童的受欢迎度。要求儿童填写社会关系评级问卷，列出他们最喜欢和最不喜欢的三个同学以及三个最好的朋友。结果显示，有些特质在两种文化中都很受推崇。在两个国家中，善于交际、合作的儿童都很受欢迎，而攻击性强的儿童在两个国家中都被同伴拒绝。但是，结果也显示了一个重要的差异：羞怯、敏感的儿童在中国很受欢迎，但在加拿大却不招人喜欢。这一结果并不奇怪。中国传统鼓励儿童小心谨慎、自我约束以及压抑自己的冲动。因此，一个安静羞怯的儿童被认为行为得当。但在西方文化中则相反，这样的儿童可能被看成是社交不成熟的、胆怯的或缺乏自信的。

在童年中期，害羞、敏感的孩子在中国比在西方文化中更招人喜爱，因为大家认为行为表现良好。这一年龄的儿童往往会接受成人的行为标准。

通过对8岁和10岁儿童的追踪研究（X.Chen, Rubin,

纳方面存在文化差异（见专栏10-1）。

友　谊

儿童的很多业余时间都是在同伴群体中度过的，但只有作为单个的个体，他们才能建立友谊。受欢迎是同伴团体对某个儿童的看法，但友谊则是一种双向关系。

儿童会找同龄、同性别、同种族和又有相同兴趣的同伴作为自己的朋友。朋友是儿童喜欢的某个人，和这个人在一起感到很舒服，喜欢和他（她）一起做事，还可以分享彼此的情感和秘密。朋友间彼此非常了解、互相信任、有承诺感、互相平等对待。最深厚的友谊包括互相对等的承诺和成熟的给予索取模式。即使是不受欢迎的儿童也可以交到朋友，但他们的朋友数量比受欢迎儿童的朋友数量少，而且他们的朋友往往是比自己小的儿童或其他不受欢迎的儿童，或者是在其他班、其他学

& Li, 1995）再次发现，羞怯、敏感的中国儿童受到同伴欢迎。教师对这些儿童的评价也是社交能力强、有领导力、学业成就高。但是，到儿童 12 岁时发生了一种有趣的转变：羞怯、敏感的中国儿童不再受欢迎。像在西方文化中一样，这些儿童往往被同伴拒绝。

研究者认为，进入青春期后，中国儿童的羞怯和敏感可能有了和以前不同的社会含义。这时，同伴关系变得更重要，而成人的赞赏处于次要地位。即便是在中国这样有着很强的遵从权威传统的文化中，成人的社会标准对儿童的影响也会随着儿童渴望自己独立做判断而逐渐减弱，而独立判断恰是同伴所推崇的特点。

然而，新近的一项对年幼儿童的研究却指出，近年来，尤其是 20 世纪 90 年代末期以来，中国经济结构调整所带的重大社会变革对儿童产生了重要影响。在此期间，中国紧跟世界步伐逐步向更具竞争性、技术更加先进的市场经济转变，同时也产生了一些个人主义价值观。

在 1990 年、1998 年和 2002 年，研究者（Chen, Cen, Li, & He, 2005）分别采用社会关系测量法和同伴对社会功能的评价法考察了上海市三、四年级的三个同质群体。他们考察了儿童的学习成绩和教师评定。与以往研究结果一致，亲社会行为与社会地位、学校成绩相关，而攻击性则与同伴拒绝、不良适应相关。但是，在羞怯和敏感的儿童身上发生了显著的变化。在 1990 年的参与者群体中，羞怯的儿童通常易被同伴接受、学习成绩较好、领导能力较强、教师对他们能力的评价也较高。到 2002 年，结果发生了反转：羞怯的儿童往往被同伴拒绝、情绪低落、教师对他们的能力评价较低。1998 年的研究结果比较复杂，这可能反映了社会转型期人们的社会态度的变化。这些结果说明，对羞怯儿童的社会接受度与文化标准密切相关。在中国目前这样的社会经济形势中，儿童的自信和主动性可能比以往更受称赞和鼓励，而羞怯和敏感则可能导致儿童产生社交困难和心理问题。

我思我秀

如果害羞敏感的儿童抱怨自己遭到其他儿童的拒绝，你会给这些儿童的父母怎样的建议？

课外链接

如需更多关于这一主题的信息，可登录 http://www.pbs.org/kcts/preciouschildren/resources/index.html，该网页可以从 PBS 的纪录片“宝贝儿童”找到关于中国的链接。还可以登录 http://www.pbs.org/inthemix，这是 PBS “In The Mix”节目的网址，在这里可以搜索“派系：标签背后”节目的副本。

像安娜和她的朋友克里斯蒂娜一样，学龄期的儿童常常分享秘密和欢笑。友谊在童年中期会变得更加深厚和稳定，这反映出儿童的认知和情感的发展。和男孩相比，女孩的朋友往往要少一些，但更亲密一些。

校的儿童（George & Hartmann, 1996; Hartup, 1992, 1996a, 1996b; Newcomb & Bagwell, 1995）。

与朋友在一起，儿童可以学习如何与他人沟通和合作的能力。他们相互帮助，应对艰难的压力事件，如开始新的学校生活或逐渐适应父母离异等。不可避免的争吵教会儿童如何处理冲突（Furman, 1982; Hartup, 1992, 1996a, 1996b; Hartup & Stevens, 1999; Newcomb & Bagwell, 1995）。那些在朋友需要帮助或支持时（如被同学取笑时）躲避或责备朋友的儿童，通常朋友数量不多，而且友谊质量比较低；那些在朋友试图帮助他们时故意躲避的儿童，往往朋友数量也不多（Rose & Asher, 2004）。

学习检查站

你能否……

- ✓ 区分受欢迎性和友谊？
- ✓ 比较受欢迎性的两种测量方法，并讨论儿童受欢迎的原因？
- ✓ 列举儿童交朋友时考虑的特征？
- ✓ 说说年龄和性别对友谊有怎样的影响？

友谊似乎有助于儿童自我感觉良好，但也有可能是那些自我感觉良好的儿童更容易交到朋友。童年中期遭到同伴拒绝或没有朋友，这会对儿童产生长期的影响。一项追踪研究发现，五年级时没有朋友的儿童发展到成年早期时，其自尊水平低于其他同学，甚至出现抑郁症（Bagwell, Newcomb, & Bukowski, 1998）。

儿童的友谊概念和与朋友相处时的行为方式会随着年龄的增长发生变化，这反映出儿童的认知和情感的发展。学龄前儿童只是和朋友一起玩，但学龄期儿童的友谊更加深厚稳定。直到儿童的认知足够成熟，能够同时考虑自己和他人的观点和需要时，才会出现真正的友谊（Hartup, 1992; Hartup & Stevens, 1999; Newcomb & Bagwell, 1995）。塞尔曼（Robert Selman, 1980; Selman & Selman, 1979）曾对 250 名

表 10–1　塞尔曼的友谊阶段

阶段	描　述	例　子
阶段 0：短暂的游戏伙伴阶段（3~7 岁）	这一阶段友谊还未分化，儿童是自我中心的，不能考虑他人的观点；他们往往只考虑自己能从友谊中得到什么。多数年幼儿童以是否邻近来定义朋友，看重物质或身体特征	“她和我住在同一条街上。”或“他有一个漂亮的玩具。”
阶段 1：单向帮助阶段（4~9 岁）	单向水平，“好朋友”会做自己想让他（她）做的任何事	“她不再是我的朋友了，因为我想和她一起玩时她不愿意。”或“他是我的朋友，因为每次我借橡皮时他都借给我。”
阶段 2：双向但不能共患难的合作阶段（6~12 岁）	双向水平和阶段1有重叠。友谊已经涉及给予和索取；但儿童仍倾向于考虑是否对自己有好处而不是双方共同的利益	“我们是朋友，我们互相帮助。”或“朋友是没有人和你一起玩的时候，能与你一起玩的人 。”
阶段 3：亲密共享阶段（9~15 岁）	相互水平。儿童认为友谊有自己的生命，是一种持续的、系统的、相互承诺的关系，不只是帮对方做事。友谊变得独占和排他	“交一个亲密的朋友需要很长时间，因此如果你发现你的朋友交其他朋友时，你会感到很糟糕。”
阶段 4：自主独立阶段（从 12 岁开始）	独立阶段。儿童能相互尊重朋友的需要，相互尊重对方的独立性和自主性需求	“真正的友谊是一种现实的承诺，为此你必需冒险。朋友要真诚的奉献，必须相互支持和信任，但还要让他有自己的自由。”

3~45 岁的样本进行了访谈，在此基础上划分出友谊概念发展的五个相互重叠的阶段（见表 10-1）。他发现多数学龄期儿童处于阶段 2（基于自身利益的互惠友谊），但一些年龄较大的儿童，如九岁或以上的儿童，可能处于阶段 3（亲密的共享关系）。

学龄期儿童会根据亲密程度和共处时间把朋友区分为“最好的朋友”“好朋友”和“非正式朋友”（Hartup & Stevens, 1999）。这个年龄段的儿童一般会有 3~5 个“最好的”朋友，但通常每次只和一两个一起玩（Hartup, 1992; Hartup & Stevens, 1999）。学龄期儿童不太在意是否有很多朋友，他们更在乎是否有一些可以依赖的亲密朋友。男孩通常有更多的朋友，但他们的关系往往不太亲密，男孩间的友谊没有女孩的深厚（Furman, 1982; Furman & Buhrmester, 1985; Hurtup & Stevens, 1999）。

攻击和欺负

学习指路标

8. 童年中期最常见的攻击行为是什么？影响攻击行为的因素是什么？

第 8 章已经讲过，在小学的前几年中，儿童的攻击性一般都会降低或者攻击的形式会发生变化。**工具性攻击**（instrumental aggression）是指为得到某个物品而进行的攻击，这是学龄前儿童攻击性的特点，到童年中期，工具性攻击大幅减少（Coie & Dodge, 1998）。**敌意性攻击**（hostile aggression）意在伤害他人为目标的攻击，通常采用关系（社会的）攻击而非外显（身体的）攻击的形式。九岁的儿童能认识到类似取笑和散布谣言之类的行为是“故意的”；他们知道这些行为产生的原因是愤怒，目的是为了伤害他人（Crick, Bigbee, & Howes, 1996; Crick et al., 2002; Galen & Underwood, 1997）。

只有极少数学龄期儿童不能学会控制身体攻击（Coie & Dodge, 1998），这些儿童往往在整个童年期都表现出身体攻击行为。他们通常存在有社交困难或心理问题，但目前尚不清楚到底是攻击导致了这些问题的产生，还是攻击是这些问题的反映，或两者兼有（Crick & Grotpeter, 1995）。攻击性强的儿童在一起往往会互相怂恿做出反社会行为。因此，身体攻击性强的学龄期男孩到青春期很可能会表现出犯罪行为（Broidy et al., 2003）。

前面我们已经提到，具有攻击性的儿童往往不招人喜欢，但某些有身体攻击的男孩和某些有关系攻击的女孩却是班级中最受欢迎的儿童（Cillessen & Mayeux, 2004; Rodkin, Farmer, Pearl, & Van Acker, 2000）。一项对“被拒绝”的四年级儿童的研究发现，攻击性强的男孩往往在五年级末期获得较高的社会地位。这表明，年幼儿童尽力回避的行为在青少年前期的儿童看来可能是很酷或很有魅力的行为（Sandstrom & Coie, 1999）。一项追踪研究考察了美国东北部某城市不同种族的 905 名儿童，从五年级追踪到九年级（Cillessen & Mayeux, 2004）。结果显示，儿童进入青少年期后，身体攻击变得不再那么令人讨厌，同时，关系攻击则由于在同伴中具有较高地位而受到强化。

攻击的种类以及社会信息加工 什么原因使得儿童表现出攻击行为？一种观点将其归因为儿童加工社会信息的方式：他们关注社会环境中的哪些特征以及他们如何理解感知到的这些信息（Crick & Dodge, 1994, 1996）。

工具性（或前摄）攻击者将暴力和强迫视为一种得到自己想要的东西的有效方式。他们的攻击行为是故意的，而非由于愤怒。根据社会学习理论的观点，这些儿童之所以有攻击性，是因为他们预期攻击会给他们带来回报，当他们确实获得回报时，攻击有效性的信念就会被强化（Crick & Dodge, 1996）。与之相反，如果某个儿童偶然被人从队列中挤出来，她可能会很生气地去推搡对方，因为她觉得对方是故意要挤自己。这就是敌意性攻击，或称为*反应性攻击*。这类儿童通常存在*敌意归因偏见*，他们认为其他儿童试图伤害自己，所以他们会反击或出于自我保护而攻击他人（Crick & Dodge, 1996; de Castro, Veerman, Koops, Bosch, & Manshouwer, 2002; Waldman, 1996）。

寻求支配和控制的儿童可能会因为有人威胁到自己的地位而进行攻击，他们把这种威胁归因为敌意（de Castro et al., 2002；Erdley et al., 1997）。被拒绝的儿童和父母教养方式苛刻的儿童往往也存在敌意归因偏见（Coie & Dodge, 1998; Masten & Coatsworth, 1998; Weiss, Dodge, Bates, & Pettit, 1992）。因为人们通常会对那些攻击自己的人抱有敌意，所以敌意归因偏见可能成为自我实现预言，形成某种攻击行为的循环（de Castro et al., 2002）。

具有攻击性的儿童与其他同伴的心理差异到童年中期逐渐凸显出来。一项研究选取纽约公立学校儿童中有代表性的样本 11 160 人，采用问卷法来考察儿童对一些假想情境的想象、行为和反应。结果显示，在 6~12 岁时，儿童的敌意归因偏见和攻击性想象增多；但同时，儿童对应对冲突的建设性的反应也相应增加了。尽管在 6 岁时，女孩的攻击性比男孩少，但到 12 岁时，女孩的敌意归因偏见和对假想冲突的攻击反应与男孩相差无几（Aber，Brown, & Jones, 2003）。

无论是工具性攻击的儿童还是敌意性攻击的儿童，都需要他人帮助他们改变现有的社会信息加工方式，从而使他们认识到攻击并不是正当和有效的。成人可以教给儿童如何识别自己的愤怒并进行控制，帮助儿童抑制*敌意性*攻击。如果没有奖励，*工具性*攻击就会停止（Crick & Dodge, 1996）。在纽约市某学校进行的一项研究发现，通过参加讨论和小组角色扮演这样一种解决冲突的课程，儿童的敌意归因偏见、攻击行为和行为问题都会减少，他们对社会情境的应对方式也比未参加这一课程的儿童更加有效（Aber et al., 2003）。

媒体暴力是否会促进儿童的攻击性？ 2~18 岁的儿童和青少年每天花在媒体娱乐上的时间平均为 6.5 小时，包括看电视、录像，玩电子游戏、电脑游戏，读各种报纸杂志，听广播、音乐磁带以及上网等。除睡觉外，这些活动比其他任何活动占用的时间都要多（AAP Committee on Public Education, 2001b）。

约 60% 的美国电视节目中包含暴力内容，它们通常渲染、美化暴力或把暴力视为无关紧要的事。包含暴力内容最多的是儿童节目（National Television Violence Study, 1995, 1996）。美国所有的 G 级动画故事片创作于 1937 年到 1999 年间，其中很多都会定期在电视上重播，这些动画片中包含的暴力内容逐年增加（Yokota & Thompson, 2000）。此外，新闻中也反复地报道自然灾害和暴力活动。电台广播中使用多达 30% 的时间详细报道各种犯罪事件（American Academy of Child & Adolescent Psychiatry, 2002）。有人对美国 50 种大型的体育赛事电视转播进行了研究，例如美国橄榄球超级赛，结果发现，其中 49% 的插播广告时间里至少包含一种商业性的危险行为或暴力行为（Tamburro, Gordon, D'Apolito, & Howard, 2004）。一些音乐视频也不恰当地通过反对女性和黑人来突显暴力特征。电影、音乐和电子游戏业都把含有暴力的成人化的作品推向儿童市场。而影片评级标准混乱、不一致，调查显示，多数家长根本不采用这些评级（AAP Committee on Public Education, 2001b）。

因为儿童把大量时间花在媒体娱乐上，因此，荧屏形象就成为儿童主要的行为榜样，媒体也成为儿童了解人们行为的主要信息来源。大量的实验室研究、追踪研究、流行病学调查和跨文化研究都证明，媒体暴力与个体在童年期、青少年期、成年期的攻击行为之间存在因果关系。事实上，与暴力行为关联最强的一个因素是先前是否暴露于暴力环境中（AAP Committee on Public Education, 2001b; Anderson, Huston et al., 2001; Anderson, Berkowitz, et al., 2003; Huesmann, Moise-Titus, Podolski, & Eron, 2003）。

我思我秀

- 对于儿童接触媒体暴力的问题，我们能做些什么？又该做些什么？

媒体暴力如何导致儿童长期的攻击行为？研究显示，观看媒体暴力会降低个体的自控性。因为媒体暴力常常被理想化，只描绘本能的冲动而不必付出任何代价，所以儿童会认为暴力是为大家所接受的。电视、电影和音乐视频都把携带和使用武器描绘成个人力量的来源。不论是英雄还是坏人都可以通过暴力达到自己的目的，这使儿童认为暴力是解决冲突的有效途径。他们会对暴力导致的痛苦不再敏感，认为暴力是理所当然的事情，在看到暴力行为时也很少制止。暴力行为被渲染得越真实，人们就越可能容忍和模仿暴力行为（AAP Committee on Public Education, 2001b; Anderson, Berkowitz, et al., 2003）。

研究表明，观看暴力电视节目的儿童往往具有攻击性。如果节目中的暴力行为是儿童发起的，例如电子游戏，这种影响会更加强烈。

电视暴力对儿童的影响比对成人的影响更大（AAP Committee on Public Education, 2001b; Coie & Dodge, 1998）。经典的社会学习理论的研究指出，儿童对电视中榜样的模仿甚至多于对现实榜样的模仿（Bandura, Ross, & Ross, 1963）。如果儿童认为银幕上的暴力是真实存在的，并认同暴力角色，觉得他们很有魅力，如果他们看电视时又没有父母监督或干预，媒体暴力对儿童产生的影响会更大（Anderson, Berkowitz et al., 2003；Coie & Dodge, 1998）。暴露于大量的媒体暴力中，会导致年轻人认为世界是不安全的，为了保护自己必需携带武器和使用暴力（AAP Committee on Public Education, 2001b）。攻击性高的儿童比攻击性低的儿童更容易受到媒体暴力的影响（Anderson, Berkowitz et al., 2003）。

电视暴力对学龄期儿童的长期影响比对年幼儿童的影响更强大（Eron & Huesmann, 1986）。有研究者对 427 名八岁儿童的收视习惯进行研究，结果发现，他们在 19 岁时的攻击性最好的预测指标是童年时观看电视节目的暴力程度（Eron, 1980, 1982）。在一项追踪研究中，男孩八岁时看电视的数量和对暴力节目的偏爱可以预测其 30 岁时犯罪的严重程度（Huesmann, 1986; Huesmann & Eron, 1984）。

对新近的互动媒体，像电子游戏和互联网的影响研究相对较少。但一些初步研究显示，“儿童发起的虚拟暴力可能比像电视这类被动媒体的影响更加深刻远”。暴力电子游戏不仅仅让儿童观看暴力行为获得奖励，还“把儿童置于攻击者的地位，并在攻击成功时给予奖励”（AAP Committee on Public Education, 2001b, pp.1223–1224）。一项研究发现，四年级到八年级的儿童都喜欢在对他人施暴时奖励点数的电子游戏（Funk & Buchman, 1996）。当儿童不断追求提高分数和升级时，就会对这类电子游戏上瘾（Griffiths & Hunt, 1998）。一项实验研究发现，在玩电子游戏后，年轻人的亲社会行为会减少，产生攻击性思维，并对他人的挑衅进行武力报复（Anderson, 2000）。

学习检查站

你能否……

✓ 谈谈童年中期攻击性发生了哪些变化，社会信息加工和媒体暴力对儿童的攻击性产生怎样的影响？

媒体诱发的暴力可以通过减少儿童看电视的时间、次数和父母监督引导等方式来降低（Anderson, Berkowitz et al., 2003）。美国儿科学会公共教育委员会（APA, 2001b）建议，父母应把儿童接触媒体的时间控制在每天 1~2 小时。让三、四年级的儿童参加为期六个月的课程，目的是督促他们监督和减少自己看电视、录像和玩电子游戏的时间，与控制组相比，同伴对这些儿童的攻击性的评价显著降低（Robinson, Wilde, Navracruz, Haydel, & Varady, 2001）。

欺负者和被欺负者 如果攻击总是故意地、持续地指向某一特定目标，就转变为**欺负**（bullying）行为，被欺负者通常是身体较弱、易受攻击而无力保护自己的儿童。对 16 000 名学生的调查显示，美国有超过 200 万小学生是欺负者或被欺负者，占六年级到十年级学生总数的 30%（Nansel et al., 2001）。欺负也是其他工业化国家普遍存在的问题，如英国和日本（Hara, 2002; Kanetsuna & Smith, 2002; Ruiz & Tanaka, 2001）。在日本和韩国，学校欺负与学生自杀率、自杀念头和自杀行为的上升密切相关（Kim, Koh, & Leventhal, 2005; Rios-Ellis, Bellamy, & Shoji, 2000）。

欺负和被欺负的模式可能早在幼儿园时就已经形成。在同伴团体的建立之初，攻击者很快就明白哪个儿童最容易欺负。在小学中年级时，儿童的攻击行为和欺负行为增多，此后逐渐降低。欺负行为在这一时期的短暂增多可能反映出，学习困难儿童正在新学校建立其社会网络。在这一转折期，男孩尤其会把欺负作为其在同伴团体中获得统治地位的手段。男孩的欺负对象通常是男孩，女孩的欺负对象通常是女孩（Pellegrini & Long, 2002）。在欺负者中，男孩往往会使用外显的身体攻击，而女孩可能会使用关系攻击（Boulton, 1995; Nansel et al., 2001）。

欺负行为通常在小学中年级出现得最多。男孩较多使用外显攻击，而女孩则更多使用关系攻击。

与欺负的发展模式不同，儿童被欺负的可能性稳定下降。随着年龄增长，多数儿童知道如何劝阻欺负行为，因此只有极少儿童还会被欺负（Pellegrini & Long, 2002; P. K. Smith & Levan, 1995）。被欺负的风险因素似乎具有跨文化的相似性（Schwartz, Chang, & Farver, 2001）。欺负的受害者往往是那些焦虑、顺从又爱哭的儿童，或是那些爱争论、爱挑衅的儿童（Hodges, Boivin, Vitaro, & Bukowski, 1999; Olweus, 1995）。他们通常没什么朋友、家庭环境苛刻、时常受到父母惩罚，所以这些孩子面对他人的惩罚或拒绝时非常脆弱（Nansel et al., 2001; Schwartz, Dodge, Pettit, & Bates and the Conduct Problems Prevention Research Group, 2000）。被欺负者往往自尊较低，但目前还不清楚，究竟是低自尊导致了儿童被欺负，还是被欺负导致低自尊。被欺负的男孩往往身体较弱（Boulton & Smith, 1994; Olweus, 1995）。在 5 749 名加拿大儿童中，超重者最可能成为欺负者或受害者（Janssen, Craig, Boyce, & Pickett, 2004）。

被欺负的儿童可能会表现出各种行为问题，如多动症。他们可能变得具有攻击性（Schwartz, McFadyen-Ketchum, Dodge, Pettit, & Bates, 1998）。1994 年以来发生的校园枪击事件中，行凶者通常都曾是被欺负的受害者（Anderson, Kaufman et al., 2001）。

如果学校不能有效抵制诸如欺负和恐吓等攻击行为，就可能会形成一种氛围，让学生觉得这些行为是被大家所接受的，从而使问题逐步升级。这样的环境可能会导致更加严重的暴力行为（Wilson, Lipsey, & Derzon, 2003）。挪威一些学校对四到七年级的儿童进行干预，使得欺负行为减少了一半，其他反社会行为也有所减少。取得这一成效的具体措施是：给学生创造一种权威型氛围；在休息和午餐时更好地监督学生；制定规范约束欺负行为；和欺负者、被欺负者及其父母进行严肃的谈话（Olweus, 1995）。美国越来越多的学校引入了这一项目（Guerrero, 2001）。2004 年，

学习检查站
你能否……
✓ 描述欺负和被欺负的模式是如何建立以及怎样变化的？

美国卫生和公共服务部宣布发起一项运动，旨在教育公众如何防止欺负行为和青少年暴力行为。参加该项目的 221 名学生大部分是美国人。对这些学生的结果分析显示，干预组的攻击行为显著降低，而对照组则没有变化。但不幸的是，这些都是示范性项目的研究结果，在日常情境中只有一些为数不多的干预研究，并且其收效甚微（Wilson et al., 2003）。

学习指路标
9. 在童年中期，儿童可能会遇到哪些情绪障碍？如何治疗？

心理健康

*心理健康*一词有点用词不当，因为它通常用来代指情绪健康。尽管大多数儿童适应良好，但根据父母的报告，在 4~17 岁的儿童中，仍有约 5% 的人存在情绪或行为问题，其中 80% 的人问题严重，甚至影响到儿童的日常生活（Simpson, Bloom, Cohen, Blumberg, & Bourdon, 2005）。对儿童的心理障碍进行诊断非常重要，因为这些问题常常会导致儿童成年后的精神障碍（Kim-Cohen et al., 2003）。实际上，大约一半的心理障碍开始于 14 岁（Kessler et al., 2005）。下面，我们来看几种常见的情绪障碍和相应的治疗方法。

常见的情绪障碍

临床最常见的儿童情绪障碍是*破坏性行为障碍*和*焦虑*（又称*心境障碍*）。破坏性行为障碍表现为攻击性、对抗或有反社会行为等。心境障碍表现为感到悲伤、抑郁、觉得没人关爱自己、紧张、恐惧、孤独等。有些问题似乎只出现在儿童生活的某一段时间，并且会自动痊愈；但另一些问题则需要进行相应的治疗，才能消除后患（Achenbach & Howell, 1993; USDHHS, 1996b）。

破坏性行为障碍 发脾气、违抗、争吵、敌意或故意激怒别人，这些行为在四五岁的儿童中很常见，但到童年中期一般都会消失。如果这种行为模式一直持续到八岁（通常是男孩），就可能被诊断为**对立违抗性障碍**（oppositional defiant disorder, ODD），这是一种对成人权威人物的挑衅、违抗和敌意性行为的模式，至少持续半年，超出了正常儿童行为的界限。对立违抗性障碍一般在八岁时发病，儿童会持续出现打架、争吵、情绪失控、抢东西、指责他人、愤怒和不满等行为，这些儿童通常没有朋友，在学校也总是问题不断，考验着父母的耐心极限（APA, 2000; National Library of Medicine, 2004）。

一些患有对立违抗性障碍的儿童还伴有**品行障碍**（conduct disorder，CD），这是一种具有持久性和重复性的行为模式，开始于儿童很小的时候。具有这种障碍的儿童表现出攻击性和反社会行为，如逃学、纵火、习惯性撒谎、打架、欺负、偷窃、破坏、攻击、吸毒和酗酒等（APA, 2000; National Library of Medicine, 2003b）。在美国，由非公共性机构照料的 9~17 岁儿童中，约有 1%~4% 的人有品行障碍（USDHHS, 1996b）。很多有品行障碍的儿童还伴有注意力缺损多动障碍（ADHD；参见第 9 章）。一些 11~13 岁的儿童从品行障碍发展成为暴力犯罪，他们抢劫、强奸或入室行凶，到 17 岁，这些儿童可能经常做出一些严重的犯罪行为（Coie & Dodge, 1998）。（我们将在第 12 章讨论反社会行为和青少年犯罪的根源。）25%~50% 的高反社会性儿童成年后仍有很高的反社会性（USDHHS, 1996b）。*反社会人格障碍*是一种长期的精神状态，其特点是操控、利用或妨碍他人权利，常常表现为犯罪行为。遗传因素或儿童受虐都可能导致这一障碍的出现。反社会人格障碍难以治疗，但经过十多岁到二十几岁时的突然爆发后，到四十岁早期可能会自动消失（National Library of Medicine, 2003a）。

学校恐惧症和其他焦虑障碍　有**学校恐惧症**（school phobia）的儿童对学校持有一种不切实际的恐惧。有些儿童害怕上学有其现实原因：某位老师爱嘲笑学生、作业太多或受到同学欺负。在这种情况下，需要改变的不是儿童，而是他所处的环境（Kochenderfer & Ladd, 1996）。真正的学校恐惧症可能是一种**分离焦虑障碍**（separation anxiety disorder），它是指儿童至少持续四周的、对与家庭或依恋对象分离的过度焦虑状态。尽管分离焦虑在婴儿期普遍存在，但如果这种情况持续到儿童年龄较大时，就需要引起注意了。约 4% 的儿童和青少年受到分离焦虑障碍的困扰，有些还可能持续到大学阶段。这些儿童通常来自连接紧密、对孩子照顾得无微不至的家庭。儿童的分离焦虑障碍可能是自动形成的，也可能是由于某一压力事件造成的，如宠物死亡、生病或转学等（APA, 2000; Harvard Medical School, 2004a）。很多有分离焦虑的儿童还表现出抑郁症状（USDHHS, 1996b）。

有时学校恐惧症可能是一种**社交恐怖症**（social phobia），又称为*社交焦虑*，它是指对社会情境过度恐惧或回避。有社交恐怖症的儿童极度羞怯，常常会粘着父母（Harvard Medical School, 2004a）。他们害怕自己会难堪，如果在班上发言或在街上遇到熟人，这类儿童常常会脸红、出汗或发抖（USDHHS, 1996b）。约有 5% 的儿童和 8% 的成人受社交恐怖症的困扰。通常，社交恐怖症在家族中出现，因此可能具有遗传成分。这些恐怖症通常由某种创伤性经历引起，如儿童在课堂上被提问时脑子一片空白（Beidel & Turner, 1998）。社交焦虑往往会随年龄增大而增强，但分离焦虑则会随年龄增大而减弱（Costello et al., 2003）。

有些儿童患有**一般性焦虑障碍**（generalized anxiety disorder），这种焦虑并非针对生活中的特定事件。这类儿童总是担心每件事情：学业成绩、暴风雨、地震、在操场上受伤或者汽车是否加满油等。通常，他们有很强的自我意识，并且自我怀疑，会极度关注他人对自己的期望。他们总是寻求他人的赞同，并不断进行确认；但他们的焦虑似乎又和自己的表现或他人对自己的看法没有关系（APA, 1994; Harvard

Medical School, 2004a; USDHHS, 1999b)。**强迫症**(obsessive-compulsive disorder，OCD)是一种不常见的障碍，患者被一些反复出现的侵扰性想法、画面或冲动所困扰(时常伴有非理性的恐惧)或表现出像反复洗手之类的强迫性行为，或两者同时出现(APA, 2000; Harvard Medical School, 2004a; USDHHS, 1999b)。

焦虑障碍常常会在家族中蔓延(Harvard Medical School, 2004a)，女性的发病率是男性的两倍。早在六岁时，女性对焦虑的高度易感性就开始表现出来。女性比男性也更易患抑郁症，抑郁和焦虑有些相似，两者往往会伴随出现(Lewinsohn, Gotlib, Lewinsohn, Seeley, & Allen, 1998)。焦虑和抑郁都有其神经基础，不安全的依恋、父母焦虑或抑郁，或者一些早期经历使得儿童感到自己无力控制周围的一切，这些都可能引发儿童焦虑和抑郁(Chorpita & Barlow, 1998; Harvard Medical School, 2004a)。如果父母对孩子的焦虑给予过多关注，这种强化可能会在无意中使得孩子的焦虑形成了永久性的操作条件反射(Harvard Medical School, 2004a)。

儿童抑郁症 **儿童抑郁症**(childhood depression)是一种超出正常的、短时间内持续悲伤的情绪障碍。据估计,有 2% 的小学生患有抑郁症(NCHS, 2004),但在任何时候，都有 10%~15% 的儿童和青少年表现出抑郁的某些症状(USDHHS, 1996b)，如不快乐、无法集中注意力、疲劳、极度活跃或冷漠、哭泣、睡眠障碍、体重改变、身体不适、无用感、长期的孤独感或频繁出现死亡和自杀的想法。如果个体有这些症状中的任意五项，并且持续至少两周，就可能患有抑郁症(APA, 2000)。儿童抑郁症的出现可能标志着某种问题反复发作的开始，并可能会一直持续到成年期(Birmaher, 1998; Birmaher et al., 1996; Cicchetti & Toth, 1998; Kye & Ryan, 1995; USDHHS, 1996b; Weissman et al., 1999)。

目前，还不清楚儿童抑郁症的确切原因。双生子研究发现，尽管 20%~50% 的抑郁症儿童和青少年有家族史，这一病症只有中等程度的遗传性。抑郁症儿童往往来自那些父母有较高水平抑郁、焦虑，或有物质滥用行为、反社会行为的家庭，这样的家庭可能会提高孩子出现抑郁症的风险(Cicchetti & Toth, 1998; USDHHS, 1996b)。

儿童早在五六岁时就已经可以准确地报告抑郁情绪和感受，并出现一些预示后来问题的情绪障碍，这些问题涉及学习问题以及成年后的抑郁和自杀想法(Ialongo, Edelsohn, & Kellam, 2001)。抑郁症常常出现在中学阶段，这可能与学习压力增大(Cicchetti & Yoth, 1998)、自我效能感较低、在学习中个人投入不够等因素有关(Rudolph, Lambert, Clark, & Kurlakowsky, 2001)。进入青少年期，抑郁症变得更加普遍(Costello et al., 2003，见第 11 章)。

治疗技术

针对情绪障碍的心理治疗有多种形式。在**个体心理治疗**(individual

psychotherapy）中，治疗师和儿童采取一对一的形式来帮助儿童认识自己的人格和人际关系，并对儿童的行为和情绪做出解释。这种治疗方法可能在儿童面对压力时会有帮助，如父母一方去世或父母离异，即使儿童并没有表现出情绪障碍的迹象，治疗也会有奏效。儿童心理疗法结合父母心理咨询，治疗效果通常会更好。

在游戏治疗中，使用适合发展的材料，治疗师观察儿童在活动中表现出的情绪困扰。

在**家庭治疗**（family therapy）中，治疗师要面对整个家庭，观察家庭成员间如何互动，指出其中促进成长、阻碍成长以及具有破坏性的家庭功能模式。这种疗法可以帮助父母正视彼此间的冲突，并着手解决问题。这通常也是解决孩子问题的第一步。

行为治疗（behavior therapy），又称为*行为矫正*（参见第 2 章），是应用学习理论原理来消除不良行为或建立期望行为的一种心理治疗形式。许多研究的统计分析结果表明，总的来说，心理治疗对儿童和青少年是有效的，但是，行为治疗比非行为治疗方法更有效。当治疗针对具体问题、目标是建立期望行为时，治疗结果是最好的（Weisz, Weiss, Han, Granger, & Manton, 1995）。*认知行为治疗*（cognitive behavioral therapy）是通过逐步暴露、模仿、奖励或自我谈话等方法，试图改变患者的消极思维。已有研究证明，这种方法是治疗儿童和青少年焦虑最有效的方法（Harvard Medical School, 2004a）。

如果儿童的言语能力和概念技巧有限或有情绪创伤，**艺术疗法**（art therapy）能帮助这些儿童在无需使用语言的前提下表达自己的困扰。儿童可以通过颜色选择和描述的主题来表达自己的深层情绪（Kozlowska & Hanney, 1999）。通过观察一个家庭如何计划、完成和讨论一个艺术题目，可以揭示出这个家庭互动的模式（Kozlowska & Hanney, 1999）。

在**游戏疗法**（play therapy）中，儿童自由玩耍，治疗师偶尔会评论一下，或者问一些问题，或提出建议。已有研究证明，这种方法对很多情绪、认知和社会性问题非常有效，尤其是儿童和父母或其他亲近的家庭成员一起进行咨询时，效果更好（Athansiou, 2001; Bratton & Ray, 2002; Leblanc & Ritchie, 2001; Ryan & Needham, 2001; Wilson & Ryan, 2001）。

美国、一些欧洲国家以及南美洲国家越来越多地使用**药物疗法**（drug therapy）来治疗儿童和青少年的情绪障碍，包括抗抑郁药物、兴奋剂、镇静剂和抗精神病药物，其中这种疗法在英国发展最快（从 2000 年到 2002 年增长了 68%）。目前，这些药物用于儿童的疗效和安全性缺乏足够的研究（Murray, de Vries, & Wong, 2004; USDHHS, 1996b; Wong, Murray, Camilleri-Novak, & Stephens, 2004; Zito et al., 2003）。用利他林

学习检查站

你能否……

- ✓ 阐述破坏性行为障碍、焦虑和儿童抑郁症的发病原因及其症状？
- ✓ 描述六种常见的治疗情绪障碍的方法，并对其进行评价？

治疗注意力缺陷多动障碍可能是个例外（参见第 9 章）。选择性血清素再吸收抑制剂用于治疗强迫症、抑郁症和焦虑障碍也越来越常见（Murray et al., 2004; NCHS, 2004; Research Unit on Pediatric Psychopharmacology Anxiety Study Group, 2001），但英国药物管理机构建议，在开展进一步研究之前，不要将 SSRIs 用于儿童治疗（Wong et al., 2004）。（SSRIs 用于治疗青少年抑郁症的情况将会在第 11 章讨论。）

学习指路标

10. 现代生活中的压力对儿童有什么样的影响？为什么有的儿童韧性更好？

压力和韧性：保护因素

压力事件是童年生活的一部分，大多数儿童都能学会如何应对。但是，如果压力过大，可能导致一些心理问题。像绑架、虐待儿童这样的严重压力事件会对儿童的生理和心理造成长期的影响。然而，某些儿童在克服这些困难的过程中却表现出极大的韧性。

现代生活的压力 儿童心理学家大卫·艾尔金德（David Elkind, 1981, 1986, 1997, 1998）把现在的儿童称为“仓促长大的一代”。他警告人们，现代生活的压力正在驱使儿童过快地长大，并使得他们的童年承受了太大的压力。家长都期望孩子学习成绩好、在体育比赛中获胜和满足父母的情感需求。在儿童还未了解和解决童年期的问题之前，他们已经在电视上和现实生活中面对了很多的成人问题。他们了解性和暴力，常常需要承担成人的责任。很多儿童由于家庭频繁搬家，必须不断地更换学校，离开自己的朋友（Fowler, Simpson, & Schoendorf, 1993; G. A. Simpson & Fowler, 1994）。快节奏的现代生活带来方便的同时，也给儿童带来了很大压力（Hofferth & Sandberg, 1998）。然而，儿童不是小大人，他们用孩子的方式来感觉和思考这些压力，他们需要经过童年期才能健康长大。

如果了解了儿童面对的压力有多大，就不会对儿童焦虑的快速增加感到奇怪了（Twenge, 2000）。危险和死亡是各个年龄段儿童最一致的恐惧（Gullone, 2000; Silverman, La Greca, & Wasserstein, 1995）。这种强烈的对安全感的焦虑可能反映出社会中存在较高的犯罪率和暴力事件，其中包括不常发生、但却被经常报道的校园暴力事件（Anerson, Kaufman et al., 2001; DeVoe et al., 2004; Garbarino, Dubrow, Kostelny, & Pardo, 1992, 1998; 参见第 12 章专栏 12-2）。从 1993 年到 2000 年，美国死于枪支暴力事件的 14 岁以下儿童约有 5 542 人，其中一半以上是行凶者（Eber, Annest, Mercy, & Ryan, 2004）。

有关儿童恐惧的研究结果已经在很多发达国家和发展中国家得到进一步验证，除美国外，还有澳大利亚、中国、英国、以色列、意大利、尼日利亚和北爱尔兰。生活贫困的儿童报告说周围的环境存在更多的威胁，他们往往比社会经济地位较高的儿童有更多的担忧（Gullone, 2000; Ollendick, Yang, King, Dong, & Akande, 1996）。暴露于暴力环境中的儿童常常表现出注意和睡眠障碍。有些儿童变得更具攻击性，

表 10-2　各年龄段儿童对创伤的反应

年龄	典型反应
5 岁以下	害怕与父母分离
	哭闹、抽泣、尖叫、颤抖
	一动不动或无目的的动作
	恐惧的面部表情
	过分粘人
	退行性行为（吮手指、尿床、怕黑）
6~11 岁	过分退缩
	破坏性行为
	不能集中注意力
	肚子疼或其他一些没有生理原因的身体症状
	学习成绩下降，拒绝上学
	抑郁、焦虑、负罪感、烦躁不安或情感麻木
	退行性行为（噩梦、睡眠问题、非理性恐惧、突然发怒或打人）
12~17 岁	病理性重现、噩梦
	情感麻木、混乱
	回避提起创伤性事件
	幻想、报复
	退缩、孤独
	物质滥用
	同伴问题、反社会行为
	身体上的抱怨
	回避学校、成绩下降
	睡眠障碍
	抑郁、有自杀想法

资料来源：NIMH, 2001a.

还有些儿童把残暴看成理所当然的事。因为担心受到更多的伤害，很多儿童难以对他人形成安全依恋（Garbarino et al., 1992，1998）。

接触新闻节目中的暴力事件也能加重儿童的焦虑、抑郁、噩梦和睡眠障碍（AAP Committee on Public Education, 2001b）。看过 2001 年 9 月 11 日发生在纽约和华盛顿的恐怖主义袭击的新闻报道后，多数儿童都经历了强烈的紧张情绪，尽管他们并没有受到直接的影响（Walma & van der Molen, 2004）。纽约市估计有 10.5% 的学龄期儿童在此事故中经历了创伤后应激障碍（Hoven, Mandell, & Duarte, 2003）。

儿童对类似创伤性事件的反应会随年龄的增长而发生变化（见表 10-2）。对有些儿童来说，影响可能会持续数年。儿童可能会对成人保护自己的能力失去信心，担

实战演说

专栏10-2

给孩子讲讲恐怖主义和战争

当今世界，父母们面临着如何给孩子解释暴力、恐怖主义和战争的挑战。尽管进行这样的谈话有些困难，但却非常重要。这为父母提供了一个帮助孩子理解所处的世界，从而建立安全感的机会。下面这些信息在父母和孩子讨论这类问题时会有所帮助。

倾听孩子的讲话

1. 找个合适的时间、地点让孩子提出自己的问题。在孩子做好准备之前不要强迫他们进行讨论。
2. 请记住，孩子往往会把情境个人化。例如，他们往往会担心那些住在与灾难有关的城市的朋友或亲戚。
3. 帮助孩子找到表达自己的方式。有些孩子可能不会描述自己的想法、情绪或恐惧。让他们画画、玩玩具或写一些跟近期事件直接或间接相关的故事或诗句，这样他们可能感觉更舒服。

回答孩子的问题

1. 使用孩子能够理解的词语和概念。做出的解释要适合孩子的年龄和理解力。不要让孩子接受过多的信息。
2. 诚实地回答孩子的问题。如果你不诚实，通常孩子都会识破。
3. 做好重复解释几次或进行多次谈话的准备。有些信息不易理解和接受，一遍又一遍地重复同样的问题，这可能是您的孩子向您寻求安慰的方式。
4. 承认并支持孩子的想法、情绪和反应。让孩子知道，你认为他的问题和担忧是很重要的。
5. 始终如一地安慰孩子，但不要做不切实际的承诺。
6. 不要因种族、国籍或宗教而对某些群体抱有成见。抓住机会教育孩子学会宽容，给孩子解释什么是偏见。
7. 请记住，孩子会观察父母和老师的行为来进行学习。他们很感兴趣你如何对事件做出反应。他们会从你与其他成人的谈话中进行学习。
8. 让孩子知道你的感受。即使你感到焦虑或担心，让他们知道也无妨。但是不要让你的忧虑给孩子造成负担。
9. 不要反对孩子处理事件的方式。如果孩子说发生的事情离自己很远，这样可以感觉放心的话，你最好不要反对孩子的话。孩子需要用这种想法来获得安全感。

给予支持

1. 不要让孩子从电视上看大量的暴力或恐惧的画面。反复出现的恐怖画面或场景会让人心神不宁，尤其是年幼儿童。
2. 帮助孩子建立一个可预期的日常规范和计划表。条理性和熟悉性会让孩子感觉安心。上学、体育运动、

心这样的事件再次发生。以前曾经历过创伤（如家庭暴力、社区暴力等）的儿童最有可能受到严重惊吓（NIMH, 2001a）。父母对暴力事件或灾难的反应以及他们和孩子谈论这些事件的方式，都会对经历过创伤的儿童的恢复产生很大影响（NIMH, 2001a）。专栏 10-2 给出了一些关于如何跟孩子谈论恐怖主义和战争的建议。

压力应对：韧性儿童 **韧性儿童**（resilient children）是指那些经受住了可能足以摧垮他人的环境考验的儿童，或者是在挑战或威胁面前仍能保持镇定和胜任力的儿童，或那些可以从创伤性事件中恢复过来的儿童。这些儿童并不具备非凡的品质。尽管他们处于不利环境中，他们尽力从最基本的系统中汲取力量，获得可以促进正常儿童积极发展的资源（Masten, 2001; 见表 10-3）。

有助于儿童和青少年克服压力、获得韧性发展的两个最重要的**保护因素**

生日、假期、团体活动等事件在压力较大时会显得格外重要。

3. 学校和家庭保持信息沟通和协调。父母要了解孩子在学校参加的活动和讨论，老师也应该知道孩子具体的恐惧和担忧。
4. 经历过创伤或失败的孩子可能会对灾难、战争新闻或恐怖主义事件有更强烈的反应。这些孩子需要更多的支持和关注。
5. 注意与压力有关的躯体症状。很多孩子对焦虑和紧张的表现是抱怨身体疼痛。
6. 警惕孩子沉迷于暴力电影或战争题材的电子和计算机游戏的可能性。
7. 如果孩子对战争、打架或恐怖主义非常着迷或感到非常紧张，那么就应该找心理健康专家进行评估。其他表明孩子需要专业帮助的迹象还有：长期的睡眠问题、持续的不安想法、对恐怖画面和死亡强烈的恐惧、无法离开父母或不愿上学等。医生能给出一些恰当的建议并提供帮助。
8. 帮助孩子在家里与其他人交流，表达自己的感受。有些孩子可能想给总统、政府官员、当地报纸或一些悲伤的家庭写信。
9. 让孩子做孩子该做的事情就好，他们可能不想过多地思考或谈论这类事情。如果他们更愿意玩球、爬树或骑车，就随他们去吧。

对任何人来说，战争和恐怖主义都是难以理解和接受的。所以，很多年幼儿童对此感到困惑、不安和焦虑都是可以理解的。父母、老师和负责看护的成人可以通过倾听孩子的心声，并以一种诚实、一致和支持的方式做出回应来帮助孩子。尽管需要面对创伤，但大多数孩子都具有相当高的韧性。像大多数成人一样，孩子也能度过艰难时期，继续自己的生活；事实上，他们也确实是这么做的。通过创设开放性的环境，让孩子可以自由提问，父母能够帮助孩子应对并减少出现情绪问题的可能性。

资料来源：American Academy of Child & Adolescent Psychiatry, 2003.

我思我秀

你认为在与孩子谈论战争或恐怖主义时，专栏中的哪条建议是最有帮助的？为什么？

课外链接

如需更多关于这一主题的信息，可登录 http://www.nccev.org/violence/events.html。这是接触暴力儿童国家研究中心的网址，该中心专门研究灾难事件。网页上有众多研究的数据和摘要以及推荐读物，还可以链接到其他相关网站。

（protective factor）是良好的家庭关系和认知功能（Masten & Coatsworth, 1998）。韧性儿童和家人的关系很好，他们至少和支持性的父母一方（Pettit et al., 1997）或照料者以及其他合格的负责看护的成人建立了牢固的联结（Masten & Coatsworth, 1998）。

韧性儿童往往智商较高，善于解决问题。高超的信息加工技能有助于他们应对逆境、保护自己、调整自己的行为并获得经验。他们可以吸引老师的注意力，这样老师可以充当指导者、知己或良师益友的角色（Masten & Coatsworth, 1998）。这些儿童甚至还可能具有保护性基因（Caspi et al., 2002; Kim-Cohen, Moffitt, Caspi, & Taylor, 2004）。

> **我思我秀**
> - 你能否回忆起某个照看你的成人帮你克服逆境的经历？

研究者经常提到的其他一些保护因素（Acherman, Kogos, Youngstrom, Schoff, & Izard, 1999; Eisenberg et al., 2004; Eisenberg et al., 1997; Masten et al., 1990; Masten & Coatsworth, 1998; E. E. Werner, 1993）如下：

表 10-3 韧性儿童和青少年的特征

来源	特征
个人	良好的智力功能 有吸引力，善于交际，性情随和 高自我效能感，自信，高自尊 有才能 忠诚
家庭	与照看者关系紧密 权威型教养：温暖、条理、高期望 良好的社会经济状况 与大家庭支持网络建立联系
家庭以外的环境	与家庭以外的亲社会性成人建立联结 与亲社会组织建立联系 就读于好的学校

资料来源：Source: Masten & Coatsworth, 1998, p.212.

- 儿童的气质或人格：韧性儿童适应力强、友好、招人喜欢、独立、对他人敏感。他们能力强，有高自尊。富有创造力、足智多谋、独立并乐于和他人交往。当遇到压力时，韧性儿童可以通过转移注意来调整自己的情绪。
- 补偿性经历：支持性的学校环境，在学习、体育运动、音乐等方面的成功经历以及与其他儿童或成人的成功交往经历，这些都有助于弥补破坏性的家庭生活所带来的伤害。
- 降低风险：引起精神障碍的因素众多，如父母关系不和、社会地位较低、有一位烦躁不安的母亲、父亲犯罪、被寄养等。如果儿童仅仅暴露于其中一种因素，那么，与那些同时暴露于一种以上风险因素的儿童相比，这些儿童通常能够更好地克服压力。

学习检查站

你能否……

✓ 解释艾尔金德的"仓促长大的一代"是什么意思？

✓ 列举出儿童恐惧、压力和焦虑最常见的来源？

✓ 说说儿童韧性发展的保护因素有哪些？

以上这些研究结果并不意味着童年期的不利经历不重要。一般来说，与生活在有利环境中的儿童相比，生长在不利环境中的儿童有更多的适应问题。甚至一些表面看起来韧性很好的儿童也可能存在内心痛苦，这些痛苦会产生长期影响（Masten & Coatsworth, 1998）。但是，仍有一些令人鼓舞的发现，童年时的消极经历并非是决定一个人未来发展的必然因素，很多儿童有能力去应对最困难的环境。

重新聚焦

回顾本章开始部分在焦点人物中介绍的玛丽安·安德森的故事：

- 你认为玛丽安·安德森童年时最主要的自尊来源是什么？你估计她的自尊水平是高还是低？
- 你会如何描述安德森的家庭氛围？她受到的家庭教养是权威型、专制型还是放任型的？
- 贫穷的家境以及母亲不得不外出工作对安德森有怎样的影响？
- 安德森的大家庭生活经历对她有怎样的影响？
- 安德森选择第一个朋友的方式和本章所讲的儿童如何选择朋友的方式是否一致？
- 你能否举出安德森的童年和成年生活中的例子来说明其拥有较好的心理韧性？你认为是什么造就了她的心理韧性？

青少年期也是一段充满压力和风险的时期，与童年中期相比有过之而无不及。但多数青少年会获得足够的技巧和能力来应对所面临的挑战，就像我们将在第 11 章和第 12 章中看到的一样。

小　结

自我发展

学习指路标 1：在童年中期，儿童如何发展现实的自我概念？影响自尊的因素有哪些？

- 在童年中期，自我概念变得更加现实。根据新皮亚杰主义，儿童在此时建构了表征系统。
- 根据埃里克森的观点，自尊的首要来源是儿童对自己胜任感的看法。这种"美德"通过解决勤奋对自卑的冲突来获得。但是，根据苏珊·哈特的研究，自尊的主要来源是儿童的自我评价和社会支持。

学习指路标 2：在童年中期，儿童如何表现情绪发展？

- 在童年中期，儿童已经内化了羞耻感和自豪感，能够更好地理解和调节负性情绪。
- 同理心和亲社会行为增加。
- 父母对儿童表露负性情绪的反应会影响其情绪的发展。
- 情绪调节涉及努力控制。

家庭中的儿童

学习指路标 3：童年中期的亲子关系有哪些发展变化？

- 随着学龄期儿童和父母共处时间的减少，他们的关系不如以前紧密；但是儿童和父母的关系仍然很重要。文化会对家庭关系和角色产生影响。
- 家庭环境包括家庭结构和家庭氛围两个主要成分。
- 家庭的情绪气氛、父母惩罚和处理冲突的方式、父母工作的影响以及是否有足够的经济来源等因素都会对家庭氛围产生影响。
- 共同约束的发展会影响家庭处理冲突和惩罚的方式。

学习指路标 4：父母工作和贫困的环境对儿童的幸福感有什么样的影响？

- 母亲外出工作对儿童的影响依赖于很多因素，包括儿童自身的因素、母亲的工作性质及其对工作的感受、母亲是否有一个支持性的伴侣、家庭社会经济地位、看护类型以及对孩子的监督程度。

- 贫穷可以通过影响父母的幸福感和教养行为对儿童的发展造成间接伤害。持续贫穷尤其具有破坏性。

学习指路标 5：家庭结构如何影响儿童的发展？

- 当今，很多儿童都成长于非传统的家庭结构中。在其他条件相同的情况下，生活在传统的双亲家庭的儿童往往比同居家庭、离异家庭、单亲家庭或再婚家庭的儿童发展得更好。但是，家庭结构并不比家庭氛围的影响大。
- 尽管领养儿童要面临很多挑战，但他们一般都适应良好。
- 儿童对父母离异的适应依赖于很多因素，包括儿童自身的因素、父母对离异的处理、探视和领养安排、经济环境、与没有监护权的父母（通常是父亲）的关系、父母再婚等。
- 婚姻冲突的数量以及离异后继续发生冲突的可能性会影响儿童的发展状况。
- 现在，尽管父亲获得监护权的情况有增加的趋势，但多数离婚案件中是母亲获得监护权。与和没有监护权的父亲接触的频率相比，与父亲的关系质量对儿童的影响更大。
- 如果父母双方能够合作和共同监护，这对孩子发展更加有利。共同法定监护比共同生活监护更常见。
- 虽然，父母离异增加了孩子出现长期问题的风险，但多数孩子都能适应良好。
- 只和父母中的一方一起生活的孩子出现行为问题和学习问题的风险会增加，这主要和社会经济地位有关。
- 在适应父母离异和单亲生活方面，男孩往往比女孩有更多问题；但男孩能够更好地适应母亲再婚。
- 研究并未发现，和同性恋父母一起生活会对孩子产生有害影响。

学习指路标 6：兄弟姐妹之间如何相互影响？宠物对儿童的发展起什么作用？

- 在非工业化社会中，兄弟姐妹的角色和责任比工业化社会更具结构化。
- 兄弟姐妹通过彼此之间的互动来学习如何解决冲突。孩子和父母的关系会影响兄弟姐妹之间的关系。
- 宠物有助于儿童培养基本信任感、自主性和勤奋。

同伴团体中的儿童

学习指路标 7：在童年中期，同伴关系有哪些变化？影响儿童的受欢迎度和选择朋友的因素有哪些？

- 在童年中期，同伴团体变得更加重要。同伴团体通常由一些年龄和社会经济地位相近、同性别、同种族的儿童组成，或是一些住所邻近或结伴上学的儿童组成。
- 同伴团体有助于儿童发展社会技能，允许儿童检验各种价值观或采纳新的价值观，让儿童获得归属感，有助于儿童发展自我概念和性别认同。同伴团体也可能会鼓励从众和偏见。
- 童年中期儿童的受欢迎度往往会影响其将来的适应性。受欢迎度可以用社交计量法或知觉到的社会状况方法进行测量，两种方法的结果可能会有差别。受欢迎的儿童往往具有较高的认知能力和社会技巧。影响儿童受欢迎度的行为可能来源于家庭关系和文化价值观。
- 亲密感和友谊的稳定性在童年中期逐渐发展。男孩往往有更多的朋友，而女孩的朋友则更加亲密。

学习指路标 8：童年中期最常见的攻击行为是什么？影响攻击行为的因素是什么？

- 在童年中期，儿童的攻击性一般会降低。关系攻击比外显攻击更常见。工具性攻击一般会让位于敌意性攻击，常常伴有敌意性偏见。攻击性强的儿童往往不受欢迎，但这种情况在儿童进入青少年期后会有所改变。
- 接触媒体暴力会增加儿童的攻击性，这种影响可能会持续到成年生活中。
- 童年中期是欺负发生的主要时期，但欺负和被欺负的形式在更早的时候已经形成。欺负的受害者往往是身体较弱、顺从或好争论、爱挑衅、自尊较低的儿童。
- 通常，需要进行学校干预来阻止或避免欺负的发生。

心理健康

学习指路标 9：儿童常见的情绪障碍有哪些？如何治疗？

- 学龄期儿童常见的情绪和行为障碍包括破坏性行为障碍、焦虑障碍和儿童抑郁症。
- 治疗技术包括个体心理治疗、家庭治疗、行为治疗、艺术疗法、游戏疗法和药物治疗。通常，各种疗法结合使用更为有效。

学习指路标 10：现代生活中的压力对儿童有哪些影响？为什么某些儿童的心理韧性更好？

- 由于现代生活的压力，很多儿童都会体验到紧张。儿童通常会担心学业、健康和个人安全等问题。他们可能会因恐怖主义或战争而造成精神创伤。
- 韧性儿童比其他儿童能更好地应对压力。保护因素包括家庭关系、认知能力、人格特点、风险程度和补偿性经历。

第五编

阅读链接

- 荷尔蒙和社会因素都会影响青少年期高涨的情绪和情绪化。
- 生理成熟过早或滞后都会影响青少年的情绪发展和社会适应。
- 青少年和父母之间的冲突有时可能缘于青少年思维的某些方面还不成熟。
- 父母的卷入程度和教养风格影响学业成绩。
- 低收入家庭的孩子在学校表现得好坏取决于能否获得足够的家庭和社区资源。
- 生理特征对青少年形成自我概念具有重要作用。
- 性知识丰富的女孩最可能推迟性行为。
- 青少年友谊的强度和亲密程度部分取决于其认知发展水平。

进入青少年期，青少年的外貌发生较大变化；由于青春期荷尔蒙的分泌，年轻人会呈现出成年人的体貌。他们的思维也会发生变化，更善于进行抽象思维和假设性思维。他们的情绪发生了彻底改变。青少年的所有发展领域都会集中于一点，这也是青少年面临的主要任务：获得同一性，其中包括性别认同，这种同一性获得将一直延续到成年期。

在第 11、12 章中，我们将会阐述青少年如何接受自己外貌的剧烈变化、那些令人困惑的生理渴求以及对自我意识的新的认知能力。我们也会看到青少年是如何利用同伴关系来检验各种有关自身和人生的想法。最后，我们还会考察青少年时期出现的各种风险和问题以及青少年独特的抗压强度。

青少年期

预览

第11章

青少年期的生理和认知发展

生理发育和其他变化是迅速而深刻的。

生殖成熟。

主要的健康风险来源于行为问题，如进食障碍和药物滥用。

抽象思维能力和科学推理能力得到发展。

在某些行为和态度上表现仍然不成熟。

教育方面的主要问题是升入大学或准备工作。

第12章

青少年期的心理社会发展

探索包括性别认同在内的同一性成为这个时期的中心问题。

同伴团体有助于自我概念的发展和检验，但也可能会促使其产生反社会行为。

总的来说，这一时期青少年和父母的关系良好。

青少年期的生理和认知发展

第11章

我在青少年时还未变得冷酷。
人们总是分不清冷酷和强大。
我们必需强大，但却不可以麻木不仁。

——安妮·弗兰克，《安妮日记》，第四卷

焦点人物：安妮·弗兰克——《大屠杀日记》的作者*

安妮·弗兰克

1942年6月12日，安妮·弗兰克13岁生日那天，父母送给她一个日记本。这个小小的布皮本子就成了安妮在此后两年中记录自己经历和想法的数本日记中的第一本。她做梦也没有想到，自己匆匆记下的东西日后竟会成为描绘第二次世界大战期间大屠杀受害者的最著名出版物之一。

安妮·弗兰克（1929—1945）和她的父母，奥图·弗兰克和艾迪斯·弗兰克夫妇以及她的姐姐玛格特都是德国犹太人。1933年希特勒统治德国后，她们全家移居到阿姆斯特丹，不料七年后德国占领荷兰。1942年夏，当德国纳粹党开始抓捕荷兰的犹太人并关进集中营时，安妮一家躲在了父亲制药公司的楼上。在一个可移动的橱柜后面隐藏着一道门，门后一条陡峭的楼梯通往安妮称之为“隐秘之家”的四个房间。此后两年，弗兰克一家都躲在这几间狭小的宿舍里，和他们同住的还有范·丹**夫妇和他们15岁的儿子彼特**以及一位中年牙医艾伯特·杜塞尔**，他和安妮住同一个房间。1944年8月4日，德国和荷兰治安警察突袭了“隐秘之家”，八个人都被送进了集中营，除安妮的父亲外，其余人都死在了那里。

战争结束后，奥图·弗兰克出版了安妮的日记，日记描述了全家人的逃亡生活。在那些日子里，全家人必须保持绝对安静，以防止惊动楼下办公室的人。只有一个基督徒助手冒着生命危险给他们送食物、书籍、报纸和一些必需品，除此之外全家

---

* 关于安妮·弗兰克传记信息的资料主要来自于Bloom（1999）、Frank（1958，1995）、Lindwer（1991）、Muller（1998）和Netherlands Institute for War Documentation（1989）。

** 安妮在其日记中使用的虚构人名。

本章提纲

焦点人物
- 安妮·弗兰克——《大屠杀日记》的作者

青少年期：发展的过渡期

生理发展

青春期：童年期的结束
- 青春期如何开始：荷尔蒙的变化
- 青春期和性成熟的时间、顺序以及标志

青少年期的脑发育

生理和心理健康
- 体育活动
- 睡眠需求
- 营养和饮食障碍
- 药物使用和滥用
- 抑郁症
- 青少年期的死亡

认知发展

认知成熟
- 皮亚杰的形式运算阶段
- 艾尔金德：青少年思维的不成熟性
- 青少年期信息加工的变化
- 语言发展
- 道德推理：科尔伯格的理论

教育和职业准备
- 动机和学业成绩的影响因素
- 高中辍学
- 教育和职业抱负

专栏 11-1：实战演说
青少年是否应该被豁免死刑？

专栏 11-2：世界之窗
“青春期方言”：青少年期的惯用语

人再也见不到任何人。安妮长得很快，衣服不久就得换更大的，而且她眼睛近视得越来越严重，所以有时候必须冒险外出，其危险性是难以想象的。

安妮的日记展示了一个在创伤条件下逐渐走向成熟的、勇敢内省的少女的思想、情感、白日梦和情绪波动。安妮记录了对自己“丑陋”外表的担心、有一个“能真正理解自己的母亲”的愿望以及对父亲的崇拜（Frank, 1958, pp.36, p.110）。由于大人们总是批评她的缺点，父母也明显偏爱姐姐，安妮在日记中表达了自己的绝望。她描述了自己的恐惧、对独立的渴望、希望回归以前的生活以及从事写作的心愿。

由于“隐秘之家”的气氛变得越来越紧张，安妮食欲不振，并开始服用抗抑郁药物。但随着时间的流逝，她逐渐变得不再自怜自爱，而是更加深沉。后来当她回忆起以前无忧无虑的生活时，觉得自己与以前那个“在围墙中长大的女孩”相比已经不是同一个人了（p.149）。

她能够清楚地意识到自己的性觉醒：“我觉得发生在自己身上的事情非常奇妙，不仅仅是身体外观的变化，还有内部发生的一切。……每次在那段时间……我都觉得……自己有一个甜蜜的小秘密，我总是盼望着能够再次感受这个秘密”（p.115-116）。

最初，安妮觉得彼特害羞又笨拙，不是一个理想的伙伴；但是后来她开始去彼特的房间和他进行长时间的亲密交谈，最后是他们的初吻。安妮在日记中记录了自己强烈的性冲动和严格的道德教养之间的冲突。

最后一篇日记写于 1944 年 7 月 15 日，距突然搜捕不足 3 周，距安妮在贝尔根—贝尔森集中营离开人世不到 8 个月。“尽管发生了这一切，我仍然相信，人们的心地还是善良的……我能听到越来越近的轰鸣声，它也许会毁灭我们，我还能感受到数百万人民的苦难；但是，如果我能够进入天堂，我相信一切都会好起来，现在的残暴会很快结束，和平和安宁会再次回来”（p.233）。

安妮·弗兰克悲剧性的短暂青少年期以及其令人动容的故事强调了生物性所起的持续作用，以及生物性与个体内部和外部经历的相互关系。安妮的“长大成人”的过程是在一种极其不正常的条件下发生的。但是她的生理发育正常进行，并且伴随着大量认知和心理社会的变化，这些变化都由于高压环境而突显出来。

在本章，我们将会介绍青少年期的生理变化以及这些变化会对青少年的情绪产生怎样的影响。我们将考察青少年还未成熟的大脑，并讨论与这一时期生活有关的一些健康问题。关于认知发展，我们将考察皮亚杰的形式运算阶段，形式运算使得像安妮这样的年轻人能够想象理想的世界。我们还会考察青少年的思维、信息加工技能、语言和道德发展中的一些不成熟方面。最后，不论安妮·弗兰克的生活圈子多么狭窄，我们会继续关注她，从而探讨教育和择业方面的一些问题。

学习完本章后，你应该可以回答“学习指路标”中的所有问题了。为了检查你对本章“学习指路标”的掌握程度，请复习章节结尾部分的小结。“学习检查站”会贯穿整个章节并不时出现，以便检查你对所学知识的理解程度。

学习指路标

1. 什么是青少年期？青少年期始于何时，结束于何时？这一时期存在哪些机遇和风险？
2. 青少年会经历哪些生理变化？这些变化会如何影响个体的心理发展？
3. 青少年期大脑如何发展变化？这会对青少年的行为产生怎样的影响？
4. 青少年期常见的健康问题有哪些？怎样预防？
5. 青少年的思维和语言运用与年幼儿童有何不同？
6. 青少年进行道德判断的准则是什么？
7. 影响青少年学业成就的因素有哪些？为什么有些学生会辍学？
8. 影响教育、职业规划和抱负的因素有哪些？

青少年期：发展的过渡期

学习指路标

1. 什么是青少年期？青少年期始于何时，结束于何时？这一时期存在哪些机遇和风险？

标志着儿童“长大成人”的仪式在很多社会中都很常见。例如，阿帕奇部落会用从日出到日落歌唱四天的仪式来庆祝女孩子的月经初潮。在现代一些工业化国家中，从童年期进入成年期的标志不是某单一事件，而是一段较长的时期，我们称之为**青少年期**（adolescence）——从大约 11 岁或 10 岁甚至更早，一直持续到 20 岁左右的一个发展过渡期。这一时期会发生重大的、相互关联的生理、认知和社会性的变化。一般认为青少年期始于**青春期**（puberty），即走向性成熟或获得生育能力的过程。*

青少年期是一种社会建构（参见第 1 章）。20 世纪以前没有这一概念；在西方文化中，当儿童达到生理成熟或开始一段职业学徒期时，就表示进入了成年期。今天，进入成年期需要更长的时间，且进入的标志也不再那么明确。现在，青春期开始的时间比以前要早，然而，在复杂社会中个体开始工作的时间却更晚，因为复杂的社会要求个体接受更长时间的教育或职业培训，才能为胜任成年后的职责做好准备。

青少年早期（大约从 10 岁或 11 岁至 14 岁）是童年期结束后的一段过渡期。这一时期为个体的发育提供了机会，不仅仅是生理方面的发育，还包括认知能力、社会能力、自主性、自尊和亲密关系等方面的发展。这一时期也存在风险：一些年轻人不能独立应付如此多突如其来的变化，需要他人帮助来克服遇到的困境。青少年期也是年轻人进一步分化的时期，多数年轻人都能进入令人满意、富有成效的成年期；但也有少数个体会疲于应付各种重大问题（Offer, 1987; Offer, Kaiz, Ostrov, & Albert,

* 有些人用青春期（puberty）指性成熟的终点，把这一过程称为发育期（pubescence）；但我们遵照现代多数心理学家的用法。

很多文化中都有特殊的仪式来表示青春期的开始。这些9岁的德黑兰女学生正在参加"Taqlif"庆祝仪式，该仪式标志着她们已经为承担伊斯兰教的宗教义务做好了准备。

2002; Offer, Offer, & Ostrov, 2004; Offer & Schonert-Reichl, 1992)。

今天，美国青少年面临很多身心健康方面的威胁，包括由于事故、凶杀和自杀导致的高死亡率（National Center for Health Statistics［NCHS］, 2004）。在整个青少年期间，不同种族和社会阶层的青少年的吸毒、酒驾和性行为都逐渐增多（见图 11-1）。这些危险行为可能反映了青少年期大脑的不成熟性。

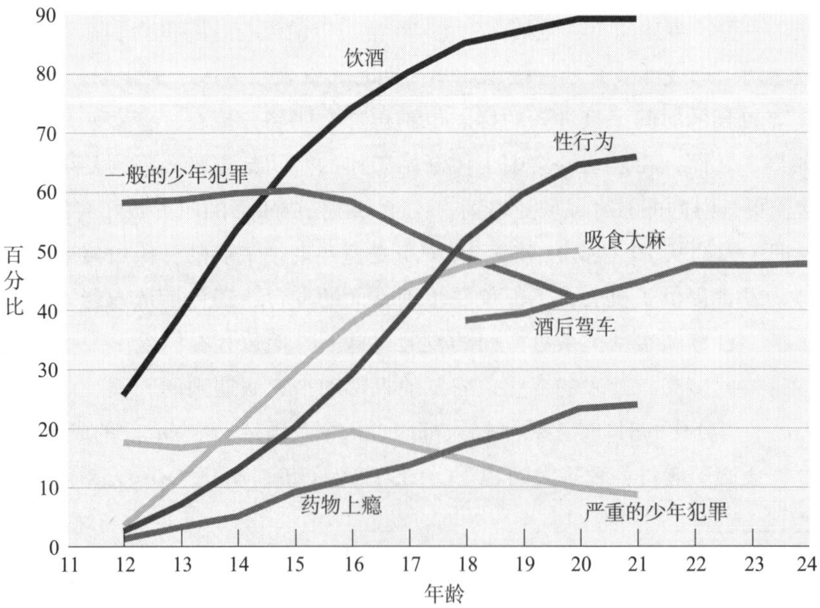

图 11-1
高风险行为随年龄的变化趋势。

资料来源：Elliott, 1993.

但是，美国政府的一项调查显示了令人鼓舞的发展趋势。与以往相比，高中生吸食大麻、进行危险性行为、携带武器、驾车不系安全带或酒后驾车的发生率开始下降（Grunberg et al., 2002）。避免这些危险行为的发生，年轻人在青少年期更可能保持生理和心理健康。

学习检查站

你能否……

- ✓ 解释为什么青少年期是一种社会建构?
- ✓ 鉴别青少年期有哪些常见的危险行为模式?

生理发展

青春期：童年期的结束

学习指路标

2. 青少年会经历哪些生理变化？这些变化会如何影响个体的心理发展？

青春期的生物学变化标志着童年期的结束，这些变化包括身高和体重迅速增加、身体比例和体形的改变以及性成熟。这些剧烈的生理变化是长期复杂的成熟过程中的一部分，这一过程甚至在婴儿出生前就已经开始了，由于生理变化而产生的心理发展会一直持续到成年期。

青春期如何开始：荷尔蒙的变化

青春期开始于与性有关的荷尔蒙突增，这一过程分为两个阶段：首先是*肾上腺机能初现*，即肾上腺的成熟；几年后是*性腺功能初现*，即性器官的成熟和更明显的青春期变化。

最初是位于肾脏上部的肾上腺分泌的雄性激素水平在不知不觉中逐渐增高，主要成分是*脱氢表雄酮*（dehydroepiandrosterone, DHEA），这一过程发生在 6~9 岁间（Susman, Dorn, & Schiefelbein, 2003）。脱氢表雄酮对于耻毛、腋毛、面部毛发的出现以及身体的快速发育、皮肤油脂分泌旺盛和体味的产生都具有重要作用。儿童 10 岁时脱氢表雄酮的水平是其 1~4 岁时的 10 倍。一些研究发现，不论是同性恋还是异性恋，青春期的男孩和女孩回忆他们最早的性吸引都是在这个年龄段发生的（McClintock & Herdt, 1996）。

2~4 年后性器官的成熟会再次激发脱氢表雄酮的突增，随后达到成人水平。在这一阶段，即性腺功能初现时期，女孩卵巢分泌的雌性激素增加，刺激女性生殖器官发育和乳房发育。而男孩睾丸制造的雄性激素也在增加，尤其是睾丸酮。这些激素可以促进男性生殖器的发育、肌肉发达和体毛生长。男孩和女孩都兼有这两种荷尔蒙，但是女孩的雌性激素水平较高，而男孩的雄性激素水平较高。对女孩来说，睾丸酮能影响其阴蒂的发育以及骨骼、阴毛和腋毛的生长。

这种荷尔蒙活动高峰开始的精确时间似乎依赖于人体内脂肪含量达到某一临界值。对老鼠和人类的研究发现，瘦素（leptin）可促使青春期发育开始，瘦素是一种由脂肪组织分泌的脑部蛋白，被认为与超重有关。瘦素在血液循环中的累积会刺激下丘脑对脑垂体发出信号，脑垂体转而对性腺发出信号，刺激性腺分泌更多的荷尔蒙（Chehab, Mounzih, Lu, & Lim, 1997; Clément et al., 1998; O'Rahilly, 1998; Strobel, Camoin, Ozata, & Strosberg, 1998）。科学家已经确定，位于19号染色体上的基因GPR54对这些变化的发生至关重要（Seminara et al., 2003）。童年早期身体脂肪含量较多的女孩以及那些在5~9岁间体重增加比较明显的个体，其青春期发育往往会提前（Davison, Susman, & Birch, 2003）。

有些研究把青春期早期的情绪化——在安妮·弗兰克的日记中这一点非常明显——归因于这些荷尔蒙的变化。但是，其他影响因素，如性别、年龄、气质以及青春期开始的时间等，都可能调节甚至超过荷尔蒙的影响（Buchanan, Eccles, & Becher, 1992）。

青春期和性成熟的时间、顺序以及标志

男孩青春期的起始时间大约有一个七年的跨度，而女孩的则约有八年的跨度。这一典型的发育过程在两性中通常历时四年，女孩比男孩早三年开始。在美国，男孩进入青春期的平均年龄是10岁或11岁（Susman et al., 2003），但在9~16岁之间的任何时候都可能开始。多数女孩开始表现出青春期变化是在9岁或10岁，但有一些早在6岁时就已经开始，而另一些则要到13岁或14岁才开始。

男孩和女孩在青春期的生理变化包括阴毛出现、声音变得低沉、青春期快速发育和肌肉生长。随着生殖器官的成熟，女孩开始出现月经，男孩开始产生精子。尽管存在一些个体差异，但这些变化在发展顺序上比其起始时间更一致（见表11-1）。一个女孩的胸部发育和体毛生长可能同步进行；而另一个女孩则可能在胸部发育前一年左右其体毛就达到成人水平。在男孩中也存在类似的差异。下面我们来更详细地看看这些变化。

第一性征和第二性征 **第一性征**（primary sex characteristics）是直接涉及生殖必需器官的生物学变化。对女性来说，这些器官包括卵巢、输卵管、子宫和阴道；男性的则包括睾丸、阴茎、阴囊、精囊和前列腺。在青春期，这些器官发育并成熟。男孩进入青春期的最初标志是睾丸和阴囊的发育，而女孩第一性征的发育没有这么明显，因为这些器官都在身体内部。

第二性征（secondary sex characteristics）（见表11-2）是性成熟的的生理标志，并不直接涉及性器官：例如女性饱满的乳房和男性宽阔的肩膀。其他的第二性征还包括声音和肤质的变化、肌肉发达以及阴毛、面部毛发、腋毛和体毛的出现。

女孩进入青春期的第一个明显标志就是乳房发育。乳头变大并突起，乳晕（乳头周围的色素区）增大，乳房最初呈现圆锥形，后来变成圆形。一些男孩在青春期也会

表 11-1　青少年期生理变化的一般进程

女性特征	首次出现的年龄
乳房发育	6~13 岁
阴毛生长	6~14 岁
身体发育	9.5~14.5 岁
月经初潮	10~16.5 岁
出现腋毛	阴毛出现后大约 2 年
油脂和汗腺分泌增多（可能导致痤疮）	几乎和腋毛同时出现
男性特征	**首次出现的年龄**
睾丸和阴囊发育	9~13.5 岁
阴毛生长	12~16 岁
身体发育	10.5~16 岁
阴茎、前列腺和精囊发育	11~14.5 岁
变声	几乎和阴茎同时发育
首次射精	阴茎开始发育约一年后
出现面部毛发和腋毛	阴毛出现约 2 年后
油脂和汗腺分泌增多（可能导致痤疮）	几乎和腋毛同时出现

表 11-2　第二性征

女孩	男孩
乳房	阴毛
阴毛	腋毛
腋毛	肌肉发达
变声	面部毛发
皮肤变化	变声
骨盆变宽变深	皮肤变化
肌肉发达	肩膀变宽

出现暂时的胸部变大，这会让他们很苦恼；但这是正常现象，可能持续 18 个月之久。

青春期，个体的声音开始变得低沉，对男孩来说尤其明显。一方面是因为喉部发育，另一方面是因为雄性荷尔蒙的作用。皮肤变得更加粗糙和油腻。皮脂腺活动增加可能导致粉刺和黑头产生。男孩比女孩更易患痤疮，这似乎和睾丸酮水平的增加有关。

阴毛最初是直而柔软的，最后变得更粗、颜色更深且卷曲。青春期的男孩通常会因为面部和胸部的毛发而开心；女孩则常常会因为面部或乳头周围长出哪怕一点点毛发而沮丧，尽管这些都是再正常不过的现象。

影响青春期开始的因素 在查阅历史资料的基础上，发展科学家发现了青春期的开始时间存在一种**长期趋势**（secular trend），跨越几代人观察到的一种变化趋势是：青春期开始的年龄以及达到成人身高和性成熟的年龄都提前了。这种趋势大约开始于100年前，美国、西欧一些国家和日本都出现了这一趋势；目前至少在美国这一趋势还在继续（Anderson, Dallal, & Must, 2003）。一种可能的解释是生活水平的提高。那些健康、营养好、被精心照料的儿童可能更早成熟和长得更高大。因此，发达国家的个体比发展中国家的个体性成熟更早。造成20世纪后期美国这一长期趋势的一种重要因素可能是年轻女性中超重人数的增多（Anderson et al., 2003）。

非裔美国女孩和墨西哥裔美国女孩比美国白人女孩通常更早进入青春期。非裔美国女孩的乳房发育和阴毛生长通常始于9岁半，而墨西哥裔美国女孩是在10岁左右，美国白人女孩则要到10岁半（Wu, Mendola, & Buck, 2002）。然而，一些非裔美国女孩早在6岁时就会经历这些变化，有些白人女孩也会在7岁时就发生这些变化（Kaplowitz et al., 1999）。

一项追踪研究显示，父女关系可能是影响青春期时序的一个关键因素。在学前期，如果女孩和父母的关系非常亲密、富有支持性，尤其是有一位挚爱的父亲，孩子进入青春期的时间往往要比那些与父母关系冷淡疏远的女孩或是那些由单身母亲抚养的女孩要晚（Ellis, McFadyen-Ketchum, Dodge, Pettit, & Bates, 1999）。

家庭关系会对青春期的发育产生什么影响？一种观点是信息素（费洛蒙）在起作用，这是一种男性和女性都会释放的有气味的化学物质，用于吸引异性。脑成像研究支持了信息素的存在，男性汗水和女性尿液中的气味可以激活异性的下丘脑，这一部分脑结构主要用于控制性行为（Savic, Berglund, Gulyas, & Roland, 2001）。因为存在自然的乱伦预防机制，所以经常暴露在父亲费洛蒙中的女孩的性发育会被抑制。因此，正如上面所说，父女关系亲密的女孩进入青春期的时间较晚。与之相对的是，频繁接触没有血缘关系的成年男性的费洛蒙，如继父或单身母亲的男友，则女孩的青春期发育则会加速（Ellis & Garber, 2000）。因为缺乏父爱和青春期提前都是导致性滥交和少女怀孕的危险因素，所以童年早期跟父亲住在一起和父亲的积极卷入对女孩健康的性发育非常重要（Ellis et al., 1999）。

青春期发育突进 在安妮·弗兰克的日记中，她提到自己的生理发育时非常沮丧——鞋子变小，背心“太短，几乎盖不住肚皮”（Frank, 1958, p.71）。很显然，安妮处于**青春期发育突进**（adolescent growth spurt）阶段，这一时期个体的身高和体重迅速增加，女孩一般在9岁半至14岁半之间（通常是10岁左右）开始，男孩则在10岁半至16岁之间（通常是12岁或13岁）开始。发育突进一般持续约两年，在其结束不久后个体就会达到性成熟阶段。因为女孩的发育突进通常比男孩早，所以女孩在11~13岁之间往往比同龄男孩更高、更重、也更壮。在此阶段后，男孩就会像以前一样比女孩更高大。男孩和女孩都在18岁接近最终身高。

当然，男孩和女孩的生长发育存在差异。男孩的身体整体都会变大：肩膀更宽，腿比躯干长，前臂比上臂长，身高增加。女孩骨盆变宽，有利于生育，皮下脂肪堆积，使得女孩看起来更丰满、匀称。

青春期发育突进会对骨骼和肌肉的方方面面都产生影响。女孩在 12 岁半出现肌肉生长的高峰，而男孩是在 14 岁半。甚至眼睛也会发育更快，导致近视增多（像安妮·弗兰克一样），12~17 岁的青少年中约 1/4 的人受这一问题困扰（Gans, 1990）。这一时期个体的下嘴唇变得更长更厚，嘴唇和鼻子更加突出。因为每种变化都遵照自己的时间表进行，因此身体各部分的比例可能会在某一时期失调。伴随着不平衡的加速发育，结果出现了大家熟悉的青少年的笨拙，像安妮·弗兰克提到的彼特那样。

这些剧烈的生理变化会产生一些心理衍生物。大多数青少年对自己外貌的关注超过其他任何方面，很多人都不喜欢镜子中自己的样子。和男孩相比，女孩对自己的外貌更不满意，这反映了文化更加重视女性的身体特征（Rosenblum & Lewis, 1999）。就像我们后面将会讨论的，这些态度可能会导致饮食问题。

很多初中女生身高超过男生。在 11~13 岁时，女孩一般都会在身高、体重和力量方面超过男孩，因为男孩的青春期发育突进晚于女孩。

性成熟的标志：产生精子和月经初潮　男孩性成熟的首要标志是产生精子。第一次射精，也叫**精子初现**（spermarche），出现的平均年龄是 13 岁。男孩醒来发现床单上有湿乎乎的或干硬的斑点，这都是梦遗的结果。梦遗是一种无意识的射精（通常被称为一个“湿漉漉的梦”）。多数青春期的男孩都会梦遗，有时和有关性的梦相联系。

女孩性成熟的首要标志是月经来潮，这是一种子宫内膜每月脱落的现象，安妮·弗兰克将它称为“甜蜜的秘密”。第一次月经，即**月经初潮**（menarche），在女性发育过程中出现的比较晚；正常时间从 10 岁到 16 岁半（参见表 11-1）。与前面提到的长期趋势一致，美国女孩月经初潮的平均年龄从 1900 年以前的 14 岁提前到了 20 世纪 90 年代的 12 岁半。平均来说，黑人女孩在 12 岁生日后不久出现首次月经，而白人女孩则要晚 6 个月（Anderson et al., 2003）。

遗传、生理、情绪和环境因素共同影响月经初潮的时间。女孩首次月经出现的年龄往往和母亲的很接近。高大的女孩和乳房发育较好的女孩月经初潮往往出现较早。营养也是一个影响因素。强度很大的锻炼，如某些竞技性体育运动，可能会使月经初潮延迟（Ellis & Garber, 2000; Graber, Brooks-Gunn, & Warren, 1995; Moffitt, Caspi, Belsky, & Silva, 1992; Steinberg, 1988）。一项对阿克维萨尼的莫霍克族女孩的研究发现，暴露在含铅环境中和月经初潮延迟相关，而暴露在聚氯联苯（PCB）环境中则和月经初潮提前相关（Denham et al., 2005）。

我思我秀

- 你是成熟较早、较晚还是“按时”？成熟时机对你的心理造成了怎样的影响？

学习检查站
你能否……

✓ 阐述青春期是怎样开始的以及开始和持续时间在个体间有什么差异？

✓ 描述一下男孩和女孩青春期的一般变化以及对这些变化的心理反应产生影响的因素？

青春期开始和性成熟给青少年造成的心理影响，依赖于青少年及其周围环境中的人如何解释这种变化。在下列情况下，早熟和晚熟最可能产生负面影响：当青少年比周围的同伴发育更快或更慢时；当个体认为这种变化是无益的时；当一些压力事件正好在这一时期出现时（Petersen, 1993; Simmons, Blyth, & McKinney, 1983）。

学习指路标

3. 青少年期的大脑如何发展变化？这会对青少年的行为产生怎样的影响？

青少年期的脑发育

青少年期的大脑是持续发展的产物。脑结构的剧烈变化涉及情绪、判断、行为组织和自我控制等方面，这一变化出现在青春期和成年早期之间，这有助于解释青少年为什么会对情绪爆发和冒险行为、甚至暴力行为产生偏爱（ACT for Youth, 2002; Steinberg & Scott, 2003; 见专栏 11-1）。

青少年期大脑的两个主要变化类似于胎儿期和婴儿期的变化：灰质的生长和修剪。灰质（神经元、轴突和树突）生长的第二次突进开始于青春期前不久，可能与这一时期的性荷尔蒙激增有关。发育突进主要发生在大脑的额叶，而额叶主要负责计划、推理、判断、情绪管理和控制冲动。发育突进之后，不用的联结被修剪掉，有用的联结被加强。就像发生在生命早期的修剪一样，这一过程使大脑变得更加高效（ACT for Youth, 2002; NIMH, 2001b）。

白质的生长模式和灰质相反。白质是联结不同脑区的神经纤维，这些联结在童年早期增多并髓鞘化，它开始于额叶并向脑的后部移动。6~13 岁之间，颞叶和顶叶间的联结发生惊人的生长，这些脑区负责感觉功能、言语和空间理解。在语言学习关键期的末期，白质生长陡然变慢。白质的生长过程是从前到后，而灰质的生长则沿相反方向进行，额叶直到成年早期才能完全发育成熟。正是额叶灰质的不断修剪才促进了个体认知加工的成熟。

学习检查站

你能否……

- ✓ 描述青少年期大脑的两个主要变化？
- ✓ 识别青少年大脑不成熟的特点，并解释这些不成熟会对个体行为造成怎样的影响？

青少年对情绪信息的加工不同于成年人。在一项研究中，研究者在青少年识别电脑屏幕上的面部表情图片时，对其脑部活动进行扫描。结果显示，青少年早期（11~13 岁）的个体倾向于使用杏仁核，这是一个位于颞叶深处形似杏仁的小组织，在情绪反应和本能反应中参与较多。年龄大一些的青少年像成年人一样更多地使用额叶，额叶可以进行更准确更理智的判断。因此在青少年早期，大脑发育的不成熟性可能使得情感压倒理智，这是年轻人做出不明智选择（如酗酒、药物滥用或危险性行为）的一种可能原因（Baird et al., 1999; Yurgelon-Todd, 2002）。此外，与动机、冲动和成瘾有关的额叶皮质系统的不发达可能有助于解释青少年为什么追求兴奋和新奇的行为，也可以解释为什么很多青少年无法专注于长期目标（Bjork et al., 2004; Chambers, Taylor, & Potenza, 2003）。大脑发育的不成熟性使得一些青少年无法听取在成年人看来合理又有说服力的忠告。

因为青少年期的大脑仍在发育，所以青少年可以对发育进行一些控制。“通过理

青少年是否应该被豁免死刑？

2005年3月1日，美国最高法院以5票对4票具有争议性的决议裁定，如果谋杀案的凶手犯罪时只有17岁，那么判处死刑是违反宪法的（Mears, 2005）。之前法院曾允许对16岁或17岁的罪犯判处死刑，但更小的未成年人不允许实施死刑。新裁定废除了19个州允许对十六七岁的罪犯执行死刑的法令，这使美国的青少年犯罪政策和其他国家相一致。此外，公民权利和政治权利国际公约、美国人权公约、日内瓦公约有关战时公民保护的条款以及联合国儿童权利公约明文禁止对青少年处以死刑（Montaldo, 2005）。

反对青少年犯罪豁免死刑的人认为，判决时要具体问题具体分析，根据犯罪的性质和罪犯的成熟程度进行裁定。但是，最高法院的多数派强调，已有研究发现，青少年作为一个群体不应该采用和成年人同样的犯罪标准，因为青少年还未发育成熟。

天普大学专门研究青少年行为的心理学家劳伦斯·斯滕伯格（Laurence Steinberg）和弗吉尼亚大学法律学院的伊丽莎白·斯科特（Elizabeth S. Scott）教授在2003年发表的一篇文章中指出，无论是死刑还是其他量刑，对青少年都应从轻处罚，并提出三条原因：（1）青少年的决策能力存在缺陷;（2）青少年对胁迫性环境（如同伴压力）尤其敏感；（3）他们的性格或是个性还没有完全形成。

缺乏决策能力 就像我们在本章后面将会讨论的，即使青少年能够进行逻辑推理（很多人还不能），他们在决策时也不会总运用它。在高情绪唤起的情况下尤为如此。青少年喜欢冒险行为，这可能是由于他们认知上的局限性或生活经验有限所致，他们很少考虑和推测未来的后果，而是更多考虑当下的回报。青少年也比成年人更易冲动；对青少年来说，调整自己的情绪和行为存在更多困难。

众所周知，在青少年和成人决策方面的差异中，有一些似乎有其神经学基础。负责制订长期计划、调节情绪、控制冲动以及对风险和收益进行评估的脑区在青少年期仍在发育。边缘系统在青少年期的变化可能导致青少年喜欢寻求新奇和冒险活动，也可能影响青少年高涨的情绪和对压力的易感性。前额叶皮层与制订长期计划、判断和决策有关，这些脑区可能要到青少年晚期或成年期才能成熟。斯滕伯格和斯科特认为，因为青少年的判断力还不成熟，与智力落后的成人相比，所以他们更不应该对自己的行为负完全责任。

对同伴影响的易感性 由于青少年的不成熟性，所以他们在面临一些成人可以抗拒的压力时可能会屈服。正如我们将在第12章讨论的一样，由于青少年寻求从父母的控制中独立，所以同伴的影响会增强。年轻人渴望得到同伴的认可，害怕遭到社会拒绝。这些都会影响到他们的决策，即使是在没有明显胁迫的情况下也会如此。受欢迎的同伴是青少年行为的榜样。

性格尚未形成 法院一般会根据有品德信誉的见证人提供的有关被告优良品质或良好公民行为的证据减轻处罚。斯滕伯格和斯科特提出，青少年的性格、同一性和价值观都尚未完全形成。青少年犯罪通常只代表青少年进行试验和冒险的暂时阶段，而非根深蒂固的持久性道德缺陷。就像我们将在12章讨论的一样，大多数青少年罪犯长大后都是遵纪守法的好公民。

斯滕伯格和斯科特呼吁大家进行更多的研究，这些研究要求（a）把决策的发展变化和脑结构的变化联系起来，（b）在现实生活环境中考察决策的年龄差异。他们呼吁，在获得更多的确定结果之前，法院应站在保护青少年罪犯生命的立场上，就像最高法院目前所做的一样。

资料来源：Steinberg and Scott (2003).

我思我秀

你认为是否存在青少年应该被判处死刑的情况？如果存在，应该在几岁？还有什么因素应该在判决时加以考虑？

课外链接

如需获得更多关于斯滕伯格工作的信息，可以登录http://astro.temple.edu/~lds. 该网址可以链接到斯滕伯格关于青少年心理和教养方面的一些书籍。

清思路、理解抽象概念和控制冲动，青少年可以‘锻炼’自己的大脑，这样可以为以后的生活打好神经基础”（ACT for Youth, 2002, p.1）。

学习指路标

4. 青少年期常见的健康问题有哪些？怎样预防？

生理和心理健康

由世界卫生组织（WHO）主持的一项针对校园的国际调查，考察了美国和其他 27 个西方工业化国家的*12 万名 11 岁、13 岁和 15 岁的青少年。调查结果显示，在青少年早期和中期，认为自己健康的个体占 90%（Scheidt, Overpeck, Wyatt, & Aszmann, 2000）。然而，很多年龄较小一些的青少年，尤其是女孩，报告说有频繁的健康问题，如头疼、胃疼、背痛、神经质、疲劳、孤独或情绪低落。这类报告在美国和以色列最多，因为这两个国家的人们生活节奏很快，压力也很大（Scheidt et al., 2000）。

很多健康问题源于生活方式或贫穷，这些问题都是可以预防的。根据 WHO 的调查结果，在工业化国家中，家境不太富裕的青少年往往报告健康状况较差，出现症状的频率较高。而家境富裕的青少年更可能接受良好的教育，拥有较为健康的饮食，身体也更有活力（Mullan & Currie, 2000）。

下面我们看几种具体的健康问题：身体健康、睡眠需求、饮食障碍、药物滥用、性传播疾病、抑郁症和青少年的死亡原因。

体育活动

个体是否进行锻炼会对生理和心理健康产生影响。锻炼可以提高力量和耐力，有助于骨骼和肌肉的健康生长、控制体重、减轻焦虑和紧张，还有助于提高自信心和幸福感。如果可以坚持有规律地每天锻炼至少半小时，即使只是适量的活动也对健康有益。久坐不动的生活方式如果一直持续到成年期，可能会增加患以下疾病的风险：超重、心脏病、癌症和Ⅱ型糖尿病（一种在儿童和青少年中日渐增多的疾病）（Centers for Disease Control and Prevention, 2000a; Hickman, Roberts, & de Matos, 2000; NCHS, 2004; Troiano, 2002）。

学习检查站

你能否……

✓ 总结青少年的健康状况，并讨论存在哪些常见的健康问题？

✓ 解释为什么体育活动对青少年来说非常重要，并讨论青少年期女孩体育运动会带来哪些风险和益处？

不幸的是，美国有 1/3 的高中生的体育活动量并不达标，而且不参加体育锻炼的学生人数比例在整个高中阶段逐年上升（NCHS, 2004; 见图 11-2）。现在的美国青少年比过去锻炼更少，而且也比其他工业化国家的青少年锻炼得要少（CDC, 2000a; Hichman et al., 2000）。6~8 年级学生中，参加课外活动的约占 3/4（Kleiner, Nolin, &

* 其他国家和地区包括：比利时、加拿大、捷克、丹麦、英国、爱沙尼亚、芬兰、法国、德国、希腊、格陵兰岛、匈牙利、爱尔兰、以色列、拉脱维亚、立陶宛、北爱尔兰、挪威、波兰、葡萄牙、俄罗斯、苏格兰、斯洛伐克、西班牙、瑞典、瑞士和威尔士。

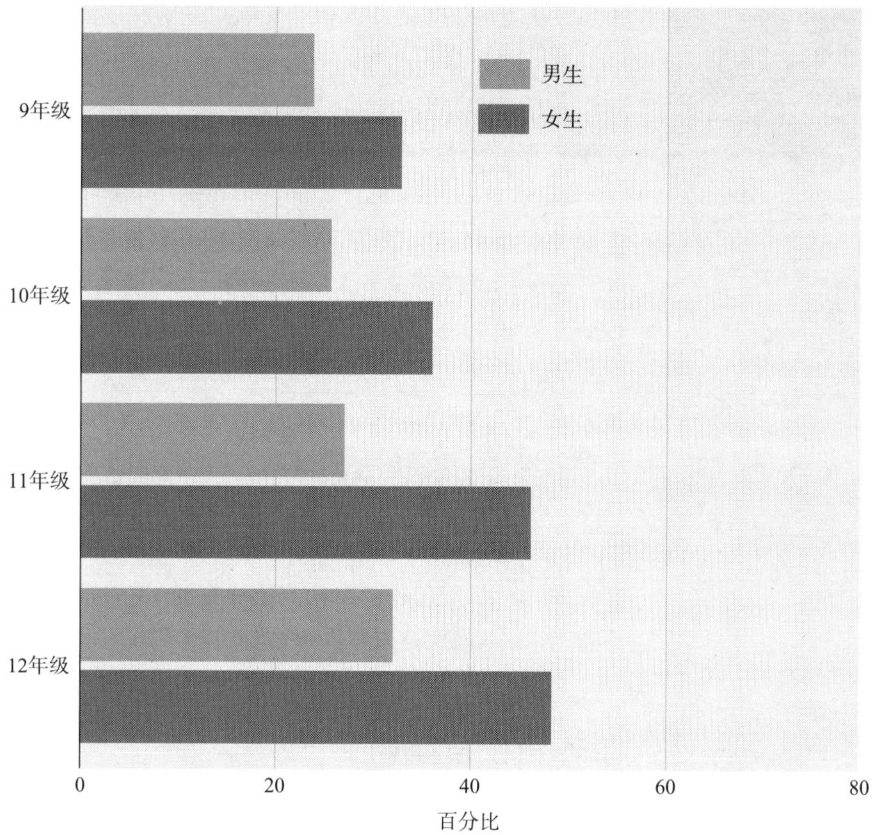

图 11-2

2003 年，锻炼量（适量或剧烈运动）不达标的美国中学生的比例随年级和性别的变化趋势。

资料来源：NCHS, 2004, Figure 14, p.34.

Chapman, 2004），而高中生只有一半多一点（55%）的男生和少于 1/3（30%）的女生参加课外活动（Snyder & Hoffman, 2002）。

睡眠需求

很多青少年睡眠不足。9 岁时的平均夜间睡眠时间是 10 个多小时；而到了 16 岁时，青少年的睡眠时间降低到了不足 8 个小时（Hoban, 2004）。即使睡足 9 个小时，青少年通常还会在白天犯困，这说明他们比以前需要更多的睡眠时间（Hoban, 2004; Iglowstein, Jenni, Molinari, & Largo, 2003）。周末“睡懒觉”并不能补偿平时的睡眠不足（Hoban, 2004; Sadeh, Raviv, & Gruber, 2000）。根据 WHO 的一项调查，在 28 个工业化国家的青少年中平均 40% 的人（多数是男孩）报告说每周至少有一天早上会瞌睡，还有 22% 的人报告说他们几乎整天都昏昏欲睡（Scheidt et al., 2000）。

晚上睡得晚，早上睡过头，这样的模式可能会造成失眠。失眠问题通常发生在童年晚期或青少年期。白天瞌睡会使这一问题更加严重（Hoban, 2004）。一项对 2 259 名中学生的追踪研究显示，睡眠比同伴少的六年级学生更可能出现抑郁症状，自尊

参加体育活动的青少年往往比其他人感觉更好。在有组织的体育活动中，做好安全防护措施（如在打棒球时戴上头盔），能降低受伤的可能性。

水平较低（Fredriksen, Rhodes, Reddy, & Way, 2004）。

青少年为什么会熬夜？可能是由于他们需要做家庭作业、和朋友煲电话粥、网上冲浪或者希望自己像成年人那样安排作息；同时，生理变化也是原因之一（Sadeh et al., 2000）。青少年正在经历脑的自然睡眠周期的转换，又称为*昼夜时间系统的转换*。褪黑激素分泌的时间决定了大脑睡眠的时间，青春期后这种激素在夜间分泌的时间延后了（Carskadom, Acebo, Richardson, Tate, & Seifer, 1997）。所以，青少年比儿童要晚一点入睡、晚一点起床；但是大多数中学都比小学上课早。中学的时间表和学生的生物节律脱节（Hoban, 2004）。青少年在早上往往大脑最不清醒，但学习却又最为紧张。上课时间推迟或者至少将较难的课程安排在每天较晚的时候，这样有助于提高学生的注意力（Crouter & Larson, 1998）。

营养和饮食障碍

和多数西方工业化国家的青少年相比，美国青少年的饮食更不健康。他们很少吃蔬菜和水果，对糖果、巧克力、软饮料和其他“垃圾”食品的摄入较多，这些食品中的胆固醇、脂肪和卡路里含量较高，营养物质含量却很低（Vereecken & Maes, 2000）。这一年龄段的孩子普遍缺钙、缺锌和缺铁（Lloyd et al., 1993; Bruner, Joffe, Duggan, Casella, & Brandr, 1996）；数学成绩差和缺铁有关（Halterman, Kaczorowski, Aligne, Auinger, & Szilagyi, 2001）。

学习检查站

你能否……

- ✓ 解释为什么青少年常常睡眠不足，睡眠不足会造成什么影响？
- ✓ 总结青少年期男孩和女孩正常的营养需要以及一般的膳食缺陷？

尽管营养不良在经济欠发达的国家或遭到孤立的人群中最为普遍，不过，担心身体变胖和控制体重也会导致营养不良（Vereecken & Maes, 2000）。饮食障碍，包括肥胖症和超重，在工业化社会极为常见，这些国家的食物非常丰盛，其吸引力不亚于身材苗条（APA, 1994; Becker, Grinspoon, Klibanski, & Herzog, 1999; Makino, Tsuboi, & Dennerstein, 2004）。但是，饮食障碍在非西方国家也呈增长趋势（Makino et al., 2004）。

肥胖/超重 青少年期，女孩每天需要的能量平均为 2 200 卡路里，男孩约为 2 800 卡路里。很多青少年每天摄入的能量比消耗的多，因此会造成多余的脂肪堆积。

在 1960~2002 年间，12~17 岁男孩的平均体重从 112 斤增加到 127 斤，女孩的平均体重从 106 斤增加到 117 斤，而身高的增加却微乎其微（Ogden, Fryar, Carroll, &

Flegal, 2004）。从 1980 年到 2002 年间，美国青少年超重者所占的比例增加了 3 倍多，由 1980 年的 5% 上升到 2002 年的 16%。墨西哥裔和非西班牙裔黑人青少年超重的可能性是非西班牙裔白人青少年的 1.5 倍（分别为 23% 和 21% 对 14%）（NCHS, 2004）。

根据 29 242 名 13 岁和 15 岁参与研究的青少年自我报告的体重和身高，美国青少年比其他 14 个工业化国家*的同龄人更可能超重。美国 26%~31% 的青少年体重指数（BMI）位于或高于其年龄和性别的第 85 或第 95 百分位；相比而言，所有 15 个国家位于或高于这一区段的平均比例只有 15%（Lissau et al., 2004）。一项对美国具有广泛代表性样本进行研究的结果与之相似，从 1999 年到 2002 年间，12~19 岁的青少年中有近 31% 的人超重或存在超重的风险（Hedley et al., 2004）。

超重或肥胖的青少年的健康状况往往比同龄人更差，他们更可能患各种功能性障碍，如入学困难、无法做家务、不能参加剧烈运动或无法个人自理（Swallen, Reither, Haas, & Meier, 2005）。这些青少年出现高胆固醇、高血压和糖尿病的风险也会较高（NCHS, 2004）。成年后他们往往也会肥胖，面临大量生理、社交和心理风险（Gortmaker, Must, Perrin, Sobol, & Gietz, 1993）。

遗传和其他一些因素似乎使某些人更易超重或肥胖，这些因素与意志力和生活方式的选择无关（参见第 3 章和第 9 章）。这些因素包括新陈代谢紊乱、无法识别有关饥饱的身体信号以及超出正常数量的大量脂肪细胞的堆积。但是，一项对加利福尼亚州 878 名 11~15 岁青少年的调查发现，缺乏锻炼是造成男孩和女孩超重的主要危险因素（Patrick et al., 2004）。

使用行为矫正技术帮助青少年改善饮食并进行锻炼，这种减肥项目已经取得了一些成效。但是，对很多青少年来说，节食可能会适得其反。在一项持续了三年的预测研究中，以 9~14 岁的 8 203 名女孩和 6 769 名男孩为参与者，结果发现，节食的青少年比不节食的青少年体重增加更多（Field et al., 2003）。西布曲明是成人经常用的减肥药，在使用该药物的同时结合行为矫正效果会更好。但是，我们仍需进一步研究该药物对适用于青少年的安全性和有效性（Berkowitz, Wadden, Tershakovec, & Cronquist, 2003）。

身体意象和饮食障碍　有时，决心不让自己超重可能会导致比超重本身更严重的问题。**身体意象**（body image）指有关自己外貌的信念，开始于童年中期或更早，到青少年期会进一步增强。这些信念可能导致过分努力地控制体重（Davison & Birch, 2001; Schreiberet al., 1996; Vereecken & Maes, 2000）。与男孩相比，这种模式在女孩中更常见，并且很少和实际的体重问题有关。

由于青春期的女孩体内正常的脂肪增多，很多女孩，尤其是一些发育较早的女孩会对自己的外形很不满意，这反映出文化上强调女性生理特征的特点（Richards,

---

* 奥地利、捷克、丹麦、比利时、芬兰、法国、德国、希腊、爱尔兰、以色列、立陶宛、葡萄牙、斯洛伐克和瑞典。

Boxer, Petersen, & Albrecht, 1990; Rosenblum & Lewis, 1999; Swarr & Richards, 1996)。从青少年早期到中期，女孩会对自己的体形越来越不满；男孩由于肌肉更加发达，从而会对自己的身体更加满意（Feingold & Mazella, 1998; Rosenblum & Lewis, 1999; Swarr & Richards, 1996）。对16个国家的取样研究发现，到15岁时，一半以上的女孩会节食或认为自己应该节食。在这些国家中，美国高居榜首，47%的11岁女孩和62%的15岁女孩都担心自己会超重（Vereecken & Maes, 2000）。和白人女孩相比，非裔美国女孩一般对自己的身形更满意，很少担心自己的体重，从而更少节食（Kelly, Wall, Eisenberg, Story, & Neumark-Sztainer, 2004; Wardle et al., 2004）。一项大型的前瞻性断代研究显示，父母的态度和媒体的宣传比同伴更能影响青少年对体重的关注（Field et al., 2001）。

过分关注体重控制和身体意象可能是*神经性厌食症*和*神经性贪食症*的征兆，这两种障碍都涉及不正常的饮食模式（Harvard Medical School, 2002b）。每年，受这些慢性障碍困扰的美国人估计有500万，遍布所有主要种族和阶层（Becker et al., 1999），大部分是青少年期的女孩和年轻女性（Andersen, 1995）。那些想在芭蕾舞、游泳比赛、长跑、花样滑冰和体操中获胜的女孩（"Eating Disorders—Part II", 1997；Skolnick, 1993）、父母离异或与单亲一起生活的女孩以及经常一个人吃饭的女孩（Martínez-González et al., 2003）比较容易出现饮食障碍。

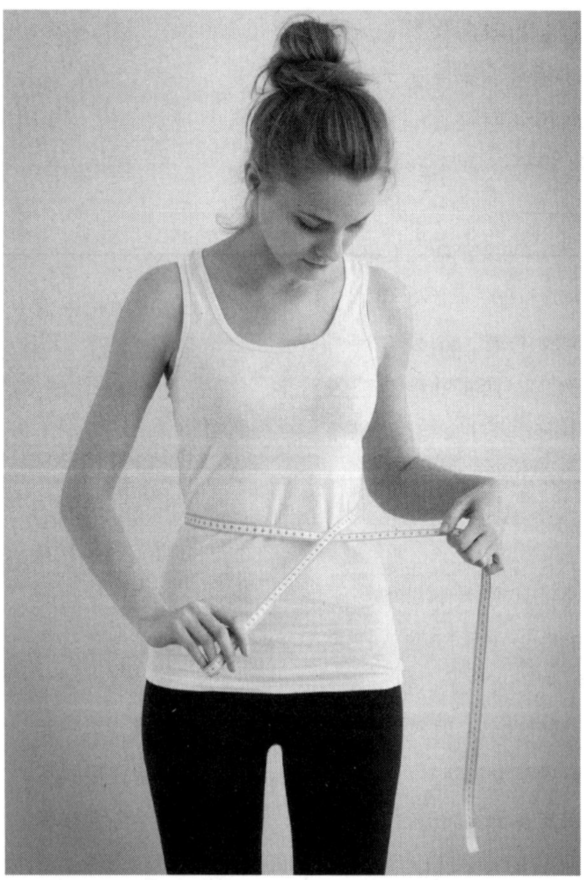

像图中的少女一样，厌食症患者的身体意象往往是扭曲的。她们很恐惧肥胖，以至于即使已经骨瘦如柴却仍觉得自己肥胖。

神经性厌食症 **神经性厌食症**（anorexia nervosa），又称自我绝食，是一种潜在的生命威胁。厌食症患者的身体意象扭曲，虽然他们一直在节食，却仍然认为自己太胖。厌食症可能会伴随产生月经失调或停经以及体毛柔软细小等症状。据估计，西方国家有0.5%的青少年女孩和年轻女性患有厌食症；男孩和成年男性患厌食症的比例较低，但有逐渐增多的趋势。患者通常是好学生，父母称他们为"模范孩子"。他们表现为退缩、抑郁，重复做一些完美主义的行为（AAP Committee on Adolescence, 2003; Martínez-González et al., 2003）。厌食症的早期警示性信号包括：坚决的秘密节食；减肥后仍不满意；实现最初期望体重后再次制订新的、更低的体重目标；过度运动；月经失调。

厌食症可归因于很多遗传和环境因素。在患者身上发现了可能导致进食信号减弱的基因变异（Vink et al., 2001）。一些研究者认为，大脑中一种关键的化学物质的缺失、下丘脑失调或脊髓液中类鸦片物质水平增高等都可能是影响因素（“Eating Disorders—Part I”，1997）。伦敦、瑞典和德国的研究者已经发现，在厌食症患者某些特定脑区的血流量减少，其中包括控制视觉方面的自我知觉和食欲的脑区（Gordon, Lask, Bryantwaugh, Christie, & Timini, 1997）。另外一些研究者把厌食症看成是一种与害怕长大或对性行为恐惧、家庭机能失常有关的心理障碍（“Eating Disorders—Part I”，1997; Garner, 1993）。

矛盾的是，厌食症既是故意的又是非意志的：患有该障碍的人刻意拒绝维持生命所需的食物，甚至给予奖惩或惩罚时也无法阻止类似行为。这种行为模式在全世界普遍存在，并且至少可以追溯到中世纪时代。因此，今天西方社会存在的厌食症可能是对保持身材苗条的社会压力所做出的反应，但这一因素并不充分，甚至不是必然因素（Keel & Klump, 2003）。非西方文化中也存在相关障碍，这些文化中的自我绝食行为并非由于对体重和外貌的不正常关注所引发，而是根源于斋戒和自我禁欲的宗教传统（Keel et al., 2003）。

神经性贪食症　患有**神经性贪食症**（bulimia nervosa）的人每隔一小段时间，通常是两小时或更短时间就要有规律地大量进食，然后再想办法消耗摄取的过高能量，例如采取自行催吐、严格的节食或禁食、过量运动、服用泻药、灌肠剂或利尿剂清洗肠胃。这种情况至少每周出现 2 次，持续 3 个月以上才被严格地称为贪食症（APA, 2000）。贪食症患者常常被自己的体重和体形所困扰。他们会为自己的进食习惯感到羞耻、自卑和压抑。他们的自尊通常较低，有过体重波动、节食或频繁锻炼的历史（Kendler et al., 1991）。

与之相关的暴饮暴食症（binge eating disorder）是指患者虽然频繁地疯狂进食，但并不进行禁食、锻炼或催吐。贪食症和暴饮暴食症比厌食症更常见。约 3% 的女性和 0.3% 的男性在某些时候会成为规律性的暴食症者，更多人会偶尔暴食（Harvard Medical School, 2002b）。厌食症和贪食症之间存在一些重叠，有些厌食症患者会有食欲过盛的时候，而有些贪食症患者体重也会大幅度降低（“Eating Disorders—Part I”，1997; Edwards, 1993; Kendler et al., 1991）。但是，厌食症和贪食症是两种不同的障碍。与厌食症不同，历史上关于贪食症的证据很少，而且，在非西方文化中存在贪食症的证据也很少。这可能是因为贪食症患者需要大量食物和现代化抽水马桶，否则他们很难掩饰清除过多摄取物的痕迹（Keel & Klump, 2003）。

> **我思我秀**
>
> - 你能否提供一些减少饮食障碍的方法?

贪食症似乎与大脑中的一种化学物质羟色胺的水平降低有关（“Eating Disorders—Part I”，1997; K. A. Smith, Fairburn, & Cowen, 1999），但并没有发现两者存在因果关系。贪食症可能与重度抑郁、恐怖症和惊恐性障碍有相同的遗传根源（Keel et al., 2003）。精神分析理论认为，贪食症患者渴望食物是为了弥补他们在爱和被关注方面的缺失（“Eating Disorders—Part I”，1997; Humphrey, 1986）。

厌食症和贪食症的治疗及效果 治疗厌食症最直接的目标就是让患者吃东西增加体重。严重营养不良的患者会抗拒治疗或在门诊治疗中效果不明显，这些患者应该入院治疗，这样可以对他们进行24小时的护理。一旦他们的体重稳定，患者的日间护理就可以减少（McCallum & Bruton, 2003）。这时可以给患者服用一些促进食欲和防止呕吐的药物。行为疗法也是一种有效的治疗方法，如果患者进食可给予诸如允许下床离开病房之类的奖励（Beumont et al., 1993），还有改变患者扭曲的身体意象的认知疗法。一旦体重达标，就可以教给患者进行均衡适量的饮食以及管理压力的方法（McCallum & Bruton, 2003）。

贪食症也可以采用24小时或日间的行为疗法进行治疗。患者每天要记录自己的饮食模式，并学习抵制贪吃的诱惑。个体心理治疗、团体心理治疗和家庭心理治疗都有助于贪食症和厌食症的治疗，通常这些方法要在最初的行为治疗已经使症状得以控制的情况下使用。由于患者有抑郁和自杀的倾向，所以要把心理治疗和使用抗抑郁药物结合进行治疗（Becker et al., 1999; Edwards, 1993; Fluoxetine-Bulimia Collaborative Study Group, 1992; Harvard Medical School, 2002b; Hudson & Pope, 1990; Kaye, Weltzin, Hsu, & Bulik, 1991; McCallum & Bruton, 2003）。

由于青少年的自主性需要，他们可能会拒绝家庭的介入，这就需要建立制度化的结构进行治疗。但是，青少年的任何治疗计划仍然需要家庭的积极参与。此外，治疗方案还必须满足青少年的发展需要，这些需要可能与成年患者的不同，同时还应提供与学校教育保持同步的机会（McCallum & Bruton, 2003）。

多达1/3的厌食症患者在达到适当的体重之前就会退出治疗（McCallum & Bruton, 2003）。贪食症患者的治疗前景更好，因为他们一般都愿意接受治疗（"Eating Disorders—Part II"，1997; Herzog et al., 1999 ; Keel & Mitchell, 1997）。经过六个月到五年的治疗，贪食症的平均治愈率为50%（Harvard Medical School, 2002b）。即使不再自我绝食，厌食症患者通常仍会存在长期的生理和心理健康问题（Beaumont, Russell, & Touyz, 1993; "Eating Disorders—Part I"，1997; Sullivan, Bulik, Fear, & Pickering, 1998）。

学习检查站
你能否……
✓ 讨论超重、厌食症和贪食症的危险因素、后果、治疗方法以及预后？

药物使用和滥用

虽然大多数的青少年不滥用药物，但也有少数青少年存在这方面的问题。**物质滥用**（substance abuse）是指对酒精或其他药物的有害使用。它是一种适应不良的行为模式，通常持续一个月以上，个体知道这种物质有害之后仍继续使用或者多次在危险情况下（如驾车时）使用（APA, 1994）。物质滥用可能导致生理的、心理的或两者皆有的**物质依赖**（substance dependence，即成瘾），可能会一直持续到成年期。药物成瘾对青少年尤其危险，因为这些药物会损害青少年正在发育的某些脑区（Chambers et al., 2003）。

药物使用的趋势 美国 8 年级学生的非法药物使用率从 1996 年以来逐步下降，10 年级和 12 年级学生的药物使用率自 2001 年也稳步下降，大大低于 20 世纪 70 年代末和 80 年代初的高峰值（见图 11-3）。2004 年，15.2% 的 8 年级、31.1% 的 10 年级和 38.8% 的 12 年级学生报告说自己在过去的一年内使用过非法药物（L. D. Johnston, O'Malley, Bachman, & Schulenberg, 2004b, 2005）。

这些结果取自一系列政府年度调查的最新数据，该调查由美国 406 所学校的 49 474 名学生组成具有全国代表性的样本。这些调查可能低估了青少年的药物使用情况，因为调查没有涉及中途辍学的高中生，而这部分学生的药物使用率可能更高。

这一普通趋势的一个例外是吸入剂的使用在 2004 年又死灰复燃，尤其是在 8 年级的学生中。吸入剂是化学蒸汽，通常产生于一些日常家用产品，如胶水、溶剂、汽油、丁烷和气溶胶等，青少年通过吸入这些气体而产生飘飘欲仙的感觉。由于吸入剂价格便宜且容易获取，因此它在青少年群体中的使用率较高。吸入剂会对听觉、大脑、骨髓、肝脏和肾脏造成损害，还可能导致缺氧、心脏衰竭和死亡。由于越来越不被同伴赞许，所以自 1995 年以来吸入剂的使用一直都在下降；但目前这一趋势似乎正在发生转变（L. D. Johnston et al., 2004b, 2005）。

药物滥用的危险因素 哪些因素可能导致年轻人滥用药物？其中危险因素包括：（1）"困难型"气质；（2）易冲动以及获取感官刺激的倾向（可能存在生物化学基础）；（3）家庭影响（如遗传的对酗酒的易感性、父母使用药物或对药物持接受态度、教

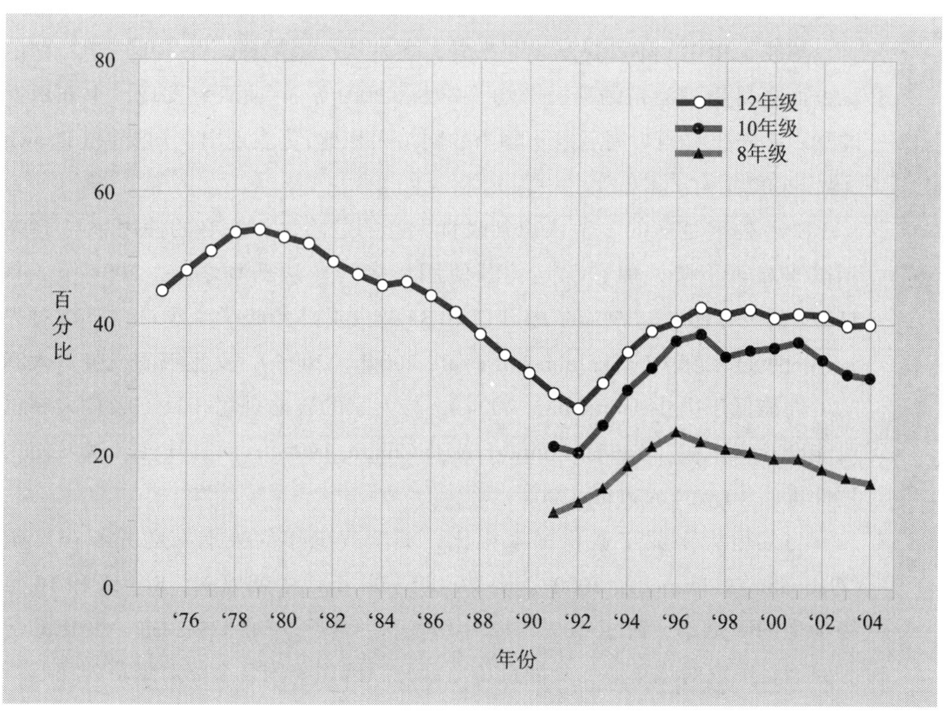

图 11–3
过去几年美国 8 年级、10 年级和 12 年级学生的非法药物使用趋势。1991 年之前的研究只在 12 年级中进行。

资料来源：Johnston, O'Malley, Bachman & Schulenberg, 2005.

养行为不良或不一致、家庭冲突以及家庭关系混乱）;（4）早期产生并持续的行为问题，尤其是攻击行为；（5）学业失败，缺乏教育；（6）被同伴排斥；（7）与药物使用者接触；（8）性格孤僻和判逆心强；（9）对药物使用持赞同态度；（10）过早接触药物使用。青少年药物使用开始得越早，使用频率可能会越高，成瘾的可能性也就越大（Hawkins, Catalano, & Miller, 1992; Johnson, Hoffmann, & Gerstein, 1996; Masse & Tremblay, 1997; USDHHS, 1996b）。某一个体面临的危险因素越多，其滥用药物的可能性也就越大。

进入中学后，青少年会结交新朋友，并且对同伴压力更敏感，药物使用常常始于此时。4~6 年级的学生可能开始吸烟、喝酒或使用吸入剂；随着年龄增长，他们会逐渐转向大麻或其他烈性毒品（National Parents' Resource Institute for Drug Education, 1999）。下面我们会更详细地介绍青少年使用最多的酒精、大麻和烟草这三种物质。这三种物质有时被称为**入门毒品**（gateway drugs），因为它们的使用往往会导致"烈性"（更具成瘾性）毒品的使用。

酒精、大麻和烟草 酒精是一种烈性的、可以改变心智的药物，它可以对个体的生理、情绪和社会性健康产生很大影响。在很多国家，酒精使用是一个非常严重的问题（Gabhainn & Francois, 2000）。15 岁前开始喝酒的人，其形成酒精依赖或酗酒的可能性是 21 岁后开始喝酒的人的 5 倍多（SAMHSA, 2004a）。在 20 世纪 90 年代，美国青少年的酒精使用缓慢增加，但目前随着非法药物使用的减少也在降低。尽管如此，2004 年仍有 36.7% 的 8 年级、58.2% 的 10 年级和 70.6% 的 12 年级学生报告说自己在过去的一年内曾经喝过酒（L. D. Johnston et al., 2004b，2005）。

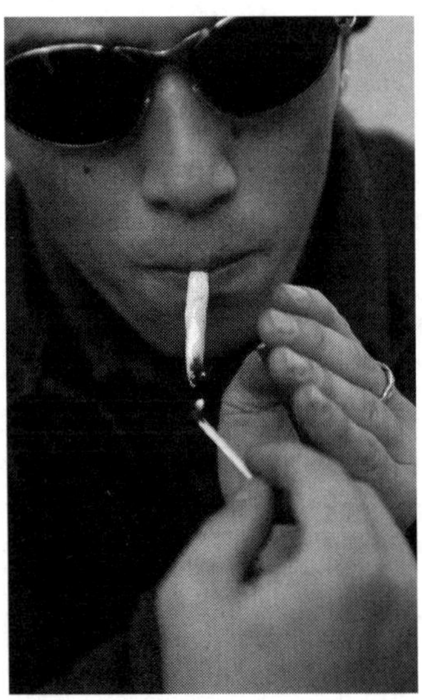
在美国，大麻是使用最广泛的非法药物之一。除了本身的危害外，大麻还可能导致对烈性毒品成瘾。

与成人相比，不管是从当时来看，还是从长远来看，青少年在学习和记忆方面更易受到酒精的消极影响（White, 2001）。一项研究发现，十五六岁的酗酒者停止喝酒数周后跟不酗酒的同龄人相比，仍表现出认知受损（Brown et al., 2000）。

随着越来越多的学生认识到吸食大麻的危险性，大麻的使用率自 1996 年以来显著下降，但它仍是美国使用最多的非法药物之一。2004 年，有 11.8% 的 8 年级、27.5% 的 10 年级和 34.3% 的 12 年级学生承认自己在过去一年内吸过大麻（L. D. Johnston et al., 2004b，2005）。女生喝酒或吸食大麻的可性能低于男生（Freeman, 2004）。与大家的普遍观念相反，吸食大麻也可能会让人上瘾（Tanda, Pontieri, & DiChiara, 1997），而且往往会诱发使用烈性毒品（Lynskey et al., 2003）。

与其他大多数工业化国家相比，美国青少年的吸烟问题并不很严重（Gabhainn & Francois, 2000）。自 20 世纪 90 年代中期以来，8 年级和 10 年级学生的吸烟率下降了 50%，12 年级的吸烟率下降了 33%。这一变化的部分原因是国家对烟草业的负面宣传；部分原因是美国几个州对烟草公司起诉后引发的反烟运动。但 2004 年的研究发现，过去一个月内仍有 9.2% 的 8 年级、16% 的 10 年级和 25% 的 12 年级学生在吸烟（L. D. Johnston et al., 2004a, 2005）。

11 岁开始吸烟的青少年从事危险行为的可能性是其他同龄人的 2 倍，例如乘坐醉酒司机驾驶的汽车，携带刀或枪上学，使用吸入剂、大麻或可卡因，企图自杀等。较早开始喝酒和吸食大麻也与多种危险行为相关（DuRant, Smith, Kreiter, & Krowchuk, 1999）。

同伴对吸烟和喝酒的影响已被广泛证实（CASA, 1996; Cleveland & Wiebe, 2003）。在 6 529 名加利福尼亚和俄勒冈的学生中，非裔美国学生和西班牙裔美国学生比美国白人和亚裔美国学生更可能在 13 岁时就开始吸烟。但是，到 15 岁时，经常吸烟的黑人青少年比其他三组学生要少（Ellickson, Orlando, Tucker, & Klein, 2004）。

对青少年来说，影视媒体中随处可见的物质滥用可能是一个重要的影响因素。对影视画面的随机抽样发现，1950 年吸烟镜头每小时出现 10.7 次；1980 年到 1982 年降低到每小时 4.9 次；但 2002 年的吸烟画面频率又回升到了 1950 年的水平（Glantz, Kacirk, & McCulloch, 2004）。在全美青少年的追踪研究中，每天看电视至少 4~5 个小时的 10~15 岁参与者，在接下来的两年内开始吸烟的可能性是每天看电视少于 2 小时的参与者的 5~6 倍（Gidwani, Sobol, DeJong, Perrin, & Gortmaker, 2002）。

在一项随机控制实验中，尼古丁替代疗法结合行为技能训练的方法能有效帮助青少年戒烟。经过 10 周的治疗，28% 的青少年可以完全不用尼古丁贴片了。半年以后，虽然只有 7% 的人完全戒烟，但大多数人每天的吸烟量都减到最低（Killen et al., 2004）。

我思我秀

- 大麻是否应该像酒精一样合法化？原因是什么？
- 烟草广告是否应该受到更严格的限制？如果是，应该采取什么样的限制？
- 如何帮助青少年避免或改变危险行为？

学习检查站

你能否……

- ✓ 概括目前青少年药物使用的趋势？
- ✓ 讨论与药物使用，尤其是酗酒、吸食大麻、抽烟有关的风险因素及其影响？

抑郁症

考虑到安妮·弗兰克所处的令人绝望的处境，她不得不服用抗抑郁药物就毫不奇怪了。即使在正常环境中，抑郁症在青少年期也会不断增多，据估计有 4%~8% 的年轻人患有抑郁症（NCHS, 2004）。年轻人的抑郁症不一定都表现为悲伤，但会表现为易怒、无聊或无法体验到生活的乐趣。由于患者存在自杀倾向，所以应非常关注这一问题（Brent & Birmaher, 2002）。

青少年期的女孩，尤其是早熟的女孩和成年女性比男性更易患抑郁症（Birmaher et al., 1996；Brent & Birmaher, 2002; Cicchetti & Toth, 1998; Ge, Conger, & Elder, 2001; Stice et al., 2001）。这种性别差异可能与青春期的生物变化有关，也可能与女孩的社会化方式有关（Birmager et al., 1996），还可能与她们对社会关系的压力更敏感有关（Ge et al., 2001；USDHHS, 1996b）。除性别以外，导致抑郁症的其他危险因素还有焦虑、社交恐惧、生活压力事件、慢性病（如糖尿病、癫痫）、亲子冲突、被虐待或被忽视以及父母一方有抑郁史等（Brent & Birmaher, 2002）。身体意象问题和饮食障碍也可能会加剧抑郁症状（Stice & Bearman, 2001）。

这个男生可能在担心自己的考试成绩或担心遭到女友拒绝。类似的担忧在青少年中很常见，但如果悲伤持续存在，并伴有注意力无法集中、疲劳、冷漠和无价值感时，就可能转变成抑郁症。至少 20% 的青少年都曾经历过一段时间的抑郁。

如果门诊治疗没有效果，表现出物质依赖或精神错乱以及自杀迹象的抑郁症青少年患者就需要接受住院治疗。在童年期或青少年期曾患过抑郁症的人中，20% 的人存在双向障碍风险。双向障碍是指抑郁患者的“低落”期和“兴奋”期交替出现，兴奋期的特点表现为精力充沛、情绪高亢、动作夸张和喜欢冒险（Brent & Birmaher, 2002）。一项对 1 265 名新西兰儿童长达 25 年的追踪研究发现，即使某些青少年的抑郁症状并不足以诊断为抑郁症，但到 25 岁时，他们患抑郁症和出现自杀行为的风险也会较高（Fergusson, Horwood, Ridder, & Beautrais, 2005）。

SSRIs 是一种抗抑郁药物（参见第 10 章），是最常见的治疗青少年抑郁症的药物。自从 20 世纪 90 年代中期以来，随着 SSRIs 使用的快速增多（NCHS, 2004），自杀率有所下降（Olfson, Shaffer, Marcus, & Greenberg, 2003）。短期的认知行为疗法也是有效的。这种疗法让患者学习选择一些令人愉快的活动，提高其社会技能，改变可能导致抑郁的自我挫败的思维方式（Brent & Birmaher, 2002）。一项针对 439 位患有严重抑郁症的青少年的随机化控制性实验发现，SSRIs 中最常用的百忧解（Prozac）比认知行为疗法更有效。两种方法结合疗效能取得最好的效果（Emslie, 2004; Glass, 2004; TADS, 2004）。但是，随着 SSRIs 开始用于儿童，人们开始担心这类药物的长期安全性（NCHS, 2004）。

青少年期的死亡

并非每一位青少年的死亡都会像安妮·弗兰克的死一样被很多人记住。但是，早逝总是一种悲剧，而且（与安妮的死不同）常常是由于意外事故（Anderson & Smith, 2003），但早逝并非总是由事故引发。这一年龄的个体频繁发生车祸、枪杀和自杀现象，这反映出存在一种暴力文化，也反映出青少年的经验不足和不成熟，也常常会导致他们粗心大意，置身危险之中。

交通事故和枪击事故导致的死亡 交通事故是导致美国青少年死亡的首要原因，占青少年死亡总数的 40%。16~19 岁这个年龄段的青少年出车祸的危险高于其他年龄组，尤其是一些刚开始学会驾车的年轻人（McCartt, 2001; NCIPC, 2004）。有青少年伙伴乘坐时发生的车祸更加致命，很显然，有同伴在旁边时青少年往往会把车开得更猛（Chen, Baker, Braver, & Li, 2000）。2002 年，死于车祸的 15~20 岁青少年中有 29% 是酒后驾车，并且这部分人中 77% 的人未系安全带（National Highway Traffic Safety Administration, 2003）。

美国 15~19 岁的青少年死于枪击事故（包括凶杀、自杀和意外死亡）的现象远远超过其他工业化国家，占这一年龄段死亡总数的 33%，占凶杀总数的 85% 以上。造成这一严峻形势的主要原因似乎是在美国获得枪支相对更容易（AAP Committee on Injury and Poison Prevention, 2000）。对许多青少年来说，最容易得到枪的地方是家庭。青少年用家中藏有的枪支杀死家人或熟人的概率是用于自卫的 43 倍（AAP Committee on Injury and Poison Prevention, 2000）。

自　杀　很容易获得枪支也是青少年自杀的主要原因之一，2002 年，自杀成为美国 15~19 岁青少年的第三大死亡原因（Anderson & Smith, 2005）。在 2001 年的所有自杀事件中，52% 的青少年的自杀是使用枪支（NCIPC, 2001）。在 1992 年到 2001 年间，10~19 岁的青少年总体自杀率降低了 25%，其中使用枪支自杀的比例急剧下降，限制未成年人获得枪支有助于解释这一现象（Lubell, Swahn, Crosby, & Kegler, 2004）。

近 1/4 的美国高中生报告说自己在过去的一年内曾认真地考虑过自杀（AAP Committee on Adolescence, 2000），约 9% 的人报告实际尝试过自杀（NCHS, 2004）。尽管尝试自杀的年轻人多数选择服药或其他物质，但使用枪支自杀最可能成功（Borowsky, Ireland, & Resnick, 2001）。由于这一原因，尽管女孩更可能考虑或尝试自杀，但是更倾于使用枪支自杀的男孩往往比女孩更可能成功自杀，他们的自杀死亡率是女孩的 5 倍多（NCHS, 2004）。如果感到孤独、缺少朋友或得知某人自杀，女孩更可能产生自杀想法（Bearman & Moody, 2004）。

尽管所有民族中都会有人自杀，但美洲土著印第安男孩的自杀率是最高的，非裔美国女孩的的自杀率则最低。男女同性恋和双性恋的年轻人的抑郁患病率较高，他们自杀和尝试自杀的比率也非常高（AAP Committee on Adolescence, 2000; Remafedi, French, Story, Resnick, & Blum, 1998）。

那些考虑过或曾经尝试过自杀的年轻人往往有情绪方面的疾病。他们往往是暴力的实施者或受害者，并存在各种学业或行为方面的校园问题。他们中有很多人在童年时受过虐待，导致他们在青少年期出现严重的关系问题。他们往往对自我评价很低，产生无助感，而且控制冲动以及承受挫折和压力的能力都较差。他们通常和父母关系疏远，在家庭以外也没什么人可以依靠。他们往往以前就曾试图自杀或者他们的朋友、家人中曾有人试图自杀过（Borowsky et al., 2001; Deykin, Alpert, & McNamara, 1985; Garland & Zigler, 1993; Johnson et al., 2002; National Committee for Citizens in Education, 1986; NIMH, 1999a; Slap, Vorters, Chaudhuri, & Centor, 1989; "Suicide—Part I," 1996; Swedo et al., 1991）。在所有的青少年自杀案件中，有一半是酒精发挥了推波助澜的作用（AAP Committee on Adolescence, 2000）。可以降低自杀风险的保护因素包括加强青少年对家庭和学校的联结感、保持情绪健康以及将精力放在学习上（Borowsky et al., 2001）。

电话热线是对青少年进行自杀干预最常用的一种方法，但其有效性似乎微乎其微（Borowsky et al., 2001；Garland & Zigler, 1993）。近年来以学校为基础的筛选项目得到了广泛应用。尽管有些研究者担心这类项目可能会“在青少年头脑中灌输进某些不良思想”，但是对纽约州 2 342 名高中生的随机性控制实验发现，这些担心是没有必要的（Gould et al., 2005）。

学习检查站
你能否……
- ✓ 讨论影响青少年抑郁的性别差异的因素有哪些？
- ✓ 说出导致青少年自杀的前三位原因，并对枪支伤害的危险性进行讨论？
- ✓ 评估一下青少年自杀的危险因素和干预项目？

但是，美国儿童与青少年精神病学会对这类项目的有效性提出了质疑；就像电话热线一样，可以证明这些项目能够降低自杀风险或促使有自杀想法的青少年寻求帮助的证据几乎为零（Harvard Mental Health Letter, 2003）。事实上，在这类项目中，有一些项目夸大了青少年自杀的程度，并把自杀描述成青少年对压力的正常反应而非病理行为，这样做都是有害无益的。一些专家建议，关于自杀的项目应该去识别并治疗处于特定自杀危险中的青少年，包括那些自杀未遂者。通过各种项目减少物质滥用和暴力行为、增加获得枪支的难度、并加强家庭成员之间的联结、提高父母的教养技能，以消除自杀危险因素，这些也同样非常重要（Borowsky et al., 2001; Garland & Zigler, 1993）。

认知发展

学习指路标

5. 青少年的思维和语言运用与年幼儿童有何不同？

认知成熟

尽管青少年期存在很多危机，但大多数青少年从十几岁开始就表现出健康成熟的体魄和对生活的热爱。他们的认知也在继续发展。青少年不仅在外貌上不同于儿童，他们的思维也有差异。虽然青少年的思维在某些方面仍不成熟，但很多青少年已经能够进行抽象推理和复杂的道德判断，并能够对未来制订更加现实的计划。

皮亚杰的形式运算阶段

根据皮亚杰的理论，当青少年形成抽象思维能力时，他们就进入了认知发展的最高阶段——**形式运算**（formal operations）阶段。这一发展通常发生在 11 岁左右，个体获得一种新的、更加灵活的信息操作方式。他们不再受此时此地的局限，而是能够理解历史时间和外星人的空间。他们能够用符号来代表符号（例如，假设 X 代表某个未知数），因此可以学习代数和微积分。他们能够更好地理解隐喻和语言，所以可以从文学中获得更加丰富的意义。他们能够思考事情可能是什么样的，而不单单考虑事情是什么样的。他们能够想象各种可能性，并形成和检验假设。

抽象思维能力的发展也具有情感方面的意义。在此之前，儿童可能只是喜欢父母或讨厌某个同学，但现在，“青少年则可能热爱自由，憎恶剥削……各种可能性和理想能够强烈吸引青少年的思想和情感”（H. Ginsburg & Opper, 1979, p.201）。正因为如此，安妮·弗兰克才能够在秘密藏身的小阁楼里表达自己的理想和对未来的憧憬。

假设—演绎推理 为了更好地理解形式推理，下面我们将追踪一位儿童如何解决皮亚杰的经典钟摆问题*的过程。先给亚当呈现钟摆——一个物体用细线悬挂，然后给他演示四种可以改变的因素：细线的长度、物体的重量、释放物体的高度以及推动物体所用的力量。最后要求亚当指出哪些因素或哪些因素的组合决定钟摆摆动的速度。（图 11-4 描绘了这一任务和其他一些皮亚杰用来评估儿童形式推理水平的任务。）

亚当第一次接触钟摆问题时还不到 7 岁，处于前运算阶段。由于不能对如何解决问题制订计划，所以亚当只是随机逐个尝试各种因素。首先，他在长线下面挂较轻的物体然后推动钟摆；然后他尝试在较短的线下悬挂较重的物体；接着完全去掉物体。在这一过程中，亚当只是随机尝试使用各种方法，而且他也不能理解或报告所发生的情况。

亚当再次解决钟摆问题是在 10 岁，此时他处于具体运算阶段。这次他发现改变细线的长度和物体的重量会影响钟摆摆动的速度。但是，由于同时改变了这两个因素，所以他无法分辨哪个是关键因素或者是否这两个因素都起作用。

亚当 15 岁时第三次解决钟摆问题，这时他能够系统地解决这一问题。他设计实验来检验所有的假设，每次只改变一个因素——首先是线的长度，然后是物体的重量，接下来是物体被释放的高度，最后是推动物体的力量——每次保持其他三个因素恒定。通过这种方法，亚当能够确定只有一个因素可以决定钟摆摆动的速度，即线的长度。

亚当解决钟摆问题的方法表明他已经进入了形式运算阶段。现在他能够进行**假设—演绎推理**（hypothetical-deductive reasoning）了。他可以提出假设并设计实验来进行检验。他可以考虑到所有可能的联系，并对这些联系逐个进行系统的检验，每次验证一个，从而减少错误并找到答案。假设—演绎推理使得亚当拥有了新的工具来解决各种问题，从修理汽车到建构一种政治理论。

对问题解决行为的研究支持了皮亚杰对具体运算和形式运算之间差别的分析。在其中一项研究中（Schauble, 1996），要求 5 年级和 6 年级学生以及未受过大学教育的成年人设计实验来理解一些物理现象，如哪些因素影响船在水渠中的通过速度。和成年人相比，青少年前期的儿童解决这类问题时的系统性较差，就像亚当在该年龄段解决钟摆问题时一样，他们通常会同时改变一个以上的因素。

是什么导致了儿童的思维向形式推理的转变？皮亚杰认为这是由脑成熟和环境扩展的共同作用所致。这两个因素都是必不可少的：即使神经发育到足够进行形式

---

* 钟摆问题中描述的年龄差异来自于H.Ginsburg and Opper（1979）。

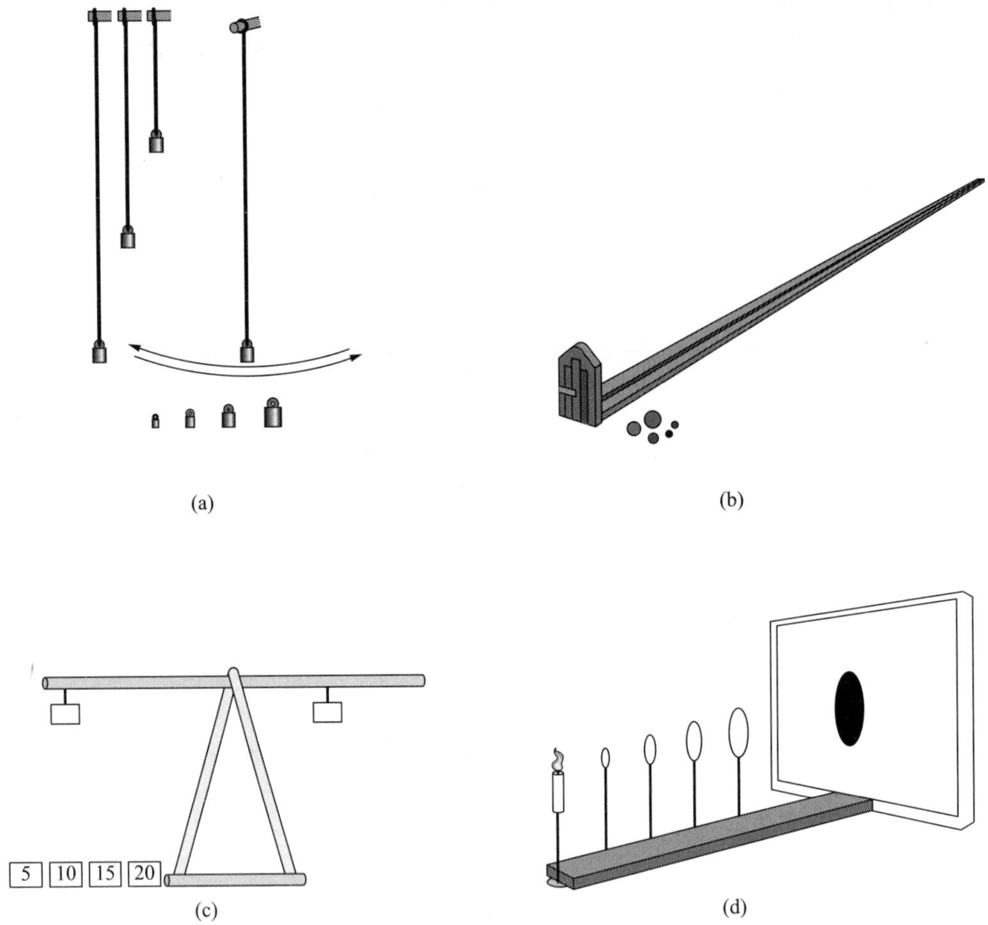

图 11-4

皮亚杰用于测量形式运算能力的任务。

（a）钟摆。钟摆的悬线可以调整长度，钟摆本身有几种不同的重量。让学生来判断影响钟摆摆动速度的因素有哪些。

（b）水平面上的运动。一个弹簧装置将大小不同的小球弹出，让其在水平面上滚动。让学生来预测各个小球停止的位置。

（c）天平。天平有不同重量的砝码，可以挂在横杆的不同位置。让学生来判断天平是否能够平衡，受哪些因素影响。

（d）影子。一块带有螺纹孔的平板与屏幕垂直固定在底座上。一个光源和数个直径不同的圆环可以安装在孔内，并调整它们和屏幕的距离。学生要通过使用直径不同的圆环来制造出两个大小相同的影子。

资料来源：Adapted from Small, 1990, Figure 8-12.

推理时，青少年也只有接受到合适的刺激才能获得这种能力。一种方法是通过合作促使青少年获得形式运算能力（Johnson, Johnson & Tjosvold, 2000）。要求大学生（平均年龄为 18.5 岁）用实验解决一个化学问题，随机配对成组的学生与单独工作的学生相比，能够解决更多的问题。搭档对对方的推理进行的挑战越多，他们思维的进步就越大（Dimant & Bearison, 1991）。

正如皮亚杰（1972 年）最终认识到的，像具体运算的发展一样，文化和教育似乎也对形式运算的发展起作用。用钟摆问题考察了新几内亚和卢旺达的青少年，发现他们没有一个能成功解决该问题。然而曾就读于英语学校的中国香港地区的儿童在这个问题的解决上表现得和欧美儿童一样好，爪哇中部和新南威尔士州的学龄儿童也具有某些前运算阶段的能力（Gardiner & Kosmitzki, 2005）。显然，这种思维是一种习得的能力，而这一能力的必要性和受重视程度在不同文化中存在差别。

我思我秀

- 父母和教师如何帮助青少年提高推理能力？

对皮亚杰理论的评价　尽管青少年的思维确实通常比年幼儿童更抽象，但现在对于抽象思维能力出现的确切时间仍存在争论（Eccles, Wigfield, & Byrnes, 2003）。皮亚杰的论著提供了很多例子，用以说明儿童早在青少年期以前就表现出某些方面的科学思维。同时，皮亚杰似乎高估了较大儿童的能力。很多青少年晚期的青少年甚至成人似乎并不具备皮亚杰所说的抽象思维，这些人可能占到总数的 33%~50%（Gardiner & Kosmitzki, 2005; Kohlberg & Gilligan, 1971; Papalia, 1972），即使那些具有抽象思维能力的人也并不总是运用该能力。

皮亚杰的大多数早期著作并没有关注个体差异、个体在不同任务上表现的变化以及社会和文化对个体的影响。皮亚杰在晚年“开始认识到自己关于儿童思维发展的早期模型，尤其是形式运算理论存在的缺陷，因为该模型没有抓住情境在影响和制约儿童思维发展过程中所起的关键作用”（Brown, Metz, & Campione, 1996, pp.152-153）。新皮亚杰学派的研究指出，儿童的认知过程与认知的具体内容（即儿童思维的对象）、问题情境、所处文化认为哪些信息和想法重要等均密切相关（Case & Okamoto, 1996）。

学习检查站

你能否……

- ✓ 举一个像文中钟摆问题一样的例子，来解释形式运算思维和具体运算思维的区别？
- ✓ 列出影响青少年形式推理发展的因素？
- ✓ 评价皮亚杰形式运算理论的优缺点？

最后，皮亚杰的理论没有对认知发展的以下几方面给以足够的关注：信息加工能力的获得、知识的积累和某一领域的专长、*元认知*的作用以及个体对自己心理过程和策略的意识及监控。

艾尔金德：青少年思维的不成熟性

我们已经看到，儿童如何从一个只对乳头感兴趣的自我中心者成长为一个能够解决抽象问题并能想象理想世界的个体。但是在某些方面，青少年的思维又有着令人吃惊的不成熟性。他们可能对待成人粗鲁无礼，可能为每天穿哪件衣服而头疼，还经常觉得好像整个世界都以他为中心。

心理学家大卫·艾尔金德（David Elkind, 1984, 1998）认为，这些行为是由于青少年的形式运算思维还不熟练造成的。形式运算这种新的思维方式能够彻底改变青少年看待自身和世界的方式。对青少年来说，形式运算思维就像他们发育中的身体一样陌生，有时使用起来会感到自己很笨拙。在尝试自己新能力的过程中，青少年有时会像婴儿学习走路一样难免会遇到挫折。

大卫·艾尔金德认为，爱争论是青少年思维的典型特点，这些争论通常发生在子女与父母之间。

艾尔金德认为，这种思维的不成熟性至少表现在以下六个方面：

1. 理想主义和批判性：青少年在想象理想世界时，他们会发现现实和理想的天壤之别，因为在现实中，他们要承担很多成人的责任。他们对虚伪高度警觉，通过自己敏锐的言语推理，他们会用讽刺和诙谐来调侃各种杂志和娱乐节目，抨击公众人物。由于确信自己比成人更懂得如何驾驭世界，所以青少年常常会觉得父母的看法是错的。
2. 爱争论：青少年总是不放过任何试验和展示自己论证能力的机会。比如说，他们常常会用罗列事实和逻辑推理的方法向父母证明自己晚回家是正确的。
3. 优柔寡断：青少年可以同时在头脑中产生多种选择，却缺乏有效的策略来做出选择。甚至是面对“和朋友一起去逛街还是坐在电脑前写作业”这样简单的问题，他们也会举棋不定。
4. 言行不一：年幼的青少年常常不能分辨表达一种观念（如保护能源）和为之做出必要的牺牲（如少开车）两者之间的区别。
5. 自我意识：处于形式运算阶段的青少年能够对自己和他人的观念进行思考。但是，在专注于自己心理状态的同时，他们常常会认为其他人也都和他们一样在思考相同的事情，即他们自己。女孩可能会因为在派对上“穿错了衣服”而倍感沮丧，她觉得大家肯定都在看她的笑话。艾尔金德把这种自我意识称为**假想观众**（imaginary audience），即一个概念化的“观察者”，此观察者会像青少年自己一样关注他们的思想和行为。假想观众的幻想在青少年早期尤为强烈，而且会一直持续到成年期，但是程度会逐渐降低。
6. 独一无二和无懈可击：艾尔金德用**个人神话**（personal fable）指青少年的一种信念，即认为自己是特别的，自己的经历是独特的，规则是用来约束除自己以外的其他人的（“别人药物滥用会上瘾，但我不会”，或者“没有人像我一样曾经深深爱过”）。根据艾尔金德的观点，这种特殊形式的自我中心正是很多自我毁灭性危险行为产生的原因。和假想观众一样，个人神话也会持续到成年期。艾尔金德说，正是个人神话鼓励人们在日常生活中冒险，例如，尽管很高的交通死亡的统计数字摆在面前，人们还是会超速驾驶。

学习检查站

你能否……

✓ 描述艾尔金德提出的青少年思维不成熟性的六个方面，并解释这些特点在青少年过渡到形式运算思维的过程中是如何产生的？

假想观众和个人神话这两个概念已经被广泛接受，但却很少有独立的研究来证实它们是作为青少年期的区别性标志。一些有关个人神话的研究发现，对某些特定的危险，如酗酒和其他一些药物问题，青少年相比大学生或成人，认为自己受影响的可能性更大，而不像个人神话所预期的那样可能性更小（Quadrel, Fischoff, & David, 1993）。假想观众和个人神话并非是青少年认知发展的普遍规律，而是和具体的社会经历有关。由于这些概念来自于艾尔金德的临床观察，所以更可能是那些具有适应困难的青少年的特点（Vartanian & Powlishta, 1996）。

青少年期信息加工的变化

信息加工研究者已经确定了青少年认知上的两大类可测量的变化：结构性变化和功能性变化（Eccles et al., 2003）。* 下面我们分别介绍这两种变化。

结构性变化 青少年认知的结构性变化包括信息加工能力的变化和长时记忆中储存的知识数量的增加。

工作记忆容量在童年中期迅速增加，到青少年期仍在继续增加。工作记忆容量的扩大使得年纪较大的青少年能够解决复杂问题或对包含多种信息的问题做出决策。

储存在长时记忆中的信息可能是陈述性的，也可能是程序性或概念性的。**陈述性知识**（declarative knowledge）（“知道……”）包括个体获得的所有事实性知识，例如，知道 2 加 2 等于 4；乔治·华盛顿是美国的第一任总统。**程序性知识**（procedural knowledge）（“知道如何做……”）包括个体获得的所有技能，如会做加法、除法运算或会开车。**概念性知识**（conceptual knowledge）（“知道为什么”）指的是能够理解为什么一个代数等式两边同时加或减等量的数后仍成立。

美国国家教育进展评估（NAEP）发现，美国儿童在 4~8 年级之间和 8~12 年级之间会获得这 3 类基本知识。但是，这些进步往往都是有限的，在具体的领域中也有所差别，而且依赖于教育质量。

功能性变化 获取、处理和保存信息的过程是认知的功能方面，其中包括学习、记忆、推理和决策。数学、空间和科学推理等功能过程在青少年期一般都会提高。

青少年能够越来越熟练地得出结论、解释推理和检验假设，尤其是当前提假设是青少年所熟悉的事实时。当实验假设与常识相悖时（如所有大象都是小的。这是一头大象，它是小的吗？），只有不到一半的青少年或成人能够进行恰当的逻辑演绎推论。

在实验室条件下观察到的青少年认知功能的提高并不一定适用于现实生活，因为现实生活中个体的行为会部分受到动机和情绪调节的影响。很多较大的青少年在现实生活中做出的决策还不如年幼的青少年。在“20 个问题”的游戏中，目标是尽可能少地问“是或否的问题”，通过系统地缩小正确答案所在的类别来确定某一个人、地点或事物。一般来说，解决这一问题的效率会在童年中期和青少年晚期之间有所

---

* 除非另作说明，本部分的讨论得益于Eccles et al., 2003。

提高。但一项研究（Drumm & Jackson, 1996）发现，高中生，尤其是男生，表现出比青少年早期的个体和大学生更强的猜测答案的倾向。这种猜测模式可能反映出个体对冲动和冒险行为的偏爱。在本章前面我们已经讨论过，青少年的轻率判断可能与其大脑的发育不成熟有关，这种不成熟性可能使得其情感压倒理智。

语言发展

尽管存在很大的个体差异，但在 16~18 岁时，一般的青少年会认识约 80 000 个单词（Owens, 1996）。随着抽象思维能力的发展，青少年能够定义和讨论诸如爱、公正和自由等一些抽象概念。他们也会更经常地使用像*然而*、*否则*、*无论如何*、*因此*、*确实*、*可能*等一些词汇来表达短语或句子之间的逻辑关系。此外，他们还越来越清晰地意识到词汇作为一种符号可以有多种意思；他们喜欢运用反语、双关或隐喻等修辞手法（Owens, 1996）。

学习检查站
你能否……

- ✓ 说出青少年的信息加工能力的两种主要变化，并分别举例？
- ✓ 列出几种可以反映青少年认知发展的语言发展特点？

社会观点采择（social perspective-taking）指个体根据他人所持的观点和所具有的知识水平来调整自己的谈话的能力。青少年能够越来越熟练地进行社会观点采择。这一能力对于说服别人或进行交谈都是必不可少的。青少年能够意识到自己所面对的听众不同，对同伴和成人使用不同的语言进行交谈（Owens, 1996; 见专栏 11-2）。青少年俚语是青少年脱离父母和成人世界来确立独立身份过程的一部分。在创造如“最牛的”（awesome）和“极客”（geek）等词的过程中，青少年使用他们新获得的能力操纵文字，来“定义他们这一代人所独有的价值观、兴趣爱好和偏爱的事物”（Elkind, 1998, p.29）。

学习指路标

6. 青少年进行道德判断的基础是什么？

道德推理：科尔伯格的理论

一位妇女患癌症濒临死亡。一名药剂师发明了一种药，医生认为这种药能够救治这位患癌症的妇女。药剂师开价 2 000 美元——是药品成本的 10 倍。患病妇女的丈夫海因兹竭尽全力只借到 1 000 美元，他恳求药剂师把药 1 000 美元卖给他，以后他再还剩余部分。但药剂师拒绝了海因兹的请求，他说“我发明了这种药，我就是要靠它来发财”。绝望之中,海因兹闯入药剂师家中偷走了药。海因兹应该这样做吗？为什么？（Kohlberg, 1969）。

海因兹偷药的故事是科尔伯格道德发展研究中最著名的例子。从 20 世纪 50 年代开始，科尔伯格和同事给 10 岁、13 岁和 16 岁的青少年呈现假设的两难故事，并在之后 30 多年继续定期对他们进行追踪研究。每一个两难故事的核心都涉及“公正”这一概念。通过询问参与者如何得出自己的答案，科尔伯格总结道：人们对道德问题的看法反映出他们的认知发展。

"青春期方言"：青少年期的惯用语

一个辣妹！

我们闹翻了！

下流的！

走吧！

青少年之间的谈话主要是关于他们日常生活中的一些人和事（Labov, 1992）。他们用自己的俚语（非标准的言语）来标记人物（如"小数人""热水袋"）、发表自己积极或消极的判断（如"太酷了"）或描述一些与酒精或毒品有关的行为（如"她扭成麻花了"或"他爽死了"）。

加拿大语言学家马赛尔·达内西（Marcel Danesi）（1994）* 指出，青少年的语言不仅仅是俚语（当然，成人也会使用俚语）。相反，他们形成了自己的方言：青春期方言，即青少年期的社会性俚语（p.97）。

青春期方言不只是偶尔出现的有趣表述，而是青少年口语交流的主要模式，他们通过这种方式使自己不同于成人。随着儿童步入青少年期，年幼的孩子会从稍微年长的同伴那里学习这些俚语。像其他语言符号一样，这些语言可以加强群体认同，并把外人（成人）拒之门外。青少年词汇的特点是变化很快，尽管其中一些术语已经进入了日常谈话，但青少年总是不断地发明更多的新词。

对青少年谈话样本的分析发现，青春期方言有几个关键特点。第一，它是一种*有感情色彩的代码*。通过夸张的声调、故意放慢语速、拖长重音、配合肢体语言以及粗俗的感叹词，可以使人把注意力放在感情和态度上（如"真是太对对……对了！""嗯，我呸……呸呸！"）。像这样感情色彩浓厚的语言约占青少年言语的65%。使用如好像一类的填充词和典型的叙述语调，在每个短语和句子后都会加上一个问号，这反映出他们无意识中的不确定，同时也吸引听者关注说话人的心理状态。

青春期方言的第二个特点是它的*隐含功能*。青少年设计一些描述性词汇（或扩大现有词汇的意思）来表达他们对所处世界的人和事的看法，通常以一种高度隐喻的方式出现。人们并不需要查字典来理解这些词汇的意思。这些词汇为迅速地、自动地对他人进行价值判断提供了一本现成的字典。

在美国，并不只存在一种年轻人文化，而是存在多种年轻人的亚文化。青少年使用的词汇可能在不同性别、种族、年龄、地域、社区（城市、郊区或农村）和学校类型（公立、私立）之间存在差异（Labov, 1992）。青春期方言也是一种*圈内代码*，在各个小圈子中有所不同。瘾君子和男子汉可以表现为不同的行为，这些行为构成他们各自交流的主要话题，而谈话又会反过来巩固团体内部的联系。男性通过口头决斗来维护自己的权力。竞争领导地位者通过互相侮辱和聪明的反驳来象征性地获得在群体中的高地位。

一项对意大利那不勒斯青少年言语模式的研究表明，类似的特点可能出现在"任何一种文化中以及任何一个由青少年构成的独特社会类别中"（Danesi, 1994, p.123）。那不勒斯青少年用"mmmm"所表达的意思极似美国青少年使用的"like"："Devo, mmmm, dire che, mmmm, non capisco, …"（"我，mmmm, 不得不说，mmmm, 我不明白，mmmm, …"）。短语结尾处的夸张语气和挑高的语调也非常普遍。意大利的青少年有一些词语基本上等同于英语中的"酷"（*togo*）、"失败者"（*grasta*）、"笨蛋"或"蠢"（*secchione*）。其他研究者报告，在米兰、博洛尼亚以及其他一些意大利北部城市中，青少年说"摇滚语"。这种文化上的借鉴是MTV等英语电视频道广泛传播的结果，可能还会为全世界的青少年创造一个"符号世界"（Danesi, 1994, p.123）。

* 除非特别说明，该部分讨论的信息受益于Danesi，1994。

我思我秀

你是否记得自己在青少年期用过的"青春期方言"？你是什么时候使用这些表述的？使用的原因是什么？这些语言对你的同龄人和成人各自有什么影响？

课外链接

如需更多关于这一主题的信息，可登录http://www.slanguage.com，美国俚语的网址。

科尔伯格理论的水平和阶段 科尔伯格的道德发展理论和皮亚杰的理论有一些相似之处（参见第 9 章），但科尔伯格的模型更复杂。基于参与者在两难故事中表现出的思维过程，科尔伯格（1969 年）描述了道德推理的三种水平，每种水平又分为两个阶段（见表 11-3）：

- 水平 I：**前习俗道德**。个体在外部控制之下行动。他们为了免受惩罚或获得奖励而服从规则，或者是出于自身利益进行活动。4~10 岁的儿童一般处于这一水平。
- 水平 II：**习俗道德（又称遵从习俗角色的道德）**。个体已经内化了权威人物的标准，他们非常关注做个“好人”、取悦他人和维持社会秩序。这一水平一般在 10 岁以后可以达到，很多人甚至到成年期也无法继续超越这一水平。
- 水平 III：**后习俗道德（又称自主道德准则式道德）**。个体认识到道德标准之间的冲突，因此根据正确、公平和正义这些准则来做出自己的判断。总的来看，人们至少要到青少年早期才能达到这一道德推理水平，更普遍的是要到成年早期，还有很多人终生都无法达到该水平。

后来，科尔伯格在水平 II 和 III 之间增加了一种过渡水平，这个阶段的个体不再被社会道德标准所束缚，但还未形成自己的公正准则。他们根据自己的个人情感进行道德判断。

在科尔伯格的理论中，反映道德发展阶段的是个体对道德两难故事做回答时其背后的推理，而不是回答本身。如表 11-3 所示，如果两个人进行推理是基于相似的因素，那么即使他们给出相反的答案，也可能处于同一道德发展阶段。

一些青少年甚至成人仍处于科尔伯格的水平 I 阶段，他们像年幼儿童一样，寻求避免惩罚或满足自身需要。大多数青少年和成人处于水平 II 阶段，他们遵守社会习俗，支持现状，做“正确”的事情来取悦他人或遵守法律。（在安妮·弗兰克日记的最后，我们可以看到安妮开始出现这一阶段，在她和彼特更亲密的身体关系这一问题上，她和父亲、也和自己进行了争论。）

科尔伯格认为，在个体发展到完全的准则式道德（水平 III）之前，他们必须能够认识到道德标准的相对性。进入高中、大学或开始工作以后，或遇到价值观、文化、种族背景与自己完全不同的人以后，很多年轻人都会质疑自己以前的道德观。但是，只有很少人可以达到能够在不同的道德标准之间做出选择这种水平。事实上，科尔伯格曾一度质疑第 6 阶段的正确性，即普遍伦理原则式道德阶段，因为达到这一阶段的人少之又少。后来，他提出第 7 阶段，即“宇宙”阶段，此时个体不仅仅以他人为基础来评价自己的行为，而是把宇宙作为一个整体来评价自己的行为（Kohlberg, 1981; Kohlberg & Ryncarz, 1990）。

对科尔伯格理论的评价 科尔伯格在皮亚杰理论的基础上从根本上改变了我们看待道德发展的方式。研究者不再把道德单纯看作控制自我满足冲动的能力，他们开始

表 11–3 科尔伯格道德推理的 6 个阶段

水平	推理阶段	对海因兹两难故事的典型回答
水平 I：前习俗道德（4~10 岁）	阶段 1：惩罚与服从定向。“我会得到什么结果？” 儿童为了免受惩罚而服从规则。他们忽视行为的动机，只关注其外在形式（如谎言的大小）或结果（如人身伤害的程度）。	赞成：“他应该偷药。这种行为并不恶劣。他开始时打算付钱。他偷的药只值 200 美元，他并没有真得偷走 2 000 美元的药。” 反对：“他不应该偷药。这是严重的犯罪，他强行闯入别人家里，给他人造成很大的破坏，还偷走了昂贵的药品。”
	阶段 2：工具性目标与互换。“你抓了我的背，我也要抓你的。”儿童出于自身利益或别人能为自己做什么的考虑而遵守规则。他们看待行为的角度是该行为可以满足的个人需要，并把这种价值与行为的物理形式和结果相分离。	赞成：“他偷药完全没错，因为他妻子需要这些药，他希望妻子能活下去。他并不是想偷药，而是为了救妻子不得不偷。” 反对：“他不应该偷药。药剂师并没有错，也不是坏人；他只是想获得利益。经商的目的就是为了赚钱。”
水平 II：习俗道德（10~13 岁或更晚）	阶段 3：人与人之间的相互，获得他人认可，遵守金科玉律。“我是不是一个好孩子？”儿童想取悦或帮助他人，能够判断他人的意图，他们还形成了自己的关于什么是好人的观点。他们根据行为背后的动机或行为的发出者来评价行为，也会考虑行为发生的环境。	赞成：“他应该偷药。他只是做了一位好丈夫该做的事。你不能因为他出于爱妻子做了某事而责备他。如果他不够爱妻子而不去救她才应该受到责备。” 反对：“他不应该偷药。如果妻子死了他不应该受到责备。并不是因为他无情或不够爱妻子而不去尽力。药剂师才是自私无情的人。”
	阶段 4：社会关注和良知。“如果每个人都这么做会怎样？”人们关注自己的职责，尊重更高的权威，维持社会秩序。如果行为违反了规则，伤害了他人，不管行为的动机和发生的环境如何，他们总是认为该行为是错误的。	赞成：“应该偷药。如果他什么都不做，就是任由妻子死去。如果她死了他该负责任。他必须拿药，并考虑付给药剂师钱。” 反对：“海因兹想救妻子是自然的，但偷东西总是不对的。他知道自己从药剂师那里偷了昂贵的药物。”
水平 III：后习俗道德（青少年早期或成年早期才能达到，或永远无法达到）	阶段 5：契约、个人权利及民主接受的法律道德。人们理性地看待问题，重视多数人意愿和社会利益。他们一般认为遵守法律是对这些价值最好的支持。尽管他们知道有时候人的需要和法律相冲突，但他们认为，长远来说遵守法律对社会更有益。	赞成：“法律不是为这些情境而设的。在这种情况下偷药不对，但却合理。” 反对：“我们不能因为偷窃而完全责怪他，但极端情况并不能说明随意处罚就是合理的。人们不到绝境是不会偷窃的。结果可能是好的，但结果不能证明手段是合理的。”
	阶段 6：普遍伦理原则式道德。人们做自己认为正确的事，不考虑法律限制或他人观点。他们遵照内在的标准行事，认为不这样做他们会自责。	赞成：“情境迫使他在偷窃和任由妻子死去之间做出选择。在这种必须选择情况下，偷窃在道义上是正确的。他必须按照保护和遵照生命的原则行事。” 反对：“也许还有像他妻子一样的病重者需要这种药，海因兹的不应该只考虑自己对妻子的感受，而应该考虑所有生命的价值。”

资料来源：Kohlberg, 1969; Lickona, 1976.

从儿童到成人的全程发展的角度来研究道德判断是如何随着人们对社会的理解而发展的。

最初的研究支持了科尔伯格的理论。科尔伯格及其同事对一些美国男孩进行了追踪研究，在从童年到成年的发展过程中，这些男孩依次经历了科尔伯格提出的各个阶段，没有人跳过任何一个发展阶段。他们的道德判断与其年龄、教育、智商和社会经济地位呈正相关（Colby, Kohlberg, Gibbs, & Lieberman, 1983）。但一项更新近的对儿童关于法律判断的研究表明，儿童能够对这类问题进行灵活推理的年龄早于皮亚杰和科尔伯格提出的年龄——甚至早在 6 岁，儿童就获得了这一能力（Helwig & Jasiobedzka, 2001）。

另外，还有研究表明，道德推理和道德行为之间并不存在绝对的联系。处于后习俗推理水平的个体在行动上并不一定比推理水平低的个体更道德。其他因素，如所处的具体情境、个体持有的美德概念、对他人的关注等，都会对道德行为产生影响（Colby & Damon, 1992; Fischer & Pruyne, 2003）。

我思我秀

- 科尔伯格通过评价儿童对道德两难故事的反应来评估道德发展的方法广为流传。这种方法是否为最恰当的方法？为什么？你能否给出其他方法？
- 你能否想起自己或某位熟人某次违反自己的道德判断准则的事？你认为发生这件事的原因是什么？

科尔伯格理论中的各水平对应的年龄变化范围较大的一个原因是，个体的认知达到较高水平时，其道德发展并不总是会达到相应的高度。一定的认知发展水平是道德发展的*必要非充分*条件。因此，一定有除认知以外的其他过程在起作用。一些批评家指出，道德行为不只受对公正的抽象思考的驱动，同情、内疚、悲伤以及对亲社会规范的内化都可以激发道德行为（Gibbs, 1991, 1995; Gibbs & Schnell, 1985）。还有人指出，科尔伯格的第 5 及第 6 阶段被称为道德发展的最成熟阶段并不合适，因为这两个阶段把“成熟”局限于倾向做出哲学思考的少数人（J. C. Gibbs, 1995）。

使用科尔伯格道德发展阶段面临的一个实际问题是测试过程非常耗时。标准的两难故事必须逐个呈现给每位参与者，然后由经过训练的实验者进行评分。一种替代方法是使用确定问题测验（Defining Issues Test, DIT），该测验要求学生对列出的描述进行等级评定，而非对问题以及其中的争论进行清晰的表达（Rest, 1975; Rest, Deemer, Barnett, & Spickelm, 1986）。DIT 能够快速进行团体施测，计分也较客观。但是，DIT 可能会高估个体的道德发展水平（Rest et al., 1999）。

家庭影响 皮亚杰和科尔伯格都没有考虑父母在孩子道德发展中的重要作用。但后来的研究开始强调父母在孩子认知和情感领域的重要影响。在一项研究中，要求 63 名 1、4、7 和 10 年级学生的父母和他们的孩子讨论两种两难情境：一种是假想情境，一种是孩子描述的真实情境（L. J. Walker & Taylor, 1991）。在随后的两年中研究者发现，在科尔伯格的发展阶段中表现出最大进步的青少年是那些父母使用幽默和赞赏、倾听孩子想法并询问他们见解的孩子。这些父母澄清问题，使用强化性回答，确保孩子能够理解面临的问题。他们在稍高于孩子现有的水平上和孩子一起进行推理，就像使用脚手架一样。进步最小的青少年，其父母往往训斥、质疑或反驳孩子的观点。

对女性的效度 在对女性进行研究的基础上，吉利根（1982 年）断言，科尔伯格的理论所强调的价值观对男性来说更重要。吉利根称，女性看待道德并不是从公正和公平的角度出发，而是更多地把道德看作一种表现关怀和避免伤害的责任。但后来的研究并不支持吉利根所说的科尔伯格阶段论中的男性偏向，目前，她也对自己的观点做了调整。此外，一些关于青少年期道德判断性别差异方面的研究发现，女孩比男孩得分高（Garmon, Basinger, Gregg, & Gibbs, 1996; Skoe & Gooden, 1993）。这可能是由于女孩相比男孩一般更早成熟，而且有更多的亲密社会关系（Garmon et al., 1996; Skoe & Diessner, 1994）。青少年早期的女孩确实比男孩更强调关怀，尤其当使用开放性的问题（“对朋友信守诺言有多重要？”）或自选与自己经历有关的道德两难情境进行测试时（Garmon et al., 1996）。

跨文化效度　跨文化研究在一定程度上支持了科尔伯格阶段论的顺序。除美国以外，通常其他国家的年长者确实比年幼者得分高。但是，非西方文化的个体很少有人超越阶段 4（Edwards, 1981; Nisan & Kohlberg, 1982; Snarey, 1985），这表明科尔伯格模型的某些方面并不适合这些社会的文化价值。使用科尔伯格的两难故事在印度进行测试，佛教僧侣的得分低于一般人。显然，科尔伯格的模型也不足以反映强调合作和非暴力的后习俗佛教原则（Gielen & Kelly, 1983）。

学习检查站

你能否……

✓ 列出科尔伯格关于道德发展的水平和阶段，并讨论影响儿童和青少年在这些阶段中进步速度的因素有哪些？

✓ 结合情感和社会化所起的作用、家庭的影响、性别以及跨文化效度来评价科尔伯格的理论？

教育和职业准备

学习指路标

7. 影响青少年学业成就的因素有哪些？为什么有些学生会辍学？

对大多数青少年来说，学校生活是其主要的有组织性的生活经历。它为青少年提供了学习知识、掌握新技能并提高原有技能的机会；提供了参加体育、艺术和其他各种活动的机会；提供了探索职业选择的机会；提供了交朋友的机会。学校拓宽了青少年的智力和社会视野。然而，有些青少年并不把上学看作一种机会；相反，他们认为学校生活更像是通往成人路上的一个障碍。

像其他所有工业化国家和一些发展中国家一样，现在美国完成高中学业的人数比以前要多，其中很多人还会继续接受更高水平的教育（Eccles et al., 2003; OECD, 2004）。2002 年，美国没有读小学或初中的 16~24 岁青少年中有 90% 的人已完成了高中学业（NCES, 2005b）。在经济合作与开发组织 *（OECD, 2004）的 30 个成员国中，平均的受教育水平从墨西哥的仅有 7.4 年的学校教育到挪威的 13.8 年的学校教育。美国的平均受教育水平为 12.7 年，在国际比较中处于领先地位。但是，在学业成绩测验中，美国青少年的平均得分低于很多国家的青少年（Lemke et al., 2004; Snyder & Hoffman, 2001）。此外，美国国家教育进展评估结果显示，尽管一些地区的 4 年级和

* 澳大利亚、奥地利、比利时、加拿大、捷克、丹麦、芬兰、法国、德国、希腊、匈牙利、冰岛、爱尔兰、意大利、日本、韩国、卢森堡、墨西哥、荷兰、新西兰、挪威、 波兰、葡萄牙、斯洛伐克、西班牙、瑞典、瑞士、土耳其、英国和美国。

就像图中正在图书馆查找资料的这个男孩一样，对自己的学业负责的青少年最有可能取得好成绩。

8 年级学生成绩有所提高，总的来看，12 年级的成绩却没有提高（NCES, 2003; 2005b）。

下面我们来了解一下影响学业成绩的因素，然后再关注那些中途辍学的学生。最后，我们将探讨高等教育和职业机会。

动机和学业成绩的影响因素

学习成绩好的学生更可能继续留在学校学习。在小学阶段，父母的教养风格、社会经济地位、家庭环境质量等因素都会影响儿童的学习成绩（Jimerson, Egeland, & Teo, 1999）。其他影响因素包括性别、种族、同伴影响、教学质量以及学生对自己的信念，其中学生的自我信念是最重要的。

自我效能感 在第 9 章我们已经讨论过，那些自我效能感高的学生，即相信自己能够完成任务、能够规划自己学习的学生最有可能在学校中取得好成绩。在一项研究中，来自美国东部高中的 116 名不同种族的 9 年级和 10 年级学生被问及一些问题，如“你能否保质保量地完成家庭作业？你能全神贯注于学校的课程吗？你能规划好自己的功课吗？”学生知觉到的自我效能感可以预测他们对社会学习等级的期望值以及实际取得的社会学习等级。学生的学习目标受父母期望的影响，但是学生对自己能力的信念对其学习目标的影响更大（Zimmerman et al., 1992）。很显然，如果父母希望自己的孩子在学校表现好，他们就必须保证孩子的学习经历能够使得他们相信自己有能力获得成功。

父母教养风格、种族和同伴影响 权威型教养风格有利于青少年的学业成就（Baumrind, 1991）。权威型父母会教孩子看到问题的两面性，欢迎孩子参与家庭决策，允许孩子比父母知道得多。这类父母能够在提出要求和做出回应之间取得平衡。他们能在孩子在取得好成绩时给予赞赏和特权，成绩不好时又会鼓励他们更加努力，并给以帮助。

专制型父母恰恰相反，他们告诉孩子不要与父母争论或质疑父母，“等他们长大了就会懂得更多”。当取得好成绩时父母会告诫孩子下次要做得更好，当成绩不好时父母可能会惩罚孩子，减少他们的权利或“限制他们的行动”。*放任型*的父母对孩子的成绩漠不关心，他们不限制孩子看电视，不参加孩子的学校聚会，既不检查也不帮助孩子完成家庭作业。这类父母可能并非忽略孩子或不关心孩子；事实上，他们

尽管青少年比儿童更加独立，但家庭氛围仍会影响他们的学习成绩。父母不仅可以通过监督孩子完成家庭作业来提供帮助，还可以积极关注孩子生活的其他方面。权威型父母指的是可以和孩子公开讨论问题、并给予赞美和鼓励的父母，他们的孩子往往在校表现优异。

对孩子关怀备至，他们只是认为青少年应该对自己的生活负责。

权威型教养风格下长大的青少年为什么能够取得学业成功？父母更多地参与到孩子的教育中可能是原因之一，他们鼓励孩子，对他们的学习持积极态度。其中更精细的机制与自我效能感的研究结果一致：父母的教养风格会对孩子如何解释成败产生影响。一项对加利福尼亚和威斯康星 2 353 名高中生的研究表明，和同伴相比，非权威型父母的孩子更可能把差成绩归因于外部原因或能力低，即一些不可控的因素，而非自身努力。一年后，这部分学生在课堂上注意力不集中，花在家庭作业上的时间也较少（Glasgow et al., 1997）。因此，与非权威型教养方式有关的无助感可能变成一种自我实现预言，阻碍学生努力去取得学业成功。

亚裔美国学生往往学习成绩优秀，因为他们和父母以及朋友都非常重视学习和成绩。

在某些种族群体中，教养风格对动机的影响可能不比其他因素重要，如同伴影响。在一项研究中，即使父母是权威型的，拉丁裔和非裔美国青少年的学习成绩也比欧裔美国学生的差，很显然这是由于缺乏对学业成就的同伴支持所致（Steinberg, Dornbusch, & Brown, 1992）。而另一方面，即使父母被描述为专制型的，亚裔美国学生在数学成就测验中仍比欧裔美国学生的成绩好，这可能是因为他们喜欢数学，而且他们的父母和同伴都很重视成绩（C. Chen & Stevenson, 1995）。很多不同移民背景的青少年良好的学习成绩很好地反映了家庭和朋友对教育成绩的强烈重视和支持（Fuligni, 1997）。

同伴影响可以解释很多学生在进入青少年期后学习动机和成绩下降的趋势。一项对小学毕业后进入城市中学的学生的追踪研究发现，总的来看，这些学生在7年级时的学习动机和成绩排名都降低了。但是，与学习成绩好的同伴交往的学生，其学习成绩和对学校的喜欢程度降低得较少，而那些和学习成绩差的同伴交往的学生则成绩下降较大（Ryan, 2001）。

学习检查站

你能否……

- ✓ 解释自我效能感会对青少年的学习动机产生怎样的影响？
- ✓ 评估父母和同伴对青少年学业成就的影响？
- ✓ 识别学业成绩和对学校的态度方面存在的种族和性别差异？

性　别 青少年期的男生和女生在多数科目的标准测验上得分相同，但女生往往对自己的学习能力更自信。她们更喜欢学校，学习成绩更好，也更可能从高中毕业，并计划读大学、研究生或职业学院。男生更可能成绩较差，就读特殊学校或补习班，被开除或中途辍学（Eccles et al., 2003; Freeman, 2004）。

男生在数学和科学这两门课程的标准化测验上略占优势，可能是因为他们比女生对这些科目更感兴趣，但是这种性别差异随着女生接受同样的数学和科学课程的挑战并做得很好而逐渐减小。在阅读和写作上女生比男生表现得要好（Freeman, 2004; Sen et al., 2005）。从国际上来看，2000年，所有的43个参与国的女孩的阅读成绩都好于男孩；一半国家的男孩的数学素养高于女孩，但这种性别差异较小（OECD, 2004）。

教师往往对男生要求更严格。另一方面，相比于女生，他们也会给予成绩好的男生更多的赞许和注意。教师更可能鼓励男生去修荣誉课程，申请顶尖学校，把具有挑战性的职业作为自己的目标（Eccles et al., 2003）。

教育系统 学校的教育质量对学生的成绩有很大的影响。一所好的高中秩序井然，气氛轻松；有积极活跃、精力充沛的校长；教师可以参与学校的决策；校长和教师对学生有很高的期望，与课外活动相比他们更重视学习，并对学生的表现进行密切监督。

喜欢学校的学生会取得更好的学业成绩。如果允许青少年参与学校规则的制定，让他们感受到来自教师和同学的支持，他们会对学校更加满意（Samdal & Dür, 2000）。

按照学生能力因材施教的学校与那些试图用同一种方法教所有学生的学校相比，其教师的教学效果会更好。对斯滕伯格智力三元理论（参见第9章）的研究发现，对于那些实践性智力或创造性智力较高的学生来说，在教学方式上如果允许他们发挥自己这些长处，那么他们取得的效果会更好（Sternberg, 1997; Sternberg, Torff, & Grigorenko, 1998）。

一些大城市，如纽约、费城和芝加哥，正在试行一种小学校。学生、教师和父母因为对良好教育的共同愿景联合在一起，形成一个学习团体。在这类学校中，开设的课程聚焦特定问题，如种族研究。教学方式灵活、创新和个性化；教师紧密团结，充分了解学生（Meier, 1995; Rossi, 1996）。但是，由于资金短缺、招生规模扩大或教职员工流失等原因，一些初期看似很有前途的小学校已经关闭，剩余学校的教学质量也不断下降（Gootman & Herszenhorn, 2005）。

从中学升入大学，教育标准和对学生自我指导的期望都更高，因此，这对一些学生来说可能是一种冲击。学院预科班是一种与附近大学合作开办的小规模、个性化、高质量的学校，主要针对低收入的少数族裔学生、非英语国家移民的第一代子女以及一些在高等教育中分数明显偏低的群体。通过把培育氛围和明确而严格的标准相结合，这类学校除能够让学生完成高中学业外，还能达到大学头两年的课程要求（"The Early College High School Initiative," undated）。

高中辍学

尽管现在完成高中学业的美国青少年比以往任何时候都多，但在 2000~2001 年间，仍有 5% 的高中生中途辍学（Kaufman Alt, & Chapman, 2004），此外，2001 年在 16~24 岁的青少年中，有 10.7% 的人没能拿到高中毕业证或完成同等学历，然而，在多数情况下高中毕业都是劳动力准入标准的最低要求（Kaufman et al., 2001, 2004; NCES, 2003）。

男生的辍学率高于女生（Freeman, 2004）。西班牙裔美国学生比非裔美国学生更可能辍学，而后者又比非西班牙裔白人学生更可能辍学（NCES, 2003）；低收入家庭的学生辍学的可能性远远高于中等和高收入家庭的学生（NCES, 2004a）。贫困的少数族裔群体辍学率很高，这部分是由于他们的学校质量较差（和那些更富裕的学生就读的学校相比）。拉丁裔学生较高的辍学率还可能因为语言困难、经济压力和家庭优先的文化等问题，这些学生常常会离开学校去赚钱供养家庭（U.S. Department of Education, 1992）。

青少年未能完成学业的后果要由社会来买单。辍学者更可能失业或收入较低，终生依靠救济度日；或参与吸毒、犯罪和负债。此外，税收损失还会增加国库负担（NCES, 1999, 2001, 2003, 2004a）。

促使青少年继续上学的最重要因素是**积极参与**（active engagement），即学生对教育的个人卷入程度。积极参与的基本水平指按时上学，做好课前准备，认真听讲并对老师的问题做出回应，遵守校规。积极参与的第二层水平指参与课程，即提出问题，在必要时主动寻求帮助或制订额外的研究计划。处于这两种水平的学生往往有较好的在校表现（Finn & Rock, 1997）。经常参加课外活动的学生，辍学的可能性也较小（Mahoney, 2000; Shanahan & Flaherty, 2001）；做全职工作的学生则更可能辍学（Shanahan & Flaherty, 2001）。

哪些因素会促进学生的积极参与？家庭鼓励是一个因素。其他因素还包括小班级和温暖、支持性的学校氛围。有无学前班经验也可能成为高中学业成败的基础。芝加哥的一项追踪研究显示，童年早期就读于高质量教育机构的学生在高中时遇到

我思我秀

- 父母、教师以及社会机构该如何鼓励青少年完成高中学业？

学习检查站

你能否……

✓ 列举一些有助于高中生取得成功的教学实践？

✓ 讨论高中学业完成的趋势，并列举出风险因素和保护因素？

障碍或辍学的可能性较小（Temple, Reynolds, & Miedel, 2000）。

学习指路标

8. 影响教育、职业规划和抱负的因素有哪些？

教育和职业抱负

青少年是如何形成职业目标的？他们如何决定是否继续读大学？如果不读，如何进入工作领域？很多因素在其中起作用，其中包括个人能力、人格、教育、社会经济和种族背景、学校咨询人员的建议、生活经历和社会价值观等等。下面我们先看一些影响教育和职业抱负的因素，然后再为那些不想读大学的青少年提供一些指导。

影响学生抱负的因素 学生的个人效能感塑造了他们的职业选择和职业准备方式，而这种自我效能感往往会受父母的信念和抱负的影响（Bandura, Barbaranelli, Caprara, & Pastorelli, 2001; Bandura et al., 1996）。父母对学业成就的评价会影响青少年的价值观和职业目标（Jodl, Michael, Malanchuk, Eccles, & Sameroff, 2001）。这种影响在东亚移民家庭的青少年身上表现得尤其明显，他们非常重视教育。总体来看，尽管移民家庭的青少年高中毕业后继续读大学的可能性和美国本地家庭的青少年差不多，但东亚移民家庭的青少年读大学的比例（96%）却远远高于其他移民群体（Fuligni & Witkow, 2004）。

尽管现在的职业目标越来越灵活多变，但性别和性别刻板印象仍影响职业选择（Eccles et al., 2003）。现在，美国高中的男生和女生都愿意去选修数学和科学课程，并打算从事这些领域的职业（Freeman, 2004）；但是男生更可能获得工学、物理和计算机科学等学士学位（NCES, 2001），毕业后的女生则更可能进入护理、社会福利和教育行业（Eccles et al., 2003）。其他工业化国家的情况也是如此（OECD, 2004）

这位年轻的小伙子是美国38%的没有直接进入大学的高中毕业生之一，他正在学习电子维修。有效的职业培训必须与劳动力市场目前的需要紧密相连。

教育系统本身在青少年的职业抱负中扮演了制动器的角色。善于背诵和分析的学生往往在智力测验以及适合这些能力的课堂上表现良好。因此，就像测验所预测的那样，如果某个教育系统重视某种能力，而某些学生碰巧善于这种能力，那么这些学生就成为了成功者。在某些特定领域，创造性思维和实践性思维是取得成功的关键，一些在这些方面擅长的学生却没有机会展示自己的能力（Sternberg, 1997）。认识到“智力”更宽泛的范围（参见第 9 章），并结合更灵活的教学方式和职业咨询，可以使更多的学生获得自己希望获取的教育，从事自己渴望的职业，充分发挥自己的能力。

给不想读大学的学生的指导　大多数工业化国家都会为那些不想读大学的学生提供指导。例如，德国的学徒制度，高中生一边读书，一边利用业余时间参加在雇主导师监督下接受有报酬的在职培训。每年约有 60% 的德国高中生从这一计划中受益，参与培训的人中有 85% 的人找到了工作（Hopfensperger, 1996）。

在美国，职业咨询总体定位是面向大学生的。高中毕业后约有 38% 的人没有继续读大学，尽管确实有一些职业培训计划是面向这些人的（NCES, 2003），但这种培训的综合性与德国的模式相比还不够完善和全面，与工商业的需求联系也不够紧密。这些年轻人多数都必须在工作中重新接受培训或学习社区大学的课程。很多人忽视就业市场需求，所以并没有获得相应的技能。而另一些人不能胜任自己的工作，还有些人根本就没有找到工作（NRC, 1993a）。

在一些社区中，示范项目有助于青少年完成从学校到职场的过渡。其中最成功的一些项目提供了基本技能、咨询、同伴支持、监督、学徒和工作安置等方面的指导（NRC, 1993a）。1994 年，美国国会通过了《学校—工作机会法案》，拨款 11 亿美元帮助各州和当地政府建立职业培训计划。从 2000 年到 2001 年，近一半的公立学校和项目为找不到工作的青少年提供了职业培训（NCES, 2003）。

重新聚焦

回想本章开始部分在焦点人物中有关安妮·弗兰克的故事：

- 安妮·弗兰克的日记中描述了哪些典型的青春期变化？这些变化对安妮的心理产生了怎样的影响？
- 安妮的认知成熟、语言和道德发展以及职业抱负有哪些表现？
- 假如生活在正常环境中，安妮的发展会和现在的青少年有哪些相似和不同？

职业规划是青少年寻求同一性的一个方面。“我能干什么？”这一问题非常接近于“我会是谁？”。那些感觉自己做的事有价值、而且感觉做得不错的人会自我感觉良好；而那些觉得自己的工作没有意义或者感觉不能胜任的人，可能会对自己的人生意义产生怀疑。对自我进行界定是青少年期首要的人格问题，这一问题我们将在第 12 章中进行讨论。

小　结

青少年期：发展的过渡期

学习指路标 1：什么是青少年期？青少年期始于何时，结束于何时？这一时期存在哪些机遇和风险？

- 在现代工业化社会中，青少年期是指从童年期到成年期之间的过渡阶段。从 10 岁或 11 岁一直持续到 20 岁左右。
- 青少年早期为生理、认知和心理发展提供了各种机会，同时也充满了健康发展的各种风险。危险行为模式，如饮酒、滥用药物、性行为、帮派活动以及使用枪支，在整个青少年期往往会逐渐增多，但多数年轻人并不会产生严重问题。

生理发展

青春期：童年期的结束

学习指路标 2：青少年会经历哪些生理变化？这些变化会对个体的心理发展有什么影响？

- 青春期受到荷尔蒙变化的诱发，大约持续 4 年，通常，女孩早于男孩，到个体具有生殖能力时结束；但这些变化发生的时间存在很大的个体差异。
- 性吸引力似乎出现在 10 岁左右，此时肾上腺的激素分泌量增加。
- 在青春期，男孩和女孩都会经历青春期发育突进。生殖器官发育并成熟，第二性征出现。
- 更早达到成人身高和性成熟的长期趋势开始于约 100 年前，这可能是由于生活水平提高造成的。
- 性成熟最重要的标志是精子初现（男性）和月经初潮（女性）的产生。

青少年期的大脑

学习指路标 3：青少年期大脑如何发展变化？这会对青少年的行为产生怎样的影响？

- 青少年期的大脑还没有完全成熟，它会经历灰质的第二轮快速生长，尤其是在额叶，随后是修剪多余的神经细胞。额叶的持续髓鞘化促进了认知加工的成熟。
- 青少年加工情绪信息使用的是杏仁核，而成人则使用额叶。因此，青少年往往会做出不准确的、非理性的判断。
- 与动机、冲动和成瘾有关的额叶皮质系统不发达有助于解释青少年的冒险倾向。

生理和心理健康

学习指路标 4：青少年期常见的健康问题有哪些？怎样预防？

- 在大多数情况下，青少年期是相对健康的。健康问题通常与贫穷或生活方式有关。
- 很多青少年不能经常参加强度较大的体育活动。
- 很多青少年睡眠不足，并且高中生的作息时间表不符合他们天生的身体节律。
- 过度关注身体意象可能会导致饮食障碍，女孩尤为如此。
- 青少年期的三种常见饮食障碍是肥胖 / 超重、神经性厌食症和神经性贪食症。这三类障碍都可能产生严重的长期影响。厌食症和贪食症主要影响女孩。贪食症的治疗效果往往要比厌食症好。
- 近几年来青少年物质滥用有所减少，但药物使用通常开始于中学阶段。
- 大麻、酒精和烟草是青少年最常使用的物质。这些物质都会带来严重危险。使用大麻可能导致烈性毒品的使用。
- 在青少年期抑郁症患病率会增加，尤其是在女孩中。
- 导致青少年期死亡的原因包括交通事故、枪支使用和自杀。

认知发展

认知成熟

学习指路标 5：青少年的思维和语言运用与儿童有何不同？

- 处于皮亚杰形式运算阶段的个体能够进行假设—演绎推理。他们能够考虑各种可能，灵活处理问题，对假设进行检验。
- 由于环境刺激在达到形式运算阶段的过程中起着重要的作用，因此，并非所有人都能达到这一阶段；即使那些能够进行形式运算思维的个体也并非总是用这种方式思考问题。
- 皮亚杰提出的形式运算阶段没有考虑个体知识技能的积累、信息加工能力和元认知的发展。他也极少关注个体差异、任务间变异以及情境的影响。
- 艾尔金德认为，青少年不成熟的思维模式可能是由于他们形式思维的经验不足造成的。这些思维模式包括理想主义和批判性、爱争论、优柔寡断、言行不一、自我意识以及假定自己是独一无二和无懈可击。有研究已经对后两个模式在青少年期尤为流行的观点提出了质疑。
- 研究发现，青少年的信息加工结构和功能都会发生变化。结构性变化包括陈述性知识、程序性知识和概念性知识的增加以及工作记忆容量的扩大。功能性变化包括演绎推理能力的提高。但是，思维的不成熟性可能会导致年龄较大的青少年做出比年龄小的儿童更糟糕的决定。
- 词汇以及语言发展的其他方面，尤其是那些与抽象思维有关的方面（如社会观点采择）在青少年期都会提高。青少年喜欢玩文字游戏，还创造了他们自己的“方言”。

学习指路标 6：青少年进行道德判断的准则是什么？

- 科尔伯格认为，道德推理的准则是公正感和认知能力的发展。他认为道德发展是从外部控制到内化社会标准，再到个人的、原则性的道德准则的发展过程。
- 科尔伯格的理论受到多方面的批评，包括没有考虑情感、社会化和父母引导的作用。科尔伯格的理论对女性和非西方文化个体的适用性也受到质疑。

教育和职业准备

学习指路标 7：影响青少年学业成就的因素有哪些？为什么有些学生会辍学？

- 自我效能感、父母的教养风格、文化和同伴影响、性别以及学校教育质量都会影响青少年的学业成就。
- 尽管多数美国青少年都能高中毕业，但家庭经济状况困难的西班牙裔和非裔美国学生的辍学率较高。积极参与学习是促使青少年继续上学的一个重要因素。

  积极参与

学习指路标 8:影响教育、职业规划和抱负的因素有哪些？

- 许多因素影响教育和职业抱负，包括自我效能感和父母的价值观。和过去相比，现在性别刻板印象的影响有所减弱。
- 高中毕业没有继续读大学的人可以从职业培训中获益。

青少年期的心理社会发展

第12章

镜中那张脸注视着我
他在想，你是谁？你会成为怎样的人？
他在嘲讽，你甚至无法知晓。
经历磨难，我变得退缩和顺服。
然后，因为我还年轻，
所以，我吐了吐舌头。

——伊芙·梅里亚姆，《与自己对话》，1964

本章提纲

焦点人物：杰基·罗宾逊——棒球传奇*

杰基·罗宾逊

1947 年 4 月 15 日，28 岁的杰克·罗斯福（杰基）·罗宾逊（1919—1972）穿上布鲁克林道奇队的队服踏入艾比兹球场，他成为 20 世纪第一位参加职业棒球大联盟的非裔美国人。在成绩斐然的第一赛季末，他被评为年度新人奖，罗宾逊这一名字变得家喻户晓。两年后，他被选为最有价值的球员。罗宾逊在道奇队的十年期间，该队六次获得奖旗，罗宾逊连续六次参加了全明星赛。退役后，罗宾逊赢得第一轮投票入选棒球名人堂。

他的成功来之不易。当道奇队总经理布兰奇·瑞基决定从黑人联盟引入罗宾逊时，好几位球员要求将他拒之门外。但罗宾逊忍辱负重，面对种族主义者的嘲讽、威胁、恐吓信和人身攻击时，他表现出的高贵风度赢得了棒球界的尊重。此后的十年中，多数职业棒球大联盟球队都签约了非裔美国球员。棒球联盟成为“现代社会中在相对平等的基础上率先接受黑人的机构之一”（Tygiel, 1983）。

杰基·罗宾逊传奇的背后是一个天才男孩在黑人青年发展机会极端有限的国家中成长的故事。他的祖父曾是一位奴隶，父亲是一位格鲁吉亚的佃农，在罗宾逊六个月大时，父亲抛弃了自己的妻子和五个孩子。母亲马利·罗宾逊是一位意志坚定、

* 杰基·罗宾逊的传记资料来源于 Falkner（1995）、Rampersad（1997）、J. Robinson（1995）、S. Robinson（1996）和 Tygiel（1983, 1997）。

笃信宗教的妇女，她用高尚的品德和自尊来影响自己的孩子。为了给孩子提供好的教育，他们举家迁至加利福尼亚州的帕萨迪纳市。但帕萨迪纳的种族隔离和美国南方各地不相上下。

杰基·罗宾逊就是为体育而生的，哥哥麦克曾在 1936 年的奥运会上获得一枚银牌，他是罗宾逊的偶像。上初中时杰基是自己圈子里的明星。课余时间他也打零工来补贴家用。

尽管如此，他仍有很多空余时间。他加入了一个由贫穷的黑人男孩、墨西哥男孩和日本男孩组成的街头团伙，由于这些孩子被剥夺了“白人孩子享有的利益而群情激奋”（J. Robinson, 1995, p.6）。这个团伙的行为严重到足以给他们带来麻烦——他们用石头砸路边的汽车和路灯，打碎别人家的玻璃，把水果摊上的苹果推倒在地上。但有一次，有人用枪指着他们，并把他们关进了监狱，仅仅是因为他们未经允许进入市立白人特权游泳池游泳了。

罗宾逊后来回忆说，如果没有两个人的感化，他“可能会成为一个完完全全的少年犯”。其中一位是汽车修理工卡尔·安德森，他说“随大流不算什么有胆量，敢于与众不同才是勇气和智慧的表现”（J. Robinson, 1995, p.6–7）；另一位是年轻的黑人牧师卡尔·道恩斯，他引导罗宾逊和他的朋友们参加由教会赞助的体育运动，倾听他们的烦恼，帮他们找工作，并帮他们建立了青少年活动中心，以免这些孩子“在街角游荡”（J. Robinson, 1995, p.8）。后来在大学读书期间，罗宾逊成为一名教会主日学校的志愿者教师。

青少年期是一个机会和风险并存的时期。青少年处于爱情、事业和进入成人社会的门槛边。但青少年期也是这样的一个时期：一些年轻人的行为使自己失去了选择和机会。今天，越来越多的研究开始关注如何帮助那些成长于不良环境中的青少年避开阻碍以实现其潜能。除了来自不屈不挠努力工作的母亲、哥哥和成人导师的影响外，拯救杰基·罗宾逊的因素还有他的运动天赋和他对体育运动的激情，正是这种天赋和激情使得他最终将自己的动力、能量、胆识和对种族主义的反叛导向了积极的方向。

在第 11 章中，我们介绍了一些影响青少年自我概念的生理和认知因素，如外貌和在校表现。在本章中，我们将转向探索同一性的心理社会方面。我们将讨论青少年如何接受自己的性别，思考青少年稚嫩的个性如何在与父母、同胞和同伴的关系中得到展现。我们还将考察反社会行为的根源以及降低青少年期风险的方法，从而使得青少年期成为一个积极成长、充满机遇的时期。

学习完本章后，你应该可以回答“学习指路标”中的所有问题了。为了检查你对本章“学习指路标”的掌握程度，请复习章节结尾部分的小结。“学习检查站”会贯穿整个章节并不时出现，以便检查你对所学知识的理解程度。

学习指路标

1. 青少年如何形成同一性?
2. 什么决定了性取向? 个体是如何了解自己的性别认同的?
3. 青少年中普遍存在的性行为有哪些? 导致一些青少年出现危险性行为的原因是什么?
4. 性传播疾病和少女怀孕发生的普遍程度如何? 通常的结果是什么?
5. 青春期叛逆具有普遍性吗?
6. 青少年与父母、兄弟姐妹及同伴的关系如何?
7. 反社会行为和青少年犯罪的根本原因是什么? 如何减少这些行为和其他的青少年期的风险?

探索同一性

学习指路标

1. 青少年如何形成同一性?

埃里克森把**同一性**（identity）定义为一个与自我有关的概念，由个体所固守的目标、价值观和信念构成。对同一性的探索成为青少年关注的焦点。青少年的认知发展有助于他们建构“自我理论”（Elkind, 1998）。正如埃里克森（1950）所强调的，青少年努力理解自我并非是“成长过程中的一种不适”，而是一种健康的、至关重要的过程的一部分。这一过程建立在早期发展成就的基础之上，即信任、自主、主动和勤奋的基础之上，同时为应对成人生活中的各种挑战奠定了基础。

埃里克森：同一性对同一性混乱

埃里克森（1968）曾说，青春期的首要任务是面对**同一性对同一性混乱**（identity versus identity confusion）（或同一性对角色混乱）这一“危机”，经此阶段之后，青少年成为一个拥有连贯自我感觉的独特成人和一个在社会中有价值的角色。“同一性危机”的概念部分来源于埃里克森自己的生活经历。埃里克森的母亲是一位丹麦的犹太妇女，她和第一任丈夫离婚后生下了埃里克森，埃里克森作为私生子在德国长大，从来不知道自己的亲生父亲是谁。尽管母亲的第二任丈夫，一位德国犹太儿科医生，在埃里克森 9 岁时收养了他，但埃里克森仍对自己是谁感到混乱。在选定职业之前，他经历了一段时间的彷徨。到美国后，作为移民，他不得不重新定义自己的同一性。他在观察心理失常的青少年、战争中的士兵和少数民族成员的认同危机时，所有这些情况再次出现（Erikson, 1968, 1973; L. J. Friedman, 1999）。

埃里克森认为，青少年通过把早期的各种认同综合成“一种新的、大于部分之

完成攀岩这一挑战有助于男孩评估自己的能力、兴趣和愿望。埃里克森认为，这一自我评估过程有助于青少年解决同一性获得对同一性混乱的危机。

和的心理建构，”从而形成同一性（Kroger, 1993, p.3）。当青少年解决了三个主要问题后，同一性就形成了。这三个问题分别是：选择职业，形成价值观，建立满意的性别同一性。“同一性危机”在青少年期很少能够完全解决，有关同一性的问题在整个成年期会一次又一次地冒出来。

童年中期，儿童会学习在所处社会中获得成功所需的各种技能。进入青少年期，他们需要找到使用这些技能的途径。如果青少年在确立职业同一性时遇到困难或当他们的机会像杰基·罗宾逊和他的朋友们一样被人为限制时，他们就有可能做出后果严重的行为，如犯罪活动或少女怀孕。

根据埃里克森的观点，心理社会性延缓（psychosocial moratorium），即青少年期所提供的一段“暂停期”，青少年可以在这一阶段探寻自己能够坚守的承诺。这种初期的承诺可能会塑造一个人今后数年的生活。杰基·罗宾逊的承诺是发展自己的体育潜能，并帮助非裔美国人提高自己的社会地位。像杰基·罗宾逊一样，通过忠诚于自己的承诺，青少年能够更好地解决同一性危机。那些能够满意地解决同一性危机的青少年形成了忠诚的“美德”，即对所爱的人、对朋友和同伴保持忠诚、信任或归属感。忠诚也可以是认同某一价值观、意识形态、宗教、政治运动、创造性研究或种族群体（Erikson, 1982）。

忠诚是信任的延伸。在婴儿期，对他人的信任超过不信任是很重要的；而进入青少年期，自己值得他人信任变得非常重要。青少年把信任扩展到对导师或自己所爱的人。在分享思想和情感的过程中，青少年能够通过了解所爱之人对自己的看法来获得初步的同一性。但是，这种青少年期的“亲密关系”不同于成年人的亲密关系，后者包括更多的承诺、牺牲和妥协。

埃里克森认为，此阶段首要的危机是同一性获得或角色混乱，同一性混乱可能会使个体达到心理成人期的时间大大滞后。（他自己直到25岁左右才解决了同一性危机。）根据埃里克森的观点，一定程度上的同一性混乱是正常的，这种混乱解释了青少年的很多看似无序的行为以及青少年让人头疼的自我意识。小团体和党同伐异是青少年社会事件的两大特点，而这两点可以对抗同一性混乱。青少年倒退回孩子气以回避解决冲突或冲动地做出一些欠考虑的行为，这些也可能是同一性混乱的表现。

埃里克森的理论把男性同一性的发展作为标准。根据埃里克森的观点，男性只有在形成了稳定的同一性之后才可能有真正的忠诚；而女性则通过结婚生子来定义自己（这一观点可能在埃里克森那个年代要比现在更符合实际）。因此，女性（不像男性）是通过忠诚形成同一性，而非形成同一性之后才忠诚。如我们后面将看到的，埃里克森理论中的男性取向遭到了批评。但是，埃里克森的“同一性危机”概念引发了很多有价值的研究。

玛西亚：同一性状态——危机与承诺

假如有四个青年即将从高中毕业。卡特琳娜考虑到自己的兴趣和天赋，计划成为一名工程师。她把对大学的选择限定在三个能在该领域提供优秀课程的学院。

安德莉亚非常清楚自己毕生将从事的工作。她的母亲是一家塑料厂的工会领导，已经把安德莉亚列入了那里的学徒计划名单。安德莉亚从来没有想过要做其他工作。

另一方面，尼克正在为自己的未来烦恼：是应该到社区大学读书还是去参军？他不能决定自己现在该干什么和以后想干什么。

马克仍旧不知道自己想干什么，但他并不担心。他认为自己总能找到工作，等他做好准备后就能决定自己的未来了。

这四位青年都面临同一性形成问题。是什么造成了他们在同一性形成过程中的差异？这些差异又将对他们最终的选择产生怎样的影响？根据心理学家詹姆斯·玛西亚（James E. Marcia）的研究（1966，1980），这四名学生处于四种不同的**同一性状态**（identity statuses），即不同的自我发展状况。

表 12-1　同一性状态访谈

问题样例	同一性四种状态的典型回答
关于职业承诺： “如果有其他更好的工作，你认为自己在多大程度上愿意放弃现在的工作，并选择新工作？”	同一性获得：“嗯，我可能会放弃，但不确定。对我来说，我不觉得有‘更好的选择’。” 同一性早闭：“不太愿意。这是我一直以来就想做的工作。大家都说好，我也乐意。” 同一性延缓：“如果能确切了解的话，我可以更好地回答这个问题。它可能必须包含一些东西——与……有关的。” 同一性扩散：“嗯，当然。如果有更好的工作，我想我会换。”
关于意识形态承诺： “你是否对自己的宗教信念产生过怀疑？”	同一性获得：“是的，我曾经怀疑上帝是否存在。现在我已经很好地解决了这一问题。我的观点是……” 同一性早闭：“没有。我的家人非常赞同原有的信念。” 同一性延缓：“是的，我想我现在正在怀疑。我只是不明白既然有上帝，世界上为什么还会有那么多罪恶……” 同一性扩散：“嗯，我不清楚。我想是有过。每个人都会经历这样的阶段。但它并没有给我带来多大困惑。我认为每种宗教都差不多。”

资料来源：Marcia , 1966.

通过 30 分钟的半结构化同一性状态访谈（见表 12-1），玛西亚区分了同一性的四种状态：**同一性获得**（identity achievement）、**早闭**（foreclosure）、**延缓**（moratorium）和**同一性扩散**（identity diffusion）。这四种状态主要是根据**危机**（crisis）和**承诺**（commitment）的出现与否进行划分的，埃里克森认为危机和承诺是形成同一性的两个关键因素。玛西亚把*危机*定义为有意识地做出决定的阶段；*承诺*是指在某一职业或信念系统（意识形态）中的个人投入。他发现同一性状态与焦虑、自尊、道德推理和行为方式等特质存在相关。在玛西亚理论的基础上，其他研究者发现了另外一些与同一性状态相关的人格和家庭变量（Kroger, 2003; 见表 12-2）。下面是对处于同一性不同状态下的青少年进行的详细描述：

1. **同一性获得**（*由危机通往承诺*）。卡特琳娜已经解决了她的同一性危机。在危机阶段，她对自己生活中的重大事件进行了深入思考，并经历了一些情感斗争。她最终做出了选择，并对自己的选择形成了强烈的承诺。她的父母鼓励她自己做决定，他们倾听她的想法，也给出自己的意见但不强迫她接受。在大量不同文化中的研究发现，这种类型的个体比其他三类更成熟，社交能力也更好（Kroger, 2003; Marcia, 1993）。
2. **同一性早闭**（*没有经历危机就形成承诺*）。安德莉亚已经形成了承诺，但这并不是探索各种可能的选择之后的结果，而是接受他人对自己生活的安排。她很开心也很自信，但当自己的观点受到质疑时会固执己见。她与家人的关系紧密、顺从，往往会服从一个强有力的、从不接受不同意见的领导者，如她的母亲。
3. **同一性延缓**（*正在经历危机，还未形成承诺*）。尼克正在经历同一性危机，并努力做出决定。他活泼、自信、严谨，但也焦虑、恐惧。他与母亲关系紧密，但又反抗母亲的权威。他想交女朋友，但还没有建立亲密关系。他可能最终会做

表 12-2　与青少年同一性四种状态有关的家庭因素和人格因素*

因素	同一性获得	同一性早闭	同一性延缓	同一性扩散
家庭	父母鼓励孩子自主并能与老师建立联系；可以互相表达自己的不同观点，共同进行探讨。	父母过度卷入孩子的生活；家庭成员之间避免表达不同观点。	青少年常常陷入与父母权威的矛盾斗争中。	父母的育儿态度是自由放任的；拒绝孩子或对孩子漠不关心。
人格	高水平的自我发展、道德推理、自我确定性和自尊，能应对压力，能建立亲密关系。	最高水平的独裁主义和一成不变的思想；服从权威，有依赖性，焦虑水平低。	极度焦虑、恐惧成功；有高水平自我发展、道德推理和自尊。	混合性结果，包括低水平的自我发展、道德推理、认知复杂性和自尊；合作能力差。

* 大量不同研究都表现出这些关系。因为所有这些研究都是相关研究而非追踪研究，所以不能说哪些因素导致了哪类同一性状态。

资料来源：Kroger, 1993.

出承诺，获得同一性，走出危机。

4. **同一性扩散**（*没有承诺，也没有危机*）。马克没有认真考虑各种选择，同时避免形成承诺。他不自信，往往不乐意与他人合作。他的父母不与他讨论他的未来，他们说这要靠他自己。这类人往往不快乐，经常感到孤独。

随着青少年的继续发展，这些类型可能会发生改变（Marcia, 1979）。当中年人回顾自己的一生时，往往会发现自己经历了从同一性早闭到延缓，再到同一性获得的发展道路（Kroger & Haslett, 1991）。正如玛西亚提出的，从青少年晚期开始，越来越多的人处于延缓或获得状态，开始探索和发现自己的同一性。青少年晚期大约一半的个体仍处于早闭或扩散状态，但只要有发展，一般都遵循玛西亚所描述的发展方向（Kroger, 2003）。此外，尽管同一性早闭的个体看似已经做出了最终的决定，但事实通常并非如此。

我思我秀

- 你觉得自己在青少年时处于玛西亚描述的同一性状态的哪种类型？从那时开始你的同一性状态有没有发生过变化？如果有，是怎样的变化？

同一性形成中的性别差异

很多研究支持了埃里克森这样的观点：对于女性来说，同一性和亲密关系是一起发展的，这一点得到了许多研究的支持。但是，一些研究者并没有把这种模式看作是对男性标准的背离，而是认为它指出了埃里克森理论的弊病。他们指出，埃里克森的理论基础是个体化、自主性和竞争性等以男性为中心的西方概念。吉利根（Gilligan, 1982, 1987a, 1987b; L. M. Broun & Gilligan, 1990）认为，女性的自我感觉发展更多地是通过与他人建立关系来实现的，而不是通过形成独立的同一性来实现的。吉利根说，女孩和妇女根据自己承担责任的能力以及照顾自己和他人的能力来评价自己。

很多发展心理学家对男女两性在通往同一性的道路上到底有怎样的差异提出疑问，尤其是在今天。他们指出，个体差异可能比性别差异更重要（Archer, 1993; Marcia, 1993）。玛西亚（1993 年）提出，正在形成的独立性和连接感之间的紧张状态正是埃里克森心理社会各阶段的核心部分，这对男女两性来说均适用。玛西亚对同一性阶段的研究却发现很少存在性别差异（Kroger, 2003）。

但是，青少年期自尊的发展似乎支持了吉利根的观点，这一时期的自尊发展主要是在和同性别伙伴交往的环境中进行的。男性的自尊发展与努力实现个人的成就相关，而女性的自尊则更多地依赖与他人的关系（Thorne & Michaelieu, 1996）。

一些研究表明，青少年期女孩的自尊均低于男孩（Chubb, Fertman, & Ross, 1997）。20 世纪 90 年代初期备受关注的一些研究发现，女孩在十一二岁之前都保持相当高的自信和自尊水平，之后往往会降低（American Association of University Women[AAUW] Educational Foundation, 1992; L. M. Brown & Gilligan, 1990）。但是，一项对包括近 15 万名参与者的数百项研究的分析显示，尽管男孩和男人的自尊确实高于女孩和妇女，尤其是在青少年晚期，但这种差异非常微小。与早期的研究结果

少数民族青少年的同一性发展尤为复杂。种族划分以及本种族与主流文化的冲突在青少年的同一性形成中起核心作用。

相反，两性似乎都是随着年龄的增大，其自尊水平逐渐提高（Kling, Hyde, Showers, & Buswell, 1999）。

同一性形成中的种族因素

当某一种族或民族的价值观和大社会的价值观相冲突时，会对青少年的同一性造成怎样的影响？如美国印第安人既被要求参加部落仪式，同时又需要上学；或者当歧视限制了他们的职业选择时，就像杰基·罗宾逊的哥哥，在他获得奥运会的荣誉之后回家却只能做仆人的工作。所有这些情况都可能导致青少年的同一性混乱。

对少数民族青少年来说，种族特征和民族背景对他们同一性的形成非常重要（Kroger, 2003）。在玛西亚同一性状态的基础上，有研究确定了民族认同的四个阶段（Phinney, 1998）：

1. *扩散*：胡安妮塔没有探索过本民族的文化或只进行了很少的探索，对其中涉及的问题不太理解。
2. *早闭*：克瓦米没有探索过本民族的文化或只进行了很少的探索，但他对此有明确的感受。这些感受可能是积极的，也可能是消极的，这取决于他从家庭中获得的态度。
3. *延缓*：桑恩开始探索本民族的文化，但这些东西使他感到困惑。
4. *获得*：迭戈探索了自己的同一性，理解并且接受了本民族的文化。

在对来自洛杉矶两所高中的 64 名美国出生的非裔、亚裔和西班牙裔 10 年级学生进行访谈和问卷测量的基础上（Phinney, 1998），研究者将其分为三类同一性状态（见表 12-3）。约一半样本（33 人）是*扩散 / 早闭型*。（这两种类型都缺乏对本民族文化的探索，由于根据参与者的回答无法清晰区分这两类，所以研究者把这两类合并在一起。）其余一半要么是*延缓型*（14 人），要么已经*获得了同一性*（13 人）。

不同民族成员对重要事件的认识是不同的。西班牙裔美国人非常在意他人对本民族的偏见。亚裔美国人学业成就压力很大。非裔美国女孩很敏锐地意识到自己不符合白人对美的标准，男孩则更关注职业歧视和黑人男性的消极社会形象。约 20% 的参与者（各个阶段的都有）对本民族持消极态度。但获得型的个体对本民族的整体评价比其他两类个体要好。他们对自己的评价较高，有更高的掌控感，并且报告了更积极的家庭关系和社会、同伴互动。

学习检查站

你能否……

- ✓ 列出埃里克森认为的同一性形成中的三个主要问题？
- ✓ 描述一下玛西亚构建的同一性的四种状态？
- ✓ 讨论一下性别和种族会对同一性形成产生怎样的影响？

根据一项对来自工人阶级家庭的城市黑人、拉丁裔和亚裔美国高中生的问卷调查结果，与一般的观念相反，少数民族的青少年，不论男孩还是女孩都是随年龄增长其自尊水平逐渐提高。较高的支持和积极的学校氛围都与青少年较高水平的自尊相关，而家庭支持是最强大的因素（Greene & Way, 2005）。

表 12–3　不同种族同一性发展每一阶段的代表性问题

扩散

"为什么我需要学习作为一位黑人女性如何做这做那？我对此并不感兴趣。"（黑人女性）

早闭

"我不想了解更多有关本民族的文化。我只需知道我的父母如何说和做以及他们告诉我如何做即可。"（墨西哥裔美国男性）

延缓

"我周围有很多非日裔的美国人，这让我感到迷惑并促使我努力确定我是谁。"（亚裔美国男性）

获得

"因为我是一名墨西哥人，所以周围的人会排挤我。我对此并不在意，因为我对自己有更多了解。"（墨西哥裔美国女性）

资料来源：Phinney, 1998, Table 2, p. 277.

性

把自己看作男性或女性、认识自己的性取向、接纳自己的性冲动以及建立浪漫关系和性依恋，这些都是获得*性别认同*的部分内容。性别认同形成的一个重要方面是意识到性别，这对个体的自我意象和人际关系会产生深刻的影响。尽管这一过程受生理作用的驱动，但其表达却部分地受到文化的影响。

研究性表达非常困难。愿意回答有关性问题的人往往在性方面比较活跃，所持的性态度也比较自由开放，因此不能代表整个人群。此外，在性方面，人们说的和做的常常自相矛盾，而且也没有办法证实他们话的真伪性。当调查对象是青少年时问题会更多。首先，我们通常须征得家长的同意，而同意的家长可能并不多。研究方法也非常重要：一项研究显示，当采用计算机自我监控的方法进行调查时，青少年期的男孩能够更开放地报告某些类别的性行为（C. F. Turner et al., 1998）。尽管如此，即使我们无法将研究结果推广到全人类中去，但我们从参加调查的群体中还是可以看出性习俗的趋势。

20 世纪，美国和其他工业化国家的人们在性态度和性行为方面都经历了重大变化，由此带来了人们对婚前性行为、同性恋和其他一些过去不被赞同的性行为更广泛的接受。随着互联网的出现，通过在线聊天室或单身约会网站，在网络上认识不久的人发生偶尔的性行为已经变得越来越普遍。手机、电子邮件和即时消息使得孤独的青少年很容易就可以和陌生人进行联系，避开了成人的监督。所有这些变化都引发了人们对危险性行为越来越多的担忧。另一方面，艾滋病蔓延又使得很多青少年杜绝了承诺关系以外的性行为或者进行"较安全的"性行为。

在过去50年间，美国人的性态度获得了解放。这一“性演化”包括对性行为更加开放的接受态度，在性行为方面男性比女性更自由的双重标准不再那样流行。

性取向与性别认同

学习指路标

2. 什么决定了性取向？个体是如何意识到自己的性别认同的？

尽管个体的**性取向**（sexual orientation）在童年早期就已经出现，但性取向成为紧迫问题通常发生在青少年期：个体将会一贯地受到异性吸引（异性恋），还是被同性吸引（同性恋），或者是被两性吸引（双性恋）？

在全世界所有已知的文化中异性恋几乎都占据主导地位。然而在某些文化中，如南太平洋地区的美拉尼西亚岛屿，同性恋很常见（King, 1996）；但美国和其他西方国家并非如此。一项对美国 38 000 位 7~12 年级学生的研究发现，约 88% 的人说自己是异性恋，只有 1% 的人说自己是同性恋或双性恋。约 11% 的人不太确定自己的性取向，其中大多数是低年级的学生（Remafedi, Resnick, Blum, & Harris, 1992）。但是，社会污名可能使这些自我报告产生偏差，从而低估同性恋和双性恋的流行程度。

性取向形成的原因和标志 大多数研究都将焦点放在对同性恋做出解释上面。尽管同性恋曾一度被认为是一种精神疾病，但数十年的研究发现，同性恋取向与情绪问题、社会问题之间并不存在关联——那些明显因为社会对待同性恋的方式造成的问题除外，如抑郁倾向（APA, undated; C. J. Patterson, 1992, 1995a, 1995b）。这些研究结果促

使精神科医生于 1973 年不再把同性恋界定为精神障碍。

很多青少年在其成长过程中有过一次以上的同性性体验，通常是在 15 岁以前。但孤立的体验甚至同性吸引或幻想都不能决定性取向。性取向在一定程度上受遗传影响（Diamond & Savin-Williams, 2003）。美国和澳大利亚的双生子研究发现，两性的性取向都具有中等程度的遗传（Bailey, Dunne, & Martin, 2000; Kendler et al., 2000）。首次对男性性取向的全基因组扫描已经发现了 7 号、8 号和 10 号染色体上的三段 DNA 似乎可以决定男性是否为同性恋（Mustanski et al., 2005）；但是，由于该研究发现同卵双生子的特征并非完全一致，所以其中必定包含了非遗传因素。此外，各种原因的不同组合可能作用于不同的个体，这可能造成个体在首次出现同性吸引的时间上存在差异（Diamond & Savin-Williams, 2003）。

一项对前瞻性研究和回溯性研究的综述显示，如果儿童的行为不符合其性别角色特征，尤其是那些表现出强烈女性特征的男孩，成年后往往会发展成为同性恋（Bailey & Zucker, 1995）。对男孩来说，性唤起可能是他们学习自身性取向的主要途径。女孩则可能不是通过类似的方式。一项对两性性唤起的研究发现，异性恋男性在观看女—女性行为影片时有更高的性唤起，不论在主观上还是生理上；而同性恋男性在观看男—男性行为影片时有更高的性唤起。与之相比，不论是异性恋还是同性恋女性，她们在观看女—女或男—男性行为影片时往往都会有强烈的性唤起。这说明在性取向和性唤起的关系上，两性间存在差异（Chivers, Rieger, Latty, & Bailey, 2004）。

一位研究者曾报告，同性恋和异性恋男性的下丘脑（调节性行为的脑结构）的大小存在差别，但是还不确定这种差异是在出生前还是出生后产生的（LeVay, 1991）。一项对信息素（用于吸引异性的气味，参见第 11 章）的脑成像研究显示，男性汗液的气味可以激活女性和同性恋男性的下丘脑；而男同性恋和异性恋的下丘脑都受女性尿液气味的影响（Savic, Berglund, & Lindström, 2005）。同样，目前我们还不确定男同性恋脑部的这种不同是导致同性恋发生的原因还是同性恋产生的结果。

同性恋和双性恋的认同及行为　尽管现在对同性恋的接受程度比过去高，但公开承认自己是同性恋或双性恋的青少年仍常常感到自己被孤立，处于一种不友善的环境中。他们可能受到歧视甚至遭遇暴力。即使面对自己的父母，因为害怕受到强烈反对或导致和家人的关系破裂，他们也不愿意表露自己的性取向（Hillier, 2002; C. J. Patterson, 1995b）。因此，和异性恋者相比，性取向少数派在承认和表达自己的性取向上更加保守，所遵循的时间表也更加不确定（Diamond & Savin-Williams, 2003）。

男女同性恋和双性恋认同的形成并不是沿着单一模式进行的。性别、种族、个体特征、社会经济地位和居住地（城市或农村）都可能会对其产生影响（Diamond & Savin-Williams, 2003）。由于缺乏社会许可的方式去探索自己的性特征，很多同性恋青少年都会产生同一性混乱（Sieving, Oliphant, & Blum, 2002）。不论他们的性取向如何，一些青少年会尝试拥有两性性伴侣，部分原因是出于好奇，部分原因是他们对社会压力做出的一种反应。很多同性恋和双性恋青少年都有很认真的异性恋爱关系（Diamond & Savin-Williams, 2003）。

一个关于同性恋性别认同形成的模型提出了以下发展顺序：（1）意识到同性吸引（8~11 岁开始）;（2）发生同性性行为（12~15 岁）;（3）以同性恋自居（15~18 岁）;（4）对他人公开（17~19 岁）;（5）建立同性的恋爱关系（18~20 岁）。但是该模型可能并不能准确地反映实际情况。很多男同性恋者觉得现在比过去可以更自由地坦承自己的性取向。对女性同性恋和双性恋者来说，她们性取向的形成与男同性恋相比可能更缓慢，弹性也更大，且更多地与情感和环境因素相联系。对少数民族来说，传统社会和传统文化可能有着强烈的宗教信仰或性别角色刻板印象，由此引发个体的内部冲突和家庭冲突（Diamond, 1998, 2000; Diamond & Savin-Williams, 2003; Dubé & Savin-Williams, 1999）。男同性恋者可能会追求排他的同性性关系；而女同性恋者，尤其是在青少年早期，则会和同性伴侣保持热烈但无性的朋友关系。一些少数民族的青少年只和陌生人表现出同性性行为，而和异性建立恋爱关系。他们也可能延迟同性性行为出现的时间，直到觉得自己的性取向非常稳定时才表现出来（Diamond & Savin-Williams, 2003）。

学习检查站

你能否……

- ✓ 讨论有关性取向起源的理论和研究?
- ✓ 就同性恋认同的形成和同性恋关系的建立进行讨论?

有研究者用访谈和问卷方法对 139 位 16~26 岁的男性进行了调查，其中包括白人、非裔、拉丁裔和亚裔美国人，研究想探究的是成为一名同性恋者或双性恋者对他们意味着什么。约一半参与者认为已经完全接受了自己的性别认同，其中多数人已经和同性建立了性关系和恋爱关系。拉丁裔青少年比其他几组参与者更早意识到同性吸引，这可能是因为他们处于一种有严格性别角色的文化中，所以不符合男性规范的男孩会更早认识到自己的“与众不同”（Dubé & Savin-Williams, 1999）。

学习指路标

3. 青少年中普遍存在的性行为有哪些? 导致一些青少年出现危险性行为的原因是什么?

性行为

两性开始首次性行为的时间在各国之间存在较大差异。马里[*]的女性报告自己在 17 岁时首次性交的比例（72%）是泰国女性（7%）和菲律宾女性（6%）的 10 倍还多。同样的差异也存在男性中。尽管在大多数文化中都是男性比女性更早发生性行为，但在马里和加纳[*]，更早发生性行为的女性多于男性（Singh, Wulf, Samara, & Cuca, 2000）。

总体来看，现在的美国青少年比他们的上一辈更早发生首次性行为（Sieving, Oliphant, & Blum, 2002）。美国女孩首次性交的平均年龄是 17 岁，只比男孩晚一年（Singh et al., 2000）。发生过性关系的学生比例随年龄的增长而增高，9 年级时为 34.4%，到 12 年级增加到 60.5%（Brener et al., 2002）。非裔和拉丁裔美国青少年往往会比白人青少年更早发生性行为（Kaiser Family Foundation, Hoff, Green, & Davis,

---

* 译者注：非洲西部的国家。

2003)。在过去，十几岁的男孩比女孩更可能发生性行为，但现在情况发生了变化。2002 年，在 15~19 岁的青少年中，46% 的男孩和 47% 的女孩报告已经有过性行为。他们给出的还未发生性行为的主要原因是，这一行为有悖于自己的宗教信仰或道德规范，其次是不想怀孕（Abma, Martinez, Mosher, & Dawson, 2004）。

在前面提到的关于同性恋和双性恋男性的研究中，亚裔美国参与者报告的首次同性性行为发生的时间比其他种族的参与者晚大约三年。这种延迟发生性行为的模式同样存在于亚裔美国异性恋个体中，这可能反映了强烈的文化压力，因为亚洲文化要求个体婚后或成年后才可以发生性行为，然后生育后代，这样孩子才能够拥有姓氏（Dubé & Savin-Williams, 1999）。

性行为风险　关于青少年的性行为主要有两个问题值得关注：一个是感染性传播疾病（STDs)，另一个是怀孕问题（对异性恋来说）。一项由凯撒家庭基金会发起的具有全美代表性的调查显示，在 15~17 岁的青少年中，90% 的个体都"非常"或"有点"担心这些危险（Kaiser Family Foundation, Hoff, Green, & Davis, 2003）。

一些青少年过早开始性行为，并且有多个性伴侣。他们经常不使用避孕药物或工具，缺乏足够的性知识或有一些错误的性知识，这些青少年存在的风险最大（Abma et al., 1997）。1991 年到 2001 年间，有 4 个或 4 个以上性伙伴的高中生比例下降了 24%，但仍有 14.2% 的学生拥有 4 个以上的性伙伴（Brener et al., 2002）。其他一些风险因素包括居住在社会经济地位低下的社区、物质滥用、反社会行为和与不良同伴为伍。父母的监管可以降低这些风险（Baumer & South, 2001; Capaldi, Stoolmiller, Clark, & Owen, 2002）。那些能够调控自己的情绪和行为的青少年发生危险性行为的可能性较小（Raffaelli & Crockett, 2003）。

为什么一些青少年很早就开始发生性行为？这一现象存在多种原因，如过早进入青春发育期、贫困、在校表现差、缺乏学业和职业目标、有遭受性虐待或父母忽略的历史、处于很早开始性经历的文化或家庭中（AAP Committee on Adolescence, 1999）。缺乏父爱，尤其是年幼时缺乏父爱，是一个很大的风险因素（Ellis et al., 2003）。母子关系亲密的青少年比其他同伴更可能推迟发生性行为。其母亲反对性行为的青少年也会较晚发生性行为（Jaccard & Dittus, 2000; Sieving, McNeely, & Blum, 2000）。

个体知觉到的同伴团体规范是最强有力的影响因素之一。青少年常常迫于压力参与一些自己不愿意参与的活动。在凯撒家庭基金会的研究报告中，15~17 岁的青少年有近 1/3 报告说自己是迫于压力发生了性行为，男孩尤其如此。63% 的 15~17 岁青少年和 53% 的 13~14 岁青少年都同意"等一等再有性行为是个好主意，但却没有人真正这样去做"（Kaiser Family Foundation et al., 2003）。

由于对性行为的风险有了更多的认识，所以美国青少年中有过性交行为的人数比例有所下降，尤其是在 15~17 岁的青少年中，其中男孩的比例从 1995 年的 55% 降

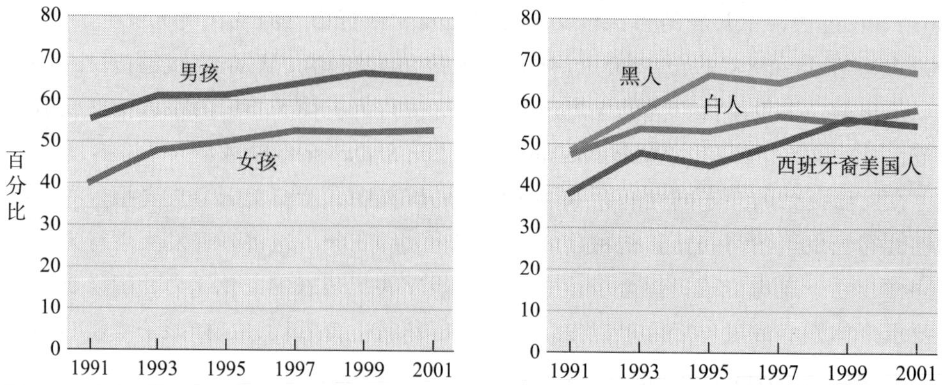

图 12–1

美国不同性别和种族的高中生在最近一次发生性行为时使用安全套的比例。

资料来源：Graphic from *The New York Times*, March 17, 2004, page 36. Copyright © 2004 The New York Times Graphics. Reprinted with permission.

到了 2002 年的 46%，女孩的比例从 1995 年的 38% 降到了 2002 年的 30%（Abma et al., 2002）。但是一些非性交形式的生殖器性行为却很常见，如口交、肛交和手淫等。很多青少年并不把这些行为看作"性行为"，他们认为这些行为是性行为的替代物或前性行为，甚至有人认为这些是禁欲行为（Remez, 2000）。凯撒家庭基金会的调查结果显示，在 15~17 岁的青少年中超过 1/3 的人进行过口交（Kaiser Family Foundation et al., 2003）。这些统计数字令人担忧，因为很多青少年不知道，口交和肛交同样存在性传播疾病的风险（Remez, 2000）。

> **我思我秀**
>
> - 如何帮助青少年避免或改变危险性行为?

对女孩来说还存在一种特殊的风险，即性暴力或性虐待。10% 的女孩报告说自己的首次性交并非出于自愿（Abma et al., 2004）。在一个具有全美代表性的高中女生样本中，近 10% 的参与者报告说自己曾成为约会暴力的受害者（Wang, 2003）。

避孕用品的使用 从 1990 年以来，青少年使用避孕用品的现象有所增加（Abma et al., 2004），但使用避孕用品的青少年并非每次都会使用（Kaiser Family Foundation et al., 2003）。一项对青少年的调查显示，约 75% 的女孩和 82% 的男孩说自己在第一次性交时使用了某种形式的避孕方法，约 83% 的女孩和 91% 的男孩说自己在最近一次性交时采取了避孕措施。女孩首次性交时年龄越大越可能采取避孕保护措施（Abma et al., 2004）。那些第一次恋爱、推迟性交、在性交前会讨论避孕问题或使用不止一种避孕方法的青少年，更可能在整个恋爱过程中都一直使用避孕药具（Manlove, Ryan, & Franzetta, 2003）。

对进行性行为的青少年来说，最安全的措施是使用安全套，这样既可以在一定程度上预防性传播疾病，还可以防止怀孕。近年来安全套的使用情况有所增加（见

图 12-1），口服避孕药和一些新的激素类避孕法、注射避孕法或综合避孕法的使用也都有所增加（Abma et al., 2004）。尽管如此，一项调查显示，仍然只有 57.9% 的高中生报告在最近的一次性交时使用了安全套（Brener te al., 2002）。没有证据显示，有关使用安全套的教育和安全套的易得性会导致性行为的增加（AAP Committee on Adolescence, 2001; Blake et al., 2003）。

一项全美调查显示，从政府投资的计划生育诊所获得避孕药具的未成年少女，大多数都报告说父母知道他们的性行为。但是，如果法律规定父母必须知情，这些少女中 20% 的人可能不会采取避孕措施或者使用一些落后的、风险较大的避孕方法（Jones, Purcell, Singh, & Finer, 2005）。

青少年从哪里获取性知识？ 青少年主要从朋友、父母、学校的性教育课程和媒体那里获取性知识（Kaiser Family Foundation et al., 2003）。可以和年长的兄弟姐妹或父母谈论有关性话题的青少年，更可能对安全性行为持积极态度（Kowal & Pike, 2004）。

从 1998 年以来，美国联邦政府和州政府投资的性教育项目强调在婚前禁欲才是最好的或唯一的选择，如今这一选择越来越普遍（Devaney, Johnson, Maynard, & Trenholm, 2002）。调查显示，那些在鼓励禁欲的同时也讨论如何预防性传播疾病和如何进行安全性行为的计划使得青少年出现首次性行为的时间延迟，并且使用避孕药具的可能性有所增加（AAP Committee on Psychosocial Aspects of Child and Family Health and Committee on Adolescence, 2001）。

尽管并没有研究显示禁欲可以延迟性行为出现的时间，但是一些校区却提倡把禁欲作为唯一的选择（AAP Committee on Psychosocial Aspects of Child and Family Health and Committee on Adolescence, 2001; Satcher, 2001）。此外，禁欲计划并没有都对禁欲的含义做了清晰的界定，禁欲是否包括口交和其他非性交形式的行为并不明确（Remez, 2000）。“守贞契约”的效果也非常有限，而且签订契约的青少年一旦违反契约，则更可能不使用避孕药具，他们使用避孕药具的比例比那些未签订契约的青少年少 1/3（Bearman & Bruckner, 2001）。尽管 80% 以上的青少年报告自己曾接受过正式的性教育，知道如何对性说不，但只有 2/3 的青少年知道如何防止怀孕。在 18~19 岁的青少年中，只有 50% 的女孩和 33% 的男孩报告自己在 18 岁生日之前曾和父母讨论过避孕问题（Abma et al., 2004）。

不幸的是，很多青少年的“性教育”大多是从媒体中获得的，而媒体所呈现的是一种对性行为的歪曲观点，这种观点把性行为和乐趣、兴奋、竞争、危险或暴力相联系，却很少宣传不采取保护措施的性行为带来的危险。有研究表明，媒体影响和较早开始性行为之间存在相关（Peterson, Moore, & Furstenberg, 1991; Strasburger & Donnerstein, 1999）。但是，我们还需要进一步进行更大规模的研究，考察各种形式的大众媒体对青少年的性态度和性行为的影响（Escobar-Chavez et al., 2005）。

学习检查站

你能否……

✓ 举例说明青少年性行为的发展趋势？

✓ 确定哪些因素可以增加或减少性行为带来的危险？

学习指路标

4. 性传播疾病和青少年怀孕发生的普遍程度如何？通常的结果是什么？

性传播疾病（STDs）

性传播疾病（sexually transmitted diseases, STDs）指通过性接触传染的疾病。表 12-4 总结了一些常见的性传播疾病，包括这些疾病的原因、常见症状、治疗方法和后果。

在美国，约 1/4 的性传播疾病新发患者是 15~19 岁的青少年（CDC, 2000c）。性传播疾病在青少年中泛滥的首要原因是过早开始性行为，因为过早开始性行为的青少年同时有多个高危性伙伴，并且不使用安全套或不能经常正确使用安全套的可能性更高；对于女性来说，她们往往更可能和比自己年龄大的性伙伴发生性关系。青少年期的女孩最可能被传染性传播疾病却没有觉察（AGI, 1999a）。

据估计，最常见的性传播疾病是人类乳头瘤病毒（HPV），这种病毒有时会造成生殖器长疣。青少年中常见的另一种性传播疾病是寄生虫感染的滴虫病（Weinstock et al., 2004）。

生殖器单纯疱疹是一种由病毒引起的慢性、反复发作的高传染性疾病，常伴有疼痛。对于一些存在免疫系统缺陷的人群或母亲在分娩时疾病爆发的新生儿来说，该病都是致命的。目前还没有药物可以治疗这种疾病，但抗病毒药物阿昔洛韦可以防止该病剧烈爆发。在过去的 30 年中，生殖器疱疹的患病率显著增加。B 型肝炎尽管 20 多年前就已经有了预防疫苗，但现在仍是一种重要的性传播疾病（Weinstock et al., 2004）。

最常见的可治愈的性传播疾病是衣原体感染和淋病。这两种疾病如果没有被发现，也未进行及时治疗，可能会导致严重的健康问题，如女性盆腔炎，这是一种严重的腹腔感染。据报道，40% 的衣原体病例为 15~19 岁的青少年；在十几岁的青少年中，有超过 10% 的女孩和 20% 的男孩感染该病毒（CDC, 2000c）。

人体免疫缺陷病毒（HIV）可导致艾滋病，这种病毒通过体液（主要是血液和精液）传播，通常由共用毒品静脉注射针头或与感染 HIV 的伴侣性交传染。HIV 侵袭人体免疫系统，导致人体对大量致命疾病失去抵抗力。艾滋病的症状包括极度疲劳、发烧、淋巴结肿大、体重减轻、腹泻和夜间盗汗，它的潜伏斯从 6 个月到 10 年，甚至更长。美国携带 HIV 或患有艾滋病的人群中超过 1/4 是在十几岁时感染的（Kaiser Family Foundation et al., 2003）。

虽然目前艾滋病还是不治之症，但各种相关的致命感染可以通过抗病毒疗法（包括蛋白酶抑制剂）逐渐得以治疗（Palella et al., 1998; Weinstock et al., 2004）。很多感染 HIV 的人也可以健康地生活数年，因为艾滋病在发展到出现严重的长期并发症之前不会表现出症状，所以早期检测非常重要。除定期以学校为基础的检查和治疗外，还有一些项目倡导节制或推迟性行为、负责任的决策和为性活跃者提供安全套，这两者相结合可能对控制性传播疾病的蔓延具有一定作用（AAP Committee on Adolescence, 1994; AGI, 1994; Cohen, Nsuami, Martin, & Farley, 1999; Rotheram-Borus

学习检查站

你能否……

✓ 确定最常见的性传播疾病有哪些？并列举出青少年感染性传播疾病的危险因素？

表 12-4　常见的性传播疾病

疾病	病因	症状（男性）	症状（女性）	治疗	不治疗的后果
衣原体感染	细菌感染	小便疼痛，阴茎刺痛和灼烧感。	阴道有刺痛和灼烧感，下腹不适+。	四环素或红霉素。	可能导致盆腔炎或最终导致不育。
滴虫病	寄生虫感染，有时通过潮湿的物体，如毛巾或泳衣传播	通常无症状。	无症状或有阴道灼烧感，性交不适，有臭味，小便疼痛。	口服抗生素。	可能导致宫颈细胞异常增生。
淋病	细菌感染	阴茎有刺痛和灼烧感，小便疼痛*。	小便不适，阴道有灼烧感，月经不规律+。	青霉素或其他抗生素。	可能导致盆腔炎或最终导致不育；也可能导致关节炎、皮炎和脑膜炎。
HPV（生殖器尖锐湿疣）	人类乳头瘤病毒	无痛性增生，常见于阴茎，也可能出现在尿道或直肠区*。	生殖器和肛门出现无痛感的小增生；也可能出现在阴道内，没有外部症状*。	去除疣体，但感染会经常复发。	可能与宫颈癌的发生相关；怀孕期疣体增大可能会堵塞产道。
疱疹	单纯疱疹病毒	出现水疱，疼痛，可发生于外生殖器各处，多发生于阴茎*。	外生殖器出现水疱，疼痛，有时伴有发热和肌肉疼痛；宫颈出现创面的患者可能不能觉察患病*。	目前尚无治疗方法，但可以通过抗病毒药物阿昔洛韦进行控制。	可能会增加患宫颈癌的风险。
B 型肝炎	B 型肝炎病毒	皮肤和眼睛变黄。	同男性症状。	没有特定的治疗方法；须戒酒。	可能造成肝脏损伤、慢性肝炎。
梅毒	细菌感染	梅毒一期：嘴部或外生殖器或两者都出现红褐色溃疡，这些症状可能消失，但细菌仍存在；梅毒二期：传染性更强，出现大范围的皮疹*。	同男性症状。	青霉素或其他抗生素。	瘫痪，痉挛，脑损伤，有时甚至死亡。
艾滋病（获得性免疫缺陷综合征）	人类免疫缺陷病毒（HIV）	极度疲劳，发烧，淋巴结肿大，体重减轻，腹泻，夜间盗汗，极易感染其他疾病*。	同男性症状。	尚无治疗方法；蛋白酶抑制剂和其他一些药物似乎可以延长存活时间。	死亡，通常由于其他疾病所致，如癌症。

* 可能是无症状的。

+ 经常是无症状的。

世界之窗

专栏12-1

预防少女怀孕

虽然，美国少女的怀孕率和生育率自20世纪90年代以来显著下降，但仍比其他工业化国家高几倍，而有些国家的青少年性行为开始的时间和美国一样或更早（Darroch, Singh, Frost, & the Study Team, 2001）。与丹麦、芬兰、法国、德国、意大利、荷兰、西班牙、瑞典和瑞士等国相比，近年来，美国的少女生育率是这些国家的5倍，是日本的12倍（Ventura, Mathews, & Hamilton, 2001）。22%的美国女孩在20岁之前就生育过孩子，而英国的这一比例为15%，加拿大为11%，法国为6%，瑞典仅为4%（Darroch, Singh, Frost, & the Study Team, 2001）。

为什么美国的少女生育率如此高？针对这一问题，专家尚无统一观点。一些研究者认为，其中的原因包括诸如对未婚母亲的歧视程度、媒体对性的颂扬、对性行为和生孩子是成人才该做的事缺乏清晰的认识、童年期遭受性虐待以及父母和孩子沟通失败等。和欧洲少女的经历相比，研究者发现了另外一些重要原因，如美国女孩更可能拥有多个性伴侣，并且更可能不使用避孕药具（Darroch et al., 2001）。

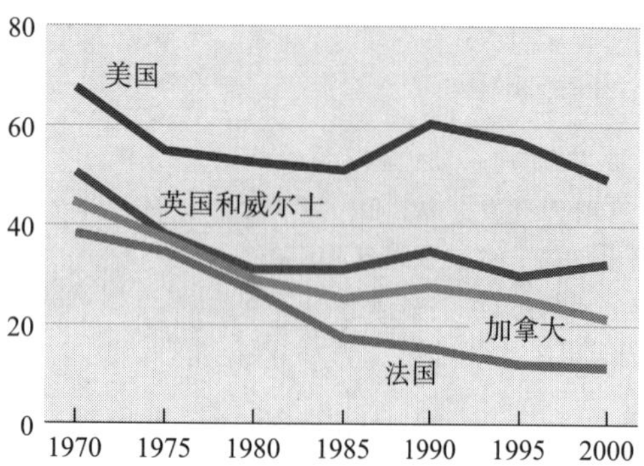

图 12–2

所选的西方国家中15~19岁少女中每1 000名女孩的生育趋势。自从1990年以来美国少女生育率有所下降，但仍明显高于英国、威尔士、加拿大和法国。

资料来源：Graphic from *The New York Times*, March 17, 2004, page 36. Copyright © 2004 The New York Times Graphics. Reprinted with permission.

和美国相比，欧洲的工业化国家早在多年前就开始普及全面的性教育。不仅鼓励青少年推迟开始性行为的时间，同时也把促进性活跃的青少年使用避孕药具作为目的。这些项目包括性知识教育、学习相关技能、做负责任的性决定以及如何与伴侣沟通。这些项目还提供多种信息，如少女怀孕的风险和后果、避孕方法和从哪里获得医疗和避孕帮助等（AAP Committee on Psychosocial Aspects of Child and Family Health and Committee on Adolescence, 2001; AGI, 1994; Kirby, 1997; I. C. Stewart, 1994）。针对男孩的性计划强调，推迟做父亲的时间是明智的，但事情一旦发生则必须承担责任（Children's Defense Fund, 1998）。

在美国，提供性教育以及性教育计划的内容属于政治问题。尽管有证据表明事实并非如此，一些批评家却声称，基于社区和学校的性教育导致了更多或更早的性行为（AAP Committee on Adolescence, 2001; Children's Defense Fund, 1998; Eisen & Zellman, 1987; Satcher, 2001）。

在欧洲一些国家，预防怀孕的一项重要内容是提供生殖健康服务。英国、法国和瑞典的青少年可以免费获得避孕药具，一定程度上，荷兰的青少年也可以很容易获取。随着生育控制教育、免费获得避孕药具和根据个人意愿自由堕胎等措施的实施，瑞典青少年的生育率降低了5倍（Bracher & Santow, 1999）。首次性行为时就使用了避孕药具的美国青少年，20岁前生孩子的可能性确实较小（Abma et al., 2004）。

& Futterman, 2000）。

青少年怀孕和分娩

过早发生性关系和有多个性伴侣的现象一直在减少，避孕药具的使用也在增加，因而美国少女怀孕和生育率显著降低。2003年，美国15~19岁女孩的生育率为4.17%，少女怀孕的问题需要通过多方面的共同努力来解决。其中包括鼓励青少年推迟或禁止性行为的计划和政策，但同时也必须认识到，很多青少年确实已经开始了性行为，他们需要有关怀孕和性传染病预防方面的教育和信息（AGI, 1996b）。最后，我们需要关注使青少年及其家庭处于危险中的基本因素：减少贫困、学业失败、行为问题和家庭问题，同时扩大就业、技能培训和家庭生活教育（AGI, 1994; Children's Defense Fund, 1998; Kirby, 1997）。针对学前儿童和小学生的综合早期干预计划可以减少少女怀孕现象（Lonczak et al., 2002; Hawkins et al., 1999; Schweinhart, Barnes, & Weikart, 1993）。

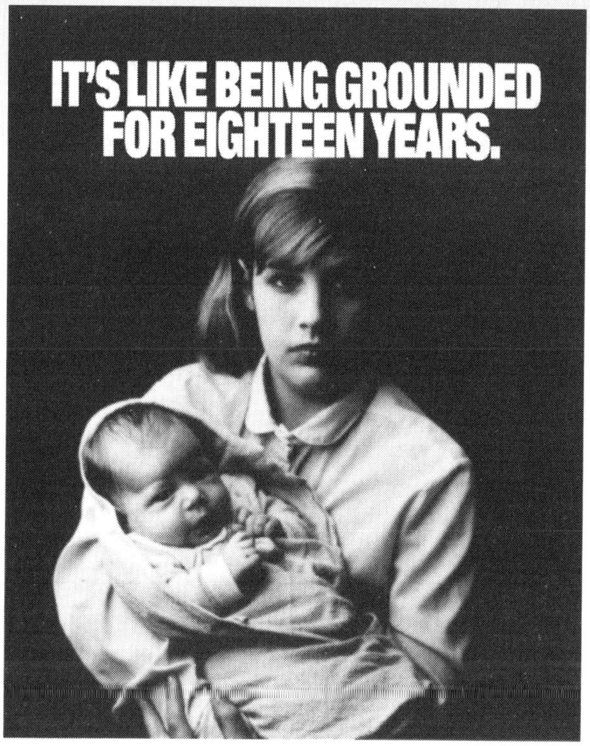

在少女时代就生育孩子不仅会让你丧失自由，
还会带走你的梦想。
儿童保护基金会

对很多青少年来说，反对危险性行为最具说服力的劝说就是：怀孕会毁掉你的整个人生。面对同龄人的劝告，女孩子会做出更好的回应。

由于有远大抱负的少女怀孕的可能性更小，所以激发青少年实现和提高自尊的计划已经取得了一些成效。开始于1978年的“青少年扩大服务计划”（Teen Outreach Program, TOP）帮助青少年进行决策、解决感情问题以及处理与同伴和成人的关系。这一计划还包括一些社区服务。通过鼓励学生选择一种志愿活动，有助于提高他们的自我效能感。在参加青少年扩大服务计划的1 600名学生和1 600名控制组学生中，青少年扩大服务计划参与者怀孕或辍学的风险是后者的一半，而他们学业失败的机率也只有后者的60%（Allen & Philliber, 2001）。这一结果说明，少女怀孕和学业失败并非是相互独立的问题，而是青少年更大发展蓝图中的一部分。

我思我秀

假如由你来设计一项基于学校或社区的性教育计划，你会涉及哪些内容？你赞成还是反对给青少年提供避孕约具？

课外链接

如需更多关于这一主题的信息，可以登录http://www.plannedparenthood.org/TEENISSUES/BCCHOICES/BCCHOICES.HTML. 该网址的名称是“青少年生育控制选择”，属于计划生育网站。也可登录http://www.teenpregnancy.org，这是美国预防少女怀孕运动的网址。

比1991年下降了1/3，达到近60多年来的最低值。少女怀孕率几乎以同样的速度下降，从1990年到2000年间降低了27%，达到8.45%，是1976年以来所报道的最低值（Martin et al., 2005）。未婚少女生育占总的少女生育的81%，自1994年以来，未婚少女的生育率也有所降低，尤其是在年幼的少女中（Hamilton, Martin, & Sutton, 2004; Martin et al., 2003）。17岁以下的少女生育绝大多数（88%）是由于意外怀孕所致（Abma et al., 2004）。

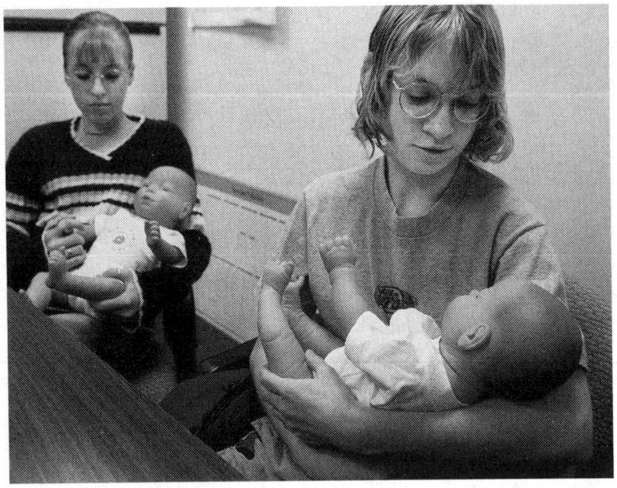

在美国威斯康星州的阿普尔顿儿童抚养机构中，少女们正在努力安抚怀中的电脑娃娃，这些娃娃会像真的婴儿一样哭闹。这一活动的目的是让少女们明白过早成为母亲意味着什么。

怀孕的女孩中半数以上（据估计为56%）会生下孩子，而且多数人打算自己抚养孩子。一些女孩会选择流产（15%）或堕胎（29%）。一小部分女孩会把孩子送给别人抚养（AAP Committee on Adolescence, 1999; Adler, Ozer, & Tschann, 2003; AGI, 1994, 1999a; Children's Defense Fund, 1998; Martin et al., 2005; Ventura, Abma, Mosher, & Henshaw, 2004）。

虽然在所有人群中，青少年的分娩有所减少，但黑人青少年的生育率降低的最多。尽管如此，黑人女孩和西班牙裔女孩生育的可能性仍大于白人女孩、美国印第安女孩和亚裔美国女孩。而且美国少女怀孕和分娩的可能性高于多数其他工业化国家的少女（Martin et al., 2005; 见图 12-2 和专栏 12-1）。

很多女孩都缺乏性经验（AGI, 1994; Children's Defense Fund, 1998; Ventura, Mathews, & Curtin, 1999）。很多早孕女孩缺少父爱（Ellis et al., 2003）。在加利福尼亚初级保健诊所的 9 159 名女性中，青少年期怀孕的少女可能在童年时遭受过身体暴力、精神虐待或性虐待，并且（或者）经历过父母离异或分居、家庭暴力、物质滥用以及有家庭成员患有精神疾病或有过犯罪行为等（Hillis et al., 2004）。

少女怀孕的结局通常都很悲惨。很多早孕母亲的生活贫困，受教育水平也不高，一些人还吸毒。很多人饮食不当，体重过轻，产前检查不够或根本没有。她们的孩子可能早产或体形过小，发生晚期胎死、新生儿死亡或婴儿死亡的风险很高；此外，这些孩子出现健康和学业问题、遭受虐待和忽视或出现发育障碍等问题的风险也较高，这些发育障碍可能会一直持续到青少年期（AAP Committee on Adolescence, 1999; AAP Committee on Adolescence and Committee on Early Childhood, Adoption, and Dependent Care, 2001; AGI, 1999a; Children's Defense Fund, 1998, 2004; Menacker et al., 2004）。

生活比较富裕的少女所生的孩子同样也存在风险。对 134 000 名白人女性（其中主要是中产阶级）的调查显示，和 20~24 岁的女性相比，13~19 岁的女性更易生出体重过轻的婴儿，甚至即使这些母亲已婚、受过良好教育、做了充分的产前检查。很显然，产前检查并非总能克服一个自身仍在发育的女孩却怀孕生产所固有的生物劣势，因为母亲的身体会和发育中的胎儿争夺一些必要营养物质（Fraser et al., 1995）。

青少年未婚母亲及其家庭还可能遭遇经济困难。儿童抚养法的执行情况良莠不齐，法院强制要求的补助往往不能实现，而且很多年轻父亲也无力支付抚养费用（AAP Committee on Adolescence, 1999）。以前，很多青少年母亲可以寻求公共援助，但在

1996 年美国联邦福利改革法出台后，这类援助受到严格限制。现在，18 岁以下的未婚父母只有和自己的父母一起生活且仍在上学才符合援助条件。

青少年母亲可能会中途辍学，并可能会多次怀孕。她们和自己的伴侣可能由于不够成熟、缺乏技能和社会支持而无法成为好的父母。继而他们的孩子也可能辍学、抑郁、触犯法律或成为青少年父母（AAP Committee on Adolescence and Committee on Early Childhood, Adoption, and Dependent Care, 2001; CDF, 2004）。但是，这些后果可以避免。有研究对巴尔的摩的 400 多名青少年母亲进行为期 20 年的追踪。结果显示，她们的子女中 2/3 的女孩并没有成为青少年母亲，而且多数人能够读完高中（Furstenberg, Levine, & Brooks-Gunn, 1990）。

学习检查站

你能否……

- ✓ 总结少女怀孕和生育率的变化趋势？
- ✓ 列出文中提到的哪些方法可以预防少女怀孕？
- ✓ 讨论与少女怀孕相关的风险因素、带来的问题及其后果？

与家人、同伴和成人社会的关系

进入青少年期，年龄成为一种强力粘合剂。青少年会花更多的时间和同伴在一起，从而减少和家人共度的时间。但是，大多数青少年的基本价值观（就像杰基·罗宾逊的价值观一样）更接近于自己的父母（Offer & Church, 1991）。甚至当青少年把同伴作为自己的榜样、发展友谊和亲密关系时，他们也会像蹒跚学步的孩子刚开始探索更广阔的世界时那样，眼睛看着自己的父母，把父母作为自己的"安全基地"，从那里可以尝试独立飞翔。与父母建立了牢固的支持性关系的青少年是最安全的，这些父母能够适应孩子看待自己的方式，允许并鼓励孩子争取独立，并在孩子遭遇情感压力时为他们提供一个安全的避风港（Allen et al., 2003; Laursen, 1996）。

学习指路标

5. 青春期叛逆具有普遍性吗？

青春期叛逆普遍存在吗？

十几岁一直被称为**青春期叛逆**（adolescent rebellion）的阶段，主要特征是情绪焦躁不安、和家人的冲突、疏远成人社会、做出鲁莽行为和排斥成人价值观。但是，对世界各地青少年进行的基于学校的研究表明，只有 1/5 的青少年表现出这种模式（Offer & Schoner-Reichl, 1992）。

心理学家霍尔（G. Stanley Hall）第一个提出了正式的青春期理论，青春期叛逆的观点就源于该理论。霍尔（1904/1916 年）认为，青春期的身体变化和成人期的各种迫切要求使得青少年不得不去努力适应，而他们的这些努力就迎来了一个"疾风暴雨"的时期，产生了代际冲突。弗洛伊德（1935/1953 年）和女儿安娜·弗洛伊德（Anna Freud, 1946）认为，随着指向父母的早期性驱力的觉醒，"疾风暴雨"是普遍存在且不可避免的。

我思我秀

- 你的价值观主要是相似于还是不同于你父母的价值观？如果不同，你是如何形成这些价值观的？

但是，通过对萨摩亚和其他南太平洋岛屿的成人进行研究，人类学家米德（1928,

1935; 参见第 2 章的焦点人物）指出，如果所处的文化可以提供一种循序渐进的、平静的从童年到成年的过渡，那么“疾风暴雨”并不是这个时期所特有的。尽管她对萨摩亚人的研究后来受到质疑（Freeman, 1983），但一项对 186 个非工业化国家的研究最终支持了她的观点（Schlegel & Barry, 1991）。

即使在西方社会中，彻底的叛逆现在似乎也比较少见，至少在学校就读的中产阶级青少年人群中是这样的。多数青少年都亲近自己的父母，并对父母持积极态度，对多数问题持和父母相似的观点，并非常看重父母对自己的看法（Offer et al., 1989; Offer & Church, 1991; Offer, Ostrov, Howard, & Atkinson, 1988）。

此外，适应良好的青少年显然不是一颗会在以后发生“爆炸”的“定时炸弹”，这与流行观点相悖。一项研究对 67 名 14 岁的美国郊区男孩进行了为期 34 年的追踪研究，结果显示，绝大多数人的生活适应良好（Offer, Offer, & Ostrov, 2004）。少数问题严重的青少年往往来自离异家庭，而且这些青少年成年后家庭生活会继续不稳定，继续背离文化规范。而那些成长在完整的双亲家庭中、且家庭氛围积极向上的青少年往往能够安然度过青春期，不出现严重问题，并且在成年后拥有牢固的婚姻，生活适应良好（Offer, Kaiz, Ostrov, & Albert, 2002）。

尽管如此，对于青少年和他们的父母来说，青春期仍然是一段艰难时期。家庭冲突、抑郁和危险行为远比其他时期更常见（Arnett, 1999; Petersen et al., 1993）。消极情绪和情绪波动在青春期早期最为严重，这可能是由于与青春期相关的压力造成的。进入青春期后期，青少年的情绪会变得更加稳定（Larson, Moneta, Richards, & Wilson, 2002）。

学习检查站

你能否……

✓ 估计青春期的“疾风暴雨”有多大普遍性？

认识到青春期可能是一段艰难时期，有助于家长和教师正确处理青少年那些让人头疼的行为。但如果成人认为青春期混乱是正常且必要的，那么他们就可能忽略少数需要特殊帮助的青少年所传递的信号。

学习指路标

6 青少年与父母、兄弟姐妹及同伴的关系如何？

时间安排和人际关系的变化

衡量青少年与生活中重要他人之间关系变化的方法之一是，观察他们怎样度过自己可以自由支配的时间。10~18 岁的美国青少年和家人共度的时间显著减少，在他们醒着的时间中所占的比重从 35% 下降到 14%（Larson, Richards, Moneta, Holmbeck, & Duckett, 1996）。对家庭的这种脱离并不是排斥家庭，而是青少年对发展需要做出的反应。在青少年早期，青少年常常躲在自己的房间里，他们似乎需要一些独处时间以便从社会关系中走出来，恢复情绪稳定，并对同一性问题进行反思（Larson, 1997）。

在时间安排上的文化差异反映了不同的文化需要、价值观和习俗（Verma & Larson, 2003）。部落和农业社会的青少年大部分时间都在生产生活必需品，他们用于社会活动的时间远远少于先进工业化社会的青少年（Larson & Verma, 1999）。在一些国家，如韩国和日本，学业压力和家庭责任的压力很大，青少年的空闲时间相对较少。为了缓解压力，他们的空闲时间主要用于被动娱乐，如看电视和“发呆”（Verma & Larson, 2003）。

相对来说，美国青少年的空余时间比较多，多数空余时间他们都和同伴在一起，且越来越多地和异性同伴在一起（Juster et al., 2004; Larson & Seepersad, 2003; Verma & Larson, 2003）。较年长的青少年经常会参加周末派对，有时这些派对是在朋友家里进行，没有成人的直接监督。由于缺乏适当的家长监管，这些活动可能导致物质滥用和不良行为（Larson & Seepersad, 2003）。

非裔美国青少年可能把家庭看作与外部敌意世界不同的避风港，他们和家人的关系往往比白人青少年与家人间的关系更亲密，而同伴关系则相对较弱（Giordano, Cernkovich, & DeMaris, 1993）。墨西哥裔美国男孩在青少年期往往会和父母更亲密，女孩则不会。这可能反映出墨西哥裔美国家庭结合异常紧密的特点以及这些家庭赋予传统男性角色的重要意义（Molina & Chassin, 1996）。对移民家庭的华裔美国青少年来说，适应美国社会的需要常常和传统家庭责任相冲突（Fuligni, Yip, & Tseng, 2002）。

记住这些文化差异，下面我们进一步来了解青少年与家人的关系，然后了解他们和兄弟姐妹及同伴的关系。

和发展中国家的青少年相比，美国青少年有很多可自由支配的闲暇时间，其中大部分时间他们都在和同伴“闲混”。

学习检查站

你能否……

✓ 确定青少年在时间安排上存在的年龄差异和文化差异，并对这些差异进行讨论？

青少年与父母

青少年既依赖自己的父母，同时又有脱离父母的需求，这两者会使青少年不知所措。同样，他们的父母通常也很矛盾。他们希望孩子独立，却又很难彻底放手。在给孩子足够的独立性和防止由于孩子不成熟造成的过失之间，父母必须找到一个很好的平衡点。这些紧张状态常常会引发家庭冲突，而教养方式会影响冲突的形式和结果。和年幼儿童一样，青少年和父母的关系也会受到父母生活状况的影响，如父母的工作、婚姻状况和社会经济地位等。

家庭冲突　随着青少年逐步走向独立，可能会出现很多家庭冲突（Arnett, 1999）。大多数争吵都是源于一些日常事件，如家庭琐事、功课、穿着、零用钱、宵禁、约会或朋友，而不是基本价值观的冲突(Adams & Laursen, 2001; B. K. Barber, 1994)。但是，有些小问题可能会导致更严重的问题，如物质滥用、安全驾驶问题和性行为。频繁争吵可能会累积起来，造成家庭气氛紧张（ Arnett, 1999 ）。

家庭不和谐的程度似乎主要受青少年的个性特点和父母对待孩子的方式的影响。一项研究调查了来自美国中东部偏远地区的 335 个青少年的双亲家庭，研究发现，在温暖的、支持性的家庭中，亲子冲突在青少年早期到中期之间会减少；而在敌意的、强制性的或批评性的家庭氛围中，亲子冲突则会进一步恶化（ Rueter & Conger, 1995 ）。

我思我秀

- 你在青春期时哪类问题会引发最激烈的家庭冲突？这些冲突是如何得到解决的？
- 如果你和父母一起生活，是否会和其中一方发生更多冲突？你的父母处理这些冲突的方式相似还是会以不同的方式进行处理？

在青少年早期家庭冲突最频繁，但最激烈的冲突则发生在青少年中期（ Laursen, Coy, & Collins, 1998 ）。青少年早期冲突的频繁发生可能与青少年期的压力和青少年的自主需要有关。到青少年中后期，争吵更加激烈但发生频率降低，这可能反映出随着青少年开始尝试独立而产生了一些紧张情绪。青少年晚期，家庭冲突的减少可能标志着青少年对青少年期重大变化的适应以及在父母和孩子之间对权利的平衡重新达成共识（ Fuligni & Eccles, 1993; Laursen et al., 1998; Molina & Chassin, 1996; Steinberg, 1988 ）。

一项研究指出，和外出上大学或工作的孩子相比，青少年晚期仍和父母同住的青少年往往对父母比较疏远，而且彼此间的互动也更为消极。但该研究的调查对象几乎都是欧裔美国中产阶级家庭，因而该结论的适用性有待商榷。有研究对 76 名中产阶级非裔美国青少年进行了为期 5 年的追踪。结果显示，上述研究结果适用于女孩，不适用于男孩，这可能是由于住在家里的非裔美国男孩往往会获得比女孩更多的自由。那些在青少年早期和父母关系最为亲密的青少年会在整个青少年期都保持这种亲密关系（ Smetana, Metzger, & Campione-Barr, 2004 ）。

教养方式 随着认知的发展，父母的权威型教养似乎可以促进青少年个性的发展（ Baumrind, 1991 ）。而过分严厉的专制型教养则可能使得青少年排斥父母，使其不惜一切代价寻求同伴的支持和赞许（ Fuligni & Eccles, 1993 ）。

权威型父母会坚持重要的规则、标准和价值观；但乐意倾听孩子的想法，并和他们一起商讨问题（ Lamborn, Mounts, Steinberg, & Dornbusch, 1991 ）。他们会对孩子的行为进行适当的控制，但不会控制孩子的自我意识（ Steinberg & Darling, 1994 ）。与那些严厉地惩罚孩子的父母相比，对孩子的品行不端表现出失望的父母更能有效地激发孩子对自己的行为负责（ Krevans & Gibbs, 1996 ）。

权威型教养方式可以对青少年的自我意象起支持作用。对 8 700 名美国高中生的问卷调查显示，“青少年知觉到的来自父母的卷入程度越高、给予的自主权和自我空间越多，他们对自己的一般行为、心理社会的发展和心理健康状况的评价就会越积极（ Gray & Steinberg, 1999, p.584 ）。如果青少年认为父母试图主宰他们的心理体验，

当共同追求同一目标时，父母与青少年子女之间的沟通就会更顺畅自然。用传统的方式磨玉米使得这对纳瓦霍*母女的联系更加紧密。大部分青少年感觉与父母关系亲密，对父母抱有积极态度，希望获得父母赞同，在大事上持相似的价值观。

* 译者注：美国最大的印第安部落。

那么，他们就会比父母试图控制他们的行为时产生更多的情绪问题。那些父母坚持强制的行为准则的孩子比放任型父母的孩子更加自律，问题行为也更少。父母给予的心理自主权越多，青少年在学业和社会领域也越自信，能力也更强。他们希望自己成功，也相信自己一旦开始做一件事就一定能够做到。

家庭结构、母亲的职业和经济压力　现在，许多青少年所生活的家庭和几十年前的家庭有了很大差别。很多家庭像杰基·罗宾逊的家庭一样缺少父爱，很多父母都只是一种同居关系，还有很多母亲像杰基·罗宾逊的母亲一样需要外出工作。这些不同的家庭情况会对青少年产生哪些影响？

一项多种族研究对有单身的母亲的 12~13 岁儿童进行了调查，这些儿童早在 6~7 岁时就接受过一次调查。结果发现，单亲对孩子的学业成绩并没有消极影响，这些儿童出现问题行为的风险也不会增加。和其他研究结果一样，该研究显示，母亲的受教育水平和能力、家庭收入和家庭环境质量对儿童的影响最大（Ricciuti, 2004）。另一项追踪研究发现，和完整家庭的同伴相比，不论是男孩还是女孩，离异家庭的青少年在父母离异前都会表现出更多的学业问题、心理问题和行为问题（Sun, 2001）。

在第 10 章报告过的一项大型全美调查结果显示，生活在同居家庭中的青少年往往会比已婚家庭的青少年产生更多的行为和情绪问题；而且当同居父母一方不是亲生父母时，也会影响青少年对学校活动的参与度。与年幼儿童不同，对青少年来说，这些影响独立于经济来源、父母的幸福感或教养的有效性，这说明同居本身对青少年的影响要大于对年幼儿童的影响（Brown, 2004）。

母亲外出工作对孩子的影响可能取决于该家庭是否为单亲家庭。像玛丽·罗宾逊一样，通常单身母亲不得不外出工作以解决经济问题。母亲工作对青少年的影响取决于其他一些因素，如她和孩子共处的时间和精力有多少、她对孩子行踪的了解程度以及她给孩子树立了怎样的榜样（B. L. Barber & Eccles, 1992）。一项对来自低收入城市家庭的 819 名 10~14 岁青少年的追踪研究着重指出，青少年放学后所受到的照顾和监管非常重要。放学后独自在外的青少年往往会喝酒和吸毒，或者在学校胡作非为，尤其是那些以前曾有过问题行为史的青少年。但是，如果父母对孩子的行为进行监管，邻居也积极参与进来，那么青少年发生这些行为的可能性较小（Coley, Morris, & Hernandez, 2004）。

前面我们已经讨论过，很多单亲家庭的主要问题是经济拮据。有研究对七年级和八年级学生的单身母亲进行了调查，这些母亲都是非裔美国人，来自美国中东部一个正在经历制造业大规模裁员的城市。调查结果显示，失业的母亲，尤其是其中没有外部援助和支持的母亲，往往会变得抑郁；而情绪抑郁的母亲通常会对自己作为母亲的角色产生消极的认识，并对孩子实施严厉的惩罚。认为自己和母亲关系恶化的青少年往往也会变得抑郁，并在学校生活中出现适应困难（McLoyd, Jayaratne, Ceballo, & Borquez, 1994）。另一项研究对 378 个美国白人双亲家庭进行了调查，这些家庭都来自爱荷华州一个偏远的经济衰退地区，研究结果显示了和前一项研究相似的模式。父母的抑郁和婚姻冲突会使青少年和父母之间的财政冲突进一步加剧，进而增加青少年出现行为问题的风险（R. C. Conger et al., 1994）。

学习检查站
你能否……
- ✓ 确定哪些因素会影响青少年和父母之间的冲突?
- ✓ 就教养方式、婚姻状况、母亲职业和经济压力对青少年的影响进行讨论?

另一方面，很多经济拮据家庭的青少年可以从累积的社会资本，即来自亲属和社区的支持中获益。有研究调查了美国某城市 51 个贫穷的非裔美国家庭，在这些家庭中，青少年和母亲、祖母或姨妈一起生活。调查结果显示，那些有着强大亲属网络的女性对孩子的监管更严，但同时也会给予孩子适当的自主权。这些孩子更加独立自主，问题行为也较少（R. D. Taylor & Roberts, 1995）。

当弟弟妹妹接近或进入青少年期后，兄弟姐妹间的关系会变得更平等，相对的年龄差异会逐渐缩小。尽管如此，这位妹妹仍仰视自己的姐姐，试图模仿姐姐。

青少年与兄弟姐妹

青少年和兄弟姐妹的关系比与父母、朋友的关系都疏远，受兄弟姐妹的影响也更小，而且在整个青少年期，他们和兄弟姐妹的关系会越来越疏远（Laursen, 1996）。兄弟姐妹关系的变化可能远远超过青少年和父母关系的变化：年幼者变得更加独立，年长者的权威性降低。随着儿童进入高中，他们和兄弟姐妹的关系逐渐变得更加平等。哥哥姐姐对弟弟妹妹的操控减少，而弟弟妹妹也不再需要那些监管。随着相对年龄差距的缩小，兄弟姐妹之间能力和独立性的差距也在减小（Brhrmester & Furman, 1990）。

兄弟姐妹中年幼者和年长者往往会对彼此关系的变化有不同的感受。随着弟弟妹妹的长大，哥哥姐姐可能会把这个全新的过分自信的弟弟妹妹看作是烦人的讨厌鬼。而弟弟妹妹则仍然会仰视自己的哥哥姐姐，就像杰基·罗宾逊对哥哥麦克一样，并通过认同和效仿哥哥姐姐来努力让自己感觉更加成熟（Burhrmester & Furman, 1990）。

青少年与同伴

正如杰基·罗宾逊所说，青少年与同伴的关系越来越密切，这既是他们面临青少年期各种复杂变化时获得情感支持的重要来源，同时也是使他们遭受父母指责的压力根源。同伴团体是青少年获得情感、同理心、理解和道德指引的来源；是他们自由实践的场所；也是他们脱离父母实现独立自主的后盾。在同伴团体中，青少年可以建立自己的亲密关系，这种亲密关系是对成人亲密关系的一种“演习”（Buhrmester, 1996; Gecas & Seff, 1990; Laursen, 1996）。

同伴的影响在青少年早期最大，一般在 12~13 岁达到顶点；到青少年中后期，随着青少年和父母的关系重新达成协议，同伴影响会逐渐降低。青少年早期对同伴

我思我秀

- 如果你有兄弟姐妹，在青少年期，你和他们的关系是否发生了变化?

同伴团体是青少年期重要的情感支持来源之一。青少年正在经历生理上的飞速变化，与有着相似变化的同伴在一起让他们感觉更舒服。

学习检查站

你能否……

✓ 描述兄弟姐妹的关系在青少年期通常会发生哪些变化?

的依恋并不会导致问题产生，除非这种依恋太过强烈，以至于青少年为了赢得同伴的赞许和欢迎而甘愿违背家庭规定、不想学习或放弃发展自己的才能（Fuligni et al., 2001）。

虽然在童年中期确实会有一些稍大点的团体开始出现，但童年期的多数同伴交往都是二元的或一对一的（参见第 10 章）。随着儿童步入青少年期，他们的同伴社交系统变得更加复杂。尽管青少年仍有一对一的友谊，但小团体变得更为重要，即由一起行动的朋友们组成的结构化的团体。第三种规模更大的团体是群体，一般在青少年后期才会出现。群体不以人际互动为基础，而是以名誉、形象或身份为基础。群体成员是一种社会建构，是一系列标签，通过这些标签，青少年以社区、种族、社会经济地位或其他因素为依据划分社会地图。这三种水平的同伴团体可能会同时存在，有些成员身份可能还会重叠，团体成员会随时间的变化而发生变化（Brown & Klute, 2003）。

友　谊　友谊是同伴关系中研究最广泛的一个主题。友谊的强度和重要性以及和朋友共度的时间在青少年期可能要超过一生中的其他任何阶段。总体来说，友谊通常会变得更互利、更平等、也更稳定，缺乏这些特征的友谊会失去价值或被抛弃。青少年往往会选择同性别、同民族 / 种族或其他方面和自己相似的人作为朋友。朋友之间也会相互影响，尤其是在危险行为或问题行为方面，有朋友吸烟的青少年更可能会吸烟（Brown & Klute, 2003）。朋友间通常会有相似的学习态度和学业成绩，他们的物质使用水平尤为相似（Hamm, 2000）。但是，这些相关可能高估了朋友对危险行为的影响。引导朋友间做出相互选择的品质会推动他们沿着独立但又平行的道路发展。有研究对 1 700 对青少年朋友进行了为期 1 年的追踪，结果显示，通过控制这些选择效应后，同伴对青少年酗酒和性行为的影响微乎其微（Jaccard, Blanton, & Dodge, 2005）。

强调亲密、忠诚和分享标志着青少年的友谊开始向成人的友谊转变。青少年开始更多地依赖朋友（而不是父母）获得亲密感和支持，他们也会比年幼时更多地分享彼此的秘密（Berndt & Perry, 1990; Buhrmester, 1990, 1996; Hartup & Stevens, 1999; Laursen, 1996）。女孩间的友谊往往比男孩间的更亲密，她们会经常分享彼此的秘密（Brown & Klute, 2003）。从青少年早期到中期，青少年和同性朋友的亲密程度增加；此后，随着和异性亲密程度的增加，同性朋友间的亲密度会降低（Laursen, 1996）。

青少年日渐亲密的友谊反映出他们认知和情感的发展。现在青少年能够更好地表达自己的想法和感受。他们更善于考虑他人的观点，因此可以更好地理解朋友的想法和感受。亲密度的增加反映出青少年早期个体对自我了解的关注。对朋友的信任有助于青少年探索自己的情感、定义他们的同一性和证明他们的自我价值。友谊为青少年提供了一块安全基地，在那里他们可以大胆表达自己的观点，承认自己的弱点，并在遇到问题时寻求帮助（Buhrmester, 1996）。

发展亲密关系的能力与心理社会的适应能力和社交能力相关。拥有亲密、稳定、支持性友谊的青少年一般都对自己评价较高，在校表现良好，待人友善，不会表现出敌意、焦虑或抑郁情绪（Berndt & perry, 1990; Buhrmester, 1990; Hartup & Stevens, 1999）；他们和父母的关系往往也非常紧密（Brown & Klute, 2003）。亲密关系和适应性之间存在相互作用：良好的关系可以促进个体更好的适应；而适应良好又会反过来促进朋友之间的友谊。

社交研究中被界定为*被拒绝或被忽视*的青少年，从小学进入初中，再从初中进入高中的过渡尤其困难（Hatzichristou & Hopf, 1996; 参见第 10 章）。要避免这些青少年遭到社会拒绝，对他们来说，亲密的支持性友谊非常重要（Brown & Klute, 2003）。

小团体　童年期也可能存在一些小团体，但小团体是青少年早期更加突出的交际特点。作为一种扩大的朋友圈，小团体通常由同龄的、同性别和同种族的青少年构成。但是，小团体的成员往往不仅仅以个人间的相似性为基础，还会以个体的受欢迎性或社会地位为基础。一个人可能同时属于多个小团体，也可能不属于任何一个；一个小团体的成员可能稳定，也可能经常变动。在任一特定时间，青少年都可能是某一小团体中的一员，他（她）的所有关系几乎都在这个团体内；有些青少年与多个小团体都有联系，并帮助这些小团体相互之间建立联系，这些青少年称为*联络者*，也有一些青少年没有和任何公认的小团体建立联系，这些青少年称为*孤立者*。孤立者可能有一些朋友，但他们和任一小团体的联系都不足以成为其中的一员。在整个青少年期，联络者和孤立者的数量都会越来越多，从而形成一种更具流动性、更松散的联系结构（Brown & Klute, 2003）。

在青少年早期，小团体成员的关系：变动很大程度上是以身份为基础的，尤其是在女孩当中。地位最高的成员是公认的领导者，允许谁加入或要求谁离开所在的圈子都由她们最终决定。各个小团体本身会分出等级，地位较高的圈子是外人最想加入的，但同时也是对成员控制最严密的（Adler & Adler, 1995）。在青少年早期，这种社会控制会有所放松（Brown & Klute, 2003）。

这种小团体结构对外人来说似乎过于严格，但从“对个体从童年期进入青少年期后，其在团体中的优先权进行重新定位”的目的来说却非常有效。它直接传递了关于谁负责同伴社会系统（同伴而非成人）的信息，同时也提供了明确的信息：怎样在这个系统内混下去（Brown & Klute, 2003, p.341）。小团体结构也会对那些无法成功与同伴社会系统进行协调的个体造成情绪困扰（Brown & Klute, 2003）。

> **我思我秀**
>
> - 在青少年期，你是否属于某个小团体或群体的一员？如果是，它对你的社会关系和态度产生了怎样的影响？

群　体　伦纳德·伯恩斯坦的音乐剧《西区故事》非常生动地表现了青少年群体的力量。群体标签是对群体成员共同特点的认知指定，如社区（西区还是东区）、种族背景（波多黎各人还是意大利人）、同伴地位（势利小人还是无名之辈）、相似能力、

兴趣爱好或生活方式（脑力劳动者、运动员还是瘾君子）。不同群体的青少年用来描绘自己社会背景的具体类别可能会有所不同。

群体有利于实现一些目标。它有助于青少年建立同一性，并加强他们对种族团体或社会经济团体行为规范的遵守。正如《西区故事》中表现的那样，成为某群体的一员使得个体更容易和该群体中的同伴建立联系，而更难以和群体以外的人建立联系。和小圈子一样，群体中的从属关系通常也会随着青少年期的发展而越来越松散（Brown & Klute, 2003）。

恋爱关系 恋爱关系是大多数青少年社交领域的核心。这种关系会唤起强烈的情绪，既有积极情绪也有消极情绪。恋爱关系有助于青少年亲密感和同一性的发展。但不幸的是，由于恋爱关系可能涉及性接触，因此也可能带来怀孕和性传播疾病的风险，有时甚至是性侵犯的风险。恋爱关系的破裂是抑郁症和自杀的最强预测因素之一（Bouchey & Furman, 2003）。

进入青少年期，多数异性恋青少年开始更多地关注并和异性交往。一般他们会从以前的两性混合团体或团体约会转向一对一的恋爱关系。恋爱关系不同于异性间的友谊，其中涉及更多的激情和承诺感。同性恋或双性恋青少年由于无法建立可以分享自己性别取向的团体，所以他们在确定自己到底对哪种性别感兴趣时可能存在困难（Bouchey & Furman, 2003; Furman & Wehner, 1997）。

随着青少年的发展，恋爱关系往往会越来越强烈，越来越亲密（Bouchey & Furman, 2003）。这种发展可以用伴侣所扮演角色的变化来说明。恋人可以是依恋对象，在伤心时可以寻求安慰；可以是伙伴和朋友，投入亲密和情感，相互合作、相互帮助和相互照顾；也可以是获得性满足的来源。恋人可能符合以上角色中的一种或几种，而某一具体角色的相对重要性会随着年龄或关系的发展而发生变化（Ferman & Wehner, 1997）。

在青少年早期，青少年考虑的首要问题是恋爱关系会对自己在群体中的地位产生怎样的影响（Bouchey & Furman, 2003）。他们一般较少关注或根本不关注依恋需要或支持需要，他们对性需求的关注也仅限于如何进行性行为和进行哪种性行为（Bouchey & Furman, 2003; Furman & Wehner, 1997）。

> **学习检查站**
> 你能否……
> ✓ 列举青少年期同伴团体的功能？
> ✓ 讨论青少年的友谊、小圈子和群体的重要特点？
> ✓ 描述一下恋爱关系是如何发展变化的？

到青少年中期，多数青少年至少会有一个持续数月到一年左右的排他性的伴侣，此时选择伴侣对自己在同伴中地位的影响往往已经不太重要了（Furman & Wehner, 1997）。到 16 岁时，青少年和恋人的交往会超过与父母、朋友或兄弟姐妹间的交往，他们也会更多地考虑自己的恋人（Bouchey & Furman, 2003）。但是，直到青少年晚期或成年早期，恋爱关系才开始最大限度地满足各种情感需要，也只有相对长期的恋爱关系才可以满足这些情感需要（Furman & Wehner, 1997）。

青少年和父母、同伴的关系可能会影响他们的恋爱关系的质量（Bouchey & Furman, 2003）。青少年往往会根据自己以往的亲密关系来判断现在的恋情是否安全

（Furman & Wehner, 1997）。父母的婚姻或恋爱关系会成为青少年的榜样。多数恋爱关系都是在同伴团体中形成的，因此，同伴团体会影响青少年对伴侣的选择以及他们关系的发展方向。青少年可能会像对待朋友，尤其是异性朋友一样对待自己的恋人（Bouchey & Furman, 2003）。

青少年问题：反社会行为和青少年犯罪

学习指路标

7. 反社会行为和青少年犯罪的根本原因是什么？如何减少这些行为和其他的青少年期风险？

哪些因素会影响青少年是否参与暴力事件（见专栏 12-2）或做出各种反社会行为？“问题行为”是怎样逐渐升级为长期犯罪的？杰基·罗宾逊通过努力成功地避免了这一后果。决定一个少年犯长大后是否会成为惯犯的因素是什么？反社会倾向的发展进程是什么？什么样的干预最有效？为什么？所有这些问题的答案复杂多变，具有多面性，现在还未彻底解决（Rutter, 2003）。环境因素、遗传因素或生物学危险因素间的相互作用是有待进一步研究的相关主题之一。

成为罪犯：父母、同伴和社区之间如何相互影响　布朗芬布伦纳的生态系统理论认为，反社会行为受多水平互动因素的影响，从微观系统影响（如父母教养方式和同伴的越轨行为）到宏观系统影响（如社区结构和邻里间的社会支持）（Tolan, Gorman-Smith, & Henry, 2003）。这些影响因素早在童年期就开始互相交织形成一个网络。

通过对孩子的基本情感需要做出不同的反应，父母能塑造孩子的亲社会行为或反社会行为（Krevans & Gibbs, 1996; Staub, 1996）。反社会儿童的父母通常在儿童早期未对孩子的良好行为进行强化，而且他们对孩子不当行为的惩罚往往非常严厉或不一致（Coie & Dodge, 1998; Snyder, Cramer, Afrank, & Patterson, 2005）。这些父母往往认为孩子的不当行为是有意的（Snyder et al., 2005）。这样经过几年以后，父母可能根本没有深入地、积极地卷入孩子的生活（G. R. Patterson, DeBaryshe, & Ramsey, 1989）。孩子则形成反社会行为，因为当他们捣乱时会得到父母的关注或可以为所欲为。早期的这些消极模式为以后的消极同伴影响铺平了道路，而消极的同伴影响又会激发和强化反社会行为（Collins et al., 2000; B. B. Brown, Mounts, Lamborn, & Steinberg, 1993）。

遗传学研究已经发现，青少年对反社会同伴的选择主要受环境因素的影响（Iervolino et al., 2002）。青少年喜欢和与自己成长经历相似的同伴在一起，如相似的学习成绩、学校适应、亲社会或反社会倾向（Collins et al., 2000; B. B. Brown, Mounts, Lamborn, & Steinberg, 1993）。往往有问题行为的儿童在校表现也较差，他们一般都不和品行端正的同学交往。不受欢迎的、成绩差的和攻击性较强的儿童彼此相互吸引、互相影响做出更出格的不当行为（G. R. Patterson, Reid, & Dishion, 1992; Hartup, 1989, 1992, 1996a; Hartup & Stevens, 1999; Masten & Coatsworth, 1998; G. R. Patterson, Reid, & Dishion, 1992）。和童年期一样，反社会的青少年通常会交反社会的朋友，而

知识拓展

青少年暴力盛行

1999 年 4 月 20 日，18 岁的埃里克·哈里斯和 17 岁的戴伦·克勒伯德身穿黑色雨衣，携带一把步枪、一把半自动手枪、两把猎枪和 30 多颗自制炸弹，走进位于科罗拉多州利特尔顿市的科伦拜恩高中。随后一边大声狂笑和叫骂，一边向同学扫射，杀死 12 名同学和一名老师，然后开枪自杀。

“利特尔顿惨案”并非单一事件，但校园暴力也并不像人们通常认为的那么普遍。在 1993 年到 2003 年间，每年约有 7%~9% 的高中生报告曾在学校受到武器（枪、刀或棍棒）威胁或伤害（DeVoe et al., 2004）。从 1999 年 7 月 1 日到 2000 年 6 月 30 日，有 24 人在学校被杀，其中 16 人是儿童。尽管偶发的青少年杀人案可能会成为头条新闻，但更常见的还是强奸、抢劫和袭击等犯罪形式（Snyder, 2000）。从 1992 年到 2002 年间，发生在学校的、对 12~18 岁学生的暴力犯罪率下降了约一半，承认自己携带武器到学校的学生比例也降低了约一半（DeVoe et al, 2004）。

校园暴力并不是美国特有的现象。2004 年 6 月，日本某小学一名 11 岁的女生用刀杀死了自己 12 岁的同学，因为之前两人在网上聊天时曾发生过争吵。这一事件仅是近年来类似案件中的一件（“校园谋杀震惊日本”，2004）。世界卫生组织调查发现，美国青少年参与暴力事件的可能性并不比其他 4 个工业化国家（爱尔兰、以色列、葡萄牙和瑞典）高。在这 5 个国家的青少年中，40% 的人在过去几年曾偶尔参与打架，约 11% 的人曾携带过武器，还有约 15% 的人曾在打架中受伤（Smith-Khuri et al., 2004）。

在美国，枪械暴力是儿童和青少年的头号杀手。每年有 3 500 名青少年被杀，超过 150 000 名青少年从事暴力犯罪。美国黑人男性既是犯罪者，同时又是受害人（AAP Committee on Public Education, 2001a）。

为什么有些青少年会参与这类破坏性行为？原因之一是青少年的大脑，尤其是前额叶，尚未发育成熟，该脑区对做出判断和抑制冲动至关重要（参见第 11 章）。另一个原因是美国文化“把枪战传奇化”，在美国获得枪支非常容易（Weinberger, 2001, p.2）。

青少年暴力与校园中存在帮派有紧密的联系（NCES, 2003; “Youth Violence”, 2001）。对很多青少年来说，帮派能够满足他们一些未得到满足的需要，如同一性需要、交往需要和权利与控制感的需要。对于一些缺乏积极家庭关系的青少年来说，帮派就成了他们的替代家庭。帮派会促使青少年产生一种“我们对抗他们”的感觉。针对外人的暴力可以加强帮派内部的忠诚和支持（Staub, 1996）。

青少年暴力和反社会行为根源于童年期的经历。那些在小学时攻击性较强的儿童，尤其是男孩，进入青少年期后往往会出现暴力反社会行为（Broidy et al., 2003）。如果家庭氛围是拒绝性或强制性的，或过分放纵、混乱，

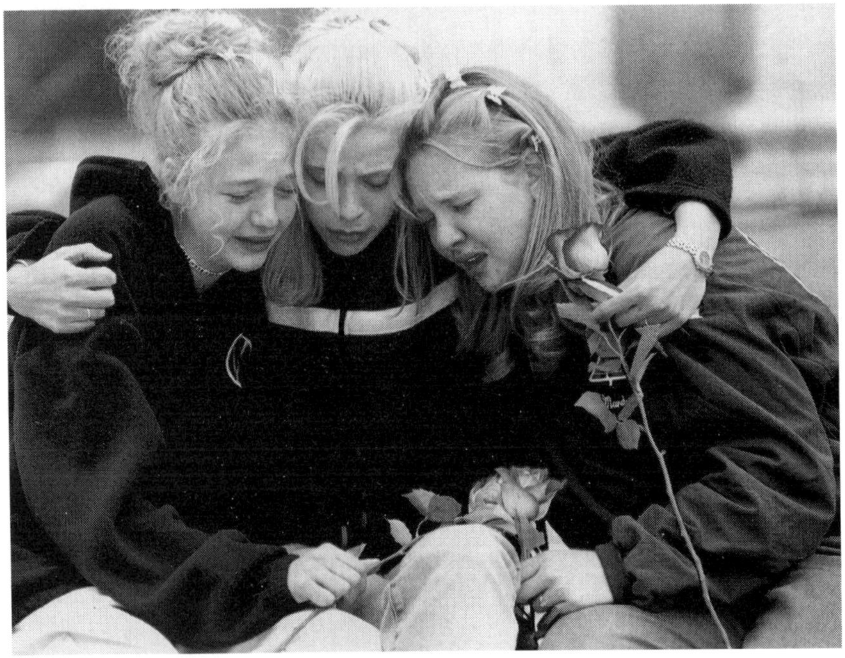

1999 年 4 月 20 日，科罗拉多州利特尔顿市的科伦拜恩高中发生连环枪杀案，这几名 16 岁的女孩在为受害者守夜的同时相互安慰着。该案件以及其他校园枪击案是所谓的青少年暴力盛行的一部分。

成长于这类家庭的儿童通常会表现出攻击性行为，而由他们挑起的来自他人的敌意又会增加他们的攻击性。这些儿童的消极自我意象会妨碍他们在学校的成绩和其他建设性兴趣的培养，他们的交往对象通常是一些会强化其反社会态度和反社会行为的同伴（Staub, 1996）。有些贫穷的、不稳定的市内社区的犯罪率很高，且社区卷入和邻里间的支持较低，生活在这些社区的男孩最有可能参与暴力行为（Tolan et al., 2003）；但科伦拜恩高中枪杀案表明，即便是郊区学校的中产阶级学生也不能避免暴力。

如果青少年曾经目击过暴力，或者成为社区暴力的受害者，或者暴露于媒体暴力之中，那么这些青少年就更可能出现问题行为，如打架和破坏行为（Pearce, Jones, Schwab-Stone, & Ruchkin, 2003; Strasburger & Donnerstein, 1999）。就像前面第 10 章讨论过的，儿童频繁接触媒体暴力可能导致其产生攻击行为，青少年也不例外（Johnson, Cohen, Smailes, Kasen, & Brook, 2002）。宗教信仰和父母监管可以减弱暴露于暴力环境所带来的消极影响（Pearce et al., 2003）。

心理学家指出了一些潜在的预警信号。可能参与暴力事件的青少年通常具有以下特点：不听父母和老师的话，忽视他人的感受和权利，虐待他人，依靠暴力或威胁来解决问题，认为生活对他们不公平。他们通常在校表现不好，经常旷课或逃学，成绩落后，或休学、辍学，被人欺负，喝酒、使用吸入剂和/或毒品，过早开始性行为，加入不良帮派，打架、偷窃或破坏他人财物（APA & AAP, 1996; Resnick et al., 1997; Smith-Khuri et al., 2004;“Youth Violence”，2001）。哈里斯和克勒伯德就表现出了其中一些特点。

美国卫生总署的一次报告对一些关于青少年暴力的误区或刻板印象提出了挑战（“Youth Violence”，2001；见下表）。其中最糟的是“我们没有办法预防和应对暴力行为”。基于学校的、旨在通过提高社会竞争力、情绪意识和控制来预防暴力行为的计划取得了一些成效（Henrich, Brown, & Aber, 1999）。不幸的是，在数百项计划中有大约一半在严格的评估中未达标。德克萨斯州加尔维斯敦的一项计划针对具体的风险因素进行干预，该计划使得青少年犯罪入狱率有所降低（Thomas, Holzer, & Wall, 2002）。

我思我秀

你认为控制青少年暴力的最有效方法是什么？

课外链接

如需更多关于这一主题的信息，可登录 http://www.searchinstitute.org。该机构致力于通过提供“发展资源”，创设健康社区来“培养有爱心的有责任感的儿童和青少年”。

关于青少年暴力的五个认识误区

误区	事实
多数罪犯都能在童年早期被识别出来。	行为不端或有越轨行为的儿童并不一定会发展成为暴力青少年。
非裔和西班牙裔美国青少年比其他种族的青少年更可能参与暴力事件。	尽管入狱率存在一些差异，但自我报告表明，民族和种族对非致命的暴力行为所占比例的影响很小。
存在一种新的“超级掠夺者”，这些掠夺者在 20 世纪 90 年代进入青少年期，他们会对美国造成威胁，让美国成为空前的暴力地带。	并没有证据表明，在 20 世纪 90 年代的暴力高峰期曾卷入暴力事件的青少年比以前的青少年有更多的暴力行为或更狠毒。
把少年犯送上严格的成人刑事法庭进行审判可以减少他们再次暴力犯罪的可能。	成人法庭审判的少年犯再次犯罪和犯重罪的比例显著高于少年法庭审判的少年犯。
大多数有暴力行为的青少年最后都会因暴力犯罪而入狱。	大多数曾有过暴力行为的青少年不会因为暴力犯罪被捕。

资料来源：基于“Youth Violence”的数据，2001。

且和这些朋友的接触会增加青少年的反社会行为（Dishion, McCord, & Poulin, 1999; Hartup & Stevens, 1999; Vitaro, Tremblay, Kerr, Pagani, & Bukowski, 1997）。反社会青少年的谈笑方式，或者违纪后的自鸣得意和彼此间的心照不宣的点头似乎源于某种“非常规训练”（Dishion et al., 1999）。这些“问题孩子”继而导致父母无效的教养行为，这些教养行为可以预测青少年的犯罪行为以及他们与脱轨同伴团体间的联系（Simons, Chao, Conger, & Elder, 2001; Tolan et al., 2003）。

权威型教养方式有助于青少年对一些标准进行内化，这些标准可以使他们免受消极同伴的影响，并接受积极的同伴影响（Collins et al., 2000; Mounts & Steinberg, 1995）。良好的教养方式可以通过阻止孩子接触不良同伴，从而减少犯罪（Simons et al., 2001）。就像我们前面已经讨论过的，如果父母知道孩子在哪里、在干什么，那么青少年参与犯罪行为（Laird, Pettit, Bates, & Dodge, 2003）或接触不良同伴的可能性就较小（Lloyd & Anthony, 2003）。

家庭环境也会影响个体反社会行为的发展。持续的经济贫困会剥夺家庭的社会资本，从而使得健全的教养受到破坏。贫困家庭的儿童比其他儿童更可能做出反社会行为，那些家庭持续贫困的儿童往往会变得越来越反社会。如果一个家庭在孩子幼年时能够摆脱贫困，那么这个孩子出现问题行为的可能性并不会比家境一直不错的孩子高（Macmillan, McMorris, & Kruttschnitt, 2004）。

我思我秀

- 社会该如何解决青少年犯罪问题？

集体效能是指社区内的社会联系强度及居民间相互监管孩子的程度，它会对青少年的不良行为产生影响（Sampson, 1997）。将父母教养和集体效能结合起来，能有效阻止青少年结交不良同伴（Brody et al., 2001）。

这个已有犯罪前科的街头帮派成员是否会成为一名惯犯？没有找到积极替代方式的青少年很可能会终生采取反社会的生活方式。早期受到反社会影响的男孩持续表现出反社会行为的可能性最大。父母教养方式严厉或不一致、接触不良群体或居住社区混乱，这些因素相互交织，导致青少年产生反社会行为。

长远展望 即便不是大多数，也有相当数量的青少年像杰基·罗宾逊和他的朋友们一样，在某段时间表现出反社会行为，甚至是暴力行为。在这些青少年当中，绝大多数人成年后并没有再犯罪，而是抑制了自己“放荡不羁”的强烈欲望（Kosterman, Graham, Hawkins, Catalano, & Herrenkohl, 2001; Moffitt, 1993）。

青少年犯罪的高峰出现在 15 岁左右，而后随着多数青少年与其家人就其坚持独立的需要达成协议，他们的犯罪率会有所降低。但是，有些青少年没有找到积极的替代方式，这些青少年更可能终生都采取反社会的生活方式（Elliott, 1993）。早期受到反社会影响的男孩最可能一直表现出暴力行为。而早期学习成绩良好的男孩和女孩以及早期表现出亲社会发展的女孩则最不可能持续表现出暴力行为（Kosterman et al., 2001）。由于青少年的人格仍处于不断的发展变化中，因此，很多发展心理学家谴责当前把少年犯由青少年法庭系统转向刑事法庭的做法，因为前者的目的是纠正青少年的犯罪行为，而后者则是把青少年像成人一样进行审判（Steinberg, 2000; Steinberg & Scott, 2003）。

预防和应对犯罪　因为青少年犯罪根源于童年期，所以消除各种导致犯罪的因素，预防犯罪的努力也应该从童年期开始。曾经参加过童年期干预计划的青少年，惹麻烦的可能性小于那些未参加过干预计划的同伴（Yoshikawa, 1994; Zigler, Taussig, & Black, 1992）。针对城市的高危儿童，在儿童 5 岁前持续至少 2 年的干预计划最为有效。这些计划对儿童既有直接影响，又有间接影响。直接影响是通过高质量的日常照料和教育发挥作用，间接影响则是根据各个家庭的需要分别提供援助和支持（Berrueta-Clement et al., 1985; Berrueta-Clement, Schweinhart, Barnett, & Weikart, 1987; Schweinhart et al., 1993; Seitz, 1990; Yoshikawa, 1994; Zigler et al., 1992）。

这些干预计划通过影响家庭和学校或托儿所之间的互动来改变布朗芬布伦纳所谓的“中观系统”。此外，这些计划还更进一步涉及“外层系统”，通过创设支持性的父母网络和教育、职业咨询来发挥作用（Yoshikawa, 1994; Zigler et al., 1992）。通过这种多管齐下的方法，这些干预计划能减少影响青少年犯罪的一些早期危险因素。

芝加哥亲子中心开展了一项针对芝加哥公立学校处境不利儿童的学前计划，该计划会为孩子提供追踪服务，一直持续到 9 岁。在这些儿童 20 岁时对其进行研究发现，他们的受教育水平和社会成就都高于较少参加早期干预的对照组儿童，而且他们犯罪的比率也低于对照组（Reynolds et al., 2001）。

儿童一旦进入青少年期，尤其是当他们生活在一些犯罪猖獗的贫困社区时，干预的重点就需要放在甄别问题青少年上面，并通过提高父母教养技能和社区社会支持来预防这些青少年加入不良团伙（Tolan et al., 2003）。放学后、周末晚上和夏天是青少年最可能闲逛并惹麻烦的时候，此时成人的监督能够减少孩子暴露于一些鼓励反社会行为的高危环境中。就像杰基·罗宾逊的经历所显示的一样，让青少年在空闲时间参加一些有建设性的活动能够获得远期收益（Larson, 1998）。通常，参加课外活动可以降低高危青少年的辍学率和犯罪入狱率（Mahoney, 2000）。

“教会青少年互相帮助”（EQUIP）是一项综合干预计划，是一种在成人指导下的日常同伴支持团体。同伴间互相帮助学习如何管理自己的愤怒情绪，如何进行道德决策，并学习一些社交技巧（Gibbs, Potter, Barriga, & Liau, 1996; Gibbs, Potter, Goldstein, & Brendtro, 1998）。对一个短期轻犯教养所的 57 名男性少年犯进行研究发现，和没有参加培训的控制组相比，参加过 EQUIP 的少年犯在服刑期间的行为有显著改善，而且他们在出狱后一年内再次犯罪的比例也低于控制组（Leeman, Gibbs, & Fuller, 1993）。

大多数青少年并不会表现出非常严重的问题，这是值得庆幸的。对那些行为不当的青少年，我们可以，也应该给予帮助。有他人的关爱、引导和支持，青少年更能规避风险，依靠自己的力量去探索即将到来的成年生活中的各种可能性。

学习检查站
你能否……

- ✓ 解释父母、同伴和社区的影响是怎样相互作用导致青少年的反社会行为和犯罪的?
- ✓ 列举一些在预防或阻止青少年犯罪和其他危险行为方面取得成功的干预计划?

重新聚焦

回想一下本章开始部分在焦点人物中关于杰基·罗宾逊的故事：

- 有什么证据表明杰基·罗宾逊可能已经通过了埃里克森所说的同一性对同一性混乱的阶段?
- 关于一般同一性和种族同一性，那时的罗宾逊处于哪种同一性状态？
- 罗宾逊与母亲和同伴的关系是否和本章报告的研究结果一致?
- 你认为罗宾逊是否表现出了青春期叛逆?
- 基于本章所提供的材料，你觉得罗宾逊为什么最终没有成为一个彻底的少年犯?

生命早期正常的发展变化是显而易见又富有戏剧性的。襁褓中的婴儿成长为一个积极探索蹒跚学步的幼儿；儿童进入并拥抱学校和社会；青少年拥有了全新的身体和意识，为进入成年期做好了准备。

青少年期以后的发展变化并不会戛然而止。正如我们将在本书其余章节讲到的一样，从成年早期、中期直到晚期，个体都会在各个方面不断发展变化。

小 结

探索同一性

学习指路标 1：青少年如何形成同一性?

- 青少年期的焦点是探索同一性，其中包括职业、性别和价值观等方面。埃里克森将青少年期的心理社会冲突描述为同一性对同一性混乱。在这一冲突中应该形成忠诚的“美德”。
- 詹姆斯·玛西亚在埃里克森理论的基础上进行研究，描述了 4 种同一性状态：同一性获得、早闭、延缓和扩散。
- 关于男女是否会遵循不同的路线来发展同一性的问题，不同研究者之间存在分歧。尽管有研究指出女孩的自尊在青少年期往往会降低，但后来的研究并没有支持这一结论。
- 种族是同一性的重要组成部分。少数民族青少年经历的民族认同发展阶段似乎更接近于玛西亚的同一性状态。

性

学习指路标 2：什么决定了性取向？个体是如何意识到自己的性别认同的?

- 性取向似乎受生物因素和环境因素的交互影响，至少部分是由遗传决定的。
- 在不同的群体、性别或种族中，个体的同性恋认同及同性恋关系的建立过程可能存在差异。

学习指路标 3：青少年中普遍存在的性行为有哪些？导致一些青少年出现危险性行为的原因是什么?

- 青少年性行为比过去更常见，但这些行为存在怀孕和性传播疾病的风险。过早开始性行为、有多个性伴侣、不使用避孕药具且缺乏正确的性知识的青少年是其中的高危人群。

- 经常使用安全套对于性活跃的青少年来说是最有效的安全措施。
- 综合的性教育计划可以推迟青少年发生首次性行为的时间，并鼓励他们使用避孕药具。而单纯的禁欲计划则收效甚微。

学习指路标 4：性传播疾病和少女怀孕发生的普遍程度如何？通常的结果是什么？

- 美国是工业化国家中性传播疾病发生率最高的国家之一。性传播疾病可以通过口交和性交进行传播。女孩更可能被传染性传播疾病，却不易觉察。
- 美国的少女怀孕率和生育率有所降低。少女怀孕所生的孩子长大后大多数会再成为未婚少女妈妈。
- 少女生育孩子通常都会导致消极后果。青少年母亲及家人往往健康状况较差，经济困难，所生的孩子常常得不到较好的养育。

与家人、同伴和成人社会的关系

学习指路标 5：青春期叛逆普遍存在吗？

- 尽管青少年和父母的关系并不和谐，但彻底的青春期叛逆也并不常见。对大多数青少年来说，青春期是比较平稳的一个过渡阶段。对于问题比较严重的少数青少年来说，青春期叛逆可以预测他们成年后的问题。

学习指路标 6：青少年与父母、兄弟姐妹及同伴的关系如何？

- 青少年和同伴在一起的时间会越来越多，但他们和父母的关系仍然很重要。
- 青少年和父母的冲突通常在青少年早期最频繁，到青少年中期则最激烈。权威型教养方式与最积极的结果相关。
- 父母离异、单亲或母亲外出工作对青少年发展的影响取决于经济资源、家庭环境质量以及父母对青少年行踪的监管程度等因素。同居父母对青少年的消极影响似乎比对年幼儿童的影响更大。
- 青少年与兄弟姐妹的关系在青少年期往往会更加疏远，年幼者和年长者之间的权力平衡会变得更加平等。
- 同伴团体的影响在青少年早期最为强大。同伴团体的结构变得更加复杂，包括小圈子、群体和友谊。
- 友谊，尤其是女孩间的友谊，在青少年期会更亲密、更稳定和更具支持性。
- 浪漫关系可以满足多种需要，并且这种关系会随着年龄的增长和经历的增加而发生变化。

学习指路标 7：反社会行为和青少年犯罪的根本原因是什么？如何减少这些行为和其他的青少年期的风险？

- 长期犯罪与多种风险因素的相互作用有关，其中包括父母不良的教养方式、学业失败、同伴影响和低社会经济地位等。针对这些风险因素进行早期干预的计划已经取得了一些成效。

专业术语表

加速

acceleration Approach to educating the gifted that moves them through the curriculum at an unusually rapid pace.

顺应

accommodation Piaget's term for changes in a cognitive structure to include new information.

获得性免疫缺陷综合征（AIDS）

acquired immune deficiency syndrome (AIDS) Viral disease that undermines effective functioning of the immune system.

积极参与

active engagement Personal involvement in schooling, work, family life, or other activity.

急性疾病

acute medical conditions Illnesses that last a short time.

适应

adaptation Piaget's term for adjustment to new information about the environment.

青少年期

adolescence Developmental transition between childhood and adulthood entailing major physical, cognitive, and psychosocial changes.

青春期发育突进

adolescent growth spurt Sharp increase in height and weight that precedes sexual maturity.

青春期叛逆

adolescent rebellion Pattern of emotional turmoil, characteristic of a minority of adolescents, which may involve conflict with family, alienation from adult society, reckless behavior, and rejection of adult values.

可用性

affordances In the Gibsons' ecological theory of perception, the fit between a person's physical attributes and capabilities and characteristics of the environment.

等位基因

alleles Two or more alternative forms of a gene that can occupy the same position on paired chromosomes and affect the same trait.

利他主义

altruism Behavior intended to help others out of inner concern and without expectation of external reward; may involve self-denial or self-sacrifice.

矛盾型（抗拒型）依恋

ambivalent (resistant) attachment Pattern in which an infant becomes anxious before the primary caregiver leaves, is extremely upset during his or her absence, and both seeks and resists contact on his or her return.

泛灵论

animism Tendency to attribute life to objects that are not alive.

神经性厌食症

anorexia nervosa Eating disorder characterized by self-starvation.

缺氧症

anoxia Lack of oxygen, which may cause brain damage.

阿普加量表

Apgar scale Standard measurement of a newborn's condition; it assesses appearance, pulse, grimace, activity, and respiration.

艺术疗法

art therapy Therapeutic approach that allows a person to express troubled feelings without words, using a variety of art materials and media.

同化

assimilation Piaget's term for incorporation of new information into an existing cognitive structure.

哮喘

asthma A chronic respiratory disease characterized by sudden attacks of coughing, wheezing, and difficulty in breathing.

依恋

attachment Reciprocal, enduring tie between two people, especially between infant and caregiver, each of whom contributes to the quality of the relationship.

注意力缺陷/多动症
attention-deficit/hyperactivity disorder (ADHD) Syndrome characterized by persistent inattention and distractibility, impulsivity, low tolerance for frustration, and inappropriate overactivity.

专制型
authoritarian In Baumrind's terminology, parenting style emphasizing control and obedience.

权威型
authoritative In Baumrind's terminology, parenting style blending respect for a child's individuality with an effort to instill social values.

自闭症
autism Pervasive developmental disorder of the brain, characterized by lack of normal social interaction, impaired communication and imagination, and a highly restricted range of activities and interests.

自传体记忆
autobiographical memory Memory of specific events in one's own life.

自主对羞愧和怀疑
autonomy versus shame and doubt Erikson's second stage in psychosocial development, in which children achieve a balance between self-determination and control by others.

常染色体
autosomes In humans, the 22 pairs of chromosomes not related to sexual differentiation.

回避型依恋
avoidant attachment Pattern in which an infant rarely cries when separated from the primary caregiver and avoids contact upon his or her return.

基本信任对基本不信任
basic trust versus basic mistrust Erikson's first crisis in psychosocial development, in which infants develop a sense of the reliability of people and objects.

贝雷婴儿发展量表
Bayley Scales of Infant Development Standardized test of infants' development.

行为治疗
behavior therapy Therapeutic approach using principles of learning theory to encourage desired behaviors or eliminate undesired ones; also called *behavior modification.*

行为遗传学
behavioral genetics Quantitative study of relative hereditary and environmental influences on behavior.

行为主义
behaviorism Learning theory that emphasizes the predictable role of environment in causing observable behavior.

行为主义的方法
behaviorist approach Approach to the study of cognitive development that is concerned with basic mechanics of learning.

双语使用者
bilingual Fluent in two languages.

双语教学
bilingual education System of teaching non–English-speaking children in their native language while they learn English, and later switching to all-English instruction.

生态学理论
bioecological theory Bronfenbrenner's approach to understanding processes and contexts of human development.

产伤
birth trauma Injury to newborn sustained at the time of birth.

身体意象
body image Descriptive and evaluative beliefs about one's appearance.

脑的发育加速期
brain growth spurts Periods of rapid brain growth and development.

布氏新生儿行为评价量表（NBAS）
Brazelton Neonatal Behavioral Assessment Scale (NBAS) Neurological and behavioral test to measure neonate's responses to the environment.

神经性贪食症
bulimia nervosa Eating disorder in which a person regularly eats huge quantities of food and then purges the body by laxatives, induced vomiting, fasting, or excessive exercise.

欺负
bullying Aggression deliberately and persistently directed against a particular target, or victim, typically one who is weak, vulnerable, and defenseless.

定型化
canalization Limitation on variance of expression of certain inherited characteristics.

个案研究
case study Study of a single subject, such as an individual or family.

细胞死亡
cell death In brain development, the normal elimination of excess brain cells to achieve more efficient functioning.

中央执行
central executive In Baddeley's model, element of working memory that controls the processing of information.

中枢神经系统
central nervous system Brain and spinal cord.

中心化
centration In Piaget's theory, tendency of preoperational children to focus on one aspect of a situation and neglect others.

头尾原则
cephalocaudal principle Principle that development proceeds in a head-to-tail direction; that is, that upper parts of the body develop before lower parts of the trunk.

剖腹产
cesarean delivery Delivery of a baby by surgical removal from the uterus.

儿化语（CDS）
child-directed speech (CDS) Form of speech often used in talking to babies or toddlers; includes slow, simplified speech, a high-pitched tone, exaggerated vowel sounds, short words and sentences, and much repetition; also called *parentese.*

儿童抑郁症
childhood depression Mood disorder characterized by such symptoms as a prolonged sense of friendlessness, inability to have fun or concentrate, fatigue, extreme activity or apathy, feelings of worthlessness, weight change, physical complaints, and thoughts of death or suicide.

染色体
chromosomes Coils of DNA that consist of genes.

慢性疾病
chronic medical conditions Illnesses or impairments that persist for at least 3 months.

时序系统
chronosystem Bronfenbrenner's term for effects of time on other developmental systems.

循环反应
circular reactions Piaget's term for processes by which an infant learns to reproduce desired occurrences originally discovered by chance.

类包含
class inclusion Understanding of the relationship between a whole and its parts.

经典条件作用
classical conditioning Learning based on association of a stimulus that does not ordinarily elicit a particular response with another stimulus that does elicit the response.

语码混用
code mixing Use of elements of two languages, sometimes in the same utterance, by young children in households where both languages are spoken.

语码转换
code switching Changing one's speech to match the situation, as in people who are bilingual.

认知发展
cognitive development Pattern of change in mental abilities, such as learning, attention, memory, language, thinking, reasoning, and creativity.

认知神经科学的方法
cognitive neuroscience approach Approach to the study of cognitive development that links brain processes with cognitive ones.

认知神经科学
cognitive neuroscience Study of links between neural processes and cognitive abilities.

认知理论
cognitive perspective View that thought processes are central to cognitive development.

认知发展阶段理论
cognitive-stage theory Piaget's theory that children's cognitive development advances in a series of four stages involving qualitatively distinct types of mental operations.

同辈
cohort A group of people born at about the same time.

承诺
commitment Marcia's term for personal investment in an occupation or system of beliefs.

约束性顺从
committed compliance Kochanska's term for wholehearted obedience of a parent's orders without reminders or lapses.

成分元素
componential element Sternberg's term for the analytic aspect of intelligence.

概念性知识
conceptual knowledge Acquired interpretive understandings stored in long-term memory.

一致
concordant Term describing tendency of twins to share the same trait or disorder.

具体运算
concrete operations Third stage of Piagetian cognitive development (approximately from ages 7 to 12), during which children develop logical but not abstract thinking.

品行障碍（CD）
conduct disorder (CD) Repetitive, persistent pattern of aggressive, antisocial behavior violating societal norms or the rights of others.

良心
conscience Internal standards of behavior, which usually control one's conduct and produce emotional discomfort when violated.

守恒
conservation Piaget's term for awareness that two objects that are equal according to a certain measure remain equal in the face of perceptual alteration so long as nothing has been added to or taken away from either object.

建构性游戏
constructive play Play involving use of objects or materials to make something.

情境元素
contextual element Sternberg's term for the practical aspect of intelligence.

情境理论
contextual perspective View of human development that sees the individual as inseparable from the social context.

控制组
control group In an experiment, a group of people, similar to those in the experimental group, who do not receive the treatment under study.

习俗道德
conventional morality (or morality of conventional role conformity) Second level in Kohlberg's theory of moral reasoning in which standards of authority figures are internalized.

聚合思维
convergent thinking Thinking aimed at finding the one right answer to a problem.

共同约束
coregulation Transitional stage in the control of behavior in which parents exercise general supervision and children exercise moment-to-moment self-regulation.

体罚
corporal punishment Use of physical force with the intention of causing pain but not injury so as to correct or control behavior.

相关研究
correlational study Research design intended to discover whether a statistical relationship between variables exists.

创造力
creativity Ability to see situations in a new way, to produce innovations, or to discern previously unidentified problems and find novel solutions.

危机
crisis Marcia's term for period of conscious decision making related to identity formation.

关键期
critical period Specific time when a given event or its absence has the greatest impact on development.

跨通道迁移
cross-modal transfer Ability to use information gained by one sense to guide another.

横断研究
cross-sectional study Study designed to assess age-related differences, in which people of different ages are assessed on one occasion.

文化偏见
cultural bias Tendency of intelligence tests to include items calling for knowledge or skills more familiar or meaningful to some cultural groups than to others.

文化
culture A society's or group's total way of life, including customs, traditions, beliefs, values, language, and physical products—all learned behavior passed on from parents to children.

文化公平
culture-fair Describing an intelligence test that deals with experiences common to various cultures, in an attempt to avoid cultural bias.

不受文化影响
culture-free Describing an intelligence test that, if it were possible to design, would have no culturally linked content.

文化相关
culture-relevant Describing an intelligence test that would draw on and adjust for culturally related content.

去中心化
decenter In Piaget's terminology, to think simultaneously about several aspects of a situation.

陈述性知识
declarative knowledge Acquired factual knowledge stored in long-term memory.

解码
decoding Process of phonetic analysis by which a printed word is converted to spoken form before retrieval from long-term memory.

演绎推理
deductive reasoning Type of logical reasoning that moves from a general premise about a class to a conclusion about a particular member or members of the class.

延迟模仿
deferred imitation Piaget's term for reproduction of an observed behavior after the passage of time by calling up a stored symbol of it.

丹佛发展筛选测验
Denver Developmental Screening Test Screening test given to children 1 month to 6 years old to determine whether they are developing normally.

脱氧核糖核酸（DNA）
deoxyribonucleic acid (DNA) Chemical that carries inherited instructions for the development of all cellular forms of life.

因变量
dependent variable In an experiment, the condition that may or may not change as a result of changes in the independent variable.

深度知觉
depth perception Ability to perceive objects and surfaces three-dimensionally.

分化
differentiation Process by which cells acquire specialized structure and function.

"困难型"儿童
"difficult" children Children with irritable temperament, irregular biological rhythms, and intense emotional responses.

训练
discipline Methods of molding children's character and of teaching them to exercise self-control and engage in acceptable behavior.

去习惯化
dishabituation Increase in responsiveness after presentation of a new stimulus.

无组织—无目标型依恋
disorganized-disoriented attachment Pattern in which an infant, after separation from the primary caregiver, shows contradictory behaviors upon his or her return.

发散思维
divergent thinking Thinking that produces a variety of fresh, diverse possibilities.

双卵性双胞胎
dizygotic twins Twins conceived by the union of two different ova (or a single ovum that has split) with two different sperm cells; also called *fraternal twins.*

显性遗传
dominant inheritance Pattern of inheritance in which, when a child receives different alleles, only the dominant one is expressed.

唐氏综合征
Down syndrome Chromosomal disorder characterized by moderate-to-severe mental retardation and by such physical signs as a downward sloping skinfold at the inner corners of the eyes.

药物治疗
drug therapy Administration of drugs to treat emotional or psychological disorders.

双重表征理论
dual representation hypothesis Proposal that children under the age of 3 have difficulty grasping spatial relationships because of the need to keep more than one mental representation in mind at the same time.

难语症
dyslexia Developmental disorder in which reading achievement is substantially lower than predicted by IQ or age.

早期干预
early intervention Systematic process of providing services to help families meet young children's developmental needs.

"容易型"儿童
"easy" children Children with a generally happy temperament, regular biological rhythms, and a readiness to accept new experiences.

生态知觉理论
ecological theory of perception Theory developed by Eleanor and James Gibson, which describes developing motor and perceptual abilities as interdependent parts of a

functional system that guides behavior in varying contexts.

自我中心主义
egocentrism Piaget's term for inability to consider another person's point of view; a characteristic of young children's thought.

精细加工
elaboration Mnemonic strategy of making mental associations involving items to be remembered.

胎心电子监护
electronic fetal monitoring Mechanical monitoring of fetal heartbeat during labor and delivery.

诱导模仿
elicited imitation Research method in which infants or toddlers are induced to imitate a specific series of actions they have seen but not necessarily done before.

胚胎期
embryonic stage Second stage of gestation (2 to 8 weeks), characterized by rapid growth and development of major body systems and organs.

早期读写能力
emergent literacy Preschoolers' development of skills, knowledge, and attitudes that underlie reading and writing.

情感虐待
emotional maltreatment Action or inaction that may cause behavioral, cognitive, emotional, or mental disorders.

情绪
emotions Subjective reactions to experience that are associated with physiological and behavioral changes.

同理心
empathy Ability to "put oneself in another person's place" and feel what the other person feels.

编码
encoding Process by which information is prepared for long-term storage and later retrieval.

全英语教学
English-immersion Approach to teaching English as a second language in which instruction is presented only in English.

充实
enrichment Approach to educating the gifted, which broadens and deepens knowledge and skills through extra activities, projects, field trips, or mentoring.

尿床
enuresis Repeated urination in clothing or in bed.

环境
environment Totality of nonhereditary, or experiential, influences on development.

情景记忆
episodic memory Long-term memory of specific experiences or events, linked to time and place.

平衡
equilibration Piaget's term for the tendency to seek a stable balance among cognitive elements.

种族曲解
ethnic gloss Overgeneralization about an ethnic or cultural group that obscures differences within the group.

种族群体
ethnic group A group united by ancestry, race, religion, language, and/or national origins, which contribute to a sense of shared identity.

人种志研究
ethnographic study In-depth study of a culture, which uses a combination of methods including participant observation.

习性学
ethology Study of distinctive adaptive behaviors of species of animals that have evolved to increase survival of the species.

进化心理学
evolutionary psychology Application of Darwinian principles of natural selection and survival of the fittest to individual behavior.

进化论/社会生物学理论
evolutionary/sociobiological perspective View of human development that focuses on evolutionary and biological bases of social behavior.

外在系统
exosystem Bronfenbrenner's term for linkages between two or more settings, one of which does not contain the child.

经验元素
experiential element Sternberg's term for the insightful or creative aspect of intelligence.

实验
experiment Rigorously controlled, replicable procedure in which the researcher manipulates variables to assess the effect of one on the other.

实验组
experimental group In an experiment, the group receiving the treatment under study.

外显记忆
explicit memory Intentional and conscious memory, generally of facts, names, and events.

大家庭
extended family Multigenerational kinship network of parents, children, and other relatives, sometimes living together in an extended-family household.

外部记忆辅助手段
external memory aids Mnemonic strategies using something outside the person.

家庭治疗
family therapy Psychological treatment in which a therapist sees the whole family together to analyze patterns of family functioning.

快速映射
fast mapping Process by which a child absorbs the meaning of a new word after hearing it once or twice in conversation.

受精
fertilization Union of sperm and ovum to produce a zygote; also called *conception*.

胎儿酒精综合症（FAS）
fetal alcohol syndrome (FAS) Combination of mental, motor, and developmental abnormalities affecting the offspring of some women who drink heavily during pregnancy.

胎儿期
fetal stage Final stage of gestation (from 8 weeks to birth), characterized by increased differentiation of body parts and greatly enlarged body size.

精细动作技能
fine motor skills Physical skills that involve the small muscles and eye-hand coordination.

同一性早闭
foreclosure Identity status, described by Marcia, in which a person who has not spent time considering alternatives (that is, has not been in crisis) is committed to other people's plans for his or her life.

形式运算
formal operations Piaget's final stage of cognitive development, characterized by the ability to think abstractly.

功能性游戏
functional play Play involving repetitive muscular movements.

入门毒品
gateway drugs Drugs such as alcohol, tobacco, and marijuana, the use of which tends to lead to use of more addictive drugs.

性别
gender Significance of being male or female.

性别恒常性
gender constancy Awareness that one will always be male or female. Also called *sex-category constancy.*

性别认同
gender identity Awareness, developed in early childhood, that one is male or female.

性别角色
gender roles Behaviors, interests, attitudes, skills, and traits that a culture considers appropriate for each sex; differs for males and females.

性别刻板印象
gender stereotypes Preconceived generalizations about male or female role behavior.

性别—图式理论
gender-schema theory Theory, proposed by Bem, that children socialize themselves in their gender roles by developing a mentally organized network of information about what it means to be male or female in a particular culture.

性别原型
gender-typing Socialization process by which children, at an early age, learn appropriate gender roles.

一般性焦虑障碍
generalized anxiety disorder Anxiety not focused on any single target.

通用记忆
generic memory Memory that produces scripts of familiar routines to guide behavior.

基因
genes Small segments of DNA located in definite positions on particular chromosomes; functional units of heredity.

遗传密码
genetic code Sequence of bases within the DNA molecule; governs the formation of proteins that determine the structure and functions of living cells.

遗传咨询
genetic counseling Clinical service that advises couples of their probable risk of having children with hereditary defects.

基因型
genotype Genetic makeup of a person, containing both expressed and unexpressed characteristics.

基因型—环境相关
genotype-environment correlation Tendency of certain genetic and environmental influences to reinforce each other; may be passive, reactive (evocative), or active. Also called *genotype-environment covariance.*

基因型—环境交互作用
genotype-environment interaction The portion of phenotypic variation that results from the reactions of genetically different individuals to similar environmental conditions.

胚芽期
germinal stage First 2 weeks of prenatal development, characterized by rapid cell division, blastocyst formation, and implantation in the wall of the uterus.

吻合度
goodness of fit Appropriateness of environmental demands and constraints to a child's temperament.

粗略动作技能
gross motor skills Physical skills that involve the large muscles.

引导性参与
guided participation Participation of an adult in a child's activity in a manner that helps to structure the activity and to bring the child's understanding of it closer to that of the adult.

习惯化
habituation Type of learning in which familiarity with a stimulus reduces, slows, or stops a response.

利手
handedness Preference for using a particular hand.

触觉感知
haptic perception Ability to acquire information about properties of objects, such as size, weight, and texture, by handling them.

遗传
heredity Inborn characteristics inherited from the biological parents.

遗传力
heritability Statistical estimate of contribution of heredity to individual differences in a specific trait within a given population.

杂合的
heterozygous Possessing differing alleles for a trait.

特定历史时代的人
historical generation A group of people strongly influenced by a major historical event during their formative period.

单词句
holophrase Single word that conveys a complete thought.

家庭环境观察测评系统
Home Observation for Measurement of the Environment (HOME) Instrument to measure the influence of the home environment on children's cognitive growth.

纯合的
homozygous Possessing two identical alleles for a trait.

水平滞差
horizontal décalage Piaget's term for inability to transfer learning about one type of conservation to other types, which causes a child to master different types of conservation tasks at different ages.

敌意性攻击
hostile aggression Aggressive behavior intended to hurt another person.

发展心理学
human development Scientific study of processes of change and stability throughout the human life span.

高血压
hypertension Chronically high blood pressure.

假设
hypotheses Possible explanations for phenomena, used to predict the outcome of research.

假设—演绎推理
hypothetical-deductive reasoning Ability, believed by Piaget to accompany the stage of formal operations, to develop, consider, and test hypotheses.

理想自我
ideal self The self one would like to be.

认同
identification In Freudian theory, the process by which a young child adopts characteristics, beliefs, attitudes, values, and behaviors of the parent of the same sex.

同一性
identity According to Erikson, a coherent conception of the self, made up of goals, values, and beliefs to which a person is solidly committed.

同一性获得
identity achievement Identity status, described by Marcia, that is characterized by commitment to choices made following a crisis, a period spent in exploring alternatives.

同一性扩散
identity diffusion Identity status, described by Marcia, that is characterized by absence of commitment and lack of serious consideration of alternatives.

同一性状态
identity statuses Marcia's term for states of ego development that depend on the presence or absence of crisis and commitment.

同一性对同一性混乱
identity versus identity confusion Erikson's fifth stage of psychosocial development, in which an adolescent seeks to develop a coherent sense of self, including the role she or he is to play in society. Also called *identity versus role confusion.*

假想观众
imaginary audience Elkind's term for observer who exists only in an adolescent's mind and is as concerned with the adolescent's thoughts and actions as the adolescent is.

内隐记忆
implicit memory Unconscious recall, generally of habits and skills; sometimes called *procedural memory*.

印刻
imprinting Instinctive form of learning in which, during a critical period in early development, a young animal forms an attachment to the first moving object it sees, usually the mother.

不完全显性
incomplete dominance Pattern of inheritance in which a child receives two different alleles, resulting in partial expression of a trait.

自变量
independent variable In an experiment, the condition over which the experimenter has direct control.

个体差异
individual differences Differences in characteristics, influences, or developmental outcomes.

个别心理治疗
individual psychotherapy Psychological treatment in which a therapist sees a troubled person one-on-one.

归纳推理
inductive reasoning Type of logical reasoning that moves from particular observations about members of a class to a general conclusion about that class.

诱导技术
inductive techniques Disciplinary techniques designed to induce desirable behavior by appealing to a child's sense of reason and fairness.

勤奋对自卑
industry versus inferiority Erikson's fourth stage of psychosocial development, in which children must learn the productive skills their culture requires or else face feelings of inferiority.

婴儿死亡率
infant mortality rate Proportion of babies born alive who die within the first year.

信息加工取向
information-processing approach Approach to the study of cognitive development by observing and analyzing the mental processes involved in perceiving and handling information.

主动对内疚
initiative versus guilt Erikson's third stage in psychosocial development, in which children balance the urge to pursue goals with moral reservations that may prevent carrying them out.

工具性攻击
instrumental aggression Aggressive behavior used as a means of achieving a goal.

整合
integration Process by which neurons coordinate the activities of muscle groups.

智力行为
intelligent behavior Behavior that is goal oriented and adaptive to circumstances and conditions of life.

内化
internalization During socialization, process by which children accept societal standards of conduct as their own.

不可见模仿
invisible imitation Imitation with parts of one's body that one cannot see.

智商测验
IQ (intelligence quotient) tests Psychometric tests that seek to measure intelligence by comparing a test taker's perfor-

mance with standardized norms.

不可逆性
irreversibility Piaget's term for a preoperational child's failure to understand that an operation can go in two or more directions.

考夫曼儿童成套评估测验
Kaufman Assessment Battery for Children (KABC) Nontraditional individual intelligence test designed to provide fair assessments of minority children and children with disabilities.

实验室观察
laboratory observation Research method in which all participants are observed under the same controlled conditions.

语言
language Communication system based on words and grammar.

语言习得机制（LAD）
language acquisition device (LAD) In Chomsky's terminology, an inborn mechanism that enables children to infer linguistic rules from the language they hear.

单侧化优势
lateralization Tendency of each of the brain's hemispheres to have specialized functions.

学习障碍（LDs）
learning disabilities (LDs) Disorders that interfere with specific aspects of learning and school achievement.

学习理论
learning perspective View of human development that holds that changes in behavior result from experience, or adaptation to the environment.

毕生发展
life-span development Concept of human development as a lifelong process, which can be studied scientifically.

语言式讲话
linguistic speech Verbal expression designed to convey meaning.

读写能力
literacy (1) Ability to read and write. (2) In an adult, ability to use printed and written information to function in society, achieve goals, and develop knowledge and potential.

纵向研究
longitudinal study Study designed to assess changes in a sample over time.

长时记忆
long-term memory Storage of virtually unlimited capacity that holds information for very long periods.

低体重儿
low birth weight Weight of less than 5½ pounds (2,500 grams) at birth because of prematurity or being small for date.

宏观系统
macrosystem Bronfenbrenner's term for a society's overall cultural patterns.

成熟
maturation Unfolding of a natural sequence of physical and behavioral changes, including readiness to master new abilities.

机械论发展模型
mechanistic model Model that views human development as a series of passive, predictable responses to stimuli.

月经初潮
menarche Girl's first menstruation.

精神发育迟滞
mental retardation Significantly subnormal cognitive functioning.

中观系统
mesosystem Bronfenbrenner's term for linkages between two or more microsystems.

元认知
metacognition Awareness of a person's own mental processes.

元记忆
metamemory Understanding of processes of memory.

微观系统
microsystem Bronfenbrenner's term for a setting in which a child interacts with others on an everyday, face-to-face basis.

记忆术
mnemonic strategies Techniques to aid memory.

单卵性双胞胎
monozygotic twins Twins resulting from the division of a single zygote after fertilization; also called *identical twins.*

同一性延缓
moratorium Identity status, described by Marcia, in which a person is currently considering alternatives (in crisis) and seems headed for commitment.

多因素传递
multifactorial transmission Combination of genetic and environmental factors to produce certain complex traits.

突变
mutations Permanent alterations in genes or chromosomes that may produce harmful characteristics.

互相调节
mutual regulation Process by which infant and caregiver communicate emotional states to each other and respond appropriately.

髓鞘化
myelination Process of coating neural pathways with a fatty substance (myelin) that enables faster communication between cells.

先天伦
nativism Theory that human beings have an inborn capacity for language acquisition.

自然分娩
natural childbirth Method of childbirth that seeks to prevent pain by eliminating the mother's fear through education about the physiology of reproduction and training in breathing and relaxation during delivery.

自然选择
natural selection According to Darwin's theory of evolution, process by which characteristics that promote survival of a species are reproduced in successive generations, and characteristics that do not promote survival die out.

自然观察
naturalistic observation Research method in which behavior is studied in natural settings without intervention or manipulation.

忽视
neglect Failure to meet a dependent's basic needs.

新生儿黄疸
neonatal jaundice Condition in many newborn babies, caused by immaturity of liver and evidenced by yellowish appearance; can cause brain damage if not treated promptly.

新生儿期
neonatal period First 4 weeks of life, a time of transition from intrauterine dependency to independent existence.

新生儿
neonate Newborn baby, up to 4 weeks old.

神经元
neurons Nerve cells.

匹配选择
niche-picking Tendency of a person, especially after early childhood, to seek out environments compatible with his or her genotype.

非常态的
nonnormative Characteristic of an unusual event that happens to a particular person or a typical event that happens at an unusual time of life.

非共享环境影响
nonshared environmental effects The unique environment in which each child grows up, consisting of distinctive influences or influences that affect one child differently than another.

常态的
normative Characteristic of an event that occurs in a similar way for most people in a group.

核心家庭
nuclear family Two-generational kinship, economic, and household unit consisting of one or two parents and their biological children, adopted children, or stepchildren.

肥胖
obesity (1) Extreme overweight in relation to age, sex, height, and body type.

客体永久性
object permanence Piaget's term for the understanding that a person or object still exists when out of sight.

观察学习
observational learning Learning through watching the behavior of others.

强迫症（OCD）
obsessive-compulsive disorder (OCD) Anxiety aroused by repetitive, intrusive thoughts, images, or impulses, often leading to compulsive ritual behaviors.

公开领养
open adoption Adoption in which the birth parents and the adoptive parents know each other's identities and share infomation or have direct contact.

操作性条件作用
operant conditioning (1) Learning based on association of behavior with its consequences. (2) Learning based on reinforcement or punishment.

操作定义
operational definition Definition stated solely in terms of the operations or procedures used to produce or measure a phenomenon.

对立违抗性障碍（ODD）
oppositional defiant disorder (ODD) Pattern of behavior, persisting into middle childhood, marked by negativity, hostility, and defiance.

有机论发展模型
organismic model Model that views human development as internally initiated by an active organism and as occurring in a sequence of qualitatively different stages.

组织
organization (1) Mnemonic strategy of categorizing material to be remembered. (2) Piaget's term for the creation of systems of knowledge.

欧提斯—列农学业能力测试
Otis-Lennon School Ability Test Group intelligence test for kindergarten through twelfth grade.

外显攻击
overt aggression Aggression that is openly directed at its target.

参与观察
participant observation Research method in which the observer lives with the people or participates in the activity being observed.

分娩
parturition Process of uterine, cervical, and other changes, usually lasting about two weeks preceding childbirth.

放任型
permissive In Baumrind's terminology, parenting style emphasizing self-expression and self-regulation.

个人神话
personal fable Elkind's term for conviction that one is special, unique, and not subject to the rules that govern the rest of the world.

表现型
phenotype Observable characteristics of a person.

语音或编码强调法
phonetic, or code-emphasis approach Approach to teaching reading that emphasizes decoding of unfamiliar words.

身体虐待
physical abuse Action taken deliberately to endanger another person, involving potential bodily injury.

生理发展
physical development Growth of body and brain, including patterns of change in sensory capacities, motor skills, and health.

皮亚杰理论的方法
Piagetian approach Approach to the study of cognitive development that describes qualitative stages in cognitive functioning.

可塑性
plasticity (1) Modifiability of performance. (2) Modifiability, or "molding," of the brain through experience.

游戏疗法
play therapy Therapeutic approach in which a child plays freely while a therapist observes and occasionally comments, asks questions, or makes suggestions.

多基因遗传
polygenic inheritance Pattern of inheritance in which multiple genes at different sites on chromosomes affect a complex trait.

后习俗道德
postconventional morality (or morality of autonomous moral principles) Third level of Kohlberg's theory of moral reasoning, in which people follow internally held moral principles and can decide among conflicting moral standards.

胎儿过度成熟
postmature Referring to a fetus not yet born as of 2 weeks after the due date or 42 weeks after the mother's last menstrual period.

强制命令
power assertion Disciplinary strategy designed to discourage undesirable behavior through physical or verbal enforcement of parental control.

语用学
pragmatics (1) Set of linguistic rules that govern the use of language for communication. (2) The practical knowledge needed to use language for communicative purposes.

前习俗道德
preconventional morality First level of Kohlberg's theory of moral reasoning in which control is external and rules are obeyed in order to gain rewards or avoid punishment or out of self-interest.

偏见
prejudice Unfavorable attitude toward members of certain groups outside one's own, especially racial or ethnic groups.

前语言式讲话
prelinguistic speech Forerunner of linguistic speech; utterance of sounds that are not words. Includes crying, cooing, babbling, and accidental and deliberate imitation of sounds without understanding their meaning.

前运算阶段
preoperational stage In Piaget's theory, the second major stage of cognitive development, in which children become more sophisticated in their use of symbolic thought but are not yet able to use logic.

有准备的分娩
prepared childbirth Method of childbirth that uses instruction, breathing exercises, and social support to induce controlled physical responses to uterine contractions and reduce fear and pain.

假装游戏
pretend play Play involving imaginary people and situations; also called *fantasy play, dramatic play,* or *imaginative play.*

早产儿
preterm (premature) infants Infants born before completing the thirty-seventh week of gestation.

第一性征
primary sex characteristics Organs directly related to reproduction, which enlarge and mature during adolescence.

自言自语
private speech Talking aloud to oneself with no intent to communicate.

程序性知识
procedural knowledge Acquired skills stored in long-term memory.

亲社会行为
prosocial behavior Any voluntary behavior intended to help others.

保护因素
protective factors Influences that reduce the impact of early stress or other potentially negative influences and tend to predict positive outcomes.

远近原则
proximodistal principle Principle that development proceeds from within to without; that is, that parts of the body near the center develop before the extremities.

精神分析理论
psychoanalytic perspective View of human development as being shaped by unconscious forces.

心理攻击
psychological aggression Verbal attacks on a child by a parent that may result in psychological harm.

心理测量的方法
psychometric approach Approach to the study of cognitive development that seeks to measure the quantity of intelligence a person possesses.

性心理发展
psychosexual development In Freudian theory, an unvarying sequence of stages of personality development during infancy, childhood, and adolescence, in which gratification shifts from the mouth to the anus and then to the genitals.

心理社会发展
psychosocial development (1) In Erikson's eight-stage theory, the socially and culturally influenced process of development of the ego, or self. (2) Pattern of change in emotions, personality, and social relationships.

青春期
puberty Process by which a person attains sexual maturity and the ability to reproduce.

惩罚
punishment In operant conditioning, a process that weakens and discourages repetition of a behavior.

质变
qualitative change Change in kind, structure, or organization, such as the change from nonverbal to verbal communication.

定性研究
qualitative research Research that focuses on "soft" data, such as subjective experiences, feelings, or beliefs.

量变
quantitative change Change in number or amount, such as in height, weight, or size of vocabulary.

定量研究
quantitative research Research that focuses on "hard" data and numerical or statistical measures.

反应范围
reaction range Potential variability, depending on environmental conditions, in the expression of a hereditary trait.

真实自我
real self The self one actually is.

回忆
recall Ability to reproduce material from memory.

隐性遗传
recessive inheritance Pattern of inheritance in which a child receives identical recessive alleles, resulting in expression of a nondominant trait.

再认
recognition Ability to identify a previously encountered stimulus.

反射行为
reflex behaviors Automatic, involuntary, innate responses to stimulation.

复述
rehearsal Mnemonic strategy to keep an item in working memory through conscious repetition.

强化
reinforcement In operant conditioning, a process that strengthens and encourages repetition of a desired behavior.

关系攻击
relational aggression Aggression aimed at damaging or interfering with another person's relationships, reputation, or psychological well-being; also called *covert* or *indirect aggression.*

表征能力
representational ability Piaget's term for capacity to store mental images or symbols of objects and events.

表征映射
representational mappings In neo-Piagetian terminology, second stage in development of self-definition, in which a child makes logical connections between aspects of the self but still sees these characteristics in all-or-nothing terms.

表征系统
representational systems In neo-Piagetian terminology, the third stage in development of self-definition, characterized by breadth, balance, and the integration and assessment of various aspects of the self.

韧性儿童
resilient children Children who weather adverse circumstances, function well despite challenges or threats, or bounce back from traumatic events.

提取
retrieval Process by which information is accessed or recalled from memory storage.

风险因素
risk factors Conditions that increase the likelihood of a negative developmental outcome.

追逐打闹游戏
rough-and-tumble play Vigorous play involving wrestling, hitting, and chasing, often accompanied by laughing and screaming.

样本
sample Group of participants chosen to represent the entire population under study.

脚手架
scaffolding Temporary support to help a child master a task.

图式
schemes Piaget's term for organized patterns of behavior used in particular situations.

精神分裂症
schizophrenia Mental disorder marked by loss of contact with reality; symptoms include hallucinations and delusions.

学校恐惧症
school phobia Unrealistic fear of going to school; may be a form of *separation anxiety disorder* or *social phobia.*

科学方法
scientific method System of established principles and processes of scientific inquiry, which includes identifying a problem to be studied, formulating a hypothesis to be tested by research, collecting data, analyzing the data, and disseminating findings.

脚本
script General remembered outline of a familiar, repeated event, used to guide behavior.

第二性征
secondary sex characteristics Physiological signs of sexual maturation (such as breast development and growth of body hair) that do not involve the sex organs.

长期趋势
secular trend Trend that can be seen only by observing several generations, such as the trend toward earlier attainment of adult height and sexual maturity, which began a century ago.

安全型依恋
secure attachment Pattern in which an infant cries or protests when the primary caregiver leaves and actively seeks out the caregiver upon his or her return.

自我意识
self-awareness Realization that one's existence and functioning are separate from those of other people and things.

自我概念
self-concept Sense of self; descriptive and evaluative mental picture of one's abilities and traits.

自我意识情绪
self-conscious emotions Emotions, such as embarrassment, empathy, and envy, that depend on self-awareness.

自我定义
self-definition Cluster of characteristics used to describe oneself.

自我效能感
self-efficacy Sense of one's own capability to master challenges and achieve goals.

自尊
self-esteem The judgment a person makes about his or her self-worth.

自我评价情绪
self-evaluative emotions Emotions, such as pride, shame, and guilt, that depend on both self-awareness and knowledge of socially accepted standards of behavior.

自我调节
self-regulation A person's independent control of behavior to conform to understood social expectations.

敏感期
sensitive periods Times in development when a person is particularly open to certain kinds of experiences.

感知运动阶段
sensorimotor stage In Piaget's theory, first stage in cognitive development, during which infants learn through senses and motor activity.

感觉记忆
sensory memory Initial, brief, temporary storage of sensory information.

分离焦虑
separation anxiety Distress shown by someone, typically an infant, when a familiar caregiver leaves.

分离焦虑障碍
separation anxiety disorder Condition involving excessive, prolonged anxiety concerning separation from home or from people to whom a person is attached.

序列研究
sequential study Study design that combines cross-sectional and longitudinal techniques.

排序
seriation Ability to order items along a dimension.

性染色体
sex chromosomes Pair of chromosomes that determine sex: XX in the normal human female, XY in the normal human male.

伴性遗传
sex-linked-inheritance Pattern of inheritance in which certain characteristics carried on the X chromosome inherited from the mother are transmitted differently to her male and female offspring.

性虐待
sexual abuse Physically or psychologically harmful sexual activity, or any sexual activity involving a child and an older person.

性取向
sexual orientation Focus of consistent sexual, romantic, and affectionate interest, either heterosexual, homosexual, or bisexual.

性传播疾病（STDs）
sexually transmitted diseases (STDs) Diseases spread by sexual contact.

单一表征
single representations In neo-Piagetian terminology, first stage in development of self-definition, in which children describe themselves in terms of individual, unconnected characteristics and in all-or-nothing terms.

情境性顺从
situational compliance Kochanska's term for obedience of a parent's orders only in the presence of signs of ongoing parental control.

“慢热型”儿童
"slow-to-warm-up" children Children whose temperament is generally mild but who are hesitant about accepting new experiences.

小于胎龄儿
small-for-date (small-for-gestational age) infants Infants whose birth weight is less than that of 90 percent of babies of the same gestational age, as a result of slow fetal growth.

社会资本
social capital Family and community resources on which a person can draw.

社会认知
social cognition Ability to understand that other people have mental states and to gauge their feelings and intentions.

社会认知理论
social cognitive theory Albert Bandura's expansion of social learning theory; holds that children learn gender roles through socialization.

社会建构
social construction Concept about the nature of reality

based on societally shared perceptions or assumptions.

社会互动模型
social interaction model Model, based on Vygotsky's sociocultural theory, which proposes that children construct autobiographical memories through conversation with adults about shared events.

社会学习理论
social learning theory Theory that behaviors are learned by observing and imitating models. Also called *social cognitive theory.*

社交恐怖症
social phobia Extreme fear and/or avoidance of social situations.

社会促动
social promotion Policy of automatically promoting children even if they do not meet academic standards.

社会参照
social referencing Understanding an ambiguous situation by seeking out another person's perception of it.

社会情境的方法
social-contextual approach Approach to the study of cognitive development by focusing on environmental influences, particularly parents and other caregivers.

社会化
socialization Development of habits, skills, values, and motives shared by responsible, productive members of a society.

社会文化理论
sociocultural theory Vygotsky's theory of how contextual factors affect children's development.

社会经济地位（SES）
socioeconomic status (SES) Combination of economic and social factors describing an individual or family, including income, education, and occupation.

初精
spermarche Boy's first ejaculation.

自发性流产
spontaneous abortion Natural expulsion from the uterus of an embryo that cannot survive outside the womb; also called *miscarriage.*

斯坦福—比奈智力量表
Stanford-Binet Intelligence Scale Individual intelligence test for ages 2 and up used to measure fluid reasoning, knowledge, quantitative reasoning, visual-spatial processing, and working memory.

觉醒状态
state of arousal An infant's physiological and behavioral status at a given moment in the periodic daily cycle of wakefulness, sleep, and activity.

斯滕伯格三元能力测验（STAT）
Sternberg Triarchic Abilities Test (STAT) Test that seeks to measure componential, experiential, and contextual intelligence.

“冷面”范式
"still-face" paradigm Research procedure used to measure mutual regulation in infants 2 to 9 months old.

存储
storage Retention of information in memory for future use.

陌生情境
Strange Situation Laboratory technique used to study infant attachment.

陌生人焦虑
stranger anxiety Wariness of strange people and places, shown by some infants during the second half of the first year.

物质滥用
substance abuse Repeated, harmful use of a substance, usually alcohol or other drugs.

物质依赖
substance dependence Addiction (physical or psychological, or both) to a harmful substance.

胎儿猝死综合症（SIDS）
sudden infant death syndrome (SIDS) Sudden and unexplained death of an apparently healthy infant.

符号功能
symbolic function Piaget's term for ability to use mental representations (words, numbers, or images) to which a child has attached meaning.

语法
syntax Rules for forming sentences in a particular language.

动作系统
systems of action Increasingly complex combinations of motor skills, which permit a wider or more precise range of movement and more control of the environment.

内隐知识
tacit knowledge Sternberg's term for information that is not formally taught or openly expressed but is necessary to function successfully.

电报句
telegraphic speech Early form of sentence use consisting of only a few essential words.

气质
temperament Characteristic disposition, or style of approaching and reacting to situations.

致畸的
teratogenic Capable of causing birth defects.

理论
theory Coherent set of logically related concepts that seeks to organize, explain, and predict data.

心理理论
theory of mind Awareness and understanding of mental processes.

多元智力理论
theory of multiple intelligences Gardner's theory that each person has several distinct forms of intelligence.

转换
transduction Piaget's term for a preoperational child's tendency to mentally link particular phenomena, whether or not there is logically a causal relationship.

传递性关系推理
transitive inference Understanding of the relationship between two objects by knowing the relationship of each to a third object.

智力三元理论
triarchic theory of intelligence Sternberg's theory describing three types of intelligence: componential, experiential, and contextual.

双向（双语混合）学习
two-way (dual-language) learning Approach to second-language education in which English speakers and non-English speakers learn together in their own and each other's languages.

超声波
ultrasound Prenatal medical procedure using high-frequency sound waves to detect the outline of a fetus and its movements, so as to determine whether a pregnancy is progressing normally.

期望悖反的范式
violation-of-expectations Research method in which dishabituation to a stimulus that conflicts with experience is taken as evidence that an infant recognizes the new stimulus as surprising.

可见的模仿
visible imitation Imitation with parts of one's body that one can see.

视崖
visual cliff Apparatus designed to give an illusion of depth and used to assess depth perception in infants.

视觉引导
visual guidance The use of the eyes to guide the movement of the hands (or other parts of the body).

视觉偏好
visual preference Tendency of infants to spend more time looking at one sight than another.

视觉认知记忆
visual recognition memory Ability to distinguish a familiar visual stimulus from an unfamiliar one when shown both at the same time.

基于视觉的提取
visually based retrieval Process of retrieving the sound of a printed word upon seeing the word as a whole.

韦氏儿童智力量表（WISC–III）
Wechsler Intelligence Scale for Children (WISC-III) Individual intelligence test for school-age children, which yields verbal and performance scores as well as a combined score.

修订版韦克斯勒学前和小学智力量表（WPPSI–III）
Wechsler Preschool and Primary Scale of Intelligence, Revised (WPPSI-III) Individual intelligence test for children ages 2½ to 7 that yields verbal and performance scores as well as a combined score.

全语言教学法
whole-language approach Approach to teaching reading that emphasizes visual retrieval and use of contextual clues.

收回爱
withdrawal of love Disciplinary strategy that involves ignoring, isolating, or showing dislike for a child.

工作记忆
working memory Short-term storage of information being actively processed.

最近发展区（ZPD）
zone of proximal development (ZPD) Vygotsky's term for the difference between what a child can do alone and what the child can do with help.

受精卵
zygote One-celled organism resulting from fertilization.

本书参考文献请参见《发展心理学——从成年早期到老年期》（下册），也可从新曲线微博：http://vdisk.weibo.com/u/1964755863 下载。